普通高等教育"十一五"国家级规划教材

城市地下工程

（第二版）

陶龙光　刘　波　侯公羽　编著

科学出版社

北　京

内 容 简 介

本书共 13 章，分上下两篇。上篇共 6 章，介绍了城市地下工程的主要建筑类型及其规划、理论与设计，包括城市地下空间规划理论与建筑设计、地下铁道、地下停车场、地下仓库、其他地下工程的有关技术；下篇共 7 章，介绍了城市地下工程的施工与工艺，包括明挖法、盖挖逆筑法、浅埋暗挖法、盾构法、特殊与辅助施工方法、地下工程的测试监控技术、地下工程的防水与治水、城市地下工程风险管理及安全技术等方面的知识。本书内容详实，书中附有典型工程实例，实用性强，结合作者近年的科研成果，反映了本学科领域的先进技术，对城市地下工程的设计和施工有重要参考价值。为便于教学及自学复习，各章附有复习思考题。

本书适合于从事岩土工程、交通土建工程、地下建筑与隧道工程、市政建设工程、矿山建设工程的设计、施工工程技术人员和管理人员，以及相关专业的高等学校教师、研究生和本科生阅读。

图书在版编目(CIP)数据

城市地下工程/陶龙光，刘波，侯公羽编著. —2 版. —北京：科学出版社，2011

（普通高等教育"十一五"国家级规划教材）
ISBN 978-7-03-030243-4

Ⅰ. ①城⋯　Ⅱ. ①陶⋯ ②刘⋯③侯⋯　Ⅲ. ①城市建设-地下工程-工程技术　Ⅳ. ①TU94

中国版本图书馆 CIP 数据核字（2011）第 021433 号

责任编辑：王淑兰/责任校对：刘玉靖
责任印制：吕春珉/封面设计：王 浩

科学出版社 出版
北京东黄城根北街 16 号
邮政编码：100717
http://www.sciencep.com

北京中科印刷有限公司 印刷
科学出版社发行　各地新华书店经销

*

1996 年 11 月第 一 版　　开本：787×1092　1/16
2011 年 5 月第 二 版　　印张：27 1/2
2021 年 7 月第十一次印刷　字数：650 000

定价：65.00 元
（如有印装质量问题，我社负责调换〈中科〉）

销售部电话 010-62134988　编辑部电话 010-62135235

第二版前言

"城市地下工程"是土木工程类有关专业开设的一门新课,也是相关专业重要的必修或选修课程。

《城市地下工程》第二版,能入选教育部普通高等教育"十一五"国家级教材规划并得以出版,我们十分高兴,并希望也相信本书对相关专业的"城市地下工程"课程建设与教学发展会起到积极的推动作用。21世纪是城市地下空间建筑蓬勃发展的世纪,地下空间领域的开发与利用具有极为重要的意义,城市地下空间的利用可节约宝贵的土地资源,保护生态环境,促进低碳化生活,提高城市集约化建设,解决城市交通难题,且对战争、地震防护有突出的优越性,有利于城市可持续性发展。因此城市地下工程建设前景十分广阔。

《城市地下工程》一书,自1996年由科学出版社出版以来,已连续三次印刷,受到有关高等院校师生和工程技术人员的欢迎。然而,15年来城市地下空间开发利用有了很大发展,不仅更加受到人们的重视,而且在理论研究、设计、施工及设施设备方面都有了不少改进。这次再版,将在原有内容的基础上加以丰富、修改、补充,本着坚持对基本理论、基本方法和技术介绍为主的原则,尽量多介绍一些新技术和先进经验。尽可能反映国内外本学科领域的科技水平,先进技术。

第二版是为适应"大土木,宽口径"培养人才的方向需求,使教材服务于多学科、交叉学科和专业,特将教材分为上下两篇。上篇介绍城市地下工程主要建筑类型的规划,设计理论;下篇主要介绍技术方法与施工工艺;参考学时可控制在32~48学时。

第二版的内容除增加充实了城市地下工程试验、监测、数值模拟技术、城市地下工程风险管理与安全技术外,各章节补充了一些新的内容,丰富了近年来典型的工程实例,坚持理论联系实际,结合近年的科研成果,突出实用性的原则。为了便于读者复习和研讨,各章附有复习思考题;为了便于教学,配合本教材编制了电子多媒体课件,读者可从我校《城市地下工程》北京市精品课程的网站获取,可供参考使用。

本书由陶龙光、刘波、侯公羽等编著。第1章、第2章、第7章、第8章由陶龙光执笔,第3章、第11章、第13章由刘波执笔;第5章、第6章、第12章由侯公羽执笔;第9章由高全臣、刘波执笔;第4章由侯公羽、陶龙光执笔;第10章由陶龙光、刘波执笔。全书由陶龙光、刘波统稿。

作者十分感谢国家自然科学基金(50974126,50674095)、教育部新世纪优秀人才支持计划(NCET-08-0835)、教育部科学技术研究重点项目(109034)、北京市教育委员会产学研合作项目、北京市优秀人才支持计划(20071D1600700414)等项目的资助。

本书在编写过程中得到原书作者之一巴肇伦教授的大力支持和帮助;研究生唐林、钟海、徐薇、李鹏在资料搜集,插图绘制、文稿打印工作中付出了辛勤劳动;李涛、李希平、叶圣国、卓发成、高志强、刘纪峰、李岩、李东阳在资料收集或研究方面付出了努力;感谢美国Charles Fairhurst院士、Peter Cundall院士、Roger Hart博士、韩彦辉博士在数值分析合作研究中的支持与帮助；感谢张检身教授、岳中琦教授、陈祥福教授、杨强教授、钟茂华研究员、陈湘生研究员、李晓研究员、周晓敏教授、雷风研究员、江玉生教授、唐孟雄教授、周浩亮高工、周予启高工、周勇高工、罗立平高工在研究中的大力帮助和有益建议，丰富了本书的实例；在此一并表示衷心的感谢。

作者十分感谢科学出版社对本书出版的支持，责任编辑的辛勤劳动，使本书得以顺利出版。

限于时间和水平，书中难免有错误和不当之处，敬请读者批评指正。

作　者

2010 年 9 月

于中国矿业大学（北京）

第一版前言

城市人口的增加，生产和交通工具的发展，带来了城市地面用地短缺的问题，因此，城市地下空间的开发与利用不仅引起了人们的高度重视，也得到了较快的发展。目前，世界各国城市地下空间的开发深度一般已达 30m 左右，有的更深一些。为了反映世界城市地下空间开发与利用的状况和技术水平，也为了向从事相关学科研究、设计、施工的工程技术人员和有关院校师生提供工作、学习的参考资料，我们编写此书，以满足城市地下工程发展的需要。

本书在收集了大量资料和数据的基础上，去粗取精，并融入了我们多年的教学、科研实践体会编写而成。书中重点介绍我国城市地下工程建筑的科研成果、设计与施工经验。在编写过程中注重论述基础知识、基本技能和基本理论，书中内容具有较强的理论性和实用性，对设计和施工均有重要的参考价值。我们相信本书的出版会对我国城市地下工程的发展起到添砖加瓦的作用。

全书共十三章，前五章侧重论述地下建筑物主要类型、规划与设计，后八章侧重介绍施工工艺与技术，并尽量附以实例。

本书由陶龙光、巴肇伦主编。前言、第二章、第十一章、第十三章由陶龙光执笔，第一章由巴肇伦执笔，第三章由陶龙光、周勇执笔，第四章、第五章、第九章由雷风执笔，第六章、第七章由郭瑞平、陶龙光执笔，第八章由高全臣执笔，第十章由周晓敏执笔。第十二章由陶龙光、雷风执笔，全书由陶龙光统稿。书中封面照片选自《隧道与地下工程施工技术安全管理和操作控制要点》。在编写本书过程中，得到了王梦恕工程院院士，教授级高级工程师张检身、陈福祥，正编审刘凤鸣及有关专家、教授的热情支持和帮助。研究生刘波、侯公羽、韩彦辉、杨松山在收集资料、校对方面付出了辛苦的劳动，在此一并表示衷心的感谢。

限于时间和水平，书中难免有不当和错误之处，敬请批评指正。

作　者

1996 年 9 月

目　　录

下篇　施工与工艺

上　篇

理 论 与 设 计

第1章　绪　　论

1.1　城市地下工程的意义、特征及属性

1.1.1　城市地下工程的涵义

城市是人类社会经济发展到一定阶段的产物，是人文、经贸、科学技术与文化复合而成的高度集中的社会实体，是一定地域范围内政治、经济、文化的中心。它包括国家或地区按行政区域划分而设立的首都、直辖市、市、镇、未设镇的县城及独立的工矿区和城市型的居民点。

1999年全球人口突破60亿，增长速度最快的是城市人口，平均每年净增2.5%，全球一半的人口居住在城市中。随着科学技术的进步，社会经济的不断发展，城市人口将进一步聚集，大城市、特大城市将继续形成。例如，我国"十二五"期末人口将达到13.9亿，城镇人口将首次超过农村人口突破7亿，我国城市1950年为132个，1990年已发展到436个。市区人口达百万人以上的大城市，1949年为5个，1990年发展到31个，其中人口达到或超过500万以上的特大城市占1/5以上（香港和台北未计入）。

大城市和特大城市的中心地区人口密集，建筑物林立，空间拥挤，交通堵塞。特别是历史旧城或经改造发展起来的大城市，这些矛盾和问题尤为突出。

怎样合理规划城市的基础设施和制订城市各项技术经济指标，使其达到最大的经济和社会效益，使城市逐步具备高效、文明、舒适、安全的现代化城市的功能，是城市管理和建设者的首要任务。长期以来，城市交通、基础设施及城市容量的扩大主要是通过扩展城市用地来实现的，但城市用地的短缺，已成为矛盾的焦点。因此，合理开发与综合利用城市地下空间资源，不仅成为缓解当前存在的各种城市矛盾，满足某些社会和经济发展的特殊需要，而且为进一步建设现代化城市开辟了广阔的前景。城市地下工程正是在这样一个总的背景下应运而生。

城市地下工程是从事研究和建造城市各种地下工程的规划、勘察、设计、施工和维护的一门综合性应用科学与工程技术，是土木工程的一个分支。

在城市地面以下土层或岩体中修建各种类型的地下建筑物或结构物的工程，均称为城市地下工程。它包括交通运输方面的地下铁道、公路隧道、地下停车场、过街或穿越障碍的各种地下通道等；工业与民用方面的各种地下制作车间、电站、各种储存库房、商店、人防与市政地下工程，以及文化、体育、娱乐与生活等方面的联合建筑体，等等。

1.1.2　城市地下工程的特征

1. 可为人类的生存开拓广阔的空间

随着国民经济现代化水平的提高和城市人口的增加，人类因居住和从事各种活动而争占土地的矛盾日趋激化。从宏观上看，人口的增加和生活需求的增长与土地等自然条

件的日益恶化和资源的逐渐枯竭引起的人类生存空间问题，应该说已达到了危机程度，在这种情况下，地下空间资源的开发与综合利用，为人类生存空间的扩展提供了具有很大潜力的自然资源。

目前，城市地下空间的开发深度已达 30m 左右，有人曾大胆地估计，即使只开发相当于城市总容积 1/3 的地下空间，就等于全部城市地面建筑的容积。这足以说明，地下空间资源的潜力很大。

不仅开发利用本身创造提供了空间，如图 1-1 所示，而且用开掘出的弃土废渣填筑低洼地、河滩地等，也可变城市的无用地为有用地，如图 1-2 所示。

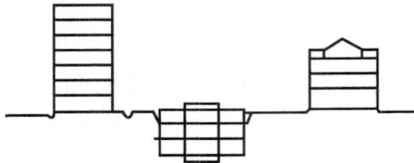

图 1-1　利用建筑物间空地建造地下建筑　　图 1-2　利用地下空间开挖的弃土废渣填筑河滩地

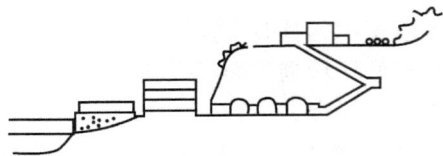

2. 具有良好的热稳定性和密闭性

岩土的特性是热稳定性和密闭性，这样使得地下建筑周围有一个比较稳定的温度场，对于要求恒温、恒湿、超净的生产、生活用建筑非常适宜，尤其对低温或高温状态下储存物资效果更为显著，在地下比在地面创造这样的环境容易，造价和运营费用较低。

3. 具有良好的抗灾和防护性能

地下建筑处于一定厚度的土层或岩层的覆盖下，可免遭或减轻包括核武器在内的空袭、炮轰、爆破的破坏，同时也能较有效地抗御地震、飓风等自然灾害，以及火灾、爆炸等人为灾害。

4. 社会、经济、环境等多方面的综合效益好

在大城市中有规划地建造地下各种建筑工程，对节省城市占地、节约能源（有统计说明：地下与地面同类型建筑空间相比，其空间内部的加热或冷冻负荷所耗能源可节省费用 30%～60%），克服地面各种障碍、改善城市交通、减少城市污染、扩大城市空间容量、节省时间、提高工作效率和提高城市生活质量等方面，都能起到极其重要的作用，是现代化城市建设的必由之路。

5. 施工条件较复杂，造价较高

城市地下工程往往是在大城市形成之后兴建的，而且要与地面建筑、交通设施等分工、配合和衔接，因而它要通过各种土岩层或者河湖、建筑物基础和市政地下管道等。修建时既要不影响地面交通与正常生活，又要使地面不沉陷、开裂，绝对保证地面或地下建筑物与设施的安全，这就给地下工程增加了难度，为此必须有万无一失的施工组织设计和可靠的技术措施来保证。一般讲，地下工程的施工期较长，工程造价较高；但随着科技的进步，地下工程的某些局限性将会逐渐得到改善或克服。

1.1.3 城市地下工程的历史沿革

人类对地下空间的利用，经历了一个从自发到自觉的漫长过程。

公元前 3000 年以前的远古时期，人类已开始利用天然洞穴作为防风雨，避寒暑的居住场所。公元前 3000 年到 5 世纪的古代时期世界进入铜器和铁器时代，生产力得到很大的发展，出现了像公元前 2200 年的巴比伦河底隧道、公元前 312~226 年的罗马地下输水道及储水池，以及公元前 208 年完工的我国秦始皇陵等地下陵墓工程。5 世纪至 14 世纪欧洲文化处于低潮，地下工程基本停滞。我国这时期出现了隋朝在洛阳东北建造的面积达 600m×700m 的近 200 个地下粮仓，其中第 160 号粮仓直径 11m，深 7m，容量为 445m³，可存粮 2500~3000t；宋朝时期在河北峰峰建造的军用地道（长约 40km）等地下工程。

近代，从 15 世纪欧洲出现文艺复兴，由于黄色炸药和蒸汽机的发明，地下工程也得到了迅速发展，1613 年英国建成伦敦地下水道，1681 年修建了地中海比斯开湾长 170m 的连接隧道，1843 年伦敦建成越河隧道，1863 年英国在伦敦建成世界第一条城市地下铁道，1871 年穿越阿尔卑斯山，连接法国和意大利的隧道长 12.8km 的公路隧道开通。到 20 世纪 90 年代初，世界上已有近 100 多个城市修建地下铁道。世界各国重视城市地下空间的开发与综合利用，修建了大量的地下存储库、地下停车场、地下商业街以及商娱体和地下管线等连接为一体的地下综合建筑群体。日本从 1930 年开始建设地下商业街，20 世纪 60 年代以后，大规模地开发利用地下空间，为缓解城市矛盾和在城市现代化建设过程中起着越来越重要的作用。

我国于 1969 年在北京建成第一条地下铁道，上海自 20 世纪 60 年代起，连续不断地修建了过江、引水、电缆及市政工程等 20 多条地下隧道，总长达 30km 以上。1995 年上海地铁 1 号线（长 16.1km）正式开通运营，1979 年香港全长 43.2km 的地铁移交投运。1980 年天津 7.4km 的地铁也投产。目前，北京、上海、广州等地都建成了多条地铁线路，修建了许多地下停车场、过街道、商业街以及多功能的地下建筑联合体，全国有近 30 座城市正在或准备建设地铁。我国有 1/3 的人口生活在城镇，随着经济的发展可以预见我国城市地下工程将进入蓬勃发展时期。

1.1.4 城市地下工程的基本属性

城市地下工程总体上讲是环境友好工程，可以充分利用地下空间，改善地面环境，增加绿地，节约能源；城市地下工程是一门综合性、实践性很强的交叉学科，其基本属性表现在如下几个方面。

1. 综合性

城市地下工程是埋设在城市地面以下的土或岩层中的工程结构物。建造一项工程设施一般要经过勘察、设计和施工三个阶段，其设计和施工都受到地质及其周围环境条件的制约，因此在规划、设计之前必须对工程所处环境作周密调查。尤其重要的是工程地质和水文地质的勘探，该项工作应贯穿于整个工程建设的始终。规划、设计与施工需要运用工程测量、岩土力学、工程力学、工程设计、建筑材料、建筑结构、建筑设备、工程机械、技术经济等专科知识和洞室施工技术、施工组织等领域的知识以及电子计算机和工程测试等技术。因而城市地下工程是一门涉及范围广阔的综合性学科。

城市地下工程作为人类活动的地下物质空间，对地下建筑的空气、光和声，对人的生理与心理产生的影响等环境的要求越来越高，为此要求设计者还要具备地下建筑环境的知识。由于施工条件的不同，有时还需要具备特殊施工方法的知识，如冻结法等。

2. 社会性

城市地下工程是伴随着人类社会发展需要而逐渐发展起来的，它所建造的工程设施应反映出各个不同年代社会经济、文化、科学技术发展的面貌与水平。根据我国规划和现代化城市功能的要求，城市地下工程应成为为我国人民创造崭新的地下物质环境。为人类社会现代文明服务的重要组成部分。

3. 实践性

城市地下工程是具有很强实践性的学科。在早期广义的地下工程，像矿业的地下开采、铁路的隧道、人民防护地下工程等等都是通过工程实践，总结成功的经验，尤其是失败的教训发展起来的。材料力学、结构力学、流体力学以及近期有较大发展的：土力学、岩体力学和流变力学等，是城市地下工程的基础理论学科。但地下工程修建在土或岩层中，而各地的土岩层的组分、成因与构造变换复杂，局部与区域地应力难以如实地确定。即使进行实验室实验、现场测试和理论分析也是有很大局限性的；荷载不能准确核定，而按传统的以荷载核定支承结构尺寸的设计方法，显然不宜应用。而且在工程实践中，出现的许多新现象和新因素，用已有的理论都很难释疑。因此，在某种意义上说，城市地下工程的工程实践常先行于理论。至今不少工程问题的处理，在很大程度上仍然依靠实践经验；即使衬砌结构的设计，以工程类比为主的经验法，至今仍在广泛应用。在以工程类比为主的经验法的基础上，只有通过新的工程实践，才能揭示新的问题，才能发展新理论、新技术、新材料和新工艺。

4. 技术、经济、建筑艺术和环境的统一性

城市地下工程是实现高效、文明、舒适和安全的现代化城市的重要组成部分。人们力争最经济地建造既安全、适用又美观的地下建筑工程，但工程的经济性和各项技术活动密切相关。首先表现在工程选址、总体规划上，其次表现在工程设计与施工技术是否合理先进上。工程建设的总投资、工程建成后的社会效益与经济效益以及使用期间的维护费用多少等，都是衡量工程经济性的重要依据，这些都与技术工作密切相关，必须综合全面考虑。

符合功能要求的城市地下工程设施作为一种地下物质空间艺术，首先总体布局要有机地与地面建筑设施配合与衔接，本身造型（各部尺寸比例、凹凸部线条）、通风、照明与色彩面饰、安全出口、人行、活动线路等应做到协调和谐。其次要按照地下建筑功能所要求的环境标准，利用附加于工程设施的局部装饰，反映出其艺术完美性。第三要求工程设施的所有结构、构造、装饰等不应造成地下建筑环境的污染，保证设施内空气新鲜、畅通、无异味，湿度、温度适宜，隔音防噪声、光线明亮，照度适中，在艺术处理上流畅、典雅，使人们在心理上感到清新舒适。第四要使工程设施表现出民族风格、地方色彩和时代特征。总之，一个成功的、优美的地下建筑工程设施，应该体现出技术、经济、建筑艺术和环境的统一性，能够为城市增添新的景观，创造新的地下物质活动空间，给人以美的享受，提高人民的生活质量。

1.2 城市地下工程的结构施工与建筑环境

1.2.1 城市地下工程的结构形式与衬砌

城市地下建筑工程应根据其性能、用途选择不同的建筑形式，地下建筑与地面建筑结合在一起的为附建式（图1-3（a）），独立修建的地下建筑称为单建式（图1-3（b））。其结构形式可以构筑成隧道形式，也可以构筑成和地面房屋布置相似的形式，在平面布局上可采用棋盘式或者房间式的布置，可为单跨、多跨，也可建成多层多跨的框架结构。它的横断面可根据所处部位的地质条件和使用要求，选用各种不同的形状，如最常见的有圆形、矩形、拱顶直墙、拱顶曲墙（当地基软弱时在底板处还可加设仰拱）、落地拱，等等。

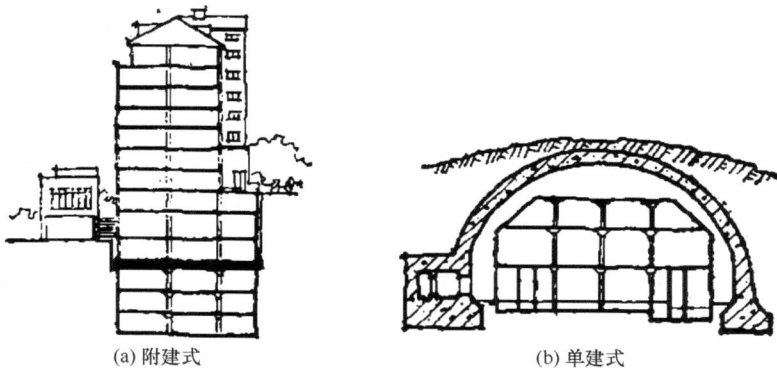

图1-3　附建式和单建式地下建筑

衬砌是地下建筑物周边构筑的永久性支护结构。它的主要作用：一是承重，即承受围岩压力、地下水压力、结构自重以及其他荷载的作用；二是围护，除用来防止围岩风化与崩塌外，必须做到防水和防潮。为了保护人的健康和设备不锈蚀，在选择衬砌材料、结构构造与施工方法时，不仅要做到完全防潮劫湿，而且还要考虑到有利于地下环境的整治，如选材不伴生新污染、结构构造利于空气流通、减噪、明亮、美观艺术，等等。

根据施工方法的不同，大体可将衬砌分为下列4种：

1. 模筑式衬砌

采用现场立模灌筑整体混凝土或砌筑砌块、料石，壁后空隙进行填实和灌浆，使与围岩紧贴。

2. 离壁式衬砌

衬砌与围岩岩壁相隔离，其间的空隙不充填。为保证结构的稳定性，一般均在拱脚处设置水平支撑，使该处衬砌与岩壁相互顶紧。此种衬砌可做成装配式的，便于施工。它多在稳定或较稳定的围岩中采用。对防潮要求比较高的各类地下仓库尤为适合。

3. 装配式衬砌

最常用的是圆形管片衬砌，由若干预制好的钢筋混凝土管片或混凝土砌块用拼装机械在洞室中装配而成。管片之间和相邻环管片间的接头多用螺栓连接，若采用砌块，其接头则用镶榫错缝嵌合。管片衬砌多用于盾构或其他挖掘机械施工的工程中，装配完成后，要向管片后注浆充填密实，以保地层稳定性。此外．也可由若干钢筋混凝土构件拼装成各种断面形式的装配式衬砌，但根据结构加固和防水要求，有时在装配式衬砌内面再加设一圈现浇的钢筋混凝土内衬，因此，称之为复合式衬砌。

4. 锚喷衬砌

用锚杆喷混凝土或锚杆钢筋网喷混凝土来加固并支护围岩的一种衬砌形式。锚杆沿洞周按一定间距布置并深入围岩一定深度，端头或全长锚固，用新奥法施工时，锚喷通常作为一次支护、根据断面收敛的量测信息．在其内圈再整体模筑二次衬砌，这种也称为复合式衬砌。

地下工程的衬砌设计和施工的要旨在于尽可能地发挥和利用围岩的自持（自稳）能力，使衬砌设计更经济合理。衬砌设计计算理论经历了若干个发展阶段，目前衬砌设计计算方法可归纳为四种方法。

1. 以工程类比法为主的经验法

它是以围岩分类为基础，以已成工程的实践经验为样本，用概率统计的方法，核定出适应于各类围岩的结构形式和衬砌尺寸，这种方法至今仍然广泛采用。

2. 收敛约束法

它是一种用测试数据反馈于设计的实用方法，通常以施工中洞室断面的变形量测值为依据。对于用新奥法施工的锚喷衬砌或复合衬砌中的锚喷支护，在施工中定期进行位移或收敛量测，并根据位移的绝对值或位移速率判断支护是否适当和变形是否趋于稳定。但判断的基准值目前尚只能根据已有工程的实践经验和量测数据进行分析而定。

3. 作用—反作用模型

又称荷载-结构模型。其特点是将衬砌视为承载的主体，围岩作为荷载的来源和衬砌的弹性约束，当衬砌受到围岩主动压力作用时，将有部分衬砌向围岩方向变形而受到围岩的反作用力（即弹性抗力），以约束衬砌变形。局部变形理论（winkler）假定认为，围岩的抗力仅与该点的变形成正比。在假定抗力分布图形的基础上，可用结构力学的方法进行计算。这一设计理论适用于传统矿山法施工的整体式衬砌。

4. 连续介质模型

它也可归之为连续介质力学法。包括解析法和数值法。对于复合式衬砌的初期支护和锚喷衬砌。认为它和围岩紧密接触，从而使围岩和衬砌形成一个整体，共同承受由于进行开挖而释放的初始地应力的作用，因此视其为连续介质采用连续介质力学的方法。数值法目前以有限元法为主，尚有加权残数法和边界元法等。有限元法将结构离散为有限个单元，各相邻单元在共同的节点上相互连续，根据单元刚度矩阵和各单元相互连续情况建立结构体系的总体刚度方程，按各节点位移推求各单元的应力。

1.2.2　城市地下工程的施工方法

城市地下工程成败的关键是施工问题。施工方法的选择应根据工程性质、规模、土岩层条件、环境条件、施工设备、工期要求等要素，经技术、经济比较后确定。应选用安全、适用，技术上可行，经济上合理的施工方法。对埋置较浅的工程，在条件许可时，应优先采用造价低、工期短的明挖法施工；根据地质条件和周围环境情况，明挖法可用敞口开挖，钢板桩或工字钢侧壁支护；近年常采用"地下连续墙"，盖挖逆筑法施工，可避免打桩的噪声与振动，减少明挖法对地面的影响；当埋深超过一定限度后，常采用暗挖法施工，暗挖最初多用传统的矿山法，20世纪中叶创造了新奥法，该法是尽量利用周围围岩的自承能力，用柔性支护控制围岩的变形及应力重分布，使其达到新的平衡后再进行永久支护，目前应用较广；对于松软含水地层可采用泥水加压或土压平衡式盾构施工，有时亦可采用顶管法施工，修建水底隧道除采用盾构法外，还可采用沉埋法，此法主要工序在地面进行，避免了水下作业，优点显著，应用日益广泛；在坚硬的岩层中可以用掘进机施工。施工方法分类，见表1-1。

表 1-1　施工方法分类

序号	施工方法	主要工序	适用范围
1	明挖法	1）敞口放坡明挖：现场灌注混凝土结构或预制现场装配，回填	地面开阔建筑物稀少，土质较稳定
		2）板桩护壁明挖：现场灌混凝土或预制构件现场装配，回填	施工场地较窄，土质自立性较差；工字钢、钢板桩、灌注桩等均可作为护壁板桩，也可用连续墙护壁
2	盖挖逆筑法	1）桩梁支撑盖挖法：打桩或钻孔桩，其上架梁，加顶盖，恢复交通后，在顶盖下开挖，灌注混凝土结构	街道地面交通繁忙，土质较坚固稳定
		2）地下连续墙盖挖：修筑导槽，分段挖槽，连续成墙，加顶盖恢复交通，在顶盖保护下开挖，构筑混凝土结构	街道地面交通繁忙，且两侧有高大建筑物，土质较差
3	浅埋暗挖法	1）盾构法：采用盾构机开挖地层，并在其内装配管片式衬砌，或浇筑挤压混凝土衬砌	松软含水层
		2）顶进法：预制钢筋混凝土管道结构或钢结构，边开挖，边顶进	穿越交通繁忙道路、铁路、地下管网和建筑物等障碍物的地区
		3）管棚法：顶部打入钢管，压注浆液，在管棚保护下开挖，立钢拱架，喷混凝土、浇筑混凝土结构	松散地层
4	矿山法	1）台阶工作面法：对较坚硬稳定岩层，分部或全断面开挖，锚喷支护或复合衬砌	坚硬或较坚硬稳定的地层
		2）导硐法：对松散不稳定地层，采用小断面导硐分层分次顺序开挖、临时支护，立全断面钢拱架，喷混凝土，浇筑衬砌	较松散，不稳定地层
		3）掘进机法：采用岩石掘进机掘进，其后进行锚喷衬砌，必要时二次衬砌	使用于含水量不大的各种地层

序号	施工方法	主要工序	适用范围
5	水域区施工法	1) 围堰法：筑堰排水后，按明挖法施工	较浅的河、湖、海无地下补给水地区
		2) 沉埋法：利用船台或干船坞把预制结构段浮运到设计位置预先挖出的沟槽内，处理好接缝，回填土后贯通	过江、河或海底
		3) 沉箱（沉井）法：分段预制工程结构，用压缩空气排除涌水，开挖土体，下沉到设计位置	地下水位高，涌水量大，穿过湖或河流地区
6	辅助施工法（配合上述有关施工方法使用）	1) 注浆加固法：向地层注入凝结剂，封堵地下水和增加地层强度后再进行土岩体开挖，灌注混凝土结构	局部地层不稳定或发生坍塌垮落，地下水流速<1m/s 的地区
		2) 降低水位法：采用水泵将施工区的地下水位降低，以疏干工作面	渗透系数较大的地层
		3) 冻结法：对松软含水冲积地层先钻冻结孔，安装冻结管，通过冷媒剂逐渐将地层冻结形成冻土壁在其保护下再开挖及构筑混凝土结构	松软含水较大的地层

1.2.3 城市地下工程的建筑环境

环境是指围绕着人群的空间，及该空间中可以直接、间接影响人类生活和发展的各种自然因素的总体（此处不含社会因素）。地下建筑和地面建筑的环境则完全不同，后者可以依靠天然采光、自然通风等获得较高质量的建筑环境，而地下建筑被包围在岩石或土壤之中，这就给地下建筑内部的空气质量、视觉和听觉质量，以及对人的生理和心理影响等方面带来了一定的特殊性影响，除有特殊要求的工程以外，一般应达到人在这种环境中能正常进行各种活动而没有不适感的舒适环境标准。在任何情况下，都不允许地下建筑环境出现对人体产生致病、致伤、致死等危险的极限标准。

1. 空气环境

建筑空气环境的指标有舒适度和清洁度。其中温度、湿度、二氧化碳浓度等是衡量空气冷热、干湿和清洁程度的主要指标。人体适宜温度范围大体为 $16 \sim 27℃$，夏季偏高，冬季偏低；室内相对湿度的舒适值 $40\% \sim 60\%$。日本制定最舒适的室内温度、湿度环境标准：夏季温度 $25 \sim 27℃$、湿度 $50\% \sim 60\%$，冬季温度 $20 \sim 22℃$、湿度 $40\% \sim 50\%$，空气流动速度均为 $0.1 \sim 0.2m/s$。我国因建筑供热和供冷均达不到发达国家水平，室内温度标准较低，一般公共建筑的设计标准为：夏季温度 $27 \sim 29℃$，冬季温度 $16 \sim 20℃$，相对湿度均为 $40\% \sim 60\%$，室内气流速度夏季 $0.2 \sim 0.5m/s$，温湿度都较高时取大值，冬季保持在 $0.1 \sim 0.2m/s$。

地下建筑周围被具有较好热稳定性的岩土包围，因而在地表下一定深度的地温就趋于稳定，不再受大气温度的影响。如日本东京地表下 7m 处，年平均地温稳定在 $15.5℃$ 左右；我国在地表下 $8 \sim 10m$ 处地温也基本稳定，大体长江流域为 $17℃$ 左右，长江以南各省达 $20℃$ 或更高，华北地区为 $16℃$ 左右，东北地区为 $10℃$ 左右。地温稳定并不等于地下建筑室内温度也是恒定的，因为受引入空气温度的影响。由于建筑物周围稳定温度场的存在，将引入的地上空气温度调节到适宜的程度要比地面容易，这也是地下建筑节能的主要原因之一。目前我国尚无地下建筑温、湿度的统一标准，有的单位经研究试验提出在全面空调条件下，夏季室温为24～26℃，相对湿度不大于65%，冬季18～20℃，相对湿度不小于55%，应该说这是一个较高的标准。清华大学童林旭教授提出在我国黄河以南冬季不供热地区，冬季室内温度为10～15℃，相对湿度在50%～70%；夏季室温在24～29℃，相对湿度为70%～80%较为实际，这已是不低的标准了。

通常地下建筑中温湿环境和气流速度等虽都达到比较舒适的指标，但人在此环境中停留较长时间后，仍出现头晕、烦闷、乏力、记忆力下降等不适现象，这与空气中负氧离子数量不足有关。世界卫生组织规定，清新空气的负氧离子标准浓度为每立方厘米空气中不低于1000～1500个，此时人体新陈代谢活动活跃，体力及精神状态俱佳；但是如果负离子浓度过低，人体正常生活活动将发生障碍并出现各种不适。增加城市地下建筑中空气负氧离子浓度的可靠方法，除适当增加新鲜风量和改善空气含尘、含湿状况外，在通风系统中增设负氧离子发生器是比较有效的。

空气的清洁度主要由氧气、二氧化碳和一氧化碳3种气体的含量来衡量。氧含量在正常情况下应为21%（体积比）左右，降到10%以下时开始有头晕、气短、脉搏加快等现象，5%为维持生命的最低限度。根据每人每小时需吸入氧气0.018ml的指标。按室内人数多少即可确定所需的新鲜风量；一氧化碳是一种有害气体，日本环卫标准规定空气中一氧化碳含量不超过$1/10^5$，美国规定生产环境中不超过$5/10^5$，工作时间在1h以内时可允许提高到$1/10^4$。地下停车库由于汽车废气中含有较高浓度的一氧化碳，因而规定停车间内不超$1/10^4$；二氧化碳本身是无害气体，但室内二氧化碳浓度升高超过3%后，将使人感到头疼、呼吸急促，影响体内的酸碱平衡。室内环境二氧化碳浓度达到10%以上时，人在几分钟内死亡。日本规定最高不超过0.1%，我国一研究成果提出地下建筑中二氧化碳浓度的建议标准为0.07%～0.15%，最高不超过0.2%。人对空气中二氧化碳浓度升高的不适感，往往与含氧量减少的不适感同时发生，因此加强通风保证所需新鲜空气量，可同时解决这两个问题。如按含氧量在17%、二氧化碳在0.5%计算，则每人每小时需要新鲜空气4.74m³。

另外，空气中的含尘量、细菌含量等也要随着环保标准要求的逐步实施，严格控制。

2. 光环境与声环境

光与声环境可称为视觉环境与听觉环境，衡量光环境质量的指标有照度、均匀度、色彩的适宜度等。在地下建筑封闭的室内环境中，保持合适的照度是必要的，光线过强或过弱都会引起视觉疲劳，因此地下建筑中的照度标准，至少应不低于同类型同规模的地面建筑。在出入口部位白天的照度应接近天然光照度，形成一个强弱变化的梯度，使人逐步适应，而夜间则相反。地下商业建筑根据国际照度标准（JIs），百货商店营业厅内照度应为300～700lx，重点部位为1500～3000lx。为了使地下室内光环境尽可能接近太阳光的光谱，不宜全部采用光色偏冷的荧光灯，可夹杂以白炽灯或其他光源。在色彩上宜以偏暖色调为上，避免多用灰色或蓝色，以使视觉环境呈现出和谐淡雅的色彩，使人精神爽适。

人在室内活动对声环境的要求是：声信号传递在一定距离内保持良好的清晰度，环境噪声水平低且控制在允许噪声级以下。

室内声源发出的声波不断被界面吸收和反射，使声音由强变弱的过程称为混响，反映这一过程长短的指标称为混响时间。如界面吸收的部分小，反射的部分大则混响时间长，超过一定限度就会影响声音的清晰度；反之则混响时间短，清晰度较高、但过短时声音缺少丰满度。控制和调节混响时间可根据声源频率特性，选用各种吸声材料和吸声构造。与装修相结合、通过计算与实测，使其达到满意水平。

我国提出的环境噪声容许范围最高值为60～85dB，理想值为35～40dB。根据国内几个地下商场的测定，因人员密集，往来频率高，再加上购物过程中的各种声响，使噪声强度平均达70dB左右，超过理想的安静标准许多。为控制噪声，一般采取隔离或封闭噪声源，来提高建筑结构的隔声质量，其次减弱噪声强度，包括改进设备、增大室内吸声量以缩短混响时间以及改变空间轮廓布置，等等。

3. 地下建筑的心理环境

建筑内部环境在人的心理上会引起一定的反应。积极方面的反应是舒适、愉快等；不适、烦闷等则属于消极方面的反应。若对某种环境的消极心理反应持续时间较长，或重复次数较多，可能形成一种条件反射，或形成一种难以改变的成见，称为心理障碍。由于地下建筑的特点极易引起幽闭、压抑，因此应努力提高地下建筑生理环境的质量——舒适度，利用现代科技成果改善地下建筑厅室内的光和声环境、解决天然光线和景物的传输问题，如结合下沉式广场，采用斜式逐层跌落方式。以便更多地引入阳光（图1-4），或用开天井的办法引入阳光（图1-5）增加建筑布置上的灵活性。提高建筑艺术处理的水平，以弥补地下建筑心理环境的不足。

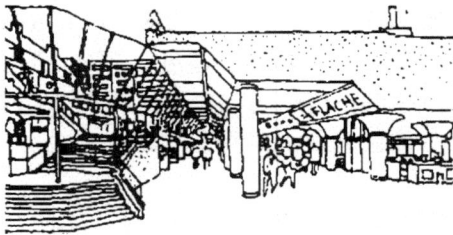

图1-4　地下与地上结合处理处　　　　图1-5　天井采光通风

1.3　城市地下空间利用与发展前景

随着科技和经济的发展，城市的发展速度日益加快，无论是发达、较发达或发展中国家的城市化进程都应遵循综合治理原则，未来的城市都期望达到高效、文明、舒适、安全的理想目标。当然，在不同历史时期，这些目标有不同的含义和标准，以现在的认识水平看，这些长远的目标可具体化为：用有限的土地取得合理的最高城市容量，同时又能保持开敞的空间，充足的阳光，新鲜的空气，优美的景观和大面积的绿地与水面；少用或不用常规能源的前提下，为所有居民提供不受自然气候影响的居住和工作条件；

在自然和人为灾害的危险没有完全消除以前，保障所有居民的安全，使之不受灾害的威胁。为实现这些目标，必须探索、研究达到这些目标的途径和措施。地下空间是迄今尚未被充分开发的一种宝贵自然资源，具有强大的潜力和生命力。开发地下空间在技术上已比较成熟，在原有技术基础上发展新技术要比开发宇宙、海上的技术容易，更重要的是开发地下空间可以与原有城市上部空间得到协调的发展（图1-6）。城市地下工程的开拓应遵循：人在地上，物在地下；人的长时间活动在地面，短时间活动在地下；先近后远，先浅后深，先易后难等已被实践证明是正确的原则。

图1-6 地下与地上相结合的空间布局处

钱七虎院士曾在《岩土工程的第四次浪潮》中就地下空间利用的趋势做过论述，归纳起来总体发展趋势为：

1）综合化是城市地下空间利用的主要趋势。

2）分层化，深层化开发利用地下空间，形成人车分流；市政管线，污水，垃圾分层分置布局，使地下功能既区分又协调，发挥各自的功能优势。

3）城市人口集中，繁华地带交通地下化；根据我国城市交通《2020年科技发展规划》提供：2005～2010年新建城市轨道交通约500～600km。投资约3000亿元人民币，到2020年城市轨道交通将达到2500～3000km，约需投资8000亿人民币。

4）共同沟的建设将成为必然，实现各类管网地下化，避免各部门、各行业因利用地下空间的频繁、重复破挖地面的现象。

5）TBM机、盾构机使用普遍化。

6）非开挖技术将得到快速发展。

7）3S技术将被广泛地应用于地下工程。

今后城市地下工程的开拓发展应注意考虑与研究下列问题。

1. 浅层和次浅层空间应全面、充分地开发利用

浅层和次浅层地下空间是指地表以下10m以内和10～30m的空间，这部分地下空间距地表较近，人员上下较方便，天然光线传输到这样深度还不太困难，是地下空间使用价值最高，开发最容易的宝贵地区。浅层地下空间宜安排商业、文化娱乐体育和人员较多、较集中的业务活动等场所，在平面规划上与城市主要街道、地上地下交通系统相对应、衔接，便于人员进出、集散或换乘。以街道两侧建筑红线的宽度，加上两侧建筑物的地下室，可形成一条几十米甚至百米宽的地下街，从中心区逐步向外扩展延伸，最后形成一个与地面上道路系统相协调的地下街道网。这样的街道网可统一规划，形成地下交通通道、停车库存、商娱体及社区活动等多功能的地下建筑联合体。在这种情况下地面仅保留少量汽车与自行车道路，使主要街道实现步行化和大面积绿化，改善城市环境和景观。

2. 在次深和深层空间建立城市公用设施的封闭性再循环系统

现时城市生活基本上处于一种开放性的自然循环系统中，依靠自然界取水，用后排入河湖海，能源也多为一次性使用，热效低，废弃物未经处理和回收而堆积，对环境造成二次污染。这种自然循环对自然资源造成很大浪费。为此，日本学者提出了在城市地下空间中建立封闭性再循环系统的构想，用工程的方法将多种循环系统组织在一定深度的地下空间中，故又称为城市的"集积回路"。拟在地下 50～100m 深的稳定岩土层中建造内径为 11m，总长 55km 的圆形隧道，其中布置上多种封闭循环系统，形成一个地上使用、地下输送、处理、回收、储存的封闭性再循环系统。虽然投资较大，但城市生活再循环的程度大大提高，对节省资源、提高城市生活质量，是一个具有方向性的尝试，将创造巨大财富。

3. 在地下空间建立水和能源储存系统，以及危险品存放系统

利用地下热稳定性好，能承受高压、高温和低温的能力，大量储存水和能源是非常必要的。建造大容量水库成本过高，除必需外，应尽量利用土层中的含水层，特别是已疏干的含水层，这样，工程费用比建储水池小得多。储存低峰负荷的多余能量，供高峰时使用；储存常规能源以建立战略储备；储存间歇性生产的能源供无法生产时使用；储存天然的低密度能源，如夏季的热能，冬季的冷能等，供交替使用等都是能源储存的重要内容。可根据其不同性能与要求分别建造。有一些对城市安全构成威胁的危险品，如剧毒品、易燃易爆物品等，存放在深层地下空间或者城市附近的废弃矿坑中。核废料存放在远离城市的无人地区，以防止污染地下水资源。

关于城市地下工程开拓发展的方向问题，无论在何处都应把城市地面空间与地下空间作为一个整体来统一规划，特别是在已形成相当规模的大城市，城市立体化再开发过程应是有计划有目的地逐步实现。随着经济的发展，科学技术高度的发达，产业结构将会发生变化，城市的国际性也将进一步加强，因此，城市地下工程势必将进入蓬勃发展的时期。

复习思考题

1. 城市地下工程具有哪些特点？
2. 城市地下工程总的发展趋势是什么？
3. 城市地下工程建筑环境有何要求？
4. 城市地下工程的主要施工方法有哪些？

第 2 章　城市地下空间规划理论与建筑设计

2.1　城市空间规划的基础理论

城市规划的基本任务是：以城市社会经济发展目标为依据，进行城市空间布置，使之更好地促进生产力发展，提高人民生活质量。城市规划应包括城市地下空间的开发利用。城市地下空间的开发利用应根据该城市的实际情况、经济发展水平、开发能力，因地制宜，区别对待并适当地考虑较长远的城市空间容量扩充的需要。

据有关资料介绍，当一个国家人均生产总值达到 500 美元以上时，基本上就具备了大规模开发利用地下空间的条件和实力。而当人均生产总值达到 1000～2000 美元时，则地下空间的建设利用会出现高潮；一般认为城市人口超过 100 万时修建地铁是合算的。当一个城市达到或接近上述条件时，就会或可能会考虑制定城市地下空间利用规划。

然而，城市地下空间的利用和开发，有着不同于地面以上空间利用的独特特性，且地下空间的开发又是城市发展的新课题，尤其一个城市地下空间的首次开发成功与否，对未来影响巨大。因此审慎、严密、科学地做好地下空间利用规划是极其重要的基础工作。

2.1.1　地下空间规划基本理论

1. 城市容量、空间利用及规划范围

城市容量指一个城市在某一个时期与人口、人类活动有关的各类设施的容纳能力。

当城市实际容量不足以解决人口、建筑、交通、基础设施、环境等容量之间的矛盾时则应该考虑城市容量的拓展，除了外延水平方向拓展以外，内涵式立体方向拓展也是其必然。

立体方向拓展包括向高空和地下空间发展。地下空间可实现多种功能开发利用，比如：办公、商业、文娱体育、工业、交通、公用设施、存储、防灾防护及其他特殊空间的开发利用。应综合考虑地上、地下多种功能的协调；近、远期不同深度开发利用的需求与衔接。

规划范围必须与本城市总体规划紧密联系，应考虑到城市特性、自然地理条件、城市人口规模、发展趋势与潜力、经济、交通、土地利用、能源、供水、供气状况等因素。对于大城市，特别是特大城市还应考虑到对周围城市的辐射作用，尤其是城市轨道交通的规划范围应该考虑到对周围的辐射作用。

2. 地下空间生理与心理学

地下空间利用规划，必须考虑环境质量对人体所产生的生理效应。比如空气污染、有害气体、微生物、湿度、环境、色泽、声响、光照度、通风条件等对人体产生的生理及心理反映。在地下空间规划中必须从理论、数据、相关技术措施上加以研究并予以贯彻。尽可能消除心理和生理影响的消极因素，创造出宜人的生活与工作环境。比如：地下室内装修就必须满足使用功能和精神功能要求，必须适用、经济、美观、耐久、艺术上应朴素、明朗、协调、大方，还应考虑环境的宁静、明朗、利于光线反射和易于清洗维护，一些部位的装修还应该考虑抗震、消声、防火、防潮、防腐等性能要求，使人的心理感受、视觉感官等获得良性刺激。图 2-1 为某地铁车站设计效果图。

图 2-1　某地铁车站设计

3. 地下工程理论与技术

地下工程设计、施工与地面建筑设计施工有着很大区别。城市地下工程置于岩土介质之中，土质因素复杂，未知因素难以确定。所以，进行地下空间规划需掌握岩土工程、土力学、岩石力学、地基基础等相关理论；了解城市地下工程设计施工及地下空间建筑环境设计理论与工艺技术等。只有这类技术问题得到充分考虑和合理解决，才能使地下空间规划得以真正的实现。

2.1.2　城市地下空间总体规划与专项技术

（1）城市地下空间总体规划的主要原则

1）规划应符合国家有关方针、政策。

2）规划应为生产力发展创造有利条件。规划应有利于理顺城市各种容量间的关系，保证各种容量的合理匹配；充分挖掘土地潜力，创造良好地投资环境，增加城市抗灾、防灾、防护能力。

3）规划应从实际出发，符合国情，贯彻建国方针。

4）规划应考虑地下与地面的功能协调，贯彻建设与环境保护相结合的原则。

5）规划应体现城市艺术品味，民俗历史和文化内涵；规划应具一定先进性和超前意识。

（2）规划主要内容

1）规划依据与原则；规划任务与目的。

2）基础资料。

3）城市地下空间发展方向与开发需要预测。

4）城市地下空间的总体布局。

5）城市地下空间各功能、设施规划。根据城市特色及功能分区需求，规划可以包含有：城市地下交通设施规划（含地铁、公路、行车设施、地下步行交通系统等）；地下公共设施规划（含地下办公、商业服务、文化体育、娱乐、科教、医疗卫生及其他地下公共设施等）；城市市政管线设施规划；地下储库规划；城市地下防灾、防护设施规划等专项规划。

6）城市地下空间详细规划。详细规划按深度不同可划分为控制性详细规划和修建性详细规划两个阶段，但也不能绝对化。视城市具体情况，建设规模与速度，可分为两个阶段，也可直接制定修建性详细规划。

7）城市地下空间规划实施控制；规划实施控制方案应包括如下内容。

① 城市地下空间开发建设目标（近期目标、远期目标）；

② 城市地下空间开发建设总方针；

③ 城市地下空间开发建设时序；

④ 城市空间开发建设中的主要技术问题与对策；

⑤ 开发建设中的领导与政策保证；

⑥ 开发建设中的资金运作；

⑦ 城市地下空间开发建设中的其他细则；

⑧ 城市地下空间开发经济技术分析。

2.1.3 地下空间系统规划程序

城市地下空间规划涉及专业多，具有较强的政策性，是一项综合性、整体性、专业性、艺术性很强的工作。制定总体规划应按一定程序进行，城市地下空间规划程序可参照《城市地下空间规划理论与实践》一书中介绍的内容，地下空间总体规划程序如图 2-2 所示。

2.1.4 城市地下空间规划的关键问题

城市地下空间规划应把握好如下关键问题：

1）城市地下空间规划应做到点、线、面结合，以城市繁华地区的地下综合设施为中心形成点，用地下交通网络连通形成线，把新城、旧城，交通、公共场所等各类功能的地下空间组合成一个整体，形成地下空间平面，将地下不同深度空间与地面以上空间开发相互协调组成高效的立体开发格局。

2）规划中以地下交通工程为依托，连接各个中心的地下综合体，通常用地铁车站把各个地下综合体联系起来，进行组合安排。

3）规划应充分利用地面建筑的地下空间部分，可将已有的独立空间相互连通，形成地下空间网，平时作为车库、自行车库，发生灾害时可作为避难场所。

4）地下空间使用功能规划应与地面城市建设环境及特点协调，比如在繁华的商业中心地带，其地下也应设有与此相关的商业街，像哈尔滨秋林地下商业街工程，就是利用商业中心区的环境优势，一直获得了较高的效益。城市繁华地段，其地下空间规划的主要单体建筑应以地下商业街、地铁、地下停车场、下沉式休闲广场、地下公共交通为主要内容进行规划与设计。

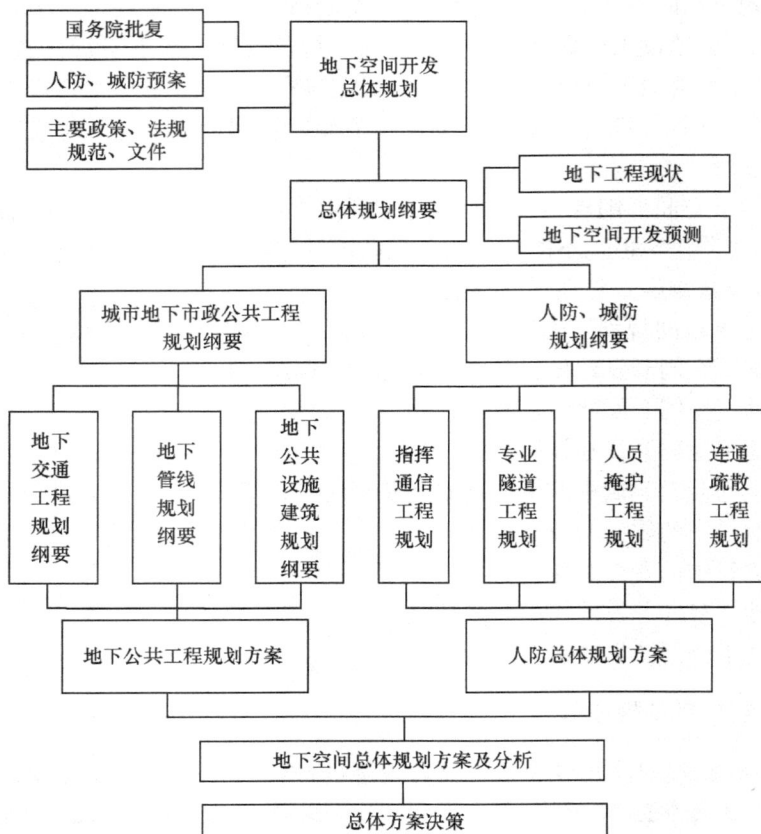

图 2-2 地下空间总体规划程序

5）地下空间规划，同时要考虑到防灾、减灾及对战争的防护等级要求，把地下空间规划同城市建设，人防建设有机结合起来，平时地下空间作为城市空间利用的一部分，战时（有时经临时加固）可形成具有一定防护等级的地下掩蔽疏散中心。

2.2 城市地下工程建筑设计

2.2.1 建筑组成

城市地下工程由许多不同功能的地下空间建筑组合而成，即使是单体建筑大多数也会因功能不同的需要而由多个空间组合而成。

1. 地下街的组成

1）地下步行道系统：包括出入口，连接通道（地下室，地铁车站）、广场、步行街、垂直交通设施，步行街道等。

2）地下营业系统：比如商业，娱乐，食品等供商业性质用的空间。

3）地下机动车运行及存放系统。

4）地下街设备系统：包括通风、空调、变配电、供水、排水等设备用房；中央防灾控制室、备用水源、电源用房等。

　　5）其他辅助用房：如管理、办公、仓库、卫生间、休息接待等用房。

　　地下街进一步发展可组成地下综合体，还应含地铁、地下公路、综合管线廊道等。

　　2. 地下停车场建筑组成

　　1）出入口：进出车用坡道、地面口部及口部防护、机械式口部技术用房。

　　2）停车库：停车间、行车通道、步行街等。

　　3）服务用房：收费、加油、维修、充电等用房。

　　4）管理用房：门卫、调度、办公、防灾中心等。

　　5）辅助用房：风机、水泵、器材、油库、消防水库、电梯楼梯间、防护用设备间、卫生间等。

　　图 2-3 为某地下停车场示意图。

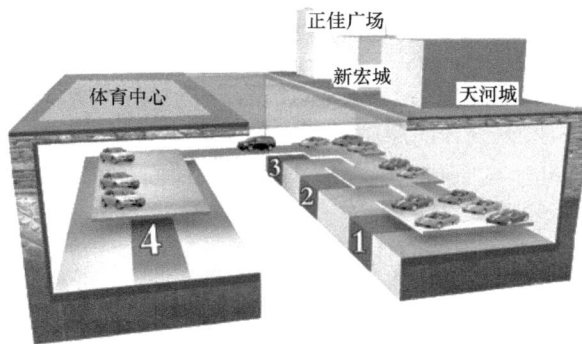

图 2-3　地下停车场设计

　　3. 地铁车站的建筑组成

　　1）为乘客服务部分：出入口、地面站厅、地下站厅、楼梯、电梯、坡道、步行街、售票检票、站台卫生间等。

　　2）运营管理用房部分：行车主副值班室、站长室、办公室、会议室、广播室、信号通讯、休息值班用房、公务区等。

　　3）技术用房部分：电器、通风、给排水、电梯机房等用房。

　　4）生活辅助部分：客运人员休息室、清洁工具室、储藏室等用房。

　　图 2-4 为莫斯科地铁某车站。

　　4. 地下人防建筑组成

　　无论是专用人防、军用地下防护建筑还是兼有防护功能的地下建筑，应按其功能性质，或分期分批，或一次建成，或战前改造成整体具备相应完善系统的防护体系，均应具有比如生活食品加工、电力、抢救、医疗、指挥、动力、电站、物资保障系统，有些还应具备武器制造、储存、发射等作战时战备功能。

　　地下人防建筑通常由指挥所、掩蔽部、通信、水库、存库、医院、交通运输干线、通风、供电、出入口等部分组成。

2.2.2　建筑设计要点

　　地下工程建筑设计，应根据功能需要，遵照规划、规范要求进行设计，大体步骤

图 2-4 莫斯科地铁某车站

为：选址→总平面布置（平面组合）→竖向组合→选择结构形式、柱网布置→装修装饰→环境艺术处理等。建筑设计的原则及要点如下：

1）城市地下建筑设计，原则上应与城市规划、地面建筑相协调相适应，应适当考虑扩建的可能性及必要的预留空间。

2）总平面布置，即平面组合应使功能紧凑，分区合理、明确；有利于地下空间的充分利用；营业面积与经济效益有关，营业面积越大，经济效益越高，因此商用建筑步行道面积，停车场面积，辅助用房面积应各占适当比例。目前我国尚无统一标准，基本上参考国外经验，结合具体情况而定。

3）竖向组合应根据分层需要利于人员通行、上下、进出、疏散安全、方便。

4）结构安全经济合理，具体采用何种结构类型应根据土质及水文地质状况，建筑功能与层数、埋深、施工方案来确定。

5）装修应简洁、明快，具有一定的艺术性，利于人们的视觉、感官。

6）强调环境保护意识及人性化观念。

2.2.3 环境与装饰

城市地下建筑不同于地面建筑，绝大多数地下建筑没有外观只有室内效果，但地下空间建筑往往又是空间、光和结构三者协调的一门艺术、因此环境与装饰在地下建筑中占有重要地位，直接影响着人们的感官与视觉享受，甚至影响人们的舒适与安全。环境与安全将在 2.3 节和第 13 章介绍。这里重点介绍城市地下工程建筑装饰的一些基本概念。

1）城市地下建筑装饰重点在各类建筑入口部、商娱营业主体、地铁车站、厅、步行通道等部位。

2）建筑装饰风格。商娱营业主体的装饰应以现代风格为主，强调光照度舒适明亮，墙面、柱、顶板装饰简洁明快，强调材料的质感，色彩，讲究文明，时代感，并结合经营内容，突出特色，具有吸纳引导人流的效果。

3）步行通道应强调光照度，简洁明快，有利于引导人流走向，宜采用安静舒适的色调。

4）地铁车站厅装饰可有如下几种风格。

① 古典风格：可创造一种富丽堂皇的宫廷建筑形式，富有历史感，显示车站建筑对历史的尊重；

② 现代风格：追求现代艺术及技术的运用，适应现代快节奏社会中人们的审美情趣；

③ 民族风格：反映不同民族、不同文化特点和审美情趣，为人们提供良好的文化氛围；

④ 地方风格：与当地自然条件结合，突出地方文化特色，北方寒冷地区建筑要厚重、封闭一些，热带地区的建筑要轻巧、通透一些；

⑤ 个人风格：充分发挥设计者、建筑师的个人才华、想象与创造力，体现个性、个人风格。

无论什么风格的车站建筑，均应符合形式美的规律，同一条线路的车站风格可以统一，也可以有差异。但其总体风格应该是协调一致的。

5）地下建筑出入口部位是进入地下的必经之路，同时它又是地面景观的一部分，一个出入口不仅是一个艺术品，也应成为引导人们进入地下的一块招牌。出入口的艺术形式有棚架式独立出入口、无棚架式（平卧开场式）、附属建筑式。各种出入口应根据出入口的位置及该地段条件进行设计，设计应融入周围环境，有利于环境景观的改造，并能起到人流引导作用，具有较强的标志性。图 2-5 和图 2-6 为地铁站出入口设计实例。

图 2-5　地铁车站入口设计实例 1

图 2-6　地铁车站入口设计实例 2

2.3 城市地下工程防灾与安全

2.3.1 防灾与安全工作的重要性

世界各国都十分重视灾害的防御，随着越来越多的城市地下工程的不断出现，防灾与安全问题越显突出。如何保证和提高对各种灾害的防护能力，以及如何确保地下工程的安全、预防重、特大事故的发生，确保地下空间中人员和财产的安全在规划中应占有突出位置。

城市灾害主要包括：自然灾害、人为灾害（火灾、交通事故、化学事故、核事故、环境污染等），战争灾害、次生灾害（自然、人为、战争灾害诱发的，如火灾、水灾、瘟疫等的次生灾害）。一旦发生上述灾害，可能造成建筑物倒塌，防洪堤破坏，排水、供电、供水、广播电视、联络通信中断，交通瘫痪，工业设备破坏，人员伤亡，致使城市失去正常的运转功能，给人民的生命财产带来巨大的损失，从灾难中恢复起来难度大，耗资多是不言而喻的。

地下建筑所遇到的灾害可分为发生在建筑外部和发生在建筑内部的灾害。地下建筑对外部发生的各种灾害一般都有较强的防护功能（如对战争中的空袭、核爆炸的光辐射、放射性污染及伴生灾害等具有独特的防护能力）。但是对于发生在地下建筑内部的灾害，特别像火灾、爆炸等要比在地面上危险的多，防护难度也大得多，这主要是因为地下空间比较封闭，疏散难度大，环境复杂等原因所致。因此地下建筑的内部防灾、防护就尤显重要。而且重点应放在防灾防护、防水防震等方面。

城市地下工程的安全问题从时间上可分为施工期和运营维护期的安全管理及事故的预防与处理。

地下工程安全危险因素主要有火灾（设备故障、人为违章操作、用电用火不慎、电焊切割、易燃易爆物品存放、人为纵火等所引起）；建材中有毒有害物质、燃烧产生的毒气、放射性元素；水灾、爆炸、触电、列车脱轨、结构垮塌，帽落、地质灾害、隧道失效、地表移动与塌陷等。一旦发生灾害事故，就会形成比较严重的后果，轻则造成人员伤亡、经济损失，重则造成群死群伤等重大灾害和巨额经济损失，严重影响市政形象，给人民心理带来巨大的社会影响。

地下建筑与地面建筑相比有许多不同之处，地下建筑与外部联系孔洞少、面积有限、气热交换难、散热慢、能见度低、排烟困难、安全疏散与补救困难，造成的危害比地面要大。

上述均说明城市地下工程的防灾与安全工作十分重要，在规划中必须认真对待。

2.3.2 防灾与安全防护的基本原则

1）严格贯彻执行相关法律、法规、规范与规程，严格执行国家、地方、行业颁布的防火、防洪排涝、抗震抗灾、民防和环境保护方面的规程，规范，吸收国外先进经验。

2）贯彻"预防为主"的方针。贯彻国家"预防为主，防治结合"的方针，城市地下工程应建立良好的灾害预测、预报、评估与预警系统，建立定期的抗灾，防灾可靠性评定制度，建立智能修复系统。

3）系统设施的选择必须符合防灾要求：应做到系统可靠，功能合理，设备成熟，技术先进，经济适用。

4）建立联防体系，防灾系统应与城市总体防灾系统联网，成为其中的一个组成部分，便于各类灾变信息的传递。一旦灾害发生时，可迅速向总体防护防灾系统报告，并得到城市防灾系统的指导和帮助。

5）对于大城市，特别是特大城市，地下工程规划中对于人防，防灾，安全防护应高起点，综合规划，贯彻长期建设，稳步发展的原则，着眼于增强城市的防空、防灾、抗震、救灾的整体功能，提高在灾害和战争条件下的稳定性和灾后、战后城市功能的恢复能力上，面向现代化，面向国际。

2.3.3 主要技术措施

城市地下工程防灾与安全防护应在总原则指导下对各类灾害及安全隐患均应制定防范技术措施。措施必须得力、可靠、有效。对于施工中的相关防范措施将在第 13 章中介绍。这里重点介绍运营、维护阶段的各类灾害安全隐患的防范技术措施。

1. 火灾防范技术措施

1）规划布局合理：如对地下工程出入口设计应便于人员使用，又有利于火灾发生时人员的疏散；出入口连接处，墙壁及顶板的耐火极限必须达到 3h 以上，常开门必须使用耐火极限 2～3h 的防火门，设置可靠的防火分隔，火灾发生时可有效阻止火势蔓延扩大，减少火灾损失。

2）地铁车站、地下连通道防火分隔应采用防火墙、防火卷帘加水幕或者复合防火卷帘等防火分隔物划分为防火分区，防火分区安全出入口不少于 2 个。

3）合理地选择出入口位置和数量，合理地选择与布置排风设备，一旦发生火灾能有效地排烟，提供新鲜气流，利于人员疏散；必须设有灭火系统和一定数量的灭火器材。

4）合理选择装修材料，地下工程装饰材料应选择不燃、难燃材料，经阻燃处理的材料限制使用易燃及可散发大量烟雾和毒气的材料，禁止使用燃烧时散发大量有害气体的材料，如石棉、玻璃纤维制品。

5）设置防火自动报警系统，发生火灾时，会影响全局的重要部位和火灾危险大的部位均应设置自动报警系统，并在适当部位增设手动报警按钮。

2. 水灾防范技术措施

地下工程的防水设计应遵循"防、排、截、堵相结合，刚柔相济，因地制宜、综合治理"的原则；根据国家现行标准《城市地下工程防水技术规范》（GB50108—2001）相关内容，地铁车站主体结构部分的防水等级应为一级。为防止洪涝积水回灌，除各出入口标高（包括车站、风亭、排烟、排水孔口标高）应高出室外地面 150～450 mm 外，须设置足够的泵房设备；位于水域区下方的隧道两端应设电动、手动防淹门。构筑物的施工缝，伸缩缝等接缝、裂缝、镶嵌部位及地下建筑物本身均应采用合理可靠的防水技术加以处理。

3. 地震防护技术

地震是一种破坏力很大的自然灾害。我国又是地震多发的国家，虽然地震对地下结构影响远小于对地面建筑物的影响，但地下结构仍存在地震破坏的可能性，设计和施工时应有必要的对策。城市地下工程规划与设计应执行《建筑抗震设计规范》（GB50011—2001）的相关条款。抗震设防的烈度，应结合城市所在位置采用《中国地震烈度区划图（1999）》所划分的烈度设防、执行《建筑工程抗震设防分类标准（GB50223—2008）》。比如北京地铁应按 8 度设防。地下建筑选址、选线应尽量避开软弱土、液化土、明显不均匀土层，或采用可靠的土体加固措施；采取必要的结构构造措施，以加强和提高结构的整体抗震性能。

4. 防空袭与战争破坏

地下工程一般都具有对爆炸冲击破坏的防御能力。其通风、给排水、通信信号、自动报警和防灾系统，均可为战时防空袭服务。因此在规划中应结合城市战时地位、作用、总体防御规划，确定哪些建筑及地铁线路或区间隧道等作为等级人防工事，对于兼顾人防功能的地下建筑，按战术技术要求确定适当的设防等级。平时运营，战时为防灾救灾，防护服务。使地下工程在战时发挥更大的战备效益。

当经济条件允许时，一些重点设防的部位，应在设计施工时就做到一次到位，达到人防工事等级的要求，有些可兼作民防工程使用的设施，应预先作好转换设计，以便于战时或临战前的平战功能转换，经改造能尽快达到等级人防工程的要求。

复习思考题

1. 城市地下空间总体规划的原则是什么？
2. 城市地下空间规划的特殊性与重要性？
3. 地下空间规划都有哪些主要内容？
4. 城市地下空间规划应把握哪些关键问题？
5. 地下空间火灾特征及危害，以及火灾防护对策？
6. 城市地下工程建筑设计要点有哪些？

第3章 地下铁道

3.1 概　　述

3.1.1 引言

随着改革开放，国民经济的飞速发展，作为城市建设的一个重要方面，城市公共交通必须获得，而且也必然会获得巨大的发展。

城市公共交通（urban public traffic）是指，在城市及其郊区范围内，为方便公众出行，用客运工具进行的旅客运输。它对城市政治经济、文化教育、科学技术等方面的发展影响极大。现代城市公共交通结构主要包括：公共汽车、无轨电车、快速有轨电车、地下铁道和出租车等客运营业系统，有些城市还有铁路客运、轮渡、索道、缆车运输、磁悬浮客运交通等。

地下铁道（metro）是指，在大城市中主要在地下修筑隧道，铺设轨道，以电动快速列车运送大量乘客的公共交通体系，故称地下铁道，简称地铁。在城市郊区，人员车辆较少的地方，地铁线路常可延伸至地面或高架桥上。地铁运输几乎不占街道面积，不干扰地面交通，有些国家称它为"街外运输"。在纽约则称为"有轨公共交通线"（mass transit railway）。

在我国，城市人口不断增长，机动车和非机动车数量迅速增长，很多大城市交通紧张状况非常突出，市区的客运交通流量猛增，而城市人均道路面积很低。如上海市人均道路面积仅为 $2.2m^2$，要增加道路面积非常困难。因此，道路拥挤，交通堵塞状况日益严重。目前很多城市道路交通的平均车速已下降至 10 km/h 以下，很多路口交通负荷度已经饱和。根据国内、外的经验，建设大容量快速轨道交通包括地铁和轻轨运输是缓解交通紧张状况的有效途径，尤其是在市内建设地下铁道，向地下发展是今后城市发展的一种趋势。

在交通拥挤，行人密集，道路又难以扩建的街区，以地铁代替地面交通工具，有着许多的优点：一是地铁交通安全、快捷、方便，一般不会堵车，所以省时、准时，可为乘客赢来效益，乘坐地铁通常要比利用地面交通工具节省 1/2～2/3 的时间；它以车组方式运行，载客量大，正点率高，安全舒适。对于多条地下铁道立体交叉情况下，在交叉点设有楼梯式电梯或垂直电梯，换乘极为方便，在城市中心区等热闹地带，地铁的出入口，可以建在最繁华的街区，或建在大型百货商店以及其他公共场所的建筑物内，方便乘客；二是可以改造地面环境，降低噪声、减少废气污染，为把地面变成优美的步行街区创造条件；三是地铁可节省地面空间，保存城市中心"寸土寸金"的地皮，四是有一定的抗战争和抗地震破坏的能力。

因此，对于大城市，尤其是国际化特大城市建设地铁是非常必要的，从目前已建成地铁的城市情况看，一般认为，城市人口超过百万时，就有考虑修建地铁的必要，但地铁建设周期长，投资昂贵。比如，上海地铁从准备到 1995 年开通，历经多年；广州地铁一期实际投入 140 多亿人民币，另加 5 亿多美元贷款；地铁每公里投资现时已达 3.5 亿元人民币以上。因此，一个城市是否修建地铁，必须根据国民经济状况等综合因素，经可行性论证，才可确定。

3.1.2 世界各国地铁发展概况

1863 年 1 月 10 日，世界上第一条地铁用明挖法施工在伦敦建成通车，列车用蒸汽机车牵引，线路长约 6.4km；1890 年 12 月 18 日，在伦敦首次用盾构法施工，建成另一条地铁线路，由电力机车牵引，线路长约 5.2km。随后世界上又有纽约（1867 年）、芝加哥（1892 年）、布达佩斯（1896 年）、格拉斯哥（1897 年）、波士顿和维也纳（1898 年）、巴黎（1900 年）等城市修建地铁。其中芝加哥修建的全部为高架线，直到 1943 年才建成第一条地下线；格拉斯哥的地铁起初是列车在轨道上用缆索牵引，到 1936 年才改用电力牵引。20 世纪上半叶，有柏林、纽约、东京、莫斯科等 12 座城市修建地铁。截至 1963 的 100 年间，世界上建有地铁的城市共计 26 座。1964～1980 年的 17 年中，又有 30 多座城市修建了地铁，到 1985 年世界上有大约 60 座城市正在修建或计划兴建地铁，当时全世界地铁运营里程总计约 3000km。其中纽约、伦敦均达 400km，巴黎接近 300km，莫斯科和东京接近 200km。世界各国的地铁各有其特色和不同的建设思想，莫斯科地铁是世界上最豪华的地铁，有"欧洲地下宫殿"之称。天然料石、欧洲传统灯饰与莫斯科气势宏伟的博物馆群辉映成趣，市区 9 条地铁线路纵横交错，可以说是前苏联城市公交整体现划与建筑业水平的体现，各站的具体设计，毫不雷同，花岗岩选材选色、附属圆雕、浮雕各具特色，是一座艺术博物馆。

伦敦地铁目前线路总长度约 410 km（地下隧道 171km），共设置车站 275 座，地铁车辆保有量总数约 4139 辆，年客运总量已突破 8 亿人次。

美国纽约于 1867 年建成了第一条地铁，现在纽约地铁是全球最错综复杂的地铁，纽约已成为世界上地铁线路最多、里程最长的一座城市。目前，站数官方统计为 468 站，运营的轨道长度约为 1056km，地铁车辆保有总数约 6561 辆，设施较陈旧；年客运总量已突破 15 亿人次。

德国柏林的第一条地铁开通于 1902 年。发展至今，市区地铁已四通八达，有的线路已采用自动化运行技术。目前，柏林已有 9 条地铁线路，线路总长度约 142km（其中地下隧道约占 104km），共设置车站 166 座，车辆保有量约 2410 辆，年客运总量约 6.6 亿人次。

西班牙也是欧洲较早修建地下铁道的国家之一。1919 年，马德里的第一条地铁线路开始运行，现已发展到 10 条地铁线路，线路总长度约 115km，共设车站 158 座，车辆保有总数约 1012 辆，年客运总量约 4 亿人次。

日本东京第一条地铁线路于 1927 年建成通车。日本地铁着重开发主要车站及其邻近的公众聚集场所，这些场所能促进地下商业中心的建设，而且与地下车站连成一片，取得了较好的经济效益和社会效益。1996 年，东京地铁已拥有 12 条地铁线路，线路总长度约为 237km，共设置车站 196 座，车辆保有总数约 2450 辆，年客运总量已突破 28 亿人次。日本东京地铁的一个中转枢纽，可有八九层地铁线路穿过，而且一律有上、下电梯；穿行于日本地铁之间绝没有疲劳奔波的感觉而感到一种游览的乐趣。

法国巴黎也是最早修建地铁的城市之一，巴黎地铁也是世界上最方便的地铁。1900年巴黎第一条地下铁道从巴士底通往马约门，全长约 10 km，它为巴黎地铁网络的不断发展和完善打下了基础。巴黎市区已拥有地铁线路 15 条，地铁线路总长度约 201.4 km，地下隧道约占 175 km，共设置车站 370 座，车辆保有总数约 3472 辆，年客运量总数也已突破 12 亿人次。巴黎的地区快速地铁（RER）非常发达，运营线路共有 363 km，其中 114 km 与地铁共线，249 km 为城市快速铁路 SNCF。RER 的年客运量约 4 亿人次。巴黎地铁每天发车 4960 列，在主要车站的出入口，均设电脑显示应乘车线路和换乘地点等，一目了然。法国里尔地铁是目前世界上最先进的地铁，全部由微机控制、无人驾驶、轻便、省钱、省电，车辆运营中噪声和振动都很小。

1932 年莫斯科的第一条地铁开始动工，线路全长约 11.6 km，共设置车站 13 座，到 1935 年 5 月建成通车运营。莫斯科已拥有地铁线路 9 条，线路总长度约 244km，地铁车站总数为 150 座。莫斯科地铁系统的建筑风格和客运效率是举世闻名的，如图 3-1 所示，每个车站都是由著名的建筑师设计，并配有许多雕塑作品，艺术水平较高，使旅行者有身临宫殿之感。而所有地铁终点站都与公共汽车、无轨电车和轻轨系统相衔接，为旅客提供了方便的换乘条件。莫斯科地铁保有车辆总数约 3200 辆，年客运量已突破 26 亿人次。

图 3-1　莫斯科地铁车站

第二次世界大战以后，1950～1974 年的 24 年间，世界上地铁建设蓬勃发展。在此期间，加拿大的多伦多、蒙特利尔，意大利的罗马、米兰，美国的费城、旧金山，苏联的列宁格勒、基辅，日本的名古屋、横滨，韩国的汉城，以及中国的北京等约 30 座城市相继建成了地铁。

日本的名古屋，第一条地铁线路于 1957 年建成通车，现有 5 条地铁线路，线路总长度约 76.5km，共设 61 座车站，车辆保有总量约 730 辆，年客运量已突破 6 亿人次。

韩国的汉城，第一条地铁线路于 1974 年建成通车，现在已有 4 条地铁线路，线路总长度约 131.6km，共设置车站 114 座，车辆保有量约 1602 辆，年客运量已超过 13 亿人次。

加拿大的蒙特利尔，第一条地铁线路于 1966 年建成通车，现在已有 4 条线路，线路总长度约 64km，共设车站 65 座，车辆保有量总数约 760 辆，年客运总量约 3.5 亿人次。

1975～1995 年的 20 年时间里，地铁建设在原有基础上，取得了长足的进展，世界上 30 多座城市在此期间建成了地铁，美洲有华盛顿、温哥华等 9 座城市，欧洲有布鲁塞尔、里昂、华沙等 9 座城市，亚洲则更多，有神户、香港、加尔各答、天津和上海等 16 座城市。具有一定代表性的项目有美国的华盛顿，第一条地铁线路于 1976 年建成通车，现已有 4 条地铁线路，线路总长度约 144km，共设车站 74 座，保有车辆总数约 764 辆，年客运量超过 1.5 亿人次。华盛顿的地铁工程建设比较经济实用，车站建筑无富丽豪华之装饰，以朴素大方为特色，客运系统充分应用安全可靠的先进技术，为乘客提供了安全、舒适、快捷的服务条件，是现代地铁建设的范例之一。

我国于 1965 年 7 月在北京开始修建第一条地铁，1969 年 10 月建成通车，第一期工程全长 22.17km，于 1971 年投入运营。第二条环线又于 1984 年 9 月建成通车，全长 19.9km。截止 1992 年 10 月西单站建成通车，北京运营的地铁线路共长 43.5km，年客运量已突破 5 亿人次，与建成初期 1971 年的年客运量 828 万人次相比，运量增长已超过了 65 倍，其客运量占全市公共交通总运量的比重，已由当初的 8％增长到 15％强。2000 年 6 月 28 日复八线全线贯通并投入运营，至此北京地铁线路总长达 55.5km，设车站 41 座，保有车辆总数近 600 辆。复八线投入运营后，地铁客运量增加了 8％。北京在 2009 年地铁 4 号线开通运营后，运营总里程达到 230km，2010 年 9 月 21 日北京地铁日客运量达到 658.57 万人次历史纪录；北京地铁 2010 年将达到 339.3km，2015 年将形成三环、四横、五纵、七放射，总长 561km 的轨道交通网络，预计到 2020 年，北京轨道交通线路将达到 1000km，届时北京轨道交通每天的运营能力将达到 1000 万～1200 万人次。

截至 2008 年 8 月 8 日，我国内地城市运营的地铁线路总长达 746km。目前，我国内地有北京、上海、广州、深圳、天津、大连、南京、重庆、成都、沈阳、西安、杭州、苏州、长沙、南昌、东莞、青岛、无锡、宁波、昆明、福州、哈尔滨等城市已在进行大规模的城市轨道交通建设，已开通地铁城市加上正在建设的线路总长达 1100km。按目前每年开工建设 100～120km 线路的发展趋势，到 2020 年我国建设城市轨道交通线路将达 2000～2500km 规模。

香港地铁（MTR，Mass Transit Railway），是香港的通勤铁路线。香港地铁自 1979 年起为乘客提供市区列车服务。2007 年 12 月 2 日，地铁与九铁的车务运作正式合并，合并后的综合铁路系统全长 168.1km，由 9 条市区线共 80 个车站组成。香港地铁建成后的运输效率和为港岛经济带来的巨大效益是举世闻名的，现在年客运总量已超过

10亿人次，是世界上最繁忙的地铁系统之一。地铁目前是香港市民生活不可分割的一部分，香港地铁是世界地铁经营赢利最好的地铁。

世界地铁建设迅速发展表明，城市化进程加速、人口激增、小汽车激增和城市街道有限通行能力之间的矛盾日益突出，空气严重污染，只有通过建造地下铁道系统，才能有效地解决城市公共交通难题。据统计，到1999年全世界已有115个城市建成了地下铁道，目前世界上已有40多个国家和地区的127座城市都建造了地下铁道，累计地铁线路总长度为5263.9km，年客运总量约为230亿人次。

世界主要城市地下铁道修建情况列于表3-1中。

表 3-1　世界城市地下铁道一览表

城市	开始通车年代	现有人口/万人	线路条数	线路长度/km 全长	线路长度/km 地下	车站数目	轨距/mm	牵引供电 方式	牵引供电 电压/V
伦　敦	1863	670	9	408	167	273	1435	第三轨	630
纽　约	1867	730	29	443	280	504	1435	第三轨	600 650
芝加哥	1892	370	6	174	18	143	1435	第三轨	600
布达佩斯	1896	210	3	27.1	23	30	1435	第三轨	750
格拉斯哥	1897	75.1	1	10.4	10.4	15	1220	第三轨	600
波士顿	1898	150	3	34.4	19	39	1435	第三轨	600
维也纳	1898	150	3	34.4	19	39	1435	第三轨	750
巴　黎	1900	210	15	199	175	367	1440	第三轨	750
柏　林	1902	320	10	134	106	132	1435	第三轨	750
费　城	1905	170	4	62		76	1435	第三轨	600 700
汉　堡	1912	160	3	92.7	34.3	82	1435	第三轨	750
布宜诺斯艾利斯	1913	290	5	39	36	63	1435	架空线	600 1100
马德里	1919	320	10	112.5	107	154	1445	架空线	600
巴塞罗那	1924	170	6	115.8	68.7	129	1674 1435	第三轨 架空线	1500 1200
雅　典	1925	300	1	28.8	3	23	1435 1435	第三轨	600
东　京	1927	1190	10	219	182	207	1067 1372	第三轨 架空线	600 1500
大　阪	1933	260	6	99.1	88.6	79	1435	第三轨 架空线	750 1500
莫斯科	1935	880	9	246	200	143	1524	第三轨	825
斯德哥尔摩	1950	66.3	3	110	62	99	1435	第三轨	650 750
多伦多	1954	220	2	54.4	42	60	1495	第三轨	600
克利夫兰	1954	57.3	1	30.6	8	18	1435	架空线	600
列宁格勒	1955	320	4	92		51	1624	第三轨	825
罗　马	1955	280	2	25.5	14.5	33	1435	架空线	1500

城市	开始通车年代	现有人口/万人	线路条数	线路长度/km		车站数目	轨距/mm	牵引供电	
				全长	地下			方式	电压/V
名 古 屋	1957	210	5	66.5	58	66	1067	第三轨	600
							1435	架空线	1500
里 斯 本	1959	90	3	16	12	24	1435	第三轨	750
基 辅	1960	210	3	32.7		29	1524	第三轨	825
米 兰	1964	150	2	56	36	66	1435	第三轨	750
								架空线	1500
奥 斯 陆	1966	45	8	100	15	110	1435	第三轨	750
								架空线	600
蒙特利尔	1966	190	4	65	53	65	1435	第三轨	750
第比利斯	1966	110	2	23	16.4	20	1524	第三轨	825
巴 库	1967	150	2	29		17	1524	第三轨	825
法兰克福	1968	62	7	57	12	77	1435	架空线	600
鹿 特 丹	1968	56.7	2	42	11.5	39	1435	第三轨	750
北 京	1969	1900	13	339.3	211	175	1435	第三轨	750
墨西哥城	1969	2000	8	141	71	125	1435	第三轨	750
慕 尼 黑	1971	130	6	56.5	43	63	1435	第三轨	750
札 幌	1971	160	3	39.7	28.6	33	2150	第三轨	750
							2180	架空线	1500
横 滨	1972	320	2	22.1	22.1	20	1435	第三轨	750
旧 金 山	1972	71.5	4	115	37.4	36	1676	第三轨	1000
纽 伦 堡	1972	47.5	2	21.4	15.9	29	1435	第三轨	750
平 壤	1973	183	2	22.5		15	1435	第三轨	825
圣 保 罗	1974	1060	2	40.3	18.4	38	1600	第三轨	750
汉 城(首尔)	1974	1020	4	116.5	93	102	1435	架空线	1500
布 拉 格	1974	120	3	35	19	36	1435	第三轨	750
圣地亚哥	1975	430	2	27.3	21.9	37	1435	第三轨	750
哈尔科夫	1975	140	2	22.9		19	1524	第三轨	825
华 盛 顿	1976	64	4	112	52.8	38	1435	第三轨	750
布鲁塞尔	1976	110	3	39		51	1435	第三轨	900
阿姆斯特丹	1977	69.1	2	24	3.5	20	1432	第三轨	750
马 赛	1977	87.4	2	19	15.5	22	1435	第三轨	750
塔 什 干	1977	190	2	24		19	1524	第三轨	825
神 户	1977	140	2	22.6	14	16	1435	架空线	1500
里 昂	1978	120	3	16.5	14	22	1435	第三轨	750
里约热内卢	1979	580	3	21.6	13	19	1600	第三轨	750
亚特兰大	1979	120	2	52.3	7	29	1435	第三轨	750
香 港	1979	700	9	168		80	1435	架空线	1500
布加勒斯特	1979	220	2	46.2	37	30	1432	第三轨	750
新 堡	1980	28.1	4	55.6	6.4	46	1435	架空线	1500

城市	开始通车年代	现有人口/万人	线路条数	线路长度/km		车站数目	轨距/mm	牵引供电	
				全长	地下			方式	电压/V
天 津	1980	1100	9	130		79	1435	第三轨	750
福 冈	1981	120	2	18	17	19	1067	架空线	1500
埃 里 温	1981	100	1	8.4	8.4	9	1524	第三轨	825
京 都	1981	150	1	9.9	9.9	12	1435	架空线	1500
赫尔辛基	1982	49	1	15.9	4	11	1524	第三轨	750
加拉加斯	1983	350	2	40		35	1435	第三轨	750
巴的摩尔	1983	80	1	22.4	12.8	12	1435	第三轨	700
里 尔	1983	110	2	25.3	9	34	2060	第三轨	750
迈 阿 密	1984	170	1	34.5		20	1435	第三轨	750
明 斯 克	1984	130	1	9.5		9	1524	第三轨	825
加尔各答	1984	730	1	16.4	15.1	17	1674	第三轨	750
累 西 腓	1985	120	2	20.5		17	1600	架空线	3000
高尔基城	1985	140	1	9.8		8	1524	第三轨	825
贝洛奥里藏特	1985	220	1	12.5		7	1600	架空线	3000
新西伯利亚	1985	130	2	12.9	12.9	10	1524	第三轨	825
阿雷格里港	1985	130	1	27.5		15	1600	架空线	3000
釜 山	1985	320	1	21.3	15	20	1435	架空线	1500
温 哥 华	1986	120	1	21.4	1.6	15	1435	第三轨	600
古比雪夫	1986	100	1	12.5		9	1524	第三轨	825
仙 台	1987	90	1	14.4	11.8	16	1067	架空线	1500
新 加 坡	1987	260	2	67	18.9	42	1435	第三轨	750
开 罗	1987	830	1	5	4.5	6	1435	架空线	1500
第聂伯彼得罗夫斯克	1988	110	1	11.2			1524	第三轨	825

　　城市地下铁道经过一个多世纪的发展，早已突破了原来的地下概念，多数城市的地铁系统都已不是单纯的地下铁道，而是由地面铁路，高架铁路和地下铁道组成的城市快速轨道交通系统，只是由于长期的习惯，仍多沿用过去地下铁道的名称。在世界上 90多个有地铁的城市中，线路完全在地下的只是少数，其中包括我国的北京和天津，多数城市的地铁线路，都在不同程度上包括有地面段和高架段，只有在通过市中心区时才进入地下段。香港的二期地铁线总长仅 10.5km，却有 1.2km 在地面，1.9km 为高架，地下段有 7.4km。

　　城市地下铁道建设的必要前提，大体应从如下几点出发：其一，一般认为人口超过100 万的城市就有建设地铁的必要，但这只是宏观地、笼统地推测。其二，评估一个城市是否修建地铁还应考虑主要交通干线上，单向客流量的大小，即现状和可以预测出的未来单向客流量是否超过 20000 人次，且在采取增加车辆，拓宽道路等措施，已无法满足客流量的增长时，才有必要考虑建设地铁。其三，地下铁道应成为城市快速轨道交通系统的组成部分，为了降低整个系统的造价，应尽量缩短地下段的长度。

3.2 线路网的规划

地下铁道是城市建设的重要组成部分，其线路网规划应满足城市交通及城市远景发展的要求，因此，地铁线路网规划在城市建设中是一项涉及到全局性、综合性很强的工作，应该将地铁线路网的规划，纳入城市发展总体规划之中。

3.2.1 地铁线路网规划的内容及原则

规划内容主要包括：修建地铁的必要性与依据；线路网的规模、走向、形式的确定；车站的间距、类型和埋深；路网中各条线路的设计要求。

城市地铁的线路布局，目前尚无公认的理论和规定可循。因此，地铁线路网规划是应该根据城市结构特点，人口流动状态；城市交通现状和发展远景；社会经济条件等来因地制宜地进行路网的整体规划，然后在此基础上，分阶段进行路网中各条线路的设计。但根据以往已有经验，路网规划应遵循如下主要原则：

1）地铁线路网的基本走向必须满足城市交通需要，应该充分利用城市已有的道路网，因此，路网应贯穿城市中心和城市人口集中区域、城市的重大枢纽，这样有利于人口集散，居民出行，有利于解决地上、地下旅客换乘，地铁车站一般以 750m 为吸引半经。地铁两平行网线间距离，在市区一般以 1400m 左右为宜，同时需考虑街道布局；除特殊情况外，两线间距离最好不小于 800m，且不大于 1600m。

2）必须考虑城市远景发展的要求，考虑城区改造和郊区发展的需要，注意地铁与地面交通的分工、配合及衔接，规划期限近期为交付运营后第十年，远期为 25～30 年。

3）选线应从国力、地区财政、技术水平及施工能力的实际出发，要充分研究和注意到施工中可能遇到的困难，考虑到与城市其他地下建筑和管线布置的关系。

3.2.2 地铁路网的形态

地铁路网基本上可分为放射状、环状、综合状路网等几种形态。

1）放射状路网：随着城市的发展，地铁线网由交通最繁忙的城市中心，向城市四周呈放射状扩展，这种路网所有线路都通达市中心，能直接实现换乘，但市郊之间必须经过市中心的换乘站，联系不方便。且换乘站上的客流量大，换乘客流相互干扰也大。此外因多条线路交汇，换乘车站设计施工难度也大（图 3-2）。

2）环状路网：基本上与城市结构和地面上的道路系统相配合，沿城市繁华地区客流量集中的道路下呈环状布置地铁路网，实现地铁车站与地面各交通站点的换乘，不同地铁线路之间避开市中心换乘，有利于分散市中心交通压力。单纯的环状状路网是少见的，英国的格拉斯哥（Glasgow）城市地铁即为这种形式。

3）综合型路网：由放射状和环状线路组成的综合型路网。世界上相当多的城市地铁路网采用这种形式（图 3-3）。

3.2.3 地下铁道的线路设计

在地铁路网规划中，对每一条线路进行勘测、规划、设计工作，统称为线路设计。

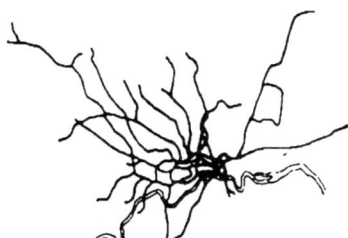

图 3-2 放射状地铁路网（伦敦地铁路）　　图 3-3 放射状与环状综合的地铁路网（莫斯科）

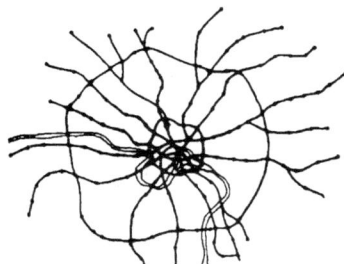

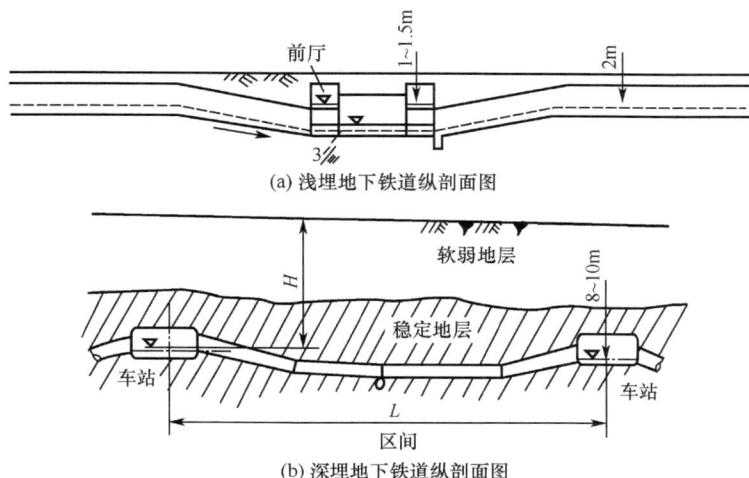

(a) 浅埋地下铁道纵剖面图

(b) 深埋地下铁道纵剖面图

图 3-4 不同埋深地铁的纵剖面示意图

线路设计首先要确定线路的走向、不同线路形式（如地下、地面、高架）、位置和长度。线路选择的核心是与客观存在的最大客流量的流向相吻合，线路运营后能否发挥最大效益将与此密切相关。

地铁线路的走向与埋深，工程地质和水文地质条件、地面和地下空间现状等影响较大，直接关系到造价高低和施工的难易。地铁的埋深是指线路的轨面到地面的距离。一般，埋深越小越经济，施工越容易，但埋深也受不良地质现象、技术条件、已有地下管线，建筑物基础和其他地下工程等的制约。地铁埋深一般以 20m 左右为界，划分为浅埋和深埋两种。图 3-4 为不同埋深地铁的纵剖面示意图。地铁线路设计除选线工作外，还须选择车站的位置、确定车站的类型。规划设备段和车辆段的位置等（这将在下面有关章节中介绍）。

3.2.4 限界

限界是确定地下铁道与行车有关的构筑物净空大小和各种设备相互位置的依据。

限界应根据车辆的轮廓尺寸和性能、线路特性，设备安装以及施工方法等因素，经技术经济比较综合分析确定，在线路上运行的车辆，必须与隧道边缘、各种建筑物及设备之间保持一定的距离，以确保列车的安全运行，限界越大行车安全度越高，但工程投资也随着增加。因此说限界是地铁设计所需的重要技术经济指标。限界确定是否合理，一般以有效面积比来衡量。该值为隧道断面积除以车辆断面积，当比值为2～3时通常认为是经济合理的。

地铁的限界分为车辆限界、设备限界、建筑限界。受流器限界是车辆限界的组成部分，接触轨限界属于设备限界的辅助限界。

地铁限界是按车辆在平直轨道上运行状况下的需要制定的，而在曲线段。还应考虑到车辆相对于轨道中心线的偏移量和加高量。

1. 地下铁道的几种限界

(1) 车辆限界

接触轨受电的车辆主要尺寸及地铁车辆限界规定见规范有关规定，如图3-5为圆形盾构隧道、直线段矩形隧道按接触轨馈电方式确定的尺寸。其车辆限界是指车辆在运行中的横断面的极限位置，车辆任何部分都不允许超出此限界之外。

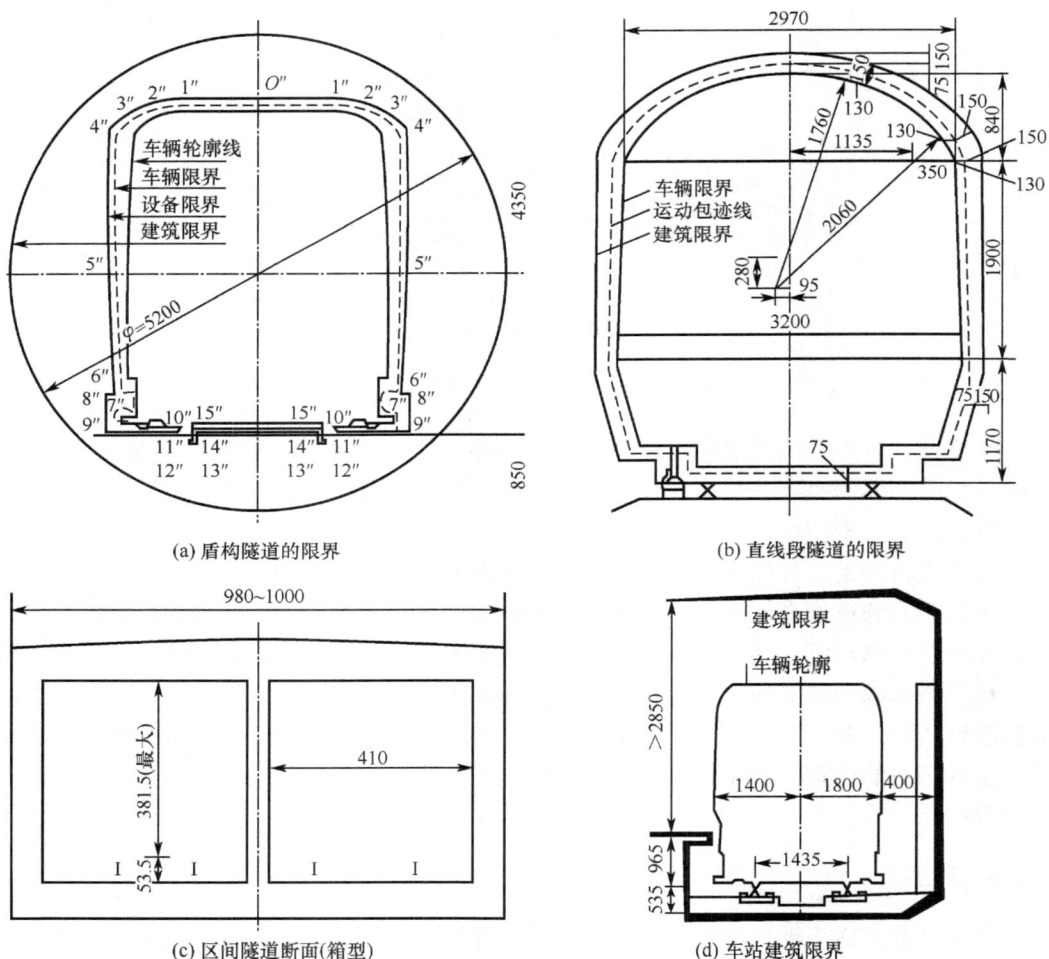

(a) 盾构隧道的限界

(b) 直线段隧道的限界

(c) 区间隧道断面(箱型)

(d) 车站建筑限界

图 3-5　限界图

（2）设备限界

它是在车辆限界的基础上，考虑轨道的轨距、水平、方向、高低等在某些地段出现最大容许误差时引起车辆的附加偏移量，以及在设计、施工、列车运行中不可预计的因素在内的安全预留量。

（3）建筑限界

它是隧道内垂直于线路中心线的最小有效的隧道净空，在建筑限界以内，设备限界以外的空间，应能满足固定设备和管线安装的需要，所有构筑物的任何突出部分都不得侵入。

（4）接触轨限界

它是设在设备限界范围内，用以控制接触轨的固定结构和防护罩的安装，以及能容纳受流器安全工作状态下所需的净空。应根据受流器的位移、倾斜和磨耗、接触轨安装误差、轨道偏差、电间隙等因素确定。

我国《地铁设计规范》对制定建筑限界的原则作了详细的规定；设计制定限界时，必须按照车辆的基本参数表以及限界基本参数的规定制定限界。《地铁设计规范》中的A型车基本参数以广州地铁一号线、上海地铁一二号线车辆参数为依据；B型车以长春客车厂的车辆参数为参考依据；各型车辆的基本参数如表 3-2 所示，车辆基本参数是设计地铁现阶段基础资料。车辆限界计算方法可参阅行业标准《地下铁道限界标准》。

表 3-2　各型车辆的基本参数表　　　　　　　单位：mm

车型　　参数　项目	A 型	B 型		
		B1 型		B2 型
		上部受流	下部受流	
计算车辆长度	22100	19000		
车辆最大宽度	3000	2800		
车辆高度	3800	3800		
车辆定距	15700	12600		
转向架固定轴距	2500	2300（2200）		
地板面距走行轨面高度	1130	1100		
受电弓落弓高度	3810	—		3810
受电弓最大工作高度	5410	—		5410
受流器端部距车体横向中心距离	—	1473	1440	
受流器中心距走行轨顶面工作高度	—	140	256	

2. 隧道建筑限界确定

（1）直线地段

区间直线地段各种类型的隧道建筑限界与设备限界之间的间距，应能满足各种设备安装的要求，所以在隧道断面设计时，应该考虑施工和测量误差以及结构变形量等。

（2）曲线地段

1）矩形和马蹄形隧道建筑限界，应按直线地段的建筑界限分别进行加宽和加高，计算公式如下：

曲线内侧加宽

$$E_内 = \frac{l_1^2 + a^2}{8R} + X_4 \cos\alpha + Y_4 \sin\alpha - X_4 \tag{3-1}$$

曲线外侧加宽

$$E_外 = \frac{L_0^2 - (l_1^2 + a^2)}{8R} + X_8 \cos\alpha - Y_8 \sin\alpha - X_8 \tag{3-2}$$

顶部加高

$$E_高 = Y_1 \cos\alpha + X_1 \sin\alpha - Y_1 \tag{3-3}$$

$$\alpha = \arcsin(h/s) \tag{3-4}$$

式中，L_0——车体长度/mm；

l_1——车辆定距/mm；

a——车辆固定轴距/mm；

R——圆曲线半径/mm；

h——超高值/mm；

s——内外轨中心距离/mm。

限界坐标系为：与轨道中心线相垂直平面内的二维直角坐标系，通过两钢轨顶中心连线的中点引出的水平线定义为横向坐标轴，以 X 轴表示；通过该中点垂直于水平轴的垂线定义为纵向坐标轴，以 Y 轴表示，两轴相交点为坐标原点。(X_1, Y_1)，(X_4, Y_4)，(X_8, Y_8) 分别为计算加宽和加高的控制点坐标值。

2）盾构施工的圆形隧道、建筑限界应按全线最小曲线半径来确定。

3）道岔区的建筑限界，直线段应根据不同种类的道岔和车辆有关尺寸计算出的加宽量和安装设备所需的加高量，分别进行加宽和加高。在道岔导曲线范围内的加宽量为

内侧加宽

$$e_内 = \frac{l_1^2 + a^2}{8R_0} \tag{3-5}$$

外侧加宽

$$e_外 = \frac{L_0^2 - (l_1^2 + a^2)}{8R_0} \tag{3-6}$$

式中，R_0——道岔导曲线半径/mm。

4）竖曲线地段的建筑限界加高量应为：

凹形竖曲线

$$\Delta H_1 = \frac{l_1^2 + a^2}{8R_1} \tag{3-7}$$

凸形竖曲线

$$\Delta H_2 = \frac{L_0^2 - (l_1^2 + a^2)}{8R_2} \tag{3-8}$$

式中，R_1，R_2——分别为凹凸形竖曲线半径/mm。

5）车站（直线地段）站台高度应低于车厢地板面 50～100mm。

站台边缘距车厢外侧面之间的空隙宜采用 100mm。

3.3 线　　路

3.3.1　线路组成与设计步骤

线路是机车车辆和列车运行的基础，地铁线路是由路基、隧道、地铁车站、轨道组成的一个整体工程结构。

线路必须经常保持完好状态，以使列车能按规定的最高速度，安全、平稳、准确和不间断地运行。地铁线路按其运营中的作用，可分为正线、辅助线、车场线。

正线为载客运营的线路，行车速度高，密度大，必须保证行车安全和舒适，标准要求高。

辅助线是为保证正线运营而配置的线路，辅助线包括折返线、渡线、联络线、停车线、出入线、安全线等；通常用于空载列车折返、停放、检查、转线及出入车辆段服务，一般不行驶载客车辆，速度要求较低，线路标准要求也较低。

车场线是场区作业的线路，行车速度低，故线路标准只要满足场区作业需要即可。

地铁的线路网可由多条线路组成，但每条线路均应按独立运行进行设计，即：同一城市内各条线路之间，相互不应出现平面交叉，如需要交叉，则应在线路之间的相交处（包括与其他交通线路的相交处），按立体交叉布置，用电梯或行人阶梯联系，以保证地铁高效，安全运行和人员换乘。但为解决调车、处理必须转线运行事宜，线路之间可根据需要设置联络线，因其转线运行，机率很小，故联络线为单线。

线路设计须经调查研究、勘测、方案比较来进行。勘测设计必须以经过批准的设计任务书为依据，设计任务书内容要包括：建路意义、线路起终点、线路主要走向、主要技术标准、交付运营期限等。勘测设计大体要经过方案研究、初测、初步设计、定测、施工设计、施工监测、修改设计等过程来完成。

初步设计要完成：线路的方案比较、选定；线路走向、机车类型、限制坡度、最小曲线半径等主要技术标准；确定平面、纵断面设计等。

线路空间位置用线路中心线表示并固定，线路中心线在水平面上的投影叫做地铁线路的平面；线路中心线（展直后）在垂直面上的投影，叫做地铁线路的纵断面，平面、纵断面设计是线路设计的重要内容之一。

3.3.2　线路平面与纵断面

1. 线路平面

（1）线路平面位置与埋深的确定

线路平面位置，特别是车站位置应尽可能与地面交通相对应，地下线路应尽可能采用直线，减少弯曲线路，平面位置与埋设深度应综合考虑下列因素选定：

1）地面建筑物，地下管线和其他地下建筑物的现状与规划。

2）工程地质与水文地质条件。

3）地铁准备采用的结构类型与施工方法、运营要求等。经技术经济比较来确定，有条件时，线路应与地面铁路接轨。

（2）最小曲线半径的确定

平面位置与埋深确定之后，进行线路平面设计，线路平面的中心线，由直线和曲线（圆曲线及缓和曲线）组成。曲线设置在两相邻直线间。列车以一定速度通过曲线时，为了列车的安全和乘客的舒适，曲线最大外轨超高和未被平衡的离心加速度应受限制。这就需要由最小曲线半径的合理选定来控制。最小曲线半径与地铁线路的性质，车辆性能，行车速度，地形地物条件等有关。

它对行车速度、安全、稳定有很大影响，并直接影响着地铁建筑费用与运营费用的多少，因此最小曲线半径是修建地下铁道的一个主要技术参数。

当列车以求得的"平衡速度"通过曲线时，能够保证列车安全、稳定运行的圆曲线半径的最低限值，称为最小曲线半径。

最小曲线半径的计算公式为

$$R_{\min} = \frac{11.8V^2}{h_{\max} + h_{gy}} \tag{3-9}$$

式中，$R_{\min}$——满足欠超高要求的最小曲线半径/m；

　　　　V——设计速度/（km/h）；

　　　　$h_{\max}$——最大超高 120/mm；

　　　　h_{gy}——允许欠超高（$h_{gy}=153\times\alpha$）；

　　　　α——当速度要求超过设置最大超高值时，产生的未被平衡离心加速度，规范规定取 $\alpha=0.4$ m/s²。

列车在曲线上运行产生离心力，通常以设置超高（$h=11.8v^2/r$）来产生向心力，以达到平衡离心力的目的，r 一定时，v 越大要求设置的超高就越大，但规定 $h_{\max}=120$mm。因此当速度要求超过设置最大越高值时，就会产生未被平衡的离心加速度 α。则允许欠超高值为

$$h_{gy} = 153 \times 0.4 = 61.2(\text{mm})$$

按目前我国地铁车辆运行情况，一般取 $R_{\min}=300$m，若在困难情况下，取 $R_{\min}=250$m，则列车速度能达到表 3-3 中所列数值。

表 3-3　地下铁道列车运行速度数值

v/（m/s）　　α/（m/s²）　 R/m	0	0.4
300	55.25	67.90
250	50.21	61.96

目前国内外城市地铁最小曲线半径标准是有差别的，一般情况下地铁正线最小曲线半径为 300～600m，困难情况下为 250～300m，表 3-4 列出了部分城市的标准。

影响最小曲线半径的因素较多，除上述因素之外，还与列车运行安全、钢轨磨耗程度、养护维修工作量等因素有关，因此，如果最小曲线半径标准定得太高，会给设计、施工带来很大困难，或大幅度地增加工程投资。

表 3-4　国内外某些国家或城市地下铁道最小曲线半径

国家或城市	一般情况/m			困难情况/m		
	正线	辅助线	车场线	正线	辅助线	车场线
北京	300	200	110	250	150	80
上海	300~400	150~200	150	250~350	150	120~150
广州	350~400	150	150	300~350	150	150
香港	300	200	140			
前苏联	600	150	75	300	100	60
匈牙利	400	150	75	250	100	60

线路平面曲线半径应根据车辆类型、列车设计运行速度和工程难易程度比选确定，我国《地铁设计规范》规定，线路平面的最下曲率半径不得小于表 3-5 规定的数值。

表 3-5　最小曲率半径

线　　路		一般情况/m		困难情况/m	
		A 型车	B 型车	A 型车	B 型车
正线	$V \leqslant 80$（km/h）	350	300	300	250
	80(km/h)$<V \leqslant 100$(km/h)	550	500	450	400
联络线、出入线		250	200	150	
车场线		150	110	110	

注：除同心圆曲线外，曲率半径应以 10m 的倍数取值。

（3）缓和曲线的确定

在地铁线路上，直线和圆曲线不是直接相连的，它们之间需要插入一段缓和曲线，如图 3-6 所示。

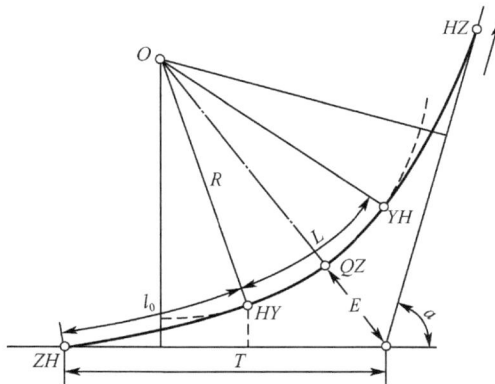

图 3-6　缓和曲线示意图

ZH—直缓点；HY—缓圆点；QZ—曲中点；YH—圆缓点；HZ—缓直点

目的在于满足曲率过渡、轨距加宽和超高过度的需要，以保证乘客舒适安全。缓和曲线的半径是变化的，它与直线连接一端的半径为无穷大，逐渐变化到等于所要连接的圆曲线半径（R），为便于测设，养护维修和缩短曲线长度，我国铁路常采用三次抛物线型

的缓和曲线。其方程式为

$$y = \frac{X_3}{6C} \tag{3-10}$$

式中，C—— 缓和曲线的半径变化率，$C = \dfrac{SVa^2}{gi} = \rho L = R l_0$；

R——曲线半径/m；

S——两股钢轨轨顶中心间距/1500mm；

g——重力加速度/（9.81m/s²）；

i——超高顺坡/‰；

ρ——相应于缓和曲线长度为 L 处的曲率半径/m；

L——缓和曲线上某一点至终点的长度/m；

l_0——缓和曲线全长/m。

1) 缓和曲线长度的分析与计算。

① 从超高顺坡率的要求计算。

一般超高顺坡率不宜大于 2‰，困难地段不应大于 3‰，按此要求，缓和曲线的最小长度为

$$L_{01} \geqslant \frac{H}{2} \sim \frac{H}{3} \tag{3-11}$$

式中，L_{01}——缓和曲线长度 /m；

H——圆曲线实设超高/m。

② 从限制超高时变率，保证乘客舒适度分析计算

$$L_{02} \geqslant \frac{HV}{3.6f} \tag{3-12}$$

式中，L_{02}——缓和曲线长度/m；

V——设计速度/（km/h）；

f——允许的超高时变率 $f = 40$ mm/s。

$$L_{02} \geqslant \frac{HV}{3.6f} = 0.007Vh \tag{3-13}$$

以最大超高 $h_{\max} = 120$mm 代入

$$L_{02} \geqslant 0.84V$$

③ 从限制未被平衡离心加速度时变率，保证乘客舒适度分析

$$\left.\begin{aligned}
\beta &= \frac{aV}{3.6L_{03}} \\
L_{03} &\geqslant \frac{aV}{3.6\beta} \\
L_{03} &\geqslant \frac{0.4V}{3.6 \times 0.3} = 0.37V \\
0.37V &\leqslant L_{03} < 0.84V
\end{aligned}\right\} \tag{3-14}$$

式中，α——圆曲线上未被平衡离心加速度/（m/s²）；

β——离心加速度时变率取 $\beta = 0.3$ m/s²（《规范》）；

L_{03}——缓和曲线长度/m。

说明 β 值对缓和曲线长度不起控制作用，可见，对缓和曲线长度起控制作用的是应满足式（3-11），式（3-13）要求，即

$$L_{01} \geqslant \frac{H}{2} \sim \frac{H}{3}$$

$$L_{02} \geqslant 0.007Vh$$

2）缓和曲线长度表。如果在正线上，当曲线半径等于或小于 2000m，圆曲线与直线间的缓和曲线可由表 3-6 查取。

表 3-6　缓和曲线长度表

R ＼ L_0 ＼ V	90	85	80	75	70	65	60	55	50	45	40	35	30
2000	30	25	—	—	—	—	—	—	—	—	—	—	—
1500	40	35	30	25	20	20	20	20	—	—	—	—	—
1200	50	40	35	30	25	20	20	20	—	—	—	—	—
1000	60	50	45	35	30	25	20	20	20	—	—	—	—
800	75	60	55	45	35	30	30	25	20	20	—	—	—
700	75	70	65	50	40	35	30	25	20	20	—	—	—
600	75	70	70	60	50	45	35	30	20	20	20	—	—
500	—	70	70	65	60	50	45	35	20	20	20	20	—
450	—	—	70	65	60	55	50	40	25	20	20	20	—
400	—	—	—	65	60	60	55	45	25	20	20	20	—
350	—	—	—	—	60	60	60	50	30	25	20	20	20
300	—	—	—	—	—	60	60	60	35	30	25	20	20
250	—	—	—	—	—	—	60	60	40	30	25	20	20
240	—	—	—	—	—	—	—	—	40	35	30	20	20
230	—	—	—	—	—	—	—	—	40	35	30	25	20
220	—	—	—	—	—	—	—	—	40	40	30	25	20
210	—	—	—	—	—	—	—	—	40	40	30	25	20
200	—	—	—	—	—	—	—	—	40	40	35	25	20
190	—	—	—	—	—	—	—	—	40	40	35	25	20
180	—	—	—	—	—	—	—	—	40	40	35	30	20
170	—	—	—	—	—	—	—	—	40	40	40	30	20
160	—	—	—	—	—	—	—	—	—	40	40	30	25
150	—	—	—	—	—	—	—	—	—	40	40	35	25

注：R——曲线半径；V——设计速度/（km/h）；L——缓和曲线长度/m

根据表 3-6 并考虑超高顺坡的要求，在一定的时速范围内，曲线上的缓和曲线长度的计算办法如下：

当 $V \leqslant 50$km/h 时，缓和曲线

$$L_0 = \frac{H}{3} \geqslant 20\text{m}$$

当 50km/h $\leqslant V \leqslant$ 70km/h 时，缓和曲线

$$L_0 = \frac{H}{2} \geqslant 20\text{m}$$

当 $70\text{km/h} \leqslant V \leqslant 3.2\sqrt{R}$ 时，缓和曲线

$$L_0 = 0.007Vh \geqslant 20\text{m}$$

缓和曲线长度 L_0 值按上述公式计算求得，其计算按 2 舍 3 进，取 5 的整倍数处理。

缓和曲线（L_0）的最小长度为 20m，这主要是从不短于一节车厢的全轴距而确定。全轴距系指一节车厢第一位轴至最后位轴之间的距离。

（4）曲线半径的确定

缓和曲线是为满足乘客舒适度要求而设置的，是否设置则视曲线半径（R）、时变率（β）是否能符合不大于 0.3m/s^3 的规定而定。当设计速度 V 确定后，按允许的 β 值，由下式可确定不设缓和曲线的曲线半径 R

$$R \geqslant \frac{11.8V^3 g}{3.6L(1500\beta + 0.5fg)} \tag{3-15}$$

式中，L——车辆长度（见表 3-2，A 型车 22.1m，B 型车 19m）；

　　　β——未被平衡离心加速度时变率/（0.3m/s^3）；

　　　f——允许超高时变率/（40m/s）；

　　　g——重力加速度/（9.81m/s^2）；

　　　V——设计速度/（km/h）。

如表 3-6 中最高速度级为 90km/h，取 $i = 2‰$ 时，$R = 1774.5\text{m}$，即当速度 90 km/h 时，$R \geqslant 1774.5\text{m}$ 就不可设缓和曲线，表中就规定了曲线半径小于 2000m 时应设缓和曲线。

（5）路线平面圆曲线，夹直线长度的确定

线路内圆曲线的长度越短，对改善瞭望条件，减少行车阻力和养护维修有利，但最短不能小于车辆的全轴距，因此规定：

1）正线及辅助线的圆曲线最小长度不宜小于 20m，在困难情况下，不得小于一个车辆的全轴距；

2）两相邻曲线间的直线段，称为夹直线，正线及辅助线上两相邻曲线间的夹直线长度不应小于 20m，车场线上的夹直线长度不得小于 3m，即不应短于车辆转向架的轴距；

3）地铁线路不宜采用复曲线是为避免增加勘测设计，施工和养护维修的困难。在困难地段，有充分技术依据时可采用复曲线。但变曲线的曲率差大于 1/2000（即：$\left(\dfrac{1}{R_1} - \dfrac{1}{R_2}\right) > \dfrac{1}{2000}$）时，应设置中间缓和曲线，其长度通过计算确定，但不应小于 20m。

2. 线路纵断面

(1) 线路的坡度

地铁线路因排水的需要和各站台线路的标高不同，线路是有坡度的，坡度的大小用千分率表示。各段线路上的坡度主要应该满足下列要求：

1) 正线的最大坡度宜采用 30‰，困难地段可采用 35‰，辅助线的最大坡度宜采用 40‰（均不包括各种坡度折减值）。

正线最大坡度是线路的主要技术标准之一，它对线路的埋深，工程造价及运营都有较大的影响。因此合理地确定线路最大坡度具有很重要的意义。

最大坡度是根据地铁机车最大起动力，考虑到载客重车，行驶在大坡道，以及列车行驶在最不利地段（坡度大，处于小半径曲线）起动的情况下作出的规定。

2) 一般情况下线路的坡度与隧道排水沟的坡度是一致的，为了满足排水需要，隧道内的正线最小坡度不宜小于 3‰，困难地段，在确保排水的条件下，可采用小于 3‰ 的坡度。

3) 隧道内车站坡度应尽量平缓，车站站台段线路坡度宜采用 3‰，在困难条件下可设在 2‰ 或不大于 5‰ 的坡道上。但站台段线路应只设在一个坡道上，这样设计、施工均较简单，也有利于排水。

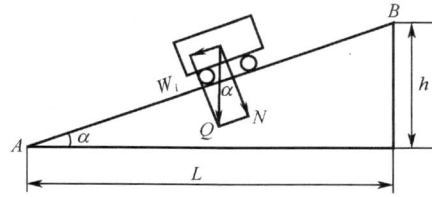

图 3-7 溜车条件计算简图

4) 根据溜车条件，车场线设在不大于 1.5‰ 的坡道上。

如图 3-7 所示，坡道 AB 的坡度为

$$i(‰) = \frac{h}{L} = \tan\alpha$$

$$W_i = Q\sin\alpha$$

因为 α 很小，所以 $\sin\alpha = \tan\alpha$，则

$$W_i = Q\sin\alpha \approx Q\tan\alpha = Qi$$

式中，Q——机车车辆的重量/t

W_i——Q 在平行坡道上的分力；规定列车上坡为（+），下坡时为（－）。

故单位坡道阻力为

$$w_i = \frac{W_i}{Q} = i$$

车辆不溜动条件：$w_i < w$。

w_i——单位坡道阻力。

目前国内对地铁车辆起动阻力试验资料不足，故参照前苏联有关资料有

$$w = 2 + 0.3\left(\frac{630}{R} + i\right) \tag{3-16}$$

式中，w——车辆开始溜动时的单位行驶阻力；假设列车行在直线上，又设坡度值为零，则 $w = 2‰$。

当 $w_i = i \leqslant \omega$ 时，车辆不会溜动，考虑安全系数后国内规定了车场线坡度不大于 1.5‰。

5) 为便于道岔的养护和维修，道岔应铺设在较缓的坡道上，规定设在不大于 5‰ 的坡度上，困难条件下可设在不大于 10‰ 的坡道上。

（2）线路竖曲线半径

坡道与坡道，坡道与平道的交点处，发生变坡，列车通过变坡点时会产生附加加速度，车钩应力将发生变化，为保证行车平顺与安全，当两相邻坡段的坡度代数差等于或大于 2‰时，就应设置竖曲线连接，竖曲线半径（R_r）应符合表 3-7 的规定。R_r/m 与 V，α_r 的关系为

$$R_r = \frac{V^2}{(3.6)^2 \alpha_r}$$ (3-17)

式中，V——行车速度/（km/h）；

   α_r——列车通过变坡点产生的附加速度/（m/s²）；一般情况下 $\alpha_r = 0.1 \text{m/s}^2$，困难情况下 $\alpha_r = 0.17 \text{m/s}^2$。

车站站台和道岔范围不得设置竖曲线，竖曲线离开道岔端部的距离不应小于 5m。

线路纵向坡段的长度有最小长度限制，一般情况下，不宜小于远期列车计算长度，但又不宜太长，满足相邻曲线间的夹直线长度的要求即可，夹直线长度应≥50m。

表 3-7　竖曲线半径

线　别		一般情况/m	困难情况/m
正线	区间	5000	3000
	车站端部	3000	2000
辅助线		2000	
车场线		2000	

3.3.3　线路标志

地铁线路标志是用来表示线路状态和位置的一种标志设施，信号标志是指导列车操作人员的一种标志。

线路上应设有以下标志：百米标、坡度标、制动标、圆曲线和缓和曲线始点及终点标、竖曲线始点及终点标、水准基点标、限速标、警冲标、停车位置标志等。

隧道内外各种标志均应按有关规定予以设置。

3.3.4　轨道

轨道设计应保证列车安全、平稳、快速运行。其构造应具有足够的强度、稳定性、弹性和耐久性，还应满足绝缘、减振、防锈要求。

1. 轨道的组成

轨道铺设于路基上，是直接承受机车、车辆巨大压力的部分，由钢轨、轨枕、连接件、道床、道岔等组成。

（1）钢轨

起直接承受车轮压力，引导车轮运行方向的作用，钢轨的类型和强度以 kg/m 来表示。

正线辅助线钢轨应依据远、近期客流量，并经技术经济综合比较确定，宜采用 60 kg/m 钢轨，也可采用 50kg/m 钢轨。车场线宜采用 50 kg/m 的钢轨。正线半径小于 400m 的曲线地段，应采用全长淬火钢轨或耐磨钢轨。目前，国内外地铁与轻轨有选用重型钢轨的趋势，与 50kg/m 钢轨相比，60kg/m 的钢轨重量只增加 17%，而允许通过

总重量增加 50%，重型钢轨不仅能增加轨道的稳定性，减少养护维修工作量，而且还能增加回流断面，减少杂散电流。

正线钢轨接头应采用对接，曲线内股应采用厂制缩短轨调整钢轨接头位置。正线、直线段、半径在 250m 及以上的曲线段采用无缝线路，其余可用连接件连接。连接件可分接头连接件和中间连接件两类，中间连接件是用来把钢轨扣紧在轨枕上的零件，故又称钢轨扣件。扣件应具有足够的强度、扣压力和耐久性。

（2）轨枕与道床

轨枕是钢轨的支座。起着保持钢轨位置，固定轨距，承受钢轨传来的压力并将其传递给道床（基础）的作用。轨枕结构型式目前有：混凝土整体道床，钢筋混凝土短轨枕式整体道床、新型轨下基础、轨枕碎石道床、木枕碎石道床等几种。隧道内采用混凝土整体道床，地面线多采用轨枕碎石道床，高架线宜采用新型轨下基础。

隧道内道岔区采用钢筋混凝土短轨枕式整体道床、车场线及地面线的道岔区可用木枕或钢筋混凝土轨枕碎石道床。混凝土整体道床与碎石道床相连时，衔接处应设弹性过渡段。

（3）道岔

道岔是线路连接设备之一，起着将机车、车辆由一股道转入另一股道的调车作用。终始车站、中间站、行车线、检修线的附近，车辆需要折返、调动的部位均须设置道岔。道岔应设在直线地段，道岔端部至曲线端部的距离应大于 5m，车场线可减少到 3m。正线与辅助线上宜选用 9 号道岔，车场线位置处应采用不大于 7 号的道岔。

2. 轨道的轨距

轨距是轨道上两根钢轨头部内侧间在线路中心线垂直方向上的距离，应在轨顶下规定的部位量取。国内标准轨距是在两钢轨内侧顶面下 16mm 处测量为 1435mm。各国地下铁道，轨距宽度不尽相同，但考虑到有条件时地铁线路与地面铁路或地面轻轨交通的线路应接轨，所以，一般地铁的轨距与地面铁路、轻轨交通线路的轨距就应该相同。

轮对上左右两车轮内侧面之间的距离，加上两个轮缘厚度，为轮对宽度，轮对宽度应略小于轨距，使轮缘与钢轨内侧保持必要的间隙。轨距的变化率不得大于 3‰。

在曲线路段，轨道的内外股钢轨的顶面应保持一定高差，两轨间的距离要比直线路段加宽，同时在曲线两端与直线连接处应设置缓和曲线。

3. 轨距加宽

在小半径曲线地段（$R \leqslant 200m$），为使列车能顺利通过，轨距应按标准轨距加宽，地铁曲线上的轨距是按车辆在静力自由内接条件下所需的轨距来进行计算的，如图 3-8 所示。

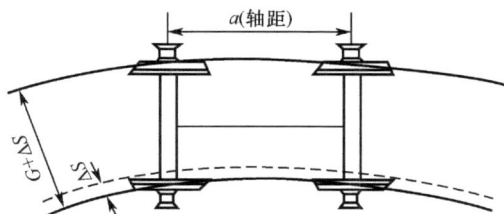

图 3-8 地下铁道轨距加宽图

其加宽量的计算公式如下

$$\Delta S = f_0 - \delta_{\min}(S_f - S_0)$$
$$f_0 = \frac{a^2}{2R} \times 1000 \qquad (3-18)$$

式中，ΔS——轨距加宽量/mm；

$\qquad f_0$——外轨矢距/mm；

$\qquad a$——固定轴距/mm；

$\qquad R$——曲线半径/mm；

$\qquad \delta_{\min}$——最小游距/mm，$\delta_{\min} = S_0 - g_{\max}$；

$\qquad S_f$——自由内接所需轨距；

$\qquad S_0$——直线轨道轨距；

$\qquad g_{\max}$——最大轮对宽度。

由于目前地下铁道车辆的固定轴距尚未统一，因此，用上述公式计算的同一半径的加宽值会有出入，鉴于国内外对曲线轨距加宽有逐步减少的趋势，轨距加宽计算值作适当修正是必要的，我国对半径等于及小于 200m 曲线地段的加宽标准，见表 3-8。

表 3-8　曲线地段轨距加宽值

曲线半径/m	加宽值/mm		轨距/mm	
	B 型车	A 型车	B 型车	A 型车
$200 \geqslant R > 150$	5	10	1440	1445
$150 \geqslant R > 100$	10	15	1445	1450

辅助线的半径小于 200m 的曲线地段，直线与圆曲线间一般都以缓和曲线相连接，所以轨距加宽必须在缓和曲线范围内均匀递减，线上一般在直线上递减。

4. 外轨高度

地铁车辆在曲线上行驶时，对轨道会产生离心力，使外轨承受较大压力，为此须将外轨抬高，用车体向内倾产生的重力分力来平衡离心力。外轨抬高的数量，称为超高值。

超高值的计算公式

$$h = \frac{11.8V^2}{R} \qquad (3-19)$$

式中，h——超高值/mm；

$\qquad V$——列车通过速度/（km/h）；

$\qquad R$——曲线半径/m。

圆曲线最大超高值为 20 mm，曲线超高值亦应在缓和曲线内递减顺接，无缓和曲线时，在直线段递减顺接。对于混凝土整体道床，采取外轨抬高超高值的一半和内轨降低超高值一半的办法来设置其曲线超高。

3.4　地铁车站

地下铁道车站是供乘客上下车和换乘、候车的场所，一般包括供乘客使用、运营管理、技术设备和生活辅助四大部分。供乘客使用的部分主要有地面出入口和站厅、地下中间站厅和售票厅、检票处、站台和隧道、楼梯和自动扶梯等。

地铁车站设计，应保证乘客使用安全、方便并具有良好的内部和外部环境条件。其总体设计应妥善处理与城市规划、城市其他交通、地面建筑、地下管线、地下构筑物之间的关系；车站的形式、规模、建筑装修标准，应根据预测的长远客流量大小、所处位置的重要性，以及长远发展规划等因索来确定，车站建筑设计原则应力求简洁、明快、大方、易于识别，体现现代交通建筑特点。

地铁车站设计中，还应充分利用地下，地上空间. 实行综合开发，也必须考虑到车场的防灾、抗灾等方面的要求。

3.4.1 车站位置与类型

1. 位置

地铁车站一般设置在地下，只有少量郊区车站设在地面。地铁车站位置通常应设在客流量大的地点，如商业中心、文化娱乐中心及地面交通枢纽等地方，以便能最大限度地吸引客流和方便乘客。为了便于不同线路间的换乘，地铁不同线路的交会处设置车站是必要的。

站间距离应根据具体情况确定，站间距离太短会降低运营速度、增大能耗、配车数量，增加工程投资；站间距离太大，对乘客不方便，增大车站负荷。因此，市区、人口稠密、人流集散点多的区域，车站设置应该密些，站间距离短些；郊区、建筑稀疏、人流集散点少，站间距离可以大一些。如表 3-9 所示，我国已有地铁线路，站间距离市区多为 1km 左右，郊区不大于 2km。

表 3-9　我国已建地铁部分线路站间距离

城市	级别	线路运营长度/km	车站数	平均站间距离/m
北京	一线西段	16.87	12	1534
	环线	23.01	18	1278
天津	一期工程	7.4	7	1100
上海	一期中段	15.67	13	1306
广州	一线	17.97	16	1198

车站（的线路）应尽量接近地面，这是因为地铁车站的造价与其埋深有关，尤其浅埋明挖车站更为明显，车站接近地面，则工程量小，方便乘客进、出车站。

车站在有条件的情况下，应尽量布置在纵断面凸形部位上，采用节能纵坡的设计，即机车车辆进站为上坡；出站为下坡，有利于机车的起动与制动。

总之，车站的总体布局，应符合城市规划、城市交通规划、环境保护和城市景观的要求，妥善处理好与地面建筑、地下管线、地下构筑物之间的关系。车站设计必须满足客流需求，保证乘降安全、疏导迅速、布置紧凑、便于管理，并具有良好的通风、照明、卫生、防灾等设施，为乘客提供舒适的乘车环境。

2. 车站类型

按照运营性质的不同，车站类型可分为终始站、中间站、区间站和换乘站等，如图 3-9 所示。

1) 终始点站：线路的终始点车站，位于线路的两端，往往设在郊外，设有线路折返设备。机车车辆可以在此折返、并可作为列车停留，临时检修用。

2）中间站：供乘客中途上、下车之用。中间站的通过能力决定着整个线路的最大通过能力。

3）区域站：在线路上客流量分布是不均匀的，在客流量最集中的线段两端的车站设置折返线，在客流高峰区段内增开区间列车，故称区间站或区域站。以利于客流的疏散。

4）换乘站：位于地铁不同线路交叉点的车站。除供乘客上下车之外，还可由此站经楼梯、地道等通道去其他站层，换乘另一条线路的列车。

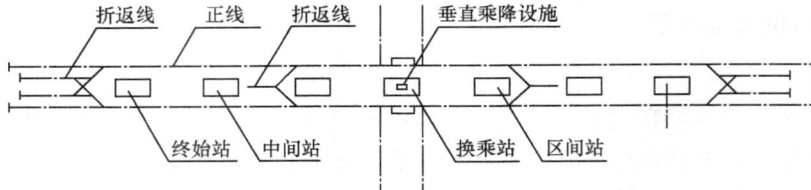

图 3-9 地铁车站按功能的分类

换乘站的布置与线路相交的方式有关，两条线路垂直相交，层间距离较小时，可采用垂直换乘方式，如图 3-10 所示；两条线路成锐角相交，其换乘方式可采用图 3-11 所示形式。当上、下两条线路不相交时，其换乘方式可采用图 3-12 所示形式。

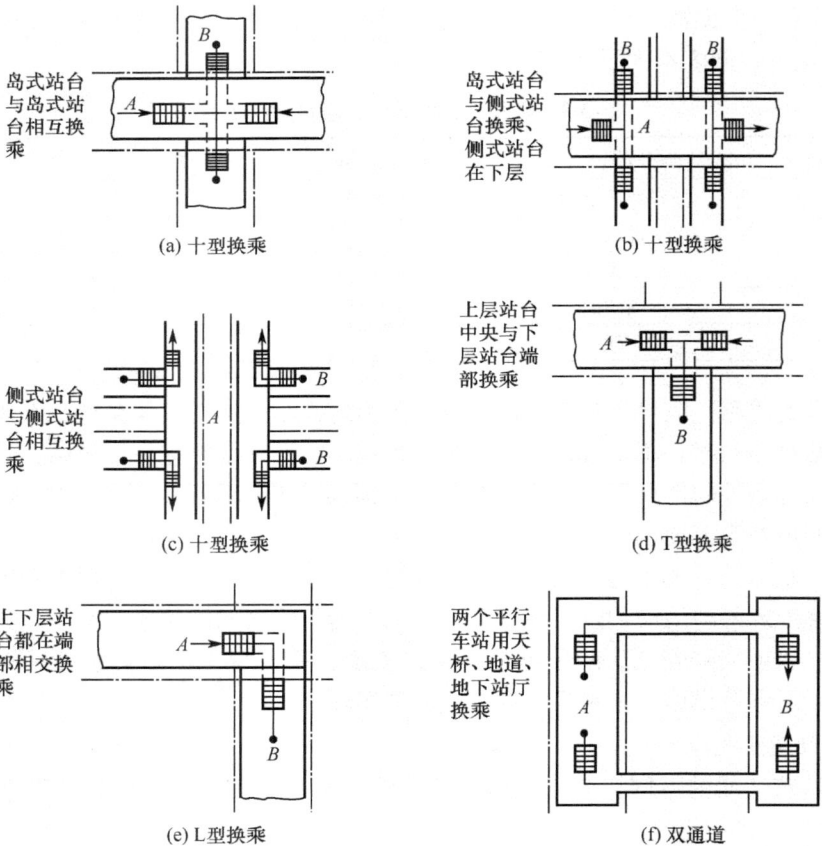

(a) 十型换乘

(b) 十型换乘

(c) 十型换乘

(d) T型换乘

(e) L型换乘

(f) 双通道

图 3-10 地铁换乘站的三种设计类型（垂直换乘方式）

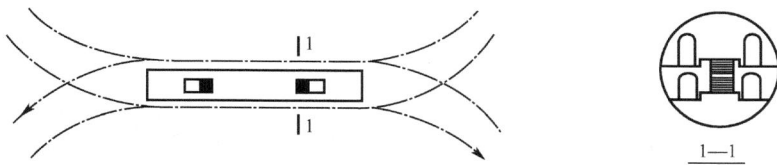

(a) 同一站内同断面上下平行线路换乘

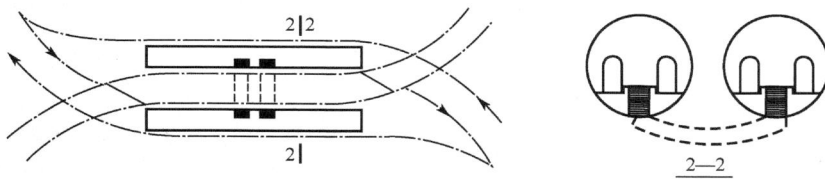

(b) 水平平行线路换乘

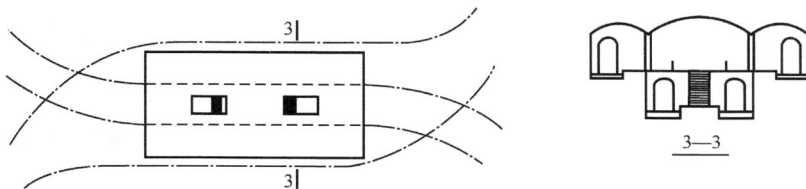

(c) 双层空间平行线路换乘

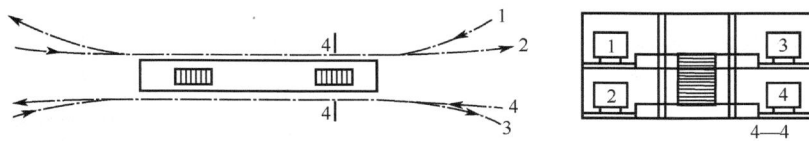

(d) 双层重叠同站台同方向水平换乘

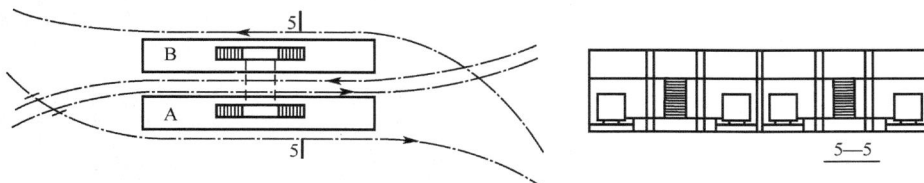

(e) 单层双站台同站台、同方向、水平换乘

图 3-11 两条平行线路换乘站示意图

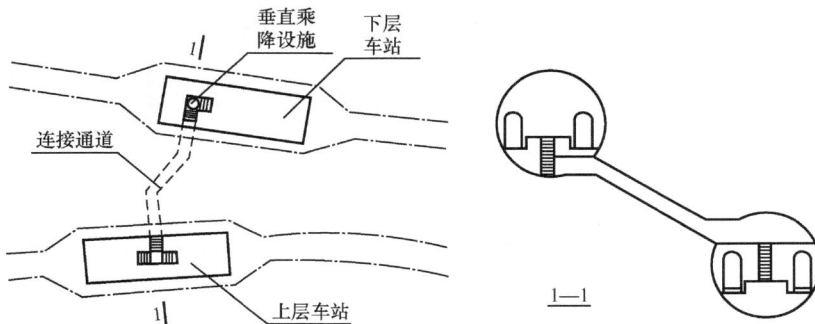

图 3-12 不相交线路的换乘示意图

3.4.2 站台型式

1. 型式

站台是地铁车站的最主要部分，是分散上下车人流、供乘客乘降的场地。

世界各地车站站台断面类型各异，归纳起来主要类型如图 3-13 所示。但站台型式按其与正线之间的位置关系可分为：岛式站台、侧式站台和岛侧混合式站台。具体型式如图 3-13～图 3-15 所示。

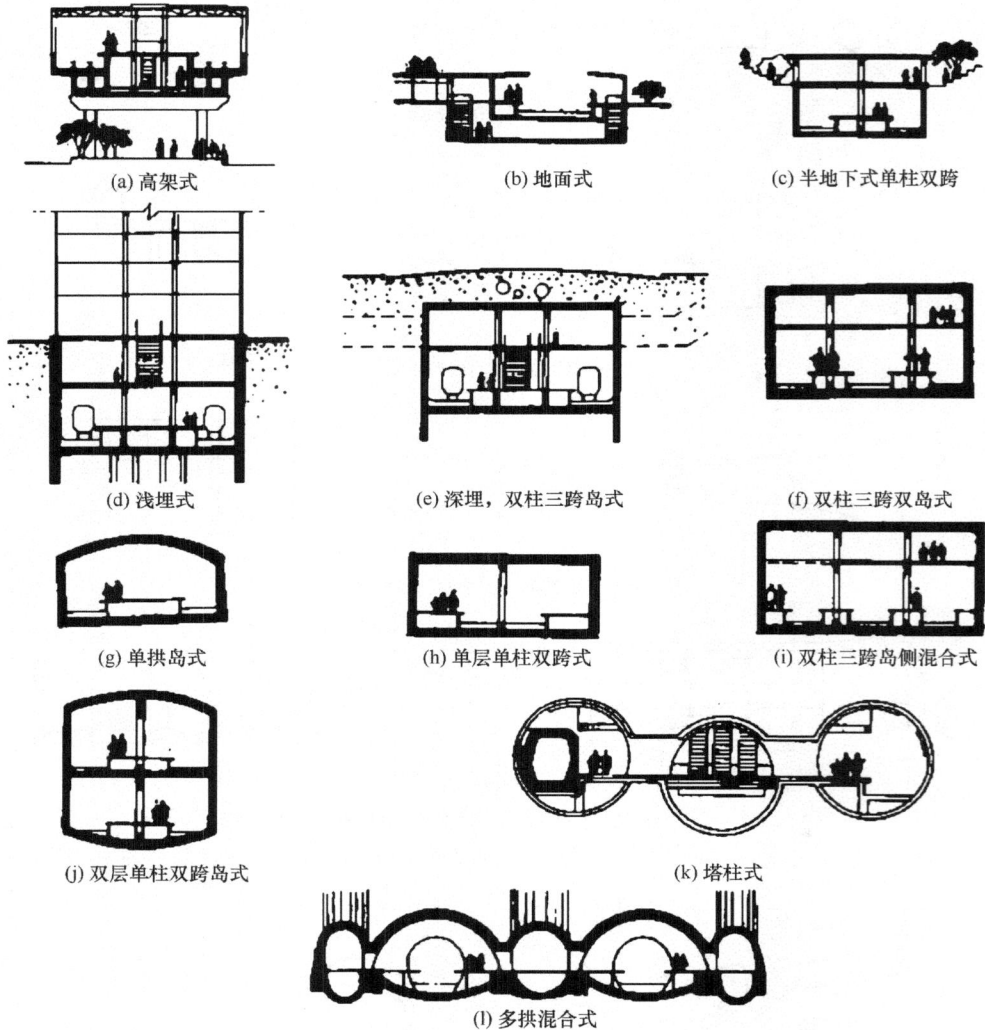

(a) 高架式　　(b) 地面式　　(c) 半地下式单柱双跨

(d) 浅埋式　　(e) 深埋，双柱三跨岛式　　(f) 双柱三跨双岛式

(g) 单拱岛式　　(h) 单层单柱双跨式　　(i) 双柱三跨岛侧混合式

(j) 双层单柱双跨岛式　　(k) 塔柱式

(l) 多拱混合式

图 3-13　地铁车站断面型式

岛式站台适用于规模较大的车站，如终始站、换乘站，这种方式上下行车线共用一个站台，可起到分配和调节客流的作用，对于乘客需要中途折返比较方便，我国地铁车站多采用岛式站台，如北京、上海地铁。其他国家的一些城市，如东京、莫斯科、汉城

（a）岛式站台平面

（b）岛式站台剖面1　　　　（c）岛式站台剖面2　　　　（d）岛式站台剖面3

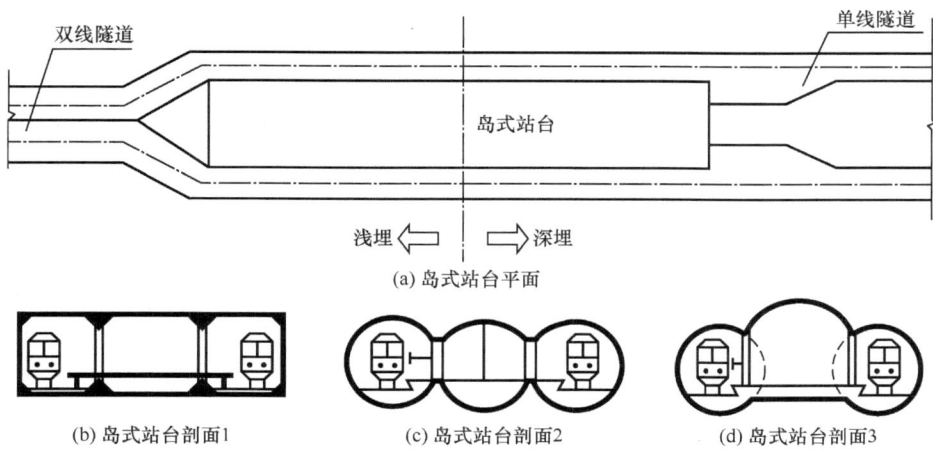

图 3-14　地铁车岛式站台及其结构形式

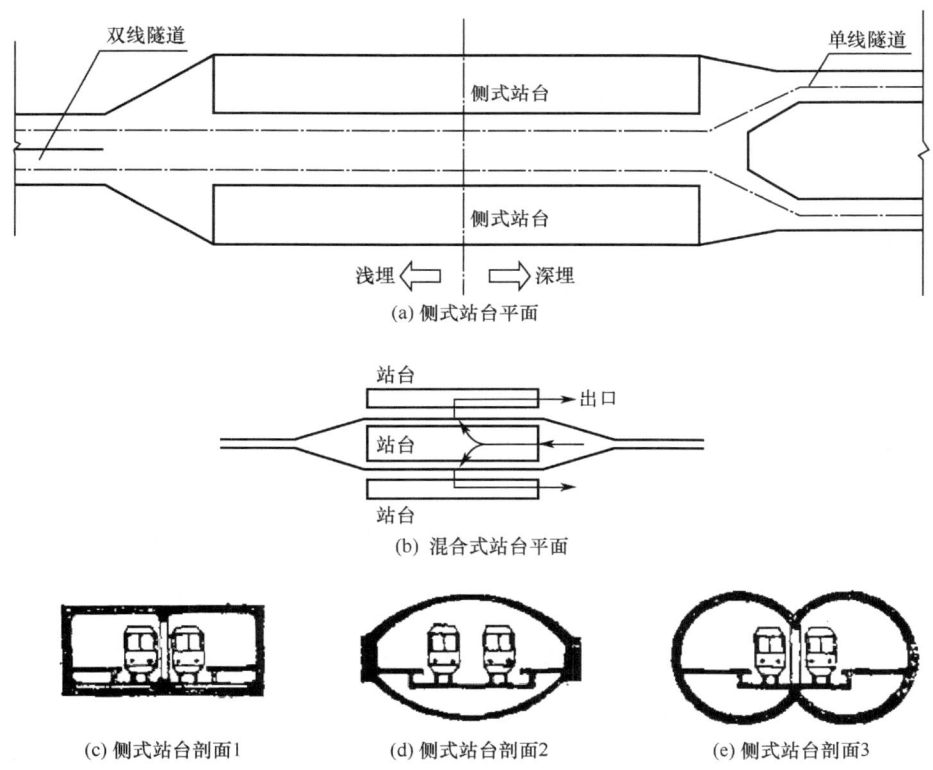

（a）侧式站台平面

（b）混合式站台平面

（c）侧式站台剖面1　　　　（d）侧式站台剖面2　　　　（e）侧式站台剖面3

图 3-15　地铁侧式站与混合式站台及其结构形式示意图

（首尔）等采用岛式站台的车站也很多。

　　侧式站台适用于规模较小的车站，如中间站，不同方向的两条正线，分别使用各自的站台，上、下行的乘客可避免互相干扰。我国天津、法国巴黎、英国伦敦等城市采用侧式站台。

岛、侧混合式站台多用于比较复杂的车站，如大型换乘站，一般可为一岛一侧，一岛两侧，岛式与侧式站台之间应该以天桥或地道相互连通。

2. 站台尺寸

站台的长度、宽度和高度需要与本站的客流量、位置和功能相协调，而且要为一定时期内的发展留有足够的余地，站台的长度是站台设计、布置中最主要的因素。

（1）站台长度

我国一般采用远期列车编组的长度加 1～2m，即

$$l = sn + \delta \tag{3-20}$$

式中，l——站台有效长度/m；

　　　　s——列车每节长度/m；

　　　　n——列车节数；

　　　　δ——停车误差，一般取 1～2 m。

（2）站台宽度

1）经验公式。

① 侧式站台宽度

$$b = \frac{m \times W}{L} + 0.45 \tag{3-21}$$

式中，m——超高峰小时每间隔列车单方向上下车人数；

　　　　L——站台计算长度/m；

　　　　W——站台上人数密度/（m² /人），如上海取 0.4。

② 岛式站台总宽度

$$B = 2b + n 柱宽 + （楼梯 + 自动扶梯）宽 \tag{3-22}$$

式中，n——站台横截断面的柱子数；

　　　　B——总宽度应按模数采用。

2）按客流量计算。

① 侧式站台的一个站台宽度

$$b = \frac{A}{L_{计}} + 0.45 + \frac{1}{2} b_0 \tag{3-23}$$

式中，A——站台面积 $A = P a_t$；

　　　　P——超高峰小时每间隔列车单方向上下车人数

$$P = P_h N (P_s + P_c) \times \frac{1}{100}$$

　　　　P_h——每节车厢容纳人数；

　　　　$(P_s + P_c)$——上、下车乘客占全列车乘客数的百分比，根据预测客流或调查资料取 20%～50%；

　　　　N——一列车的车厢数；

　　　　a_t——站台人流密度（正常情况：0.75 m² /人）；

　　　　$L_{计}$——列车计算长度/m；

　　　　b_0——乘客沿站台纵向流动宽度，取 2～3m。

② 岛式站台总宽度。

单拱岛式站台总宽度

$$B = 2b + b_0 \tag{3-24}$$

三跨岛式站台总宽度

$$B = 2b + b_0 + 2柱宽 + (楼梯 + 自动扶梯宽) \tag{3-25}$$

不论采用哪种计算方法，其结果选用值都不得小于表 3-10 所规定的站台最小宽度值。

表 3-11（a）～（c）分别列出了我国北京、上海地铁站尺寸及日本地铁站宽度。车站各建筑部位的最小高度应符合表 3-12 的规定。

表 3-10　站台最小宽度

站台型式	结　　构		站台最小宽度/m
岛式站台			8.0
侧式站台	无　柱		3.5
	有　柱	柱　内	3.0
		柱　外	2.0
混合式站台	岛式		8.0
	侧式		3.5

表 3-11（a）　日本站台宽度分类

车 站 位 置	岛式/m	侧式无立柱/m	侧式有立柱/m
位于以住宅区为主地区内的小站	8	4	5
位于以住宅商业为主地区内的中等站	8～10	4～5	5～6
位于以商业办公为主地区内的大站	10～12	5～6	6～6.5
位于以商业办公为主地区内的换乘站或与铁路的联运站	12 以上	6 以上	6.5 以上

表 3-11（b）　北京一期车站尺寸

岛式车站规模/m 项　目	大	中	小
站台总宽	12.5	11	9
站台中跨集散厅宽	6	5	4
站台面至顶板底高	4.95	4.55	4.35
侧站台宽	2.45	2.10	1.75
站台纵向柱中距	5	4.5	4
站台长度	118	118	118
地下站厅高	2.95	2.95	2.95
地下通道宽	4	4	4
地下通道高	2.55	2.55	2.55

表 3-11（c）　上海一号线车站尺寸

岛式车站规模/m 项目	大	中	小
站台总宽	14	12	10
侧站台宽	3.5～4	2.5～3	2.5
站台长度	186	186	186
站台面至楼板底宽	4.1	4.1	4.1
站台面至吊顶面高	3	3	3
吊顶设备层高	1.1	1.1	1.1
纵向柱中心距	8～8.5	8～8.5	8

表 3-12　车站各部位的最小高度

名　称	最小高度/m
站厅公共区（地面装饰面至吊顶面）	3
地下车站站台公共区（地面装饰面至吊顶面）	3
地面、高架车站站台公共区（地面装饰面至风雨棚）	2.6
站台、站厅管理用房（地面装饰面至吊顶面）	2.4
通道或天桥（地面装饰面至吊顶面）	2.4
人行楼梯或自动扶梯（踏步面沿口至吊顶面）	2.3

3.4.3　站厅布置

站厅是地铁车站用于售票、检票、布置部分设备房间的场所，其布置方式与售票、检票方式有关，应使付费区与非付费区有明显的交界处，形成不同的功能分区。站厅布置形式一般可分为分离式、贯通式、分区式站厅，如图 3-16 所示，站厅也有与地下商业街连通在一起布置的，如图 3-17 所示。

售票方式一般有人工售票、半自动化售票（人工收款、机器出票）和自动售票；检票方式有人工和自动两种。售、检票处位置应设在利于乘客进、出站方位，避免人流交叉、干扰，尽量缩短乘客在站内停留的时间。

车站控制室应设在便于对售票、检票、楼梯或自动扶梯口等部位进行监视的地方，强弱电设备应分开布置，有噪声源的设备房间应远离乘客活动区。

地铁运营用房面积参考表如表 3-13 所示；车站管理用房面积参考值如表 3-14 所示；地铁电气设备用房面积参考值如表 3-15 所示。

表 3-13　地铁运营用房面积参考表

名称	面积/m³	用途及位置
行车主值班室	15～20	行车调度中心，主值班室位于下行线一侧，有道岔的车站值班室设在道岔咽喉处，有 30cm 电缆槽
行车副值班室	8～10	副值班室位于上行线一侧，有电话与主值班室联系
信号设备，继电器室	30	设在主副值班室中间，正确，安全组织列车运营
信号值班室	15	设备人员工作间，可和材料库合用
通讯引入线	15	电缆引入车站
办公，会议，广播	15～20	位于主值班室，站长室附件或位于地面，隔声，噪声强度低于 40dB，混响时间<0.4s，木地板
工务工区	10～15	5～6 km，存放线路检修工具和材料

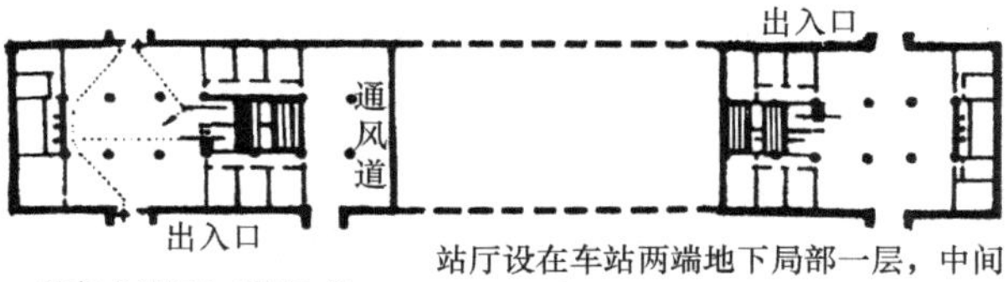

分离式站厅(三跨岛式)　站厅设在车站两端地下局部一层，中间不连通，采用人工售检票方式

分离式站厅(双跨侧式)　站厅设在车站两端地下局部一层，中间不连通，采用人工售检票方式

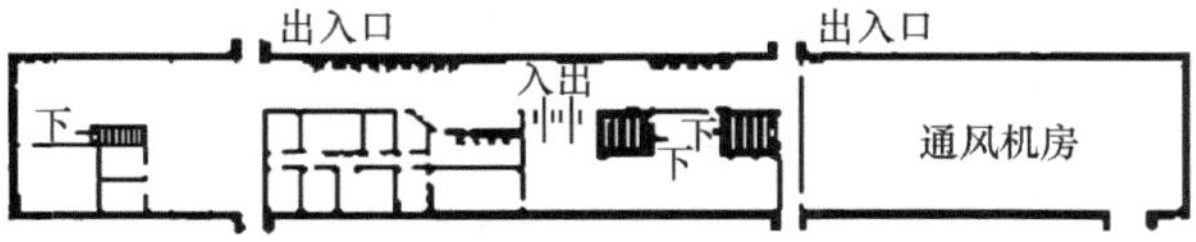

贯通式站厅(单拱岛式)　站厅设在地下一层，采用自动售票和自动检票方式，进出站检票机一字形排列

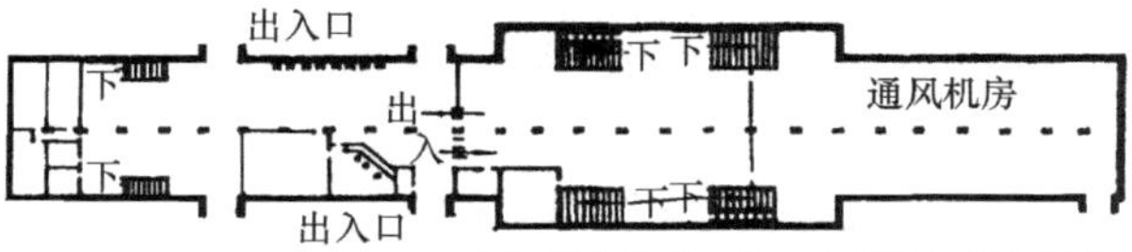

分区式站厅(双跨侧式)　站厅设在地下一层，采用自动售检票方式，用检票机群划分付费区和非付费区

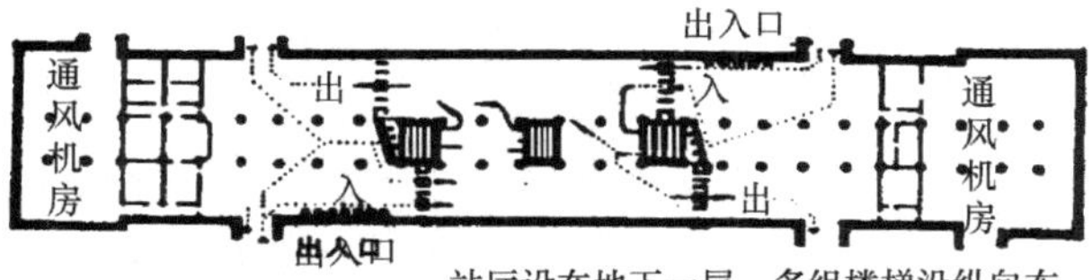

贯通式站厅(三跨岛式)　站厅设在地下一层，多组楼梯沿纵向布置，采用半自动售票和自动售票方式

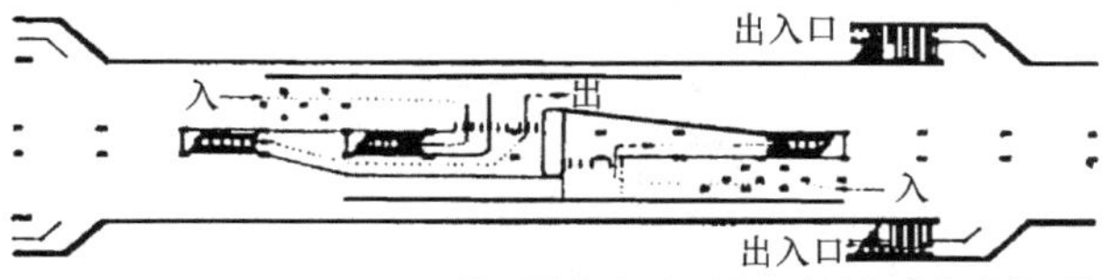

贯通式站厅(三跨岛式)　站厅设在地下一层，采用立式自动售票机错位布置，自动检票机一字排列导栏隔离

图 3-16　站厅布置形式

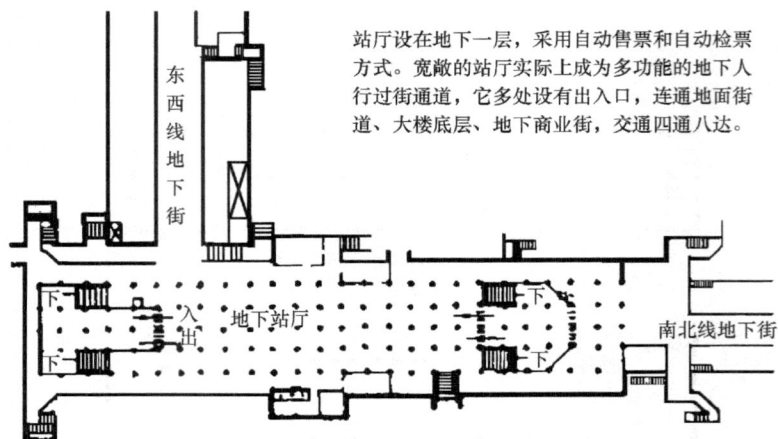

站厅设在地下一层，采用自动售票和自动检票方式。宽敞的站厅实际上成为多功能的地下人行过街通道，它多处设有出入口，连通地面街道、大楼底层、地下商业街，交通四通八达。

(a) 站厅与地下商业连通平面图

(b) 站厅与地下商业连通的图示

图 3-17　站厅与地下商业连通

表 3-14　车站管理用房面积参考表

房间名称	面积/m²	位置
车站控制室 （含防灾控制）	35～50	两个站厅时另加设一间 12 m² 副值班室，地面、高架车站酌情减小
站长室	15～18	中间站，另加一间 12 m²
警务室	(12～15)×2	一条线上另加设 1～2 间警署室，每间 12 m²
交接班室 （兼会议、餐食）	1.2～1.5/（m²/人）	按一般定员计
更衣室	0.6～0.7/（m²/人）	按车站全部定员计
茶水间	8～10	附洗涤池
卫生间	女 2～3 坑位， （男一个坑位，两个小便斗）	管理人员用
清扫室（站厅、站台各设一间）	(6～8)×2	附洗涤池、两个站厅、侧式站台另增
站务员室	12～15	侧式车站站台设两间（面积可适当减小）
收款室（即票务室）	16～20	
库房	16～20	
供电值班室（每座降压变电所配一间）	10	数据采集与监视控制系统（SCADA）同步实施，可不设
列检室	10	交路折返站
司机休息室	6～8	交路折返站
维修巡检室	8～12	宜每站一间，至少 3～5 间一站

表 3-15　地铁电气设备用房面积参考表

名　称	面积/m³	用途及位置
牵引变电所	40	将 10kV 高压交流电改变为 825V 直流电 位于站台某一侧 每 2km 左右设 1 个
降压变电所	40	将 10kV 高压交流电改变为 380V 和 220V 其余同上
主控制室	30	附属用房 位置以变电为中心布置一侧 以电气专业为指导
蓄电池室	30	
整流器室	30	
值班室及工具室	30	

3.4.4　出入口布置

车站出入口的主要作用在于吸引和疏散客流，它与所服务的半径范围内的居民人口数量有密切关系，因此，要在对居民出行方式调查的基础上，确定有可能使用地铁的人口比例。出入口的总设计客流量，应该按该站远期超高峰每小时的客流量乘以 1.1～1.25 的不均系数来计算。

1. 出入口位置、数量及设计原则

车站出入口的位置，最好选择在沿线主要街道的交叉路口或广场附近，尽量扩大服务半径，方便乘客，一个车站其出入口的数量，要视客运需要与疏散的要求而定，最低不得少于2个，且在街道两侧均应设有车站出入口，车站如位于街道的十字交叉口处客流量较大的情况下，出入口数量以4个为宜，布置在交叉点的四角（图3-18），这样利于乘客从不同方向进出地铁。处于地面多条街道相交路口的大型地铁车站，根据需要也可以设置多个出入口，如伦敦甘慈山地铁车站出入口，位于6条街道不规则交叉的路口，在其中主要的3个交叉口处共设置10个出入口，并在地下互相连通，同时解决了几条道路之间的互相跨越问题（图3-19）。

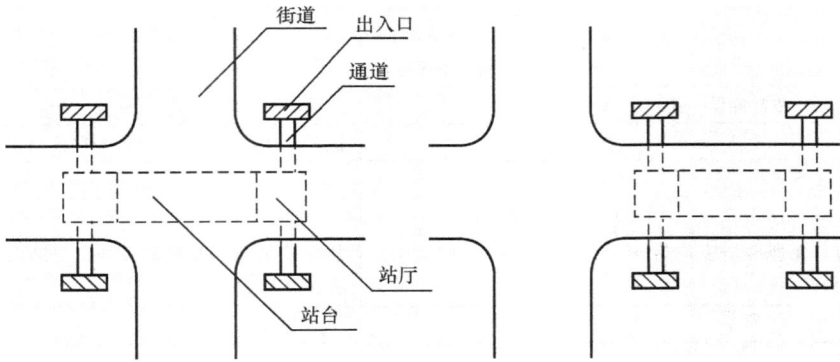

图 3-18　街道交叉口处地铁出入口布置比较

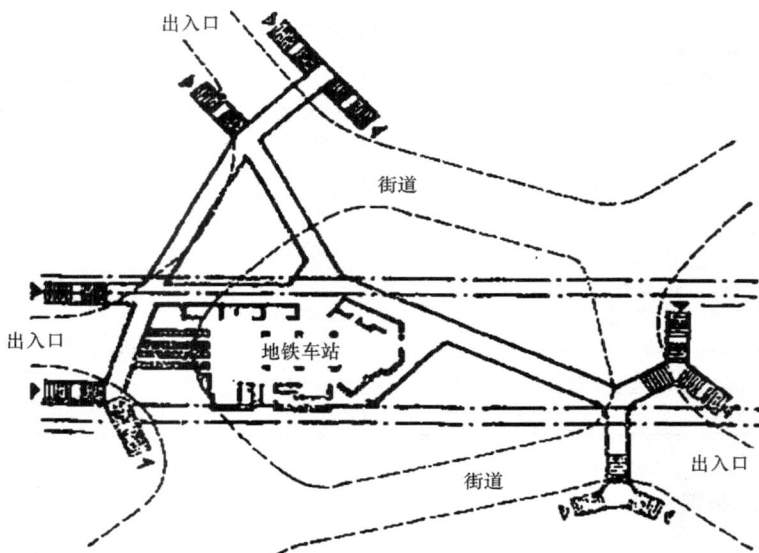

图 3-19　英国伦敦市甘慈山地铁站的出入口布置

车站出入口的设计，还须考虑到下列原则和有关问题：

1）车站出入口布置应与主要客流量的方向相一致，建筑形式应考虑到当地的气候条件。如图 3-20 所示的独建式（敞口、带顶盖全封闭或下沉式等）或合建式。

(a) 地铁出入口地面建筑形式之一

(b) 地铁出入口地面建筑形式图示

图 3-20　地铁出入口地面建筑

2）车站出入口和通道宜与城市地下人行过街道、地下街、公共建筑（如地下商场）的地下层相结合或连通，统一规划，同步或分期实施建设。

3）车站出入口与地面建筑物合建时，在出入口与地面建筑物之间应采取防火措施。

4）车站地面出入口上下自动扶梯的设置标准，在一定程度上反映国家的财力和人民的生活水平，应依据提升高度和经济条件而定，即要方便乘客，又不能超出财力盲目安设自动扶梯。国内一般当提升高度大于 8 m 时设上行自动扶梯，超过 12 m 时，上下行均应设自动扶梯。出入口平面布置形式参见图 3-21，若为分期建设的自动扶梯则应留出位置。

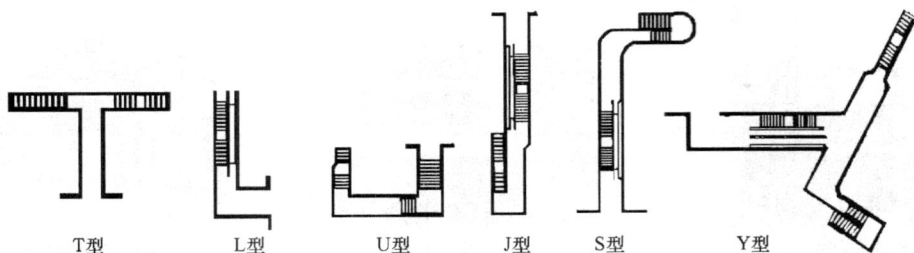

图 3-21　地铁出入口平面布置形式举例

5）车站出入口必须设置有特征的地铁统一的标志，以引导乘客。某些城市地铁标志，如图 3-22 所示。

图 3-22　世界城市地铁标志举例

6）出入口宽度按计算确定，但最小宽度应不小于 2.5m。

2. 出入口通道宽度

（1）出入口宽度计算（图 3-23）

1）单向（二侧）

$$B_1 \geqslant b_1 (\text{m}) \tag{3-26a}$$

2）双向（二侧）

$$B_2 \geqslant \frac{b_1 \times 2}{2} (\text{m}) \tag{3-26b}$$

3）双向（二侧、四支）

$$B_3 \geqslant \frac{b_2 \times 2}{4}(\text{m}) \qquad (3\text{-}26\text{c})$$

（2）通道宽度计算（图 3-23，图 3-24）

1）单支（二侧）

$$b_1 = \frac{\text{超高峰客流量} \times a}{C_1 \times 2}(\text{m}) \qquad (3\text{-}27\text{a})$$

2）双支（二侧）

$$b_2 = \frac{\text{超高峰客流量} \times a}{C_1 \times 4}(\text{m}) \qquad (3\text{-}27\text{b})$$

式中，C_1——通道双向混行通过能力，见表 3-16；

a——不均匀系数，一般取 $a=1\sim1.25$。

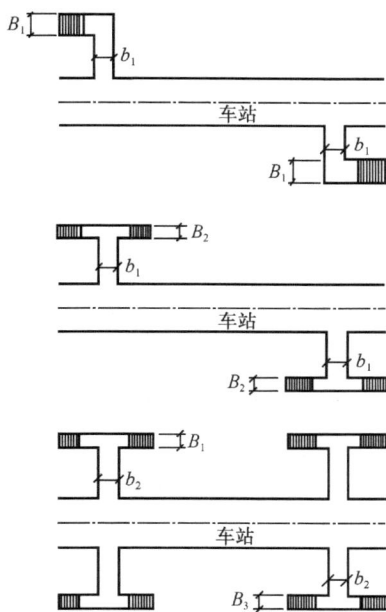

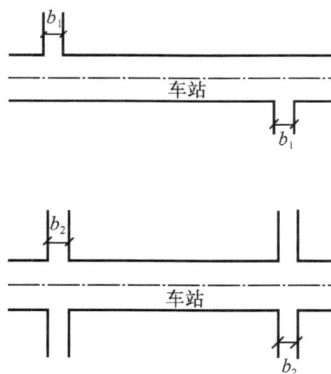

图 3-23　出入口和通道宽度计算　　图 3-24　通道宽度计算

表 3-16　出入口楼梯、通道的通过能力

通过人数/(人/h) 通道	北京	上海	香港	布达佩斯	莫斯科	巴黎
1m 宽通道：						
单向通行	5000	5280	5400	4500	4000	6000
双向混行	4000	4200	4020	4000	3400	—
1m 宽通道：						
单向下行	4200	4200	4200	4000	3500	4500
单向上行	3800	3780	3720	3500	3000	3600
双向混行	3200	3180	4000	3000	3200	—
1m 宽自动扶梯	8100	8100	9000	8000	8500	7200

（3）楼梯宽度计算

$$B = \frac{Q \times T}{C}(1 + \alpha_b)$$ (3-28)

式中，T——列车运行间隔时间/min；

Q——超高峰通过客流量/（人/min）；

C——楼梯通过能力/（人/min）；

α_b——加宽系数，一般采用 0.15。

出入口、楼梯、通道的最小尺寸应符合表 3-17 中规定；出入口楼梯踏步尺寸参考表 3-18。

表 3-17　出入口楼梯、通道的通过能力

名　　称	最　小　尺　寸	
	净　宽/m	净　高/m
出　入　口	2.50	2.40
楼　　梯	2.00	2.40
通道或天桥	2.50	2.40

表 3-18　出入口楼梯踏步参考尺寸

城市	高×宽/m²	城市	高×宽/m²
北　京	150×300	东　京	160×320
	*172×300		165×330
莫斯科	140×320		*172×300
巴黎	160×320	伦　敦	180×280
纽约	180×280	鹿特丹	160×280

注：① * 表示楼梯与自动扶梯并排设置，采用 30°倾斜角时的尺寸；

② 楼梯在高度方向不超过 18 级设计休息平台，宽 1.2～1.8m。

3. 无障碍设计

目前地铁的无障碍设计还不普及，少数发达国家在设计时，对处于市中心区的车站，每个车站要有一个以上的出入口做无障碍设计，供残疾人使用。无障碍出入口的形式可设计成斜坡道或电梯，斜坡道的最大坡度不得超过 8%，最小宽度不得小于 1.6m，如图 3-25 所示。

3.4.5　风厅（风道）布置

地下车站按通风，空调工艺要求，一般需设活塞风井，通风井和排风井。每个地下车站通常设置 1～2 个通风道，在总图设计时不容忽视。

在满足功能的前提下，根据地面建筑的现场条件和规划要求，按照优先与其他建筑合建，尽量弱化体量的原则，风井可集中或分散布置。因城市景观的需求，不论分散还是集中布置均应尽量与地面建筑相结合。对于单建的风厅更需重视其造型设计。

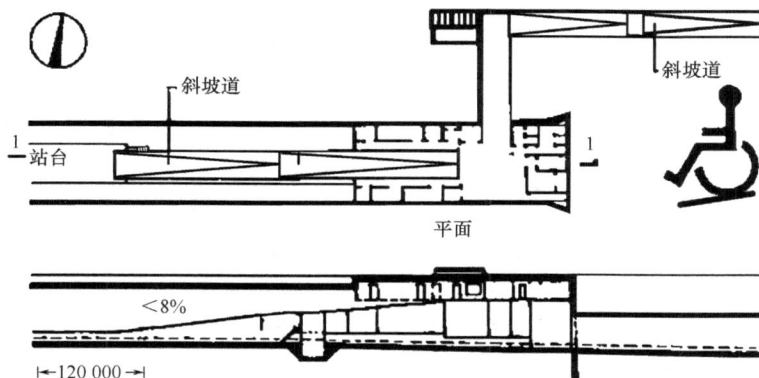

图 3-25　某车站无障碍设计

风厅一般构造要求如下：

1）风厅进、排、活塞风井口部距建筑物的距离均应不小于 5 m；

2）排风口底部距地面的高度应不小于 2 m；

3）风厅设于城市道路边时，一般需符合规划部门规定后退红线距离的要求；

4）当排风口，进风口合建时，排风口应比进风口高出 5 m，以免排风倒灌入进风口；

5）当排风口，进风口同高度布置时，其口部水平距离应大于 5 m，以满足车站消防工况的要求；

6）活塞风道长度不宜超过 25 m，风道弯折不宜过多。

3.4.6　车站功能的综合化

地铁车站造价昂贵，在地下铁道的投资中所占比重很大，一般车站的造价相当于相同长度隧道造价的 3～10 倍。因此，车站建筑设计中在有条件的情况下，应力求使车站的功能综合化。

早期的地铁车站功能单一，即单纯的升降，或同时具有换乘功能，这虽可以缩小车站空间，简化结构和装修，减少一次性投资，但在运行后却无法发挥综合的社会和经济效益，仅靠运营收费不能满足运行费开支，更谈不上在一定年限内收回投资。如天津、伦敦、纽约、巴黎等城市的早期车站，其车站设计多采用这种指导思想，给以后的效益带来了一定问题。

20 世纪 60 年代以后，许多大城市的地铁车站设计，出现了功能综合化的趋向。结合所在城市的再开发和大型地下综合体的建设，使地铁车站的运营能发挥多方面的效益。尽管造价可能高一些，但对整个城市建设投资而言，宏观上看是节省的，对较快地收回投资也是有利的。如香港地铁由于规划合理，经营得当，很快就还清全部贷款，成为地铁经营盈利的典范。斯德哥尔摩中心广场的地下综合体中，有一个 3 条地铁线互相换乘的车站，在日本这种实例更多。

地铁车站功能综合化的含义是指：与城市其他交通方式的综合，与地下市政公用设施的综合，与商业、服务设施的综合，或与民防工程设施的综合等。

对于城市的主要干道上最繁华地段，只要有建设地铁的可能性，在路网规划中就应该对地铁车站的多功能化有所考虑，而在地下铁道车站的总体设计中更应妥善考虑车站功能综合化问题。

近年来，我国新建地铁车站的规划设计，对于车站功能的综合化问题已比较注意。如上海地铁一号线新客站车站，在火车站出站地道口处，由地下即可换乘地铁；徐家汇车站结合地下过街道的布置，将地下站厅北端在平面上适当扩大，获得 $2000m^2$ 面积供商业、服务行业使用，站厅南部利用 $300m$ 长的折返线上部空间，又增加了 $6700m^2$ 的建筑面积，形成一条地下商业街，这样，不需增加很多投资，免除了征购土地，拆迁房屋的费用，比在地面上建造 8000 多平方米的商业建筑更经济。再如，上海某地铁车站结合交通枢纽位置和立交桥的条件，将路口地下人行过街道，地下空间开发区与地铁车站连通，形成一个地下三层的车站实现了地上、地下空间的综合开发，显得十分适用方便（图 3-26）。北京地铁复兴门车站就设在"百盛商场"的地下层内；较典型的车站总体布置举例，如新加坡地铁的实例可参见图 3-27。深圳地铁某车站与下沉式商业广场的综合体如图 3-28 所示。

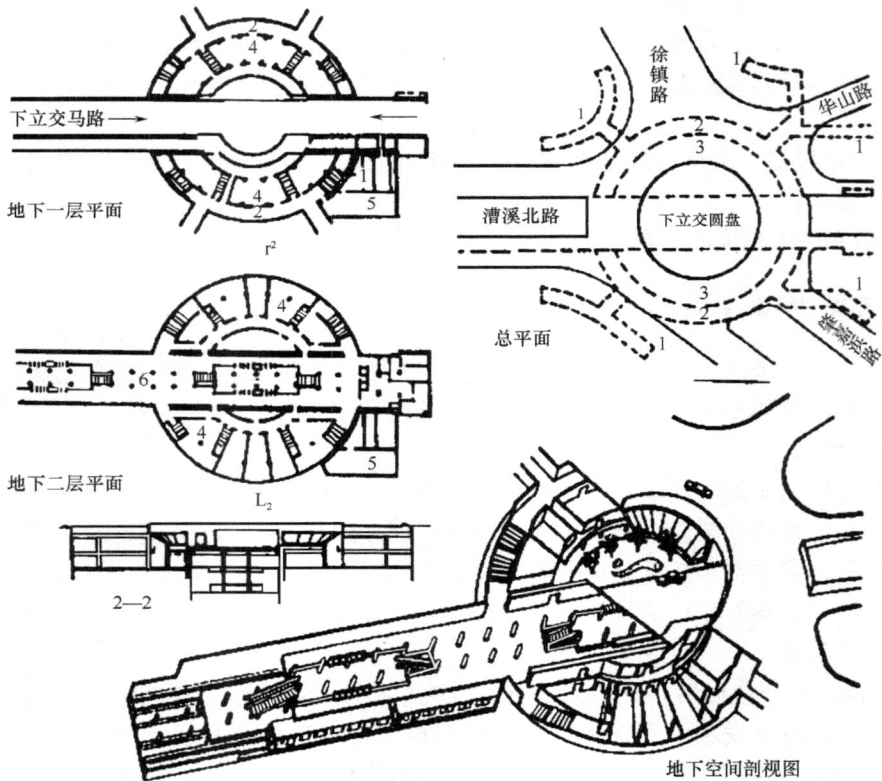

图 3-26　上海某地铁站

1. 地面出入口；2. 地下过街道；3. 开发空间；4. 地下商场；5. 辅助房间；6. 站台

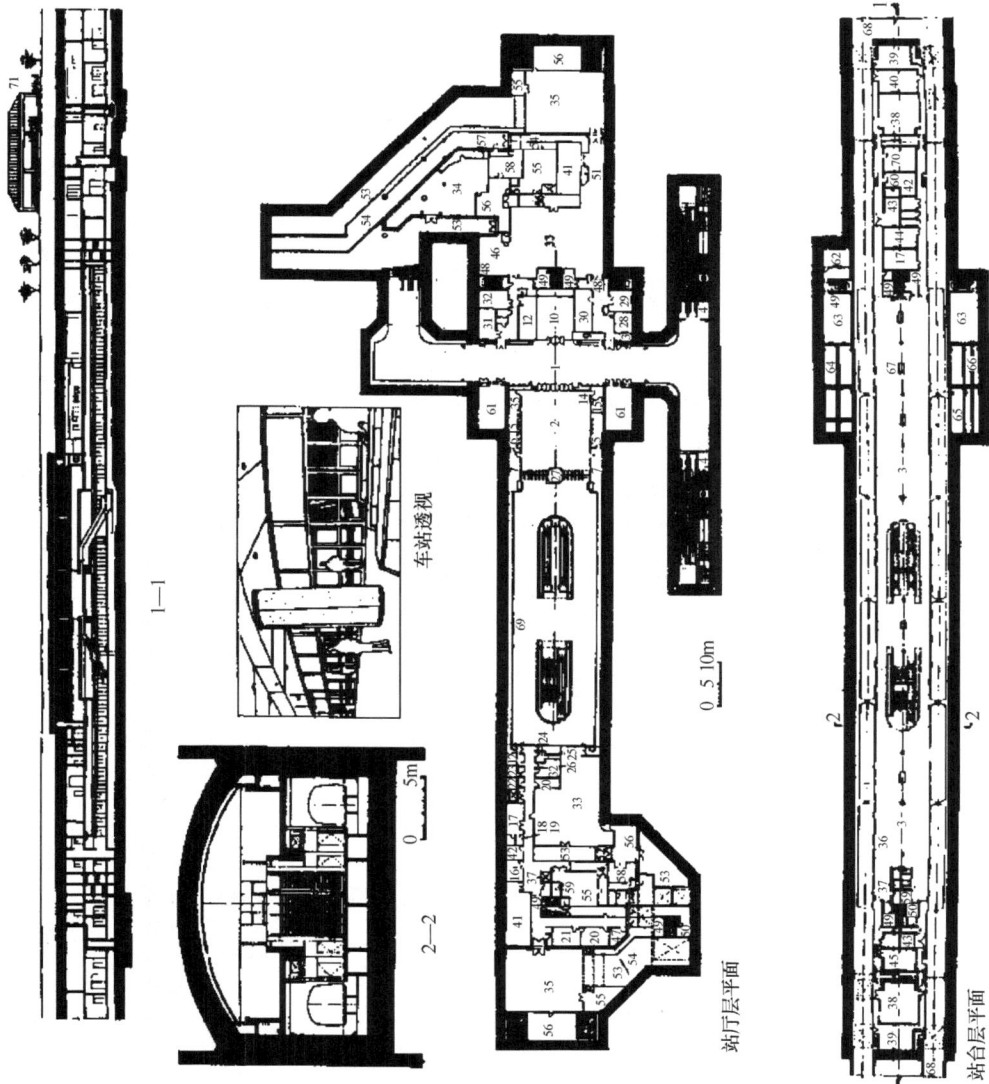

车站透视

1—1

2—2

0 5m

0 5 10m

站厅层平面

站台层平面

图3-27 新加坡某地铁站

1.公共通道 37.电梯
2.售票厅 38.变配电室
3.站台 39.开关柜室
4.出入口楼梯 40.休息室
5.售票窗 41.电控室
6.问讯处 42.压缩机房
7.服务室 43.空调机房间
8.检票机 44.备品间
9.小卖部 45.蓄电池室
10.银行 46.过滤器室
11.现金库 47.库房
12.办公室 48.服务楼梯
13.电话间 49.安全楼梯
14.清洁工具间 50.消防楼梯间
15.垃圾间 51.灭火器室
16.票务室 52.阀门室
17.工作人员室 53.进风风道
18.男更衣 54.排风风道
19.女更衣 55.通风机房
20.贮藏室 56.进风风室
21.厨房 57.排风风室
22.维修间 58.冷却水塔
23.隔离室 59.饮水间
24.医务室 60.管道井
25.男厕所 61.机房
26.女厕所 62.燃料库
27.车站控制室 63.水泵房
28.硅控开关柜 64.饮水间
29.总仓库 65.冷却水
30.控制室 66.喷淋间
31.配电盘 67.休息椅
32.电器设备室 68.区间隧道
33.发电机室 69.管道廊
34.电视监视室 70.预留房间
35.站台屏蔽门 71.地面出入口
36.

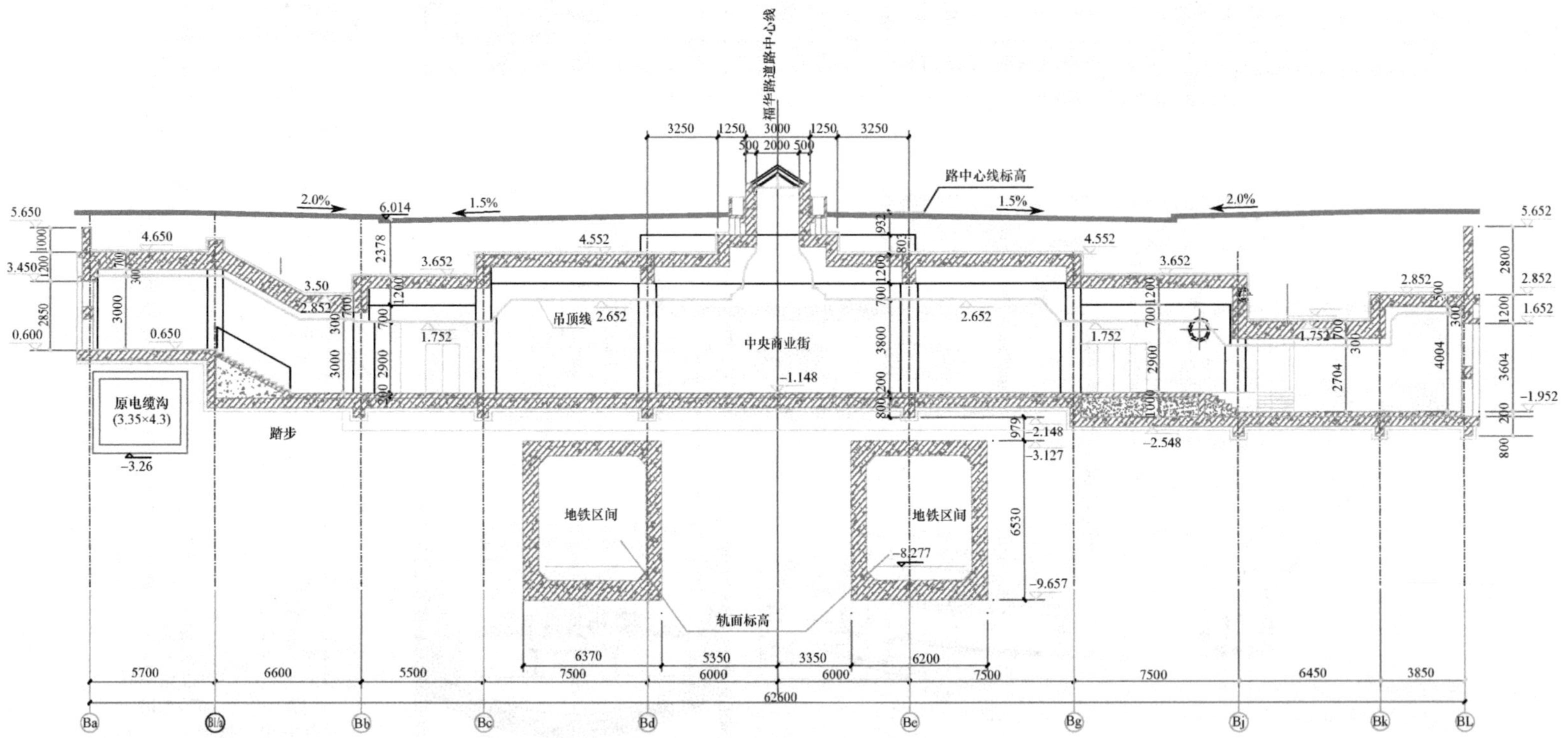

图3-28 深圳地铁某车站与下沉式商业广场的综合体

3.5 地铁施工对周围环境的影响

3.5.1 引言

地铁建设本质上是"环境友好工程",城市地下工程开挖后土体必然发生变形,当变形达到极限时,岩土体即破坏失稳,将直接或间接地造成环境的恶化,甚至造成灾害事故。地铁建设往往在市区繁华地段,在其施工过程中,常引起周围地层的变形,对周围地面建筑及基础,地下早期人防和构筑物,公用地下管线和各种地下设施以及城市道路的路基、路面等都可能构成不同程度的危害。我国不同城市的地层条件差异较大,加之理论与实践脱节,设计或施工措施不利等造成地面沉陷、基坑垮塌、隧道涌水、周边建构筑物损害、地下管线损害事故时有发生,如图 3-29 所示,往往造成严重经济损失与社会影响。

(a) 地铁施工不当引起建筑垮塌　　　　　　　(b) 基坑垮塌

(c) 某地铁车站基坑垮塌事故　　　　(d) 地铁管片开裂大涌水引起地表塌陷

图 3-29　我国地铁施工引起的地表塌陷、基坑及隧道涌水破坏等工程事故

地铁施工中,采用盾构法或者钻爆法施工隧道,连续墙护壁明挖法施工车站,打桩或者钻孔灌注桩施工都将不同程度的引起地面沉降、深层土体的挤压扰动,导致地面建筑和地下构筑物开裂破损、甚至倒塌。地铁某些施工方法还会产生大量的粉尘、泥浆、渣土,严重污染环境。打桩、爆破法引起震动、噪声、烟雾等公害,严重影响城市居民正常的生活和工作。例如:在广州地铁施工过程中,由日本青木株式会社承担施工的一区间隧道,曾引起局部地面沉陷 20 多厘米,遭到业主的罚款。2003 年 7 月 1 日凌晨 6

时，上海地铁 4 号线联络通道冻结法施工不当，造成作业面内大量细流砂和水涌入，引起联络通道、主隧道、风井损坏，周边地面严重塌陷，造成 3 幢高层建筑倾斜，部分建筑物倒塌，大段防汛墙断裂塌陷，地面管线断裂等，直接经济损失高达数亿，直接影响了整个上海轨道交通网络的形成，工程修复难度极大，耗时近 4 年。2008 年 11 月 15 日，杭州市地铁 1 号线萧山风情大道湘湖站基坑施工中，发生大面积地面塌陷事故，导致萧山湘湖风情大道 75m 路面坍塌，并下陷 15m，正在路面行驶的约 11 辆车陷入深坑；造成多人遇难与失踪事故。

近年来因为施工机械及施工工艺的改进，地铁施工引起的土工环境问题已有一定程度的缓解，但在全国范围内，施工遇到下面一些复杂情况时，上述环境土工灾害仍比较突出。

（1）市区地铁车站施工

地下连续墙、桩排墙施工时产生泥浆、噪声、振动；井点降水造成地下水位变化及地下水径萦流的混乱、水质的变化，引起土层的沉降、密实度、孔隙水压力变化；甚至导致支撑的失稳，连续墙的倾倒，大面积土体的滑移、坍陷；车站大基坑开挖，引起近旁道路的地下管线（煤气、地下电缆、热力蒸汽等）开裂等。

（2）地铁区间隧道施工

盾构法隧道进（出）工作井、转弯（纠偏）、穿越大楼桩群、浅覆土易引起流砂等不良地质现象，钻爆法施工隧道引起振动、烟尘、渣土，断层和强烈破碎带引起冒顶塌落，对周边建筑物造成不利影响；浅埋暗挖法不当引起塌方冒顶、化学注浆时易引起土性改变和对水体不良影响；沉管法隧道对航道、河床和水流的速度有影响。

（3）高架桥施工

钻孔桩、挖孔桩、打（压）桩施工引起振动、地面沉陷、土体的位移、泥浆污染和噪声的干扰。预制桥梁制作、吊起过程会阻碍交通；高架桥对视线、景观的影响等。

已建成的地铁交通是城市客运交通的大动脉，一旦投入运营，日夜担负巨大客流运输任务，在地铁车站及隧道附近进行土方开挖、顶管、盾构推进和打桩等工程活动，处理不当可能对地铁工程产生危害。因此，各地铁工程公司制定相应的地铁沿线建筑物保护规程，对施工活动对地铁工程的影响加以限制。首先，应以预防为主，即采取合理的施工工艺和技术方案，将产生的地面沉降、深层土体扰动降低到工程变形允许范围内。其次，对既有建筑物和地下管线进行监测、托换、补强、加固等工程措施，保证在施工扰动发生后不致产生大的影响使用的残余变形。在开工前，对沿线建筑物及管线做好详细的记录，包括摄影和录像。依不同的结构形式、不同的使用功能、不同的地质环境条件，应采取不同的保护对策。建筑物和管线进行施工环境保护的步骤，如图 3-30 所示。

3.5.2 地铁车站基坑开挖及地铁隧道施工对周边环境的影响

地铁车站施工对周边环境影响的主要表现为基坑开挖，常见影响形式及原因分析如下。

（1）基坑坍滑与变形

基坑开挖行成人工边坡，基坑开挖后期边坡在自身重量、地下水影响及其他外力作用下，基坑土体产生坍滑的趋势，如果失去平衡，就会产生坍滑。

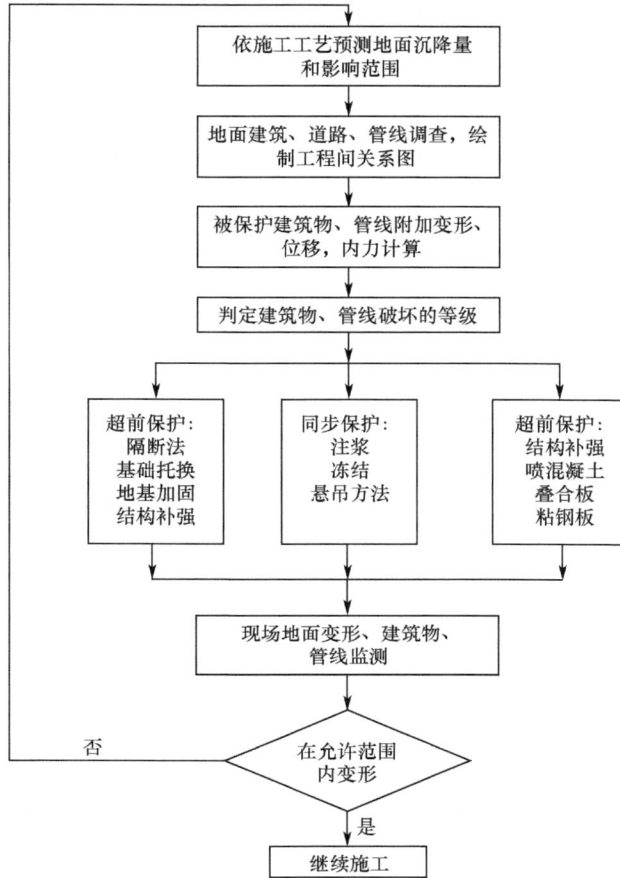

依施工工艺预测地面沉降量和影响范围

↓

地面建筑、道路、管线调查，绘制工程间关系图

↓

被保护建筑物、管线附加变形、位移，内力计算

↓

判定建筑物、管线破坏的等级

超前保护：
隔断法
基础托换
地基加固
结构补强

同步保护：
注浆
冻结
悬吊方法

超前保护：
结构补强
喷混凝土
叠合板
粘钢板

↓

现场地面变形、建筑物、管线监测

↓

在允许范围内变形 —— 否 / 是

继续施工

图 3-30 工程保护程序

（2）地表沉降变形

降水引起地面附加沉降（影响范围大）；护坡结构侧向变形引起地面沉降变形（影响范围较小）；一般基坑周边地面沉降变形均是两种变形叠加的结果。

（3）流砂和管涌

当基坑底部附近为砂性土层时，坑底若存在水向上的渗透压力，当水力坡降大于临界坡降时，砂土颗粒就会处于悬浮状态，或者向上涌出，造成大量流砂，引起基坑失稳。

（4）基底隆起

由于土体挖除卸荷，坑底土向上回弹；土体松弛与蠕变的影响使土隆起；支挡结构向基坑内变位时，挤推土体引起基底隆起；某些黏性土及膨胀土吸水使土体的体积增大而隆起；基坑的隆起量与基坑开挖后搁置的时间长短有关。

（5）支挡结构变形

支挡结构的承载力或刚度不能抵抗坑侧土压力而发生破坏或产生大的变形。

（6）周围管线损坏

当管线周边的岩土体发生变形大于允许变形时，管线可能发生断裂。

（7）周围建筑物倾斜、开裂、倒塌

不均匀沉降引起建筑物倾斜，当倾斜值大于建筑物允许值，建筑物会发生明显倾斜、开裂甚至倒塌。

（8）复杂的社会影响

由于工程事故，可能造成人员伤亡及财产损失，影响居民安定生活，造成市政交通阻塞，带来严重的社会影响。

地表沉降的范围取决于地层的性质、基坑开挖深度、支护墙体入土深度、下卧软弱土层深度、开挖域大小及支护方式等。一般地，沉降范围为（1～4）H（H 为开挖深度）；日本对基坑开挖工程提出的影响范围如图 3-31 所示。

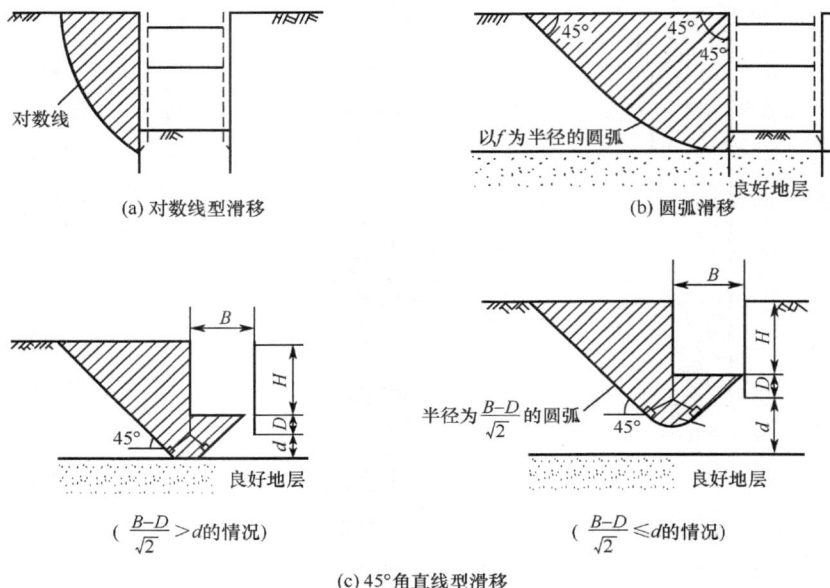

图 3-31　基坑影响范围

因为各城市的地层及地下水条件的差异性，地铁车站基坑开挖对周边环境影响各有差异，以北京地铁工程为例，根据基坑、隧道周围地质体及环境受工程扰动的程度将基坑、隧道周边划分为强烈影响区、显著影响区和一般影响区 3 个区域。车站基坑周围影响分区见表 3-19 和图 3-32。

表 3-19　北京地铁车站明挖基坑周边影响分区表

受基坑影响程度分区	区域范围
强烈影响区（Ⅰ）	基坑周边 0.7H 范围内
显著影响区（Ⅱ）	基坑周边 0.7H～1.0H 范围内
一般影响区（Ⅲ）	基坑周边 1.0～2.0H 范围

注：① H——基坑开挖深度；
② 本表适用于深度大于 5m 的基坑。

地铁隧道施工对周边环境影响分区见表 3-20 和图 3-33。

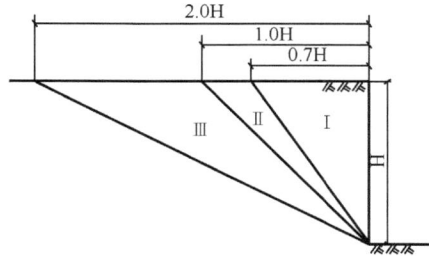

图 3-32　基坑周边影响分区图

表 3-20　隧道周边影响分区表

受隧道影响程度分区	区域范围
强烈影响区（Ⅰ）	隧道正上方及外侧 0.7Hi 范围内
显著影响区（Ⅱ）	隧道外侧 0.7Hi～1.0Hi 范围内
一般影响区（Ⅲ）	隧道外侧 1.0～1.5Hi 范围

注：①Hi——隧道底板埋深。

②本表适用于埋深小于 3D（D 为隧道洞径）的隧道，大于 3D 时也可参照本分区。

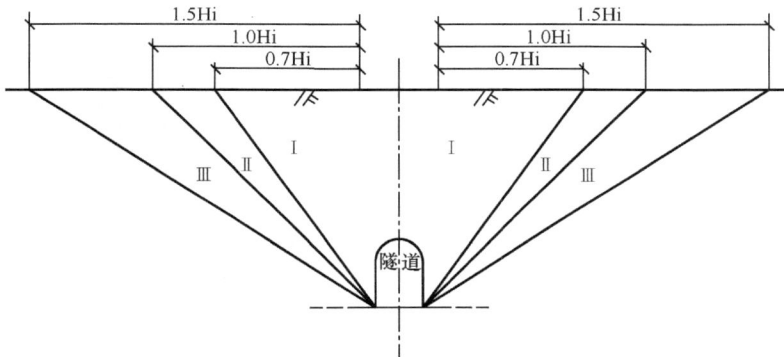

图 3-33　隧道周边影响分区图

3.5.3　建筑物及管线破坏的预测及判据

地铁区间隧道及地下车站施工活动均会对周围土层产生扰动，从而引起一定的地层损失，位于影响区内的建筑物和地下管线必将受到不同程度的不利影响，甚至影响使用安全。地铁施工对土层和地表的主要影响为：浅地表以下土层竖向和水平向的位移和变形以及地面沉降；土层的竖向位移和变形将引起地面沉降、地表倾斜、地表曲率变化和扭曲等；而水平向位移和变形将引起地面水平位移、拉伸和压缩。地表移动和变形对地面与地下建（构）筑物的影响也不尽相同，在建筑物和地下管线中产生大小不等的附加应力和变形，严重时将导致建筑物和管线的破坏。

预测地铁隧道施工沉降影响的方法有：经验公式法、随机介质理论法、弹塑黏性理论解析法、数值方法（有限元、边界元法、有限差分法、数值半解析法）等。以 Peck

公式为基础的经验公式法（Peck 1969；Attewell 1974；Rowe 1983；刘建航，侯学渊等，1991），是基于"地层损失"提出的，成为后来研究地面沉降的基础，我国学者提出考虑固结沉降的修正 Peck 法成功应用于上海软土隧道工程。以随机介质理论方法（Litwinizyn 1957；刘宝琛 1961，1993），广泛用于矿山地表沉陷预测分析，20 世纪 90 年代后用于地铁工程（阳军生 1998；刘波，陶龙光 2001），该法优点在于能预测出除地表垂直和水平位移外的其他变形，如倾斜、曲率、水平应变等；因建筑物对均匀沉降的反应远不如差异沉降敏感，该法比常规的地面沉降控制指标将更有效。目前，期望用单一方法完全准确预测不同施工阶段地层移动尚有困难，应该根据隧道施工前、中、后不同时期地层变形特性，对预测方法加以合理选择。基于位移实测反分析的预测，可不断地修正预测参数，能使预测趋于准确。近年，在地铁施工引起地层环境损伤预控研究方面若干进展（刘波，陶龙光，2001，2003；刘波，2006），开发出了地铁隧道施工诱发地层环境损伤预测评价与控制设计系统 STEAD（subway tunneling-induced ground-environment-damage assessment and control design system）（如图 3-34、图 3-35 所示）获国家计算机软件著作权；成功实现弹塑性理论分析、修正 Peck 法、随机介质理论法等地层横向和纵向移动与变形的正演预测与反分析计算；结合 FLAC^{3D} 的二次开发，STEAD 实现了不同工况、考虑地铁隧道施工过程自动建模与三维分析，并成功应用于多个城市的地铁工程研究、建构筑物及管线保护工程。

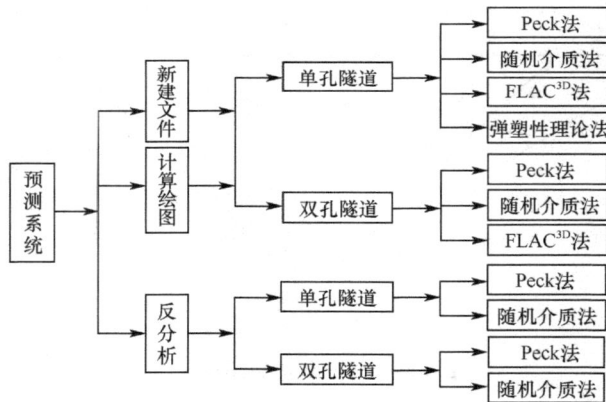

图 3-34　地铁施工地层环境损伤预测与控制设计 STEAD 系统的沉降计算方法简图

STEAD 系统界面及其随机介质法预测地层沉降计算结果示意图如图 3-35 所示。计算分析包括包括以下参数：地铁隧道横断面方向的地表移动与变形：地表沉降、地表水平位移、地表倾斜、地表水平变形、地表曲率；隧道纵向的地表沉降计算等；这些参数对于评估地铁隧道建设对周边的建筑物和管线影响是非常重要的。

1. 建筑物

（1）施工场地周围邻近建筑物状况调查

1）周围建筑物分布（地形现状图）。

2）周围建筑物的建筑特色、荷载、结构形式及各种建筑物的沉降反应。

3）环境测点布置、地面沉降槽的拐点位置及建筑物不均匀沉降敏感的部位。

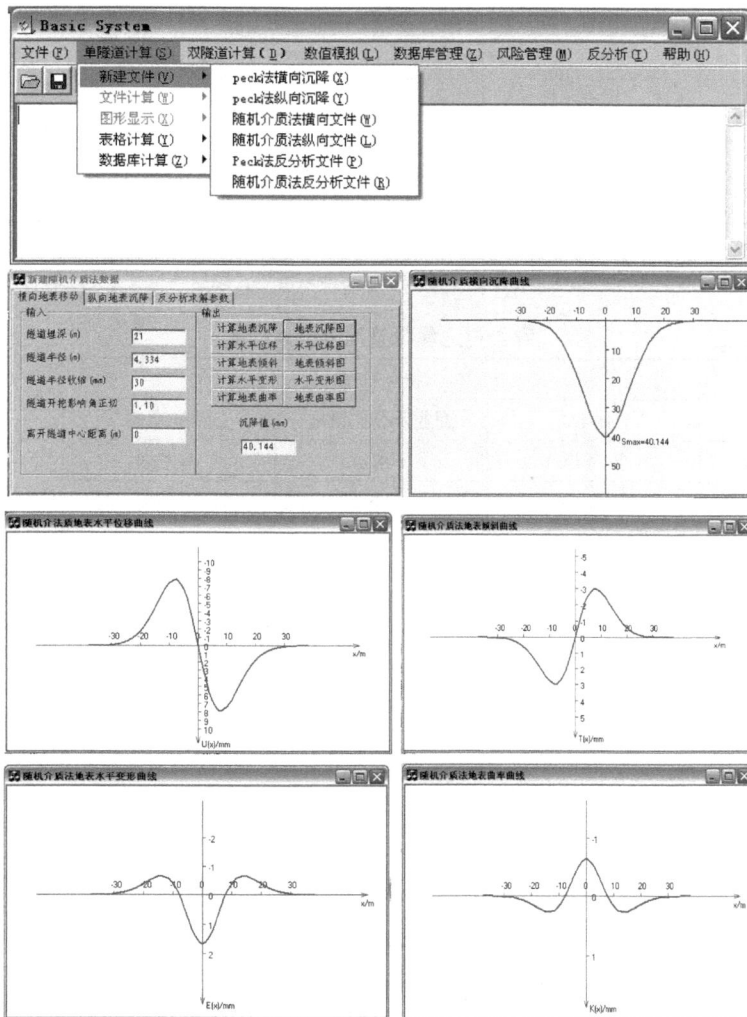

图 3-35　STEAD 系统界面及其随机介质法预测地层沉降计算结果示意图

（2）建筑物的破坏程度及其特征

如表 3-21，表 3-22 所示。

表 3-21　建筑物损坏程度和破坏特征

破坏程度		典型破坏程度和破坏特征	近似裂缝宽度
0	可忽略	发丝状裂缝宽度小于 0.1 mm	不大于 0.1 mm
1	非常轻微	很细小裂缝，一般在装修时即可处理，建筑物可能存在分散的轻微断裂，仔细观察可发现外部墙体上有可见的裂缝	不大于 1.0 mm
2	轻微	内墙上出现几处轻微裂缝，外墙上的裂缝可见，有些需要嵌缝以防风雨，门窗轻微倾斜	不大于 5.0mm
3	中等	裂缝需要清理并修补，重新生成的裂缝可以适当的衬材遮盖，外部砖墙可能需要重砌，门窗倾斜，公共服务设施可能中断	5～15 mm，或者较多，但小于 3.0 mm

破坏程度		典型破坏程度和破坏特征	近似裂缝宽度
4	较严重	门框，窗框，楼板显著倾斜；墙体显著倾斜或凸出，梁支撑部分松落，管道开裂	15～25 mm，但决定于裂缝数量
5	非常严重	梁支撑松落，墙倾斜严重并需加支撑，窗扭曲断裂，有失稳危险	通常大于 25 mm，但也决定裂缝数量

注：①裂缝宽度是评估破坏情况的主要因素之一，但不应将此作为衡量破坏程度的位移标准；

②一般情况下，局部偏离水平或垂直方向大于1/100时将清晰可见；总偏差超过1/150时将产生不安全感。

表 3-22 建筑物损坏程度判断

裂缝宽度 /mm	损坏程度			对结构和建筑物使用影响
	住宅	商业及公共设施	工业建筑	
<0.1	不考虑	不考虑	不考虑	没影响
0.1～0.3	非常轻微	非常轻微	不考虑	
0.3～1.0	轻微	轻微	非常轻微	影响美观，加速墙面的风化
1.0～2.0	轻微—中等	轻微—中等	非常轻微	
2.0～5.0	中等	中等	轻微	结构危险性增加
5.0～15.0	中等—严重	中等—严重	中等	
15.0～25.0	严重—非常严重	中等—严重	中等—严重	
≥25.0	非常严重—危险	严重—危险	严重—危险	

（3）建筑物在地铁施工工程引起不同程度的位移及变形

地基沉降引起的建筑物的下沉及伴随不均匀沉降的倾斜、开裂。许多实例表明不同类型的基础对地面沉降的承受能力是不同的。其破损限值分别取沉降差极限（δ/L，其中 δ：差异沉降量，L：建筑物长度）和最大沉降量。具体取值参见表 3-23。

表 3-23 地面建筑物影响程度取值

建筑结构类型	沉降差极限	最大沉降量/mm	建筑物状态评价
一般砖墙承重结构，包括有内框架的结构	小于 1/1000	小于 20	破坏程度极其轻微，只有很细的裂缝，估计裂缝宽度为1mm，无建筑破坏
	1/1000～1/300	20～67	破坏程度轻微，有易填充的裂缝，有建筑破损，出现明显集中裂缝，裂隙为3～6mm
	1/300～1/150	67～133	破坏程度中等，使用功能破损，不便居住，门窗压碎，设施破坏，裂隙达13～25mm
	小于 1/150	大于 133	分割墙及承重砖墙发生相当多裂缝，可能发生结构破坏
充填式框架结构	小于 1/500	小于 50	无裂缝
	1/500～1/300	50～83	开始出现裂缝
	1/300～1/150	83～167	有结构破坏可能
	大于 1/150	大于 167	发生严重变形，有结构破坏危险

建筑结构类型	沉降差极限	最大沉降量/mm	建筑物状态评价
开间式框架结构	小于 1/250	小于 100	无裂缝产生
	1/250～1/150	100～200	有结构破损可能
	大于 1/150	大于 200	有结构破损危险
高层刚性建筑	大于 1/250		可观察到建筑物倾斜
有桥式行车的单层排架结构的厂房	大于 1/300		桥式行车运行困难，不调整轨面水平难运行，隔墙有裂缝
有斜撑的框架结构	大于 1/600		处于安全极限状态
一般对沉降差反应敏感的机械基础	大于 1/850		机械使用可能发生困难，处于可运行的极限状态

建筑物最大许可沉降或差异沉降如表 3-24 所示。

表 3-24　建筑物最大许可沉降或差异沉降（角变形）

房屋和结构分类	房屋结构类型	最大许可最终沉降 δ_{max}/mm	结构物中共线的邻近三点或基础最大许可角变形 α_{max}
1	大体积结构，刚性大体积混凝土基础，刚性混凝土片筏基础	150～200	结构中不同点的最大差异沉降引起的基础倾斜不应大于 1/100～1/200（结构高度/基础平面尺寸）
2	铰接静定结构（三铰拱，单跨钢架木结构）	100～150	1/100～1/200
3	超静定钢结构；砌体承重结构；每层均有圈梁，横墙不小于 250mm 厚，跨度不大于 6m；桩距不大于 6m 的框架条形基础或者片筏基础	80～100	1/200～1/300
4	第三类结构，其中有一条不满足；独立基础的钢筋混凝土结构	60～80	1/300～1/500
5	有大跨板或大型构件的装配式结构	50～60	1/500～1/700

注：① 较小的数值对应于公共建筑，住宅或对差异沉降特别敏感的构件或装修的建筑；较大的数值对应的具有相当大水平刚度的较高的建筑或可承受此移动的结构；

② 特殊情况下（如吊车梁、高压锅炉、特殊的储藏罐以及差异荷载下的筒仓等），最大许可沉降量或差异沉降，应采用由维修工程师，机械工程师或者制造商特别提供的值。

不同建筑物的结构构件的竖向许可变形值如表 3-25 所示。

表 3-25　结构构件的竖向许可变形

构　件	分类标准	竖向许可变形
墙	总体变形	$L/200$
	混凝土梁	$L/300$ 或 30mm
	砖墙块部分开裂	$L/500$ 或 15mm
	轻质隔墙部分开裂	$L/350$～$L/360$ 或 20mm
	活荷载作用下可见弯曲变形	$L/360$
	由于预拱产生的反向歪曲变形	$L/300$

构　件	分类标准	竖向许可变形
楼板或屋顶	差异沉降	$L/250 \sim L/300$
	木板楼	$L/330$
	石材或沥青面层	$L/250$
	可弯曲的短跨层面薄板	$L/750$ 坡度
	位移敏感设备（如发电机）	$L/175$ 坡度
	可视弯曲变形	$L/180$
悬臂梁	填充墙开裂（沿边界的相对位移）	$L/250 \sim L/500$，视填充墙而定
龙门架起重机梁	顶部起重机行走不便	$L/700$

建筑结构构件的水平向许可变形如表 3-26 所示。

表 3-26　结构构件的水平向许可变形

构件	分类标准	水平向许可变形
柱	多层房屋侧向变形	高度/1000 建议值
	有斜撑框架破坏	高度/600
	砖混结构墙体或者填充墙裂缝	高度/500
	单层或低矮的柔性框架	高度/300
	防雨屋面可视变形	高度/250
门窗直棂	装配玻璃支架的弯曲	$L/175$
龙门超重机架	起重机轨道分离	$L/500$

2. 地下管道及构筑物设施

（1）施工场地周围邻近建筑物状况和邻近地区地下管道资料调查

施工场地周围邻近建筑状况和地下管道资料调查包括：管道使用功能、埋深、管径、埋设年代、构造和接头形式等。

（2）管线沉降控制指标计算

管线沉降控制指标可根据以下列公式估算求得。

1）焊接接头的管道

$$R > \frac{E_p I_p}{[\sigma_w] W_p} \tag{3-29}$$

式中，R ——允许曲率半径；

E_p ——管道的弹性模量；

I_p ——管道的截面惯性矩；

$[\sigma_w]$ ——管道抗弯强度；

W_p ——管道截面抗弯截面模量。

2）非焊接接头的管道

① 按接缝张开值计算允许曲率半径

$$R > \frac{I_p D_p}{[\Delta]} \tag{3-30}$$

式中，I_p——管节长度；

$\quad D_p$——管道外径；

$\quad [\Delta]$——允许接缝张开值。

② 按纵向受力计算管节允许曲率半径

$$R > \frac{KD_p I_p^4}{384[\sigma]W_p} \qquad (3\text{-}31)$$

式中，K——安全系数；

$\quad [\sigma]$——管壁允许应力。

③ 按横向受力计算管壁允许曲率半径

$$R > \frac{1.5KD_p^2 I_p^2}{64t^2[\sigma]m} \qquad (3\text{-}32)$$

式中，t——管道壁厚；

$\quad m$——管龄系数。

（3）管线在地铁施工中引起的差异沉降及曲率的限值

① 差异沉降：承插接口及机械铸铁管道和柔性接缝管道，每节许可差异沉降应小于等于 $L/1000$（L 为管节长度）

② 常见地下管道位移容许值可参考表 3-27。

表 3-27　常见地下管道容许位移值

管道名称	雨水管	上水管	煤气管	盾构隧道
容许垂直位移/mm	50	30	10～15	5
容许水平位移/mm	50	30	10～15	5

如上所述，对于不同构造和使用要求的建（构）筑物、各种地下管线和不同等级的道路路面、路基等，应分别制定各自能承受不同类型变形、位移和差异沉降的技术参数。依据各类建构筑物、管线受扰动损坏变形的判据，综合分析、精心施工、严格控制、确保安全。

3.5.4　沿线建筑物、管线调查及其保护方法

1. 沿线建筑物调查

地铁工程开工前，应对建筑物和管线进行调查分析，根据不同结构类型、不同使用状况、重要程度等，选择不同的保护方法。

1）制定并填写每栋建筑物的调查表。每栋建筑物应分别进行记录编号，列出一般情况、有关材料、状况和已损坏或目检中发现的损伤等特殊情况。

2）对建筑物的内外构件包括表面修整和维修保养情况进行目检。摄影资料应包括缺陷如裂缝、抹面脱落和其他损坏；已有裂缝应用光学裂缝仪量测并予以记录。

3）记录并拍摄主要结构裂缝、开裂和磨损的混凝土，外露或锈蚀的钢筋。用光学裂缝仪量测并记录已有裂缝；保存重要的照片并加示意草图或说明以显示拍摄物的位置；必要时布置裂缝、位移、沉降、倾斜等监测点，准确测量初值后在后续施工过程中实时监控。

4）调查四层或更高建筑物垂直度，若建筑物一部分位于工程影响范围内，则需对整栋建筑物进行调查。

5）承包商应负责安排进入调查范围涉及的所有业主对此将作必要调整和帮助。

6）建筑物调查应由建筑物业主、调查者签名；为保证将来对施工引起的建筑损伤赔偿的公正性，常需委托专门的房屋建筑质量鉴定部门对地铁沿线建筑物的安全性做出评价。

2. 建筑物及管线的保护方法

对隧道及地下工程引起环境病害的保护方法可分两类：

1）积极保护方法：按不同的工程地质和水文地质条件，做好施工工法选择和施工方案综合比选，如不同地层的盾构选型、施工技术参数优化、科学设计、精心施工，使施工对周围环境的干扰最小，从而减少周围建构筑物、管线搬迁，加固维修的费用。

2）工程保护方法：根据对地面沉降和土层扰动的预测，吸取同类工程的经验教训，对各种在影响范围内的地面建筑和公用设施，具体分析，采取不同的方法。如盾构和顶管施工应尽量避开建筑群，特别是高层建筑的桩基，因为土压平衡盾构及顶管的刀盘难以切割高层建筑的钢筋混凝土桩体，同时高层建筑进行基础托换也非常困难，对于那些对沉降很敏感又必须保护的建筑和设施，其天然地基或桩基的基础底向下卧地基土扩散附加应力的有效范围，应离开隧道周围和上方土体受扰后的塑性区，以防塑性区土体的施工沉降和后期固结沉降引起建筑物不能承受的差异沉降。地下管线在土体中，随着施工扰动而变形，各种管线能经受的挠曲变形程度不同，因此应对不同管线提出不同的保护方法。

建筑物及管线的主要保护及加固方法有：地基托换、主体加固、基础加固、隔离桩、隔水墙（帷幕）、地下保护墙（连续墙、桩墙、咬合桩墙）、土壤化学加固、高压旋喷加固、向加固基础底板下预注浆加固、紧跟沉降发展跟踪注浆、以减少建筑物或构筑物沉降和不均匀沉降。对地下公用设施管线保护主要有跟踪注浆地基加固或开挖暴露并悬吊保护等。

3.6 设备系统

地铁一般都是在城市交通十分紧张时才修建。载客量大，正点率高、安全舒适是地铁的重要特点。为追求运量大，所以行车速度和密度都很高。为了保证高通过能力及安全行驶，除线路采用上下分行的双线外，运营管理综合自动化则是实现地铁安全高效和优质服务的一种重要手段，也是进一步提高地道运营管理水平和效率的必要途径。

3.6.1 行车组织

地下铁道以车组方式运行，列车编组车辆数，列车数、列车间隔时间、线路条件、信号系统、车辆等设备的性能，以及行车组织管理的水平等多种因素，都直接影响着地铁线路的通过能力，地铁线路的最大通过能力是反映地下铁道技术和管理水平的一个综合性指标。

线路的最大通过能力是指线路每小时单方向能通过的最多列车数。我国，在当前技术管理水平的状况下，规范暂规定最大通过能力每小时应不小于 30 对。今后，随着我国科学技术水平的发展和管理水平的提高，线路的最大通过能力将会进一步提高。

列车编组车辆数，应根据预测的高峰小时单向最大断面客流量和车辆的定员数确定，根据客流量逐步增加的规律，列车应相应地采用近、远两期不同编组的方式。我国目前列车编组车辆数一般为 6～8 辆。

车辆定员数除坐席外，尚应计算坐席占地以外的空余面积上站立的乘客数。国外有些国家为了提高舒适度，规定每平方米空余面积站立 4～5 名乘客，我国，鉴于人口众多的国情及当前建设地铁主要是为解决交通拥挤的需要，采用了每平方米空余面积站立 6 名乘客的标准。

列车间隔时间，世界各地的情况也不尽相同，目前，日本地铁列车的最短间隔时间：名古屋、大阪为 2min，札幌为 4min，横滨为 6min，东京为 1.9min，东京的丸之内线列车间隔时间最短，只有 110s，一小时可通过 33 趟列车。巴黎地铁快速路线，每小时行车 60 对，行车间隔只有 1min，我国北京地铁最短间隔时间为 1.5～2min。

一般情况下，在满足同样客运量的条件下，列车间隔时间短，可减少列车编组辆数，缩短车站长度，并可取得节省工程投资等多方面的效果。

3.6.2 通信与信号系统

1. 通信

地下铁道运营自成独立系统，不但一般的公务联系密切、频繁，而且还需要建立一套行车专用指挥系统。因此，地铁必须设置独立的内部通信网。在规划和设计中应优先考虑数字通信。

地下铁道通信的主要分类如下：

（1）专用通信

专用通信包括列车调度电话、电力调度电话、环控调度电话站间行车电话、局部电话、区间电话、列车无线调度电话、有线广播、列车广播、时钟、电视监视等。

（2）公务通信

公务通信有自动电话、会议电话等。

列车调度电话总机应设在行车控制中心所在地，其所属分机应设在行车值班室或车站控制室、车辆段信号楼值班室、电力控制中心、环控中心及相邻调度区的列车调度所等处，以及折返线列检所、行车派班室、救护救援车库内。

列车调度、电力调度、环控调度 3 个系统的电话总机宜设置在同一机房内。

当地下铁道出现异常情况时，专用通信系统应当能够迅速转为防灾救援和处理的指挥通信系统。因此在设置地铁程控自动电话、调度电话、区间电话和列车无线电话等通信设备时，就应照顾到平时和非常情况的结合，这样可节约投资，有利于保持设备的良好运行状态。

地下铁道通信线路在设计时应全面考虑，统一规划，建成多功能、多用途、集中维护、统一管理的综合传输网，且通信电缆应与强电电缆分开敷设。隧道内和高架线路上的通信主干电缆、光缆应采用防电蚀、阻燃、低毒的防护层，可充气电线应进行充气维护，站内配线电缆应采用带有屏蔽层的塑料护套电缆。

地下铁道电视监视系统须设置行车控制中心对各车站的集中监视和车站值班员对车站的局部监视。

2. 信号系统

地下铁道信号系统应由信号、联锁、闭塞、行车指挥和列车运行控制设备组成，并设必要的故障监测和报警设备。

地下铁道属城市交通工具，因我国采用右侧行车制，为了便于司机瞭望信号，信号机应设在行车方向的右侧，如因设备限界或其他建筑物等影响到装设时，也可设在行车方向的左侧。

地铁行车指挥及列车运行的控制，须要做到确保行车安全和线路最大的通过能力。根据国内外的运营经验，一般最大通过能力≤30对/h的路线，宜采用列车自动监控系统和列车自动防护系统，以分别实现计算机指挥行车以及列车的追踪和超速防护；最大通过能力>30对/h的线路，应采用列车自动控制系统，实现行车指挥和列车运行的全盘自动化。对于最大通过能力较低的线路，只要实现调度员指挥行车即可，此时行车指挥可采用行车指挥控制系统。

列车自动监控系统或行车指挥控制系统要能及时正确和不间断地发送控制信息，以及监督列车运行情况和现场设备状况。

信号系统供电按一级负荷考虑，设两路独立电源，信号设备要有专用的电源屏供电。其隧道内的电线应具有阻燃、低毒、防腐蚀的性能，信号电线线路需与电力线路分开敷设，交叉敷设时，应采取相应的防护措施。电缆芯线或芯对要有足够的备用量。

3.6.3 供电

地下铁道的供电应根据路网规划和城市供电网络进行设计，可采用集中式供电或分散式供电。

集中式供电有利于地下铁道供电的管理，提高检修作业的独立性，虽然投资比分散式供电大，但可提高地铁自身供电的可靠性和灵活性，故在客流量大的情况下采用集中式供电较为合理。

变电所的数量、容量及其在线路上的分布应由计算确定。牵引负荷的计算，需根据运营高峰小时行车密度、车辆编组及车辆型式来确定。牵引机组规格应尽量一致，这样既经济又利于运营管职。直流牵引供电系统的电压及波动范围应符合表3-28的规定。

表 3-28　直流牵引供电系统电压值

最低值/V	标称值/V	最高值/V
500	750	900
1000	1500	1800

动力、照明配电电压为380V/220V，变压器中性点应直接接地。

地下铁道是城市的主要交通干线，供电的可靠性直接影响线路的畅通和人员的安全，一旦地下段停电不仅将造成运输混乱，且易造成人身伤亡。因此，地下铁道重要的电力用户，如站厅和站台照明、电动车辆、通信、信号、防火装置等均规定为一级负荷。

1）供电系统的设计要根据建设要求，会同电力部门协商并确定下列内容：外部供电方案，系统一次接线方案；近、远期用电量及需要电源容量，电力系统近期与远期的有关规划及系统参数；地区变电所出线保护与地下铁道供电系统进线保护的配合。以此作为设计及运营的依据。

供电系统必须设置能够指挥和监控系统正常运行和事故处理的电力控制中心。控制方式宜优先采用计算机自动控制，计算机应具有自诊断和程序监视功能。

2）变电所的设计应满足自动化的要求和实现远程监控的需要，应具备下列各项功能：电器短路和过负荷保护；交流电压消失时，事故照明自动转换至事故照明母线段，必要的安全闭锁，控制对象设位置信号，指示信号，操作回路电压监测。

3）牵引电网由接触网和回流网组成，接触网按安装位置和接触导线的不同可分为：接触轨；架空接触网（有刚性架空接触网和柔性架空接触网两种）。

地下铁道供电电缆在隧道及车站内敷设时，各相关尺寸和距离应符合表 3-29 的规定。

表 3-29　电缆敷设相关尺寸及距离

名　　称		电缆通道/mm		电缆沟/mm	
		水　平	垂　直	水　平	垂　直
两侧设支架的通道净宽		1000	—	300	—
一侧设支架的通道净宽		900	—	300	—
电缆架层间距离	电力电缆	—	150（200）	—	150（200）
	控制电缆	—	100	—	—
电缆架之间的距离	电力电缆	1000	1500	1000	—
	控制电缆	800	1000	800	—
车站站台下电缆通过净高	人通行部分	—	1800	—	—
	电缆敷设部分	—	1400	—	—
变电所内电缆通道净高		—	1800	—	—
电力电缆之间的净距		35	—	35	—

注：① 表中括号内数字为 35kV 电缆标准；
　　② 电力电缆与控制电缆混铺时，架间距可采用电力电缆标准；
　　③ 车站站台下电缆通道人通行部分，当有困难时，可减至 1400mm 左右；
　　④ 变电所内电缆通道净高，当电缆敷设长度＜25m 时，可减至 1200mm。

地下铁道内各部位照明其照度应达到表 3-30 的规定。

表 3-30　地下铁道内照度标准

名　　称	平均照度/lx		平均照度的平面位置
	白炽灯	荧光灯	
车站站厅、自动扶梯	—	150～250	地板
车站站台厅	—	150～200	地板
出入口通道、电梯	—	150～200	地板

名　称	平均照度/lx		平均照度的平面位置
	白炽灯	荧光灯	
出入口地面建筑	—	100～250	地板
区间隧道	≥10	—	轨顶面
车站事故照明	0.5～1	—	地板
渡线、盆线、折返线	20～25	—	轨顶后
区间隧道事故照明	≥0.5	—	轨顶面
车站控制室控制中心、站长室	—	150～250	工作面
配电室	—	≥100	工作面
车辆段车场线	15～20	—	轨顶面

注：照度单位勒克司（lx）：即距离该光源1m处，1m² 面积接受 1lm（Lumen）光通量的照度为 1lx。

北京地铁运营以后对车站站台厅的照度情况进行过实测，其实测值见表 3-31 和表 3-32。

表 3-31　北京 1 号线车站站台面照度实测值

站　名	北京站	崇文门	前　门	新华街	宣武门	长椿街	礼士路	军事博物馆
平均照度/lx	124	150	171	139	236	178	116	249

表 3-32　北京环线车站站台厅照度实测值

站名 项目	建国门	雍和宫	安定门	鼓楼	积水潭	车公庄	阜成门	复兴门上层	复兴门下层	平均值
站台面平均照度/lx	406	400	404	359	371	248	263	286	256	333
1m 高平均照度/lx	461	460	436	405	392	271	287	329	290	371
1.5m 高平均照度/lx	489	488	456	424	401	294	300	351	306	390

注：平均照度值为站台顶棚灯全亮时实测值。

3.6.4　通风及环境监控

地铁的地下线路是一座狭长的地下建筑，由于列车运行、照明耗能和大量客流等会散发大量热量，以及污浊气体，包括水蒸气，二氧化碳和灰尘的产生，会造成温度升高，环境恶化，为创造舒适的地下铁道环境必须建立通风系统。

地下铁道通风采用隧道通风系统、局部通风系统，必要时还需采用空调系统。

列车在隧道内运行，产生活塞效应，列车前方空气被挤出，列车后方吸入空气，每列车产生的活塞风风量约为 1500～1700m³，可达到通风的目的；当不足以排除隧道内余热时，应设置机械送、排风系统。

隧道通风系统主要解决车站、区间隧道、折返线、尽端线等部位的通风问题。它直接与地面大气进行空气交换，以保证空气的质量和通风效果。车站内的设备和管理用房应设置局部通风或局部空气调节系统。可以是独立的或是集中的通风空调系统。车站内用房计算温度和换气次数可采用表 3-33 的标准。

表 3-33　车站用房计算温度与换气次数

房间名称	计算温度/℃		小时换气/次		房间名称	计算温度/℃		小时换气/次	
	冬季	夏季	进风	排风		冬季	夏季	进风	排风
站长室、站务室、值班室、休息室	16	27	6	6	继电室、配电室、机械式	16	30	—	—
售票室	18	27	6	4	电子计算机室	18	25	—	—
电力值班室、车站控制室、广播室	18	25	6	4	调度集中总机室	18	25	—	—
修理间、清扫员室	16	27	6	6	折返线维修房	12	30		6
排水站、水泵房	5	36	—	4	储藏室	—	—	4	4
自动扶梯机房	—	36			会议室	16	27	6	6
牵引变电所	18	36	—	—	厕所	>5	—		排风
碱性蓄电池室	16	30	6	6	酸性蓄电池室	16	30	12	18
降压变电所	18	36	—	—	茶水间	—	—		10

3.6.5　防灾

地铁防灾主要指地铁运营之后，对可能发生、遇到的火灾、水淹、地震等灾害的防治，因此，地铁应具有防火灾、水淹等的防灾设施，对于地震的防治则要从抗震角度在设计、施工过程当中解决好，即地铁结构及设备的抗震设计，必须按国家现行的有关抗震规范执行。

1. 地铁防火

防火必须贯彻"预防为主，防消结合"的原则。地铁工程各部位的设计与施工均应严格按照建筑防火技术要求做，比如：地铁出入口，通风亭的耐火等级要按一级考虑；地铁车站重要设备及办公用房，应采用耐火极限不低于 3h 的隔墙和耐火极限不低于 2h 的楼板与其他部位隔开；装修材料必须采用不燃材料等。

地铁车站和附设于地铁的地下商场等公共场所，均应按规定设防火分区，用防火分隔物隔开，必要部位设置防火门；每个防火分区安全出口的数量不应少于两个，并应有一个出口直通安全区域，竖井爬梯出门不得作为安全出口。地铁车站的防火设施，如图 3-36 所示。

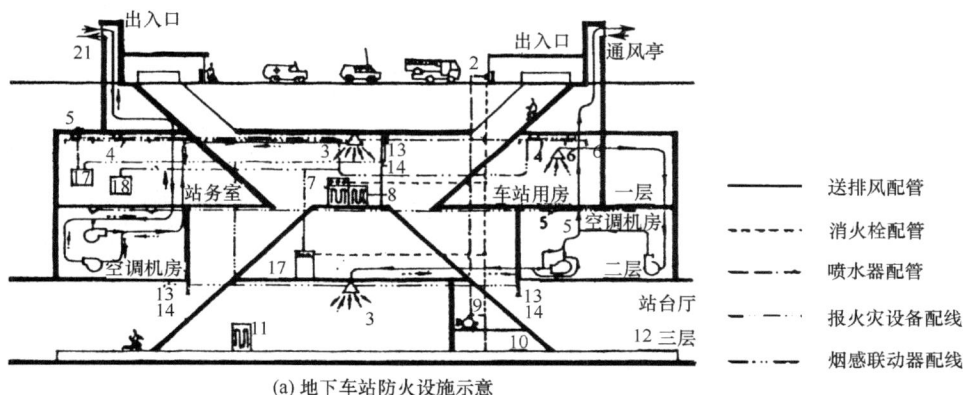

(a) 地下车站防火设施示意

图 3-36　地铁车站的防火设施

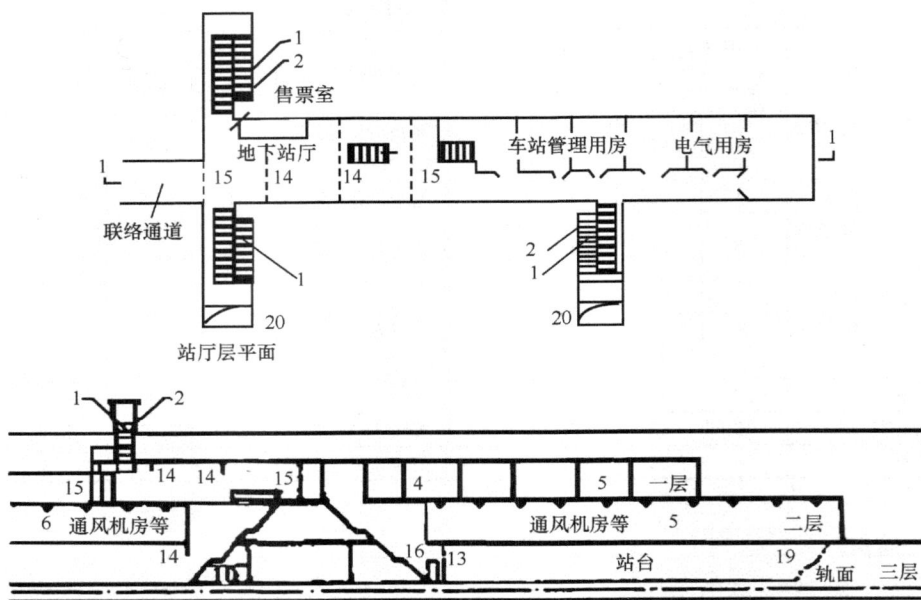

(b) 地下车站防火防烟分区示意

图 3-36　地铁车站的防火设施（续）

1. 止水板；2. 水泵结合器；3. 送排风口；4. 嘴水头器；5. 火灾探测器；6. 专用排风口；7. 消火栓；8. 专用放水口管箱；9. 消防泵房；10. 储水池；11. 消火栓用软管箱；12. 站台下消火栓；13. 防烟铁帘门；14. 防烟悬垂壁；15. 防火铁帘门；16. 自闭式防火门；17. 喷水器防烟铁帘门及防烟悬垂壁操作盘；18. 火灾报警探测器；19. 安全楼梯；20. 通风井；21. 地面通风亭

出口楼梯和疏散通道的宽度，按远期高峰小时客流量时发生火灾的情况，应保证 6min 内能将一列车乘客和站台上候车的乘客及工作人员疏散完毕，安全出口门、楼梯、疏散通道最小净宽应符合表 3-34 要求。隧道内的消防栓按表 3-35 设置。

表 3-34　安全出口门、楼梯、疏散通道最小净宽

名　　称	安全出口门、楼梯/m	疏散通道/m	
		单面布置房间	双面布置房间
地铁车站设备、管理区	1.00	1.20	1.50
地下商场等公共场所	1.50	1.50	1.80

表 3-35　消防栓的设置要求

地　　点	最大间距/m	最小用水量/（m³/s）	水枪最小充实水柱/m
车站	50	20	10
折返线	50	10	10
区间（单洞）	100	10	10

根据国内、外资料统计，地铁发生火灾时，造成人员伤亡的主要原因是被烟气熏倒、中毒、窒息，因此，有效地排烟是地铁火灾时救援的重要组成部分，必须强调地铁

车站和区间隧道要具备事故机械通风系统，事故机械通风系统虽与正常通风要求不同，但设计时两者可共用一个系统，而该系统必须同时能满足事故通风和正常通风的要求。

2. 防水淹

地铁设计本身已在地面出入口标高的确定时，考虑到了防水淹问题，但对暴雨雨水涌入及"水域"地区发生地震等因素造成结构裂隙，水流进入地铁的情况仍须设防。主要措施如下。

（1）插板防水灌入（图 3-37）

通常在出入口内侧墙短处留凹槽，有灾情时将板插入，起临时挡水作用，出入口周围筑 0.9～1.2m 高钢筋混凝土外墙。

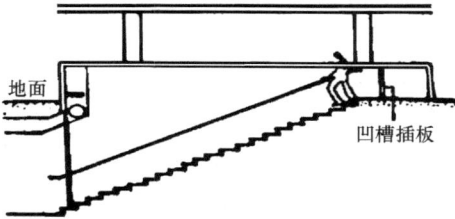

图 3-37　插板防水法　　　　　　　图 3-38　双道放水门

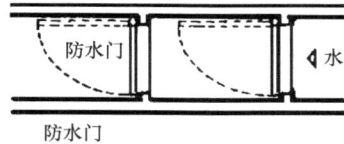

（2）设双道防水门（图 3-38）

有大规模涨水地区的出入口，如近海城市的车站出入口，应设置两道铁制防水门。有灾情时密闭关牢，乘客另从其他地面安全出入口进出。

（3）抬高标高

将出入口标高抬至高出周围路面满潮水位高度，并设置防潮铁门（图 3-39）。

（4）设置防水盖

当通风口与人行道路面齐高时，一般由集水坑用泵将雨水、清扫水泵出，但为防大量水灌入，可在通风口设置翻转电动防水盖，如图 3-40，平时呈垂直状态，有灾情对则联动关闭。

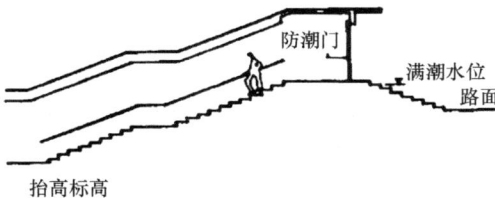

图 3-39　防潮铁门设置　　　　　　图 3-40　通风口放水淹

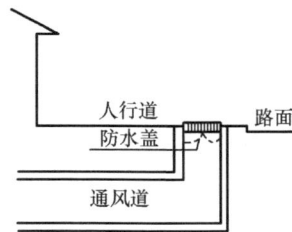

（5）修筑防水壁

地铁开口部位，处于低洼地则易受水害，比如地铁从地下向高架过渡的开口部位，应修筑钢筋混凝土防水壁，使防水壁高过可能发生的最高水位，如图 3-41 所示。

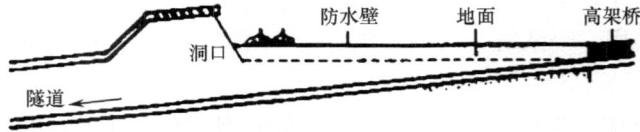

图 3-41　开口放水淹

（6）作防水隔断门（图 3-42）

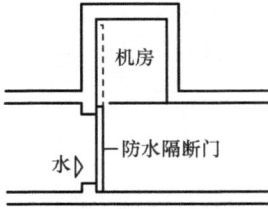

图 3-42　隧道放水淹

当地铁为多条隧道连通，如某局部开口处向隧道内灌水，就可能波及全局，因此，应在隧道内设防水隔断门，把可能灌水的区间限制在最小范围内，过河段两端的隧道内，均应作防水隔断门。

3. 防灾报警与监控系统

地铁所发生的灾害有火灾、水淹、地震、风灾、雷击、停电、行车事故和人为事故等。危害性最大的是火灾。预防火灾是地铁首位的防灾任务，防灾自动报警系统主要指火灾自动报警系统。

火灾自动报警系统由火灾探测器，区域火灾自动报警控制装置、信号传输通道、集中火灾自动报警控制装置以及其他辅助功能的装置组成。

这套系统是及早发现和向人们通报火灾，及时控制和扑灭火灾的一种设在地下的自动消防设施，消防栓系统、自动喷水灭火系统、气体灭火系统、自动防火门、防火卷帘、排烟风机、空调机及电动阀门、自动扶梯、电梯、广播系统等消防设备及联动控制设备须具有自动或手动控制装置。

地铁的每个车站内应设防灾控制室，整个地下交通网设防灾控制中心，实行两级管理。

3.7　地铁举例

上海是全国最大的工业城市，道路狭窄，交通拥挤的矛盾十分突出，建造大容量的快速有轨交通（地铁），成为上海市城市基础设施的重要项目。现介绍一下上海地铁1号工程。

1. 线路规划

上海地铁，其第一条线路于1995年4月10日正式运营，是继北京地铁、天津地铁建成通车后中国内地投入运营的第三个城市轨道交通系统，也是目前中国线路最长的城市轨道交通系统。截止2010年4月20日，上海轨道交通线网已开通运营11条线、266座车站，运营里程达410km（不含磁浮示范线），另有全线位于世博园区内，仅供世博园游客和工作人员搭乘的世博专线，近期及远期规划则达到510km和970km。目前上海轨道交通的总长超过400km，如图3-43所示。

海轨道交通1号线，是上海的第一条地铁，是上海轨道交通最为繁忙、最重要的大动脉。1986年开始规划的上海市地铁1号线，地铁1号线在工可阶段与扩初设计阶段，确定的线路远期起讫点为新龙华站与纪蕴路站，初、近期的线路的起始点设在市区与郊

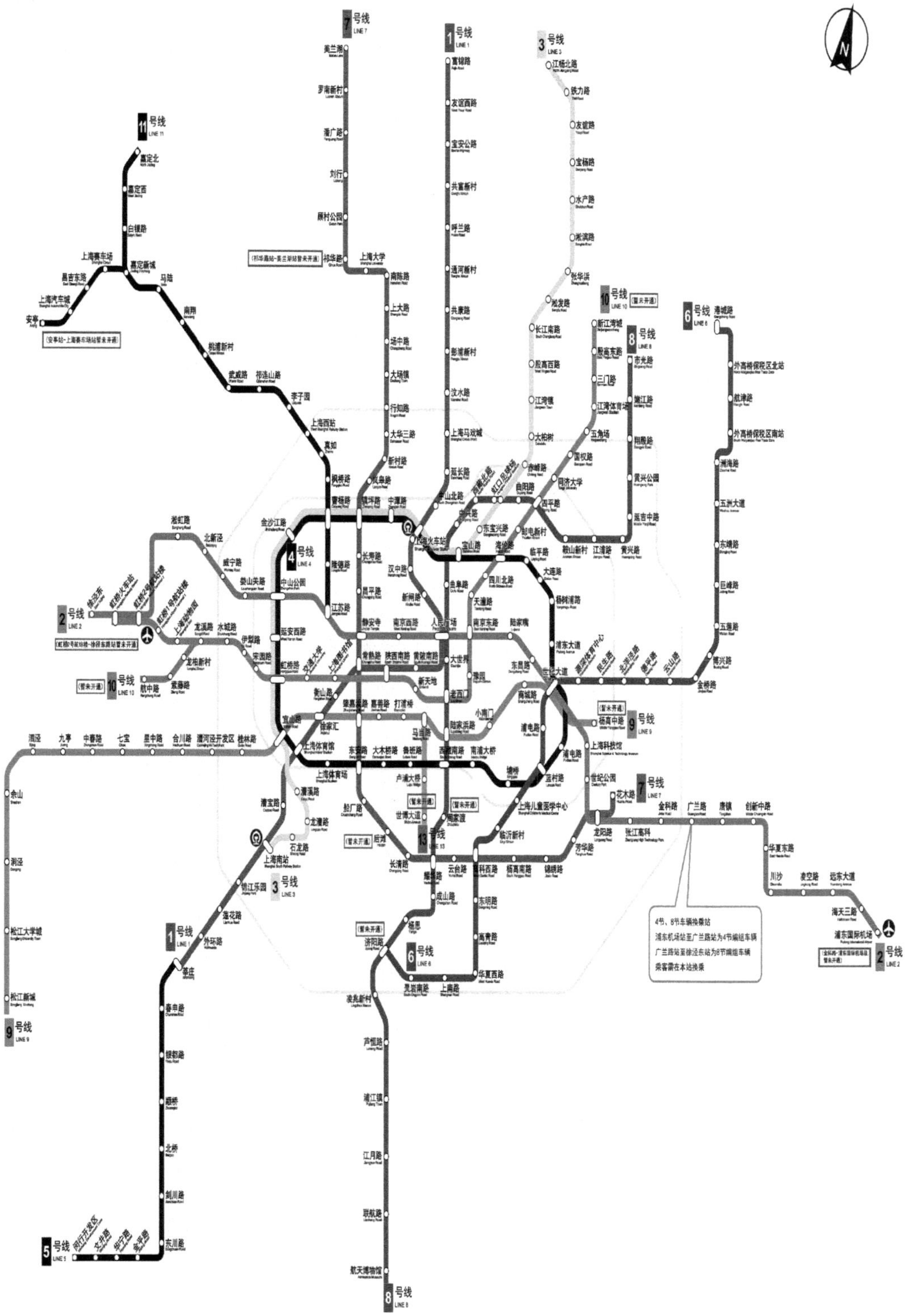

图 3-43　上海地铁运营线路图（2010）

县分界处的新龙华站和上海火车站。地铁1号线开始规划建设时，南起新龙华，经漕宝路、上海体育馆、徐家汇、衡山路、宝庆路、淮海中路、人民广场、新问路、穿越苏州河至上海铁路新客站，全长14.81 km。地铁1号线南段（锦江乐园—徐家汇）于1993年5月28日开始试运营，使上海继北京、天津之后成为大陆第三个拥有地铁的城市。一期工程（锦江乐园—上海火车站）于1995年4月全线通车试运营，7月正式投入运营。后又陆续实施了南延伸段（莘庄—锦江乐园）、北延伸段一期（上海火车站—共富新村）、北延伸段二期（共富新村——富锦路）工程。目前，1号线南起闵行区莘庄站，北至宝山区富锦路站，全长近37km，共设28个车站及2个车辆段（梅陇停车场，富锦路停车场）。

1号线沿线地势平坦，平均标高约3.46m，最大高差1.9m。地铁1号线开始规划建设时，自新龙华站至人民广场站，线路基本沿主要交通干道设置，沿线共设13个车站，平均站间距1.2 km，正线最小曲线半径为300m. 最小竖曲线半径为3000m，地铁1号线规划时的线路平面图及目前运营线路平面参见图3-44。

图3-44　上海地铁1号线路平面图

2. 客流预测

客流预测在市公用局OD调查，居民出行抽样，2000年城市规划资料基础上，按近期 40000 人次，远期 60000 人次的客流量来进行设计，2000 年 1 号线各区段的预测客流量及各站上、下客流预测量参见图 3-45。

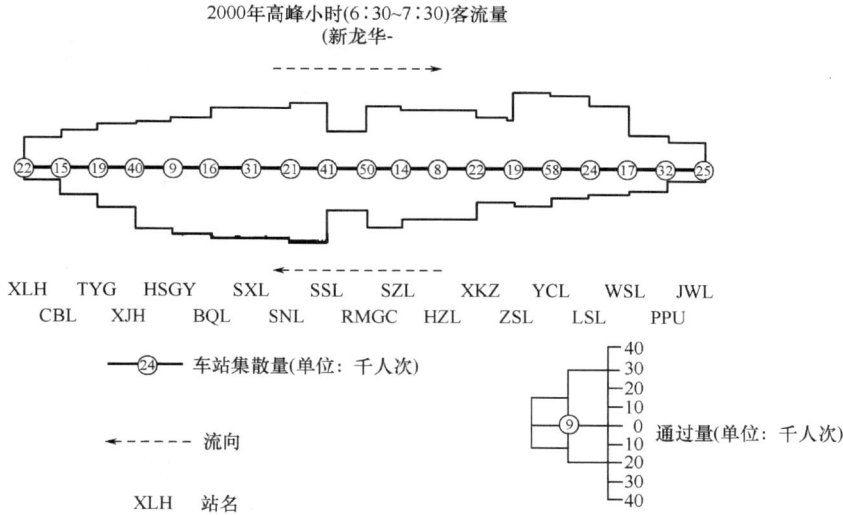

图 3-45　上海地铁 1 号线某时期客流量示意

3. 车站

上海 1 号线开始建时，共设 13 座站，其中 12 座设在地下，地下车站均为二层式箱形结构。除有折返线或渡线的车站外，典型车站的长度约为 230m，地下一层为站厅层，二层为站台层，车站结构的中段为供旅客使用的公用部分，两端为环控、变电、通信信号等机电设备及运营管理用房。站厅一层设三至四个出入口与街道连接。站厅内分付费区与非付费区两大部分；站厅的长度约为 120m，站台的长度约为 186m，车站宽度，最窄的衡山路站，为 17m，最宽的人民广场站约 24m，站台及站厅的净高均大于或等于 3m。典型车站布置可参见图 3-46。

车站建筑装修以朴素、大方，经久耐用，便于清扫为原则，建筑风格突出站名特征，各具特点，避免单调划一。

4. 区间隧道

1 号线漕宝路至新客站的所有上、下行区间隧道均为单线圆形隧道。隧道外径 6.2m，内径 5.5 m，考虑施工误差、不均匀沉降等因素后，有效内径按 5.1m 来进行限界设计，区间隧道内布置参见图 3-47。

5. 电动客车与供电

1 号线设计能力 60000 人次/h，最短行车间隔 2min，高峰小时内每列车载客量为 2000 人，考虑非均匀性，每列车设计载客量为 2400 人，电动客车的运送能力应与之相适应，则列车为 8 节编组，列车总长 185m，每辆车体长 22.6m，车体宽 3m。列车最高速度 80km/h，运营速度 33km/h，最大加速、减速率均为 $1m/s^2$，紧急制动减速率为 $1.3m/s^2$，列车运行采用中央控制室电脑控制、人工监督的自动列车控制（ATC）系统，驾驶员与中央控制室或车站控制室之间采用无线通信。

电动客车采用 1500V 直流架空线网受电方式。供电设两路独立电源，由华东电网向

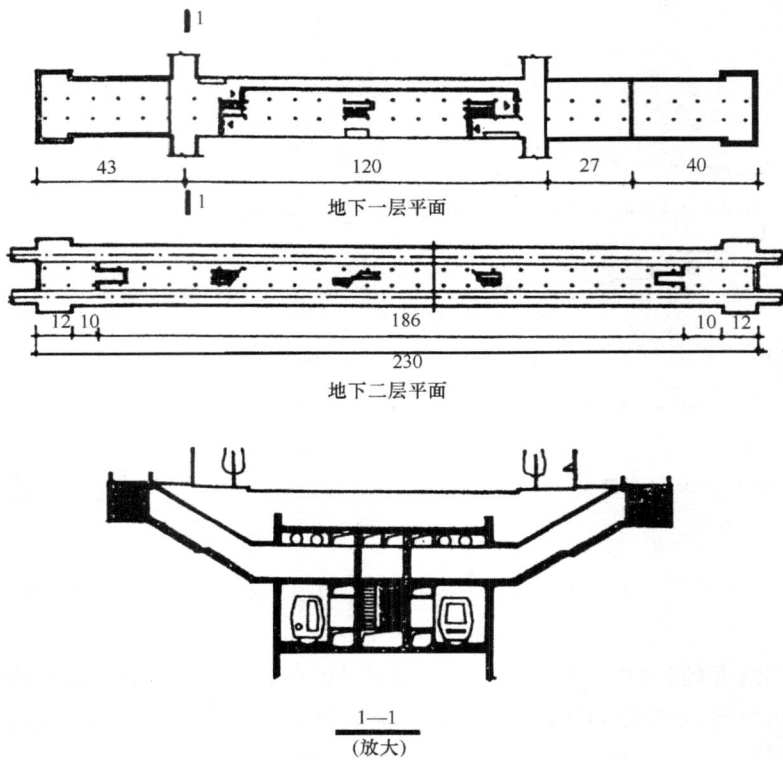

地下一层平面

| 43 | 120 | 27 | 40 |

地下二层平面

| 12 | 10 | 186 | 10 | 12 |

230

1—1
(放大)

图 3-46　典型车站布置

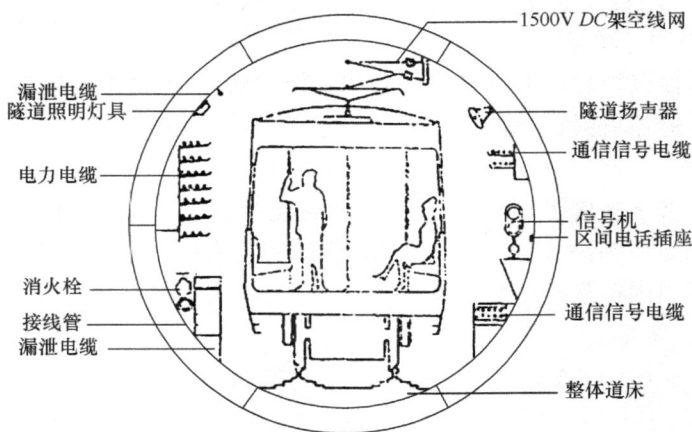

1500V *DC* 架空线网

漏泄电缆
隧道照明灯具

电力电缆

消火栓
接线管
漏泄电缆

隧道扬声器

通信信号电缆

信号机
区间电话插座

通信信号电缆

整体道床

图 3-47　上海地铁 1 号线区间隧道布置

两个主变电站供电，7 座牵引降压电站，将 35kV 进线电压降压、整流为 1500V 直流，各车站设降压变电站将 10kV 进线电压降为 380V，220V 供动力及照明之用。

6. 结构及施工方法

区间隧道全部采用预制钢筋混凝土管片为衬砌，结构厚度 35cm。采用高精度钢模加工管片（精度为正负 1mm）以保证衬砌的防水性能，拼装接缝用氯丁橡胶防水条和遇水自膨胀性橡胶防水条阻止渗漏。防水标准为 $1.0L/(m^2 \cdot 24h)$。

区间隧道采用盾构法施工，市区施工所用为土压平衡式盾构，特殊地段采用泥水加压式盾构。

车站的外围结构全部采用现浇地下连续墙，厚度 0.62～1.00m，地下连续墙施工阶段起挡土墙作用，施工结束后作永久结构使用。顶底板及内部结构均采用现浇钢筋混凝土结构。内部结构施工，一般为顺筑法，特殊情况下采用逆筑法。

复习思考题

1. 简述修建地铁的意义及优势。

2. 请简要说明地铁路网常用形态及各自优缺点。

3. 简要分析进行地铁线路网规划的内容及原则。

4. 线路设计步骤及线路平面、纵断面设计要点有哪些？

5. 地下铁道设计的限界有哪几种？在曲线段限界设计时与直线段有何不同？

6. 确定最小曲线半径的是地铁线路设计的重要问题，设计规范对最小曲率半径有何具体的规定？为什么对要对此严格的规定？

7. 简述地铁车站的站台型式有哪几种？各自的特点及适应范围是什么？

8. 地铁车站基坑开挖及地铁隧道施工对周边环境的影响主要包括哪些方面？

9. 地铁防火设计的原则是什么？具体设计中应考虑哪些关键方面？

10. 简述地铁的出入口位置、数量及设计原则是什么？

11. 简述地铁施工前如何进行周边沿线建筑物、管线调查；并分析其保护方法有哪些？

12. 简述地铁施工中队周边建筑物和管线进行施工环境保护步骤和程序。

13. 已知地铁车站预测高峰客流量如下表，车站客流密度为 $0.45m^2$/人。车站采用 3 跨 2 层的岛式站台车站，站台上的立柱为 0.6m 的圆柱，两柱之间布置楼梯及自动扶梯，使用的车辆为 A 型车，车长 24.4m，远期列车编组为 8 辆，站台上工作人员为 13 人，列车运行时间间隔为 2min，列车停车的不准确距离为 2m，试设计：1）车站站台的有效长度和宽度；2）中间站厅到站台之间楼梯及自动扶梯的宽度，并按防火要求进行验算。

题 13　车站预测客流量

预测客流量/（人/h）	上行线		下行线	
	上车/人	下车/人	上车/人	下车/人
18131	6785	2233	2257	6856

第4章　地下停车场

4.1　概　　述

地下停车场（underground parking）是指建筑在地下用来停放各种大小机动车辆的建筑物，也称地下（停）车库，在国外一般称为停车场（parking）。有时地下停车场也提供低级保养和重点小修业务服务，我国是人口大国，城市交通中自行车成为重要的交通工具之一，因此城市地下也建设有用于停放自行车的停车场。目前，大规模地下空间的开发均有停车场的规划，主要原因是城市汽车总量在不断增加，而相应的停车场不足，城市汽车"行车难，停车难"的现象已经十分普遍。从20世纪80年代至今，城市道路拥挤非常突出。因此，充分利用地下空间建设停车场，对于缓解城市道路拥挤具有重要的作用。

自第二次世界大战以后，特别是在20世纪50年代，世界经济飞速发展，大量人口涌向城市，各类汽车，尤其是小汽车数量的剧增，带来了城市停车难的问题，欧美国家的某些大城市开始出现地下停车场，至80年代，地下车库不仅数量多，建筑普遍，而且技术装备也日臻完美。

早期，欧美的几个大城市所建的都是些大型地下停车场，容量都在100辆左右，最大的以美国的洛杉矶波星广场的地下停车场（容量为2150辆）和芝加哥格兰特公园的地下停车场（容量为2359辆），这些大型车库多位于中心区的广场或公园地下，规模大，利用率高，服务设施比较齐全，对在保留中心区开敞空间条件下的解决问题起了积极作用。图4-1为波星广场地下停车库，建于1952年，地下车库共3层，有4组进出坡道和6组层间坡道均为曲线双车线坡道，广场地面为绿地和游泳池，一层与下面两层用螺旋坡道连接，坡道宽8.37m，坡度为8％，柱网8.24m，每车占用面积27.6 m²。

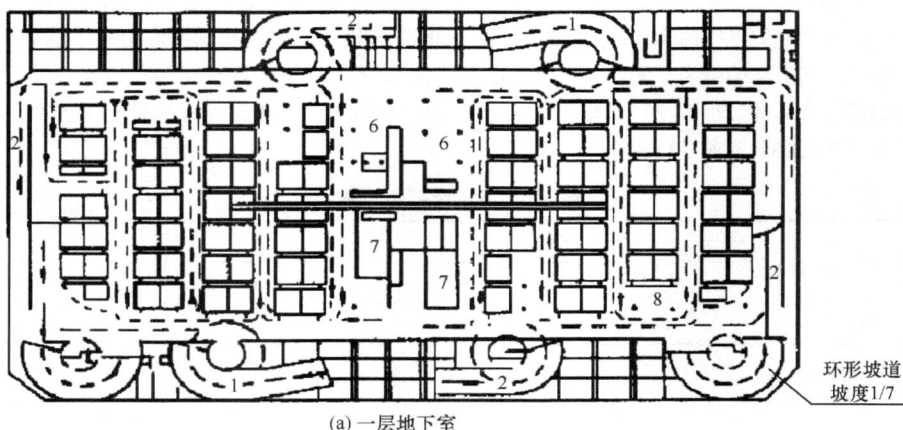

(a) 一层地下室

图 4-1　美国洛杉矶波星广场地下车库

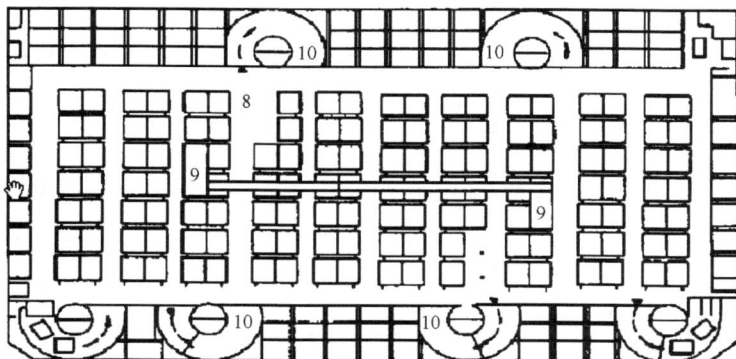

(b) 二层地下室

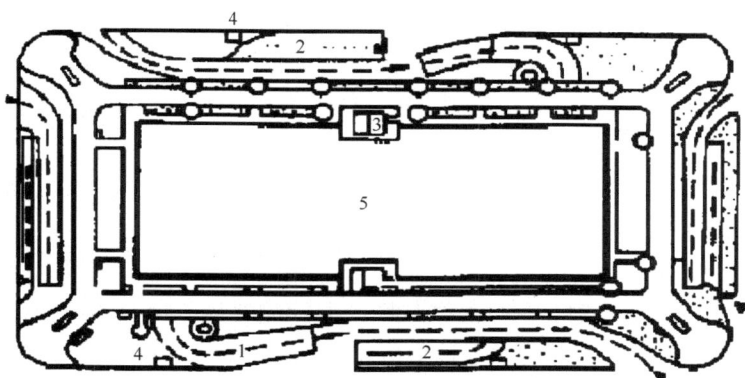

(c) 总平面图

注：车库共地下 3 层，停车 2150 辆。一层与下面两层用螺旋坡道连接，坡道宽度
8.37m，坡度为 8%，柱网 8.24m，每车占用面积 27.6m²。

图 4-1　美国洛杉矶波星广场地下车库（续）

1. 入口坡道；2. 出口坡道；3. 自动扶梯；4. 排气口；5. 水池；6. 服务站；7. 附
属房；8. 加油站；9. 行人通道；10. 通风机房

　　法国巴黎 1954 年开始着手研究建立城市深层地下交通网的问题，在这个综合规划
中，包括建设 41 座地下公共停车库，总容量 5.4 万辆，图 4-2 就是其中的两个，图 4-2
（a）为依瓦德广场停车场，上下两层，总容量 720 台；图 4-2（b）为格奥尔基大街下的
停车场，共 6 层容量 1200 辆。到 1985 年，已有 80 座地下停车场在巴黎市建成。

　　日本由于土地紧张，难以建造规模大的停车场，因此，在 20 世纪 60 年代发展起来
的地下公共停车场内，规模多为 400 辆以下。除了 1978 年在东京建成的一座西巢鸭地
下公共停车场为 1650 辆外，其余 93 座地下停车库中，70% 容量为 100～400 辆，34%
容量为 100～200 辆。图 4-3 是日本大阪市利用一段河道（长 1100m）修建了 3 个公共
地下停车场，总容量为 750 辆，回填后修筑了双车线道路，同时开辟了露天停车场，总
宽度 32m。在 20 世纪 70 年代末日本几个大城市共有公共停车场 214 座，总容量 44208
辆，其中地下 75 座，容量 21281 辆，数量占 30%，容量占 48%，1979～1984 年又修
建了 75 座，计划还要建 81 座。日本目前的停车场的数量大约是 6700 个，总停车容量
大约是 950 000 辆，其中 417 个有地下层，能容纳 71 894 辆汽车。城市停车场被定义为

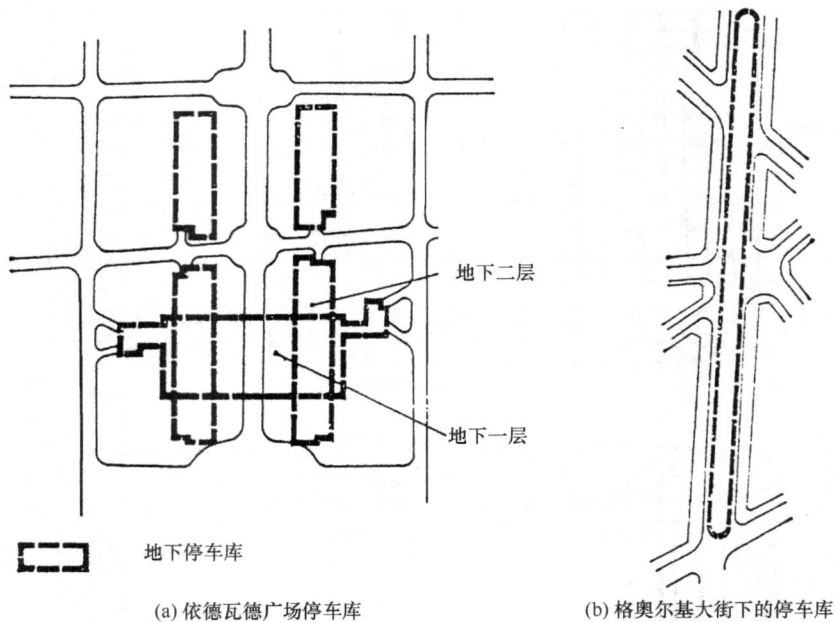

(a) 依德瓦德广场停车库　　　　　　　　　　(b) 格奥尔基大街下的停车库

图 4-2　法国巴黎地下停车库

重要的市区设施。现有的 311 个城市停车场，大约能容纳 68 000 辆汽车，在大城市规划了许多城市地下停车场，因为发展地上停车场的面积极有限，在中国香港与日本均十分重视高层建筑的基础部分的利用。日本规定，面积大于 3000m² 的建筑，均有设置停车场的义务。中国香港的高层建筑下一般有 2～3 层地下室，其地下室空间大多作为地下停车场与地下商场。其地下停车场的容量一般在 100 辆以下。

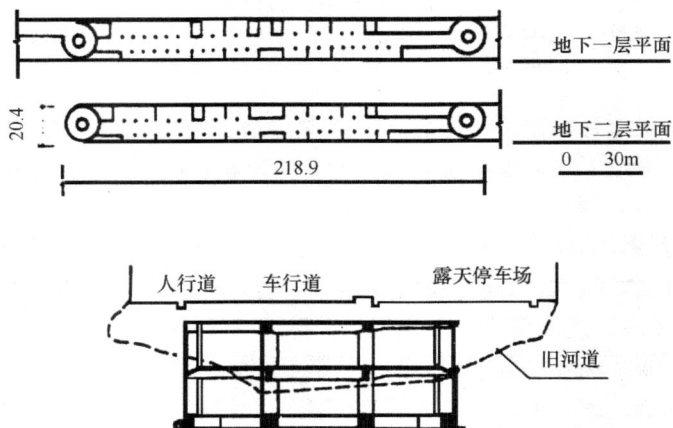

图 4-3　日本大阪市利用旧河道建造的单建式地下停车库

我国的地下停车场建设起步于 20 世纪 70 年代，曾结合人防工程建设，修建了若干战时人防使用的专用地下车库，为了使这些地下停车库在平时能够使用，布置在与通勤

（上下班）有关的企事业单位中，图4-4为湖北省人防工程之——掘开式大车地下车库，可停放东风EQ140型5t载重汽车38辆，总面积为3861.9m²。由于我国私人汽车保有量的逐年增加，许多城市提供停车场的能力低于最低需要能力以下，如上海、深圳等地平均每3辆车只有一个车位。这使大片的绿地和社区道路夜间被越来越多的小汽车占据，传统宁静的环境受到破坏，也破坏了原有的人文景观，于是人们不得不考虑利用地下空间，如在高层建筑、城市广场、居住小区的地下，修建一层或多层地下停车库，以解决大量停车的问题。

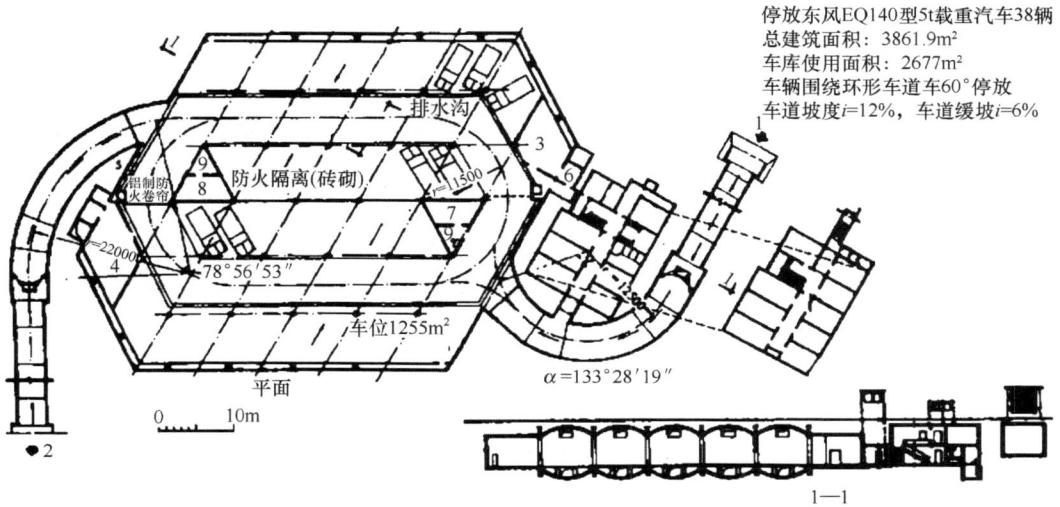

图 4-4　掘开式大车地下车库

1. 进车口；2. 出车口；3. 排风机室；4. 进风机室；5. 水泵间；6. 污水泵间；7. 简易充气间；

8. 简易工具间；9. 值班室

我国大城市停车问题日益突出，路面常被用来停车，加重了动态交通的混乱，对有组织的公共停车已十分迫切。如某城市的调查资料表明：市中心 10 000 辆停车中，停于非停车场的占 79.4%，停于车场的只占 20.6%（表 4-1），从停车目的上看，占用路面道路的比例也相当高（表 4-2）。

<table>
<tr><td colspan="2">表 4-1　停车位置所占比例</td></tr>
<tr><td>停车位置</td><td>停占比例/%</td></tr>
<tr><td>人行道</td><td>34.9</td></tr>
<tr><td>机动车道</td><td>5.6</td></tr>
<tr><td>非机动车道</td><td>32.3</td></tr>
<tr><td>巷口</td><td>6.6</td></tr>
<tr><td>停车场</td><td>20.6</td></tr>
</table>

<table>
<tr><td colspan="2">表 4-2　停车目的所占比例</td></tr>
<tr><td>停车目的</td><td>停占比例/%</td></tr>
<tr><td>通勤</td><td>9.8</td></tr>
<tr><td>购物</td><td>27.9</td></tr>
<tr><td>业务活动</td><td>28.4</td></tr>
<tr><td>娱乐</td><td>3.4</td></tr>
<tr><td>装卸</td><td>11.5</td></tr>
<tr><td>其他</td><td>19.0</td></tr>
</table>

以上数字表明，为了改善城市交通，在适当地点建造一定数量的以停放小型机动车

为主的地面公共停车场势在必行。近几年在长沙、上海、北京、沈阳等城市建造了几座地面多层停车场，但由于规划不当和体制、管理等方面的原因，效果都不理想，综合效应较差。因此，鉴于我国城市用地十分紧张的情况下，跨过地面大量建设多层停车场的发展阶段（国外在 20 世纪 60 年代曾经历这一阶段），直接进入以发展地下公共停车设施为主的阶段，是合理和可行的。目前，在上海、北京、沈阳等大城市结合地下综合体的建设，均建有地下公共停车场，容量从几十辆到 600 辆不等，这是一种发展方向。

地面车库和地下车库造价比为 1∶2.6～1∶1.8，投资回收期大约在 16 年。如果地面需付土地使用费，以北京为例，地上车库是地下车库造价的 8 倍。地下车库不交使用费或少交使用费，则地下车库开发价值就得到了体现。

城市地下停车场宜布置在城市中心区或其他交通繁忙和车辆集中的广场、街道下，使其对改善城市和交通起积极作用。大小客车停车场宜采用单建式，战时也可利用人员掩蔽所，储备车库或物资库。一般应与城市地面，地下交通和商业设施统一进行规划设计。

地下小客车停车场按其容量可分为五级：Ⅰ级，停放 400 辆以上；Ⅱ级，停放 201～400 辆；Ⅲ级，停放 101～200 辆；Ⅳ级，停放 26～100 辆；Ⅴ级停放 25 辆以下。公共停车场如果是单建式，其出入口位置应放在距服务对象不超过 300m 的距离，并使出入口与道路交通直接相通，以保证车辆的出入方便。

目前，生态学思想（ecological ideology）与可持续发展理论（sustainable development）日益受到人们的重视，停车场的布局和规模应符合改善交通和加强绿化、美化的要求；符合城市可持续发展（sustainable development）战略思想，为人们提供一个健康、安全、效率、和谐的生态化的城市停车环境。

4.2　地下停车场的形式与规划

4.2.1　地下停车场的分类，形式及特点

地下停车场分类、形式及特点，如表 4-3 所示。

表 4-3　地下停车场的分类

按建筑形式	按使用方式	按运输方式	按地质条件
单建式	公共停车场	坡道式	土层中地下车库
附建式	专用停车场	机械式	岩层中地下车库

1. 单建式和复建式地下停车库

单建式地下车库一般建于广场、公园、道路、绿地或空地之下，主要特点是不论其规模大小，除少量出入口和通风口外不占地面空间，顶部覆土后仍是城市开敞空间。而且，单建式地下汽车库可建在广场，街道，或建筑物非常密集的地段，甚至可以利用一些沟、坑、旧河道修建地下停车场，填平后为城市提供新的绿地，美化城市。前面介绍的图 4-1、图 4-2 均为单建式地下停车场。单建式地下停车场的柱网尺寸和外形轮廓不受地面建筑物使用条件的限制，故在结构合理的前下，可以完全按照车辆行驶和停放的技术要求确定，以提高停车库的面积利用率。选择城市广场、公园或沟坑作为单建式地

下停车库的场址是比较合适的。

复建式地下停车库是利用地面高层建筑及其裙房的地下室布置地下停车库，称为复建式地下停车库。这种类型的地下汽车库使用方便，布置灵活，节省用地，较适合于做专用汽车库，但设计中最大的困难在于选择合适的柱网尺寸，使之能同时满足地下停车和地面建筑使用功能的要求。常将地下停车库布置在低层部分的地下室中，由于低层部分的功能一般需要较大的柱网尺寸（如餐厅、舞厅、商场等），与停车技术要求较一致。

高层住宅楼一般都有地下室，但柱网和结构布置很不适合停车的需要。苏联有一种解决方法，在高层住宅楼地下采用整体装配的蜂房状结构，作为建筑的基础，中间一条纵向廊道，布置管道和电缆，两侧为两排横向圆洞，每洞可停放一辆车。在基础的两侧，搭上预制钢筋混凝土拱片，形成两条单建式停车库，加上复建部分，成为一个单复式综合的地下停车场，见图 4-5 所示的示意图。这种结构布置方式较好地满足了地下停车场与地面建筑使用功能的要求。

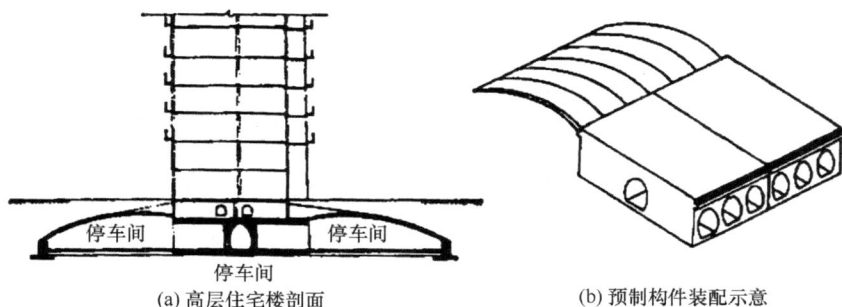

(a) 高层住宅楼剖面 (b) 预制构件装配示意

图 4-5 附建在高层住宅楼的装配式地下停车库（苏联）

2. 公共停车场和专用停车场

公共停车场是供车辆暂时停放的场所，具有公共使用性质，是一种市政服务设施，故称公共停车场，在我国又称社会停车场。

公用停车场的需要量大，分布面广，设置时，应根据实际需要和可能，使地下停车场既要有一定的容量，又要保持适当的充满度和较高的周转率；既要使车辆进出和停放方便，又要尽可能提高单位面积的利用率，以保证公用汽车库发挥较高的社会和经济效益。图 4-1 所示的美国洛杉矶波星广场地下车库即为典型的大型地下停车库。

专用停车库是指车库所有者自己使用的汽车库，直接为本单位的旅客，顾客和职工服务；另一种专用停车库以停放载重车为主，包括消防车库、救护车库、事业车库等。大型旅馆、文娱、体育设施、商店和办公楼，只要达到一定规模，都应拥有自己的专用停车库。

3. 坡道式和复建式地下停车场

坡道式停车场（又称自走式）和机械式停车场是按车辆在车场内的运输方式分，也有两种方式的混合型，例如水平方向自走，垂直方向由机械升降等，可称为半机械式。大致与地面停车场分类标准一样。坡道式与机械式地下停车场相比，各自的优缺点见表 4-4。

表 4-4　坡道式和机械式地下停车场比较

	坡道式地下停车场	机械式地下停车场
优点	造价低,运行成本低 可以保证必要的进出车速度,且不受机电设备运行状态影响(平均进出 6s/辆)	停车场内面积利用率高 通风消防容易,安全人员少 管理方便
缺点	用于交通运输使用的面积占整个车场面积的比重较大(两者之比接近于 0.9：1) 通风量较大,管理人员较多	一次性投资达大,运营费用高 进出车速度慢,时间长(>90s/辆)

（1）坡道形式地下停车场

坡道式地下停车场有直线和曲线形两种，如图 4-6 所示，对于各种坡道形式的特点及使用情况见表 4-5。

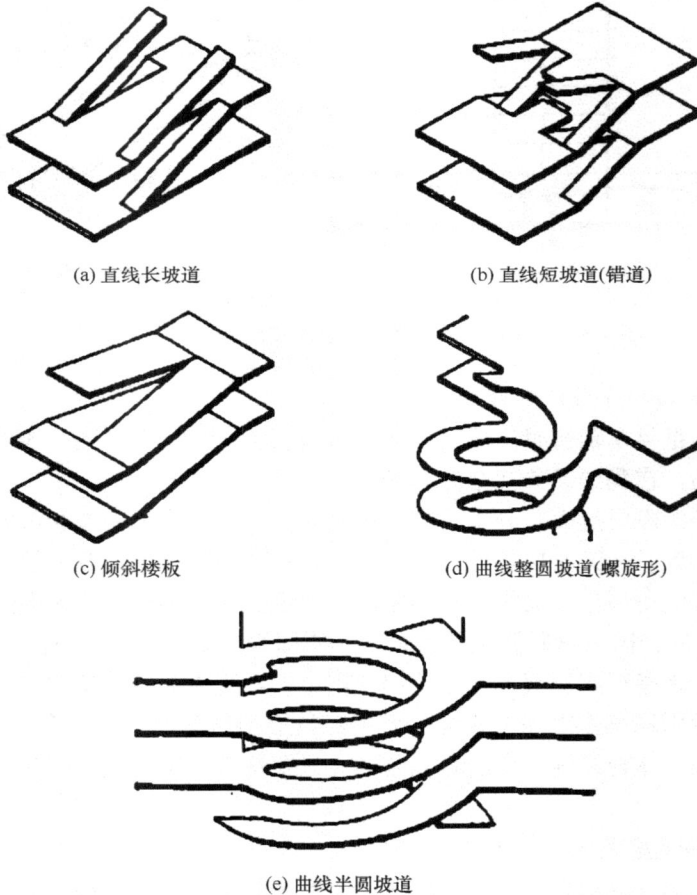

(a) 直线长坡道　　　　　　　(b) 直线短坡道(错道)

(c) 倾斜楼板　　　　　　　(d) 曲线整圆坡道(螺旋形)

(e) 曲线半圆坡道

图 4-6　停车库坡道类型

表 4-5　坡道式停车场特点及运用

类　型	形　式	特　点	运用情况
直线式	直线长坡道	进出车方便	很常用
	直线短坡道	对于单层或二、三层地下停车库,不能充分发挥这种坡道的优点,反而使结构复杂化	层数较多的倾斜楼板错层式停车间布置
	倾斜楼板	可以代替坡道线缩短坡道的长度	一般不适用于地下停车场,但在地形倾斜或因场地狭窄时,可以考虑
曲线式	曲线整圆坡道 (螺旋形) 曲线半圆坡道	比较节省面积	多层地下停车场中常用,但对于停放载重车等大型车辆不适用

（2）机械式地下停车场

20 世纪 70 年代,机械式地下停车场是一种全机械化自动化的停车场。每辆车所需要的面积和空间被压缩到最小,人员不进入停车间,基本上不需要通风,减少了许多安全问题。据日本资料提示,若坡道式停车场各项指标计为 100,机械式停车库占地面积则为 27,每台车平均需要面积为占 50～70,建筑体积为 42,通风和照明用电量仅为 17。机械式停车场由于机械运转条件的限制,进车或出车需要间隔一定时间 (1～2min),(坡道式最快可每 6s 进出一辆车),因而在交通高峰时间内可能出现等候现象,这是机械式停车场的局限性,同时机电设备造价高,每个停车位的造价也高,近几年,我国已有少数单位开发了汽车升降和竖直、水平两个方向的运输链式机械停车系统,容量 17～40 台不等,其中有的适用地下汽车场。目前已有少数机械式停车场建成使用。一般,在建设坡道式汽车场非常困难时,可建机械式停车库。适当发展机械式地下停车库在我国已具备了条件。图 4-7 为瑞士发明的全机械式停车场运行示意图。图 4-8 为机械升降式停车库道坡式停车场与机械式停车场有关指标见表 4-6。

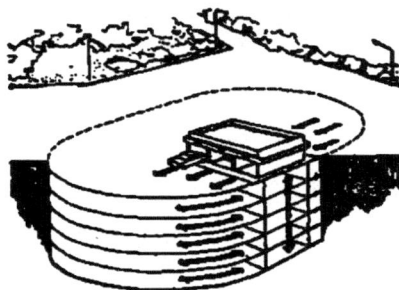

图 4-7　全机械式停车库运行示意图（瑞士）

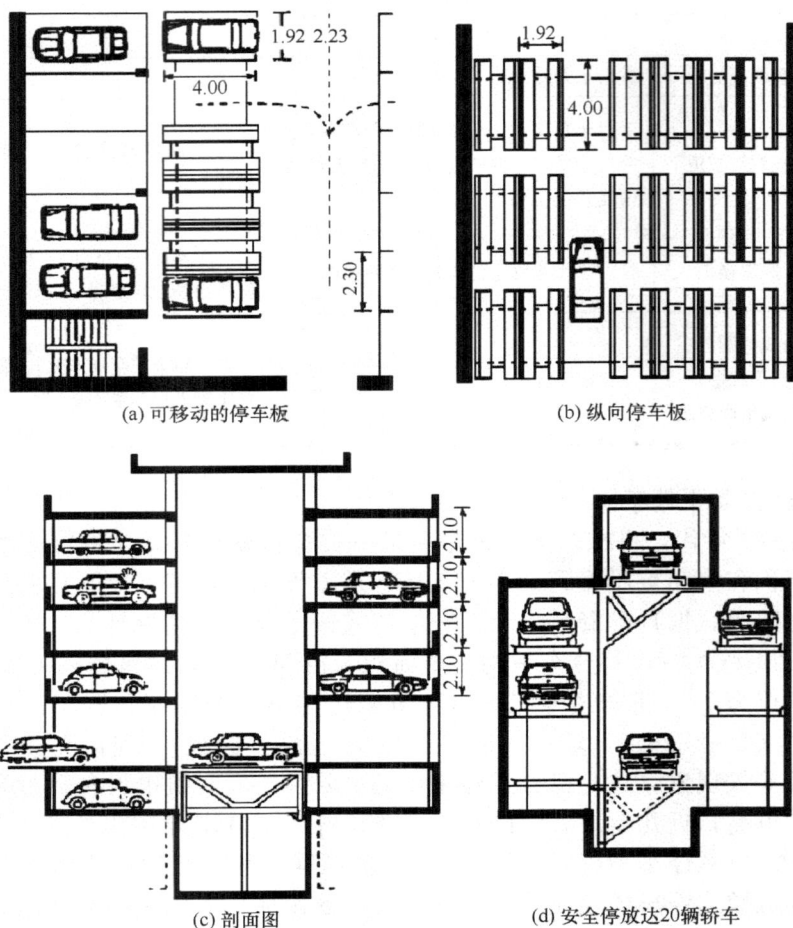

(a) 可移动的停车板

(b) 纵向停车板

(c) 剖面图

(d) 安全停放达20辆轿车

图 4-8 机械升降式停车库（单位：m）

表 4-6 坡道式停车场与机械式停车场有关指标的比较

车场	占地面积/m²	每辆车平均需要面积/m²	建筑体积/m³	通风和照明用电量/(°)
坡道式停车场	100	100	100	100
机械式停车场	27	50~70	42	17

4. 建在土层和岩层中的地下停车场

以上介绍的各类车场实例均属于在土层中的浅埋工程，平原地区的城市中适宜建造这类地下停车场。我国青岛、大连、厦门、重庆等依山傍水的城市，土层很薄，地下不深处即为基岩，这时可考虑在岩层中建地下停车场两者有很大不同，后者布置比较灵活，一般不需要垂直运输，地形、地质条件有利时，规模几乎不受限制，对地面及地下其他工程几乎没有影响，节省用地效果明显。若地质条件允许，停车间峒室跨度可以加大，因没有柱网对行车的阻挡，面积利用率比土中浅埋的停车场要高。但岩石洞室停车间多为单跨，若车场规模较大，需由多个单跨停车间组成，平面狭长，场内水平行驶距离较长，行车道面积所占比重较高。因此，应组织好库内的水平交通，使车辆进出顺畅，避免交叉和逆行。图 4-9 为我国一座在岩层中的地下停车场，有两大洞室作为停车间，跨度分别为 18m 和 13m。可停放公共汽车 30 辆和载重汽车 70 辆，附有管理间和各种防护设施，两个主要出入口之间的距离约为400m。图 4-10 为芬兰的一座岩石地下停车场，车场由两个停车间组成，跨度为16.5m，布置比较紧凑，功能分区也明确，库内水平交通比较方便，共可停放小型车138 辆，各种管线都吊装在拱顶的空间内。

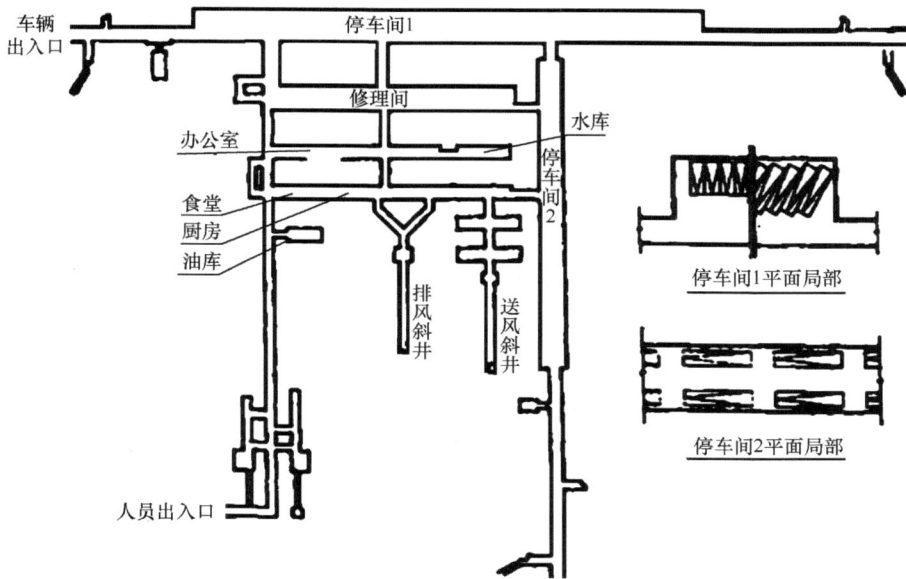

图 4-9　岩层中的地下停车库（中国）

4.2.2　地下停车场规划原则

地下停车场规划应纳入整个城市规划当中，应结合城市的现状及发展，与不同等级的城市道路相配合，满足不同规模的停车需要，以便对城市中心区的交通起到调节和控制作用。

1. 地下停车场规划

编制规划步骤：

1）城市现状调查，包括城市的性质、人口、道路分布等级、交通流量、地上地下建筑分布的性质、地下设备设施等多种状况。

2）城市土地的使用及开发状况、土地使用性质。价格、政策及使用情况。

3）机动车发展预测。机动车的发展与道路现状及发展的关系。

4）城市原有停车场和车库状况、预测方案。

5）编制停车场的规划方案，方案筛选制定。

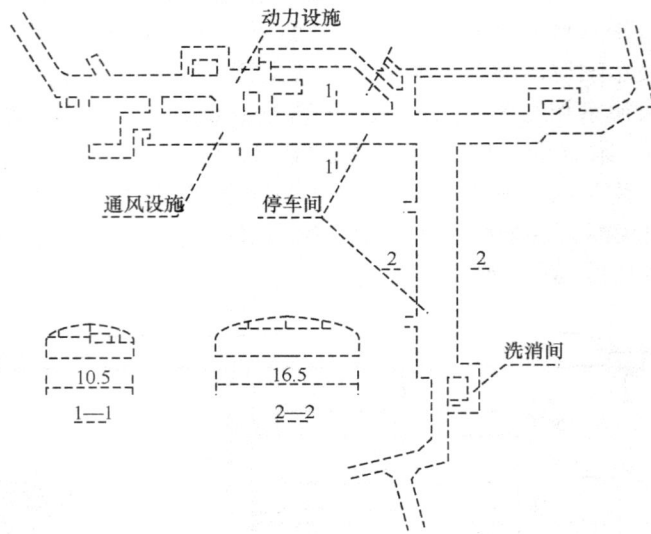

图 4-10　岩层中的地下停车场（芬兰）

在编制规划时，应特别注意。

1）要与停车位计划相配合：车位计划就是土地利用规划和交通规划，不仅计算停车位的需求，还要考虑停车场设施的配置。

2）综合考虑各种因素：城市公共停车场，要考虑该地区的停车需求、已有民间、专用停车场的设置和分布状况等；还要充分预测周围土地的利用状况。

3）从经济性和土地的充分利用出发，可适当采用机械式停车设施。这也是目前城市规划停车场的发展方向之一。

2. 选点要求

1）地下停车场的规划设计应在城市建设和人防工程总体规划的指导下进行，宜选在水文、工程地质条件好的，道路畅通的位置。

2）车场车辆进出频繁，是消防重点之一，且有一定噪声，须按现行防火规范设一定的消防距离和卫生间距，出口不宜靠近医院、学校、住宅建筑。表4-7、表4-8所示为汽车场的防火间距和卫生间距。

表 4-7　停车场的防火间距

防火间距 / m　建筑物名称和耐火等级　汽车库名称和耐火		停车库、修车库、厂房、库房、民用建筑		
		一、二级	三级	四级
停车库	一、二级	10	12	14
修车库	三级	12	14	16
停车场		6	8	10

注：停车库与其他建筑的防火间距见《高层民用建筑设计防火规范》、《汽车库设计防火规范》、《城市煤气设计防火规范》、《建筑设计防火规范》。

表 4-8　停车场与其他建筑物的卫生间距

名称　　　　间距/m　　　车库类别	Ⅰ～Ⅱ	Ⅲ	Ⅳ
医疗机构	250	50～100	25
学校、幼托	100	50	25
住　宅	50	25	15
其他民用建筑	20	15～20	10～15

注：附建式车库及设在单位大院内的汽车库除外

3）寒冷地区停车库门应避免朝北，正对冬季主导风向；门口应有足够的露天场地作为停车、调车、洗车等用，当车库位于岩层中，岩层厚度、岩性、走向、边坡及洪水位等应予考虑。

4）与地下街、地下铁道车站等大型地下设施相结合。

5）专业车库、有特殊要求的车库应考虑其特殊性。如消防车库对出入、上水要求较高。车库要考虑三防要求，人车疏散、出入口数量和位置，服务用房及设施、消防给水等应符合《汽车库设计规范》。

6）地下停车场一般应做到平时和战时均能使用，地下车库选点应与人防工程结合，应设两个出入口（存放量少于 25 辆的停车库可设一个出入口。）汽车库址不应低于 30％的绿化率。特大型（大于 500 辆）车库入口不应小于 3 个，应设独立的人员专用出入口，两出入口之间的净距应大于 15m。出入口宽度双向行驶时不应小于 7m，单向不应小于 5m。出入口不应直接与地面主干道连接，应设于城市次要干道上，且距服务对象不大于 500m。出入口距离城市道路规划红线不应小于 7.5m，出入口边线内 2m 处视点的 120°范围内至边线外 7.5m 以上不应有遮挡视线障碍物。图 4-11 为汽车车辆出入口通视要求。

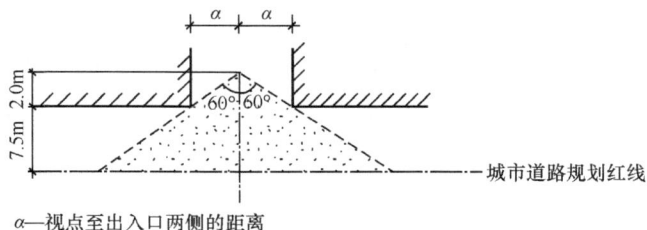

α—视点至出入口两侧的距离

图 4-11　汽车车辆出入口通视要求

4.2.3　地下停车场的建筑技术要求

表 4-9　地下停车场的建筑技术要求

序号	建筑技术要求
1	使用面积，一般停放小客车的地下车库，平均每辆车需面积 20～40m²，停放载重车平均每辆需面积 40～70m²
2	停车库楼板面层要具有耐磨、耐火、耐油和防滑性能。通常有以下几种：水泥砂浆层面，水刷石层面，混凝土层面，地砖层面和沥青层面

序号	建筑技术要求
3	地下车库不考虑采暖,必须考虑采暖的停车库应尽量采用集中采暖或火墙,但其炉门、节风门、除灰门严禁设在停车库内
4	车库换气量以一氧化碳量作为计算依据,通风系统应独立设置,风管应采用非燃性材料做成
5	除一般照明外,还应设事故照明和疏散标志。坡道出入口及库内通道地面最低照明度为10lx

4.3 地下车场设计

4.3.1 主要技术标准

1. 地下停车库组成

地下车库大体由下列建筑物组成:停车间、通道、坡道或机械提升间、调车场地、洗车设备间等(图4-12)。每种设施的数目要因地制宜,辅助设施与停车间分开安排,尽量少影响停车作业。

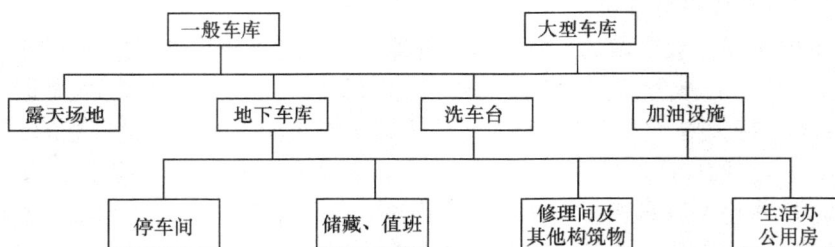

图4-12 停车库组成

2. 地下停车场平面布置

停车场的平面布置,主要是进行停放汽车的停车室、各种动线及各项设施的布置与规划。按使用要求,一般地下停车场平面布置的内容分成以下3个部分。

1)通风设备区:进、排风口,进、排风室,除尘、过滤室等。

2)车库区:车辆出入口、地下停车厅、车道、人行道、电瓶充电间、保养修理间、工具配件间、供配电间、储水库、油料储藏库等。

3)办公区:值班室、通讯室、休息室、卫生间、储藏室、人员掩护室等。

停车场的平面布置,主要取决定于停放汽车的停车场及其各项设施的布置。

(1)地下停车场平面布置可按下列原则考虑

地下公共车库的使用面积平均按每辆20~40m² 估算,辅助设备的面积可按停车车间的10%~25%估算,坡道面积在总建筑面积中的比例,视车库的容量而定(表4-10)。停车间占总建筑面积的比例,应达到一个定值,专用车库占65%~75%比较合适,公共车库占75%~85%为宜。

表 4-10　地下停车场每辆所需占地尺寸表

车型	标准车型尺寸/m			停放方式	车位尺寸/m			安全距离/m				
	a	b	h		A	B	H	C	D	E	F	G
小客车	4.90	1.80	1.60	单间停放	6.10	2.80	3.00	0.70	0.50	0.60	0.40	
				开敞停放	5.30	2.30	2.00	0	0.50	0.50	0	0.30

注：表中 a，b，h，A，B，C，D，E，F，G 的意义如图 4-13 所示。

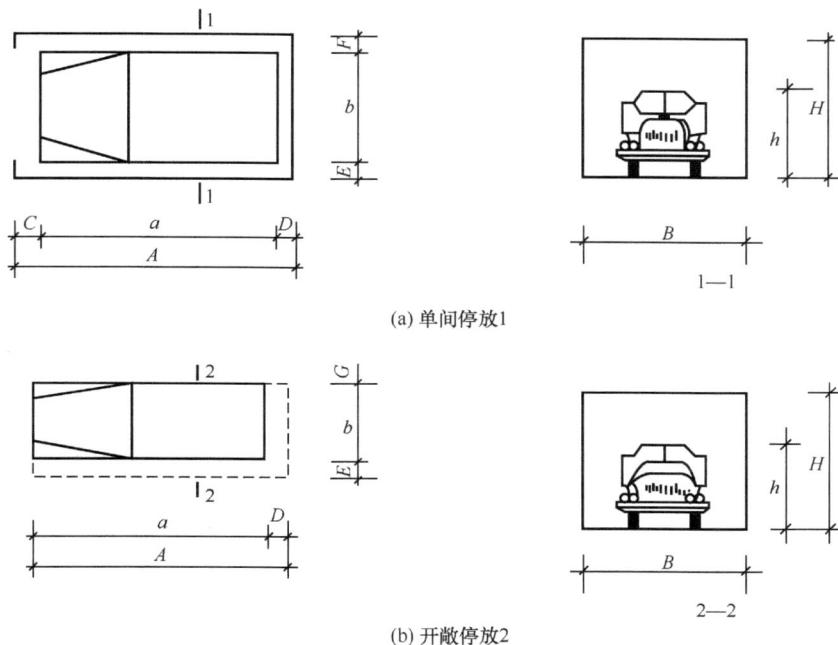

(a) 单间停放1

(b) 开敞停放2

图 4-13　每辆车所需占用的空间和平面尺寸

（2）车型

停车场类型确定后，停车间及通道坡道设计的最主要依据是所选定的基本车型。一座停车库，不可能服务车型太多。否则，会影响车库建筑面积和空间的利用率，运行也不易管理。因此，设计时，一般要选定一种用于本车库的标准车型。当然，该型号在尺寸和性能上应具有一定的代表性。国外，一般选择几种较典型的小汽车作为本车库的标准车型（表 4-11）。如日本，将小汽车分为特大、大、中、小和轻型 5 种，停车场主要满足中型车的停车需要，同时规定了中型车的控制尺寸，使之与停车场的设计相协调。表 4-12 列举了 5 种小汽车标准车型尺寸。

我国进口汽车数量多，且牌号、型号复杂，国产车有些也正在改型过程中，因此确定标准车型比较困难。同时，停车需求，除小汽车外，还有相当数量的旅行车、工具车、载重车，所以，宜将标准车型分为小汽车型和载重车型两大类。小汽车的标准车型，以大、中型车为主，其尺寸亦可适应部分旅行车和工具车的需要。对于载重车，则以 5～2t 载重量的车型为主。至于大型客车（如公共汽车）和载重量超过 5t 的载重车，则不宜停放在地下车库和地面多层车库中。表 4-13 为国内停车库标准车型参考尺寸。

表 4-11 小轿车每车位占用通道及停车段宽度

国别 \ 角度/(°) 长度C/m	45°	60°	90°
中国	3.96	3.23	2.80
美国	3.87	3.17	2.75
英国	3.46	2.82	2.44
德国	3.55	2.90	2.50
日本	3.89	3.15	2.75
俄罗斯	3.25	2.65	2.30

	国别 \ 角度/(°) 长度C/m	45°	60°	90°
单排 D_1	中国	6.29	6.69	6.10
	美国	6.04	6.41	5.80
	英国	5.19	5.45	4.88
	德国	5.30	5.60	5.00
	日本	6.10	6.40	6.10
	俄罗斯	5.37	5.96	5.30
单排 D_2	中国	5.30	—	6.10
	美国	5.08	5.73	5.80
	英国	4.27	4.79	4.88
	德国	4.43	4.97	5.00
	日本	5.10	5.71	6.10
	俄罗斯	4.57	5.39	5.30

表 4-12 日本停车库标准车型尺寸

车型	全长/m	全宽/m	全高/m	最小转弯半径/m
特大型	6.0	2.0	2.0	7.2
大型	5.8	2.0	2.0	7.0
中型	4.7	1.7	2.0	6.5
A 小型	4.3	1.6	2.0	5.5
轻型	3.0	1.3	1.6	3.5

表 4-13 国内停车库标准车型参考尺寸

车型		全长/m	全宽/m	全高/m	车型		全长/m	全宽/m	全高/m
小汽车	大型	6.0	2.0	2.0	载重车	5t	7.0	2.5	2.5
	中型	4.9	1.8	1.8		2t	4.9	2.0	2.2

（3）车位尺寸

图 4-13 和表 4-10 给出了每辆车所需占用空间和平面尺寸，包括车型尺寸和有关安全距离，确定车位的安全距离见表 4-14。

表 4-14 确定车位尺寸的安全距离 单位：m

车型	停放条件	车头距前墙（或门）	车尾距后墙	车身(有司机一侧)距侧墙或邻车	车身(无司机一侧)距侧墙或邻车	车身距柱边
小汽车	单间停放	0.7	0.5	0.6	0.4	0.3
	开敞停放	0.5	0.5	0.5	0.3	

车型	停放条件	车头距前墙（或门）	车尾距后墙	车身(有司机一侧)距侧墙或邻车	车身(无司机一侧)距侧墙或邻车	车身距柱边
载重车	单间停放	0.7	0.5	0.8	0.4	0.3
	开敞停放		0.5	0.7	0.3	

（4）车辆存放和停放方式

车辆停驶方式主要指车辆进出车位的方式，如图 4-12（a）所示。

车辆存放方式，对停车的方便程度、占用面积多少有影响。图 4-13 所示为存放角度大小与单车停车占用面积呈反比，与车辆进出方便程度呈正比。图 4-14 所示为日本分析停车角度与所需面积之间的关系曲线，表 4-15 是根据我国情况计算出的不同停车角度所需停车面积。目前，国内外停车库较普遍地采用倒进顺出的 90°直角停车方式。

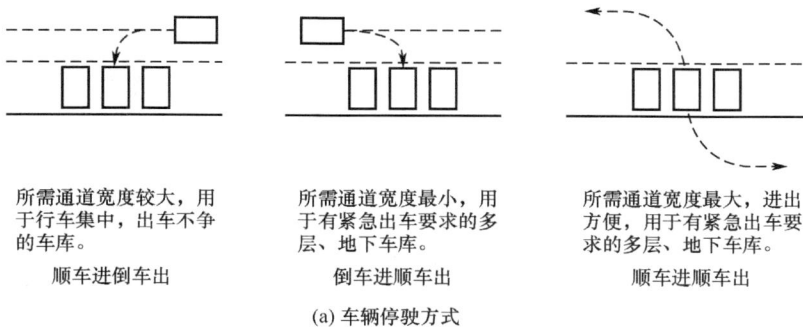

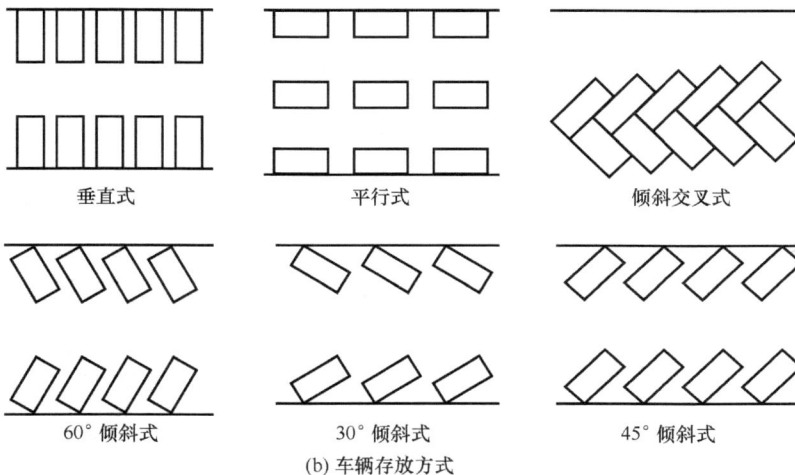

所需通道宽度较大，用于行车集中，出车不争的车库。

顺车进倒车出

所需通道宽度最小，用于有紧急出车要求的多层、地下车库。

倒车进顺车出

所需通道宽度最大，进出方便，用于有紧急出车要求的多层、地下车库。

顺车进顺车出

(a) 车辆停驶方式

垂直式

平行式

倾斜交叉式

60° 倾斜式

30° 倾斜式

45° 倾斜式

(b) 车辆存放方式

图 4-14　车辆停驶方式和存放方式

表 4-15 停放方式比较

存车角度	停驶方式	优　　点	缺　　点
0°	倒进顺出	所需停车带窄,在设置适当的通行带后,车辆出入方便	每车位停车面积大
45°	倒进顺出	对场地的形状适应性强,出入方便	每车位占地面积大
90°	倒进顺出	停车紧凑,出入方便	所需停车带宽度大,出入所需通道宽度也大

3. 出入口布置与要求

出入口的数量和位置应满足《人民防空工程规范》和《汽车库规范设计防火规范》、《城市建设规程》等要求。地下车库出入口设计,必须贯彻"以人为本"的理念,以优化空间环境、创造美好居住环境、提高人们生活质量为目标,避免进入地下空间时的种种不良心理因素和各种不便,同时要利于通风采光,进行各方面的综合考虑,汽车出入口应选择距小区主要出入口较近,易于辨认到达,对行人影响较小的位置设置。大型住宅小区车库出入口宜分散布置,既利于汽车的安全疏散,又便于小区内不同位置车辆以最近距离到达车库出入口,减少小区地面车流量,出入口的设计数目,往往多于规范上的规定,以方便小区居民到达地下车库,遇意外事故及战时便于疏散人群;另外,应至少设置一个人员独立出入口直接通向室外空地,以利于紧急情况(如地震、核袭击)时使用。出入口在设计时,还应考虑当地的水文、气象条件,设置遮阳避雨设施。出入口布置要求如表 4-16 所示。

表 4-16 出入口布置与要求

项次	出入口布置与要求
1	地下停车库车辆出入口的数量和位置,一般与通向地面的坡道是一致的
2	车辆出入口不宜设在消防栓、街道安全岛的附近,及其他禁止停车地段和地势低洼地段,出入口也不宜朝向街道交叉点
3	小型地下停车库可以不另设人员出入口
4	不论车库的大小,至少应有一个在紧急情况下供人员使用的安全出口
5	对于消防车专用地下车库应设人员紧急入口,可采用滑梯、滑竿等形式

4. 地下车库的结构型式

地下停车场结构形式主要有两种:矩形结构、拱形结构。

(1) 矩形结构

矩形结构又分为梁板结构、无梁楼盖、幕式楼盖。侧墙通常为钢筋混泥土墙,大多为浅埋,适合地下连续墙、大开挖建筑等施工方法。矩形几种结构形式,如图 4-15 所示。

(2) 拱形结构

拱形结构又分单跨、多跨、幕式及抛物线拱、预制拱板等多种类型,特点是占用空间大、节省材料、受力好、施工开挖土方量大,适合深埋,相对来说,不如矩形结构采用的广泛,如图 4-16 所示。

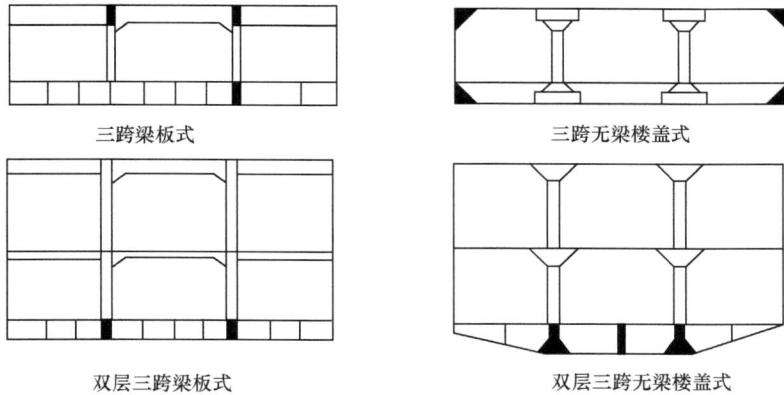

三跨梁板式　　　　　　　　　　　　三跨无梁楼盖式

双层三跨梁板式　　　　　　　　　双层三跨无梁楼盖式

图 4-15　矩形结构

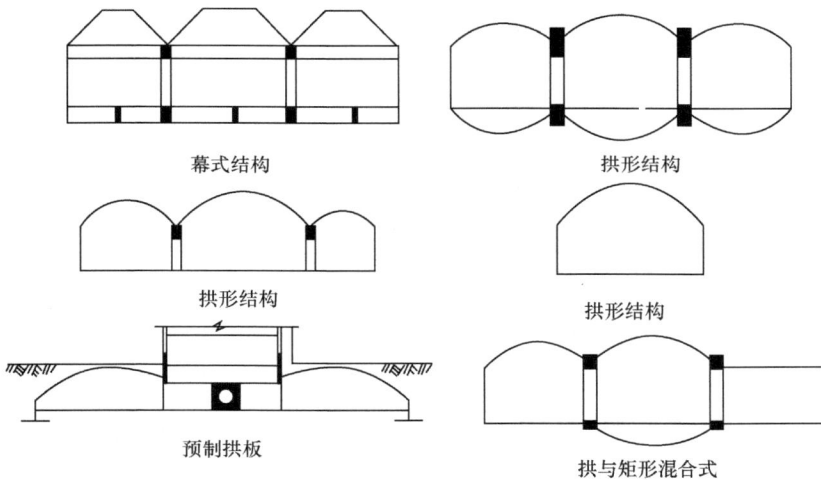

幕式结构　　　　　　　　　　　　拱形结构

拱形结构　　　　　　　　　　　　拱形结构

预制拱板　　　　　　　　　　　拱与矩形混合式

图 4-16　拱形结构

5. 停车间的柱网布置

柱网尺寸受两方面影响：一是停车技术要求，二是结构设计要求。综合分析柱网尺寸的影响因素进而确定一个最经济合理的布置方案，是车库设计的主要内容之一。一般以停放一辆车平均需要的建筑面积作为衡量柱网是否合理的综合指标，并同时满足以下几点基本要求：

1）适应一定车型的存放、停驶和行车通道布置等各种技术要求，并保留一定灵活性。

2）保证足够的安全距离，使车辆行驶通畅，避免碰撞和遮挡。

3）尽可能缩小与停车位无关的面积。

4）结构合理、经济、施工简便。

5）尽可能减少柱网种类，统一柱网尺寸，并应保持与其他部分柱网的协调一致。

柱网由跨度和柱距两个方向上的尺寸所组成，柱距尺寸取决于两柱之间所停放的车型尺寸和车辆数目、必要的安全距离，两柱间可停 1～3 辆车。跨度指车位所在跨度（简称车位跨）和行车通道所在跨度（简称通道跨），这两个跨度的尺寸不宜统一。

柱距、通道跨和车位跨三者之间有一定的关系，停车间柱网尺寸变化对停车所占面积指标的影响如图 4-17 所示。在选柱网时，除满足停车技术要求和使用面积达到最优外，还应考虑结构是否经济合理，包括结构跨度尺寸不应过大、材料消耗量小、结构构件尺寸合理、平面和立面不过多占用室内空间、跨度与柱距比例适当，并与一定结构形式相适应等几方面，柱网单元种类不宜过多，参见表 4-17。

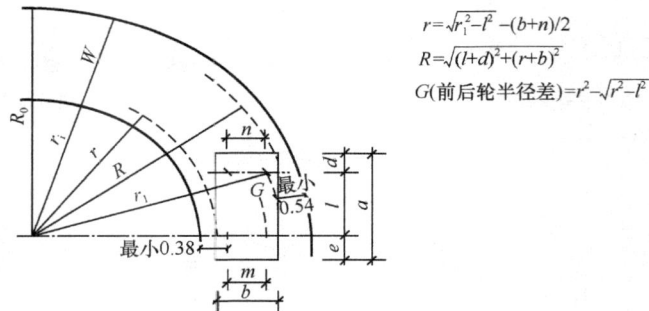

$$r=\sqrt{r_1^2-l^2}-(b+n)/2$$
$$R=\sqrt{(l+d)^2+(r+b)^2}$$
$$G(前后轮半径差)=r^2-\sqrt{r^2-l^2}$$

图 4-17 小汽车回转轨道

表 4-17 停放方式比较

停车类型	小 轿 车			载重车、中型客车		
两柱间停车数/辆	1	2	3	1	2	3
最小柱距/m	3.0	5.4	7.8	3.9	7.2	9.9
车库类别	多层车库和地下车库			地下车库		

目前，国内、外较普遍采用倒进顺出的 90°直角停车方式，不同停车角度，所需要停车面积也有所区别，见表 4-18。

表 4-18 不同停车角度所需停车间面积

停车角度/(°) 车型	0°	30°	30°(双排)	45°	45°(交叉排列)	60°	90°
小汽车	41.4	34.5	32.2	27.6	26.0	24.6	23.5
载重车	77.7	62.6	58.2	49.6	47.1	45.3	44.9

4.3.2 地下停车场线路设计

1. 通道设计

（1）汽车回转轨迹

汽车回转时，当环道的内外半径不同时，由车体所决定的最小道宽尺寸将不同，二者呈反变关系，表 4-19 给出了环道内外半径及最小道宽的参考值。小汽车在弯道上转弯时的回转轨迹，如图 4-18 所示。

表 4-19　环道内外半径及最小道宽参数表　　　　单位：m

环道外半径 R_0		最小道宽	环道内半径 r_1		环道外半径 R_0		最小道宽	环道内半径 r_1	
最小值	最大值	W	最小值	最小值	最小值	最大值	W	最小值	最小值
8.55	9.15	3.35	5.50	5.80	13.73	14.34	3.03	10.70	11.31
9.15	9.46	3.33	5.82	6.13	14.34	14.95	3.00	11.34	11.95
9.46	9.76	3.30	6.16	6.46	14.95	15.56	2.98	11.97	12.58
9.76	10.07	3.28	6.48	6.79	15.56	16.47	2.95	12.61	13.52
10.07	10.37	3.25	6.82	7.12	16.47	17.39	2.93	13.54	14.46
10.37	10.68	3.23	7.14	7.45	17.39	18.61	2.91	14.48	15.70
10.68	10.98	3.20	7.48	7.78	18.61	19.83	2.88	15.73	16.96
10.98	11.29	3.18	7.81	8.11	19.83	21.36	2.85	16.98	18.51
11.29	11.59	3.15	8.14	8.44	21.36	22.88	2.83	18.53	20.05
11.59	11.90	3.13	8.46	8.77	22.88	25.01	2.80	20.08	22.21
11.90	12.51	3.10	8.80	9.41	25.01	27.15	2.78	22.23	24.37
12.51	13.12	3.08	9.43	10.04	27.15	30.21	2.75	24.40	27.46
13.12	13.73	3.05	10.07	10.68					

（2）平曲线及缓和曲线

1）平曲线：如图 4-18 所示，通常设平曲线为圆曲线，其有关参数计算公式见表 4-20。

2）缓和曲线：如图 4-19 所示，汽车从直线进入圆曲线前在某一路段内，逐渐改变前轮转向角才能进入圆曲线，即从直线过渡到圆曲线，汽车行驶曲率半径是不断变化的。这一变化路段称为缓和曲线段。大型地下停车库的进出环线，应设置缓和曲线以使离心加速度逐渐变化，减小因方向改变所产生的侧向冲击；同时通过曲率的逐渐变化，适应转向、使行驶顺畅、协调美观。此外，缓和曲线段还可以作为横向超高的过渡段，减小行车震荡。缓和曲线有关参数，计算公式见表 4-20。

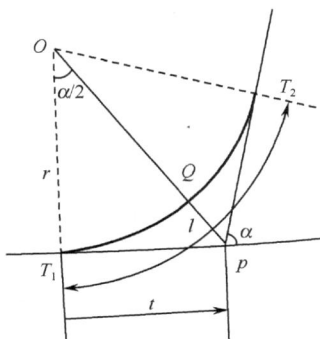

图 4-18　平曲线

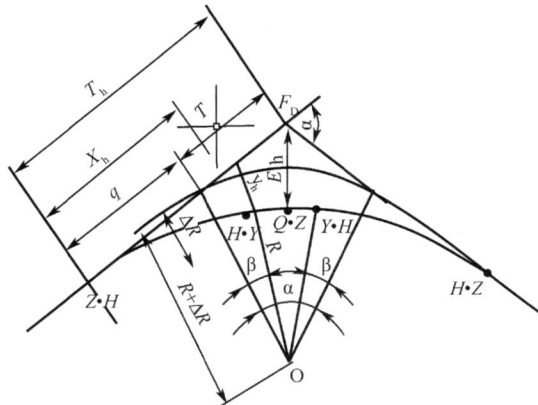

图 4-19　有缓和曲线的圆曲线

表 4-20　平曲线及缓和曲线设计

曲线类型	设计方法
平曲线	为了方便计算,通常设平曲线为圆曲线,其有关参数计算公式如下(设 $T_1P=t$,转角 α 为已知) $$r=t \cdot \cot \frac{\alpha}{2}, \quad N=t \cdot \csc \frac{\alpha}{2}-r, \quad l=\frac{N \cdot \alpha}{57.30\left(\sec \frac{\alpha}{2}-1\right)}$$ 式中,r——回转半径/m;N——外矢矩 PQ 长/m;l——回转段弧长/m
缓和曲线	(1)大型地下停车库的进出环线,应设置缓和曲线。缓和曲线长度依离心加速度的变化率 $$L=0.036 \frac{V^3}{R}$$ 式中,V——汽车速度(km/h);R——弯道半径/m。 　根据司机操作反应时间 $$L=\frac{1}{3.6}V \cdot t$$ 一般采用 $t=3$s,则 $L=0.83V/$m。 　根据视觉条件 $$L=\left(\frac{R}{9} \sim R\right)$$ 式中,$L=\frac{R}{9}$ 相当于缓和曲线最小转向角 $\beta=3°15'59''$,弧度 $=0.0556$;$L=R$ 相当于缓和曲线最小转向角 $\beta=28°38'52''$,弧度 $=0.5$。 　实际采用的缓和曲线长度应取上述计算中的最大值(一般取 5m 的整数倍)。 　(2)圆曲线的内移值 ΔR $$\Delta R=\frac{1}{24} \cdot \frac{L^2}{R}$$ 而 $$L=\frac{V}{3.6} \cdot t$$ 当采用 $t=3$s 时 $$\Delta R=\frac{1}{34.56} \cdot \frac{V^2}{R}=0.029\frac{V^2}{R}$$ 式中,L——缓和曲线长度/m;V——汽车速度(km/h);R——曲线半径/m。 　(3)切线总长 $$T_h=T+q=(R+\Delta R)\tan\frac{\alpha}{2}+q$$ 式中,T,α,q 如图 4-19 所示。 　(4)外矢矩 $$E_h=(R+\Delta R)\sec\frac{\alpha}{2}-R$$ (5)曲线总长 $$L_h=\frac{\pi}{180}R(\alpha-2\beta)+2L$$ 式中,R,α,β,L 如图 4-19 所示。 　全部曲线有 5 个基本桩点需要指出: 　$Z \cdot H$——第一缓和曲线起点(直缓); 　$H \cdot Y$——第一缓和曲线终点(缓圆); 　$Q \cdot H$——圆曲线中点; 　$Y \cdot H$——第二缓和曲线终点(圆缓); 　$H \cdot Z$——第二缓和曲线起点(缓直)

参考有关城市道路缓和曲线设计，当计算行车速度小于 40km/h 时，缓和曲线可用直线代替，地下停车场缓和行车车速一般都设计的不大，故缓和曲线也常用直线代替。直线缓和段应与圆曲线相切，另一端与直线相接，相接处予以圆顺，如图 4-20 所示，不设缓和曲线的临界半径 $R=0.144V^2$。表 4-21 为不设缓和曲线时的半径及临界值。

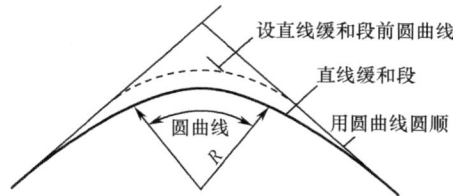

图 4-20 直线缓和段的设计

表 4-21 不设缓和曲线时的半径及其临界值

计算车速/(km/h)	40	30	20	计算车速/(km/h)	40	30	20
不设缓和曲线的临界曲线半径 R/m	230	130	58	不设缓和曲线的半径 R/m	600	350	150

（3）横向超高和加宽

1）弯道设计。当采用的圆曲线半径在极限最小半径与不设超高的最小半径之间时，常将外侧车道升高，构成与内侧车道同坡度的单坡横断面，这样的设置称为超高（即曲线段的单向横坡），超高的设置应能防止车轮在路面上的横向滑移，并在利于路面排水的前提下，把行车引起的横向力影响，减少到最低程度。

当圆曲线半径为极限最小半径时，圆曲线部分采用最大超高值。当圆曲线半径为不设超高的最小半径时，圆曲线做成双向横坡的路拱。介于中间数值半径的圆曲线超高则依变动的横向力系数 μ 来计算。其变动范围为 $0.035 \leqslant \mu \leqslant 0.15$，值随 R 的增大而减小。

超高计算公式

$$i_{超} = \frac{V^2}{127R} - \mu$$

式中，$i_{超}$——弯通超高值/m；

　　　R——圆曲线半径/m；

　　　μ——横向力系数 $\mu=0.035\sim0.15$。

由上式计算的车场曲线道路最大超高值，如表 4-22。

表 4-22 圆曲线半径

计算行车速度/(km/h)	80	60	50	40	30	20
不设超高最小半径/m	1000	600	400	300	150	70
设超高推荐半径/m	400	300	200	150	85	40
设超高最小半径/m	250	150	100	70	40	20

从直线上的路拱双坡断面，过渡到曲线上具有超高横坡的单坡断面，要设一段坡度逐渐变化的区段，称为超高缓和段，如图 4-21 所示。其中 r_0 为超高缓和段直线的长度，B 是路拱坡度。i 是超高横坡度，ΔP 缓和段坡度变化值，$l_0 = B \cdot i_{超} / \Delta P$。在地下停车库曲线段，当超高横坡坡度等于路拱坡度时，将外侧车道绕路中心旋转，直到超高横坡值；当超高拱坡度大于路拱坡度时，可有下述方法过渡；只将外侧车道绕路中线旋转，待达到与内侧车道构成单向横坡后。整个断面再绕未加宽前的内侧车道边缘旋转，直至超高横坡值。

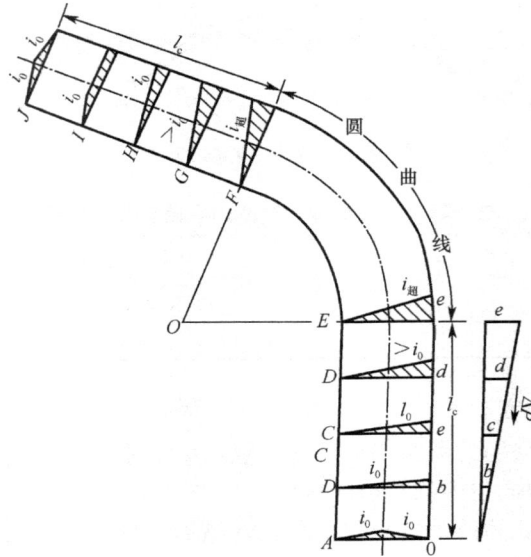

图 4-21 超高段缓和曲线

在曲线段上，超高横坡度为 2%～6%，超高渐变率为 1/15 左右。

2）横向加宽。在曲线段，汽车行驶道路的宽度要比直线段大。因此，曲线段必须加宽，如图 4-22 所示。

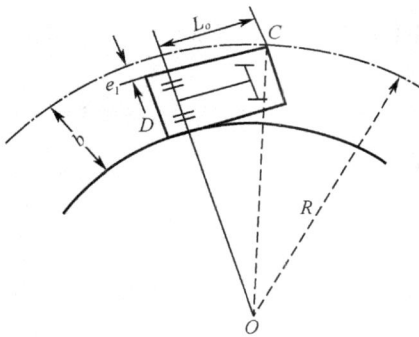

图 4-22 曲线上的路面加宽

由 $\triangle COD$ 得

$$L_o^2 + (R - e_1)^2 = R^2$$

$$e_1 = R - \sqrt{R^2 - L_o^2}$$

若为双车道，取 $e = 2e_1$

$$e = 2(R - \sqrt{R^2 - L_o^2})$$

$$R^2 - L_o^2 = \left(R - \frac{e}{2}\right)^2$$

$$= R^2 - R \cdot e + \frac{e^2}{4}$$

$\frac{e^2}{4} \leqslant R$，故略去 $\frac{e^2}{4}$。

$$e = \frac{L_o^2}{R}$$

考虑倒车速的影响，双车道路面曲线加宽值按式（4-1）计算

$$e = \frac{L_o^2}{R} + \frac{0.1V}{\sqrt{R}} \tag{4-1}$$

公路标准规定，当曲线半径等于或小于 250m 时，应在曲线的内侧加宽，且加宽值不变。表 4-23 列出了城市道路曲线加宽值，可供地下停车库通道设计参考。

表 4-23　城市道路曲线加宽值

加宽值/m　车型	圆曲线半径/m 200<R≤250	150<R≤200	100<R≤150	50<R≤100	40<R≤50	30<R≤40	20<R≤30	20<R≤30	15<R≤20
小型车	0.28	0.30	0.32	0.35	0.39	0.40	0.45	0.60	0.70
普通汽车	0.40	0.45	0.60	0.70	0.90	1.00	1.30	1.80	2.40
铰接车	0.45	0.55	0.75	0.95	1.25	1.50	1.90	2.80	3.50

加宽值由直线段起加宽，从枣形逐渐按比例增加到圆曲线起点处的全加宽值，而在圆曲线段，加宽值不变。

加宽缓和段长度可由下列两种情况确定：

1）设置回旋线或超高缓和段时，加宽缓和段长度采用与回旋线或超高缓和段长度相同的数值。

2）不设回旋线或超高缓和段时，加宽缓和段长度应按渐变率为 1:1.5，且长度不小于 10m 的要求设置。

（4）通道计算

如图 4-23（a）、（b）是停车场常用的停驶方式，其通道宽度值的计算公式见表 4-24。

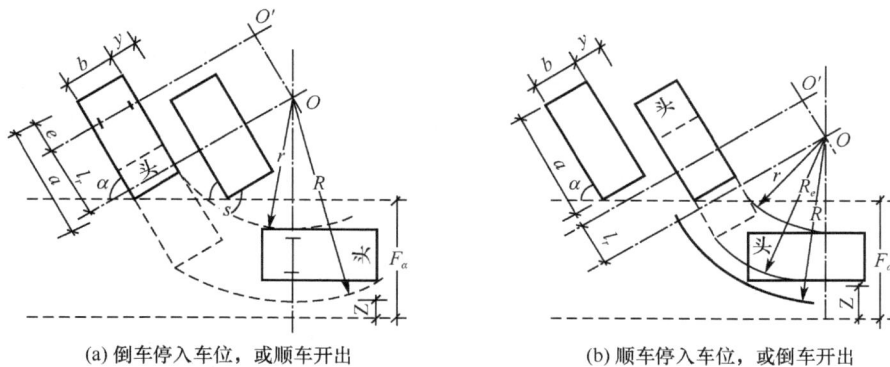

(a) 倒车停入车位，或顺车开出　　　　(b) 顺车停入车位，或倒车开出

图 4-23　停车场常用的停驶方式

表 4-24　通道计算

停驶方式	计算公式
倒车停入车位，或顺车开出	$$F_a = R + Z - \sin[(r+b)\cot\alpha + (a-e) - l_r]$$ 式中 $$l_r = (a-e) - \sqrt{(r-s)^2 - (r-y)^2} + (y+b)\cot\alpha$$ $$R = \sqrt{(l+d)^2 - (r+b)^2}, \quad r = \sqrt{r_1 - l^2} - \frac{b+n}{2}$$ 当 $\alpha = 90°$ 时 $$F_{90} = R + Z - \sqrt{(r-s)^2 - (r-y)^2}$$ 式中，L——轴距；n——前轮距；d——前悬；e——后悬；r_1——最小回转半径；y——转车间距，取 $y=0.6\mathrm{m}$；其余参数如图 4-23 所示
顺车停入车位，或倒车开出	$$F_a = R_e + Z - \sin\alpha[(r+b)\cot\alpha + e - l_r]$$ 式中 $$i_r = e + \sqrt{(R+S)^2 - (r+b-y)^2} - (y+b)\cot\alpha$$ $$R_e = \sqrt{(r+b)^2 + e^2}$$ 当 $\alpha = 90°$ 时 $$F_{90} = R_e + Z + \sqrt{(R+S)^2 - (r+b+y)^2}$$ 式中，m——前轮距；Z——行车与车或与墙安全距，取 $Z=1\mathrm{m}$；s——出入口与邻车安全距，取 $s=0.3\mathrm{m}$

2. 坡道设计

坡道是地下停车场与地面连接或层间连接的通道。一般分斜道坡道和螺旋坡道两种。车道坡度一般都规定在 17% 以下，特殊情况下可适当加大。

(1) 斜道坡道

其纵坡限制在 17% 以下，有条件时应尽量降低坡度。如与进出口直接相连时，应尽可能采用缓坡。为了行驶平稳，最好在斜道两端 3.6m 范围内设置缓和曲线。

(2) 螺旋坡道

为了充分利用地下停车场的占用空间，出入口的升降坡道或各层的连接通道可以采用螺旋形坡道。螺旋坡道的平面面积小，布置灵活，得到广泛应用。

从行车安全出发，坡道底板的饰面要求使用抗滑、耐磨、易检修的材料，目前多使用混凝土路面或砂浆涂层，加工成凹凸状，也可用瓷砖或缸砖等。在冬季可能结冰的出入口地段，应在路面下设置加热装置，以防空滑危险事故发生。

(3) 坡道的数量

多层车库的坡道和出入口是汽车进出的通道，是多层地下停车库的重要组成部分。在整个地下车库的面积、空间、造价等方面都占有相当大的比重。

坡道的数量与进出车数量、速度和安全要求、车辆在库内水平行驶的长度，出入口位置及数量等有关。坡道的通过能力取决于坡道类型、坡度、宽度，行驶技术等因素。据日本和德国资料，单车线坡道单向最大通过能力为 500～600 辆/小时。日本建议取 200～400 辆/小时，一般可取 300 辆/小时。坡道进或出车速度可以按每小时 300 辆小轿车进行设计。根据防火要求，容量超过 25 辆以上车库至少应有两条布置在不同方向上的坡道，但在场地狭窄，布置两条坡道确有困难时，可布置一条车线坡道，另设一套备用的机械升降设施，除此之外，确定通道数量时还应考虑坡道面积对停车间面积的影响，不能使通道面积比重占的太大。

（4）纵坡坡度

随着国内外汽车质量的提高，可适当加大以往设计中使用的纵坡坡度。如北京市国家计委办公楼修建的地下停车库，其坡道纵坡坡度在出入口坡道直线部分不大于 15%，曲线部分不大于 12%。为此，建议用表 4-25、表 4-26 所列推荐值。

表 4-25　地下停车库坡道纵坡

车型	直线坡道	曲线坡道	备　注
小汽车	10%～15%	8%～12%	随着国产汽车质量的提高,可适当加大纵向坡度
载重车	8%～12%	6%～10%	

表 4-26　城市道路坡段最小长度

计算车速/(km/h)	80	60	50	40	30	20
坡段最小长度/m	225	170	140	110	85	60

设施平均坡度（$i_{平均}$）是指路段高差与水平距离之比（百分比），它是衡量线型设计质量的重要指标之一，即

$$i_{平均} = \frac{H}{l} \times 100\% \tag{4-2}$$

式中，H——相对高差/m；

l——路段长度/m。

坡长的计算。汽车连续爬坡，将影响行车速度和安全，为保证行车安全，对其坡长应参考表 4-26、表 4-27 中城市道路纵坡坡度设计参数加以限制。

表 4-27　城市道路坡长限制

计算车速/(km/h)	80			60			50			40		
纵坡度/%	5	5.5	6	6	6.5	7	6	6.5	7	6.5	7	8
坡长限制/m	600	500	400	400	350	300	350	300	250	300	250	200

当连续陡坡由几个不同坡度值的坡段组合而成时，应按不同坡度的坡长限制折算确定，其公式为

$$\sum_{i=1} \frac{l_i}{l_{0i}} \leqslant 1 \tag{4-3}$$

式中，l_i——每个纵坡值对应的坡长/m；

i_{0i}——每个纵坡值对应的坡长限制/m。

（5）合成坡度 i

图 4-24 所示为纵向坡度和横向超高坡度的合成。

$\triangle BDE \sim \triangle BDC$

$$\frac{l_1}{l} = \frac{x_1 + x_2}{l_2}$$

在 $\triangle BDC$ 中

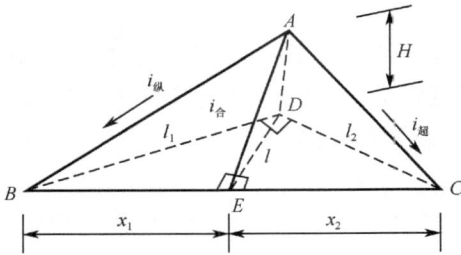

图 4-24 合成坡度计算

$$x_1 + x_2 = \sqrt{l_1^2 + l_2^2}$$

代入上式有

$$\frac{l_1}{l} = \sqrt{\frac{l_1^2 + l_2^2}{l_2}}$$

$$\frac{1}{l} = \frac{\sqrt{l_1^2 + l_2^2}}{l_1 \cdot l_2}$$

两端平方

$$\frac{1}{l^2} = \frac{l_1^2 + l_2^2}{l_1^2 l_2^2}$$

同乘 H^2

$$\frac{H^2}{l^2} = \frac{H^2}{l_2^2} + \frac{H^2}{l_1^2}$$

将 $i_合 = \dfrac{H}{l}$，$i_纵 = \dfrac{H}{l_1}$，$i_超 = \dfrac{H}{l_2}$ 代入得

$$i_合^2 = i_超^2 + i_纵^2 \tag{4-4}$$

表 4-28 给出了地下停车场道路的最大合成坡度。

表 4-28　地下停车场道路的最大合成坡度

计算行车速度/(km/h)	40	30	20
合成坡度/%	7	7	8

4.3.3　地下停车库的辅助设施、交通安全及防火

1. 地下停车场的辅助设施

洗车设施（除寒冷地区外）一般应设在地面。汽车场地坪标高应低于坡道口 0.15～0.30m。

修理设施，战时不停车的地下公共车库的修理间应放在地面上。地下专用车库的修理间也宜放在地面以上。地下专用车库的修理间若放在地下应放在停车间附近，并设置一二个检修坑或液压检修台。检修坑尺寸一般长 8 m，宽 0.8～1.0 m，深 1.2 m，坑内侧墙设灯槽和工具槽，端部设集水坑，修理间面积应视车库的规模而定。

充电间面积约为 10～13 m²，若该设施放在地下，则应设置防火墙，防火门，并设单独的防酸排风系统。小型的充电间，可放在一般排风系统的终端附近。

关于加油设施，当设在地下时，则应设在单独的密封房间内，并设置防火墙，防火门和单独的排风系统．燃油库不得放在地下车库内，应埋设在主体建筑之外。

坡道口部位地面以上可建轻型防雨构筑物，防止雨水落入。如果主要坡道出入口位于周围建筑物倒塌范围之内。则出入口部位以上应做成框架结构，以形成一个坚固的棚架承受冲击波及倒塌荷载。明堑式的坡道可不做口部建筑物，但要做好排水和防水。

停车间应做 1‰～2‰ 的纵坡，纵向排水明沟或暗沟应均匀布置，干沟与支沟组成一个排水系统（其中干沟深 0.15～0.3 m），以保证水集中到污水池，经沉淀、除污后排走。

2. 地下车库的交通安全措施

地下汽车库内车辆人员往来，对车辆和人员都有交通安全隐患，应采取措施防止交通事故的发生。

1) 设立引导或制止车辆入库的明显文字或箭头标志（夜间应有照明）以及门内外互相联系的信号设备。

2) 在进入封闭的坡道前位置应设置车辆限高装置，防止车上装载的物件过高，发生碰撞。

3) 坡道内的照明应考虑室内外的过渡措施。

4) 车辆出库的坡道中和停车间内应设置限制车速的标志，库内车速以每 5 km/h 为宜一般不超过 10 km/h；还应有引导行车和转弯的标志，以及上，下坡道的标志。

5) 在出入口处、坡道口处应有警告及信号设置，使外部车辆和行人注意。

6) 要用明显的颜色划分行车线、停车线和车位轮廓线，标出车位编号。

7) 采用后退停车、前进出车的停车方式时，车位后端应设车轮挡，与端线的距离为汽车后悬尺寸减 200mm，高度为 150～200mm。

3. 地下停车场防火

地下停车场或车库防火问题特别重要，良好的防火措施是为了防止和减少火灾对汽车库、停车场的危害，以保障人员与财产的安全。

发生在地下车库外部的火灾，一般不至于向地下空间蔓延，除出入口部分外，受到波及的可能性小。如发生大面积火灾或连片火灾，除因急剧升温可能对地下汽车库结构造成一定程度破坏外，一旦形成爆爆，形成负压，将地下车库内的空气吸出，会造成内部缺氧。为人员掩蔽，应采取必要的密闭措施，预防这种危险。地下空间发生火灾比地面上更危险；地下车库的规模越大，危险性就愈大。所以内部防火问题在设计中占有特别重要的位置。

地下汽车库的防火、灭火措施，应满足以下要求：应以迅速消灭火源，控制蔓延为原则；尽可能把火灾和火灾造成的损失控制在局部范围内；保证人员的安全疏散和撤离；设置火灾自动报警装置和手动按铃。灭火系统、通风系统、排烟系统、隔绝设施等均应与自动报警系统联系起来；采取隔烟和排烟措施；禁止使用可燃性建筑材料和燃烧时产生毒气的装修材料；停车间的灭火设备应以自动喷水（并应保证足够的水源和供水压力）和泡沫灭火为主，配备必需的消火栓和手提式灭火器，或采用卤代烷 1301 灭火系统；保证防火应急照明电源。

4. 地下停车场的维修管理

与其他工程结构物一样，地下停车场的维修管理大体上可分为两类：即建筑物的维修管理和停车场各种设备的维修管理。建筑物的维修管理是使其维持在良好的使用状态。设备的维修管理主要是为保持设备的正常运营。

4.4 地下停车场举例

台州市华天大厦位于台州市 75 省道东侧,洪家街道中心区 07 地块。主要功能是商业与办公,工程建设用地面积 14649m²,建筑规模 27558m²,其中,地上建筑面积 22098m²,地下建筑面积 5460m²,如图 4-25 所示。工程分为 A、B 两幢楼:A 楼 11 层,建筑高度 44.7m,B 楼 4 层,建筑高度 19.2m。A 楼位于基地西侧,B 楼在东侧,两幢楼左右间距 9m,满足防火规范等各项要求。A、B 楼一高一矮,在空间造型上丰富了城市空间景观。A 楼北侧设置入口广场,作为步行街景与办公的过渡空间,南侧设置辅助入口。B 楼商业入口设在东、北两侧,与城市道路形成良好商业接触面,有利营造城市商业氛围。货物入口设在西侧,避免与人流交叉。商务办公入口在西南侧,现与商业空间互不干扰。B 楼内部设置庭院空间,以解决采光通风要求,通过设置景观绿化营造出了高效、舒适的办公与商业空间。

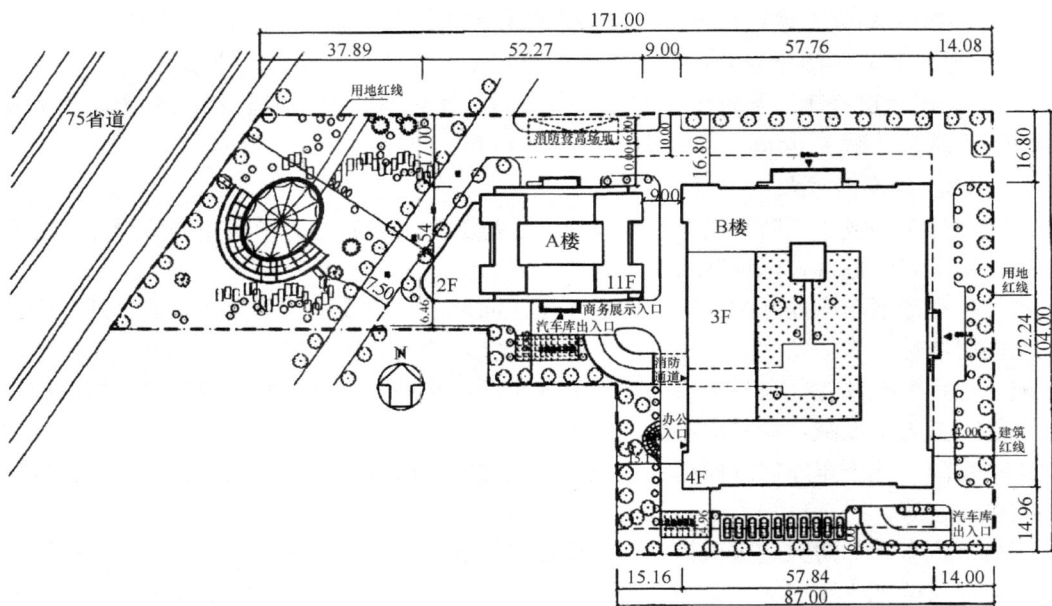

图 4-25 总平面图

本工程西侧为规划道路,北侧、东侧为步行街,南侧为规划用地,本案车辆通过西侧道路出入,人流出入于北侧、东侧步行街。内部道路形成机动车环形通道。为便于办公与商业车辆使用,在东南侧与西南侧分别布置地下车库出入口。地面停车位为 115 辆,地下停车 125 辆(图 4-26、图 4-27)。

A 楼为 11 层酒店式商务办公楼,采用核心筒平面布局,以满足现代商务办公要求。

B 楼一二层为商用房,三四层为酒店式商务办公用房。商业、办公分区明确,互不干扰。一层采用大型商业空间,二层采用店铺形式,满足不同商业要求。三四层商务办公用房,围绕内部庭院空间展开。地下室布置有汽车库、设备用房等,设有两个汽车出

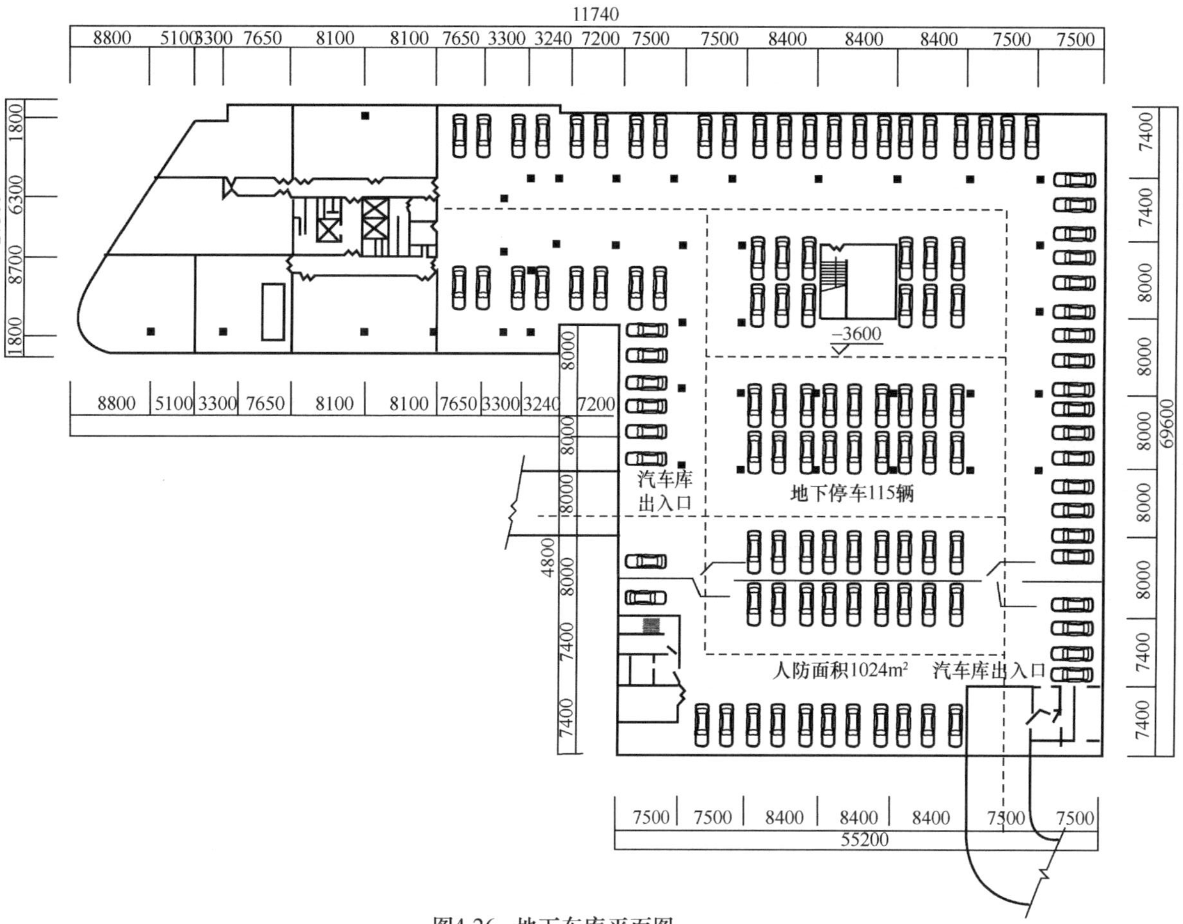

图4-26 地下车库平面图

地下停车115辆

人防面积1024m²

汽车库出入口

汽车库出入口

-3.600

图 4-27　地下车库效果图

入口。设备用房靠 A 楼一侧，相对集中。在东南侧设有人防区域，建筑面积为 1024m²，大于 A 楼标准层建筑面积 983m²，按一个人防分区考虑，设置有进、排风口部，满足规范要求，车库排烟由排烟井道到屋顶后排放。

复习思考题

1. 地下停车场规划有哪些要点？

2. 分析地下停车场工艺流程。

3. 地下停车场平剖面设计主要有哪些影响因素？

4. 地下停车场出入口及坡道设计有哪些特点？

5. 地下停车场防火有哪些主要要求？

第 5 章　地 下 仓 库

5.1　概　　述

　　地下仓库是修建在地下的储物建筑物，作为短期或长期存放生活资料与生产资料用。地下环境对于许多物质储存有突出的优越性，具有防空、防爆、抗震、防辐射等防护性能，以及热稳定性、密闭性等特点，地下仓库具有良好的隔热保温、储品不易变质、能耗小、维修和运营费用低、节省材料、占地面积小和库内发生事故时对地面波及较小、储存成本低、质量高、经济效益显著、节省地面仓库用地，运输距离短等突出优点，这是建造各种地下仓库十分有利的条件。联合国经社理事会（ESC）自然委员会第八届会议（1983年6月）通过的决议中指出："地下空间，特别是在储存水、燃料、食物和其他的物品，以及在供水、污水处理和节能方面的潜力"应予以足够重视。但是，其初期投资大、工期长，因此，拟建造地下仓库应与建造地面仓库进行技术经济比较后确定。尤其地下粮库，对防火、防水、温度、湿度、避免发芽、霉变和色香味的恶化、防虫蛀和鼠害等要求高，给消、防带来了极大的挑战。尽管如此，近年来，随着人口的增长，土地资源的相对减少，环境、能源等问题的日益突出，地下仓库还是发展很快。其数量约占整个地下空间利用量的 40% 以上。

　　瑞典和斯堪的那维亚国家是世界上最先发展地下储库的国家，利用有利的地质条件，大量建造大容量地下石油库、天然气库、食品库、车库等。近年又在发展地下储热库和地下深层核废料库。斯堪的那维亚国家已拥有大型地下油、气库 200 余座。其中不少单库容量超过 100 万 m^3。瑞典在 20 世纪 60～70 年代，以每年 150 万～200 万 m^3 的速度建设地下油、气库，在当时就已经完成了 3 个月能源战略储备任务。在 80 年代末，瑞典开始研究内衬岩洞储气库，1988 年开始做了一个小型的试验储槽，试验压力达到了 50MPa。成功后，又于 1998 年建造了一个中型工业性放大储槽，容积为 40000m^3，设计压力为 20MPa，已经投入使用。目前正在建设一套商业用 LRC 储气库，总库容 40000m^3，单个容积 10 万 m^3 的商业储槽。在地下空间开发利用的储能、节能方面，美国、英国、法国、日本成效也比较显著。

　　我国远在 5000～6000 年前的仰韶文化时期，就采用了口小底大的袋状地窖储粮。公元 605 年，在洛阳兴建的含嘉仓和兴洛仓，既由为数众多的地下小粮仓组成，说明中国古代已利用地下自然条件储存粮食，且具有较大的规模。我国从上世纪 60 年代末期开始地下仓库的建设发展较快，取得了很大成绩，已建成相当数量的地下粮库、冷库、物资库、燃油库。1973 年开始规划设计第一座岩洞水封燃油库。1977 年建成投产，效果良好，是当时世界上少数几个掌握地下水封储油技术的国家之一。进入 21 世纪以来，伴随经济的增长，能源需求日益增长，以天然气为例，消费量以年均 16% 以上的速度增长，2030 年需求量将达到 3 500 亿 m^3 左右。防止供应中断，确保供应安全是必须面对的问题。国外经验证明，发展地下储气库是解决问题的最佳途径。目前，我国大港油区建成了 6 座地下储气库，工作气量 20 亿 m^3。中石油也已规划了 10 座储气库，工作气量达到 224 亿 m^3，我国石油需求量也在迅速增加，预计到 2015 年我国石油对外依存度将上升到 50% 以上，进口量将超过 3×10^8 t。石油作为战略资源必须大量储存，而国内储备量较少，为加强国内石油安全，应对突发事件。我国于 2003 年正式启动建立石油储备体系。按照国际能源组织的建议计算，到 2015 年我国应确保有 5000 万 t 以上的石油储备量，至少需建设约 72000m^3 储备库。石油储备库的建设势在必行。合理规划、因地制宜的利用当地的地下空间资源。开发地下仓库，将具有深远的意义。

地下仓库有很多分类方法。按照用途与专业可分为国家储备库、城市民用库、运输转运库等。按照民用仓库储存物品的性质，又可分为一般性综合仓库、食品仓库、粮食和食油仓库、危险仓库和其他类型的仓库。根据储品的不同有地下粮库，油品、药品库，地下冷藏库，地下物资仓库，地下燃油、燃气库，地下军械、弹药库等。地下冷藏库有"高温"储存库和低温储库，燃油储库根据油品和所用建材种类不同，有地下金属储油库和非金属储油库。

由于地下仓库储存的物资不同，其仓储原则与设计要求也各有所不同。本章仅对地下燃油、燃气库、地下粮库、地下冷库等加以简单介绍。

5.2 地下燃油、燃气库

5.2.1 燃油、燃气地下仓储原则与要求

燃油制品主要有航空煤油、航空汽油、车用汽油、柴油、煤油等，称为燃料油或轻油。一般在储存燃料油的同时，要求按 5%～8% 的比例储存一定数量的润滑油，称为重油或黏油，这些燃料不仅是常规能源的主要组成部分，还是重要的战略物质。把液体燃料储备在地下，具有容量大、损失少、安全和经济的特点，因此在各类地下仓库中，液体燃料库始终占有较大的比重，并有着巨大的发展潜力。

液体燃料与储存相关的特性有比重、黏度、温度、压力、易燃性、可燃性、挥发性等。

如液体燃料的比重一般都小于 1，因此遇水时总是浮在水的上部，不相混合，这一特点可利用于在稳定地下水位以下，靠水和液体的压力差来储存液体燃料，而且不会造成流失。

不同油品的黏度不同，轻油黏度小，重油黏度大。同一种油品的黏度随温度高低会有所变化，温度高时黏度较小，温度低时则黏度较大，低到一定程度时，有的油品就要凝固，失去流动性。因此这种油品，在输油管和储油罐中一般应采取加热或保温措施。燃料油易燃，因此储存时必须解决好防火和防爆问题，严防明火、偶然打火及静电火花等。

液体燃料在一定温度或压力下可变成气体而挥发。挥发量随温度升高而增加。挥发的气体会从容器的缝隙逸出，造成储存的损耗及空气造成污染。因此，在储存液体燃料时，提高容器的保温和密闭性能对于减少挥发和减轻污染是很重要的。

地下油库布置，根据油库的特点应注意如下几个问题：

（1）满足储油工艺和运输的要求

地下油库的布置首先要保证工艺流程的合理和交通运输的便利。工艺流程的合理主要表现在作业区与储存区的关系上，如距离的远近，高差的大小，输油管道是否短、顺等。对于战备地下油库，发油应做到自流，即使电源被切断，或地上作业区一部分遭到破坏仍可照常发油，保证战时需要。要自流发油，就必须使作业区与储存区之间有必要的高差，使输油管保持一定的坡度。

（2）保证必要的防火、防爆距离

防火、防爆是油库布置的特殊要求之一，必须按照规定保证各个区之间和各种建筑物之间的防火、防爆距离。表 5-1 列出地面大型油库油罐区与相邻建筑物间的防火距离，半地下油罐可相应减少 25％，完全地下时这些距离可减少 50％。

表 5-1　地面大型油库油罐区与相邻建筑物间的防火距离

建筑物名称	耐火等级	至油罐区最小距离/m
装卸油码头	—	100
装卸油铁路站台	—	40
泵站、化验室	Ⅰ Ⅱ	30
罐桶间	Ⅰ Ⅱ	30
建筑物名称	耐火等级	至油罐区最小距离/m
桶装库	Ⅰ Ⅱ	40
桶装露天堆场	—	40
一切其他建筑物	Ⅰ Ⅱ	60
高压线	—	不小于电杆高度的 1.5 倍

（3）满足防护和隐蔽的要求

有山地的城市地下油库主体应尽可能选在山体中；洞口设于隐蔽处。

燃油、燃气地下库存方式可有：岩石中金属罐油库、地下水封石洞油库、软土水封油库；地下储气还有枯竭油气层储气、地下含水层储气、地下洞穴储气等方式。

5.2.2　燃油、燃气库结构形式与特征

油库是指用以储存油料的专用设备，应按油料具有的特异性，选用相对应的油库进行储藏。

油库的主要作用有：

1）生产基地用于集结或中转油料。

2）供销部门用于平衡消费流通领域。

3）企业部门用于保证生产。

4）国家战略储备。

地下油库可分为以下几种类型：

1）开凿硐室储库。如岩石中金属罐油库，地下水封石洞油库，地下岩盐洞式油库，软土水封油库等。

2）岩盐溶淋洞室油库。

3）废旧矿坑油库。

4）其他油库。包括冻土库，海底油库，爆炸成型油库等。

目前，油库仍以开挖法形成地下空间进行储藏者为多，即多以开凿洞室储库为主。

1. 岩石中金属罐油库

岩石金属罐油库须按功能进行明确分区，油库规划方案中，应有铁路或公路通过库区，必要时库区应备有铁路专用线，行政区、生活区应布置在作业区的上风方向，各区之间力争联系方便。图 5-1 为某山城地下金属油库规划方案示例。

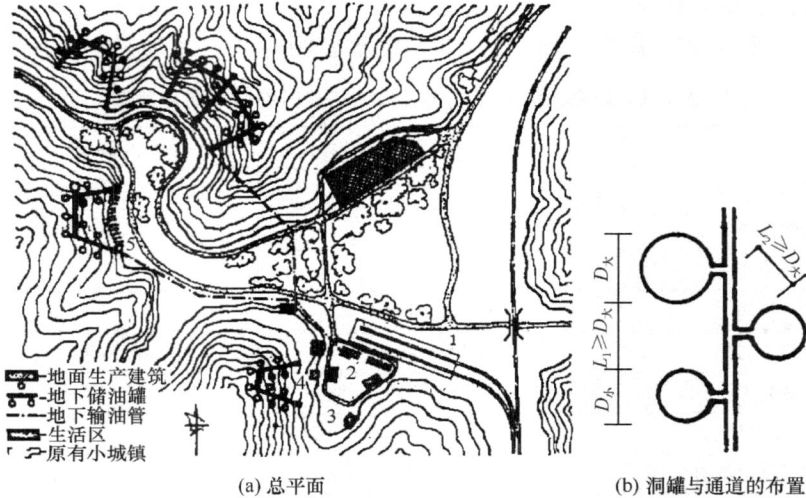

(a) 总平面 　　　　　　　　　　(b) 洞罐与通道的布置

图 5-1　岩洞钢油库的典型布置

1. 铁路站台及卸油罐管；2. 泵站；3. 锅炉房；4. 地下润滑油库；5. 地下燃油库

油库的地下储油区由岩石中的洞罐、操作间、通道、风机房等组成。

洞罐有立式罐和卧式罐两种类型。立式罐滤体为圆柱形，顶为半球形或割球形，岩洞衬砌后安装钢油罐或其他金属罐。钢罐与洞壁间留出 0.7～0.9m 的空隙，顶部留 1.0～1.2m 间隙，以便施工和维修，所以也称为离壁钢罐。

卧罐又分离壁和贴壁两种。卧式离壁罐与立式基本相同，只是由于钢油罐是卧式横放，故岩洞为一般的直墙拱顶洞室。卧式贴壁罐是在洞室的衬砌和底板上贴上一层钢板或丁腈橡胶板，直接储油（后者已属非金属油罐），这种类型可提高石洞罐的有效容积，节约钢材约 70%，降低造价 30%～40%，但由于钢板检漏问题和丁腈橡胶粘结质量问题还没有很好解决，尚未能普遍推广使用。

立式离壁钢罐的大小以钢油罐的有效容积计，从 100～5000m³ 不等，最大已达到 10000m³。罐容量越大，每储 1m³ 油的用钢量就越小（表 5-2），但是到 2000m³ 以上时，差别逐渐减小，再加上钢罐安装和地质条件等因素的限制，目前较多采用的有 2000m³，3000m³，5000m³ 等几种。

表 5-2　立式离壁钢罐不同罐形尺寸与耗钢量比较表

罐形	混凝土衬砌尺寸/mm					钢罐尺寸/mm			钢消耗量/(kg/m³ 储油)
	D2	D3	H2	H3	f2	D1	H1	f1	
100	—	—	—	—	—	5234	5965	455	47.57
500	9820	10200	11740	6390	2600	9530	9988	1148	26.93
1000	13770	14170	12220	7720	3070	12370	10469	1659	23.87
2000	16650	17050	1558	10520	4270	15250	13756	2050	19.77
3000	18560	18960	17150	13470	3280	17174	15436	2281	20.75
5000	—	—	—	—	—	22722	13227	2597	20.61

立式罐的结构形式一般采用混凝土贴壁衬砌作侧墙，钢筋混凝土离壁球壳顶，顶部支承在拱脚处岩石槽中的圈梁上。侧墙一般不考虑受力，与顶部脱开，故有的工程结合当地条件采用浆砌块石或预制混凝土砌块。衬砌结构需要大量材料，施工复杂，工期长，因此在可能条件下，应尽量使用喷射混凝土或喷锚结构。立式罐的罐洞（混凝土衬砌）及钢油罐的形式、尺寸见图 5-2 和表 5-2。

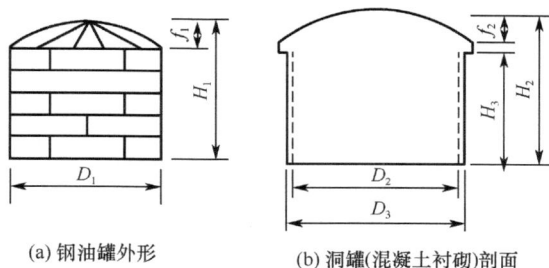

(a) 钢油罐外形　　(b) 洞罐(混凝土衬砌)剖面

图 5-2　立式离壁钢罐形式

罐洞的底板要承受整个钢油罐的荷载，采用混凝土或钢筋混凝土底板，厚 150～300mm，板上做一层弹性面层（例如沥青砂），板下做一定厚度的卵石滤水层，自圆心向四周找坡，到衬砌侧墙处做出排水明沟（图 5-3）。

以立式钢罐为主的地下油库储油区，从平面上看多采用葡萄串形布置，即由一条或数条通道将许多立式洞罐串联起来，称为罐组。洞罐可以在通道的一侧，也可以在两侧，以充分利用主通道，缩短管线。图 5-4所示是常见的平面布置。

当两洞罐在通道一侧时，罐间距应等于或大于大罐的直径尺寸（指毛洞尺寸），如在通道两侧。则相邻两洞（最靠近的）间距也应等于或大于其中的大罐直径尺寸。

由主通道和立式洞罐组成的罐组的规模要适当。规模太小，即洞罐很少时，通道所占比重较大，是不经济的；过大则洞罐开挖的工作面受到通道出渣能力

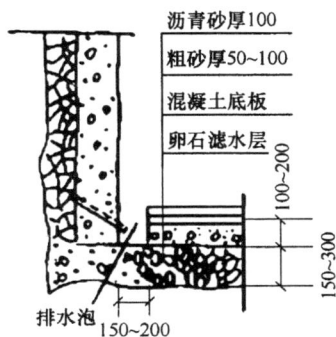

图 5-3　立式洞罐底板和排水沟构造（单位：mm）

的限制，影响施工速度，内部管线布置也较复杂。根据我国经验，主通道轴线总长在300～500m，容量30000～50000m³，由10余个洞罐组成的罐组比较经济合理。

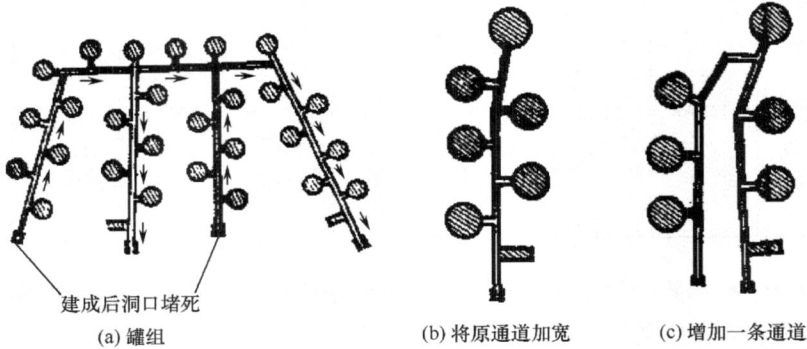

(a) 罐组　建成后洞口堵死

(b) 将原通道加宽

(c) 增加一条通道

图 5-4　以立式洞罐为主的地下油库平面布置形式和布置要求

2. 地下水封石洞油库

地下水封石洞油库是利用油比水轻，油、水不相混合的特性，在稳定的地下水位以下完整坚硬岩石中开挖洞罐。不衬砌而直接储油，依靠岩石的承载力和地下水的压力将油品封存在洞罐中。

地下水封岩洞油库技术 1948 年始于瑞典，当时瑞典利用一座废矿坑储存燃料重油，创造了变动水位法水封油库的储油技术。1950 年瑞典开始建造第一座人工挖掘的岩洞水封油库，此后，瑞典大力发展这种油库，并很快推广到北欧一些自然条件与瑞典相似的国家，形成了比较成熟的储油工艺和建造技术，进一步在其他国家（包过我国在内）得到应用与推广。

近年来，岩洞水封储存技术又有新的发展，为了在平原和沿海土层较厚的地区使用水封储油技术，我国和日本等国正在研究实验在土层中建造水封油库，甚至可以在地下水位以上建造人工注水的水封油库。

水封岩洞油库主要优点有：

1) 安全性好：抗震性好，操作竖井封闭性强，正常操作无油气外漏，平时无着火可能，一旦着火，也很容易扑救。

2) 节省投资：当库容达到一定规模时（一般大于或等于 10 万 m³），比地上洞库投资节省，黄岛、大连两处各 300 万 m³ 的油库其投资比地面油库投资分别节省约4 亿～5亿元人民币。

3) 适合战备要求：地下洞库一般都处在地下水位线下 20～30 m，一般的枪、炮、炸弹对其不会有破坏。

4) 占地面积少：地下洞库一般建在山体的岩石中，地面设施很少，以黄岛建 300 万 m³ 油库为例，地下洞库占地约 300m²，而地上库占地要 5800m²。地下洞库的建设可解决用地紧张这一矛盾。

5) 呼吸损耗（原油储罐运行工况有 4 种，即进油（罐内液面逐步升高）、输油（罐内液面逐步降低）、循环和静止（罐内液面不变化时），在温差和空高一致的情况下进油时损耗最大也叫"大呼吸"损耗，输油循环和静止时损耗较小也叫"小呼吸"损耗）。地下洞库的大呼吸损耗位置集中，如果周转次数较大时，可以考虑建设回收设施解决大呼吸损耗问题，回收设施投资约需增加 500 万元左右。地面油库耗油量大，呼吸难以回收。

6）节省外汇：钢板进口，需大量外汇，以建设 300 万 m³ 储备库为例，每座地下洞库可节约 600 万美元。

7）维修费用低：其维修费用只占相同库容地上库费用的 1/6，这一项就可每年节约数百万元。

8）对自然景观破坏小，特别是在山区，不需要大量地开山。

9）建设速度快，与地面油库施工速度比，地下工程进度很快，量测监控反馈技术对快速施工具有很大作用。

10）使用寿命长：地下油库使用寿命一般在百年以上，而地面油库 25 年就要大修或重建。

地下水封石洞油库的容量大、造价低、节省建筑材料、不用金属油罐、防护能力强、污染程度低，不仅比地面钢罐油库有突出的优点，而且与地下钢罐库比较，也要节约投资、节省钢材和木材，因此在一些国家中得到大规模的发展。

它的原理如下：

1）当储藏在基岩洞室内的原油液压和气压小于地下水的水压时，原油就不会泄漏到洞室外。

2）将渗透到洞室内的地下水适当排出，保持洞室内一定量的地下水流，可以维持一定的原油存储量。

3）可以人工补给地下水，只需调节水封就能够长期安全、定量地储藏原油。

根据水封油库原理，建造地下水封石洞油库，必须具备以下 3 个基本条件：

1）岩石完整、坚硬，岩性均一，地质构造简单。

2）在适当深度有稳定的地下水位存在，而水量又不很大。

3）所储存的油品比重小于 1，不溶于水，并且不与岩石或水发生化学作用。

因此，只要符合这 3 个基本要求，任何油品或其他液体燃料，可以用这种方法在地下大量、长期储存。但该法对工程地质和水文地质条件要求严格，施工通道土石方量较大，而且不能自流发油，除此，不宜用做收发油作业频繁的使用性油库。

地下水封石洞油库的洞室一旦形成后，围岩中的水便流向洞室，在洞室周围形成降水漏斗，当向洞室注入油品后，降水曲线会随着油面上升逐渐恢复，如图 5-5（a）所示，此时，在洞罐壁石上存在着压力差，且在任一高度上，水压力均大于油压力，如图 5-5（b）所示，根据洞罐内水垫层厚度是否固定可分为两类储油方法（图 5-6）。

（1）固定水位法

洞内水垫层厚度固定（0.3～0.5m），水面不因储油量多少而变化，水垫层的厚度由泵坑周围的挡水墙高度控制，水量过多时，则水漫过挡水墙，流入泵坑，水泵由水面位置自动控制。

（2）变动水位法

洞罐水垫层厚度不固定，随储油量的多少而变化，油面位置固定在洞罐顶部。储油

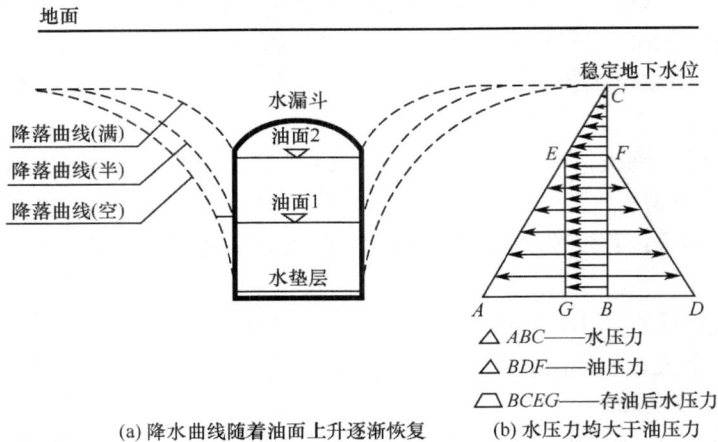

(a) 降水曲线随着油面上升逐渐恢复 (b) 水压力均大于油压力

图 5-5　岩洞水封油库原理

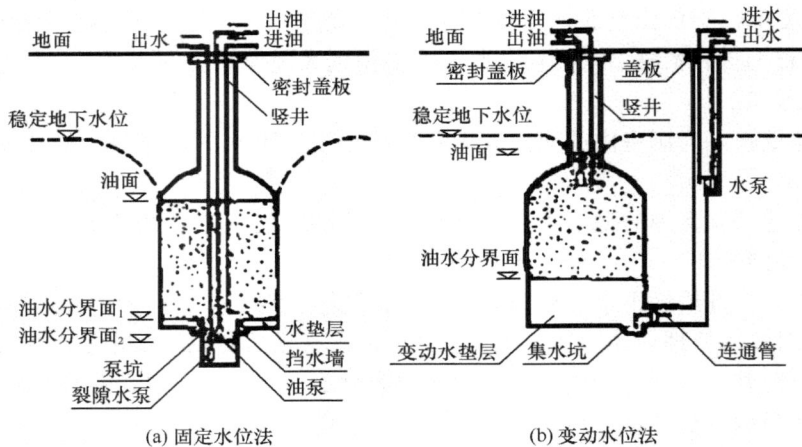

(a) 固定水位法　　　　　　　　(b) 变动水位法

图 5-6　岩洞水封油库储油方法

时，随进油随排水，发油时，边抽油、边进水，罐内无油时，则被水充满。泵井设在洞罐附近，利用连通管原理进行注水和抽水。

固定水位法不需大量注水、排水，运营费用低，但在油面低的情况下，上部空间大，除油品挥发损耗外，还存在爆炸危险。储存原油、柴油、汽油比较适用。

变动水位法的优缺点与固定水位法相反，由于是利用水位的高低调节洞罐内的压力，因此，对于航空煤油、液化气等要求在一定压力下储存的液体燃料比较适用。

3. 地下岩盐洞式油库

（1）地下岩盐洞式油库的形成原理

地下岩盐洞式油库是在岩盐层中用水浸析的方法构筑洞室，来储藏石油的一种储存方法。石油在岩盐层中不渗透，长期储存性质不变。开挖费用低，又无需维修，因此成为一种理想的储油方法，在北美和欧洲一些国家得到应用。

该方法是用水通过钻孔浸析岩盐。使之成为设计形状和容量的储存油库。图 5-7 所示为岩盐层中油库的形成状况，其中，图 5-7（a）表示在厚岩盐层中，用水浸折形成的椭球状洞库的过程。从地面钻进垂直钻孔，此孔可达数百米，并在钻孔中下套管 1。由进水管 2 注水溶解、浸析岩层，然后由管 3 把岩盐的溶液抽出，这样在岩盐层中逐渐形成了洞空 5。岩盐经溶解后形成的 1m³ 的盐水中可含盐约 313～315kg，获取 1m³ 盐液约耗水 6～7m³。

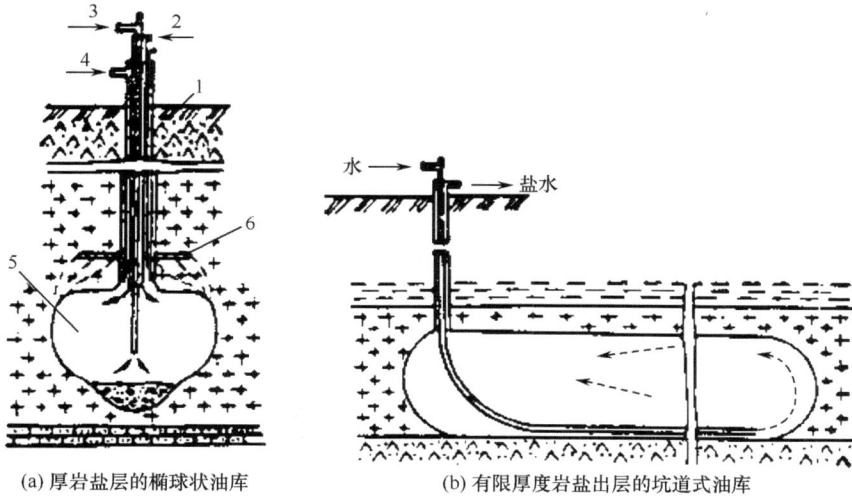

(a) 厚岩盐层的椭球状油库　　　　　　(b) 有限厚度岩盐出层的坑道式油库

图 5-7　地下岩洞式油库的形成原理

1. 钻孔套管；2. 进水管；3. 盐水引出管；4. 油管；5. 椭球状油库；6. 上部非盐岩层

当洞室达到设计形状和大小后，液体燃料即可经管 4 储入椭球洞室之中。此种类型的岩盐洞库要求的岩盐层厚度一般大于 50m。

如果岩盐层的厚度有限，约 30～50m 之间时（图 5-7(b)），可应用倾斜钻孔沿岩盐底板行进并逐渐水平钻进，再通过注水和抽出盐液，在层内逐渐形成坑道式的洞室油库。

抽出的盐液，可经加工，制成钙、氯等化学制品。

（2）地下岩盐洞式油库的应用

目前，世界各国在岩盐层中用浸析法建造的地下储油库，其尺寸宽可达数十米，高数百米，容量可达 5000～6000m³，甚至有的达到 100 万 m³ 以上。有的在一个储油库内设有 15 个洞室，每个洞室直径 3～50m。深度在地下 400～800m。

法国马赛马尔提格地下储油库，深度在 300～900m 之间，岩盐层洞室高 75～480m，其容量变动在 88000～365000m³。法国还在耗特里尔斯、特圣尼等建造多个地下岩盐洞式油库。至 20 世纪 80 年代，世界一些国家地下岩盐洞式油库的建设状况如表5-3所示。

表 5-3　一些国家地下岩盐洞式油库的建设状况

国　　家	英国	东德*	加拿大	挪威	美国	法国	西德*
建造总容量/(万 m³)	1500	700	1400	100	8000	600	1000

* 1990 年东德、西德统一。

4. 软土水封油库

把混凝土结构的储油容器，埋置于稳定的地下水位以下的软土中，利用地下水的压力封存罐内油品的方式称为软土水封油库，如图 5-8 所示。常用油品饱和蒸汽压力见表 5-4。在我国的北京、上海、天津、广州等城市建造有这类油库，为平原地区隐蔽储油提供了一种新的方式。

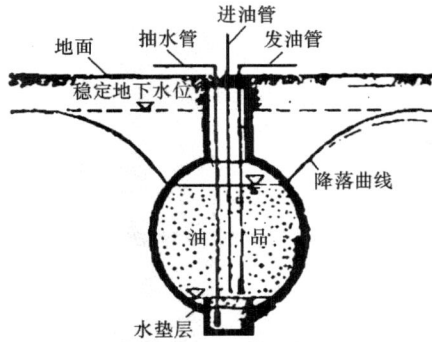

图 5-8　软土水封油库

表 5-4　常用油品饱和蒸汽压力

温度/℃ 油气压力 P_0/m水柱* 油品	—10	0	10	20	30	40	50
车用汽油	1.4	2.00	2.80	3.80	5.10	7.00	9.20
航空用油	0.90	1.30	2.00	2.80	3.90	5.30	7.10
航空煤油	—	0.09	0.14	0.28	0.42	0.70	1.10

* m水柱（mH$_2$O）＝9806.65Pa

软土水封油库工作原理及分类与水封石洞油库类同，也可分为固定水位法和变动水位法储油。但因这类油库多作为使用性油罐，收发油作业频繁，因此一般采用固定水位法。不过，若储存轻质油品，又是作为储备性油罐，则应采用变动水位法，这样对罐体结构有利。

软土水封油库库址选择应考虑到：

1）交通运输方便。

2）水文与地质条件适宜：应选于非地层断裂带和滑坡区的稳定地区，滤体位置周围不宜有厚砾石层和流砂层，最好埋置于黏土层中，油罐基础应选在土体强度大且均匀的地层上，罐体设于地表附近的水量适中、流速不大，有稳定水位的潜水层中，还应考虑地下水位开发长远规划对水封效果的影响。

3）符合环境保护的要求。库区应具有排放和处理污水的条件，防止污染附近水源，并考虑到因降水引起地表、道路沉降开裂问题。

罐体埋深是指罐顶与地下水位之间的高差（H），如图 5-9 所示，H 应满足下式

$$H \geqslant 2h_g$$

$$h_g = \frac{P_0}{\gamma}$$

式中，h_g 为油气压头，m 水柱；P_0 为油气压力，m 水柱，参见表 5-4。γ 为油品重度。

$H \geqslant 2h_g$ 是已考虑到了地下水渗流过程的压头损失和地下水位可能产生的变动影响后的罐体埋深。

罐体设计内容包括选择合理的罐体形状、确定几何尺寸，附属建筑（如竖井、泵坑、操作间及连接方式）的设计。

罐体宜选用空间结构与拱形结构；罐体尺寸主要取决于容量，通常容量大于 500m³，认为比较经济；在结构受力合理的前提下，罐体高度宜小，使罐体呈矮胖型，以减小埋深，减小荷载，有利于施工。

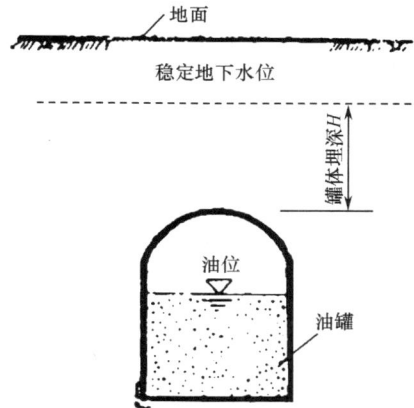

图 5-9　罐体埋深

对于地下水位很低或水位变化无常的地区，我国技术人员发展了一种由人为造成静水压头高过罐内油位的、利用水压封存罐内油品的人工水封油罐，如图 5-10 所示。

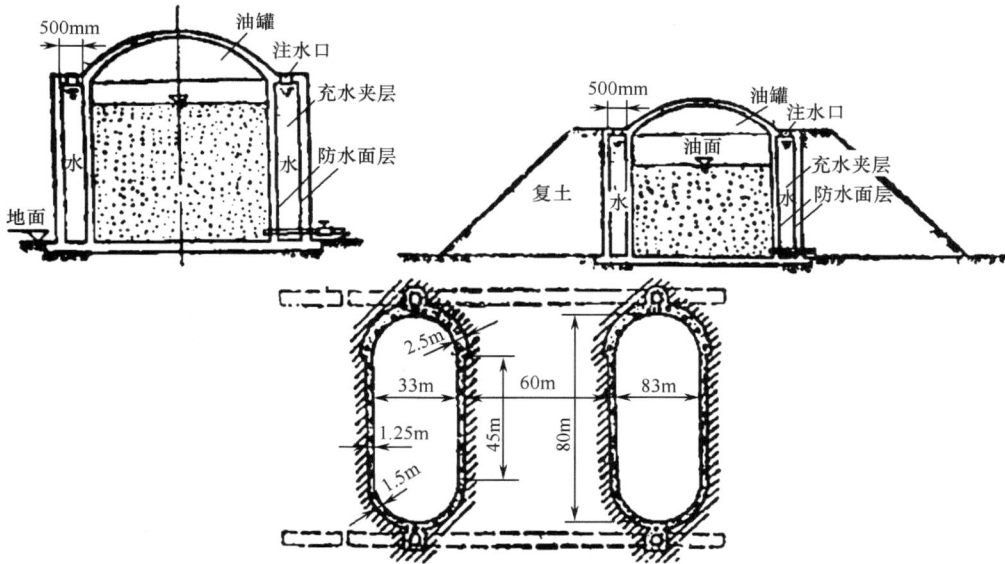

图 5-10　美国珍珠港混凝土衬砌油库

5. 地下储气

地下储气是利用地下气密的多孔岩层或洞穴来储存燃气。它是储存大量燃气最经济和比较安全的方法。地下储气库的主要作用是：调节燃气的季节供需不平衡，保证供气高峰的需求；使长距离输气管线和设备均衡运行，以提高管线和设备的利用率，降低输气成本；在发生事故等紧急情况下保障供气。地下储气库应该建在靠近大量用气的地区。气体液化后，体积大为缩小，有利于储存，为了使天然气或石油气在液态状态下储存，储库应能提供低温或超压条件。例如，在常压下，保存液化天然气必须－161℃的低温；在常温下，液化石油气必须在超压为 0.25～0.8MPa 的条件下储存。

世界上第一个天然气地下储气库 1915 年建成于加拿大。美国 1916 年开始在枯竭气层储气。苏联于 1958 年利用枯竭气层储气。我国第一个地下储气库在大庆油田，也是利用枯竭气层储气，我国已建成的真正意义上的地下储气库是大张坨储气库，该气库位于大港油田，距天津东南 50km，距北京约 150km。大港地下储气库全部为凝析油枯竭气层储气库，位于地下 2300m 处，四周边缘全是水，有较好的地层密封性。

全球很多国家都在加大天然气地下储气库开发建设，到 2000 年，全世界总工作气量达到 3100 亿 m^3，日调峰能力达到 44.6 亿 m^3。西欧各国，约有地下储气库 78 座，工作气量约 550 亿 m^3，日调峰能力达到 10.9 亿 m^3，东欧及中亚各国，约有地下储气库 67 座，工作气量约 1310 亿 m^3，日调峰能力达到 10 亿 m^3。特别是近年由于受天然气市场变化的刺激，世界地下储气库容呈迅猛上扬势头，截至 2004 年，全世界地下储气库总数达 610 座。地下储气库技术得到了世界各国的高度重视，其相关技术也得到了快速发展。如寻找适于建库地质体的四维地震勘探技术、垫底气设计技术、大井眼井和水平井技术、盐穴储气库技术、线性岩层洞穴建库技术、储气库优化运行技术等。

以下主要介绍枯竭油气层储气、地下含水层储气、地下洞穴储气等地下储气方式，以及现在广泛使用的 LPG 的地下储罐、LNG 的地下储罐和最新的 LRC 技术。

（1）枯竭油气层储存

利用枯竭油气层作储气库，一般不需要建设费用，可利用原有的井注气和采气。储气库中必须存有部分气体作为垫层气，而枯竭油气层通常都有残留气体可直接利用，不必再填充垫层气。这是一种最经济的储气库，地下储气库中有 80% 以上属于此种类型。

（2）地下含水层储气

利用背斜含水砂层构造来储气，构造平缓但面积较大时也可用于储气。含水砂层应有较大的厚度、孔隙率和渗透率、合适的深度。渗透性对燃气注入和采出的速度有重大意义。渗透率高，排气时水能很快压回，可回收一部分消耗于注气的能量。

（3）地下洞穴储气

盐穴储气是向盐岩层注入淡水，将盐岩层溶解，再将盐水排出，形成溶洞进行储气。这种储气库密闭性能好，储气压力高，采气率大。但与含水层储气库比，储气容量小，单位容量投资高。也可利用废矿井储气，但要求盖层和矿井密闭，此方法一般储气压力较低，故这种储气库的数量很少。

（4）LNG 的地下储罐

LNG 是英语液化天然气 liquefied natural gas 的缩写。主要成分是甲烷。LNG 无色、无味、无毒且无腐蚀性，其体积约为同量气态天然气体积的 1/600，LNG 的重量仅为同体积水的 45% 左右，热值为 52 亿 Btu/t（1Btu＝1055.06J）。

地下储罐有如下优点：

1）占地面积小，能高效利用有限的土地资源。

2）LNG 不会泄至地上。

3）外观不会给周围危险感，易被公众接受。

（5）LPG 的地下储罐

LPG 是英语液化石油气 liquefied petroleum gas 的缩写。LPG 是丙烷和丁烷的混合物，通常伴有少量的丙烯和丁烯。加压冷却制成液体时，体积约缩减为原来的 1/250。低温常压储藏一般采用特殊钢制成的双层箱储罐。LPG 油罐的储藏量都比较小。

（6）内衬岩洞储气（LRC）

内衬岩洞储气的英文是 lined rock cavern，简称 LRC。LRC 是在比较坚硬的岩石中人工挖出一个洞室，利用岩石的高抗压性，在洞内做一层比较薄的钢内衬，该内衬主要起密封作用，储存气体。瑞典于 1988 年开始做小型的试验储槽，试验压力达到了 50MPa。成功后，又于 1998 年建造了一个中型工业性放大储槽，容积为 40000m³，设计压力为 20MPa，已经投入使用。目前正在建设一套商业用 LRC 储气库，总库容 40 万 m³，单个容积 10 万 m³ 的商业储槽。

LRC 原理：在地下 100～200m 深的有内衬的岩石洞室中储存高压气体，高压气体所产生的荷载主要由围岩承受，内衬仅仅起到密封作用，承受的压力微乎其微。LRC 系统是一个完全密闭的系统，气体一直被封闭在管道和钢内衬洞室内，不与围岩接触。LRC 由地下部分及地面部分（气体处理装置）两部分组成，地下部分由 1 个或多个储气洞室、连接储气洞室的竖井和隧道组成。每座岩洞的开挖形状类似于直立的圆柱体，拱顶呈半圆形，底部呈稍扁半圆形，如图 5-11 所示。最大储存压力取决于场地岩石条件，一般在 15～30MPa 之间。在岩石条件较好的情况下，岩洞直径一般在 35～45m 之间，高 60～100m，洞顶覆盖层 100～130m。单个洞室工作气体达到 1200 万～5000 万 m³。在岩石条件稍差的情况下，岩洞尺寸和储备压力有所减小。

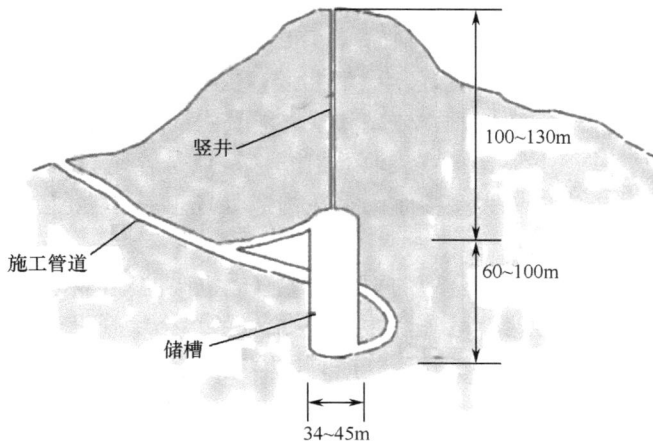

图 5-11　LRC 示意图

洞壁设计是 LRC 的核心技术，由一系列相互作用的单元构成。在钢衬和混凝土之间设滑动层以减少摩擦，为钢衬提供防腐保护；混凝土层可将洞室内高压气体的压力传递到围岩体上，均衡分散变形，同时为钢衬提供平整的基面；钢筋网可分散切向应变，使混凝土层不产生过大裂纹；用低强度渗水混凝土保护排水系统，改善排水系统和围岩之间的水力联系，减少混凝土层与岩石表面的互锁；当库内压力降低时，排水系统可使钢衬承受的水压力降低，避免钢衬变形，系统可以监测洞库气密性、洞壁上的荷载；每一个洞室通过安装在垂直竖井内的燃气管道和地面设施相连。

LRC技术优势：LRC总库容可以调整；垫底气量少，垫底气量只是储气量的10%；采出气体无需净化；周转率高；输送能力强，满足应急调峰需要；选址灵活，适应多种地质条件。

LRC技术缺点：与地下盐穴储气、枯竭油气井储气、含水层储气等方式比较造价偏高。但比地上储气造价要低，仅是地上储气造价的1/10。

5.3　地下粮库、冷库及商品库

5.3.1　地下粮库

地下粮库的主要任务是尽可能长时间和尽可能多地储存粮食，保证战时粮食供应并兼顾平时的使用。据介绍，粮食储藏的最合适的条件是温度为15℃左右，相对湿度在50%～60%之间，而地下储粮可以用较少的投资满足上述条件。

战时的储存主要为原粮，存粮数量和粮库规模应在总体规划中确定。地下粮库有大型的战略储备库，长期储存，不周转，一般建于山区岩石中；也有中、小型的周转库，建于城市地下。

粮食储存的基本要求：具有可靠的防火和防火洞库与设施；保证在储存期间保持规定的温度、湿度，防止霉烂变质、发芽；具备良好的密封性与保鲜功能，既不发生虫、鼠害，又能保持一定新鲜度；便于检测。

地下环境为储存粮食提供了非常有利的条件。地下粮库具有存粮多、存期长、节省人力、减少损耗，粮情稳定等特点，保鲜程度和营养价值都高于相同存期的地上粮库的存粮。地下储粮的优点：储粮品质好，稳定性强；虫霉繁殖少，损耗降低；管理方便，不必翻仓。不足之处在于一次性投资较高和缺乏对其内部环境参数的监测手段。

粮库主要有单建式地下粮仓，散装地下粮库（特点是容量较大）。也可以借助有利地形、地质条件来建造岩层中大型粮库，它在构造处理上是在混凝土衬砌内另做衬套，架空地板。

地下粮库的布置应力争做到合理的平面布置（以提高储粮面积的比例和粮仓储粮的效率）；储粮要求的温、湿度条件；运输方便及良好的单个粮仓设计。

地下粮库的组成主要部分为粮仓，其他有运输通道、运输设备及少量管理用房、风机房等；大型的粮库可能还有米、面加工车间，有的还附有少量的食油库或冷藏库。

为了加大粮仓面积和充分利用空间，粮仓的顶部一般采用跨折板结构。

地下粮库的设计，先根据储粮总量计算出所需粮仓总面积。一般每平方米储粮面积（即粮仓面积）可存放袋装粮1.2～1.5t。再根据结构跨度和码垛方式、运输方式确定粮仓的宽度。袋装粮码成的垛称为桩，有实桩和通风桩两种。实桩的粮袋互相靠紧，适用于长期储存的干燥粮食，堆放高度可达20m，通风桩还有工字、井字等形式，使粮袋间留有一定空隙以便通风，避免粮垛发热，高度一般为8～12m，桩的宽度和长度可按排列的粮袋尺寸和数量确定。桩和桩之间要留出0.6m的空隙，桩与墙之间要有0.5m的距离，以便人员通过。粮仓的长度一般不受限制，可按储存品种、密闭要求，管理要求等适当确定。

5.3.2 地下冷库

地下冷库是建在地下用于在低温条件下储存物品的仓库，称为地下藏库，也称地下冷库。主要存放食品、药品、生物制品等。地下冷库按照所要求的温度条件的不同，有"高温"冷库和"低温"冷库。"高温"冷库主要用于蔬菜、水果等的保鲜，库内温度为0℃左右。低温冷库用于储存各种易腐烂变质的食品，如肉类、鱼类、蛋类等，库内温度为−30～−2℃。地下冷库可建在岩石或土中，有单建或附建式冷库。不论哪种类型，地下环境都为冷库提供了十分有利的条件，地下冷库具有如下优点：密闭性能好、温度稳定、节约材料、降低投资、少耗能源、节省维修和运营费用，防护力强，利于备战，还可以节约土地，保护环境。因此地下冷库得到世界各国的重视。截止2008年，全球总体冷藏库容量大约是2.4777亿 m³，增长幅度最大的地区分别为法国、德国、荷兰、西班牙和巴西。这些国家在2008年的冷库总容量约为1.8亿 m³。世界各地的冷藏库行业在继续快速增长。增加冷藏容量成为了一个全球的趋势。我国自20世纪70年代初开始兴建第一座地下冷库以来，到2008年各类生鲜品年总产量约7亿 t，冷冻食品的年产量在2500万 t以上，总产值520亿元以上，冷藏企业约2万家（包括加工企业内的冷库车间及冷藏库），全国冷库容量达900万 t左右。但是，地下冷库也有一定的局限性，表现在地下冷库的选址常常受到地理和地形条件的限制；地下冷库需要较长的预冷期在这期间的能耗较大；如果建筑布置不合理，围护结构散冷面积过大，运行能耗并不一定比地面冷库小。

1. 地下冷库的原理

地下冷库原理是利用一般制冷装置冷却洞内的空气，然后四周的岩心中的热量传递给空气．逐渐深入扩展到岩石内部，在洞室周围岩体中、形成一定范围的低温区，积蓄巨大的冷量，并维持洞室内稳定的低温。地下冷库可以少用或不用隔热材料，温度调节系统也较地面冷库简单，运营费用比地面冷库低得多。根据资料统计分析，地下冷库的运营费用比地面冷库的要低25%～50%。

2. 冷库的设计原则与要求

（1）地下冷库的位置选择

地下冷库，是埋置在地表以下一定深度的岩土体中，形成相对稳定温度场的一种建筑工程。位置选择十分重要，会影响到地下冷库的能耗大小和稳定性。地下冷库位置选择是一个综合性问题，地下冷库位置条件如下。

1) 地形地貌条件：地下冷库应选择在山体中，以山形完整，地表切割破坏少，无冲沟、山谷和洼地的浑圆状山体为佳，应能满足冷库的埋深要求，库体部位的地表高差不要过大过小，以2～6m，边坡角度约55°～75°为宜。

当地年温差越小，气温愈低，岩石日照愈少愈好。地形上阴坡比阳坡好。地面无多层建筑物，无不均匀动荷载作用影响，不受地表洪水及其他动力地质作用（如滑坡、崩塌）的影响。

2) 地质条件：应选在地质构造简单、温定性好、无区域性断裂通过、无强烈地震影响、非液化、山体无滑动，无岩浆、火山活动的区域（地震基本烈度不超过7°的地区）。

围岩以选在地质构造简单，岩层变位变形轻微，断层、节理小，间距大，组数少，无断层破碎带和节理密集带。或者它们充填胶结程度好，连通性差，产状平缓，倾角小，岩石单一，岩质均匀，层厚大，层理、层面不发育，且联结性好、倾角小的地段为佳。

在水平岩层或平缓岩层中（倾角<15°），如果是不同性质不同强度的岩层相间，洞轴线应尽量在层厚大，强度高的岩层中通过；既应选择较硬完整、层厚较大的岩层作顶板。

在倾斜岩层中，如果倾角较大，洞轴线一般应与岩层走向垂直或大锐角相交，如果倾角较小（小于层面内摩擦角），无节理切割，层间联结好时，洞轴线也可平行岩层走向，视岩层的组合性质、地应力的方向和需要而定。

地下冷库要特别注意水文地质条件的选择，要求地下水少、补给来源有限、水温低、压力小、水质好。为此，地下冷库应选择在无储水汇水构造、地下水径流、排泄条件差、围岩透水性小，上部有隔水层、地下水位低于洞底标高3～4m处。

（2）地下冷库的埋置深度选择

基本原则：满足防护要求，有利于备战；满足围岩稳定，有利于支衬与施工；满足制冷要求，有利于节约能源和提高使用效果。

从围岩稳定性考虑，地下冷库的埋置深度如表5-5所示。

表5-5 根据围岩稳定性确定地下冷库的埋置深度

围岩稳定性		埋置深度（B，洞跨）
围岩类别	稳定系数，F	
稳定	>8	(1.2～1.8)B
基本稳定	5～7	(1.8～2.2)B
稳定性差	2～5	(2.2～2.5)B

（3）冷库设计原则

1）确定地下部分规模、技术要求、冷藏物品的种类。

2）按照制冷工艺要求进行布局，把制冷工艺与功能结合起来。

3）高度6～7m为宜，洞体宽度不宜大于7m。

4）选址要考虑地形、地势、岩性及环境情况，应选择山体厚、排水通畅、稳定、导热系数小的地段。

环境布置以处理好巷道的合理使用为主。

巷道设计应考虑作为通道和冷藏堆货两用处理，即适当加大巷道断面，配置供冷设备。在生产旺季巷道内可堆放物资，淡季作为走道使用，巷道地面应耐水、耐磨、防冻、防滑，库壁喷砂浆，保持库内湿度及隔热效果。

设计要充分考虑顶、底板和侧壁热绝缘措施。在我国则应根据不同的三大地温区（即北部、西部低温区；黄河、长江、流域中温区；南部高温区）进行确定。

绝缘构造设计，应充分利用地下冷库热稳定性好，不受外界热波动影响的优点，尽量减少耗冷量、降低经营费用：既要使来自岩体的各种水不冻结，又要绝对地防止水渗入库内或浸入绝缘材料中。例如，在我国南方高温地区可在冷藏洞库内砌筑加气混凝土块或贴软木或聚氨酯泡沫塑料等绝缘材料。

当低温库体中若需设置"高温"巷道和"高温"库房时（如水果库），应在两种不同库温的连接处作好隔热处理。并在"高温"库房前端设置回笼间，门口安装空气幕，减少热湿交换。如条件可能，可在巷道内安装排风设备，加大室内空气流速，减少蒸气在建筑物表面产生凝结水。

地下冷库的防水、排水措施：岩体整体性好，不砌拱圈的洞库，主要防上方地面雨水，避免洞库顶部形成蓄水现象，在库内壁喷射防水砂浆，巷道内挖排水暗沟；岩体整体性差、渗水较严重的洞库，防、排水应以排为主兼顾封堵。为防壁表面出现冷凝水，可采用封闭式"高温"巷道，防止洞外空气直接进入洞库，以保证库内空气温度在零点以下，避免产生凝结水。

3. 地下冷库的平面、横断面设计

地下冷库的平面布置要因地制宜、生产流程合理、缩短运输及供冷管线、把功能使用和制冷工艺要求统一起来，力求经济、可靠、安全、适用。尽可能集中和缩小洞间的距离，减少通道的长度，总平面布置应避免"分散式"或"放射式"，尽量采用"集中式"或"封闭式"，平面尽量方正，以减少库体在水平方向上的传冷量，最好布置成"目"字或"田"字形。如图5-12所示。同时，在保证岩体稳定的条件下，尽量缩小两洞库的间壁厚度，使储库冷藏间集中，减少耗冷量，在保证工艺使用要求的前提下，主库洞轴线要力求与岩体的结构面垂直。特别应注意不要将主库的轴线与大的构造断裂线的方向重合。

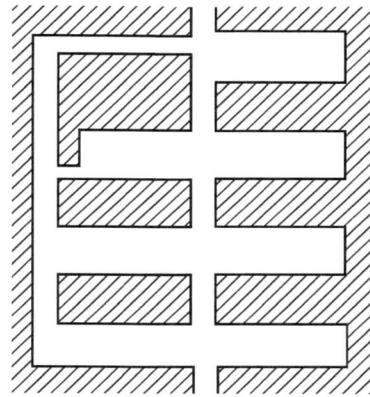

图 5-12　冷库平面布置示意图

实践和热工理论计算结果表明，大间库房的洞壁耗冷量比同样库温的小间库房洞壁的耗冷量要小。因此，洞体宽度在一般情况下以不小于7m为宜。

冷藏库房净高的确定，应考虑下列因素：储品的存放高度（用人工堆放，以4～5m计）、储品距供冷设备（排管）的距离（一般为0.2～0.3m，如果在拱顶采用拱形顶排管，则取其大值）、供冷设备距洞顶的距离（当洞顶为平顶可取0.3m，为半圆拱或三心圆拱，库内又全部采用平排顶管，则取1.5～2.5m）、供冷设备本身的高度。洞体高度以6～7m为宜。

4. 结构设计

地下冷库多为深埋式，一般为直墙拱顶结构、拱轴线形状应力求简单，以便于施工，同一跨度的拱轴线应相同，并采用局部加筋的措施来适应不同的地质条件。

衬砌常用锚喷结构，砖、块石贴壁衬砌结，离壁式现浇混凝土衬结，厚拱薄墙现浇混凝土衬砌（半衬砌），贴壁直墙式现浇混凝土衬砌和装配式钢筋混凝土衬砌等。现普遍采用锚喷结构，使造价有所降低。

衬砌结构沉降缝设置应位于软硬相差悬殊的地层交界处，在8度及8度以上地震区的断裂处，在同一条洞室高低相差悬殊之处，或在丙Ⅱ类及Ⅰ类围岩中（中国建筑科学研究院编《人工岩石洞室围岩分类表》)。

温差变化显著或口部地段,生产工艺等引起洞室内温差不显著,但施工期间衬砌材料收缩较大,又没有采取有效措施减少材料收缩影响的地段,均应设置伸缩缝。

岩石中冷库不需要做复杂的保温构造,土中浅埋的地下冷库仍需采用高效保温材料,如各种泡沫塑料制品,设置保温结构,但库容量相对减小,造价提高约10%~15%。

5.3.3 地下商品库

商品库一般有商店用品库、生产厂家堆放商品库、运输站、码头的临时堆放库。总之,这些库的商品进出频繁,储留时间短,取货与存货较快,有些大的仓库可直接用集装箱堆放。

如建在岩石中,一般造价仅为地面相同建筑物的30%~50%。由于岩层的低温性可保持较长时间,所以能源消耗相当于地面的50%,地下商品库有不可比拟的巨大优势。

5.3.4 地下水库

到2025年,世界上将有1/3的国家和地区会面临水资源短缺问题。然而,每年却有大量的雨洪径流泄入海洋。季风气候地区,降水只集中在短短的几个月里,大量的淡水没有得到有效利用。我国属大陆季风气候,降水高度集中,大部分地区在6~9月的降水量占全年的60%~80%,南方地区年最大降水量一般为年最小降水量的2~4倍,北方地区为3~8倍。因此,水资源中大约2/3的水是洪水径流量;南方水资源丰富,北方水资源缺乏。

调蓄水资源是解决这些矛盾的重要途径之一。除了利用江河湖泊等天然地表水体外,世界各国愈来愈多地通过修建水库调蓄水资源。目前地表水库发挥了重要作用,并带来了巨大的经济利益,但也有不少问题。例如,库区泥沙淤积降低了水库调蓄能力,甚至导致洪灾加剧;水库蒸发损失造成水资源的巨大浪费;水库壅水及水库渗漏导致库区地下水位抬升,引起次生沼泽化和盐渍化,触发滑坡崩塌,破坏洄游鱼类的生态环境;库区移民造成了沉重的社会经济负担等。基于以上原因,发达国家正在放弃修建地表水库,甚至考虑拆除一些已建水库,转而利用地下水库调蓄水资源。地下水库将水蓄存在地下岩土的空隙中,造价也远远低于同等规模的地表水库。

地下蓄水于土壤或岩石的孔隙、裂隙或溶洞中,用水时,再把水取出。国外又叫"含水层人工补给"或"含水层储存与回采"。地下储水的方式有如下几种:

1) 把水灌注在未固结的岩土层和多孔隙的冲积物中,包括河床堆积、冲积扇及其他适合的蓄水层等。

2) 把水灌注于已固结了的岩层中,如能透水的石灰岩或砂岩蓄水层等。

3) 把水灌注于结晶质的岩体中。

4) 把水储存于人工岩石洞穴或蓄水池里。

瑞典、荷兰、德国、澳大利亚、日本、伊朗等国,都在实施地下水人工补给,以解决国内水资源短缺问题。瑞典、荷兰和德国的人工补给含水层工程,在总供水中所占的份额分别达到20%、15%和10%。美国正在实施"含水层储存回采ASR工程计划",

到 2002 年 7 月，正在运行的 ASR 系统共有 56 个，而建成的系统则有 100 个以上。美国国家研究理事会水科学与技术委员会和美国地质调查局水资源研究分委会，还把"含水层储存与回采 ASR 工程"作为"区域和全国尺度地下水系统调查"最优先资助领域之一。

我国已经开始实施地下水库调蓄工程，如北京西郊、山东龙口、大连旅顺等地都已经修建了地下水库，积累了一些经验。处于永定河冲洪积扇上部的北京西郊地下水库，是个多年调节型地下水库。该地下水库利用旧河道、平原水库、深井、废弃砂石坑进行回灌，取得了一定的效果，使得永定河河床地下水位上升 2~3m。山东龙口黄水河地下水库，建成于 1995 年，是国内第一个设计功能较为完整的地下水库，通过修建拦河闸、地下坝及大量引渗设施，联合调蓄地表水与地下水。据估算，此工程每年可增加地下水 1193.4 万~5967.0 万 m³，起到了阻断海水入侵的作用，同时也改善了库区的生态环境。

5.4 地下废料仓库

5.4.1 非核废料仓库

1. 环境要求及屏障要求

在这类仓库储藏的废料可能是无毒的或者是有毒的，以专门的容器或大量散装形式交付，以及原生产状态处理或存放。

非核废料范畴是：工业废料、燃烧废料的残渣、低公害的大量材料，例如来自燃煤设备烟气除硫的石膏、不能再循环使用的危险废料。

许多国家有专门的法规定义和分类非核废料，规定短期及长期情况下的环境要求。包括储存废料不应对生物圈或对人类生存和健康造成任何危险。尤其地下水不应遭到污染。对屏障有以下要求：

1）废料经分解使放射物降低或减到最少，废料不与周围环境起化学反。

2）对高度有毒废料提供专门性屏障，例如用惰性的金属容器。

3）构筑长期保持稳定的处置室和有效地关闭进出坑道和钻孔。

4）如仓库是可以防止污染物外泄或进入的地层，则天然地质屏障满足要求。

选择屏障的形式和数量取决于存放废料的种类、现场具体地层条件和需要的环境保护标准，取决于选择可回收还是不可回收方式，屏障可能有差异。

2. 地下仓库结构

地下仓库选址取决于地层条件、渗透性、废料特性、长期安全性、可回收性等的要求。地下仓库结构多为如竖井、岩盐溶解后的洞室、硬岩体中的废矿山等经加工而成。

（1）明挖回填仓库和露天坑

明挖回填或露天坑型仓库，是利用竖井或深沟槽经混凝土壁加固并完成废料处置后再大量覆土加以覆盖而成的。

用内部隔墙可隔离不同种类的废料，并做专门的混凝土保护层，这些废料多是松散型和较低毒性的，从这类储藏设施中废料容易回收。

（2）采掘形成的岩石洞室

在低渗透性岩体中，开挖洞室，用容器或以松散体存放。完成废料处置后，用密闭门关闭所有地道和竖井入口。长期环境保护由岩石质量和加固岩石等工程措施来保证。

（3）溶解开采得到的岩盐洞室

通过深钻孔注入淡水溶解岩盐，产生洞室，其表面是任意的，它的构造可以监测。例如声波方法。岩盐可提供屏障。

废料处置应在洞室已经除去水分后进行。必须谨慎地控制废料处理过程，废料必须呈粒状或泥浆状。

处置作业完成后，密封钻孔和洞室顶板，这种方法处理的废料不能进行检查和回收。

（4）矿山通道（房柱式采掘）

矿山通道可用任何种类处理好的废料充填，包括提供第一道屏障的容器内废料，所有入口和钻孔必须完全密封，运行期间可实现检查和回收。

密实的回填、长期蠕变收敛可增强稳定性。

（5）钻孔和竖井

对于少量高度有毒废料的储藏，从进入平巷或作业室前方需掘进约 1m 直径的垂直钻孔到合格处置条件的地层。废料容器可放入到钻孔和敞开空间内，回填封闭。如用较大直径竖井代替钻孔，则可以洞室方式堆积松散体废料。为保证长期安全性，各钻孔和竖井必须采取密封措施。

5.4.2　核废料仓库

随着原子能技术的研究与应用，原子能电站的数量正在不断增加，所占的发电量的比重也越来越大，但如何处理和储存高放射性的核废料是亟待解决的问题。地下空间封闭性好，可解决这类问题。

地下核废料储存库大致分为两类：储存高放射性废物，一般构筑在地下 1000m 以下的均质地层中；储存低放射性废物，大都构筑在地下 300～600m 以下的地层中。

由于这种储库的要求标准高，必须在库的周围进行特殊的构造处理，以防对外部环境和地下水的污染。在库址选择上，要通过仔细勘察和选择最佳地层后，才能最后确定。要保证把该废料严密地封存在地下数千年，不至于影响生态环境。

5.5　布局与出入口的防护

5.5.1　总体布局

地下仓库的总体布局重点是疏散和隐蔽。要求在可能的情况下，各重要地下工程配置的间隔要远，密度要低，形成分散布局，将杀伤破坏减至最小。

工程总体布置要尽量利用山体自然防护层的厚度，以岩土介质对工程的防护为主，以结构抗力为辅。工程要选择在消减爆炸作用较大的岩土地层中。洞口和突出地面部分（例如通风井和其他孔口）以及地下与地面连通的道路都要合理地利用附近的地形地貌进行工程隐蔽。洞口要避免核爆炸冲击波的影响，尽量使承受爆炸动荷载的通道部段的长度减至最小。通风和防排水方面应满足战术技术要求。

城市地下仓库布局应处理好储库与交通、居住区、工业区的关系。

（1）仓库布置与交通的关系

仓库最好布置在居住用地之外，离车站不远，以便把铁路支线引至仓库所在地。对小城市的仓库布置，起决定作用的是对外运输设备（如车站、码头）的位置；大城市除了要考虑对外交通外，还要考虑市内供应线的长短问题。大库区以及批发和燃料总库，必须要考虑铁路运输。储库不应直接沿铁路干线两侧布置，尤其是地下部分，最好布置在生活居住区的边缘地带，同铁路干线有一定的距离。

（2）仓库的分布与居住区、工业区的关系

危险品仓库应布置在离城 10km 以外的地方，或城市外围。一般食品库布置在城市交通干道上，不要在居住区内；性质类似的食品储库，尽量集中布置；冷库因设备多、容积大，需要铁路运输，一般多设在郊区或码头附近。

大型储能库、军事用地下储存库等，应注意对洞口的隐蔽性，多布置一些绿化用地。

与城市无多大关系的转运仓库，应布置在城市的下游，以免干扰城市居民的生活。

5.5.2　出入口的防护

出入口防护措施如下：

1）在人员出入口的通道内设置防护门和防护密闭门。

2）为防核爆冲击波，出入口可设计成穿廊式、挡墙式或在出入口通道处加设折弯。

3）进、排风口处都要设置防爆活门，活门之后设有消波（扩散）室；在通风机前端配置空气过滤、除尘装置和密闭阀。

4）对空袭期间外界受污染时仍有人员进入的部位，在排风口附近、出入口通道的防护门内，要加设防毒通道，通过排风换气将人员带入通道内的沾染的毒剂稀释，人员经过洗消后再进入。在这些部位的隔墙上要设置相应的自动排气阀门。

5）下水道出口和排污口都要配置消波防爆装置。

6）其他各种管线（如电缆道）对外界的穿墙孔口也要求防毒密闭。

复习思考题

1. 简述地下水封石洞油库的原理。

2. 简单介绍主要储气方式。

3. 简述地下粮库选址的影响因素。

4. 地下储水的方式有哪几种。

5. 简述地下仓库的布局与出入口的防护。

第6章 其他地下工程

6.1 地下街与商娱综合体

修建在大城市繁华的商业街下或客流集散量较大的车站广场下，内设由许多商店、人行通道和广场等组成的综合性地下建筑称为地下街。城市地下街是利于城市可持续发展、具有多种功能的城市的重要组成部分。伴随着地下街建设规模的不断扩大，将地下街同各种地下设施综合考虑，如将地铁、市政管线廊道、高速路、停车场、娱乐及休闲广场等相结合，形成具有城市功能的地下大型综合体，是地下城的雏形。

6.1.1 地下商业街的设计原则

1）地下商业街的建设必须与城市再开发同步进行，纳入城市地下空间利用的总体规划。国家和地方政府颁发的有关法律、法规是建筑工程规划的指导性文件，城市总体规划是根据社会对城市的需求而设计的城市发展规划，地下街规划应是城市规划的补充，应与城市总体规划相结合。

2）在拟建地下街时，首先要明确其功能，并相应确定各组成部分的合理比例，特别要与城市地下交通设施、公用设施等一起综合考虑。

地下街规划应考虑人、车流量状况。在旧城区改造或在原有地下人防工程基础上建设的要考虑地面建筑物的性质、规模、布局、是否需拆除、有无扩建、改造或新建的可能、文物与历史遗迹的保护、市政设施建设中远期规划等。

3）进行经济、社会和环境效益综合分析，预测可能的投资偿还期。

4）地下街规划要考虑发展成地下综合体的可能性。

6.1.2 城市地下街的规划设计

城市地下街平面形式有"道路交叉口型"、"中心广场型"、"复合型"3种；按规模分有小型（小于3000m²）、中型（3000～10 000m²）、大型（大于10 000m²）3种；按使用功能分有"地下商业街"、"地下文化娱乐街"、"地下工厂街"、"地下多功能街"等几种。

（1）道路交叉口型地下街

"道路交叉口型"地下街多数处在城市中心区较宽阔的主干道下，平面布置大多为"一"字型或"十"字型。特点是地面交叉口处的地下空间也相应设交叉口，并沿街道走向布置，同地面有关建筑设施相连。出入口方便人流集散。

（2）中心广场型地下街

此类型地下街通常设在城市交通枢纽，如火车站、中心广场地下，并同车站首层或地下层相连接，若为广场，出入口可设在下沉式露天广场，供人们休息。广场型地下街平面布置通常为矩形，客流量、停车量大，这种地下街常起分流作用，常与地下车库相连。

（3）复合型地下街

复合型地下街是指中心广场型与道路交叉空型地下街的复合。几个地下街连接成一体的复合型地下街带有"地下城"的意思，地下街可与中心广场、地面车站、地铁车站、高架桥立体交叉口相通，具有商业、文化娱乐、体育、宾馆等多种功能。

6.1.3 平面布置

地下商业街的平面布置有如下几种类型。

（1）矩形平面

这种形式多用于大、中跨度的地下空间。设计时要注意长、宽、高的比例，避免过高或过低，造成空间浪费或给人以压抑感，如图 6-1 所示。

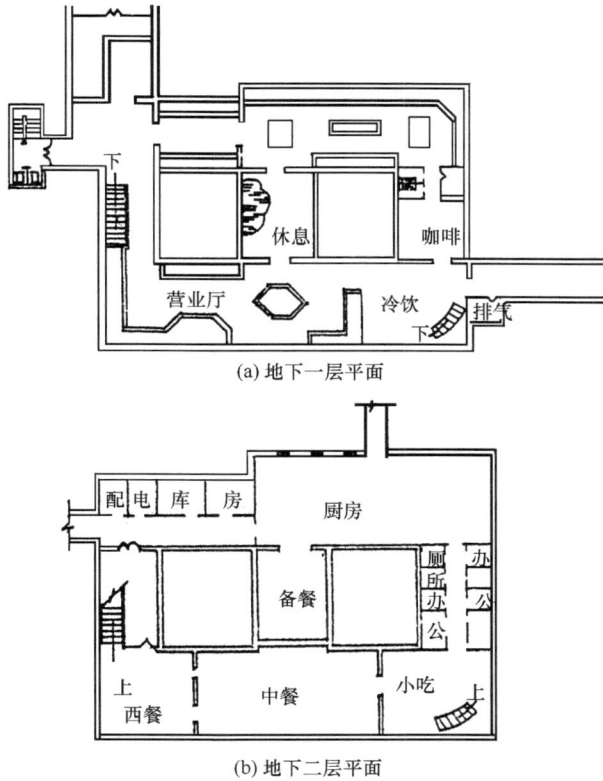

(a) 地下一层平面

(b) 地下二层平面

图 6-1 矩形平面布置示意图

（2）带形平面

这种形式跨度较大，为坑道式，设计时应根据功能要求及货柜特点综合考虑. 如为单面货柜，其宽度以 6～8m 为宜，双面货柜则以 10～16m 为好，长度不限，如图 6-2 所示。

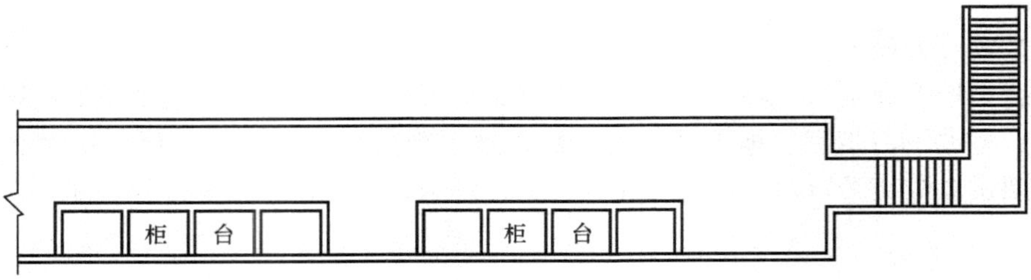

图 6-2 带形平面布置示意图

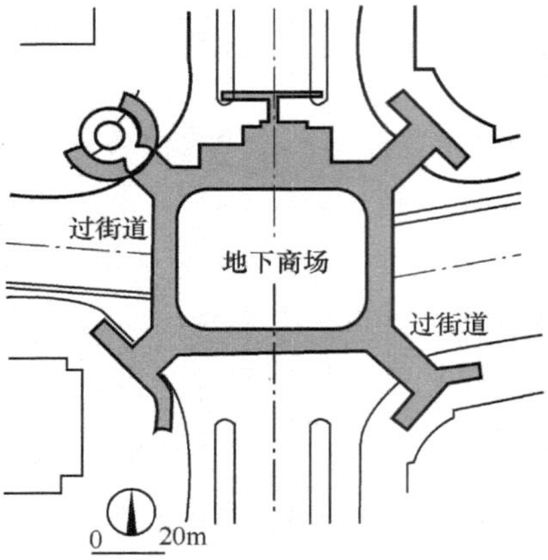

（3）圆形和环形平面

这种形式多用于大型商场（或商业中心），四周设置商业街，中间为商场，其特点是充分体现商场功能，管理方便，其周长和跨度视工程地质和水文地质条件而定，图 6-3 所示为吉林地下环行街。

（4）横盘式平面

这种形式用于综合型的地下商业街，适应现代商业的发展，能把购物、休息、游乐、社交融在一起。图 6-4 所示为长沙地下金天商场，建筑面积达 9 070m²，设有地下商场、餐厅和舞厅等。

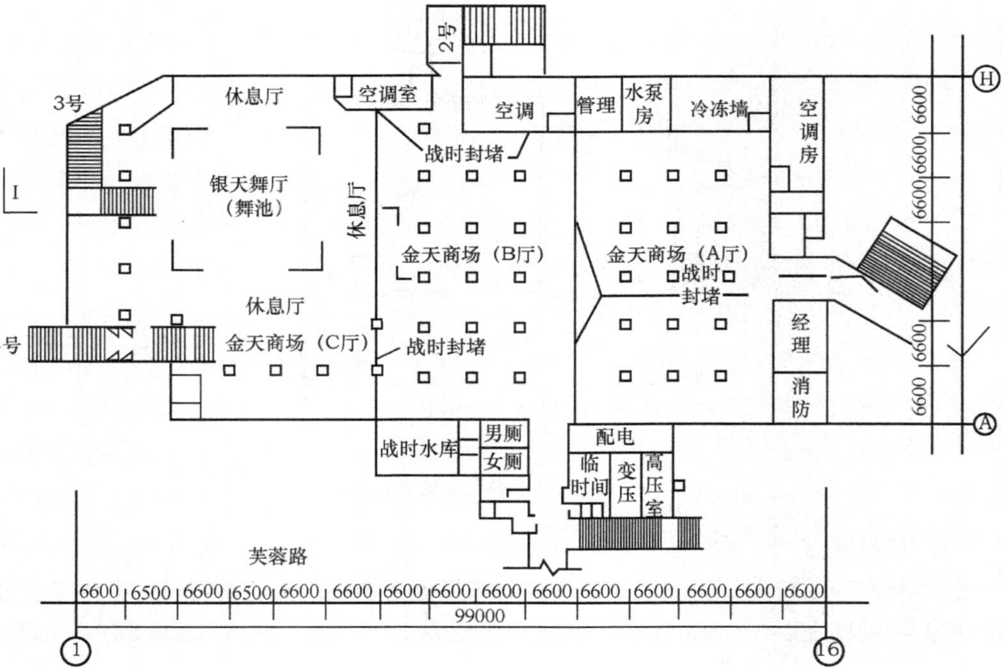

图 6-3 地下环形街示意图

图 6-4 长沙地下商场示意图

6.1.4 横断面和纵剖面设计

1. 横断面设计

（1）拱形断面

结构受力好，起拱高度较低（约 2m 左右），拱部空间可充分利用，如图 6-5 所示。

（2）平顶断面

由拱形结构加吊顶而成，或顶板做成平的，如图 6-6 所示。

（3）拱、平结合断面

中央大厅为拱形断面，两侧做成平顶的，称为拱、平结合断

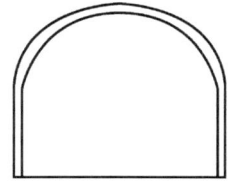

图 6-5 拱形断面

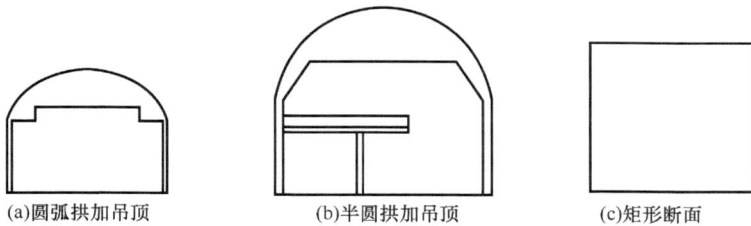

(a)圆弧拱加吊顶　　　　　　(b)半圆拱加吊顶　　　　　　(c)矩形断面

图 6-6 平顶断面示意图

面，如图 6-7 所示。断面尺寸，宽度一般为 5～6m；店铺进深因地制宜，不强求一致，一般在 12～16m，根据业主需要可进行分隔。层高（地坪至吊顶）一般在 2.4～3.0m。若采用空调，层高可低一些。

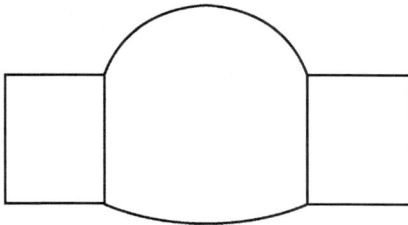

图 6-7 拱、平顶结合断面示意图

2. 纵剖面设计

地下街的纵剖面可随地表面起伏而变，最小纵向坡度必须满足排水需要，一般不得小于 3%。

6.1.5 结构设计

1. 形式和选择

地下街一般埋深较浅，常采用明挖法施工，结构形式一般有直墙拱、矩形框架、梁板式结构等 3 种，或者是这 3 种的组合。

（1）直墙拱

墙体部分通常用砖或块石砌筑，拱部视其跨度大小可采用预制混凝土拱或现浇钢筋混凝土拱。拱可为半圆拱、圆弧拱、抛物线拱等多种形式。

（2）矩形框架

采用明挖法施工时，多采用矩形框架，经济、易于施工。由于矩形框架弯矩较大，故采用钢筋混凝土结构。

矩形框架可以是单跨、多跨、多跨多层型式。多跨或多层多跨框架的中间隔墙可以用梁、柱替代，这样不但使结构轻巧、美观，节约材料，还可改善通风条件。

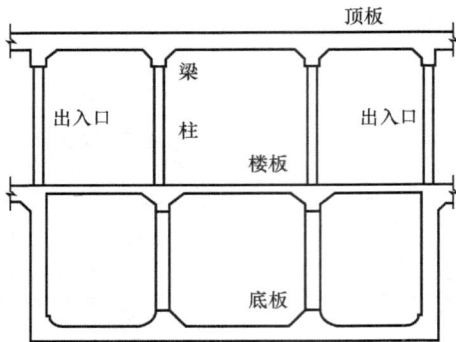

图 6-8　钢筋混凝土结构示意图

（3）梁板式结构

梁板式结构，其顶、底板为现浇钢筋混凝土，围墙和隔墙可为砖砌结构，在地下水位较高或防护等级要求较高时，围、隔墙均做成钢筋混凝土结构，如图 6-8 所示。

2. 结构内力计算

地下街结构的内力计算和截面设计可参照同类型结构的计算和设计方法进行。

6.1.6　环境设计

环境设计指生理环境和心理环境设计两个方面。生理环境是指空气、视觉和听觉等环境；心理环境是指方便和安全感，以及商店布置是否合理，顾客是否舒服，有无休息和饮食条件，有无压抑感等。设计须注意如下几点：

1）采暖、通风、去湿可采取加热与机械通风去湿法、加热与利用高低风井自然通风去湿法、采光窗井自然通风去湿法等。

进风、排风道位置应不影响商业空间环境。

室内温度冬季应保持在 18℃ 左右，夏季为 29～30℃，相对湿度保持在 60％ 左右。

2）街面通道宽度以保持顾客不拥挤为原则，一般为 2～3m，并在纵向适当距离可设置少数花圃、群雕等建筑艺术品。

主要进出门口，不宜采用台阶式，以缓坡式坡道为宜。进出口处要设置备用标志灯、商业街平面图，并标明所在位置。

3）商业街的照明要因地制宜，如一般走道可选用 50～100lx 的简形灯；商场内的照明度要求较高，可根据空间大小和陈列的商品种类选定，但不宜大于 500lx.

4）声环境设计，应注意吸声材料选择和构造布置。要求吸声材料或构造，在潮湿条件下吸声性能无大改变，耐久、防水、不霉、不蛀。最好选用吸声频率特性良好而又适用于地下环境的材料，如高档的微孔铝板等。

5）按防火、防烟、防爆要求分区布置消防设施，并布置安全出口。安全出口应均匀布置，其数量、宽度和分布应以保证顾客和工作人员能在较短时间内有秩序地安全撤离为原则。消防措施可采用湿式喷淋和消火栓系统，根据防火分区设置防火卷帘门和自然排烟孔。

6.1.7　地下街建筑设计

地下街主要由以下几个部分组成：

1）地下步行道系统，包括出入口、连接通道、广场、步行通道、垂直交通设施、步行过街等。

2）地下营业系统，如商业、文化娱乐、食品店街等。

3）地下机动车运行及存放系统。

4）地下街的内部设备系统，包括通风、空调、变配电、供水、排水等设备用房和中央防灾控制室、配用水源、电源用房。

5）辅助用房，包括管理、办公，仓库、卫生间、休息、接待等房间。

设计地下街时要综合考虑各部分的面积规划，以便取得较好的效益，建筑组合原则上应做到建筑功能紧凑、分区明确。平面组合方式有：

（1）步道式组合

步道式组合通常采用三连跨式，中间跨为步行道，两边跨为组合房间。此种组合有以下几方面特点：

1）保证人流通畅，方便使用。

2）方向单一，不易迷路。

3）购物集中，不干扰通行人流。

此种组合方式适合设在不太宽的街道下面。

（2）厅式组合

厅式组合没有特别明确的步行道，其特点是组合灵活，但须注意人流交通组织，避免交叉干扰，在应急状态下可做到安全疏散。

（3）混合式组合

混合式组合即把厅式与步道式组合为一体。其主要特点是：

1）可以结合地面街道与广场布置。

2）规模大，能有效解决繁华地带的人流、车流拥挤问题，地下空间利用充分。

3）功能多且复杂，大多同地铁站、地下停车设施相联系，竖向设计可考虑不同功能。

6.1.8 地下综合体

城市地下街是地下空间开发的初级阶段，日本的地下街就叫地下综合体。规模很大且具有较强城市功能的项目可称为地下综合体。

（1）地下综合体的特征

1）使用功能复杂，使用性质相异的功能组合在一个建筑体系中。

2）设备管理要求高，地下综合体需设综合管线廊道。对水、电、热、气、防护、防水有更高的要求。

3）综合体是地下城市的雏形，若干地下综合体连接将初步形成地下城。因而可承担或补充城市的基本功能。

（2）地下综合体的功能组合

1）商业中心，包括步行过街、步行街及购物娱乐、出入口及休息厅等。

2）以地铁为中心的交通集散系统，包括出入口、站厅、站台与隧道等。

3）停车场系统，包括车辆出入口、车库、连接通道及相应设施。

4）各种公共服务功能系统，如饮食、文娱、体育、银行、邮政等公共设施。

5）综合管线廊道系统，如水源、变电、进排风、空调、煤气、供热等组成的管线廊道。

6）防灾减灾防护体系，以平战结合为原则，如备有防护设施、防灾中心，临战前应加固体系和转移疏散及指挥系统。

6.2 地 下 管 道

地下管道指各种管道、电缆集中敷设在一起为管理、维修公用设施服务所占用的地下空间，如图6-9所示。地下管道还应包括各个系统的一些处理设施，如自来水厂、污水处理厂、垃圾处理厂等。单建式管线廊标准布置如图6-10所示。集中的地下管道具有以下优点：

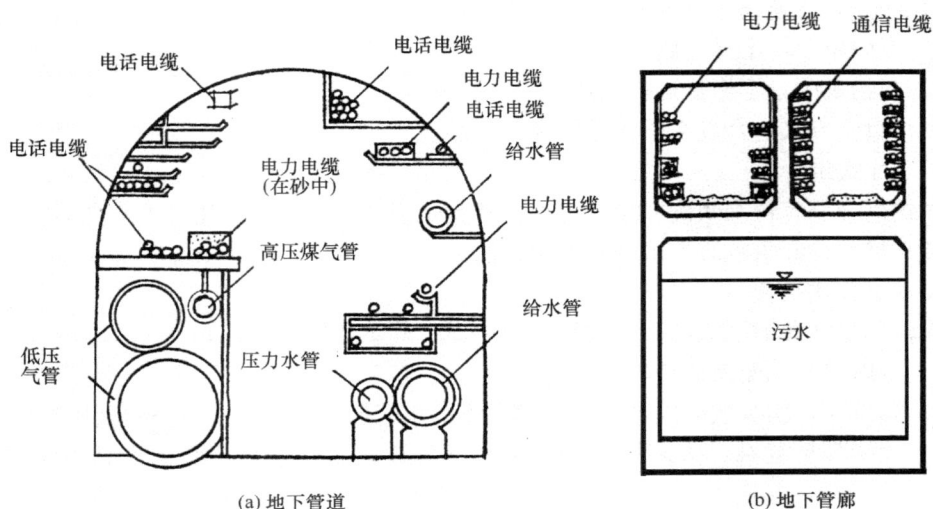

(a) 地下管道   (b) 地下管廊

图 6-9　地下管廊

1）集中规划管道，可避免乱用地下空间，避免多次开挖路面，影响交通和居民生活。

2）可以暗挖施工，不需开挖地面，减少对地面交通的影响，可保护城市地面环境。

3）一般埋置较深，不影响浅层地下空间的利用，节省城市空间。

4）可做到使地下管线较短。

5）便于各种管线相互配合，空间利用率高，相互影响小；便于人员进入检修，减少故障的发生，并可全部回收旧电缆。

6）管线结构老化慢，使用寿命长，易于扩建，利于战时防护。

7）工程造价与各管线分别设置的总造价相比，增加并不多。综合经济与环境效益明显。

共同管道分为干线管道和供给管道两类：

1）干线管道是间接为沿管道地区服务为目的的收容干线电缆（如电力线和连接电话中继站的电缆）和布设下水道的空间，主要设在车道的下面。目前修建的管道，大都属于这种类型。

2）供给管道是收容沿管道地区直接服务的电缆和管路的设施。

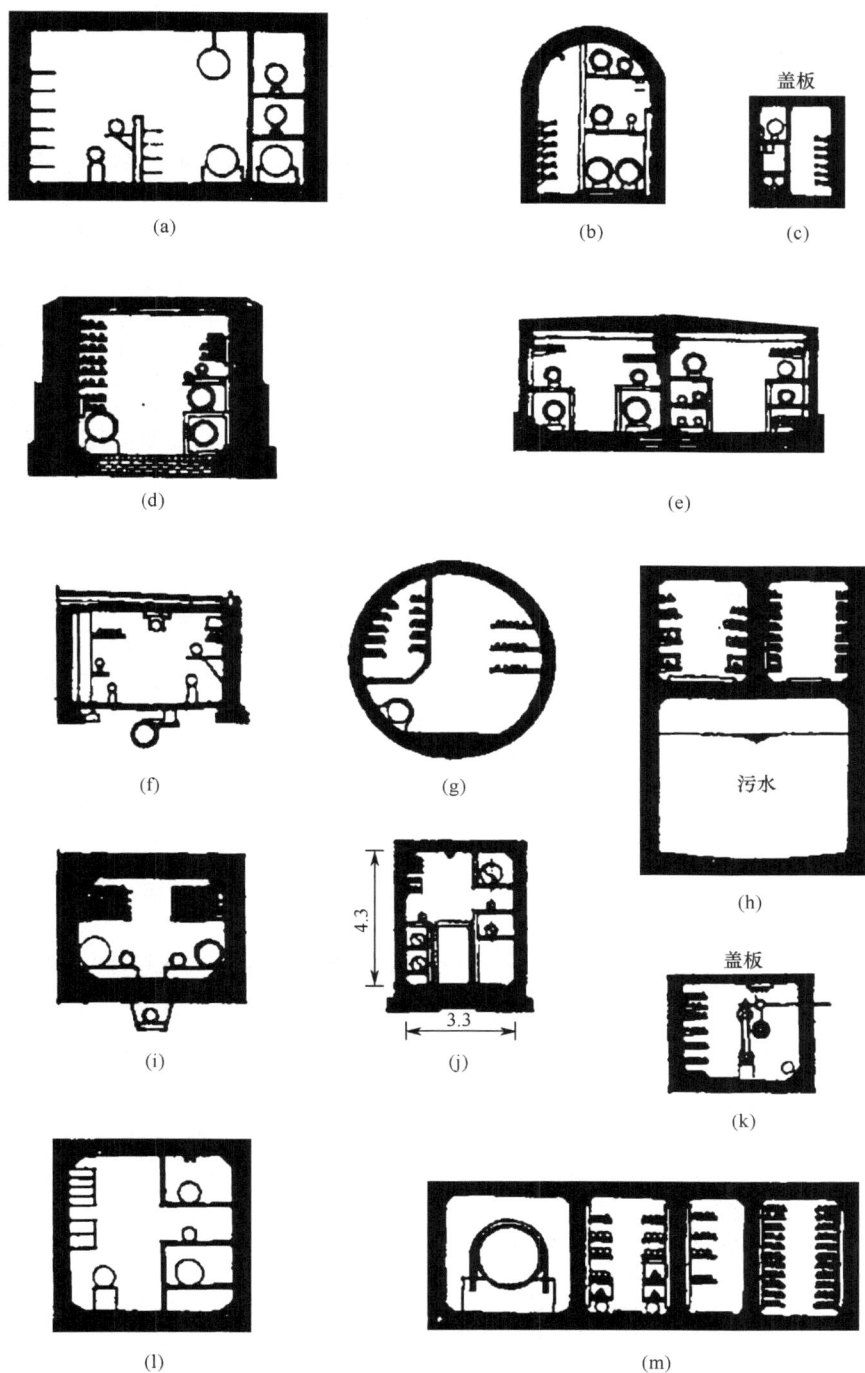

(a)

盖板

(b)

(c)

(d)

(e)

(f)

(g)

污水

(h)

(i)

4.3

3.3

(j)

盖板

(k)

(l)

(m)

图 6-10　单建式地下综合管线廊横断面布置举例

6.3 人防工程

6.3.1 概述

人防工程是为防御战时各种武器的杀伤破坏而修筑的地下空间建筑，通常有指挥所、掩蔽部、通信、水库、储库、医院、交通干线等。防护工程基调是以战时为主兼顾平时利用，做到平战结合，使人防工程在和平时期也能发挥经济和社会效益。

许多国家都非常重视人防体系建设。瑞典人防从 1938 年开始建设，目前已建工事 6 800 个，面积 720 万 m^2，在战争时期，全国 90％的人员都能进入掩体，平均每人达到 0.8m^2。在设备方面也十分先进，包括通信、指挥、报警、防核化装备等。尽管瑞典近百年来未发生战争，但仍然做出战争爆发的各项准备，就以平均使用寿命 20 年的防护衣来说，已生产 760 万套，占 900 万人口的 84.4％，到期就报废，定期更新，经费由国家负责。瑞典人防建筑平时均在利用。

地下空间能有效保护人身安全。二次大战期间，斯大林的地下安全宫是真正的一级防弹防毒地下建筑，地下宫建筑深 37m，上面铺有 3.5m 厚的钢筋混凝土，可经得住 2t 航空炸弹的一次性爆破。

我国从 20 世纪 60 年代起进行人防工程建设，各地区建设许多交通干线、指挥所、掩蔽部、医院。20 世纪 80 年代这些工程已陆续投入平时使用。20 世纪 80 年代末期，已把地下空间开发同城市建设、人防建设相结合作为建设目标。进入 20 世纪 90 年代中期，地下空间开发把平时和战时功能转换作为人防工程的建设基调。现在，在大中城市中，已开始建设或筹建地下铁道、地下街及地下综合设施，这些地下设施都有一定的防护能力。

6.3.2 地下人防建筑规划

人防建筑规划必须同城市地下空间及城市建设规划相统一，在总体规划的指导下再进行。

（1）规划原则

1）城市的战略地位、重要程度。

2）水文地质和工程地质、地形条件（应尽可能避开重要的军事及战略重要地段，如桥梁、码头、车站等）。

3）施工和运输条件。

4）原有的地面建筑及地下空间状况。

（2）规划内容

1）街、企业、区的规划体系（单项体系服从于城市体系）。

2）连接通道网，既能独立又连成整体。

3）确定重点工程的项目、等级、数量、规模及位置。这些工程通常有指挥所（省、市、区）、食品加工、医疗、电站、消防车库、储藏等。

4）完善系统，如具备生活、电力、抢救、医疗、指挥、动力、物资系统。

图 6-11 为某城市中心区防护规划示意图。体系主要包括战备指挥、防护掩蔽、

医疗救护、食品加工、汽车库、战斗工事等。上述几个系统均通过地下公共交通隧道连接，并遍及市中心，满足了战时的指挥、防护、疏散、掩蔽、生活、工作的多种要求。

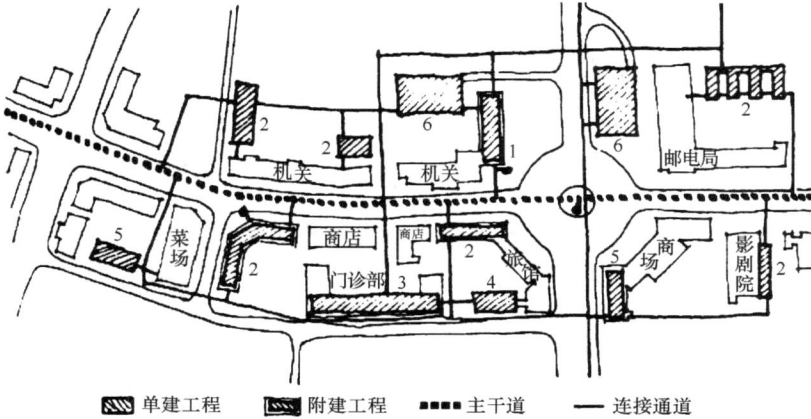

图 6-11　某城市中心区防护规划示意图

1. 指挥所和防空专业队掩蔽所；2. 人员掩蔽所（平时作旅馆、招待所）；3. 救护站（平时作门诊所）；
4. 食堂（战时作主食加工厂）；5. 商店（战时作物资库）；6. 车库（战时作人员掩蔽所）

图 6-12 为某工厂区防护规划示意图。规划规模局限于厂区，但功能仍十分完善。从指挥到掩蔽、战斗自卫与医疗救护等均能达到防护要求。所有地下空间防护系统都设在厂内中心道路左右的厂区内，并分散布局。

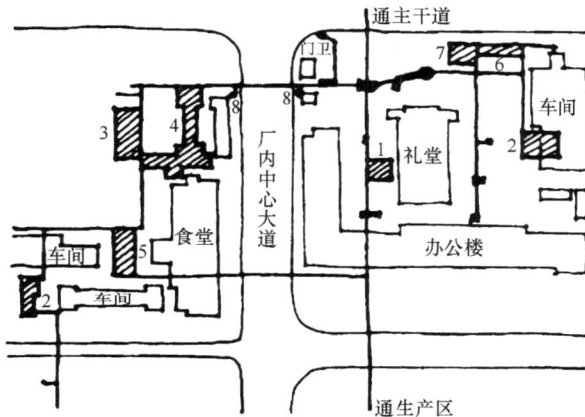

图 6-12　某工厂区防护规划示意图

1. 指挥所；2. 人员掩蔽所（平时作车间办公室）；3. 救护站；4. 食堂（战时作人员掩蔽所）；
5. 会议室、厕所（战时作人员掩蔽所）；6. 备用电站；7. 浴室；8. 战斗自卫工事

6.3.3 人防工程有关技术

1. 防护原则

1）足够的防护厚度，良好的口部防护及伪装措施。

2）人防建筑必须按有关规定确实达到防护等级。

3）按"三防"要求进行设计。

4）保证覆土厚度，防层厚度 1m 或 0.7m 钢筋混凝土；口部防冲击密闭，进风口除尘、滤毒。

2. 人防工程口部设计

（1）通风方式有自然通风、机械通风及混合通风

自然通风是利用风压、地形的高差，以及室内外温度差等形成风流。进排风路线要畅通，防止出现涡流、死角，尽可能减少通风阻力。此种通风称为平时通风，如图6-13所示。

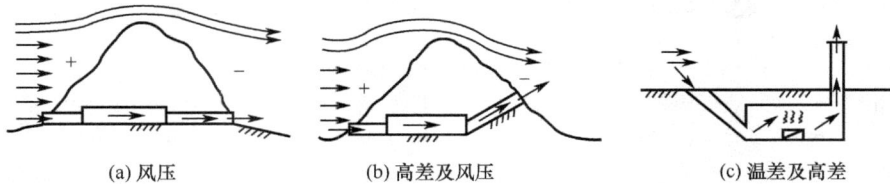

|(a) 风压|(b) 高差及风压|(c) 温差及高差|

图 6-13　自然通风的几种类型

战时通风必须能消毒、过滤，从而使室内有清洁的新鲜空气。

战时通风方式有清洁式通风、滤毒式通风、隔绝式通风。

图 6-14 的布置可以说明战时 3 种通风方式。平时，开启阀门 4 和 5，关闭阀门 6 和 7，空气通过风机进入室内。滤毒通风时，开启 6 和 7，关闭 4 和 5。隔绝式通风时，关闭所有阀门，使空气形成自循环。图 6-15 所示为进风口与人员出入口平面图，出入口设计应同进排风设备相统一。

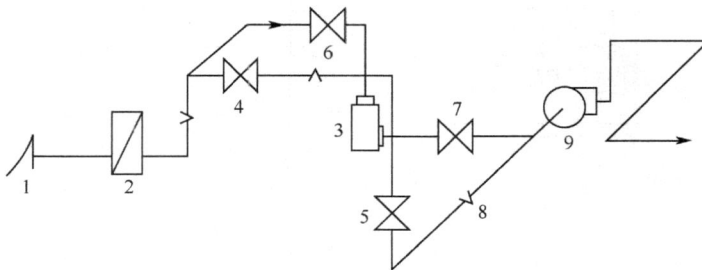

图 6-14　通风轴测图

1. 防爆波活门；2. 空气过滤器；3. 过滤吸收器；4～7. 手动密闭阀门；8. 送风管；9. 风机

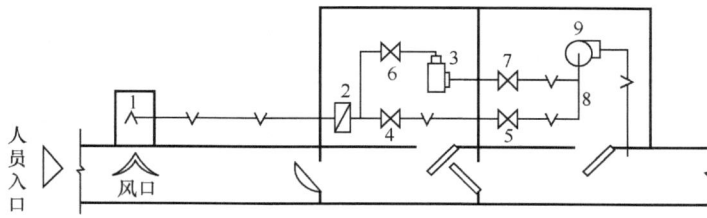

图 6-15　进风口与人员出入口平面布置

1. 防爆波活门；2. 空气过滤器；3. 过滤吸收器；4～7. 手动密闭阀门；8. 送风管；9. 风机

（2）出入口形式与平面设计

1）战时进、排风口平面，进风口兼出入口时，应根据防护等级设计，有进风扩散室、除尘室、滤毒室、进风机房、消毒通道、防护门、密闭门等，图 6-16 所示。

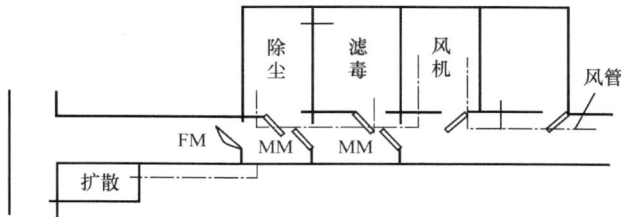

图 6-16　进风口设计

FM—防护门；MM—密闭门

2）出入口形式有直通式、拐弯式、穿廊式、垂直式，如图 6-17 所示。形式须根据防灾要求、人员数量综合确定，通常不少于 2 个。出入口有主要出入口、次要出入口、备用出入口与连通口，在不同的状态下起不同的作用。

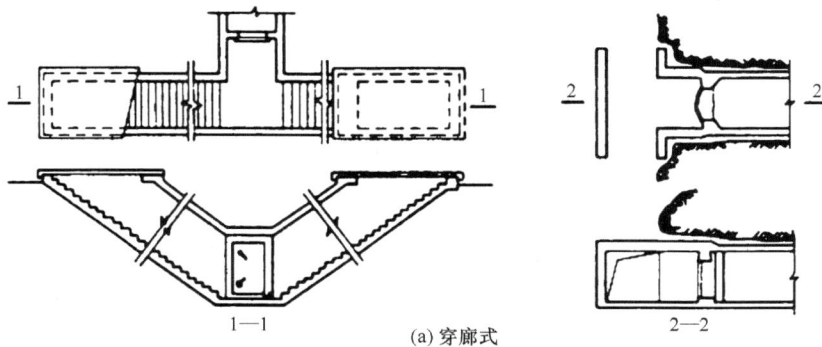

(a) 穿廊式

图 6-17　出入口形式

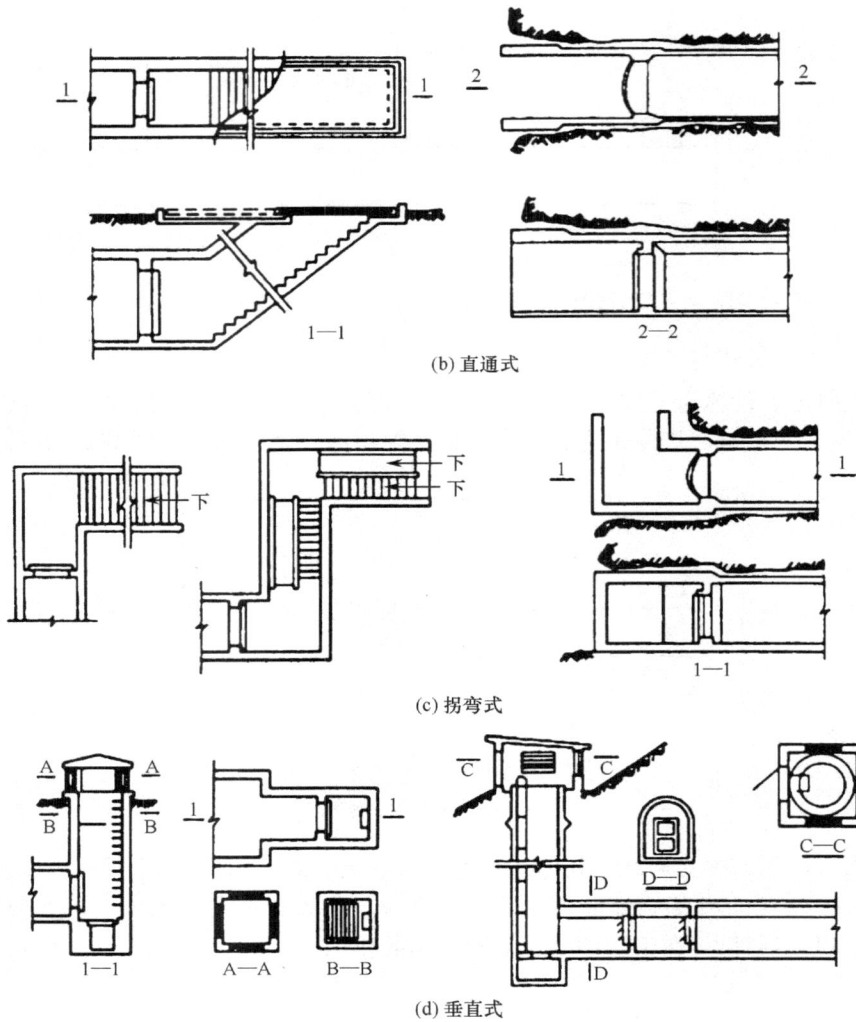

(b) 直通式

(c) 拐弯式

(d) 垂直式

图 6-17　出入口形式（续）

　　排风口有一个必须同出入口相结合，图 6-18（a）中 1 为缓冲通道，后面为染毒通道，排风机室设在洗消系统室内一侧，厕所、污水、蓄电池等有污染的房间也设在排风口一侧，图 6-18（a）中具有 2 个染毒通道，其中 1 个为缓冲通道，设防护门、防密门各一个，设脱衣、洗消、穿衣间，各间设密闭门；图 6-18（b）中设 1 个染毒通道和洗消系统；人员行动路线是从染毒通道 1-2-5-6-7、进入 8-主体室内，而风的路线与人员路线刚好相反，以保证人员进入工事内在超压环境下，可防止毒气倒流室内。排风口是平时使用的备用出入口，而战争染毒状态下，为了让室外人员进入工事内，必须从排风口进入，此时的排风口变为主要出入口，一旦室外染毒，工事内必须与室外全部隔绝，即进入战时使用状态。

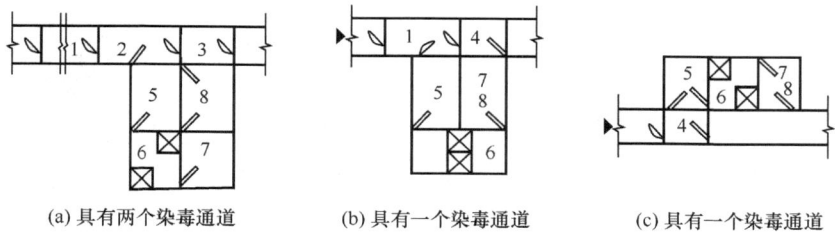

(a) 具有两个染毒通道　　　(b) 具有一个染毒通道　　　(c) 具有一个染毒通道

图 6-18　排风出入口

1. 缓冲通道；2～4. 染毒通道；5. 脱衣；6. 洗消；7、8. 穿衣

3. 口部防护设施

（1）防护门设计

防护门设在出入口第一道．作用是阻挡冲击波。密闭门设在第二或第三道，作用是起密闭阻挡毒气进入室内的作用。防护门如图 6-19 所示。

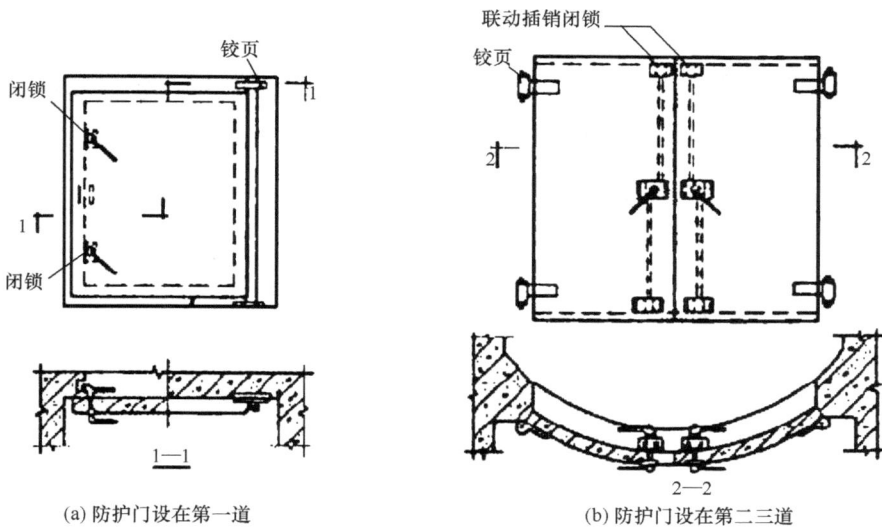

(a) 防护门设在第一道　　　　　(b) 防护门设在第二三道

图 6-19　立转式防护门

（2）防爆波活门

防爆波活门是通风口处抗冲击波的设备。它能在冲击波超压作用下的一瞬间关闭。有悬摆式活门、压板式活门、门式活门等。图 6-20 为悬摆式活门，图 6-21 为压板式活门。为防活门不能全部阻止冲击波、余波伤及人员及设备，常在活门后设置一个矩形房间，称为活门室，或扩散室，作用是将余压突然在空间内扩散，使单位面积的余压减小，不至于伤害人员及设备。

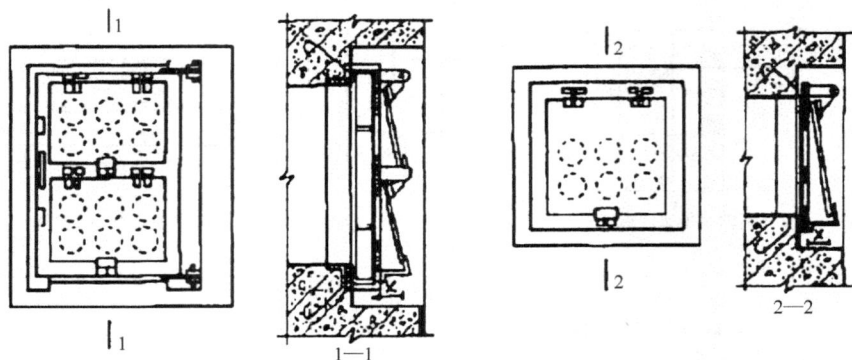

图 6-20　悬摆式活门

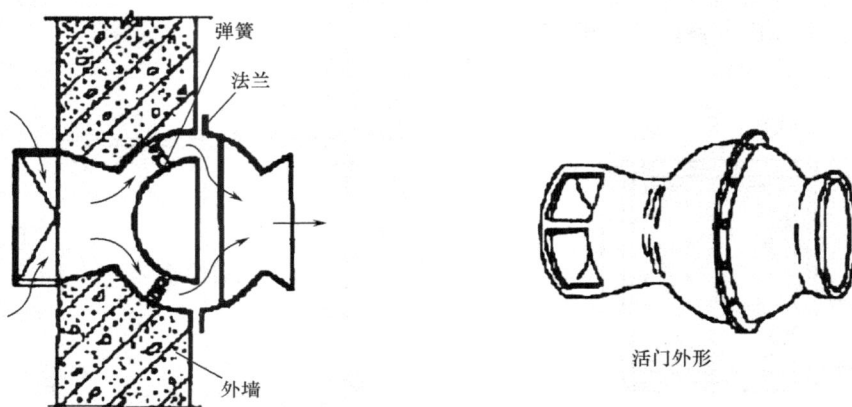

图 6-21　压板式活门

6.4　综合商娱体举例

北京西单地下综合商业中心始建于 1997 年,竣工于 2000 年,地下空间建筑结合地面广场的景观设计,通过下沉广场作为地面与地下的联系,设计理念注重于:

1) 改造区域内的餐饮、商服、健身、娱乐功能。

2) 结合了步行街与地下铁道及地面交通的功能。

3) 将广场设计成该区域的文化、体闲娱乐中心,突出了广场环境设计理念。

如果说广场是城市的门厅,下沉式广场则是地下城市的门厅,是地面与地下空间的过渡。避免了地下空间建筑出入口的狭小感觉,给人带来较宽敞的入口门面。下沉式广场的基本作用为空间过渡、人流集散、休闲娱乐与观赏。下沉式广场根据地段条件有很多类型,如圆形、矩形、不规则形,空间过渡可采用楼梯、自动扶梯、台阶、坡道等,剖面高度在 5m 左右。

西单地下综合商业中心占地 2.2hm²,广场绿化率 52%,中心十字形步行商业街为共享休息空间，下沉广场突出锥形玻璃顶，广场上布置雕塑、绿地、花坛、灯柱、喷泉泄水、150 座观台等，给人以美的感受，如图 6-22，图 6-23 所示。

图 6-22　地面广场环境

图 6-23　中心下沉广场

下沉广场为圆形，以中心锥顶为核心，具有旋转动感的效果，地下空间建筑为 8m×8m 柱网，地下室顶板标高为−3.0m，地下一层层高 4.5m，地下二层层高 6.9 m，设有夹层，夹层为停车场，可停放 100 台车，并考虑了与地铁交通的联系。总建筑面积为 3.9 万 m²。

图 6-24 下沉广场画廊及入口

复习思考题

1. 什么叫地下街? 地下商业街的设计原则有哪些? 平面布置有哪几种类型?
2. 地下综合体的特征及功能有哪些?
3. 什么叫地下管道? 集中地下管道有哪些优点?
4. 地下人防建筑规划的原则和内容有哪些?

下　篇

施工与工艺

明挖法
盖挖逆筑法
浅埋暗挖法
特殊与辅助施工方法
地下工程的测试监控技术
地下工程的防水与治水
城市地下工程风险管理及安全技术

第7章 明 挖 法

地下工程施工时，在埋深较浅的情况下，广泛采用明挖法。明挖法是先从地表向下开挖基坑或堑壕，直至设计标高，再在开挖好的预定位置灌注地下结构，最后在修建好的地下结构周围及其上部回填，并恢复原来地面的一种地下工程施工方法。

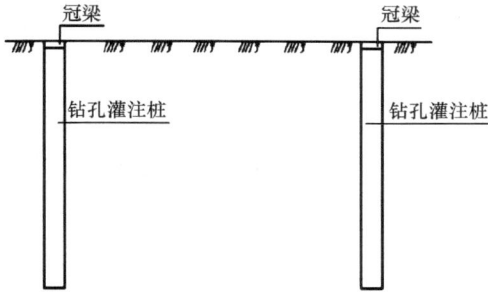

第1步 施作钻孔灌注桩及冠梁

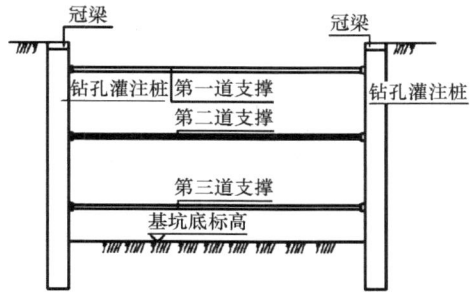

第2步 开挖其坑，随开挖依次施作第一、第二、第三道支撑，开挖至设计基坑底标高处

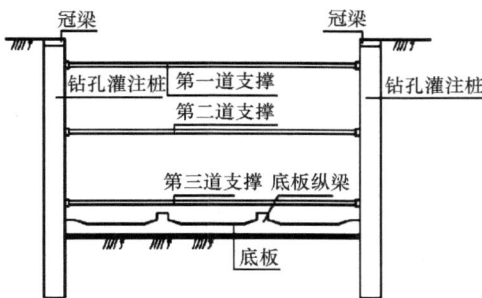

第3步 施作垫层、底板防水层，底纵梁和底板

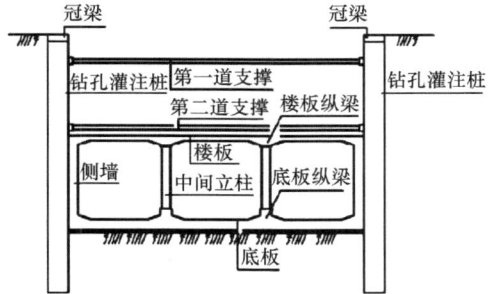

第4步 拆除第三道支撑，施作结构侧墙，中楼板及板纵梁

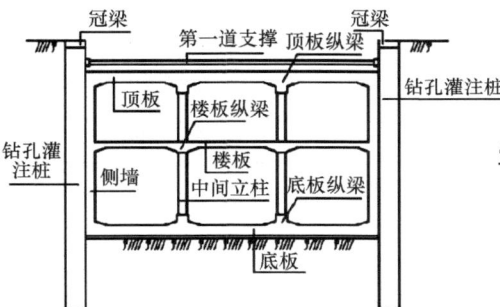

第5步 拆除第二道支撑，施作结构侧墙，顶板及顶板纵梁

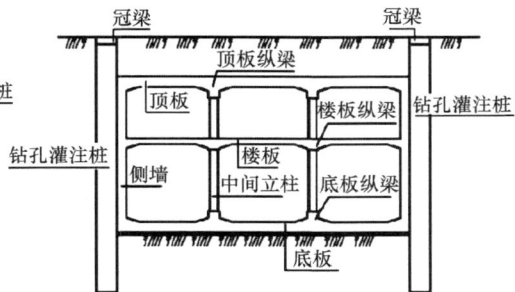

第6步 拆除第一道支撑，回填基坑，恢复路面

图 7-1 明挖法施工工艺

明挖法施工顺序示意图如图 7-1。明挖法施工的基本顺序为：打桩（护坡桩）→路面开挖→埋设支撑防护与开挖→地下结构物的施工→回填→拔桩（也可不拔）恢复地面（或路面）。明挖法可分为护坡桩法明挖、敞口放坡明挖、旋喷桩护坡明挖及槽壁支护明挖等方式。敞口放坡法又分为降水和不降水敞口放坡明挖法。

7.1 敞口放坡法

采用敞口放坡明挖法施工时，为了防止塌方保证施工安全，在基坑（槽）开挖深度超过一定限度时，土壁应做成有斜率的边坡，以保证土坡的稳定，工程中常称其为放坡。

7.1.1 土方边坡开挖规定

根据《土方及爆破工程施工及验收规范》的规定，当地下水位低于基底，在湿度正常的土层中开挖基坑（槽），且敞露时间不长时，可做成直立壁不加支撑，但挖方的深度不宜超过下列规定：

碎石土和砂土	1.0m
轻亚黏土及亚黏土	1.25m
黏土	1.5m
坚硬的黏性土	2.0m

施工过程中，应经常检查坑壁的稳定情况。

当土质及其他地质条件较好且地下水位低于基底时，基坑（槽）深度在 5m 以内且不加支撑时，其边坡最大允许坡度如表 7-1 所示。

挖土时，土方边坡太陡会造成塌方，反之则增加土方工程量，浪费机械动力和人力，并占用过多的施工场地。

表 7-1 深度在 5m 以内不加支撑的边坡最大坡度

土的类别	边坡坡度（高度）		
	人工挖土并将土抛于坑（槽）上边	机械挖土	
		在坑（槽）底挖土	在坑（槽）上边挖土
轻亚黏土	1：0.67	1：0.50	1：0.75
亚黏土	1：0.50	1：0.33	1：0.75
黏土	1：0.33	1：0.25	1：0.67
中密碎石土	1：0.67	1：0.50	1：0.75

注：①如人工挖土随时将土运往弃土场时，则应改用机械挖土的坡度；

②当有足够资料和经验时，可不受此表所限。

因此，在开挖不符合规范条件的基坑（槽）时，就有确定土方边坡稳定的问题。边坡稳定问题是敞口放坡法施工中最重要的问题。如果处理不当，土坡失稳，产生滑动，不仅影响工程进展，甚至危及生命安全，造成工程失败。所以，土坡稳定是既安全又经济地进行敞口放坡施工的关键。

7.1.2 土方边坡稳定分析

1. 无黏性土土坡稳定分析

无黏性土的土坡位于较坚硬的地基上，边坡滑动面常为平面形式，其安全系数的计算方法与渗流有关。

（1）无渗流时无黏性土边坡稳定分析

图 7-2 所示为无渗流情况下的无黏性土边坡，分析它的稳定性，可在边坡表面取任意微元体 A，设微元体重量为 W，微元体处于平衡状态时有

$$F = T$$

式中，T——下滑力，$T = W\sin\alpha$；

$\quad\quad\alpha$——土坡边坡角；

$\quad\quad F$——抗滑摩阻力极值，$F = W\cos\alpha\tan\varphi$；

$\quad\quad\varphi$——土的内摩擦角。

则边坡平面滑动安全系数为

$$K_p = \frac{F}{T} = \frac{W\cos\alpha\tan\varphi}{W\sin\alpha} = \frac{\tan\varphi}{\tan\alpha} \tag{7-1}$$

式（7-2）说明无黏性土沿边坡平面滑动安全系数 K_p 等于土的内摩擦角正切与边坡坡角正切之比，当土的坡角等于土的内摩擦角 φ 时，土坡处于极限平衡状态。

（2）有渗流时无黏性土边坡稳定分析

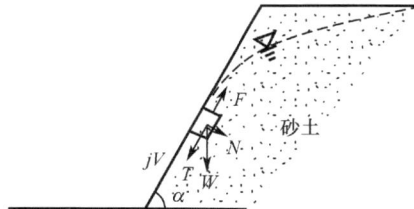

当无黏性土边坡表面有地下水溢出时，它的稳定安全系数会降低。如图 7-3 所示，设微元体体积为 V，微元体下滑力为 T。

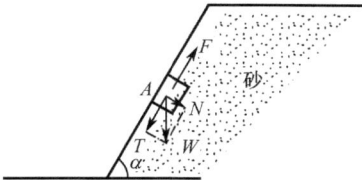

图 7-2 无黏性土边坡稳定分析　　图 7-3 渗透水溢出时的边坡稳定分析

$$T = V\gamma'\sin\alpha + jV = V\gamma'\sin\alpha + i\gamma_w V = V(\gamma' + \gamma_w)\sin\alpha$$

式中，γ'——土的浮容重；

$\quad\quad\gamma_w$——水的容重；

$\quad\quad j$——沿水流方向的渗透力，$j = \gamma_w \cdot i$；

$\quad\quad i$——溢出处水力梯度，$i = \dfrac{\Delta h}{l} = \sin\alpha$；

$\quad\quad\Delta h$——水头损失；

$\quad\quad l$——渗径长度。

所以

$$T = V\gamma'\sin\alpha + V\gamma_w\sin\alpha = V(\gamma' + \gamma_w)\sin\alpha$$

微元体抗滑极限摩阻力 F 为

$$F = V\gamma'\cos\alpha\tan\varphi$$

则边坡稳定安全系数为

$$K'_p = \frac{V\gamma'\cos\alpha\tan\varphi}{V(\gamma'+\gamma_w)\sin\alpha} = \frac{\gamma'}{\gamma'+\gamma_w}\frac{\tan\varphi}{\tan\alpha}$$

因为

$$\gamma' \approx \gamma_w = 10$$

故

$$K'_p = \frac{1}{2}\frac{\tan\varphi}{\tan\alpha} \tag{7-2}$$

可见当边坡表面有地下水溢出时，土坡稳定的安全系数，大约比没有地下水溢出时的安全系数小 1 倍。

2. 黏性土边坡稳定分析

黏性土的抗剪强度由摩擦强度和黏聚强度两个组成部分。因为均质黏性土坡的滑动面为对数螺线曲面，形状近似于圆柱面，从断面上看为圆弧面，所以在工程设计中常假定滑动面为圆弧面。目前黏性土边坡稳定分析，常采用如下方法。

（1）整体圆弧法

1915 年瑞典彼得森用圆弧滑动法分析边坡稳定，称作瑞典圆弧法。图 7-4 所示为一均质黏性土坡。AC 为滑动圆弧，O 为圆心，R 为半径。当边坡失去稳定时，滑动土体绕圆心发生转动。把滑动土体看成一个刚体，滑动土体的重量 W，滑动力矩 $M_s = Wd$，抗滑力矩 $M_r = c\widehat{ACR}$，此时稳定安全系数为

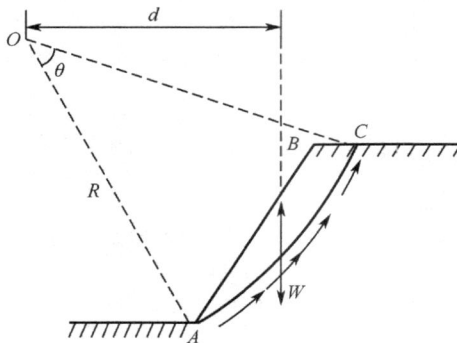

图 7-4　整体滑动圆弧法

$$F_s = \frac{\text{抗滑力矩}}{\text{滑动力矩}} = \frac{M_r}{M_s} = \frac{c\widehat{ACR}}{Wd} \tag{7-3}$$

式中，c——滑动摩擦系数。

此式仅适用于 $\varphi = 0$ 的情况。

（2）瑞典条分法

瑞典工程师费里纽斯 1922 年提出将圆弧面以上土体垂直切成许多等宽土条，通过计算这些土条对滑动面中心 O 的抗滑力矩总和与滑动力矩总和比值的大小，来判断土坡是否稳定。并认为条块间的作用力对边坡的整体稳定性影响不大，可忽略。

图 7-5 中沿圆弧面各处的法向力为

$$N_i = W_i\cos\theta_i \tag{7-4}$$

由滑弧面上极限平衡条件，可知

$$T_i = \frac{T_{fi}}{F_s} = \frac{c_i l_i + N_i\tan\varphi_i}{F_s} \tag{7-5}$$

式中，W_i——条块重力；

T_{fi}——条块在滑动面上的抗剪强度；

F_s——滑动圆弧稳定安全系数；

c_i——各条块土的黏聚力；

l_i——弧长；

φ_i——内摩擦角。

滑动力矩为

$$\sum W_i d_i = \sum W_i R \sin\theta_i \qquad (7\text{-}6)$$

抗滑力矩为

$$\sum T_i R = \sum \frac{c_i L_i + N_i \tan\varphi_i}{F_s} R \qquad (7\text{-}7)$$

因为

$$\sum W_i d_i = \sum T_i R$$

即

$$\sum W_i R \sin\theta_i = \sum \frac{c_i l_i + W_i \cos\theta_i \tan\varphi_i}{F_s} R$$

图 7-5 黏性土边坡稳定分析

所以

$$F_s = \frac{\sum (c_i l_i + W_i \cos\theta_i \tan\varphi_i)}{\sum w_i \sin\theta_i} R \qquad (7\text{-}8)$$

此法应用的时间很长，积累了丰富的工程经验，一般所得安全系数偏低，即偏于安全，故目前仍然是工程中常用的方法。

（3）泰勒法（稳定因数法）

泰勒在 1937 年根据条分法原理绘制了一套稳定因数图。应用泰勒法的条件：

1）坡顶水平。

2）土坡为均质土壤，且在边坡下一定深度处有一层下卧坚硬土层，即滑动圆弧不可能延伸至此坚硬土层中。

泰勒定义边坡稳定安全系数

$$F_s = \frac{H_c}{H} = \frac{N_s c}{H \gamma} \qquad (7\text{-}9)$$

式中，H_c——边坡稳定最大高度（临界高度），$H_c = \dfrac{N_s c}{\gamma}$ (m)；

H——边坡设计高度/m。

泰勒通过土坡临界高度计算资料的大量分析统计绘制了图 7-6 中，只要知道坡角 α 及土的内摩擦角 φ 就可以查出稳定因数 N_s。

利用图 7-6 可以解决如下问题：

1）已知土坡高度 H，边坡角 α，土的 c，φ，γ，可求 F_s。

2）已知土坡角 φ 和土的 c，φ，γ 值，可求土坡的稳定临界高度 H_c。

3）已知土坡高 H 和土的 c，φ，γ 值，可求土坡稳定坡角 α。

对于软黏土 $\varphi = 0$，稳定因数与 φ 值无关，仅与坡角 α 及 n_d 有关，如图 7-7 所示。

图中 n_d 值代表下卧坚硬土层距土坡坡顶的距离与土坡高度比值 $n_d = \dfrac{H'}{H}$。

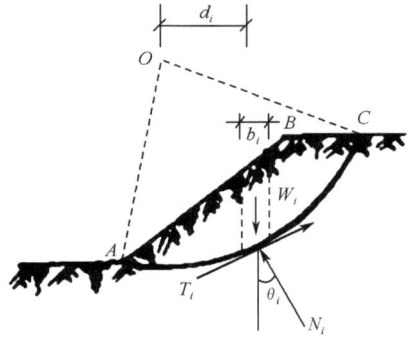

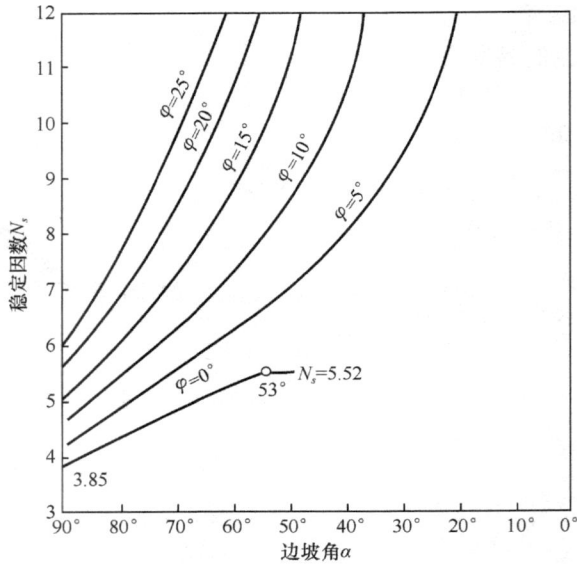

图 7-6 泰勒稳定因数（用于一般黏性土）

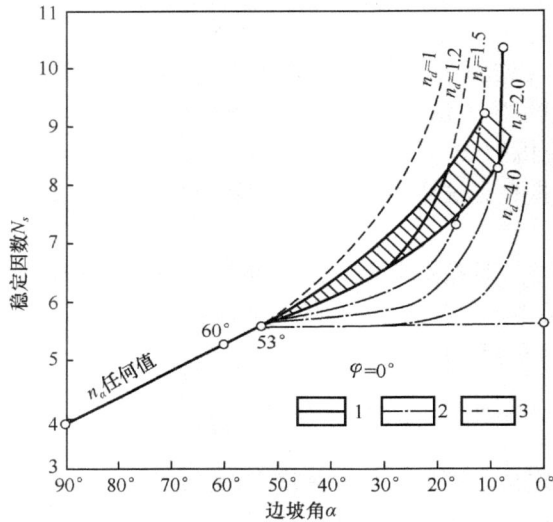

图 7-7 泰勒稳定因数
1. 坡趾破坏；2. 坡底破坏；3. 坡面破坏

泰勒分析对软黏土而言最危险滑动面位置可以出现下列 3 种情况。

1）坡趾破坏：当坡角 $\alpha > 53°$ 或 $\alpha < 53°$ 且 n_d 在图 7-7 所示阴影线内，滑动面通过坡趾如图 7-8（b）所示。

2）坡底破坏：也称中点圆破坏，其条件为 $\alpha < 53°$，n_d 在阴影线以下。则滑动面如图 7-8（c）所示，以 O 为圆心的圆弧，即滑动圆弧与下卧坚硬土层相切，连接切点与圆弧中心，必过边坡中点。

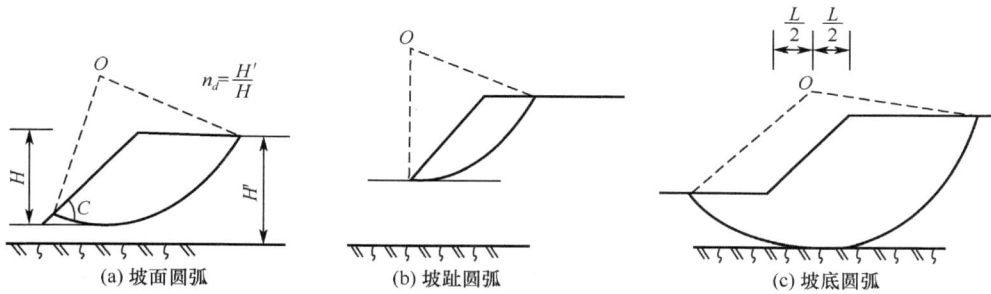

| (a) 坡面圆弧 | (b) 坡趾圆弧 | (c) 坡底圆弧 |

图 7-8 土坡滑动圆弧的三种形式

3）坡面破坏：其条件为 $\alpha < 53°$，n_d 在图中阴影线以上，如图 7-8（a）所示。

（4）毕肖甫土坡稳定分析方法

毕肖甫于 1955 年提出了一个考虑条块侧面力的土坡稳定一般计算公式

$$F_s = \frac{\sum \frac{1}{M_{\theta_i}} \left[c_i b_i + (W_i + \Delta H_i) \tan\varphi_i \right]}{\sum W_i \sin\theta_i} \tag{7-10}$$

式中，$\Delta H_i = H_{i+1} - H_i$ 仍是未知量。如果不引进其他的简化条件，仍不能得出结果，毕肖甫进一步假设 b_i 为条块宽度，但 $\Delta H_i = 0$，实际上也就是认为条块间只有水平力 P_i 而不存在切向力 H_i；于是公式进一步简化为

$$F_s = \frac{\sum \frac{1}{M_{\theta_i}} (c_i b_i + W_i \tan\varphi_i)}{\sum W_i \sin\theta_i} \tag{7-11}$$

称为简化的毕肖甫公式。

式中，参数 M_{θ_i} 包含有安全系数 F_s。因不能直接求出安全系数，而采用试算的办法，迭代求算 F_s 值，为了便于计算，已编制成 M_θ-θ 关系曲线，如图 7-9 所示。

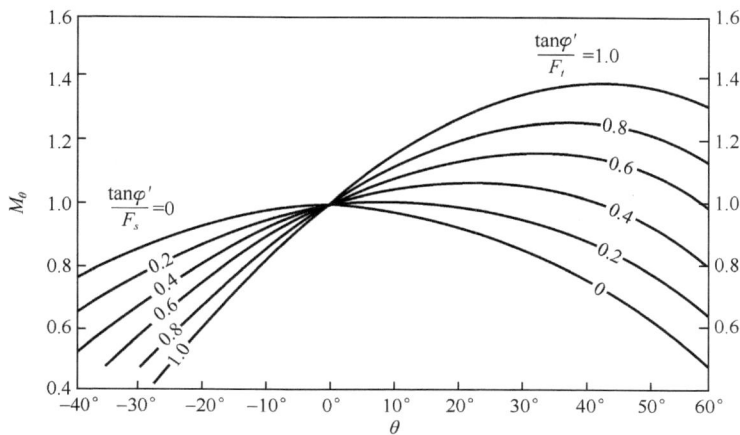

图 7-9　M_θ-θ 曲线图

试算时，开始先假设 $F_s = 1$，查出相应的 M_θ 值，根据 M_θ 值再计算 F_s，此时，一般

$F_s \neq 1$，查新的 M_θ 值，如此循环 3～4 次，一般可满足精度要求求出土坡的稳定安全系数。工程上要求 $F_s=1.1～1.5$。

（5）费伦纽斯经验法确定最危险滑裂面的方法

以上几种求稳定安全系数的方法，均是假设一个滑动面计算出的安全系数，并不代表边坡的真正稳定度。真正代表边坡稳定度的是最小安全系数 $K_{\min}$，它所对应的滑动面为最危险圆弧，这才是真正的滑动面。

最危险滑动面圆心位置和半径大小的确定是一项繁琐的工作，需要通过多次的计算才能完成。费伦纽斯提出的经验方法，可较快地确定最危险滑动面。他认为均匀黏性土坡，最危险滑动面一般应通过坡角。当 $\varphi=0$ 时，最危险滑动面的圆心位置可由图 7-10（a）中 β_1 和 β_2 夹角的交点确定；β_1，β_2 角可根据坡角 α 大小通过查表 7-2 得到。

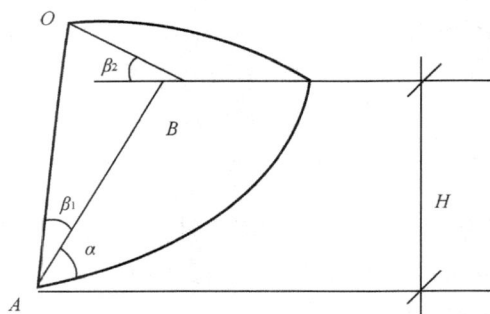

(a) $\varphi=0$时，最危险滑动的圆心位置

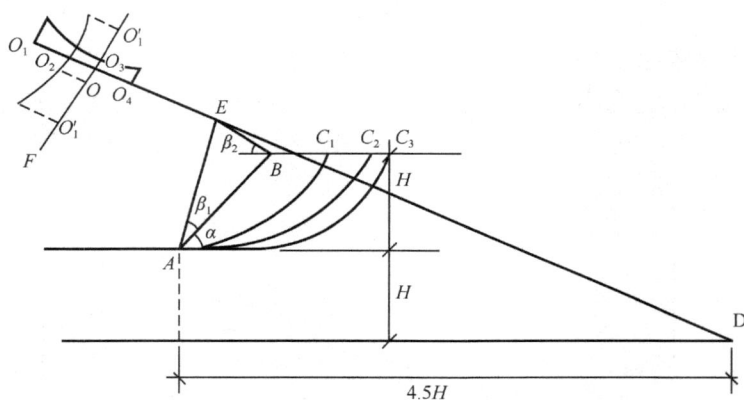

(b) $\varphi>0$时，最危险滑动面圆心位置

图 7-10　最危险滑动中心确定法

表 7-2　各种坡角的 β_1，β_2 值

坡角 α	坡度 1：m	β_1	β_2
60°	1：0.58	29°	40°
45°	1：1.0	28°	37°

坡角 α	坡度 $1:m$	β_1	β_2
$33°41'$	$1:1.5$	$26°$	$35°$
$26°34'$	$1:2.0$	$25°$	$35°$
$18°26'$	$1:3.0$	$25°$	$35°$
$14°02'$	$1:4.0$	$25°$	$36°$
$11°19'$	$1:5.0$	$25°$	$39°$

如果 $\varphi>0$，土坡最危险滑动面圆心位置的确定，如图 7-10（b）所示，由 E 点所在 DE 延长线上，选取圆心 O_1，O_2，…，过坡角 A 作圆弧 $\overset{\frown}{AC_1}$，$\overset{\frown}{AC_2}$，…，分别求出各自的安全系数 F_1，F_2，…，按一定的比例画在各点（O_1，O_2，…）与 DE 相垂直的线上，连成安全系数 F_s 随圆心位置变化的曲线。过该曲线的最低点 O' 作 $O'F \perp DE$，同理在 $O'F$ 上选取圆心 O_1，O_2，…，再分别计算各自的 F_1，F_2，…，绘出对应曲线，该曲线最低点对应的 O 点即所求最危险滑动面的圆心位置。

【例】 有一边坡如图 7-11 所示，已知边坡高 $H=6$m，坡角 $\alpha=55°$，土的重度 $\gamma=18.6$kN/m，土的内摩擦角 $\varphi=12°$，黏聚力 $C=16.7$kN/m。试用条分法计算边坡的稳定安全系数。

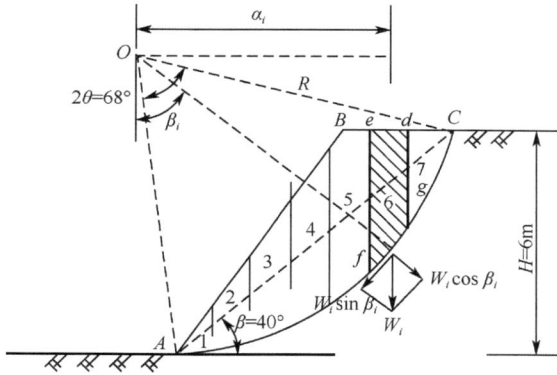

图 7-11 边坡剖面图

【解】

1）按比例绘出边坡的剖面圆，如图 7-11 所示。

根据经验得到最危险滑动面的圆心位置在 O 点，滑动面通过坡角 A 点。滑动圆弧所对应的圆心角 $2\theta = 68°$

2）将滑动土体 ABC 划分成 7 个竖直土条。滑动圆弧 $\overset{\frown}{AC}$ 的水平投影长度为 $H\cot40°=6\times\cot40°=7.15$（m），从坡角开始第 1～6 条的宽度均为 1m，第 7 条宽度为 1.15m。

3）计算各土条 β_i

$$\sin\beta_i = \frac{\alpha_i}{R}$$

$$R = \frac{\widehat{AC}}{2\sin\theta}$$

$$\widehat{AC} = \frac{H}{\sin\beta} = \frac{6}{\sin40°} = 9.334$$

$$R = \frac{9.334}{2\sin34°} = 8.35$$

各土条 β_i 参数列于表 7-3 中。

表 7-3 边坡稳定计算结果

土条	土条宽度 b_i /m	土条中心高 h_i /m	土条重量 W_i /kN	β_i /(°)	$W_i\sin\beta_i$ /kN	$W_i\cos\beta_i$ /kN	$\widehat{AC}=L$ /m
1	1	0.60	11.16	9.5	1.84	11.0	
2	1	1.80	33.48	16.5	9.51	32.1	
3	—	—	—	—	—	—	
4	—	—	—	—	—	—	
5	—	—	—	—	—	—	
6	—	—	—	—	—	—	
7	1.15	1.50	27.90	63.0	24.86	12.67	
合计					186.6	258.63	9.91

4）将从图中量取的各土条的中心高 h_i 及各土条的重量 $W_i = r \cdot b_i \cdot h_i$、法向力 $W_i\cos\beta_i$，分别列于表 7-3 中。

5）计算滑动圆弧

$$\widehat{AC} = \frac{\pi}{180} \times 2\theta \times R = \frac{\pi \times 68 \times 8.35}{180} = 9.91$$

6）按公式计算安全系数，假定整个滑动面上 $c_i\varphi_i$ 为常数，则

$$K = \frac{\tan\varphi\left[\sum(W_i\cos\beta_i)\tan\varphi_i + c_i l_i\right]}{\sum W_i\sin\beta_i}$$

$$= \frac{\tan\varphi\sum W_i\cos\beta_i + cL}{\sum W_i\sin\beta_i}$$

$$= \frac{\tan12° \times 258.63 + 16.7 \times 9.91}{186.6} = 1.18$$

（6）有限元法（数值计算法）

有限元法把土坡看成变形体，按土的变形特性，计算出土坡内的应力分布，然后引入圆弧滑动的概念，验算滑动土体的整体抗滑稳定性。

7.2 板 桩 法

7.2.1 板桩的类型及施工程序

板桩法是明挖法施工中维护坑壁稳定的一种手段，特别是在施工场地受限制的条件

下，是基坑开挖经常采用的一种临时支护方法。根据基坑的深度与宽度，板桩形式可分为无支撑板桩和有支撑板桩。若基坑深度较浅，在地质条件允许时，即地下水位很低且土质密实时，可采用无支撑的悬壁式板桩，如图7-12（a）所示。当基坑深度较深，基坑宽度不大时，可设一道或多道水平支撑，如图7-12（b）、（c）所示。

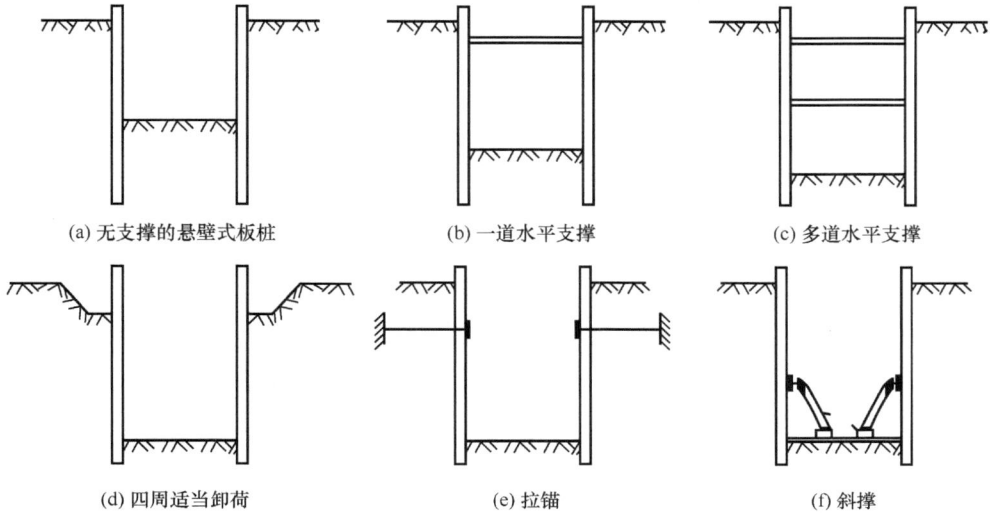

(a) 无支撑的悬壁式板桩　　(b) 一道水平支撑　　(c) 多道水平支撑

(d) 四周适当卸荷　　(e) 拉锚　　(f) 斜撑

图 7-12　基坑的支撑结构

为了减少板桩长度或土压力，可将基坑四周适当卸荷，采用图7-12（d）的形式；基坑宽度比较大，或支撑影响施工时，可采用图7-12（e）或（f）所示的形式，用拉锚代替水平支撑，或用斜撑。

板桩法施工程序为：先将工字钢打入基坑周围土体中，至要求深度（通常3～5m），然后分层挖土，至安装横撑深度时，安装横列板、设置横撑。按此程序自上向下重复地挖到基底为止。

7.2.2　板桩的设计与计算

板桩设计通常要考虑：
1）板桩的入土深度。
2）板桩的滑动计算。
3）板桩基底的管涌现象。
4）板桩基底的隆起或回弹。

此外，大面积基坑一般都要采取降水措施，以保证基坑在干燥状态下开挖和保持基坑的稳定。

1. 作用在板桩上的压力

常用的计算方法为库伦或郎金公式。

（1）深度 h 处的土压力

$$e_a = p\tan^2\left(45° - \frac{\varphi}{2}\right) - 2c \cdot \tan\left(45° - \frac{\varphi}{2}\right) = pK_a - 2c\sqrt{K_a} \qquad (7-12)$$

$$e_p = p\tan^2\left(45° + \frac{\varphi}{2}\right) + 2c \cdot \tan\left(45° + \frac{\varphi}{2}\right) = pK_p + 2c\sqrt{K_p} \qquad (7\text{-}13)$$

式中，e_a ——单位面积上的主动土压力/(kN/m^2)；

$\quad e_p$ ——单位面积上的被动土压力/(kN/m^2)；

$\quad K_a$ ——主动土压力系数 $K_a = \tan^2\left(45° - \frac{\varphi}{2}\right)$；

$\quad K_p$ ——被动土压力系数 $K_p = \tan^2\left(45° + \frac{\varphi}{2}\right)$；

$\quad p$ ——作用在离地面 h 处的单位面积总垂直压力 $p = q + \gamma h$ (kN/m^2)；

$\quad q$ ——基坑顶面上的均布荷载（即超载）/(kN/m^2)；

$\quad \gamma$ ——土的重度/(kN/m^3)；

$\quad \varphi$ ——土的内摩擦角/$(°)$；

$\quad c$ ——土的黏聚力/(kN/m^3)。

在式（7-12）中，上部土压力计算中出现负值，则在设计时可以忽略不计。

对于砂性土来说，由于 $c=0$，则式（7-12）、式（7-13）变为

$$e_a = p\tan^2\left(45° - \frac{\varphi}{2}\right) = pK_a = (q + \gamma h)K_a \qquad (7\text{-}14)$$

$$e_p = p\tan^2\left(45° + \frac{\varphi}{2}\right) = pK_p = (q + \gamma h)K_p \qquad (7\text{-}15)$$

当 $q = 0$ 时

$$e_a = \gamma h K_a \qquad e_p = \gamma h K_p \qquad (7\text{-}16)$$

（2）水压力

作用在板桩上的水压力，按三角形分布计算。水压力一般应与土压力分开计算，并采用静水压力的全水头，水的容量一般取

$$\gamma_w = 10\text{kN/m}^3 \qquad (7\text{-}17)$$

2. 深板桩的土压力计算

（1）悬壁式板桩的土压力计算

图 7-13 所示为一悬壁式板桩，在土压力作用下，桩绕桩尖 B 转动。此时，桩左侧主动土压力分布如图 7-13（b）中 $\triangle ARB$ 侧面积所示，桩右侧被动土压力分布如图 7-13（b），$\triangle DSB$ 面积所示，板桩全长实际土压分布如图 7-13（b）中阴影部分所示，但这种情况下是不安全的，实际中必须加大板桩入土深度，才可保证安全，加深后，在土压力作用下，板桩将绕 C 点转动，如图 7-13（c）所示，此时板桩全长所受土压力分布如图 7-13（d）中阴影部分所示，桩尖 B 处右侧为被动土压力，左侧为主动土压力，B 点的土压力为两者之差

$$P_B = \gamma(h + t)K_a - \gamma t K_p \qquad (7\text{-}18)$$

式中，h ——基坑开挖深度/m；

$\quad t$ ——桩插入坑底深度/m；

$\quad \gamma$ ——土容量/(kN/m^2)；

$\quad K_p$ ——郎金被动土压力系数；

$\quad K_a$ ——郎金主动土压力系数。

其中，入土深度 t，μ 的确定，可由板桩静力平衡方程求得

$$\sum H = 0$$

$$\sum M_b = 0$$

$$\begin{cases} (h+t)^2 K_a - t^2 K_p + \mu(K_p - K_a)(h + 2t) = 0 \\ (h+t)^3 K_a - t^3 K_p + (K_p - K_a)(h + 2t)\mu^2 = 0 \end{cases} \tag{7-19}$$

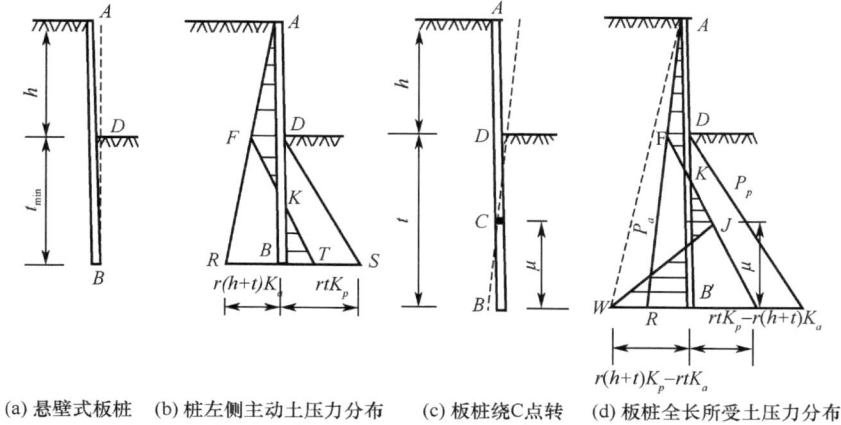

(a) 悬壁式板桩　(b) 桩左侧主动土压力分布　　(c) 板桩绕C点转　(d) 板桩全长所受土压力分布

图 7-13　悬臂式板桩土压力计算

联立求解得 t 和 μ 两参数，t 即为保持板桩稳定所必须插入的深度。根据 t，μ 值可画出图 7-13 (d)，并由此计算板桩的弯矩。

上述计算方法较复杂，也可采用图 7-14 所示进行计算，若板桩的入土深度为 t，土的黏聚力 $c=0$，令 $M_B = 0$，则

$$\frac{1}{3}(h+t) \times \frac{1}{2}\gamma(h+t)^2 K_a - \frac{1}{3}t \times \frac{1}{2}\gamma t^2 \frac{K_p}{K} = 0$$

$$(h+t)^3 K_a - \frac{t^3 K_p}{K} = 0 \tag{7-20}$$

式中，K_a，K_p——郎金主动、被动土压力；

$\quad K$——被动土压力安全系数，通常取 2。

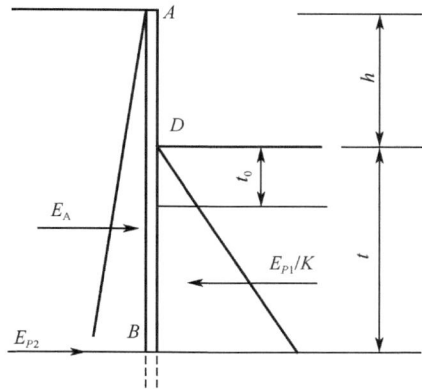

图 7-14　悬臂式板桩简化计算

由式（7-20）可解得 t，再增加 20%，则板桩最小长度为

$$L = h + 1.2t$$

由板桩的最大弯矩截面在基坑底以下 t_0 处，该截面的剪应力等于零，即

$$\frac{1}{2}\gamma(h+t_0)^2 K_a = \frac{1}{2}\gamma t_0^2 \frac{K_p}{K}$$

$$t_0 = \frac{h}{\sqrt{\dfrac{K_p}{K_a K}} - 1} \tag{7-21}$$

（2）单支撑或锚板桩土压力的计算

当基坑开挖深度较大时，可在板桩的顶部设置支撑或采用拉力锚杆。

这类板桩计算，可以把它作为有两个支点的竖直梁。根据板桩插入深度的大小，采用单撑浅板桩或单撑深板桩两种情况处理。

1）单撑浅板桩的计算。

单撑浅桩可看作简支梁，板桩墙前及墙后的土压力分布如图 7-15 所示。取 $\sum M_T = 0$，则有

$$E_a\left(\frac{2}{3}h + t - h_0\right) = \frac{E_p}{K}\left(h + t - h_0 - \frac{1}{3}t\right) \tag{7-22}$$

式中

$$E_a = \frac{1}{2}r(H+t)^2 K_a,\quad E_p = \frac{1}{2}nt^2 K_p \tag{7-23}$$

式中符号同前，一般取 $K=2$。

由上式求出入土深度 t，再由 $\sum H = 0$ 求得支撑点的反力 T，即 $T = KE_a - E_p$。

2）单撑深板桩的计算。

图 7-15 所示为一单撑深板桩。板桩下端在土中嵌固，嵌固点以下墙板后将产生被动土压力，如图 7-15（a）所示，经简化成图 7-15（b）。将 E_a 与 E_{p1} 叠加，其受力分布如图 7-15（c）所示。

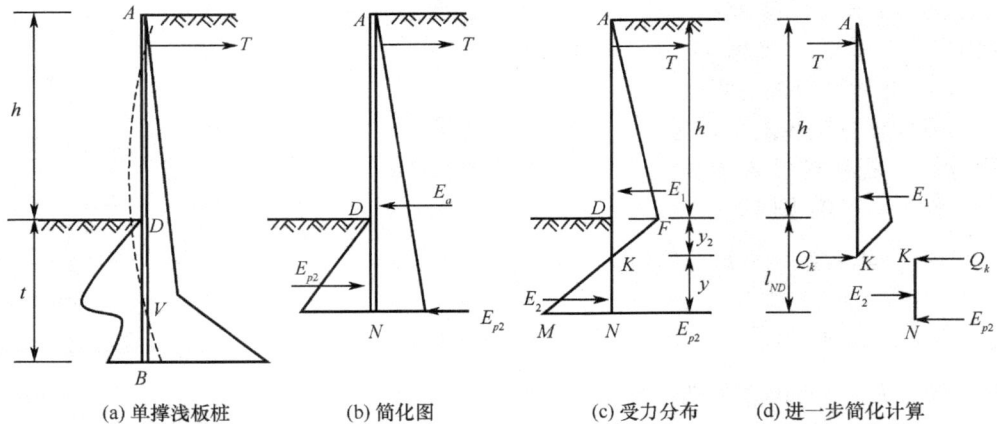

| | | | |
| (a) 单撑浅板桩 | (b) 简化图 | (c) 受力分布 | (d) 进一步简化计算 |

图 7-15 单撑浅板桩的土压分布

在板桩下端为嵌固支撑时，土压力零点与弯矩零点位置很接近，为进一步简化计算，定 K 点也是弯矩零点，如图 7-15（d）所示，这样，单撑深板桩计算可按两个相连的简支梁 AK 及 KN 处理，此简化计算法叫等值梁法。

现在确定土压力零点 K 的位置，设 K 点距坑底为 y_0，则有

$$\gamma y_0 K_p = \gamma(H + y_0)K_a$$

$$y_0 = \frac{hK_a}{K_p - K_a} \tag{7-24}$$

求出 y_0 后，支撑反力 T 及 K 截面处的剪力 Q_k 便可求出，从而简支梁 KN 的长度

y 也可求得

$$E_p = \gamma(K_p - K_a)y^2$$

且 E_2 作用点位置在距 N 为 $\frac{1}{3}y$ 处。

因为

$$\sum M_N = 0 \qquad E_2 = 3Q_k$$

所以

$$y = \sqrt{\frac{E_2}{\gamma(K_p - K_a)}} = \sqrt{\frac{3Q_k}{\gamma(K_p - K_a)}} \qquad (7\text{-}25)$$

则插入深度

$$l_{ND} = y_0 + y$$

板桩实际插入深度应比 l_{ND} 大，取

$$t = (1.1 \sim 1.2)l_{ND} = (1.1 \sim 1.2)(y_0 + y)$$

故板桩的最小长度

$$l = h + t \qquad (7\text{-}26)$$

已知板桩尺寸、压力的分布，可求最大弯矩值，进而选择板桩型号、支撑、横列板等材料型号。

(3) 多撑板桩计算问题

当基坑较深时，为减少板桩弯矩及支撑受力，可设置多层支撑。此情况下，土压力分布形式与板桩位移密切相关。因此，土压力严格说不能按库伦或朗金土压力理论计算，目前多凭经验与极限平衡理论试算进行比较，确定一个既经济又方便的施工方案。

7.3　井点法降低地下水位的设计与计算要点

城市地下工程明挖法施工中，若基坑底在地下水位以下，土质又具高渗透性时，为保证工程质量及安全需要把地下水位降到边坡面和坑底以下，以使施工处于疏干和坚硬土条件下进行开挖。尤其遇到承压含水层，若不减压，则将使基底破坏，发生隆起和基底土的流失现象。

降低水位也是基坑加固的一种方法，特别是当软土层下有砂土层时，抽取砂层中的水，使上部软土层内产生负孔隙水压力，可大大增加其有效应力，达到抽水固结作用。

7.3.1　降水和排水方法

在基坑开挖时可采用的降水与排水的方法有以下几种。

1. 集水坑排水降水法

集水坑降水法是沿坑底周围基础范围以外开挖排水沟，根据渗入基坑水量的大小，沿排水沟每隔 20～40m 挖一个集水坑，坑底应较基坑底低 1～2m，并铺垫 300mm 厚的碎石层，抽水工作要持续到基础施工完毕进行回填土时为止。

土质为细砂、粉砂或亚砂土、板桩与排水相结合时不宜采用集水坑排水降水法。

2. 井点降水法

井点降水法是在基坑开挖前，预先在基坑四周埋设一定数量的滤水管，利用抽水设备抽水，使地下水位降落到坑底以下。井点降水法有：轻型井点、喷射井点、深井点等方式。

（1）轻型井点

如图 7-16 所示，按井点布置图将滤管埋好，地下水从滤管中抽出，经一段时间，地下水位逐渐降落到坑底以下，抽水工作要持续到基础完工之后。这种方法可使所挖的土始终保持干燥状态，从根本上防止流砂的发生，改善了工作条件。同时，由于土内水分排出后，动水压力将减小或消除，密实程度提高，边坡角度可以加大。

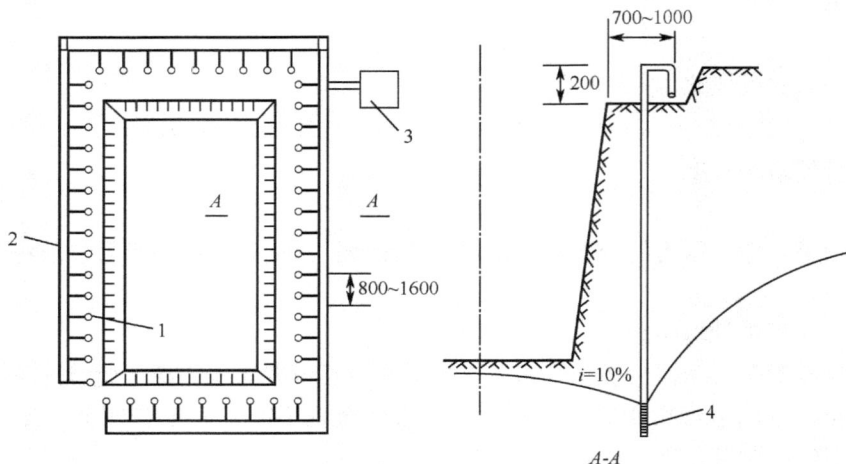

图 7-16 轻型井点布置简图
1. 井点管；2. 总管；3. 抽水设备；4. 滤管

（2）喷射井点

图 7-17 所示为喷射井点的主要构造及工作原理，自高压泵输入的水流，经输水导管到喷嘴，由于喷嘴处截面变小，流速骤增，于是喷嘴周围产生负压将所欲提升的地下水经吸入管吸入混合室排出井点。我国目前多采用同心式井点构造。

（3）深井点

适用于水量大、降水深的场合。当土粒较粗、渗透系数很大、透水层厚时，其优点是降水的深度大、范围也大，因此可以布置在基坑施工范围以外，使其排水时的降落曲线达到基坑之下。深井点可以单用，也可和井点系统合用。

（4）其他方法

1）真空井点降水：当基坑处于渗透系数小的细粒粉土场合时，土中一部分水由于毛细管力的作用而不能用重力的方法抽出。此时用普通井点已不能成功地降水，因此必须采用真空井点降水。真空降水是在井点的顶部用黏土或膨润土封住，其厚度约为1～1.5m，以保持滤管和其填料内的真空度，使井点的水力坡降增加，这种情况的降水要求其井点的间距要小，从而使地下水易于抽出。

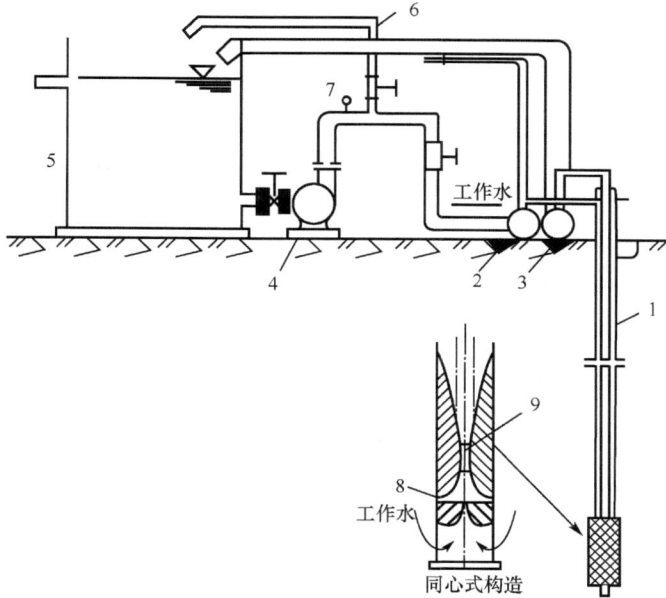

图 7-17　喷射井点降水原理

1. 井点管；2. 供水总管；3. 排水总管；4. 高压水泵；5. 循环水箱；6. 调压水管；

7. 压力表；8. 喷嘴；9. 混合室

2）电渗降水：对于更细颗粒的土，如一些粉土、黏质粉土和红粒黏土等用前面所述的方法均不能成功地降水，此时可用电渗降水。原理是，在上述土层中插入两个电极，通以直流电，则土中的水将与土分离，由阳极流向阴极，若将井点作为阴极，则可将分离的水抽出。

7.3.2　渗透变形破坏及其防止措施

如图 7-18 所示，图中 2-2 和 1-1 两截面内的试样其浮重（向下）为 $W' = AL\gamma'$，而向上的渗透力为 $i\gamma_w AL$ 上，当储水器被提升至某一高度，使 $i\gamma_w AL$ 与 $AL\gamma'$ 相等时，得

$$i\gamma_w = \gamma' \qquad (7\text{-}27)$$

（注：A 为试样断面，γ' 为试样的浮容重，i 为水力坡降。）

即渗透力等于浮容重，此时有效应力 $\sigma' = 0$，表示土粒间不存在接触应力，即在渗流作用下，试样处于即将被浮动的临界状态。如果储水器再提升，向上的渗透力大于土的浮容重，则土粒会被渗流挟带而向上浮动，这种状态称为渗透变形。

1. 渗透变形的基本形式

大量的研究表明，渗透变形包括流土和管涌两种形式。

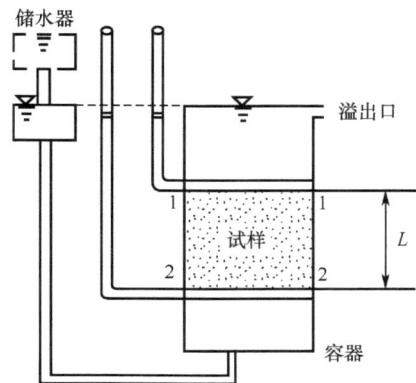

图 7-18　渗透变形试验原理

流土是指在渗流作用下，黏性土或无黏性土体中某一范围内的颗粒或颗粒群同时发生移动的现象。流土发生于渗流处而不发生于土体内部。开挖基坑时遇到的流砂现象，就属于流土的类型。

管涌是指在渗流作用下，无黏性土体中的细小颗粒，通过粗大颗粒的空隙，发生移动或被水流带走的现象，它发生的部位可在渗流逸出处，也可在土体内部。渗透变形的两种类型是在一定水力坡降条件下，土受渗透力作用而表现出来的两种不同的变形和破坏现象。在开挖施工中应避免发生。

2. 流土和管涌的临界坡降及其判断

（1）流土的临界坡降

流土的临界水力坡降可以通过公式 $i\gamma_w = \gamma'$ 得出

$$i_\sigma = \frac{\gamma'}{\gamma_w} \tag{7-28}$$

所以

$$\gamma' = \frac{(G-1)\gamma_w}{1+e}$$

$$i_\sigma = \frac{G-1}{1+e} \tag{7-29}$$

式中，G——土粒的比重；

e——土体的孔隙比；

i_σ——流土临界水力坡降。

式（7-29）是太沙基 1948 年提出的计算公式，对砂土来说 G 约为 2.66，e 约为 0.5～0.85，则 i_σ 一般在 0.8～1.2 之间。按上式算出的临界坡降应除以较大的安全系数方可作为允许渗透坡降 $[i]$ 值。

（2）管涌的判断及其临界坡降

土是否发生管涌，首先取决于土的性质。一般来说黏性土只会发生流土而不会发生管涌，因此又称为非管涌土。无黏性土产生管涌必须具备两个条件。

1）几何条件：土中粗颗粒所构成的孔隙直径必须大于细颗粒的直径，这是产生管涌的必备条件。

对于不均匀系数小于 10 的较均匀土，是非管涌土。

对于不均匀系数 $C_u > 10$ 的不均匀砂砾石土，这种土既可以发生管涌也可以发生流土。主要取决于土的级配情况及细粒含量。试验结果表明，当细粒含量在 25% 以下时，渗透变形基本上属于管涌型；当细料含量在 35% 以上时，渗透变形属流土型。当细料含量在 25%～35% 之间时，则是过渡型。具体的变形类型还要看土的松密程度。我国有些学者提出，可用土的孔隙平均直径 D_0 与最细部分的颗粒粒径 d_s 相比较，来判断土的渗透变形的类型。经验公式如下

$$D_0 = 0.25d_{20} \tag{7-30}$$

式（7-30）中 d_{20} 为小于该粒径的土质量占总质量的 20%。试验证明，当土中有 5% 以上的细颗粒小于土的孔隙平均直径时，即 $D_0 > d_s$ 时，破坏形式为管涌；而如果土中小于 D_0 的细颗粒含量 < 3%，即 $D_0 < d_s$ 时，可能流失的土颗粒很少，不会发生管涌，则

呈流土破坏。

2）水力条件：渗透力能够带动细颗粒在孔隙间滚动或移动是发生管涌的水力条件，可用管涌的水力坡降来表示。目前，在重大工程中管涌临界水力坡降一般由渗透破坏试验确定。无试验条件时，可参考国内外的一些研究成果来确定。

3．防止流砂现象的措施

在基坑开挖中，处理好土层和水的关系至关重要，特别是砂与砂土层，若不注意排水，极易导致地下水渗流而发生流砂现象。解决的办法有两种：一种是用长板桩、冻结法或地下连续墙来防止地下水渗流的进入；另一种方法是在基坑外将地下水位降低，并将地下水排走，使其不致危及基坑的开挖。

7.3.3 降水的基本理论

1857 年，法国水力学家 Dupuit 首先研究出地下水涌水的理论。

当均匀地在井内抽水时经过一定时间后，将形成降落漏斗。

一般说，井的渗流属于三元非恒定流，但当渗流区广阔，地下水源丰富，而抽水量不大时，可近似地作为恒定渗流处理，为简化计算，若渗流区域的土为各向同性均质土，可认为渗流运动对于井轴对称，按一维渗流处理。

1．井点流量的确定

（1）完全承压井

图 7-19 所示是完全承压井在抽水时的情况。

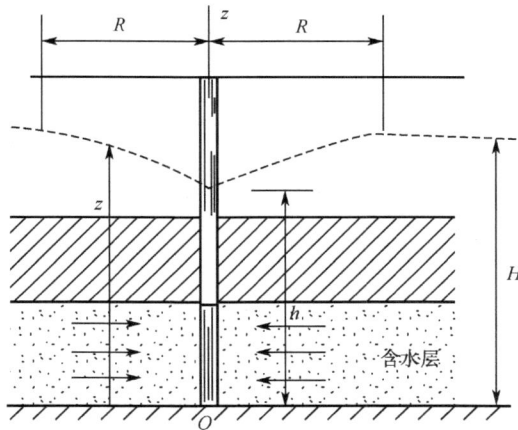

图 7-19 完全承压井渗流示意图

取井底不透水层水平方向为 ox 抽，井轴为 oy 轴，得出

$$i = \frac{\mathrm{d}y}{\mathrm{d}x}$$

$$A = 2\pi x M$$

式中，i——水头梯度；

A——断面面积；

x——由井轴至任一点的水平距离；

M——承压含水层厚度。

代入达西基本方程，则得井的流量

$$Q = kiA = 2\pi x M \cdot k \frac{\mathrm{d}y}{\mathrm{d}x}$$

式中，k——含水层的渗透系数。

$$Q = 2\pi M k x \frac{\mathrm{d}y}{\mathrm{d}x}$$

分离变量积分得

$$2\pi M k y = Q \ln x + c$$

当 $x=R$ 时，$y=H$，则上式变为

$$2\pi M k y = Q \ln x + 2\pi M k H - Q \ln R$$

整理后得

$$Q = \frac{2\pi k M (H-y)}{\ln \dfrac{R}{x}} = 2.73 k M \frac{H-y}{\ln \dfrac{R}{x}}$$

当 $x=r=$ 井半径时，$y=h$，且令水位降低值 $H-h=S$ 则渗流量为

$$Q = \frac{2.73 k M S}{\ln \dfrac{R}{r}} \tag{7-31}$$

（2）完全潜水井

图 7-20 所示为建在水平不透水层上的完全潜水井。由于井建在不透水层上，井底部无渗流量，渗流从井壁四周流入。设距井轴 x 处的圆柱形过水断面的高度为 y，过水断面面积 A 为 $2\pi xy$，断面上各点的水力坡降 $i = \dfrac{\mathrm{d}y}{\mathrm{d}x}$，则有

$$Q = 2\pi x y k \frac{\mathrm{d}y}{\mathrm{d}x}$$

$$2\pi y \mathrm{d}y = \frac{Q}{k} \frac{\mathrm{d}x}{x}$$

积分得

$$\pi y^2 = \frac{Q}{k} \ln x + c \tag{7-32}$$

当 $x=r$ 时，$y=h$，得

$$C = \pi h^2 - \frac{Q}{k} \ln r$$

代入式（7-32）有

$$y - h^2 = \frac{Q}{\pi k} \ln \frac{x}{r} = 0.7 \frac{Q}{k} \ln \frac{x}{r}$$

当 $x=R$ 时，$y=H$，则渗流量为

$$Q = k \frac{H^2 - h^2}{0.73 \ln \dfrac{R}{r}} \tag{7-33}$$

（3）非完全潜水井

图 7-21 所示是非完全潜水井渗流示意图。渗流除从井壁周围流入，同时还从井底流入井中，故非完全潜水井的渗流属三维渗流。

对非完全潜水井进行理论分析和计算尚有一定的困难，目前一般采用经验公式

$$Q = k\frac{H^2 - h^2}{0.73\ln\dfrac{R}{r}}\left[1 + 7\sqrt{\frac{r}{2H'}}\cos\frac{H'\pi}{2H}\right] \tag{7-34}$$

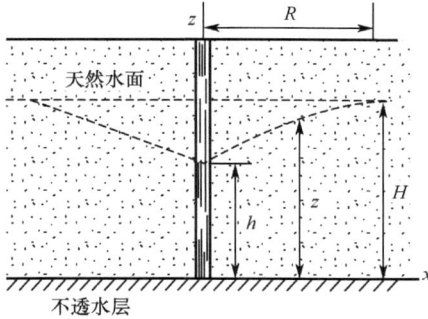

图 7-20 完全潜水井渗流示意图

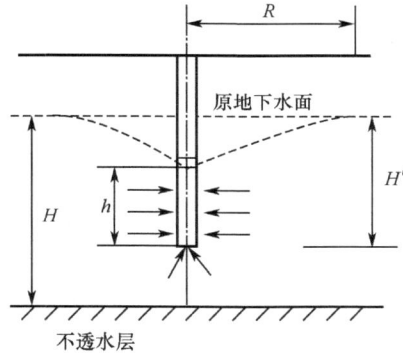

图 7-21 非完全潜水井渗流示意图

（4）井群

为了更快更广泛地降低地下水位，在渗流区域打多口井同时抽水，这种同时工作的多口井称为井群。

图 7-22 所示为一直线状排列的三口井，每井单独出流时的浸润线如图中虚线所示。当三井共同抽水时，由于相互干扰，所成浸润面如图中实线所示。

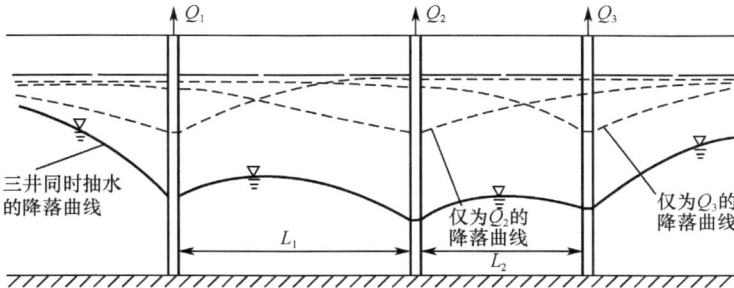

图 7-22 群抽水水位降落合成示意图

三口井同时工作时的总抽水量，应根据势流叠加原理计算，而不等于各井单独工作时（在相同渗流边界条件下）的抽水量之和；同样，井群工作时，在渗流区域内某处形成的水位降落值，也不等于各井单独工作时在该处形成的水位降落值之和。

根据势流叠加原理，多井同时工作时，任意点 A

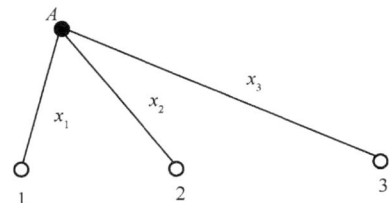

图 7-23 多井工作点的势函数图

的势函数等于各井单独工作在 A 点的势函数之和。如图 7-23 所示，整个井群的渗流量为

$$Q = 1.366 \frac{k(H^2 - h^2)}{\ln R - \frac{1}{n}\ln(x_1 \cdot x_2 x_n)} \tag{7-35}$$

式中，n——井群的数目；

　　　h——渗流区域内任一点 A 处的含水层厚度；

　　H——原含水层厚度；

　　$x_1 \cdot x_2 x_n$——各井至 A 点的距离；

　　R——井群的影响半径，可按单井的影响半径计算。

【例】　一井群由 8 个完全潜水井组成，等距离地排列在一半径为 30m 的圆周上。已知井群的影响半径 $R=500$m，原地下水含水层厚度 $H=10$m，土的渗透系数 $k=0.001$m/s，各井的半径相同且比较小。如各井的出水量相同，并测得井群的总出水量 $Q=0.02$m^3/s，求井群的圆心处地下水位降低值 Δh 等于多少？

【解】　已知井群圆心距各井轴线距离为

$$x_1 = x_2 = x_g = x = 30$$

则

$$H^2 - h^2 = \frac{Q}{1.366k}\ln\frac{R}{X}$$

$$h^2 = H^2 - \frac{Q}{1.366k}\ln\frac{R}{X}$$

$$= 10^2 - \frac{0.02}{1.366 \times 0.001}\ln\frac{500}{300} = 82.02$$

$$h = 9.06(\text{m})$$

圆心处地下水位降低值为

$$\Delta h = H - h = 10 - 9.06 = 0.94(\text{m})$$

2. 影响半径的确定

影响半径与供水来源、渗透系数有关。影响半径的公式很多，砂性土中常用的是 Sichardt 公式

$$R = 3000 S\sqrt{k} \tag{7-36}$$

式中，S——降水深度/m；

　　k——渗透系数/(m/s)。

在潜水层中 R 亦可用下式计算

$$R = \sqrt{x_0^2 + \frac{2ktH}{\mu}} \tag{7-37}$$

式中，t——井点抽水开始算起的时间（2～5 天）；

　　k——渗透系数/(m/d)；

　　H——潜水层厚度/m；

　　μ——土的排水率，$\mu = n - W_{\max}\frac{\gamma}{10}$；

n ——孔隙率/%；

W_{max} ——最大分子吸湿量/(kN/m³)；

γ ——土的容重/(kN/m³)。

7.3.4 降排水方案选择与设计中应注意的问题

降排水方案选择及设计与计算，涉及的问题很广，应综合考虑现场的地质、地形、地下水等条件，还应考虑工程的重要性、基坑几何尺寸、施工技术条件等来选择经济合理的降排水方案。

对于一般工程，明挖法施工，多采用明沟加集水井的方法降排水，其设备及工程费用较低，水可及时排出工地以外，此时，对于不同含水情况下的流量计算方法如下。

（1）在含水层中进行明挖

图 7-24 所示的流量为

$$q = \frac{k}{2R}(H^2 - h_0^2) \tag{7-38}$$

式中

$$R = 2H\sqrt{kH}$$

（2）水层上部潜水层中的明挖

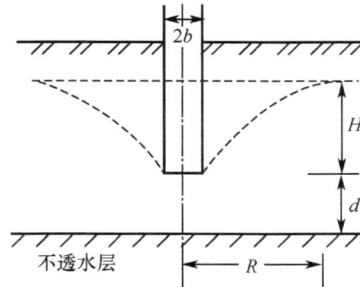

图 7-25 所示为不透水层上部潜水层中的明挖，考虑到从坑底而来的渗流，其流量计算为

$$q = \frac{kH}{2}\left[\frac{H}{R} + \frac{\pi}{\ln\dfrac{d}{\pi b} + \dfrac{\pi R}{2d}}\right] \tag{7-39}$$

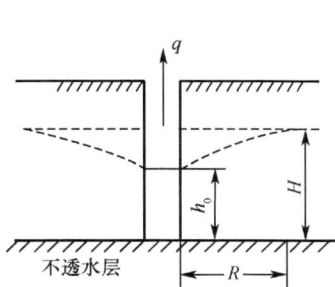

图 7-24 明沟排水示意图   图 7-25 不透水层上册部潜水层中明挖排水

（3）不透水层上部承压水层中的明挖

如图 7-26 所示，其流量计算为

$$q = k\left[\frac{2S - m}{R}m + \frac{\pi S}{\ln\dfrac{d}{\pi b} + \dfrac{\pi R}{2d}}\right] \tag{7-40}$$

选用抽水泵时，需按计算水量选用，并考虑一定的安全系数，否则遇大雨或暴雨时将会发生问题。

对于大型、重要工程，特别是地质条件较差，含水层较浅，有承压水、地下水位较

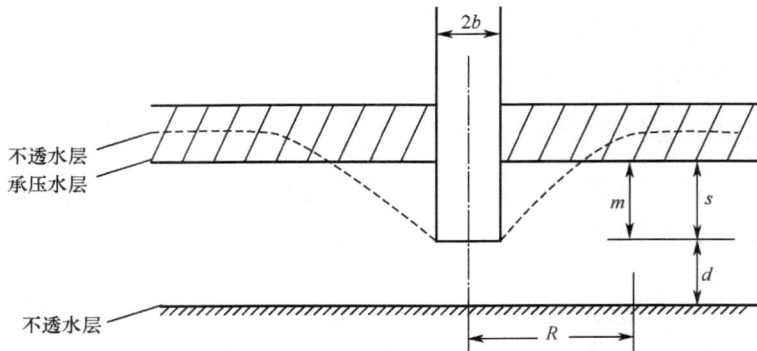

图 7-26 不透水层上部承压水层中的明挖排水

高的情况下，采用井点降排水方法为好，这样可根本防止流砂现象发生、改善工作条件。

在黏土中开挖，必要时应考虑采用电渗法降排水。

选择降排水方案及设计施工时，根据影响降水因素，还应注重如下问题。

1）气象条件：基坑降水应特别注意气象条件对地下水的影响，应了解当地降雨、雨量。

2）地质条件：抽水量应根据地质条件及施工经验确定。

3）场地条件：现场有无堆土，车辆频繁程度及载重量，附近民房及建筑物情况，地下管线及抽排水通道位置等。

4）坡面保护：随开挖的进行，应加强坡面的保护，以减少漏气，提高降排水效果，一般多采用塑料薄膜或钢丝水泥护坡。

5）供电保证：必须双路供电以免断电造成井点停转，引起塌坡，大型、重要工程尤须注意。

6）设备保证：井点泵，必须有备用量，以免故障停止抽水。

7）对于不熟悉的地区，特别是大型、重要工程，务必进行现场抽水试验系数、核对计算数据。

7.4 旋 喷 法

7.4.1 概述

旋喷法（又称高压旋喷）是用钻机钻孔至需要深度后，用高压脉冲泵，通过安装在钻杆底端的喷嘴旋转向四周喷射化学浆液。同时旋转上提，用高压射流破坏土体结构并使破坏的土体与化学浆液混合，胶结硬化形成上、下直径大致相同，具有一定强度的圆柱体。

高压旋喷法用途较广，不仅可以用于深基坑开挖，也可做成连续墙用于防渗止水，以提高地基抗剪强度、加固地基、改善土的变形性质、稳定边坡等。

旋喷法所用高压泵为往复式活塞泵，工作压力在 $20\sim25$ MPa 以上，喷嘴由耐磨钨钴合金制成，喷出口径为 2～3mm，化学浆液目前常用水泥浆加速凝剂，旋喷柱的直径可达 50cm 左右，柱体的极限强度 3～5MPa。

高压旋喷法的旋喷管可分单管、二重管、三重管 3 种。单管旋喷法用单一的固化浆液射流进行工作，浆液从喷嘴喷出冲击破坏土体，借助旋转、提升运动进行搅拌混合；二重管旋喷法，使用同轴双重喷嘴，同时喷出高压浆液和空气双介质射流，冲击破坏土体，即将 20MPa 左右压力的浆液，从内喷嘴高速喷出 0.7MPa 左右压力的压缩空气，从外喷嘴中喷出。此法，可使固结体的直径明显增加。三重管旋喷法是使用输送水、气、浆 3 种介质的三重注浆管。20MPa 左右的高压水射流和气流同轴喷射冲切土体，形成较大的空隙，同时由泥浆泵注入压力为 2～5MPa 的浆液填充，三重管边旋转、边提升，最后形成立径较大的圆柱状固结体。

7.4.2 旋喷注浆加固地基的原理

1. 高压喷射流对土体的破坏作用

机理比较复杂，目前在理论上尚未充分探明。用图 7-27 做大致说明如下。

（1）喷射流压力

高压喷射流冲击土体时，由于能量高度集中地冲击一个很小的区域，在很大的压应力作用下，当外力超过土颗粒结构破坏临界值时，土体便破坏。

由喷射流的运动方程得出其理论破坏力公式

$$F = \rho A V_m^2 \tag{7-41}$$

式中，F——喷射流的破坏力/N；

ρ——喷流介质的密度/(Ns^2/m^4)；

A——喷射流截面积/m^2；

V_m——喷射流的速度/(m/s)。

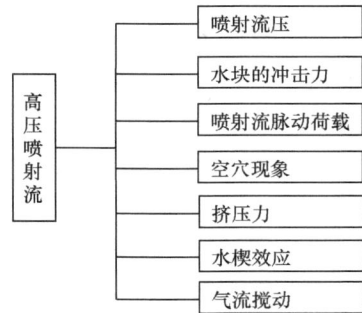

图 7-27　高压喷射流破坏土体作用示意图

式（7-41）说明，当喷射流介质的密度和喷嘴截面积一定时，破坏力和速度的平方成正比。喷射压力越高，速度便越快。因此，增加高压泵的压力，是增大高速喷射流破坏力的合理途径。

（2）水的冲击力与射流脉动荷载的作用

由于射流断续冲击土体，产生冲击力，土粒受脉动负荷影响，失掉平衡，从而促使土体破坏，并促进破坏的发展。

（3）空穴现象

上体在压力差大的部位产生孔洞，呈现类似空穴现象，空穴中喷射流呈紊流状，而把较软弱土体进一步掏空，造成空穴扩大，使更多的土颗粒遭受剥离破坏。

（4）水楔效应

由于喷射流的反作用力，会产生水楔效应。在垂直于喷射流轴线的方向上，水楔入土体裂隙或薄弱部位，这时喷射流的动压变为静压，使土体发生剥落，加宽裂缝。

（5）挤压力

喷射流在终了区域，能量衰减，不再能使土粒剥落，但对有效射程的边界土，产生挤压力，压密土体，部分浆液进入土粒间的空隙，不再产生脱离现象。

（6）气流搅动

在水或浆与气的同轴喷射作用下，由于空气流的搅动使水或浆射流的喷射条件得到改善，阻力减少，能耗降低，从而增大了高压喷射流的破坏能力。

2. 旋喷成桩机理

旋喷加固范围为喷射距离加上渗透部分和压缩部分为半径的圆柱体。部分细小的土粒被浆液所置换，随液流被带至地面，其余的土粒与浆液搅拌混合，在旋喷动压、离心力和重力的共同作用下，在横断面上土粒按质量大小有规律地排列，小颗粒在中部居多，大颗粒在外侧或边缘，经过一定时间成为固结体。

大砾石和腐殖土的旋喷固结机理有别于砂类土和黏性土。因砾石体大、置重，射流通过空隙，使浆液填充固结。

固结体的形状与喷嘴移动的方向和持续的时间有密切关系。随旋喷管旋转和提升，便形成圆柱状或异型圆柱状固结体。

7.4.3 旋喷注浆设计

1. 固结体强度设计与浆液配方的选定

（1）固结体的物理力学特性

土经旋喷固结后，一般中心强度较低，外部强度较高，边缘处有一坚硬的外壳，断面强度变化如图 7-28 所示，平均最大抗压强度：砂类土 $10\sim20$MPa，黏性土 $5\sim10$MPa，最大抗折强度为最大抗压强度的 $1/5\sim1/10$。固结体的外形不光滑，因此同土体有很好的镶嵌契合作用，使其具有较大的竖向承载力。平均竖向承载力为 $800\sim1200$kN/m^2。

旋喷后固结体内有许多自中心向外放射的微小气孔、空隙比较大，小孔间互不连通，其渗透系数很小，黏性土的旋喷固结体容重比原状土轻，砂类土的固结体略重于原土。

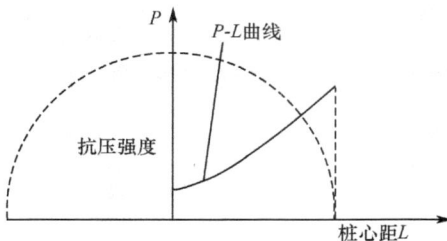

图 7-28　固结体强度分布图

（2）设计强度和选择浆液的原则

1）工程要求：不同用途的工程，对旋喷固结体的强度有不同的要求。加固基坑底部防流砂、防隆起等，强度不需很高；防渗防水用的固结体，除要求搭接较好外，还要求固结体有较好的抗渗性能；作基础或加固用，则对强度要求高。具体工程具体对待，并非强度越高越好。

2）浆液配方的选择：我国旋喷注浆除个别工程使用过化学浆液外，基本上都是以水泥为主的硬化剂。一般硅酸盐水泥完全水化所需的理论用水量，大致需要水泥量的 $35\%\sim37\%$。水灰比为 $1:1\sim15:1$。

旋喷法水泥为主的硬化剂以及我国试验和使用过的所掺外加剂配方见表 7-4。

表 7-4 国内常用的旋喷浆液外加剂成分及物性表

配方类型	序号	外加剂成分及百分比	浆液特性
促凝早强剂	1	氯化钙 2~4	促凝早强可灌性好
	2	铝酸钠 2	促凝强度增长慢、稠度大
	3	水玻璃 2	被凝快、终凝时间长、成本低
	4	三乙醇胺 0.03~0.05,食盐 1	有早强作用
	5	三乙醇胺 0.03~0.05,食盐 1,亚硝酸钠 0.5	放腐蚀、早强、后期强度高
	6	三乙醇胺 0.03~0.05,食盐 1,氯化钙 3~5	促凝早强可喷性好
	7	水玻璃 2,"NNO"0.5	早强、强度好、稳定性好
填充剂型	1	粉煤灰 25	调节强度、节约水泥
	2	粉煤灰 25,氯化钙 2	促凝、节约水泥
	3	粉煤灰 25,硫酸钠 1,三乙醇胺 0.03	早强、抗冻性好
	4	矿渣 25	提高强度、节约水泥
	5	矿渣 25,氯化钠 2	促凝、早强、节约水泥

2. 旋喷桩体直径的确定

旋喷有效直径的大小,主要取决于旋喷方法(单管法、二重管法、三重管法),地层的土质特性(N 值、渗透系数、颗粒组成及黏着力等)和施工条件(施工参数、施工深度和地下水状态等)。

根据国内外有关的试验资料,设计固结体直径可采用下述的一些经验公式,对较大的工程,应进行现场测试。

我国多以水泥浆液为主,压力 20MPa 左右,喷嘴孔径为 $2.0 < d_0 < 2.5mm$ 时,有关专家建议桩径按下式设计。

黏性土(适用于 $0 < N < 5$,单管旋喷)

$$D_{(m)} = 0.65 - \frac{1}{154} N^2 \tag{7-41}$$

砂性土(适用于 $5 < N < 15$,单管旋喷)

$$D_{(m)} = \frac{1}{770}(350 + 10N - N^2) \tag{7-42}$$

式中,N——标准贯入值。

旋喷注浆工程具体设计计算,可查有关参考书。

7.4.4 旋喷注浆施工

图 7-29 为施工程序示意图,现具体介绍如下。

1)钻机就位:钻机按设计孔位就位,重要的是保证钻孔的垂直度,为此必须做水平校正,使钻杆轴线垂直对准钻孔中心位置。

2)钻孔:标准贯入度小于 40 的砂类土和黏性土层,钻孔机具多采用 70 型或 76 型旋转震动钻机。比较坚硬的地层可用地质钻机钻孔。

3)插管:当使用 70 型或 76 型钻机时,插管与钻孔两道工序合二为一,钻孔完毕,

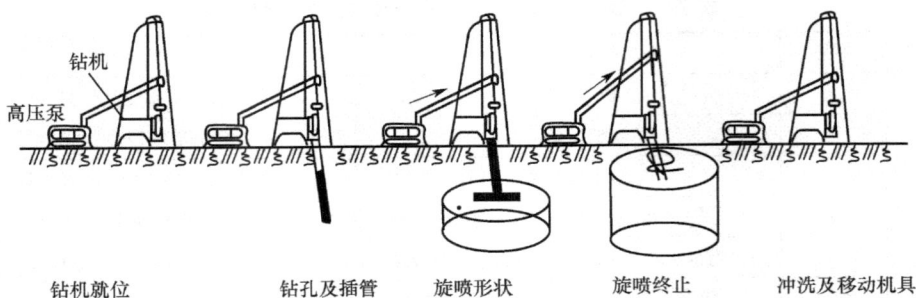

图 7-29　旋喷浆施工图

插管作业即已完成。使用地质钻时，钻孔完毕，取出岩芯管将旋喷管换上，插入预定深度。为防止泥砂堵塞喷嘴，可边射水，边插管，水压力一般不超过 1MPa。

4）旋喷作业：按设计配合比搅拌浆液，开始旋喷，旋转提升旋喷管。应时刻按设计要求检查注浆量、风量、压力、旋转提升速度。并做好记录，绘制作业过程曲线。

5）冲洗：旋喷提升到设计标高，即施工完毕应及时把机具用水代替浆液在地面冲洗干净。

6）移动机具：把钻机等设备移动到新孔位上。

对于旋喷深层长桩，必须按地质剖面等资料，在不同深度针对不同的土层调整旋喷参数，以获得均匀密实的长固结柱体。

旋喷过程中，一定数量的土粒随部分浆液沿注浆管管壁流出地面，称为冒浆，根据经验，冒浆量小于注浆量的 20％，为正常现象，若超过 20％或完全不冒浆，须查明原因并采取相应措施。如因土层空隙较大引起不冒浆，可采取改变浆液配方，缩短固结时间的办法；若冒浆量过大，可采取提高喷浆压力、适当缩小喷嘴孔径或加快提升、旋转速度等措施。

复习思考题

1. 明挖法的适用条件和关键技术是什么？

2. 明挖法的护坡方式有哪些？

3. 边坡稳定分析中用条分法求稳定安全系数的方法步骤是什么？

4. 什么是最危险滑动面？最危险滑裂面的圆心位置和半径大小如何确定？

5. 明挖法降水应注意和考虑哪些因素？

第8章 盖挖逆筑法

8.1 概　　述

在城市地下建筑施工工程中，埋深较浅，又不允许较长时间占用地面和交通路面的情况下，可以采用盖挖逆筑法施工。

盖挖逆筑法是先建造地下工程的柱、梁和顶板，然后以此为支承构件，上部恢复地面交通，下部进行土体开挖及地下主体工程施工的一种方法。按施工期间对地面交通的影响程度，可分为以下几种施工方案。

1）用临时路面维持地面交通的方案：首先施工两侧边桩（墙）、中间临时柱及其下部基础，架设临时路面系统，而后在其保护下采用顺筑法或逆筑法开挖土方、修建结构。

2）以结构顶板维持地面交通的方案：施工完边桩（墙）及中间立柱后，在明挖的基坑中修建顶板，回填顶部覆土，恢复路面后立即转入暗挖作业。为减少施工占路时间，可使顶板尽量接近地表，将路面结构与顶板合一。

3）半明半暗方案：首先用矿山法修建两个旁侧隧道及中间梁柱，最后用盖挖法完成中间的主体结构。

边墙支护一般可采用地下连续墙或灌注桩，并尽可能把其作为主体结构侧墙的一部分。边墙作为挡土结构主要承受横向荷载，同时，也承受水平构件传来的竖向荷载，中柱主要承受竖向荷载。

逆筑法施工，结构的底板滞后完成，此时顶、楼板上的荷载传向地基有两种做法：

1）利用基坑两例的挡墙传递竖向力的方法：此时主体为一单跨结构，此方案的优点是作业程序少，施工占路时间短，一般适用于需要严格限定封路时间或车站硐室、隧道宽度较窄和设置临时中间竖向支撑系统很不经济的情况。

2）设置中间竖向支撑系统与基坑两侧的挡墙共同传递竖向力的方法。中间竖向支撑的设置一是在永久柱两侧单独设置临时柱；二是临时柱与永久柱合一；三是临时柱与永久柱合一同时另增设临时柱。现大多采用第二种方式。当采用第二种方式时，在施工结构顶板前，首先要在永久柱的位置修建柱及其柱基。

柱下基础可采用条基或桩基。采用条基时，首先用矿山法等暗挖方法，在建筑物底板下面，沿隧道纵向方向上，开挖小型隧道，在隧道内浇注底梁，再从地表往下钻孔，架设临时柱。这种做法造价较高，因此工程中经常采用的是灌注桩基础。

钻孔灌注桩多采用直桩。近年来在高层建筑的基础工程中采用大直径扩底桩墩基础，桩底扩大后可显著提高桩的承载力。地下建筑的柱下基础，也有采用扩底桩墩基础的。

盖挖逆筑法中其主体结构的施工方式与明挖法大致相同，因此，本章主要结合盖挖逆筑法介绍较具特点的地下连续墙及桩基础的施工方法。

8.2 地下连续墙施工工艺

8.2.1 地下连续墙施工概念

地下连续墙施工工艺，即指从地面上沿着拟建的地下结构或高层建筑基坑的周边，用特制的挖槽机械，在泥浆护壁状态下开挖一定长度的沟槽，然后将钢筋笼吊放入沟槽，用导管法在充满泥浆的沟槽内浇筑混凝土，混凝土从沟槽底部逐渐向上浇筑，同时将泥浆置换出来，在地下形成钢筋混凝土墙段，把各单元墙段用特制接头逐一连接起来，形成一个整体的地下连续墙。

地下连续墙技术源于欧洲，它是由打井和石油钻井所用的泥浆护壁以及水下浇灌混凝土施工方法结合而发展起来的。1950年前后开始用于工程，当时以法国和意大利用得最多。以后在墨西哥有所发展，在地铁建造中，采用地下连续墙技术，创造了高速施工的记录。以后在欧美和日本等国相继采用，逐步演变为一种地下墙体和基础的类型。

我国于1958年开始使用地下连续墙技术，随后在全国各地的一些高层建筑基坑上采用，如广州的白天鹅宾馆，地下连续墙呈腰鼓形；上海电信大楼地处市中心，邻近繁华的交通干线和建筑物，采用地下连续墙，顺利地完成了地下工程。目前我国已施工的地下连续墙深度已达65m。

地下连续墙施工技术的主要优点是适用于多种地质条件，施工时无振动，噪音低，不必做放坡，不需支模，墙体刚度大于一般挡土墙，能承受较大的土压力，可避免地基沉陷与塌方，可用于建筑物密集地区，因而在城市地下工程中是一种很好的施工方法。其不足在于要用专门设备进行施工，单体工程造价略高，如现场管理不善，造成施工环境泥泞潮湿，钢材不能像钢板桩那样再重复使用。

地下连续墙，施工阶段的静力计算方法目前正在发展中，完善的计算理论尚未形成，理论和方法大致有4类。

1) 较古典的计算方法：计算条件是考虑土压力为已知，而不考虑墙体和支撑变形，属于此类方法的有等值梁法、二分之一分割法、泰沙基法等。

2) 弹性计算法：认为墙体弯矩和支撑轴力不随开挖过程变化，计算条件是土压力为已知，考虑墙体变形，但不考虑支撑变形。

3) 认为墙体弯矩和支撑轴力随开挖过程和支撑设置而变化的一种计算方法，计算条件：考虑土压力为已知，同时，即考虑支撑的弹性变位，又考虑墙体的变形。

4) 共同变形计算方法：认为土压力是受墙体变形影响而有变化的，同时考虑墙体和支撑的变形。

目前实际应用中，以前两种计算方法为主。

8.2.2 施工工艺和主要设备

1. 施工工艺

现浇钢筋混凝土地下连续墙施工工艺如图8-1所示。

因挖槽机具的不同，地下连续墙施工工艺布置有些差别，如图8-2为用钻抓法施工时的工艺布置方式。图8-3为用多头钻施工时的工艺布置方式。

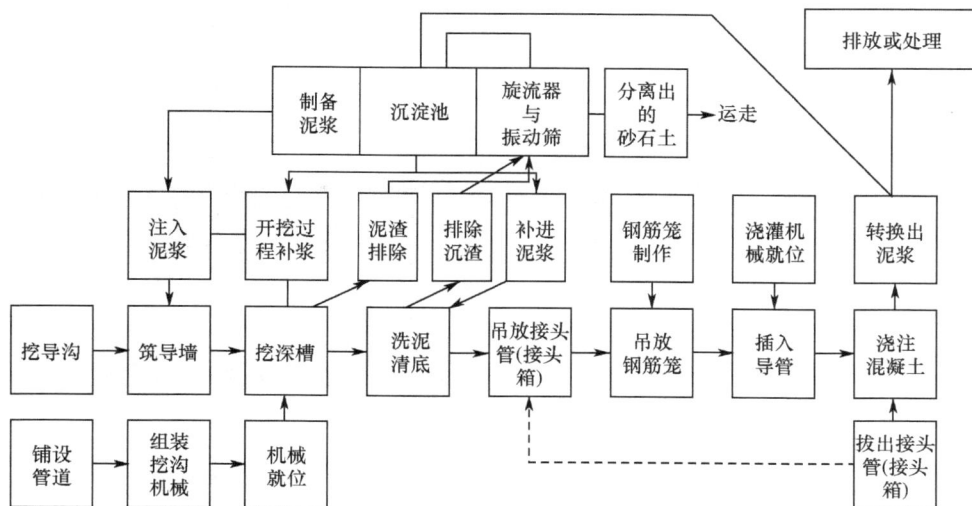

图 8-1　地下连续墙用钻抓法施工的工艺布置

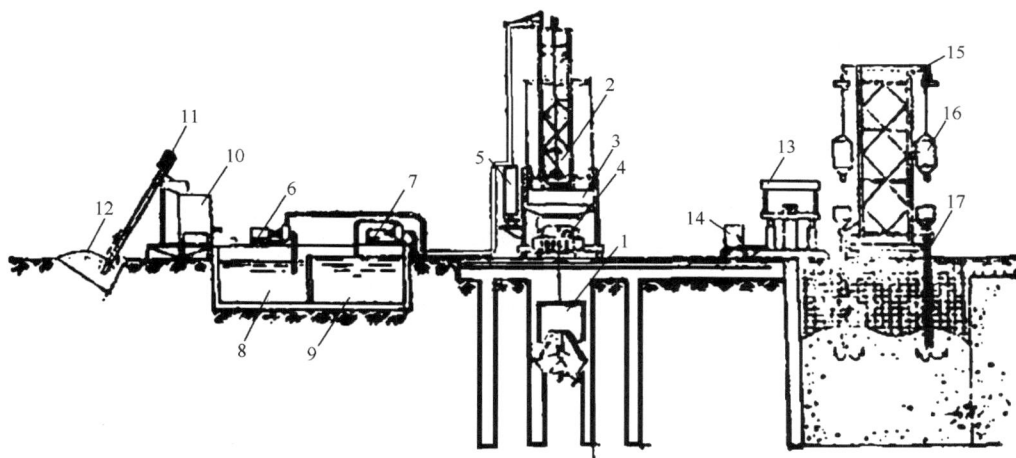

图 8-2　地下连续墙用钻抓法施工示意

1. 导板抓斗；2. 机架；3. 出土滑槽；4. 翻斗车；5. 潜水电钻；6、7. 吸泥泵；8. 泥浆池；9. 泥浆沉淀池；10. 泥浆搅拌机；11. 螺旋输送机；12. 膨润土；13. 接头管顶升架；14. 油泵车；15. 混凝土浇灌机；16. 混凝土吊斗；17. 混凝土导管

2. 施工主要设备

（1）泥浆制备与处理设备

泥浆制备和处理设备有如胶质灰浆搅拌机、螺旋桨式搅拌机、压缩空气搅拌机、离心泵重复循环拌和机等，我国多用泥浆搅拌机。

泥浆处理设备主要有振动筛和旋流器。泥浆处理的方法有机械处理、重力沉淀和化学处理。前两种处理方法的费用比化学处理的方法费用低，机械处理与重力沉淀方法联合使用则效果较好，经过机械处理过的泥浆流入沉淀池进行重力沉淀。

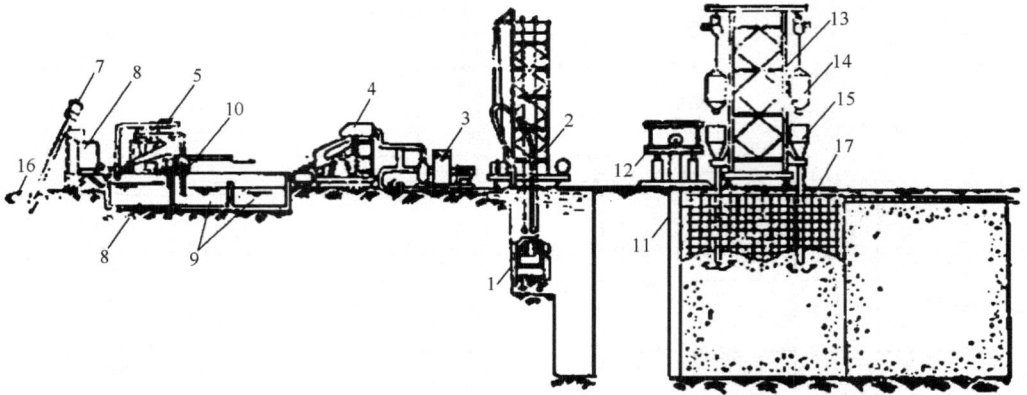

图 8-3　地下连续墙用多头钻施工的工艺布置

1. 多头钻；2. 机架；3. 吸泥泵；4. 振动筛；5. 水力旋流器；6. 泥浆搅拌机；7. 螺旋输送机；8. 泥浆池；
9. 泥浆沉淀池；10. 补浆用输浆管；11. 接头管；12. 接头管顶升架；13. 混凝土浇灌机；14. 混凝土吊斗；
15. 混凝土导管上的料斗；16. 膨润土；17. 轨道

（2）挖槽（机械）设备

常用的挖槽机械可分为两大类：一是挖（抓）斗式挖槽机，这类机械采用直接出碴方式；二是钻头式挖槽机，这类机械采用泥浆循环出碴方式。具体分类如下：

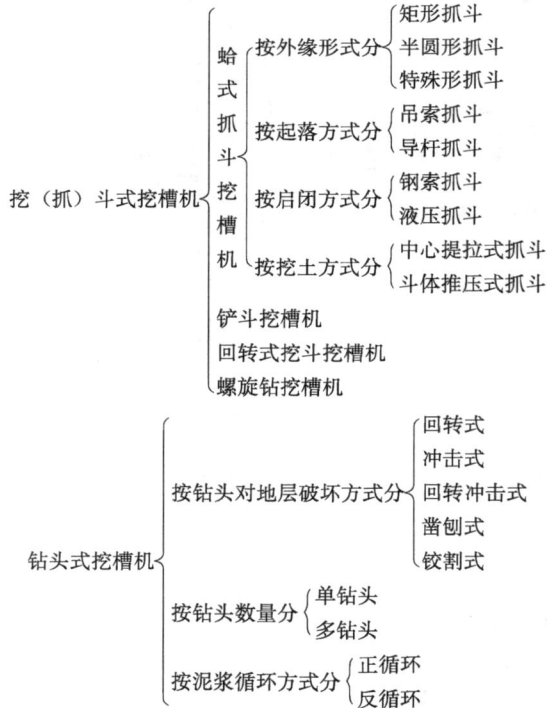

挖槽机械的选用，主要根据地质条件，开挖深度和施工条件诸因素而定。

冲击式钻机依靠钻头自身重量反复冲击破碎基岩或基土，由渣筒将破碎下来的土取出、成孔，该设备比较简单，操作容易，但工效低，较难保证槽壁精度。适用于无黏性土、硬土和夹有石子的较为复杂的土层。

抓斗式成槽机械主要特点是进行破碎挖土的同时，能将土渣直接运出槽外，抓斗的构造不同，各有特色。索式中心提拉式导板抓斗由钢索操纵开斗、抓土、闭斗和提升，导板起导向作用，可提高挖槽的精度，又增大抓斗的重量，提高挖槽的效率；索式斗体推压式导杆抓斗，在挖土时能推压抓斗斗体进行切土，并设有弃土压板，所以能有效地切土和弃土，目前国内用这种抓斗挖土深度可达 26m 以上，效果很好；液压抓斗用液压油缸代替钢索，事实已证明液压油缸在泥浆中的工作情况比滑轮组好。这种机械主要适用于黏土和 N 值小于 30 的砂性土。

钻头式挖槽机能一次钻削成平面为长圆形的孔洞。钻机设有电子测斜自动纠偏装置，其切削下来的泥土，用反循环方式沿软管排出槽外。这种成槽机能满足各种地质条件下的施工，工效高、壁面平整。

8.2.3　泥浆材料

1. 泥浆的作用

泥浆在地下连续墙施工中主要起固壁、携渣、冷却和润滑作用，以固壁作用为主。泥浆充满沟槽，触变泥浆液面通常保持高出地下水位 $0.5 \sim 1.0m$，其护壁机理为：泥浆比重大于地下水的比重，液面又高，所以泥浆的液柱压力足以平衡地下水、土压力，成为槽壁土体的一种液态支撑，泥浆压力还可以使泥浆渗入槽壁土体孔隙，在槽壁表面形成一层组织致密、透水性很小的泥皮，使土体表面胶结成整体，维护了槽壁的稳定，同时泥浆也起到了携渣，冷却与润滑作用。

2. 泥浆成分

固壁泥浆的主要成分是膨润土、掺和物和水。

膨润土是一种颗粒极细小，遇水显著膨胀，黏性和可塑性都很大的特殊黏土，其主要成分为 $SiO_2 \cdot Al_2O_3 \cdot Fe_2O_3$ 等，我国采用商品陶土粉加入适量的纯碱（Na_2CO_3），能获得稳定性较好的泥浆。

水，是用量最大的成分，要求不含杂质，呈中性，pH 值在 $7 \sim 8$ 之间，含盐量在 500ppm 以下。

掺和物，一般指化学处理剂、惰性物质等掺入物。

化学处理剂，能使泥浆在调制、维护和再生中达到优质指标。化学处理剂种类繁多，大体可分为两类；无机类与有机类。无机处理剂有碱类、碳酸盐类、氧化物、硫酸盐和磷酸盐类，我国常用无机处理剂为纯碱。有机处理剂又分为稀释剂（也称分散剂），如丹宁液、栲胶液等；降失水剂（又称增黏剂），如煤碱液、腐殖酸纤维素、木质素、丙烯酸衍生物等。此外，还有表面活性剂等若干类。

惰性物质一般为重晶石粉、珍珠岩粉，方铅矿硫化铝、石灰石粉等，因为是不溶于水的物质，掺入可增加泥浆比重。有时还需掺入堵漏剂，如锯末（用量 $1\% \sim 2\%$）、稻草末、水泥（用量在 $17kg/m^3$ 以下）、蛭石末、有机纤维素聚合物等。

3. 泥浆配合比

一般应通过试验确定泥浆的配合比。

设计固壁泥浆的配合比时，主要控制比重、黏度、失水量、稳定性、pH 值等指标。比重为 1.05～1.10 为宜，黏度与地质构造、有无地下水以及出渣方式有关，常控制在 20～25s，砾石层可用到 30～35s，失水量一般控制在 10ml 以下，稳定性为 95%～100%，pH 值 8～10，泥皮厚度为 1～1.5mm。

膨润土的含量一般都取 6%～8%（水重量为 100%），纯碱含量不超过 0.7%。某工程实际使用的配合比，见表 8-1。

表 8-1　泥浆配合比举例

材料名称	投加比例	每立方米泥浆材料用量	备　注
酸性陶土	8%～10%	80～100kg	视陶土质量增碱
纯碱	4%	4kg	
CMC	0.5%	0.5kg	配成 1.5% 浓液
水	余量 100%	加至 1m³	河水

其中 CMC（羧甲基纤维素）是一种浆糊状高分子化学处理纸浆，掺入后可增加泥浆粘度，提高泥皮的形成性能，抗盐、碱污染。

8.2.4　地下连续墙接头

地下连续墙的接头形式很多，一般根据受力和防渗要求进行选择。总的来说分为两大类：施工接头和结构接头。施工接头是浇筑地下连续墙时连接两相邻单元墙段的接头，常用的接头有接头管（又称锁口管）接头、接头箱接头和隔板式接头等；结构接头是已竣工的地下连续墙与其他梁、板、柱构件相连接用的接头。

1. 施工接头

要求施工简便，质量可靠，又能满足结构上受力、防渗等要求。常用的施工接头有以下几种。

（1）接头管接头

结构形式及施工程序见图 8-4，接头管的直径一般要比墙厚小 5cm，管壁厚 20mm 左右，接头管每节长 5～10m，亦可根据需要接长，这是当前应用最多的一种接头。

（2）接头箱接头

如图 8-5 所示，接头箱接头是在两相邻单元槽段的交界处利用 U 形接头管放入开有方孔且焊有封头钢板的接头钢板，以增加接头的整体性。

（3）隔板式接头

按隔板的形状分为平隔板、榫形隔板和 V 形隔板 3 种（图 8-6）。由于隔板与壁板之间难免会有缝隙，为防止混凝土渗漏，可采用在钢筋笼前后，铺贴纤维尼龙化纤布等措施。榫形隔板的隔板式接头的整体性较好。

2. 结构接头

结构接头最常用的方法是在地下连续墙内预埋连接筋，一般是先将设计的连接筋加热后弯折，预埋在墙内，待土体开挖后露出墙体时，再凿出预埋连接筋，弯成设计形状，与地下结构的钢筋连接。但预埋筋的直径不宜大于 φ20mm，以便弯折。另外，考虑连接处弯折过的钢筋强度降低及结构的薄弱环节，所以在设计时一般使连接筋有

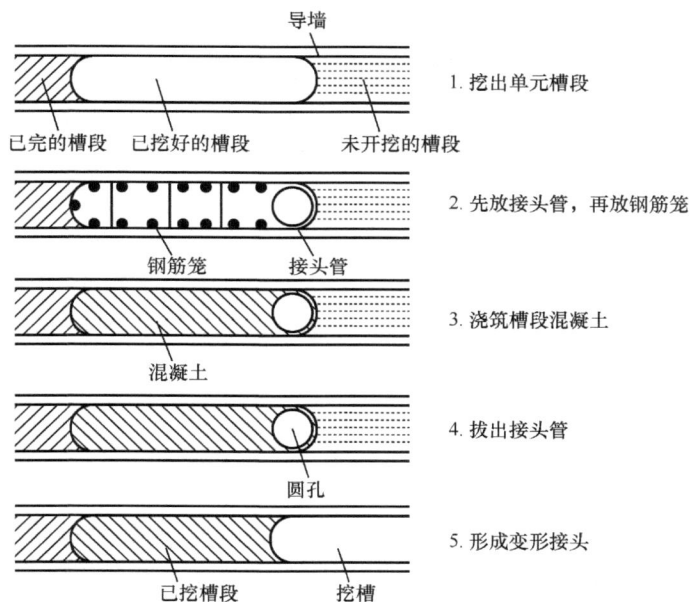

导墙

1. 挖出单元槽段

已完的槽段　已挖好的槽段　未开挖的槽段

2. 先放接头管，再放钢筋笼

钢筋笼　接头管

3. 浇筑槽段混凝土

混凝土

4. 拔出接头管

圆孔

5. 形成变形接头

已挖槽段　挖槽

图 8-4　接头管接头施工程序

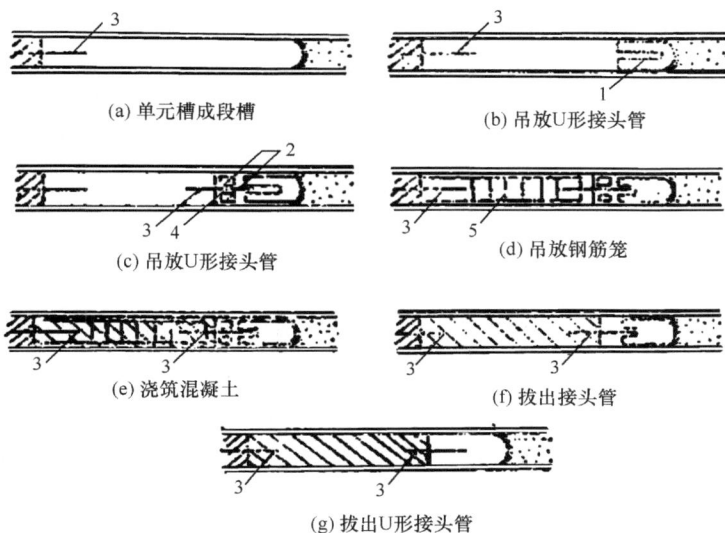

(a) 单元槽成段槽

(b) 吊放U形接头管

(c) 吊放U形接头管

(d) 吊放钢筋笼

(e) 浇筑混凝土

(f) 拔出接头管

(g) 拔出U形接头管

图 8-5　钢板接头的施工程序

1. U形接头管；2. 接头箱；3. 接头钢板；4. 封头钢板；5. 钢筋笼

20%富余。

8.2.5　地下连续墙施工

1. 修筑导墙

地下连续墙沟槽，近地表位置的土体极不稳定，因此挖槽之前必须沿地下连续墙纵

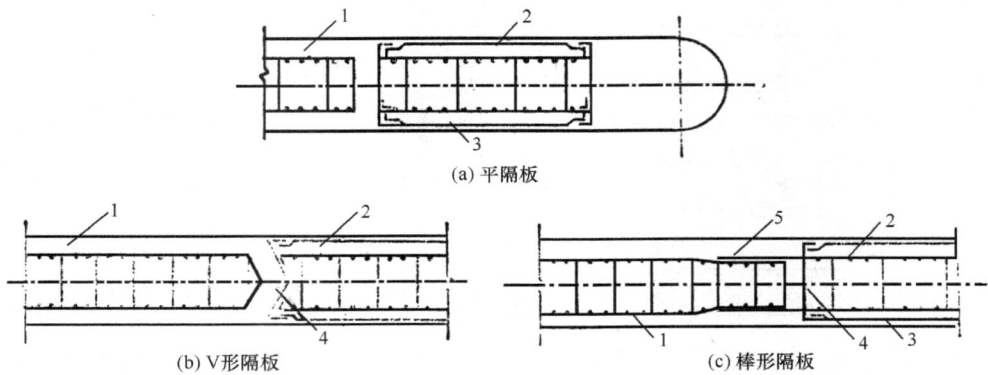

(a) 平隔板

(b) V形隔板

(c) 棒形隔板

图 8-6 隔板式接头

1. 正在施工槽段的钢筋笼；2. 已浇筑混凝土槽段的钢筋笼；3. 化纤布；4. 钢隔板；5. 接头

向轴线位置开挖导沟、修筑导墙。导墙的作用是为地下连续墙定线和定标高，为挖槽机械定向；容蓄泥浆稳定液位；防止槽壁顶部土体坍落；作为吊放钢筋笼、插导管和架设挖槽设备的支承点。

两片导墙之间的距离，可取地下连续墙的设计墙厚，亦可大于设计墙厚的 30～50mm，导墙的厚度、深度和结构型式，根据地质条件、施工荷载、挖槽方法等而定。导墙厚度一般为 10～20cm，深度一般为 1～2m，顶部宜略高于地面，以阻止地表水流入导沟。对松软土层，较大的施工荷载或以泥浆循环出渣时，导墙的深度宜大些。导墙的断面形式如图 8-7 所示，为了保证地下连续墙转角处的质量，在导墙纵横交接处做成 T 字形，或做成十字形交叉，即一边或二边各增加 0.6～1.0m，以保证拐角断面的完整，如图 8-8 所示。

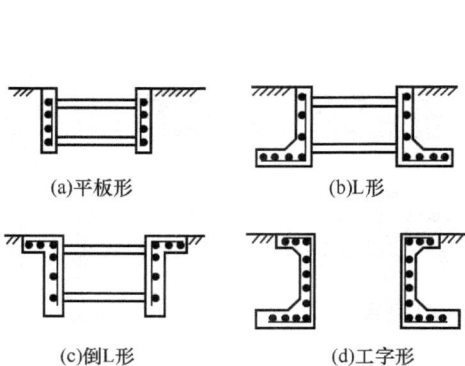

(a)平板形

(b)L形

(c)倒L形

(d)工字形

图 8-7 隔板式接头

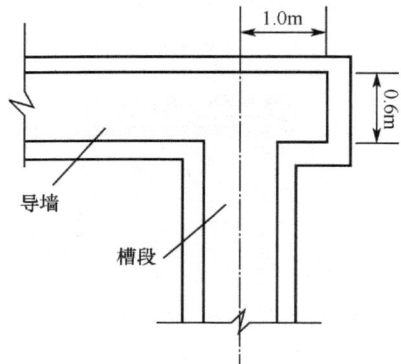

图 8-8 导墙在转角处的形式

2. 泥浆护壁

在地下连续墙的成槽过程中，为了保持槽壁稳定不坍，槽内必须始终充满触变泥浆。按设计固壁泥浆配合比，制备泥浆，泥浆搅拌一般先在搅拌筒内加 1/3 水，开动搅拌机，在定量水箱不断加水的同时，加入膨润土、纯碱液，搅拌 3min 后，加入增黏剂（CMC）及硝腐碱液，继续搅拌 5min，如直接使用，则搅拌时间应该延时 1/2。多数情况，泥浆搅拌后应静置 24h 使用，以使膨润土颗粒充分经水膨胀。

泥浆的使用按挖槽方式大致分为静止方式和循环方式，循环方式又分为正循环和反循环两种。

（1）静止方式

用抓斗挖槽，泥浆的使用为静止方式，随挖槽深度的增大，不断向槽内补充新鲜泥浆。直到浇灌混凝土将泥浆置换出为止，泥浆一直容储在槽内。

（2）循环方式

用钻头和切削刀具挖槽，泥浆的使用属于循环方式，把槽充满泥浆的同时，用泵使泥浆在槽底与地面之间进行循环并排渣于地面。泥浆起护壁作用外，循环是排碴的手段。

管道把泥浆压送到槽底，泥浆在管道外面上升，并把土渣携出地面叫正循环；泥浆从管道的外面流入槽内，而后土渣和泥浆一起被吸抽至地面上来，叫反循环。反循环排土工艺，对施工速度有直接影响，效率较高，施工中应注意选用。

泥浆经过处理，可以重复使用。一般通过振动筛可将较大土渣除去，再通过旋流器将泥浆中粉细砂除去，最后借助于沉淀过程作进一步的处理。

泥浆制备及其质量对施工质量、速度和成本均有很大影响，所以施工中应引起足够重视。

深槽挖掘是地下连续墙施工中的最重要的工序，是决定地下连续墙施工方法能否取得高速、优质、低耗等各项经济技术指标的关键，应根据地质条件、开挖深度、施工条件等因素选好挖槽机械，以保证地下结构壁面外形平整美观，提高工效，降低成本。采用钻机多头开槽时，每段槽孔长度可为 6～8m；采用抓斗或冲击钻进时，每段槽孔长度还可更大。墙体厚度一般为 45～60cm 之间，总长度不受限制。

地下连续墙的混凝土浇筑是在充满泥浆的深槽内进行的，混凝土经导管由重力作用从导管下口压出，随浇筑的进行，混凝土面逐渐上升，泥浆随时被挤出，由泥浆泵抽至沉淀池。导管下口必须埋在混凝土面以下 1.5m 以上，若小于 1.5m，可能发生被泥浆严重污染的混凝土卷入墙体内；插入太深又会使混凝土在导管内流动不畅，甚至造成钢筋笼上浮；插入深度应控制在 1.5～2m 范围，导管间距 3～4m。

钢筋笼的尺寸，取决于槽段尺寸，钢筋笼加工中要考虑混凝土导管插入位置，这部分空间上下贯通，周围需增设箍筋、连接筋，以进行加固。为防止钢筋卡住导管，纵向主筋应放在内侧，横向筋放在外侧，纵向筋底端稍向里弯曲，以免吊放时损伤槽壁表面。钢筋笼为整体吊放，要保证刚度足够，吊入槽段后，应用 2～3 根槽钢搁置固定在导墙上。

所用混凝土，除满足一般水工混凝土的要求外，还要求有较高的坍落度、较好的和易性及不易分离等性能。一般要求水灰比不大于 0.6，坍落度 18～20cm 为宜。若为卵石，则应在 370kg/m³ 以上，如为碎石并掺优良的减水剂，应在 400kg/m³ 以上；如采用碎石末掺减水剂，则应在 420kg/m³ 以上。

在混凝土浇筑过程中，应随时掌握混凝土的浇筑量、上升高度、导管下口和混凝土面的关系，以防止导管下口暴露在泥浆内，造成泥浆涌入导管的事故。

在混凝土浇筑面以上，存在一层被泥浆污染硬化的水泥浆。因此，混凝土的浇筑高度应超出设计墙顶标高 30～50cm，待混凝土硬化后，用风镐将设计标高以上的部分凿去。

8.3 桩　基

桩基是在土质不良地区修建地下工程及建造高层建筑所采用的基础形式之一。

桩基一般包括若干根桩和承台两部分。桩在平面排列上可以为一排或多排，所有的桩顶部与承台连接形成整体。在承台上修建地下工程的结构部分。桩基础的作用是将承台以上结构物传来的外力通过承台传到桩身，最后传给较深的地基持力层。

因此，桩基设计正确，施工得当时，则具有承载力高，稳定性好，沉降量小且均匀的特点。

8.3.1　桩的分类

桩的种类很多，一般可做如下分类：按荷载传递方式分有摩擦桩、端承桩，但一般的桩都介于二者之间；按桩材料可分为木桩、钢桩、混凝土桩、钢筋混凝土桩，地下工程中多用钢筋混凝土桩；按桩的制作与施工可分为预制桩与灌注桩。

预制桩是在工厂或工程现场预先按设计将桩制备好，再用沉桩设备将桩置于需要的深度。钢筋混凝土预制桩一般为空心方形，圆形或十字形截面，方形截面边长为 250～550mm；预制钢桩用型钢制作，常见有钢管桩、宽翼工字钢等，钢管桩直径可达 250～1200mm。

沉桩方法有锤击法和振动法，但这两种方法噪声与振动影响环境，近年来静力压桩机的使用解决了这个问题。

灌注桩桩身一般为圆形，常用桩径 0.3～1.0m，桩长 15～30m，有的可达 50m，成桩方式有钻挖孔成桩法、锤击套管法、爆扩法。

锤击套管法如图 8-9 所示。用打桩设备将带有桩尖、活瓣式桩靴的钢管打入土中，放钢筋笼，注混凝土，在逐步拔管过程中，不断注入混凝土，应注意边灌混凝土边振动钢管，以防止出现缩颈。也可利用振动打桩机，实施振动沉管灌注桩，如图 8-10 所示。

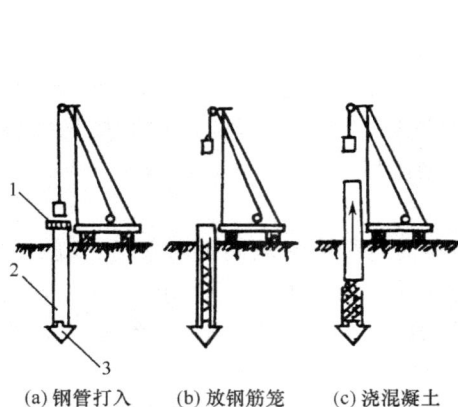

(a) 钢管打入　(b) 放钢筋笼　(c) 浇混凝土　　(a) 沉管后浇混凝土　(b) 拔管　(c) 浇筑后放入钢筋笼

图 8-9　锤击沉管灌注桩　　　　图 8-10　振动沉管灌注桩
1. 桩帽；2. 钢管；3. 桩靴

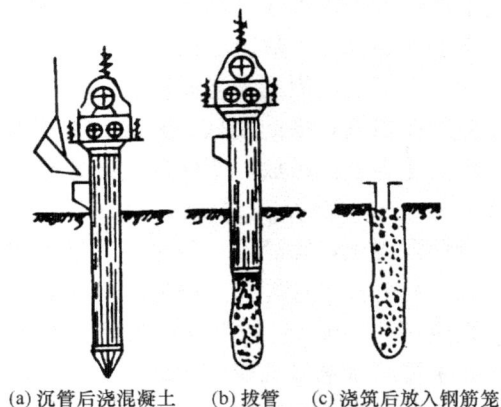

爆扩法用桩身爆扩成孔可解决因缺乏机械或土中夹杂大块石块难以直接钻成桩孔的问题，可先钻较小直径的孔，而后用炸药爆炸扩孔为所需直径，也可用于桩底爆扩成球形桩底，以提高承载力，如图 8-11 所示。

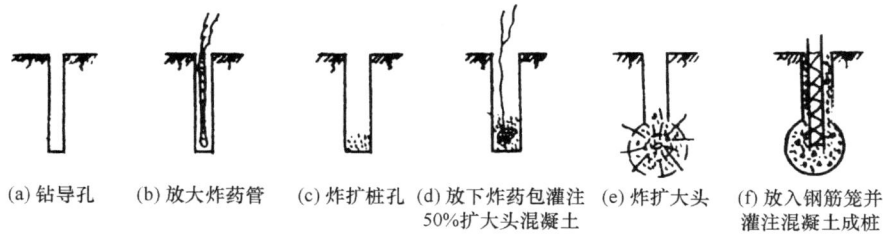

(a) 钻导孔　(b) 放大炸药管　(c) 炸扩桩孔　(d) 放下炸药包灌注　(e) 炸扩大头　(f) 放入钢筋笼并
　　　　　　　　　　　　　　　　　　　　　　 50%扩大头混凝土　　　　　　　　　　灌注混凝土成桩

图 8-11　爆扩桩施工工艺

8.3.2　桩的施工

施工前必须充分做好准备工作，如编制施工方案，做好现场施工条件准备，测量放线及进行试桩等工作。

试桩数量不得少于两根，根据试桩结果确定成桩工艺、成桩设备及施工各项参数。

1. 预制桩沉桩施工中的几个问题

（1）打桩顺序

打桩顺序安排不但影响施工速度，而且影响打桩质量。软土地带打桩或桩的数量多、间距小时，避免采用自外向内或从四周向中央的打桩顺序，以防止中部向上隆起，影响后面的桩的打入；黏性土层内打桩应避免沿一个方向长距离推进的打桩顺序，以免造成不均匀下沉；桩基近邻有已建成的建筑物，挡土墙、护坡、板桩等构筑物时，应从邻近建筑物的桩位向远离方向的桩位安排打桩顺序；同一场地内基础深度不同或桩的长度不同时，宜按先深后浅，先长后短的顺序进行打桩。

（2）桩的起吊、运输

混凝土强度达到设计强度 70% 后，方可起吊。达到设计强度 100% 后才能运输与打桩。起吊时，吊点位置应符合设计图纸的规定。当吊点少于或等于 3 个时，其位置应按正、负弯矩相等的原则计算确定；当吊点多于 3 个时，其位置应按反力相等的原则计算确定。图 8-12 所示为常见的合理吊点位置。

（3）打桩

1）桩在起吊就位与打入过程中，应从相互垂直的两个方向用经纬仪控制其垂直度，桩帽、桩垫应与桩锤相适应，并与桩身处于同一直线，避免偏心。

遇到桩顶、桩身严重开裂或破碎、贯入度剧变及桩身突然位移、倾斜时应暂停打桩，查明原因处理后再打。

2）设计桩长超过单根桩节长度时，必须在打桩过程中接桩。接桩时，上、下两节桩的轴线必须在同一直线上。

常用接桩方法有硫磺胶泥锚接桩法、法兰盘接桩法、焊接接桩法。

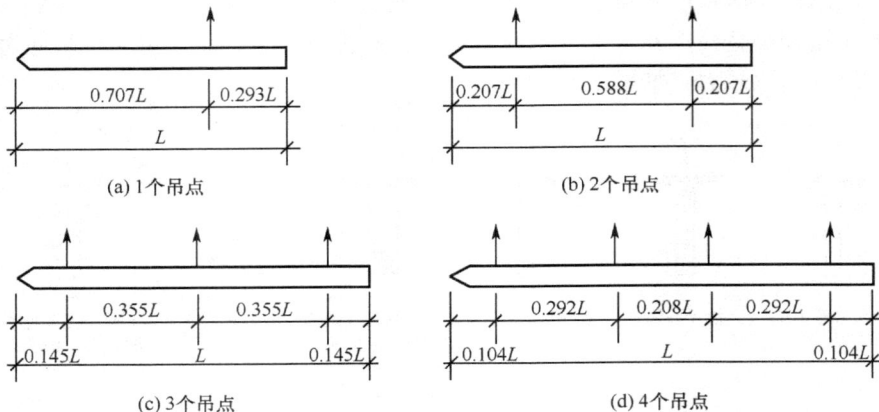

图 8-12　吊点的合理位置

2. 灌注桩施工中的有关问题

（1）钻孔钻进方式

1）螺旋式连续排土钻进。

2）间歇取土回转钻孔。

3）水下回转连续钻进。

4）冲抓式钻进。

5）冲击钻孔法钻进。

（2）施工主要程序

1）钻进成孔。

2）必要时进行爆扩成孔。

3）清孔：清除孔底松土，是保证单桩承载力的重要措施之一。

4）放置钢筋骨架：地面绑扎成型，整体吊放入孔。

5）浇灌混凝土：成孔后应尽快进行浇灌，不应迟于钢筋骨架放入孔后 4h，水下浇注混凝土时，其坍落度为 16～22cm，干成孔混凝土坍落度为 8～10cm，地下水位高的情况下，应使用导管进行水下浇注。

8.3.3　桩基的设计

单桩的承载力有轴向承载力及横向承载力，这里仅介绍单桩的轴向承载力。

单桩的轴向承载力是指单桩在外荷载作用下，不产生竖向过大变形，不丧失稳定性所能承受的最大荷载。

多数情况下，单桩轴向承载力由土对桩的支承能力来决定，只有桩端为岩层的端承桩才可能由材料的强度控制其承载力。

1. 按桩材料强度确定

在轴向压力作用下单桩轴向承载力设计值采用以下算式。

素混凝土桩

$$R = f_c \cdot A_p \tag{8-1}$$

钢筋混凝土桩

$$R = f_c \cdot A_p + f'_y \cdot A_g \qquad (8\text{-}2)$$

式中，R——混凝土桩的单桩轴向承载力/kN；

      f_c——混凝土轴心受压设计强度/kPa；

      A_p——桩的横截面积/cm²；

      f'_y——纵向钢筋抗压设计强度/kPa；

      A_g——纵向钢筋的横截面积/cm²。

2. 按土对桩的支承能力确定

具体办法较多，常用静载荷试验法、静力触探法和动力分析法，现介绍前两种计算方法。

（1）静载荷试验法

采用与实际工程中所用的材料、几何尺寸、断面形状完全一致的桩，按照设计条件，在施工现场埋入或打入试验桩。在桩顶逐级加载（图 8-13），记录每级荷载 Q 下，桩的下沉量 S，直至桩基破坏为止。由试验结果绘出荷载沉降曲线（图 8-14），根据 $Q{\sim}S$ 曲线求桩的轴向承载力。

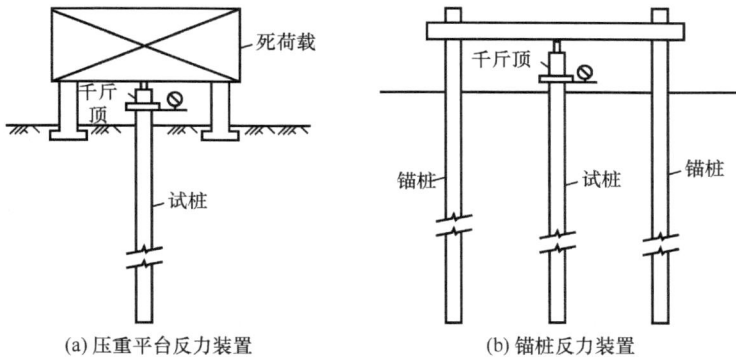

图 8-13 单桩静载荷试验装置示意图

1）当 $Q{\sim}S$ 曲线有明显的第二拐点出现时（图 8-14 曲线①），取第二拐点所对应的荷载 Q_{i-1} 为极限荷载 R，则单桩轴向承载力的标准值 $R_k = \dfrac{R_u}{2.0} = 0.5R_u$。其中 2.0 为安全系数。

《建筑地基基础设计规范》（GB50007—2002）第二拐点定义为 $Q{\sim}S$ 曲线陡降的起点，该点容易满足 $\dfrac{\Delta S_i}{\Delta S_{i-1}} \geqslant 5$，且 $S_i > 40\text{mm}$ 的条件。

2）对于无明显陡降段的 $Q{\sim}S$ 曲线（图 8-14 曲线②），规范规定了两种方法来确定极限荷载：①当某级荷载 Q_i 作用下，其沉降量 ΔS_i 与相应荷载增量 ΔQ_i 的比值总参 $\dfrac{\Delta S_i}{\Delta Q_i} \geqslant 0.1\text{mm/kN}$ 时，取 ΔQ_{i-1} 为 R_u；②取对应于桩顶总沉降量为 40mm 的荷载为极限荷载 R_u。将以上得出的 R_u 除以安全系数 2.0 后，即得单桩的轴向承载力标准值 R_k。

（2）经验公式法

单桩承载力的标准值为

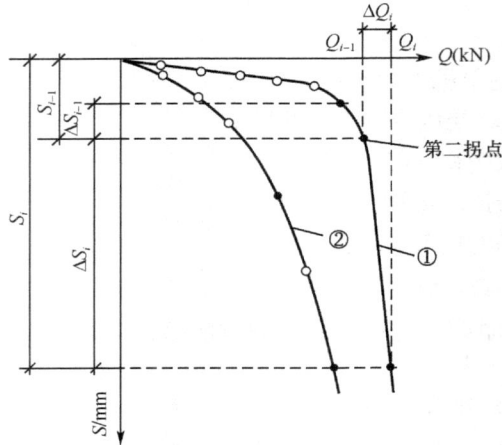

图 8-14   试桩的荷线沉降曲线

$$R_k = Q_p \cdot A_p + U_p \sum Q_{si} l_i \qquad (8-3)$$

式中，R_k ——单桩轴向承载力标准值/kN；

Q_p ——桩端土承载力标准值/kPa，查表 8-2；

A_p ——桩身的横截面面积/m²；

U_p ——桩身的周边长度/m；

Q_{si} ——第 i 层土对桩侧单位面积上摩擦力标准值/kPa，查表 8-3；

l_i ——第 i 层土的厚度/m。

表 8-2   预制桩桩端土承载力标准值 Q_p 　　　　　　　　单位：kPa

土的名称	土的状态	桩尖入土深度/m		
		5	10	15
黏性土	$0.5 < I_L \leqslant 0.75$	400～600	700～900	900～1100
	$0.25 < I_L \leqslant 0.5$	800～1000	1400～1600	1600～1800
	$0.0 < I_L \leqslant 0.25$	1500～1700	2100	2300
粉　土	$e < 0.7$	1100～1600	1300～1800	1500～2000
粉　砂	中密、密实	800～1000	1400～1600	1600～1800
细　砂	中密、密实	1100～1300	1800～2000	2100～2300
中　砂	中密、密实	1700～1900	2600～2800	3100～3300
粗　砂	中密、密实	2700～3000	4000～4300	4000～4900
砾　砂	中密、密实		3000～5000	
角砾、圆砾	中密、密实		3500～5500	
碎石、卵石	中密、密实		4000～6000	
软质岩石	微风化		5000～7500	
硬质岩石	微风化		7500～10000	

注：①表中数值仅用作初步设计时估算；

②入土深度超过 15m 时按 15m 考虑。

表 8-3　预制桩桩周土摩擦力标准值 Q_s　　　　　　　单位：kPa

土的名称	土的状态	Q_s /kPa
填　土		9~13
淤　泥		5~8
淤泥质土		9~13
黏性土	$I_L > 1$　$0.75 < I_L \leqslant 1$ $0.5 < I_L \leqslant 0.75$　$0.25 < I_L \leqslant 0.5$　$0.0 < I_L \leqslant 0.25$ $I_L \leqslant 0$	10~17 17~24 24~31 31~38 38~43 43~48
红黏土	$0.75 < I_L \leqslant 1$ $0.25 < I_L \leqslant 0.75$	6~15 15~35
粉土	$e > 0.9$ $e = 0.7 ~ 0.9$ $e < 0.7$	10~20 20~30 30~40
粉细砂	稍　密 中　密 密　实	10~20 20~30 30~40
中砂	中　密 密　实	25~35 35~45
粗砂	中　密 密　实	35~45 45~55
砾砂	中密、密实	55~65

注：①表中数值仅用作初步设计时估算；
②尚未完成固结的填土和以生活垃圾为主的杂填土可不计其摩擦力。

3. 群桩的承载力

当群桩为端承桩或桩间距大于 $3d$（d 为桩径）、桩数小于 9 根的摩擦桩群桩和条形基础下的桩不超过两排时，群桩的容许承载力等于单桩的容许承载力之和，群桩的沉降量与单桩独立工作时的沉降量相等。所以，可以用单桩静荷试验时桩的沉降量作为群桩的沉降量而不必另行计算。

当摩擦群桩其中心距小于 $6d$ 且桩数 $n>9$ 时，除了验算单桩的允许承载力之外，还必须验算群桩的承载力及沉降。目前，尚无精确计算方法，可近似地把桩基当作深平基看待，即将其看作一个深实体基础，计算时将桩台、桩群及桩间土看作一个整体，假想埋深为 $D_f + l$ 的深基础（图 8-15），验算桩端处地基承载力是否满足要求。假定荷载由最外一圈的桩顶外缘以 α 角向下扩散（扩散角 $\alpha = \frac{1}{4}\varphi_{av}$，$\varphi_{av}$ 为桩长范围内各土层内摩擦角的加权平均值，即 $\varphi_{av} = \sum \varphi_i h_i / \sum h_i$）扩散至桩端平面处，扩大面积为 A'，把 A' 作为整体深基础的底面积

$$A' = B' \cdot L' = (B + 2L\tan\alpha)(L + 2L\tan\alpha) \tag{8-4}$$

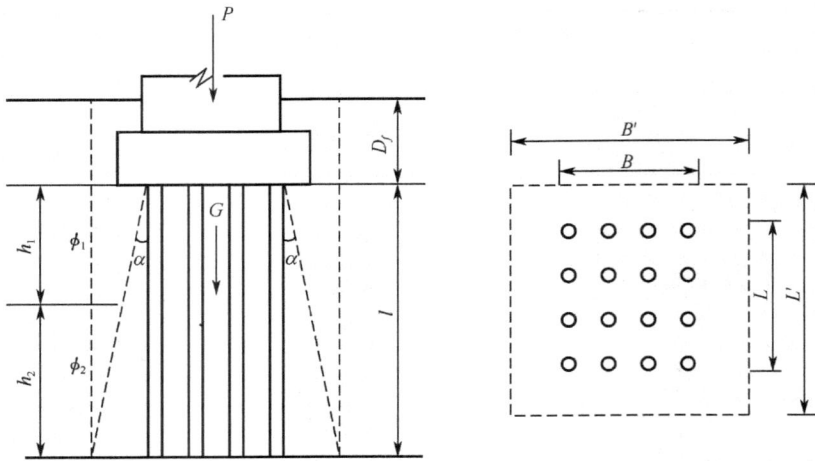

图 8-15　群桩地基承载力验算

此时按天然地基承载力方法进行计算。应满足：

中心受载

$$P = \frac{P+G}{A'} \leqslant f \tag{8-5}$$

偏心受载

$$P_{\max} = \frac{P+G}{A'} + \frac{M}{W} \leqslant 1.2f \tag{8-6}$$

式中，$P, P_{\max}$——桩端平面处地基上作用的平均压力与最大压力/kPa；

f——桩端处经深度修正后的地基承载力设计值/kPa；

P——作用于桩基上的垂直荷载/kN；

G——假想实体基础自重，包括作用在 A' 上的桩，承台及土的重力/kN；

M——作用在假想实体基础底面的弯矩/(kN·m)；

W——假想实体基础底面的截面模量/m³。

如果桩端平面以下不深处有软弱下卧层，则还须对此下卧层进行强度验算。

有时还需对桩基进行变形验算，计算的方法一般是将群桩作为假想实体基础，并按式（8-5）和式（8-6）计算出作用在桩端平面处的压力，再用分层综合法计算出桩端下土的压缩层厚度范围内的变形值，将此值作为桩基的沉降量。

4. 桩基础的设计步骤

1）收集设计资料，选择持力层，确定桩的类型、断面及桩长。

2）确定单桩轴向承载力 R。

3）确定桩数 n 及平面布置形式。

4）群桩验算。

5）承台的设计与计算。

6）预制桩的构造与计算。

【例】　某桩基的地基土层分布和土的物理力学性质指标如表 8-4，已知该桩基地面标高为 46.50m，荷载为轴力 $P=950$kN，弯矩 $M=400$kN·m，水平力 $H=115$kN，试设计该桩基础。

表 8-4　地基土层分布和土的物理力学性质指标

土层	标高、地面标高	现场鉴别	层厚/m	土工试验成果
Ⅰ	46.50	杂填土	3.00	$\gamma=18$kN/m³，$f=20$kN/m²
Ⅱ	43.50	亚黏土 可塑	2.00	$\gamma=19$kN/m³，$G=2.71$ $\omega=26.2\%$，$I_P=12$ $\omega_p=19\%$，$\omega_1=31\%$，$I_L=0.6$ $E_s=8500$kPa
Ⅲ	41.50	轻亚黏土 饱和、软塑	2.10	$\gamma_{mat}=20.0$kN/m³，$G=2.7$ $\omega=26\%$ $\omega_p=18\%$，$\omega_1=28\%$ $E_s=7500$kPa
Ⅳ	39.40	饱和软黏土	1.20	$\gamma_{mat}=17.7$kN/m³， $\omega=40\%$，$\omega_p=24.1\%$ $\omega_1=42.6\%$
Ⅴ	38.20	黏土 饱和、硬塑	7.8	$\gamma_{mat}=20.5$kN/m³，$\theta=0.5$ $I_1=0.25$，$I_p=18$

【解】

1）选桩的类型及截面尺寸：为了加快施工速度，选用预制钢筋混凝土打入桩基础。根据地质条件，以第 Ⅴ 层饱和硬塑黏土层作为桩尖的持力层。采用截面为 30cm×30cm 的预制钢筋混凝土方桩。

2）确定承台埋置深度和桩的长度：根据地下水位和冻土深度的影响，考虑承台顶面到地表应有的保护层厚度，故承台底面埋深 $d=1.3$m，承台顶面埋深为 0.3m，桩的长度选为 8m，桩尖进入持力层 1.0m。

3）单桩承载力：单桩的轴向承载力根据公式（8-3）估算。

填土层：查表 8-3 取 $Q_s=11$kPa。

亚黏土：液性指数 $I_L=\dfrac{\omega-\omega_p}{\omega_l-\omega_p}=\dfrac{26.2-19}{31-19}=0.6$，可塑，取 $Q_s=28$kPa。

$$R_k=Q_pA_p+U_p\sum Q_{si}L_i$$
$$A_p=0.3\times0.3=0.09（\text{m}^2）$$
$$U_p=0.3\times4=1.2（\text{m}）$$

轻亚黏土层：$I_L=\dfrac{\omega-\omega_p}{\omega_l-\omega_p}=\dfrac{26-18}{28-18}=0.8$，软塑，取 $Q_s=22$kPa。

饱和软黏土层：$e=1.2$ 属淤泥质土，取 $Q_s=10$kPa。

黏土层：$I_i=0.25$，硬塑，取 $Q_s=38$kPa。

查表 8-2，取 $Q_p=1900$kPa。

则

$$P_k = 1900 \times 0.09 + 1.2 \times (11 \times 1.7 + 28 \times 2 + 22 \times 2.1 + 10 \times 1.2 + 38 \times 1.0)$$

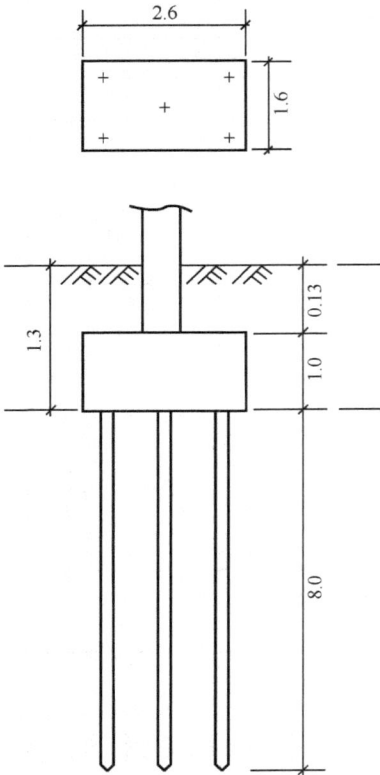

图 8-16 桩基础平面及剖面
示意图（单位：m）

初定桩数 $n \geqslant 3$ 根，有

$$R = 1.2R_k = 1.2 \times 376.08 = 451.3(\text{kN})$$

4）定桩的根数及布置。

根据轴力和单桩轴向承载力粗估桩数（根）

$$n = \frac{P}{R} = \frac{950}{451.3} = 2.1$$

考虑到承台及其上覆土重和 M，H 较大，取 $n = 5$ 根。

桩的布置采用梅花式布置，桩距为 $S = 1.0\text{m}$，取边桩中心至承台边缘的距离 $d = 0.3\text{m}$，则有承台面积为 $1.6\text{m} \times 2.6\text{m}$。

承台及其上覆土重

$$G = 1.6 \times 2.6 \times 20 \times 1.3 = 108.16\text{kN}。$$

5）单桩承载力验算。

① 中心荷载

$$P_1 = \frac{P+G}{n} = \frac{950+108.16}{5}$$
$$= 211.6\text{kN} < R = 451.3\text{kN}$$

② 偏心荷载

$$P_1 = \frac{P+G}{n} + \frac{M_y X_i}{\sum X_i^2} = 211.6 + \frac{400+115 \times 3}{4 \times 1.0^2}$$
$$= 21.6 + 137.5 = 349.1\text{kN} < 1.2R$$

$$P_1 = \frac{P+G}{n} - \frac{M_y X_i}{\sum X_i^2} = 211.6 - 137.5 = 74.1\text{kN} > 0$$

满足要求。

因为该桩基础的桩数 $n < 9$，桩距 $S > 3d$，按建筑地基基础设计规范可不必对群桩地基强度和沉降进行验算。

6）绘制平剖面图（图 8-16）。

复习思考题

1. 什么叫盖挖逆筑法？适用条件如何？
2. 地下连续墙的作用是什么？
3. 单桩与群桩的承载力如何确定？
4. 简述地下连续墙的施工工艺过程。

第 9 章　浅埋暗挖法

浅埋暗挖法是城市地下工程施工的主要方法之一。浅埋暗挖法的技术核心是依据新奥法（New Austrian Tunneling Method）的基本原理，施工中采用多种辅助措施加固围岩，充分调动围岩的自承能力，开挖后及时支护、封闭成环，使其与围岩共同作用形成联合支护体系，是一种抑制围岩过大变形的综合配套施工技术。

根据地下工程的结构特征及上面覆盖层的地质条件，浅埋暗挖的具体施工方法又可分为超前导管及管棚法，矿山（导硐）法、盾构法以及顶管法等。浅埋暗挖法适用于不宜明挖施工的含水量较小的各种岩土地层，尤其是在城区地面建筑物密集、交通运输繁忙、地下管线密布环境下修建埋置较浅的地下结构工程。对于含水量较大的松软地层，采取降水或堵水等特殊措施后，该法仍能适用，盾构法及顶管法对含水较大地层具有良好的适应性。

9.1　超前导管及管棚法

超前导管及管棚法（pipe roof）或称伞拱法，是地下结构工程浅埋暗挖时的超前支护技术，其实质是在拟开挖的地下隧道或结构工程的衬砌拱圈隐埋弧线上，预先钻孔并安设惯性矩较大的厚壁钢管，起临时超前支护作用，防止土层坍塌和地表下沉，以保证掘进与后续支护工艺安全运作。

在交通繁忙的城市道路、铁路，或建筑物下修建横贯隧道、地下仓库、车场等结构工程时，由于地面荷载很大，为防止施工时地表下沉影响地面正常活动，可采用超前导管或管棚超前支撑技术使地下隧道或洞室工程顺利实施暗挖掘进。管棚施工技术亦适用于地下工程的特殊或困难地段，如软弱土层、极破碎岩体、塌方体及岩堆区等。当遇到流塑状软岩地层或岩溶区严重流泥地段，管棚结合围岩预注浆可成为有效的施工方法。

9.1.1　超前导管及管棚的布置形式

超前导管与管棚的布置形状一般都根据地下隧道或硐室形状及工程条件来确定。超前导管的直径和长度都小于管棚，布置简单，适用于地下通道断面小、土层和地面环境较好的情况。管棚常见的几种布置形式如图 9-1 所示。

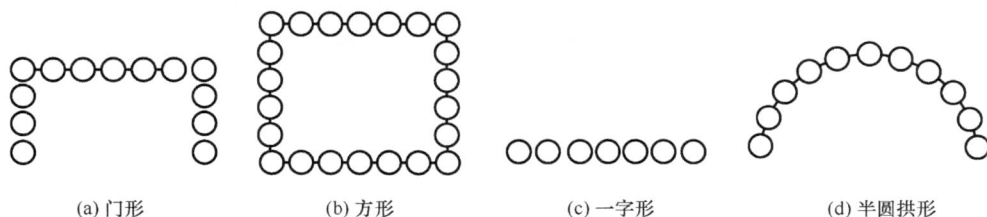

(a) 门形　　　　(b) 方形　　　　(c) 一字形　　　　(d) 半圆拱形

图 9-1　管棚的形状

一字形布置适用于硐室跨度不大，仅上部土层易坍塌的地段；门形布置适用于大型硐室工程上部土层不稳定地段；半圆拱形适用于地铁或地下隧道土层不稳定段；方形布置适用于大型硐室工程松软土层段。

9.1.2 超前导管及管棚的设计要点

超前导管及管棚的施工设计应考虑具体工程的地层地质条件和地表环境与荷载特点，目前还没有严格的理论计算方法，而主要采用工程类比和经验方法。

管棚施工通常应用的设计要点如下：

1）管棚长度应按地质条件选用，但应保证开挖后管棚有足够的超前长度。钢管长度一般为 10～45 m，当采用分段连接时，选用长 4～6m 的钢管，纵向以丝扣连接，丝扣长度不应小于 15 cm。

2）管棚钢管宜采用厚壁钢管，其间距按管棚用途（防塌、防水等）合理设计。目前常用管径为 $\phi80～500mm$，钢管中心间距 100～550mm。

3）管棚宜采取沿隧道或硐室开挖轮廓纵向近水平方向设置。为增加管棚刚度，通常要在钢管内灌入水泥砂浆、混凝土或设置钢筋笼后注入水泥砂浆。

4）纵向两组管棚间应有不小于 1.5m 的水平搭接段，管棚搭接处应设计钢支架。

地下铁道工程施工及验收规范中规定的超前导管或管棚的设计参数见表 9-1。

表 9-1　超前导管和管棚支护设计参数值

支护形式	适用地层	钢管直径/mm	钢管长度/m		钢管延拱布置间距/mm	钢管沿拱外插角/(°)	钻设注浆孔间距/mm	钢管搭接长度/m
			每根长	总长度				
导管	土层	40～50	3～5	3～5	300～500	5～15	100～150	1.0
管棚	土层或不稳定岩体	80～180	4～6	10～40	300～500	不大于 3	100～150	1.5

9.1.3 超前导管与管棚施工

超前导管与管棚的施工方法基本相同，超前导管较短，可采用撞击或钻机顶入方式，而管棚要采用钻孔方式。一般施工工序包括开挖工作室、钻孔、安装导管或管棚、钢管内注浆以及掘砌施工等。

1. 开挖工作室

在采用导管或管棚法施工的地下隧道或硐室的开端开挖工作室，以设立导管推进基地和钻眼施工空间。工作室的开挖尺寸应根据钻机和钢管推进机的规格确定，一般要超出隧道或硐室轮廓线外 0.5～1.0m。开挖工作室采用普通施工方法，但要加强支护，一般需设受力钢支架。

2. 钻孔

管棚钻孔基本为水平钻进，一般应由高孔位向低孔位顺序进行。孔径根据棚管直径确定，一般比设计的棚管直径大 30～40mm，以便于顶进；孔眼深度要大于导管总长度。钻机选型由一次钻孔深度和孔径决定，国内目前多采用地质钻机。

架立钻机时，应精确核定孔位，使钻杆轴线与管棚设计轴线吻合以保证钻孔不产生偏移和倾斜。钻孔过程中须及时测斜，钻孔的外插角允许偏差为0.5%，若钻孔不合格或遇卡钻、塌孔时，应采用注浆法封堵后重钻。

3. 安装导管或管棚

根据钻孔深度大小可选用适宜的安装钢管技术。对于坍孔严重地段，可直接将管棚钢管钻入，使钻孔与安装一次完成。一般对于孔长小于15m的短孔，可用人工安装或用卷扬机顶进。深孔则用钻机顶进，在顶进过程中，必须用测斜仪严格控制上仰角度，一般为1°~2°。接长管棚钢管时，接头要采用厚壁管箍，上满丝扣，确保连接可靠。

4. 管棚钢管注浆

钢管就位后，可用水泥砂浆或水泥-水玻璃（cement-sodium silicate）浆液进行管内注浆充填，一般以浆液注满钢管为止。当围岩或土层松软破碎时，可在管棚钢管上事先钻小孔，使浆液能扩散至钢管周围。为了增加管棚强度，可于钢管内加钢筋笼后再注浆。

管棚钢管内注浆用泵灌注，钻孔封堵口设有进料孔和出气孔，浆液由出气孔流出时，说明管内已注满，应停止压注。

5. 掘砌施工

掘砌施工在管棚注浆结束4~8h后方可进行。用管棚法施工的地下隧道或硐室断面都比较大，所处地段的岩土层软弱破碎，多选用单侧壁导硐或双侧壁导硐掘进技术；由机械开挖或人工与机械混合法开挖，以尽量减小对围岩的扰动。目前施工多选用小功率、小尺寸的小型挖掘机或单臂掘进机。图9-2为单侧臂导硐法开挖顺序示意图。

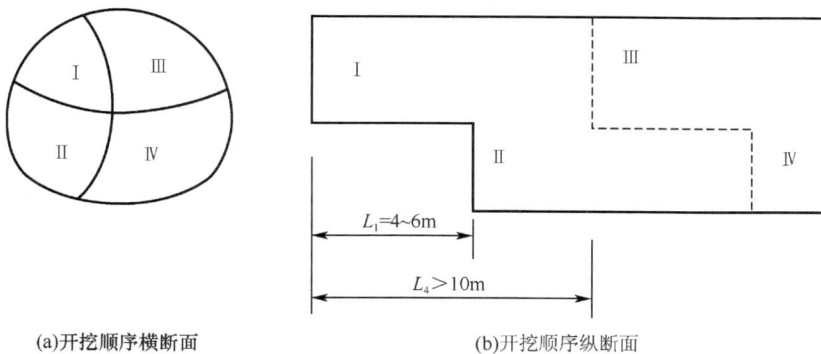

(a)开挖顺序横断面   (b)开挖顺序纵断面

图9-2　单侧壁导硐法施工

开挖时，工作面Ⅰ与Ⅱ的距离应保持在4~6m间，不应过大，工作面Ⅱ与Ⅰ间要大于10m，以确保施工安全。通常采用的装碴运输方案，如图9-3所示，渣土由皮带运输机转入出渣矿车，由电瓶车牵引运出。

图9-4为一般管棚施工的隧道支护结构图。钢拱架作初期支护，须具有较大的支护强度和刚度，以承受因开挖引起的松动压力，钢架纵向间距一般不大于1.2m，两钢架之间应设置直径20~22mm的钢撑杆。钢架设置好后，应及时喷射混凝土。管棚钢管和钢撑的间隙为15~25cm，填塞固之。通常在混凝土喷层外敷设防水层后再进行二次模筑衬砌。二次模筑衬砌须在围岩和初次支护变形基本稳定后进行，混凝土衬砌厚

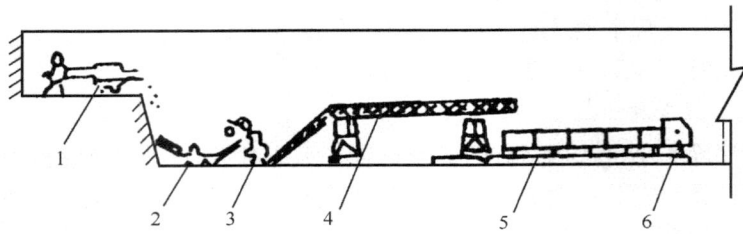

图 9-3 上、下台阶作业运渣方式

1. 手推车；2. 550 单臂掘进机；3. 反铲挖掘机（用于仰拱开挖，置于其他设备另
侧）；4. 皮带运输机；5. 出渣矿车；6. 电瓶车

35～45cm，每次施作衬砌长度 6～12m，可用模板台车施工，强度达 2.5MPa 后方可
脱模。

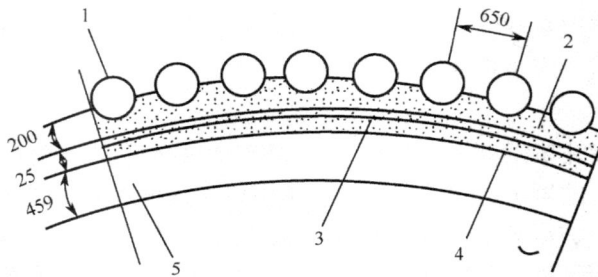

图 9-4 管棚施工的隧道支护结构

1. 管棚（管内灌注水泥砂浆）；2. 混凝土喷层；3. 钢拱；4. 防水层；5. 混凝土支护

9.1.4 管棚变位及控沉、防坍技术措施

在城市建筑物下松软土层中建筑浅埋隧道及地下硐室时，及时防止地面沉陷是目前
地下工程实践中最现实和重要的问题之一。

超前导管与管棚法开挖施工中，开挖面一经形成，其前方地表将出现下沉，一般在
开挖面前方 1～0.8 倍开挖直径距离上方的地表开始下沉，下沉发生的顺序是导管或管
棚、上部土层及地表。因此，为使导管或管棚变位和地表下沉值控制在允许范围内，施
工中要有以下技术措施：

1）加强监测，及时反馈管棚下沉信息以指导施工。上部土层和支护的位移是地下
工程各项动态变化的综合、直接反映，通常都将周边位移量测和拱顶下沉量测作为检测
项目。若管棚拱顶位移-时间曲线出现反弯点，即位移数据出现反常的急骤增长现象，
则表明土层与支护已呈不稳定状态，应加强支护，必要时应立即停止开挖及时采取补强
措施。

2）采用合理的开挖方式，变大跨为中跨和小跨，边开挖，边支护，步步为营。施
工中应尽量减少对周围土体的扰动，优先采用掘进机械或人工开挖。

3）严格控制循环进尺，一般不宜超过 1.0m。开挖成形后应及时进行初次支护，扣紧各施工工艺的衔接，尽早进行仰拱和封底的施作。

为获取各开挖阶段地表下沉和土层内部位移的施工安全管理基准值，施工前，应根据地下工程结构特征和地层条件进行模拟数值计算，以指导安全施工。

总之，施工中加强检测，严密施工管理，及时采取正确有效措施完全能将地表下沉量控制在容许范围内。

9.1.5 超前小导管法施工实例

北京地铁某车站风道为 11.7m×14.1m（开挖面宽×高）的大断面双层隧道结构，隧道埋深 9.5m 左右，采用交叉中隔墙工法（又称 CRD 工法），是在中隔墙工法（又称 CD 工法）的基础上加设临时仰拱，适用于地层较差和不稳定岩土体，且地面沉降要求严格的地下工程施工。其最大特点是将大断面施工化成小断面施工，各个局部掘进断面封闭成环的时间短，控制早期沉降好，每个步骤受力体系完整；结构受力均匀，变形小。

实际风道 CRD 工法施工工序分为 9 步，按 6 个导硐分步施工，做到步步封闭成环。严格遵循"管超前、严注浆、短开挖、强支护、早封闭、勤量测、速反馈、控沉降"的施工原则。具体施工步骤如下：

第一步：施作 1 号导硐超前小导管，注浆加固地层；开挖土体，施作初期支护，如图 9-5 所示。

第二步：开挖 2 号导硐土体，施作初期支护，如图 9-6 所示。

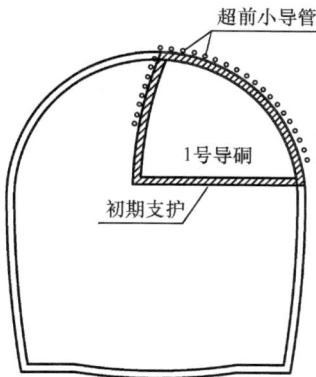

图 9-5　超前小导管施工 1 号导硐　　　　图 9-6　施工 2 号导硐

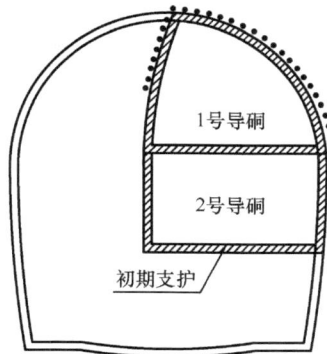

第三步：施作 3 导硐超前小导管，注浆加固地层；开挖土体，施作初期支护，如图 9-7所示。

第四步：开挖 4 号导硐土体，施作初期支护，如图 9-8 所示。

第五、六步：分别开挖 5、6 号导硐土体，施作初期支护，如图 9-9 所示。

第七、八、九步：分别拆除部分初期支护，施作防水层及二次衬砌，如图 9-10 所示。

CRD 工法施工过程中，控制施工进尺及台阶长度，对控制地层变形有着直接的影响，一次施工进尺的间距越大，地面沉降瞬时值越大，且作用在结构上的荷载和内力的瞬时值也越大；另外，台阶过长，各阶段有充分的变形积累时间，因此将导致过大的变形。但是台阶过短，对掌子面的稳定不利，且不便安排作业工序。在条件允许的情况下，既要尽量缩短台阶长度，又要考虑到喷射混凝土支护强度增长的要求，以便确定各部台阶长度。根据实际情况，确定各导硐开挖步距为 0.5m，各导硐纵向工作面施工间距 10m，开挖顺序及相互位置如图 9-11 所示。

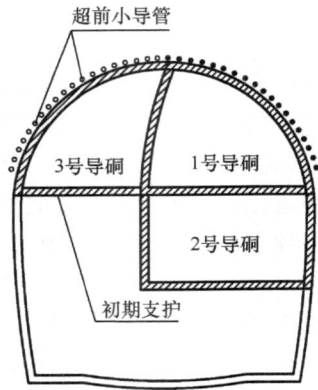

图 9-7　超前小导管施工 3 号导硐　　　　图 9-8　施工 4 号导硐

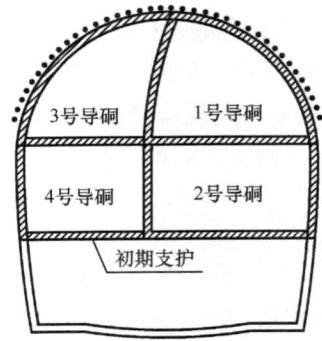

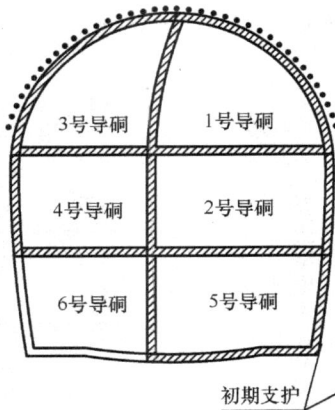

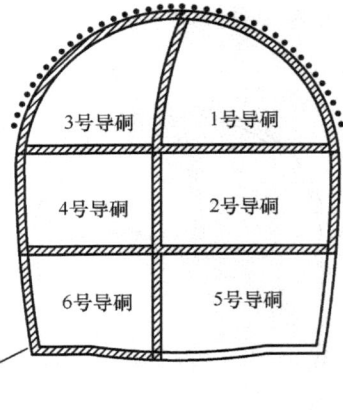

图 9-9　施工 5、6 号导硐

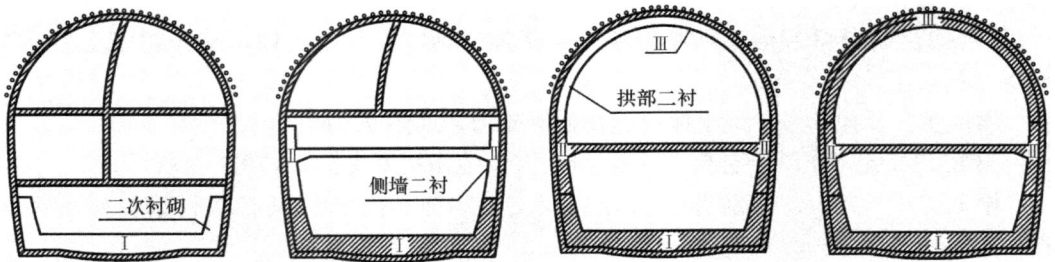

图 9-10　拆除初期支护，施作防水层及二次衬砌

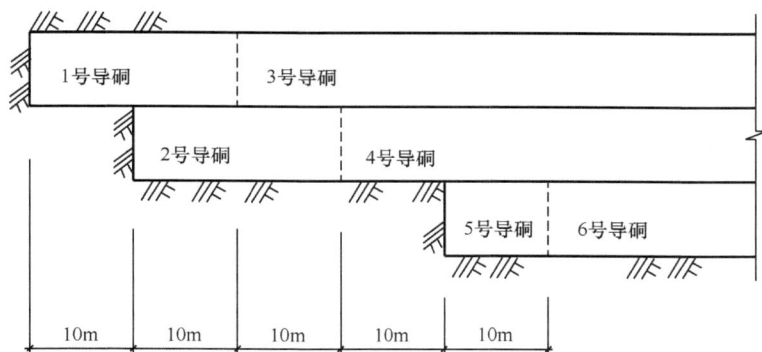

图 9-11 各导硐工作面相对位置示意图

9.2 矿 山 法

一般将置于基岩中的地下工程，并采用传统钻爆法或臂式掘进机开挖的方法统称为矿山法。它也是城市地下工程常用的暗挖施工方法，具有不影响地面正常交通与生产，地表下沉量小，适用于硬、软岩层中各类地下工程，特别是对于中硬岩石，矿山法具有其他施工方法难以比拟的优越性，图 9-12 为某城市岩石地层中采用矿山法修建的地铁隧道。

(a) 矿山法光面爆破形成的隧道断面

(b) 施工成型的地铁隧道断面

图 9-12 岩石地层中采用矿山法修建的地铁隧道

臂式掘进机受地质地层环境的影响较大，目前仅适用于松软破碎岩层，在中硬岩层中应用较少。本节重点介绍目前常用的钻眼爆破施工方法。

9.2.1 钻眼爆破参数设计

采用钻眼爆破法开挖城市地下工程时，为了减少超挖或欠挖，严格控制对围岩的扰动，必须采用光面爆破技术；通常炮孔布置如图 9-13 所示。大断面采用分步开挖时，可考虑采用预留光爆层的光面爆破，如图 9-14 所示。

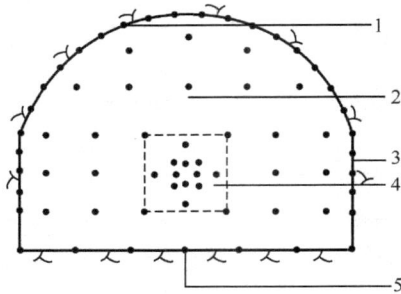

图 9-13　钻眼爆破炮孔布置

1. 顶眼；2. 崩落眼；3. 帮眼；4. 掏槽眼；5. 底眼

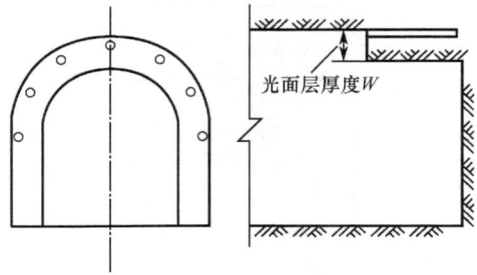

图 9-14　预留光爆层示意图

光面爆破的技术要点包括：

1）必须了解被开掘的地下工程的地质情况，例如岩石的坚固性，地质构造特征以及地压、涌水等。

2）根据围岩特点和地下工程的断面特征，制定光面爆破说明书，内容包括炮眼布置图、起爆顺序、周边眼装药结构图，以及与规范要求相适应的技术指标和质量要求等。

3）周边眼的最小抵抗线、眼间距和装药结构是影响光爆效果的三要素，必须合理进行设计。一般要严格控制周边眼的装药量，宜采用小直径、低爆速药卷，并尽可能使药量沿炮眼全长均匀分布。

4）采用毫秒爆破，顺序起爆，先起爆中部掏槽孔，再起爆辅助孔，最后起爆周边孔，使周边孔爆破时有最好的临空面。周边孔同段起爆的时间误差越小越好。

光面爆破和普通爆破的参数设计原则不同。普通爆破参数的设计原则，尽量减小装药的不耦合系数，充分利用炮孔体积，使每个炮孔能爆破最大体积的岩石。而光面爆破参数的设计原则是尽量不损坏围岩，在保证能形成炮孔间贯穿裂缝并克服孔底岩石黏结力将岩石从岩体上分割下来的前提下，尽量减少装药量，将周边孔范围内的岩石爆下来，形成规整的轮廓面并尽可能多地保留半孔痕迹，半孔痕迹如图 9-12（a）所示。

光面爆破的设计参数通常有不耦合系数 K、最小抵抗线 W、装药集中度 q、炮眼间距 E 和周边孔密集系数 m。

不耦合系数 K 是指炮孔直径与药卷直径的比值。光面爆破的周边孔通常采用不耦合装药结构以缓冲爆炸对孔壁的冲击作用。不耦合系数的大小采用工程类比法或经验法选取，一般在 1.5～2.5 之间。合理的不耦合系数应使作用在孔壁上的压力低于炮孔壁的动抗压强度，周边孔起爆后所产生的孔间冲击应力相互叠加将形成沿炮孔中心连线的高应力带，当这一高应力带仅使炮孔中心连线产生贯通裂缝时，最为理想。

装药集中度 q 是指每米炮眼装药段的药量，反映装药在炮孔中的分布情况。集中度高，会引起围岩局部严重破坏，不利于光面的形成。设计时，可采用轴向空气间隔装药结构，使装药沿炮孔均匀分布。

周边孔密集系数 m 是指炮孔间距 E 与最小抵抗线 W 的比值。设计时，炮孔间距和最小抵抗线都不宜过大，否则，装药量偏大，会对围岩造成破坏。孔间距过大时，爆破后的周边会凸凹不平；过小时，可能产生超挖。最小抵抗线过大时，爆破后可能仅形成裂缝，而崩不下岩体或产生大块。因此，正确设计周边孔密集系数是十分重要的。

周边孔密集系数 m 是一个相对参数，设计时应根据岩石性质，地质构造和开挖断面的不同适当调整。一般情况下，取 0.8～1.2 为宜。当岩石节理发育，裂缝方向不易控制时，需要减小孔间距，适当加大最小抵抗线值，取密集系数可接近 0.5。

实际中光面爆破参数的设计，应采用工程类比或根据爆破漏斗及现场爆破试验来确定，如无条件试验时，地下铁道工程施工规范推荐的光爆参数如表 9-2 所示。

表 9-2　光面爆破参数设计参考值

爆破类别	岩石种类	单轴抗压强度 R_b/MPa	装药不耦合系数 K	周边眼间距 E/cm	周边最小抵抗线 W/cm	周边孔密集系数 $m=E/W$	周边眼装药集中度 q/(kg/m)
光面爆破	硬岩	>60	1.25～1.5	55～70	60～80	0.7～1.0	0.30～0.35
	中硬岩	>30～60	1.5～2.0	45～65	60～80	0.7～1.0	0.20～0.30
	软岩	≤30	2.0～2.5	35～50	45～60	0.5～0.8	0.07～0.12
预留光爆层	硬岩	>60	1.25～1.5	60～70	70～80	0.7～1.0	0.20～0.30
	中硬岩	>30～60	1.5～2.0	40～50	50～60	0.8～1.0	0.10～0.15
	软岩	≤30	2.0～2.5	40～50	50～60	0.7～0.9	0.07～0.12

注：表中参数适用于炮眼深度 1～1.5m，炮眼直径 40～50mm，药卷直径 20～25mm。

对于中硬岩地下工程，可采用全断面一次爆破，炮眼深度可为 3～5m；对于软岩工程，可采用半断面或台阶法开挖，一般为 1.0～3.0m 的浅孔爆破。通常地下工程应按设计尺寸严格控制开挖断面，不得欠挖，采用光面爆破的效果应达到表 9-3 的指标。

表 9-3　光面爆破效果指标

验收规范指标		地下岩层条件		
		硬岩	中硬岩	软岩
爆破眼的眼痕率/%		≥80	≥70	≥50
允许超挖值	拱部/mm	100，最大 200	150，最大 250	150，最大 250
	边墙及仰拱/mm	100，最大 150	100，最大 150	100，最大 150

9.2.2　光面爆破施工

城市地下工程往往掘进断面较大，根据岩石条件和断面大小，可将施工方法分为 3 类，即全断面施工法，分层施工法和导硐施工法。

围岩稳定或基本稳定，工程断面不很大时，可以采用全断面一次爆破；如断面较大，可采用预留光爆层爆破法，分次爆破，以减少爆破对围岩的震动影响。在岩层稳定或较稳定的条件下，断面高度较大时，可采用分层施工法，又称台阶施工法。根据台阶长度又分为长台阶法、短台阶法和超短台阶法等。图 9-15 为常见的正反台阶施工示意图。

当地质条件复杂，工程断面较大时，可采用导硐施工法，即先掘一定深度（1.5～2.5m）的小断面巷道，然后再开帮挑顶或卧底，将硐室扩大到设计断面。图 9-16 是某

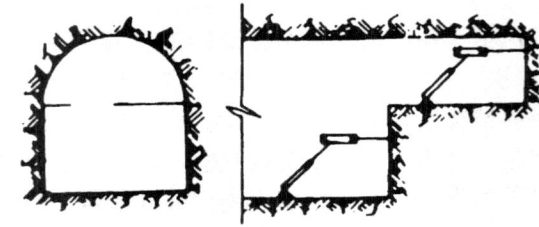

(a) 正台阶工作面

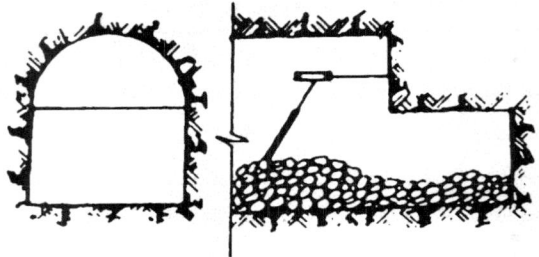

(b) 反台阶工作面

图 9-15　正、反台阶施工示意图

隧道采用的导硐法施工程序示意图。拱部扩大部分采用弧形导硐掏槽，而后进行光面爆破，其炮眼布置如图 9-17 所示，1～3 号为掏槽眼，4～9 号为崩落眼，10～26 号为周边眼。

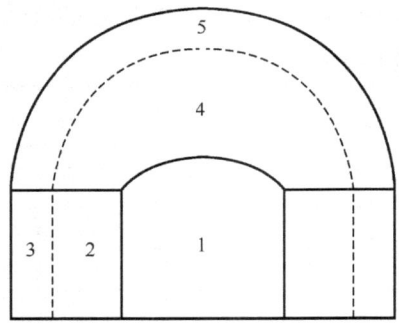

图 9-16　某隧道开挖顺序图
1.下导硐；2.两侧扩部；3.墙部光面层；
4.挑顶；5.顶部光面层

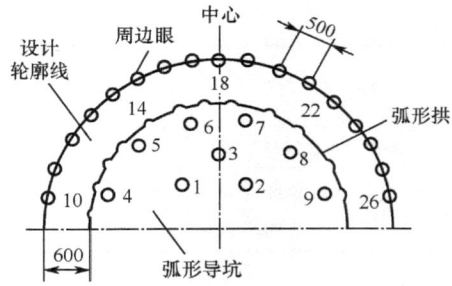

图 9-17　隧道拱部炮眼布置

光面爆破施工主要把握好以下几方面。

1. 钻眼质量

采用光面爆破对钻眼质量要求特别严格，一般希望沿周边轮廓线布置炮眼。但由于钻眼工具和钻眼技术的限制，炮眼开口要偏离周边轮廓一定距离，炮眼倾斜一定角度，使眼底接近轮廓线。一般炮眼外斜率不应大于 5%。周边眼要保证平直，彼此平行。目前钻眼设备有手持式风钻，气腿式风钻，各类凿岩台车和钻装机等。手持式风钻适用于浅孔（1.5～2.5m）爆破，当开挖高度大于 2.0m 时应采取支撑设备，保证打眼平直。

钻车打眼质量较好，因钻臂上装有测角器可保证钻眼质量且动力强，可以实现深孔（3～5m）爆破。

2. 掏槽爆破方式

掏槽爆破是小断面地下工程实现光面爆破的重要一环。掏槽效果好坏，直接关系到断面掘进的炮眼利用率和整个爆破效果。因此，掏槽方式的选择是至关重要的。

一般浅孔爆破多采用斜眼楔形掏槽，其特点是掏槽眼同自由面斜交。通常由 2～4 对相向的倾斜眼组成，每对炮眼底部间距大致为 10～20cm，掏槽眼口之间的距离取决于眼深及倾角的大小；掏槽眼同工作面的交角通常为 60°～75°。图 9-18 为常用的楔形掏槽爆破示意图。

当采用中深孔爆破时，多选用直眼掏槽，又称角柱形掏槽。直眼掏槽的布孔方式可以有多种，如图 9-19 所示。空眼的存在是直眼掏槽的特征之一，大量实验表明，空眼数目、空眼直径及空眼到装药眼的距离对直眼掏槽的效果影响很大。空眼的直径可等于或大于装药眼的直径，大直径空眼可形成较大的补偿空间，有利于掏槽范围内岩石的破碎。

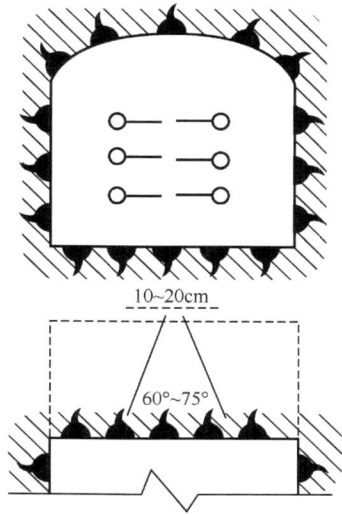

图 9-18　楔形掏槽爆破

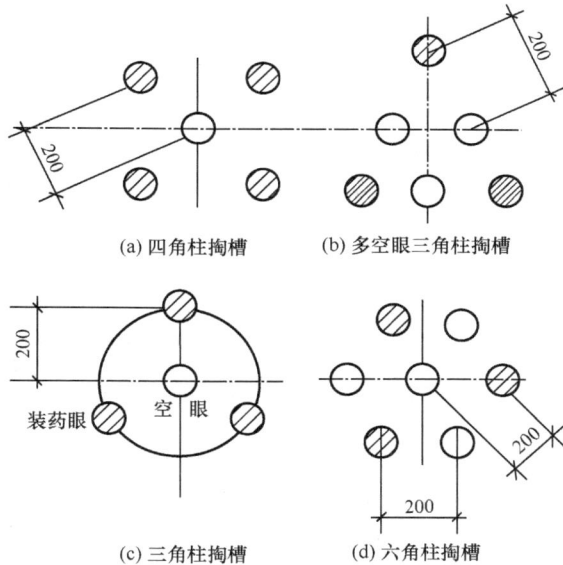

(a) 四角柱掏槽　　　　(b) 多空眼三角柱掏槽

装药眼　空　眼

(c) 三角柱掏槽　　　　(d) 六角柱掏槽

图 9-19　直眼掏槽爆破炮孔布置方式

螺旋掏槽是直眼掏槽的一种演变形式，其特点是各装药炮眼至空眼的距离不等而依次递增，如图 9-20 所示。各装药孔顺序起爆，后爆孔可利用先爆孔提供的自由面，大大改善了掏槽爆破效果。有时为了改善直眼掏槽的抛渣效果，可将空眼打深一点，并在延深部位布置抛渣药卷，将已炸碎的岩渣抛出槽腔。

总之，直眼掏槽是以挤压破碎为目的，炮眼间距不宜偏大。空眼壁提供爆破作用的

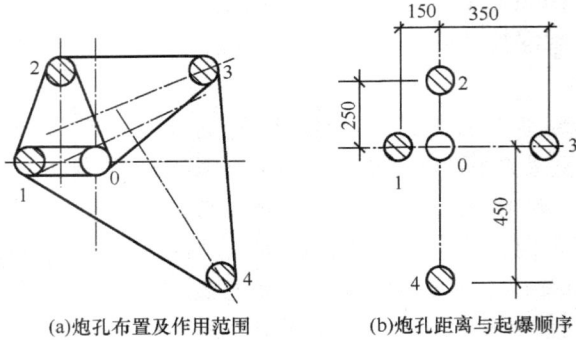

(a)炮孔布置及作用范围　　(b)炮孔距离与起爆顺序

图 9-20　小直径空眼螺旋掏槽方式

自由面，最小抵抗线是从装药眼到空眼间的距离。掏槽炮眼互相平行，从眼口到眼底的最小抵抗一样大，有利于岩石的破碎均匀和获得较深的爆破进尺。空眼的作用一方面是对爆破应力起集中导向作用，另一方面使岩石有足够的碎胀补偿空间，因此，实际施工时，一定要合理设计空眼参数。

3. 装药结构

光面爆破作业时，应根据岩石性质，炮孔深度和炸药品种等合理选择装药结构。目前，常用的装药结构主要有径向不耦合装药和轴向间隔装药两种。但根据间隔特征又可分多种形式。图 9-21 为国内采用的几种装药结构：图 9-21(a)为标准药卷的空气间隔装药结构，根据炸药集中度，按一定间隔分成几段，药包均匀分布在炮眼中。一般采用导爆索一次起爆。这种结构施工简便，通用性强，更适合于深孔爆破，但由于药包直径大，靠近药包的孔壁容易产生爆破裂隙。图 9-21(b)为小直径药卷间隔装药结构。药卷直径为 20～25mm，间隔长 20～30cm，对围岩破坏作用小，适用于中硬岩、中深孔爆破。图 9-21(c)为小直径药卷连续径向不耦合装药结构，常用于中深孔或浅孔爆破，是目前应用较多的一种。

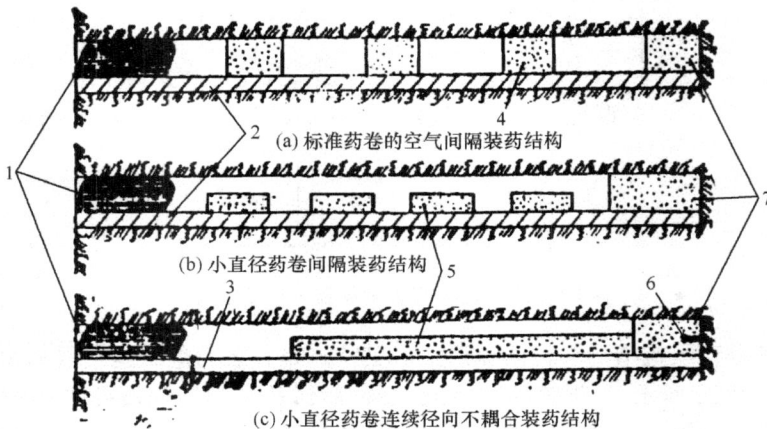

(a)标准药卷的空气间隔装药结构

(b)小直径药卷间隔装药结构

(c)小直径药卷连续径向不耦合装药结构

图 9-21　常用光面爆破装药结构

1. 炮泥；2. 导爆索；3. 雷管脚线；4. φ32 药卷；5. φ25 药卷；6. 雷管；7. φ32 药卷

4. 起爆顺序与传爆方向

在地下工程光面爆破作业中，常见的起爆方法有正向起爆和反向起爆两种。二者的区别在于雷管位置和爆轰波的传爆方向不同。从发挥炸药威力和提高爆炸能量利用率角度分析，反向起爆比正向起爆更为合理。由于岩石的抵抗和夹制作用是随炮孔深度增加而增大，如图 9-22 所示，反向爆破增长了应力的波动作用时间和爆生气体的准静态作用时间，有利于爆生裂隙的产生与扩展。而正向起爆时，装药下部可能还未完全爆轰，上部爆生气体已经贯穿到裂隙中较早造成能量损失。另外，反向起爆时，强爆炸应力波阵面传向自由面，使得在自由面反射后能形成强烈的拉伸应力波，提高了自由面附近岩石的破碎效果。而正向起爆时，强爆炸应力波传向岩体内部，应力波能量为无限岩体所吸收，降低了爆破效果。

目前地下工程，多采用反向起爆，但应特别注意炮泥要有足够的装填长度，一般不应小于 200mm；决不允许无炮泥爆破。

地下工程光面爆破，通常采用毫秒爆破技术，起爆顺序分正序起爆和反序起爆两种。正

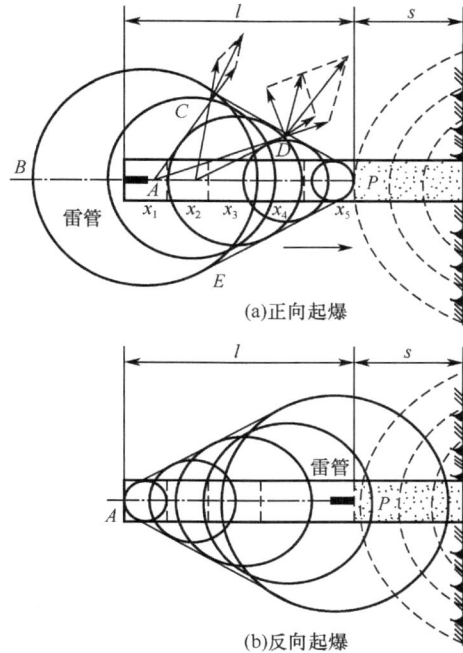

图 9-22 药包爆炸时应力波传播图

序起爆是先爆掏槽孔，再爆辅助孔（又称崩落孔），最后起爆周边孔；反序起爆则是先起爆周边孔，而后起爆掏槽孔和辅助孔，又称预裂爆破。目前多采用前一种。当地下工程断面较大且围岩状况不太好时，可采用预留光爆层的分次爆破方式，其优点是可根据留下光爆层的具体情况调整装药结构，并可使周边孔的起爆误差减到最小，确保光面爆破效果和质量。图 9-23 为常见的地下巷道全断面一次爆破的炮眼布置与起爆顺序示意图，各排炮眼间采用间隔起爆时，起爆段差需要合理设计。

根据工程实践，理想的起爆段差应随炮眼深度不同而不同，炮眼愈深，段差应愈大。对于地下工程中深孔爆破，一般在 50～100 ms 之间，掏槽眼与崩落眼间，崩落眼和周边眼间距应取大值。

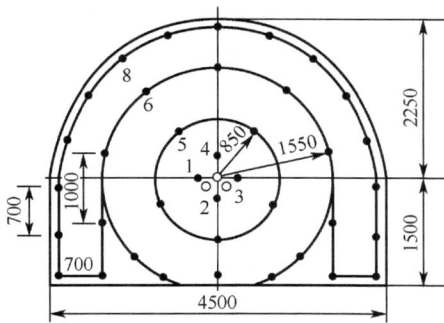

图 9-23 典型炮眼布置及起爆顺序

另外，为了减少爆破震动对围岩和地表的影响，地下工程掘进爆破除采用微差爆破降低震动外，每段起爆炮孔的数目或药量也不宜过多，在选择起爆顺序和炮孔布置时，应使岩石能连续向平行炮孔的自由面方向崩落，使岩体吸收的爆炸作用的能量减到最小。

5. 爆破器材

光面爆破的周边眼应选择低猛度、低爆速、低密度和传爆性能好的炸药，以减小爆

炸对围岩的破坏作用。目前国产光面爆破专用炸药如表 9-4 所示。

表 9-4　国产光爆专用炸药

炸药名称	药卷直径/mm	炸药密度/(g/cm³)	炸药爆速/(m/s)
EL-102 乳化油	20	1.05～1.30	3500
2 号岩石炸药	22	1.1	2100～3000
3 号岩石炸药	22	1.0	1600～1800

由于受炸药爆炸性能的限制，药包直径必须在 20mm 以上才能稳定传爆。当光爆要求的装药集中度小时，需要采用间隔装药导爆索串联法来保证稳定传爆。地下工程的起爆网路分电爆网路和非电起爆网路。

电爆网路由电源、导线和毫秒电雷管组成，其连接方式分为串联、并联、串并联混合多种形式。具体采用何种方式应由起爆源、炮眼数目来决定。当采用照明线或动力输电线作起爆电源时，电压较低，应采用并联网路，当采用专门的发爆器起爆时，炮眼数目又不太多，则可采用串联网路。实际施工中应根据具体情况通过串并联的合理组合网路，确保每个电雷管达到准爆电流。总之，串联起爆时，通过每个雷管的电流相同；电爆网路计算、敷设、接线和检查测试比较简单；缺点是在电流较小的情况下，发火冲能小的雷管先行爆炸，可能炸断线路，使其他雷管拒爆。而并联起爆时要求电流较大，必须采用负载能力大的电源，而且线路连接、检查较困难。所以实际应用中多采用串联方式。

非电起爆法分导火索法，导爆索法和塑料导爆管法。地下光面爆破基本不采用导火索法；导爆索也仅用于周边孔小直径药卷的辅助传爆。塑料导爆管方法是新发展的一种安全可靠、操作方便的起爆系统，如图 9-24 所示。该起爆系统由导爆管、雷管和连接件组成。导爆管是一根细长的透明塑料管（内径 1.5mm，外径 3mm）内壁涂有一层炸药（每米 20mg 左右），当给予适当的起爆能时，内层炸药便以 1900～2000m/s 的速度传爆。导爆管本身没有炸药的特性，不会因振动、冲击、摩擦或火焰作用而爆炸，对电也非常安全。在传爆过程中，管体不会破裂，即便把它握在手中也没有危险。

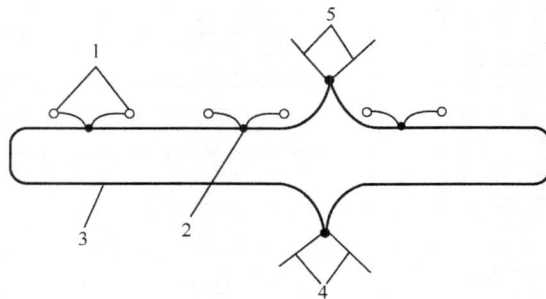

图 9-24　导爆管起爆网络
1. 导爆管雷管；2. 连通管；3. 导爆管；4. 外环线；5. 内环线

非电起爆系统的雷管有瞬发、延期、毫秒和半秒等多种产品，完全可以实现时差控制爆破。采用适当的连接块和分路器可以实现多个炮孔的串并联连接，一次可起爆的雷管数目不受限制，而且起爆可靠，操作方便。因此，导爆管起爆系统已逐步在地下爆破工程中推广应用。

6. 光爆质量要求

对于光面爆破质量的评价，目前还没有统一的指标。地下铁道施工规范规定，爆破后开挖断面不得欠挖，允许最大超挖值硬岩为 20mm，中硬与软岩为 25mm；周边爆破眼的眼痕率硬岩应大于 80%，中硬岩应大于 70%，软岩应大于 50%；爆堆的块度不应大于 300mm。

9.2.3 锚喷及衬砌支护

矿山法施工的地下工程，其支护型式应根据围岩特征，工程地质条件、埋置深度和工程用途等多种因素确定，一般采用锚喷与衬砌复合支护形式。

1. 锚喷支护

锚喷支护多作为初期支护，依据围岩稳定程度，可与开挖平行或交叉作业。喷射混凝土标号不低于 C20，最小喷射厚度不应小于 50mm，最大不应超过 250mm。对于大断面硐室采用分部开挖时，达到设计轮廓的部分要及时支护。锚喷支护的主要作用是在光面爆破之后，尽早将壁部围岩封闭起来，使其保持完整性，不再松动，充分发挥围岩的自承作用。实践已证明，正确地使用锚喷支护，对保证地下工程的施工进度和安全十分有效。

目前锚杆的种类很多，大体可分为 3 种：

第一种是全长粘结型锚杆，如普通水泥砂浆锚杆、早强水泥砂浆锚杆等。该类锚杆采用水泥砂浆（或树脂）作填充粘结料，不仅有助于锚杆的抗剪和抗拉以及防腐蚀作用，而且具有较强的长期锚固力，有利于约束围岩位移。杆体结构简单，可以是钢筋，钢索或钢丝绳。缺点是砂浆凝固时间有一过程，不能及时发挥支护作用。该类锚杆多用于无特殊要求的各类地下工程中。

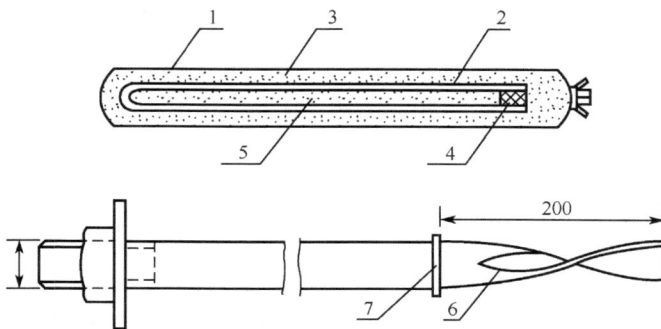

图 9-25　树脂锚杆及塑料袋药包示意图
1. 树脂、加速剂与填料；2. 玻璃管；3. 塑料袋；4. 堵头；5. 固化剂与填料；
6. 左旋麻花；7. φ38 挡圈

第二种是端头锚固型锚杆，有树脂锚杆（图 9-25）和快硬水泥卷锚杆。该类锚杆采用高分子合成树脂，或快硬水泥为黏结剂，把锚杆和岩石孔壁粘在一起，起锚固作用。安装容易，安装后可立即起到支护作用。缺点是杆体易腐蚀，影响长期锚固力。一般用于较好岩层中地下工程的临时支护。

第三种是摩擦型锚杆，如缝管锚杆、楔缝式锚杆和胀壳式锚杆，如图 9-26 所示。该类锚杆的特点是将一种沿纵向开缝的钢管装入钻孔后，对孔壁施加预应力的岩石锚杆，安装后能立即提供抗力，有利于及时控制围岩变形，但因其管壁易锈蚀，故不适用于作永久支护。

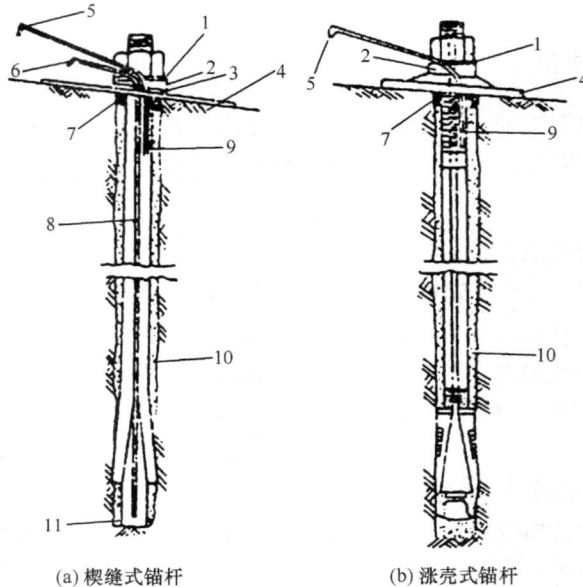

(a) 楔缝式锚杆   (b) 涨壳式锚杆

图 9-26　摩擦型锚杆示意图

1. 拧紧垫板；2. 结合垫板；3. 加力垫板；4. 承托垫板；5. 灌浆管尾端；6. 排气管尾端；
7. 塞子；8. 排气管；9. 灌浆管；10. 砂浆；11. 收缩空间

大量实践表明，采用树脂粘结（端头或全长）的锚杆较其他类锚杆有较大优越性。特别是全长锚固的树脂锚杆，不仅安装简易，能很快抑制围岩的变形，在大多数岩层中都能较好地锚固，而且不受风化腐蚀的危害，适用于任何岩层的地下工程。

所有各种锚杆均要求先钻孔，然后才能安设。通常用风钻或凿岩台车钻孔。锚杆设置好后，便可以喷射混凝土。

喷射混凝土可分为干喷、潮喷和湿喷 3 种方式。实际中，为减少粉尘和回弹，多采用湿喷或潮喷，喷射混凝土的施工要点包括：

1）在喷射混凝土之前，用水或风将待喷部位的粉尘和杂物清理干净。

2）严格掌握速凝剂掺加量和水灰比，使喷层表面平滑，无滑移流淌现象。

3）喷头与受喷面尽量垂直，并宜保持 0.6～1.0m 的距离，喷射机的工作风压应根据具体情况控制在适宜的压力状态，一般为 0.1～0.15 MPa。

4）应分次喷射，一般 150mm 厚的喷层要分 2～3 次才能完成。

2. 衬砌支护

地下工程的永久支护都采用浇注混凝土衬砌方式，在围岩和初期支护变形基本稳定后施作。实际施工中，多采用钢模台架或台车。

衬砌支护施工的要求：

1）混凝土的原材料必须同时按比例送入搅拌机中。

2）当采用混凝土拌和站、搅拌车及泵送混凝土系统时，搅拌车在输送中不得停拌，混凝土自进入搅拌车至卸出的时间不得超过混凝土初凝时间的一半。

3）衬砌混凝土强度达 2.5MPa 时方可脱模。

4）浇注过程中要用振捣器捣固，坍落度应为 8～12cm。另外，一次模筑混凝土衬砌循环长度不宜过长，一般为 6～12m，以防混凝土硬化收缩使衬砌产生裂缝。

总之，矿山法开挖的地下工程，基本工序是：钻孔→装药放炮→出渣→初期支护→永久衬砌。辅助工序有测量放线，通风，排水及必要的监测工作。钻孔、出渣是需工时最长的主要工序，支护是保证施工安全、快速的重要手段。施工机械化程度及先进性主要体现在这三道主要工序中。因此，这三道工序是矿山法施工管理的核心。

9.3 盾 构 法

盾构法（shield）或掩护筒法是在地表以下土层或松软岩层中暗挖隧道的一种施工方法。自 1818 年法国工程师布鲁诺尔（Brunel）发明盾构法以来，经过 100 多年的应用与发展，从气压盾构到泥水加压盾构以及更新颖的土压平衡盾构，已使盾构法能适用于任何水文地质条件下的施工，无论是软松的、坚硬的、有地下水的、无地下水的暗挖隧道工程都可用盾构法。

世界各国广泛应用盾构法修建水底公路隧道、地下铁道、水工隧道及小断面市政等隧道工程。美国仅纽约自 1900 年起用气压盾构就建了数十条水底隧道。自 1932 年苏联开始在莫斯科等地用盾构法修建地下铁道的区间隧道及车站。德国慕尼黑和法国巴黎地铁均用各种盾构施工。日本于 1917 年开始使用盾构技术修筑国铁奥羽线折渡隧道，到 20 世纪 60 年代，盾构法在日本得到迅速发展。在英国首创泥水加压盾构后，泥水加压盾构在日本也取得了很大进展，到 1978 年初，日本已拥有 100 台泥水加压盾构，同时开发出了土压平衡式盾构和微型盾构，最小的盾构直径仅 1m 左右，适用于城市上下水道、煤气管道，电力和通信电缆隧道等工程。国际上近 30 多年来盾构技术无论从盾构机的设计、制造、运行控制技术，还是衬砌设计、制作方法、搬运组装以及施工的全面质量管理与对环境影响预测等方面均有很大程度的突破。盾构掘进机如图 9-27 所示。

20 世纪 50 年代初我国在阜新海州露天矿用直径 2.66 m 的盾构在砂土层里成功地开凿了一条疏水巷道。1957 年起在北京市区的下水道工程中采用过直径 2.0m 及 2.6m 的盾构。上海自 60 年代开始研究用盾构法修建黄浦江水底隧道及地下铁道试验段，先后在第四纪软弱含水饱和地层中用直径 4.2m、5.6m、10.0m 等多台盾构进行了水底公路隧道、地下人防通道引水和排水隧道及地铁的施工。20 世纪 80 年代、90 年代，盾构法在全国大中城市地下工程中开始广泛应用，进入 21 世纪，盾构法已成为我国城市地铁隧道的主要施工方法。图 9-27（a）为北京地铁隧道施工用的土压平衡盾构，图 9-27（b）用于上海长江越江隧道工程的目前最大尺寸的 ϕ15.43m 泥水平衡盾构。

盾构法施工之所以被世界各国广泛采用，除了近代城市地下工程发展的客观需要

(a) 北京地铁工程用 φ6.25m土压平衡盾构　　　(b) 上海长江越江隧道工程 φ15.43m泥水平衡盾构

图 9-27　盾构掘进机照片

外，还由于该法本身具有以下突出的优越性：

1) 施工安全、高效。在盾构设备掩护下，在各种复杂不稳定土层中，可安全进行土层开挖与支护工作，施工效率高。

2) 属暗挖方式，对地表正常生产活动影响小。施工时与地面工程及交通互不影响，尤其是在城区建筑物密集和交通繁忙地段，该法更有优越性。

3) 施工震动和噪声小，亦可控制地表沉陷，对施工区域环境影响较小；对施工地区附近的居民几乎没有干扰。

9.3.1　盾构的基本构造及分类

1. 盾构机体的构成

盾构是隧道施工时进行地层开挖及衬砌拼装时起支护作用的施工设备，由于开挖方法及开挖面支撑方法的不同，种类很多。但其基本构造是由壳体及开挖系统、推进系统、衬砌拼装系统三大部分组成，如图 9-28 所示。

(1) 盾构壳体及开挖系统

盾构壳体一般为钢制圆筒体，圆形利于承受地压。少数盾构采用半圆形、矩形或马蹄形壳体，虽更接近特定的隧道断面，但前进阻力分布不均，操纵不便，故一般不选用。

设置盾构壳体的目的是保护掘削、排土、推进、做衬等所有作业设备和装置的安全，故整个外壳用钢板制作，并用环形梁加固支撑。盾构壳体由切口环、支承环和盾尾3 部分组成。

切口环处于盾构的最前端，装有掘削机械和挡土设备，故又称掘削挡土部。施工时切入地层并掩护开挖作业。切口环前端制成刃口，以减少切土阻力和对地层的扰动。切口环的形状通常有阶梯形、斜撑形和垂直形三种，其长度取决于工作面的支撑形式、开挖方法及人员活动和挖土机具所需空间等因素。

盾构开挖系统设于切口环中。早年采用的人工开挖方式的盾构，切口环的顶部比底部长，有的设有千斤顶操纵的活动前檐，以增加掩护长度。泥水盾构中的切削刀盘、搅

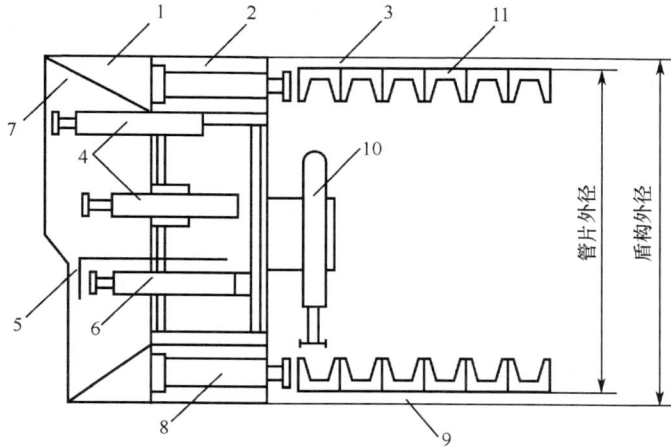

(a) 盾构构造示意图

1. 切口环；2. 支承环；3. 盾尾；4. 支撑千斤顶；5. 活动平台；6. 活动平台千斤顶；7. 切口；
8. 盾构推进千斤顶；9. 盾尾空隙；10. 管片拼装器；11. 管片

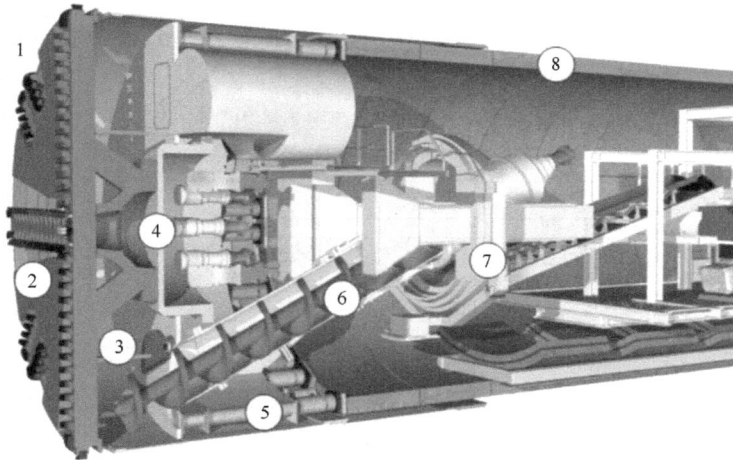

(b) 土压平衡盾构构造示意图

1. 面板；2. 刀盘；3. 土舱；4. 舱壁；5. 盾构推进千斤顶；6. 螺旋排土器；7. 管片拼装机；8. 管片

图 9-28　盾构构造示意图

拌器、吸头和土压平衡式盾构的刀盘、搅土器、螺旋运土机的进口等部件均设在切口环中。在局部气压或泥水加压及土压平衡式盾构中，因切口环部位的压力要高于常压，故在切口环与支承环间必须设密封隔板，又称为封闭式盾构。

开挖面支撑系统类型有千斤顶类、刀盘面板类和网格类。此外，采用气压法施工时由压缩空气提供的压力也可使开挖面保持稳定。开挖面支撑上常设有土压计，以监测开挖面土体的稳定性。

支承环位于盾构中部，为一个具有较强刚性的圆环结构，是盾构的主体构造部。所有地层的土压力、千斤顶的支撑力、切口、盾尾、衬砌拼装的施工荷载均传至支承环并由其承担。支承环的外沿布置推进千斤顶。大型盾构的所有液压动力设备、操纵控制系统、衬砌拼装机具等均设在支承环位置。中、小型盾构则可把部分设备移到盾构后部的车架上。对于正面局部加压盾构，当切口环内压力高于常压时，支承环内要设置人行加压与减压闸室。

盾尾一般由盾构外壳钢板延伸构成，主要用于掩护隧道衬砌的安装工作。为了防止水、土及压浆材料由盾尾与衬砌之间的间隙进入盾尾，需在盾尾末端设置密封装置，通常又称为尾封。实际应用的尾封形式种类很多，通常使用钢丝刷、尿烷橡胶或两者的组合，如图9-29所示。盾壳外径与衬砌外径间的建筑空隙，在满足盾构纠偏要求的前提下应尽量减小。盾尾密封装置要随时将施工中变化的空隙加以密封，因此，材料要富有弹性，并耐磨损，耐撕裂，确保密封效果。

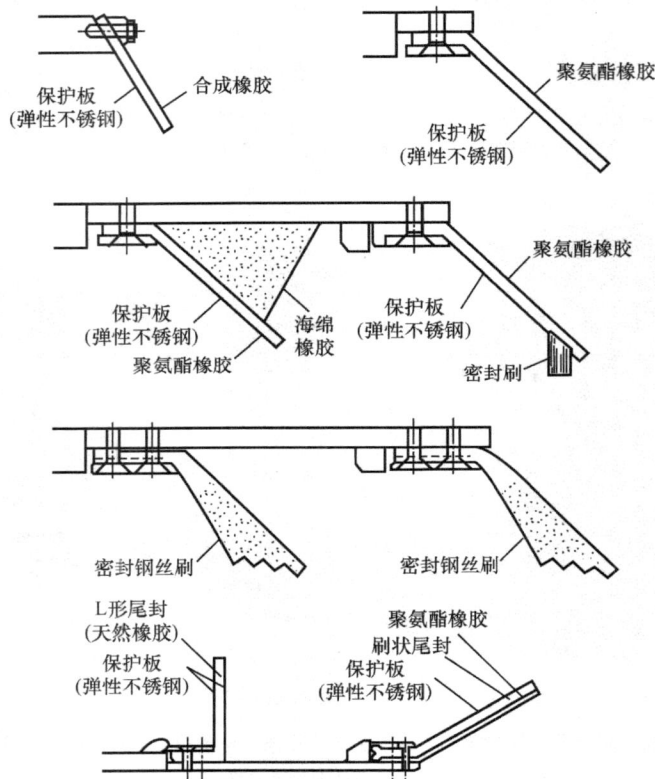

图 9-29 常用盾尾密封形式

（2）推进系统

盾构的推进系统由液压设备和千斤顶组成。设置在支承环内侧的盾构千斤顶的推力作用在管片上，进而通过管片产生的反推力使盾构前进，如图9-30所示。液压系统的工作原理如图9-31所示，启动输油泵，将油供给高压泵，使油压升高至要求值；启动控制油泵，待控制油压升至额定压力后，由电磁控制阀将总管内高压油输入千斤顶，使其按要求伸出或缩回，驱动盾构。在小型盾构中，可采用直接手动的高压操纵阀，直接控制千斤顶动作，但安全性较差。

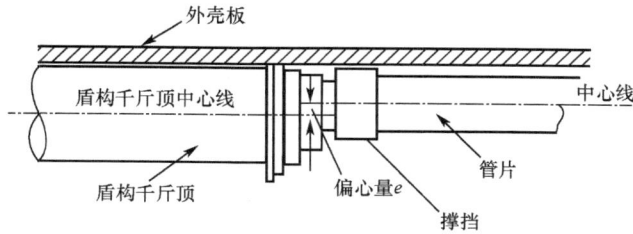

图 9-30　盾构千斤顶与撑挡形式

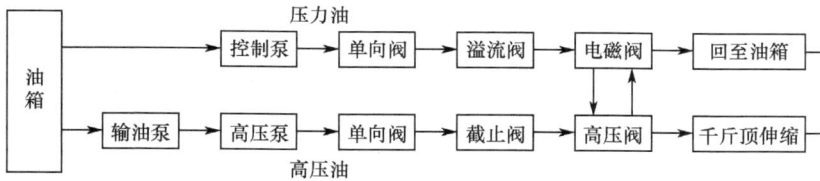

图 9-31　千斤顶液压系统

（3）衬砌管片拼装系统

衬砌管片拼装系统设置在盾构的尾部，由举重臂和真圆保持器组成。举重臂的功能是夹持管片或衬砌构件，将其送到需要安装的位置，可上举、旋转和拼装。一般都是液压驱动方式，有环式、空心轴式和齿条齿轮式三种。近年来国内外多采用环向回转式拼装机，如图 9-32 所示，在拼装衬砌时由油马达驱动大转盘，控制环向旋转，其径向及纵向移动由液压千斤顶控制。因环式是空心圆形旋转，即使在驱动中也可确保作业空间，同时土、砂运出作业也不受影响。

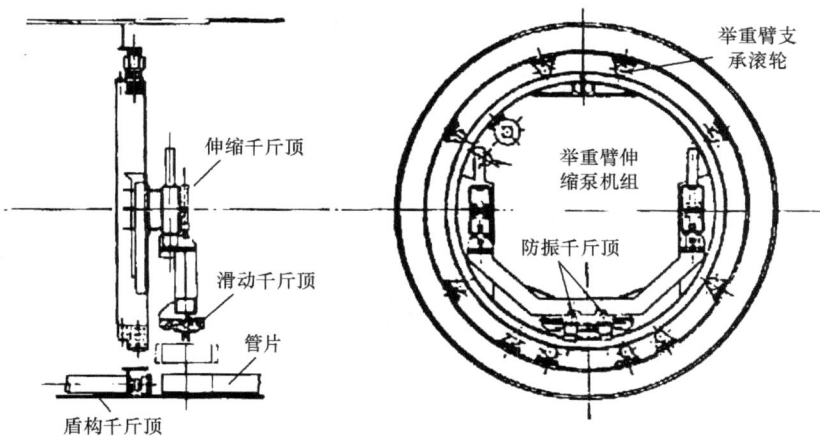

图 9-32　环式举重臂示意图

当盾构向前推进时管片拼接环就从盾尾脱出，由于管片接头缝隙、自重力和土压作用，管片拼接环会产生变形而给后续施工带来困难。因此，需使用真圆保持器来修正和保持拼装后管环的正确位置。

除盾壳、推进系统、正面支撑系统、衬砌拼装系统、液压系统外，盾构还需一套复杂的操作系统控制盾构掘进机的工作状态。

2. 盾构的种类

盾构的分类方法很多，这里仅简要介绍以下几种。

（1）按盾构机的尺寸大小分类

1）微型盾构系指直径 $D \leq 2m$ 的盾构。

2）小型盾构系指 $2m < $ 直径 $D \leq 3.5m$ 的盾构。

3）中型盾构系指 $3.5m < $ 直径 $D \leq 6m$ 的盾构。

4）大型盾构系指 $6m < $ 直径 $D \leq 14m$ 的盾构。

5）特大型盾构系指 $14m < $ 直径 $D \leq 17m$ 的盾构。

自 1970 年以来，由于上、下水道、电缆隧道等小直径地下隧道工程不断增加，促使微型盾构迅速发展。尤其在大城市中地下管线密集，开槽埋管无法施工时，用微型盾构暗挖法更显示其优越性。微型盾构基本原理与普通盾构相同但并非单纯将普通盾构按比例缩小，而有其自身的许多特点。例如，覆盖层较薄，一般不及 2.0m，衬砌结构会受上部集中荷载影响，施工于繁忙街区下方，工作井尽量少占地，应减小噪声等。

（2）按挖掘土体的方式分类

1）手掘式盾构：即掘削和出土均靠人工操作。多用于地质条件较好的小型隧道开挖，其构造简单，配套设备较少，如图 9-33 所示。可根据工作面的地质条件或全部敞开开挖，或正面支撑开挖，随挖随撑。其优点是：

① 开挖面是开放性的，施工人员随时可以观察地层的变化情况；

② 遇到各种地下障碍物时，比较容易排除处理；

③ 容易做到需要方向的超挖，对盾构纠偏有利，也便于隧道曲线段施工；

④ 设备简单，造价低。

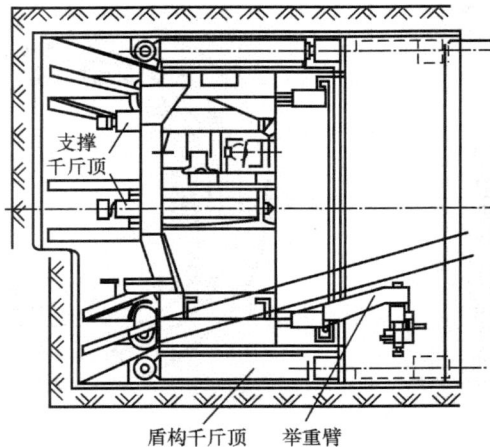

图 9-33 手掘式盾构

其缺点是：

① 施工人员劳动强度大；

② 施工速度慢；

③ 用于含水不稳定地层中易产生流砂、涌土现象，施工安全性差。

2）半机械式盾构：即由挖土机械代替人工开挖。该种盾构是在敞开式人工盾构机的基础上安装掘土机械，可以是反铲挖土机，螺旋切削机或软岩掘进机。掘土机械因造价相对全机械化盾构低得多，又可减轻劳动强度，效率较高，因此地下工程中应用较多。

3）机械式盾构：即掘削和出土等作业均由机械装备完成。全机械化盾构分为开胸式机械切削盾构和闭胸式机械化盾构。图 9-34 为机械切削盾构的构造示意图，在盾构机的前端装有旋转刀盘，掘削下来的土砂由装在刀盘上的旋转铲斗，经过斜槽送到螺旋输送机上。掘削能力强，掘削和排土连续进行，故工期缩短，作业人员减少。

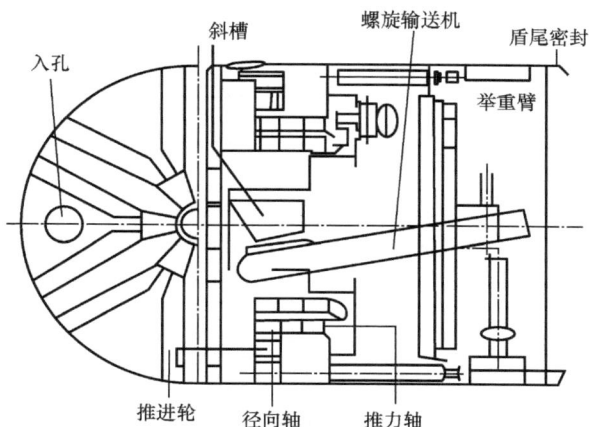

图 9-34 机械切削盾构构造示意图

（3）按稳定前方掘削面的形式分类

1）挤压式盾构：可分全挤压式和半挤压式两种。前者将开挖工作面用胸板封闭，把土层挡在胸板外面，避免水土的涌入，并省去出土工序。后者则在封闭胸板上局部开孔，当盾构推进时，土体从孔中挤入盾构，装车外运。图 9-35 为挤压式盾构的示意图。

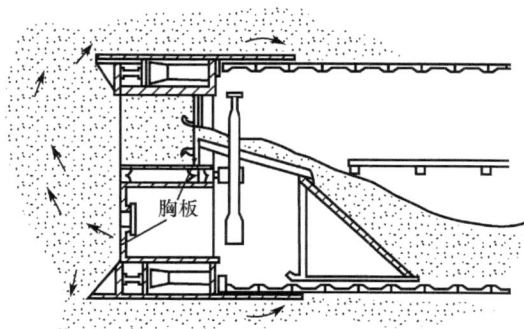

图 9-35 挤压式盾构

挤压式盾构靠强大推力将前方土层挤入盾构四周外侧而向前推进，适于松软可塑的黏性土层或粉砂层（N＜10），不能用于硬质地层。该方法对地层扰动较大，盾构通过时地层隆起，之后又会呈现沉降。因此，应尽量避开在地面建筑物下施工。

网格式盾构是一种介于半挤压式和手掘式之间的盾构形式。它的前部不是胸板，而是钢制的开口网格。当盾构向前推进时，土被网格切成条状，进入盾构后运出；当盾构停止推进时，网格起到挡土作用，可有效地防止开挖面的坍塌。

2）局部气压盾构：在开胸式盾构的切口环和支承环之间装有隔板，使切口环部分形成密封舱，图9-36为局部气压盾构示意图。舱内通入压缩空气，以平衡开挖面的土压力，维持其稳定。局部气压盾构是相对于在盾构隧道内全部通入压气的施工方法而言，它可以免除工作人员在压气下工作的弊病。但局部气压盾构至今还存在下列技术问题：

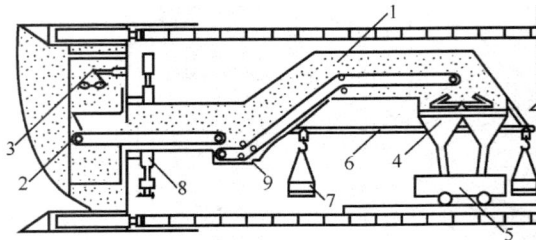

图 9-36 局部气压盾构

1. 气压内出土运输系统；2. 胶带输送机；3. 排土抓斗；4. 出土斗；5. 运土车；6. 运送管片单轨；
7. 管片；8. 衬砌拼装器；9. 伸缩接头

① 密封舱部分的体积小，压缩空气的容量少，若透气系数大的地层，难以保持开挖面气压的稳定；

② 盾尾密封装置还做不到完全阻止舱内压缩空气的泄漏；

③ 管片间接缝存在压缩空气泄漏问题，有时管片外部泥水被一起带入隧道，增加了施工困难。

因此，该方法一直未广泛推广应用。

3）泥水加压盾构：在盾构密封隔舱内注入泥水，由泥水压力抵住正面土压，用全断面机械化切削及管道输送泥水出土方式，完成盾构开挖掘进的全过程。图9-37是泥水加压盾构工作原理及示意图。泥水加压盾构实现了管道连续出土，又防止开挖面的坍塌，大大改善了盾尾泄漏。一般适合在河底、海底等高水压力条件下的隧道施工；亦适用于冲积形成的砂、粉砂、黏土层、弱固结的互层以及含水量高、开挖面不稳定的地层等。泥水加压盾构在城市地下工程中，尤其在大断面隧道施工中广泛应用，如上海长江越江隧道工程采用直径达 $\phi15.43$m 的泥水加压式的盾构（图9-27（b））。

4）土压平衡盾构：又称削土密闭式或泥土加压式盾构，是在局部气压及泥水加压盾构基础上发展起来的一种适用于含水饱和软弱地层中施工的新型盾构，广泛应用于城市地下工程施工中，如图9-38所示。

土压平衡盾构的头部装有全断面切削刀盘，在切口环与支承环间设有密封隔板，使切口部分形成浆化泥土密封舱。用流动性和不透水性的"作浆材料"，压注于切削下的

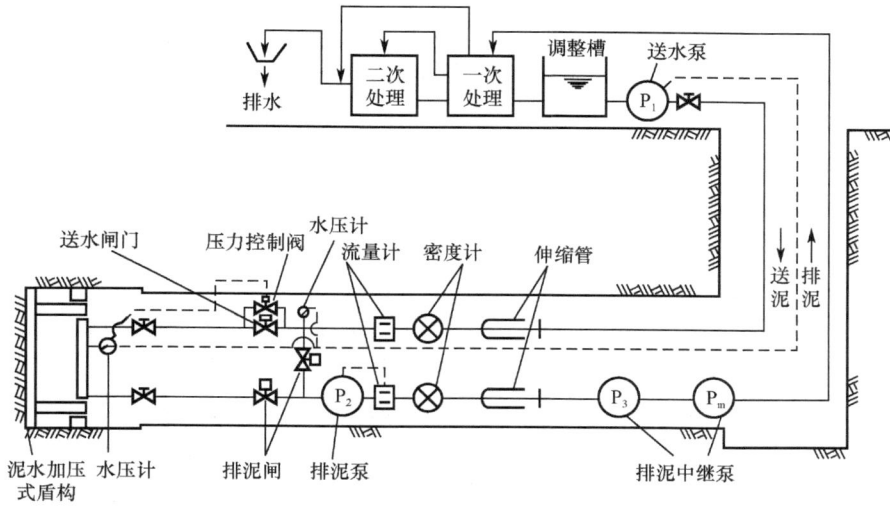

(a) 泥水加压盾构工作原理图

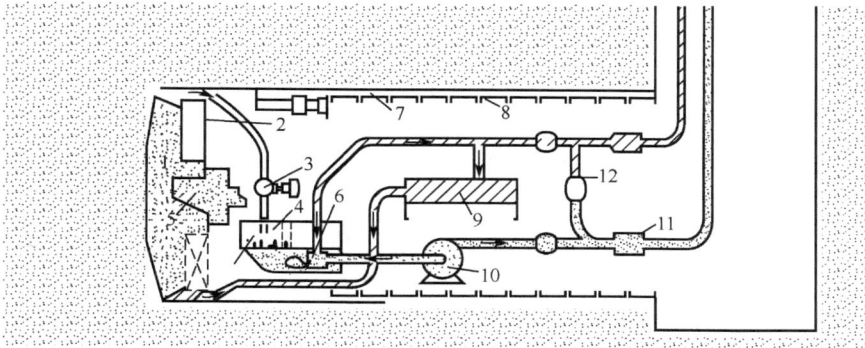

(b) 泥水加压盾构结构示意图

图 9-37　泥水加压盾构

1. 钻头；2. 隔板；3. 压力控制阀；4. 集矸槽；5. 斜槽；6. 搅动器；7. 盾尾密封；8. 水泥浆；
9. 摩努型泵；10. 砂石泵；11. 伸缩管；12. 紧急支管

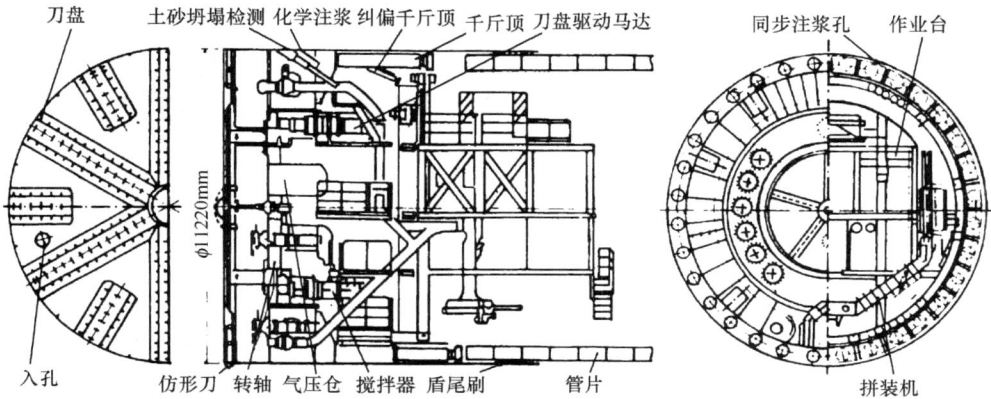

图 9-38　土压平衡盾构造示意图

土中使之成为可流动又不透水的浆化泥土，使其充满开挖面密封舱及相连的长筒形螺旋输送机。盾构推进时，浆化泥土的压力作用于开挖面实现与土体静压与水压的平衡。推进中配合刀盘切削速度控制螺旋输送机的转速，保证密封舱内始终充满泥土，而又不过于饱满。

土压平衡盾构避免了局部气压盾构的主要缺点，又省略了泥水盾构中的处理设备，适用于含水量和粒度组成比较适中的粉土、黏土、砂质黏土等土砂可直接从切削面流入土舱及螺旋排土器的土质。但对含砂粒量过多的不具备流动性的土层，不宜适用。

3. 盾构技术新发展

近年盾构技术在不断发展，如 CPS 盾构和超级盾构。CPS（chemical plug shield）盾构法是向土压舱内掺入一些化学剂，使开挖土具有一定止水能力以保证开挖面稳定的一种适合于开挖深度大、水压高的土压平衡盾构施工法。该法在土压舱内掺入主剂和其他外加剂与开挖土进行搅拌，再将辅助剂注入螺旋式排土机内对土体进行改良，最后制成具有止水性能的土体。使用这种止水土体在开挖像具有高承压水的砂砾土层时，可抵抗高水压的作用，防止地下水和土砂的喷射，保证开挖面稳定。

国际上正在研制新一代超级盾构，它集中土压平衡盾构和隧道凿岩机（tunnel boring machine）的优点；前方大刀盘既装有可开挖软黏土、粉砂的切刀和刮刀，又装有开挖坚硬岩体的高强度台金滚刀；在遇到软土介质时，是一台土压平衡盾构；遇到无地下水的岩石地层则转变成敞胸开挖凿岩机；盾构刀盘的轮辐上安装声发射的地质雷达，可随时探测盾构前方土层变化和施工障碍物，根据变化可随时更换刀具和开挖面支撑措施。

日本等国研制了子母式特殊盾构、H（水平）和 V（竖向）特殊盾构、双圆和三圆盾构等，如直接采用三圆盾构施工地铁车站等技术得到了成功应用。

上海首次采用双圆盾构掘进机（DOT 双圆盾构）建造了黄兴绿地站—翔殷路站—嫩江路站—开鲁路站双圆盾工程，共 3 个区间，全长 2688m，为软土条件下采用双圆盾构施工取得了成功的经验。

4. 盾构选型

盾构选型是否合理，这是盾构法施工成败的关键。地下工程采用盾构法施工时，要根据隧道的尺寸、地层条件和工程质量要求等来确定盾构壳体参数及其他技术参数。我国多个城市曾因所选盾构类型及参数与当地的地层适应性较差而造成掘进效率低下、设备损毁、地层塌陷等，由此带来巨大的损失，并延误工期。供盾构选型参考的土壤粒度分布曲线如图 9-39（a）所示；不同盾构类型的图示及其对地层适应性分析如图 9-39（b）所示。

9.3.2 盾构施工法的技术参数设计

1. 盾构壳体尺寸的确定

（1）盾构的外径 D 的确定

通常根据隧道边界和结构尺寸的要求进行设计和计算，图 9-40 为计算简图。

设计时，盾构的内径 D_0 应稍大于隧道衬砌的外径，即在盾构与衬砌之间必须留有一定的建筑空隙，其大小决定于盾构制造及衬砌拼装的允许误差。要考虑盾构偏离设计

● 供盾构掘进机选择使用的土壤粒度分布曲线

黏土	粉土	细	粗	细	中	粗	卵石
		砂		砾石			

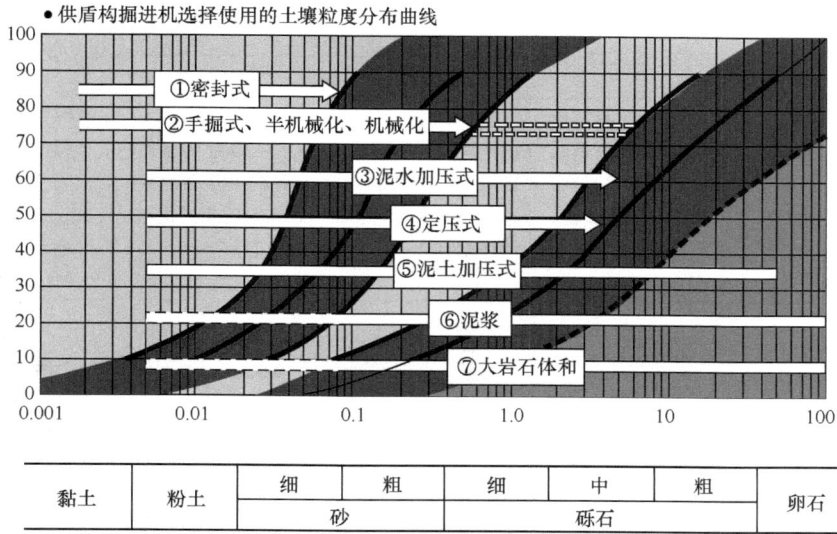

(a) 盾构选型使用的土壤粒度分布曲线

类型	①	②		③
	密封式	手掘式	半机械化式	泥水加压式
说明	适合于软件、粉质、含砂量少的土质。出泥根据挖掘速度调节开孔大小而控制	适合于坚硬、无崩塌性土质或半坚硬土质。装配有半月形掘进面和用于支撑掘进面的千斤顶。如果土质条件需要，则可使用一些专用装备，例如可移动式防护罩、可移动式平台等	一种手动操作型机械设备。配备有反铲、臂式切刀之类工具，以满足土质条件的需要	适合于渗水砂土和砂砾（水量砂砾）土质。有的配备有石头箱和石头排除装置以便移走泥浆中的卵石
略图				
外观				

（b）不同盾构类型对地层的适应性

图 9-39　不同地层条件下的盾构选型

④	⑤	⑥		⑦
定压式	泥土加压式	泥浆		潜盾式钻掘机（SBM）
		双螺旋	带状螺旋	
适合于黏土和黏砂土质。主要特点之一是带有锥形阀门螺旋排出装置以便形成砂栓。也适用于部分气压操作	机械化潜盾机，配备有全方位辐条式切削，插于泥浆中可适用于不同断面。特点是转换变形功能和开放切削构造	由于泥浆灌入切削仓，所以适合于渗水、砂砾卵石土质和超软土质以及复杂地层。这种类型具有泥水加压式和定压式的优点，这样就适合于各种类型的地层		机构化潜质机配备有钻头，可以破碎大岩石体和基础。建议用于黏土层，可崩塌含水层、大岩石体和基础

（b）不同盾构类型对地层的适应性（续）

图 9-39　不同地层条件下的盾构选型（续）

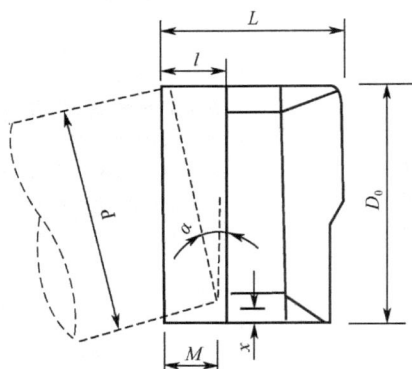

图 9-40　盾构壳体外径计算简图

轴线时进行水平及垂直方向的纠偏和便于衬砌拼装工作的进行。建筑间隙在满足上述要求的情况下尽可能减小。为此，盾构外径的计算方法为

$$D = D_0 + 2\delta = d + 2(x + \delta) \qquad (9-1)$$

式中，d——衬砌外径/mm；

δ——盾壳厚度/mm；

x——盾构建筑间隙/mm。

根据盾构纠偏和调整方向的要求，一般盾构建筑间隙为衬砌外径的 $0.8\% \sim 1.0\%$ 左右。建筑间隙 x 的最小值要满足

$$x = ML/d \qquad (9-2)$$

式中，L——盾尾内衬砌环上顶点能转动的最大水平距离，通常采用 $L = 0.0125d$；

　　　M——盾尾遮盖部分的衬砌长度。

由此得到，$x = 0.0125M$，一般取为 $30 \sim 60$mm。

根据国内外大量的施工实践，建筑间隙通常为 $0.008d \sim 0.01d$，则经验公式为

$$D = (1.008 - 1.010)d + 2\delta \qquad (9-3)$$

（2）盾构机的长度 L

通常为前檐、切口环、支承环和盾尾长度的总和，如图 9-41 所示。

$$L = L_0 + L_1 + L_2 + L_3 \qquad (9-4)$$

式中，L_0——盾尾长度，要求越短越好，通常为

$$L_0 = M + M_1 + M_2$$

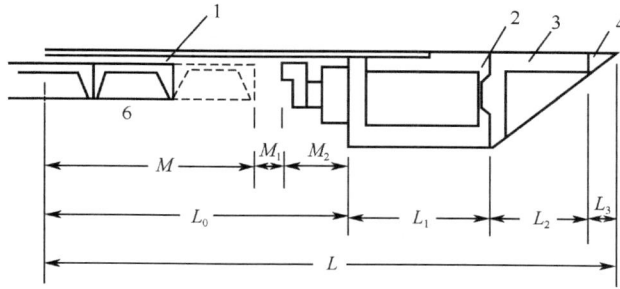

图 9-41　盾构长度计算示意图
1. 盾尾；2. 支承环；3. 切口环；4. 前檐

M——盾尾遮盖的衬砌长度，一般为一环衬砌宽度的 1.2～2.2 倍；

M_1——盾构千斤顶顶块与刚拼完的衬砌环之间的间隙，一般为 0.10～0.20m；

M_2——千斤顶缩回后露在支承环外的长度，一般为 0.5～0.7m；

L_1——支承环长度，主要取决于千斤顶的长度，与衬砌环的宽度 b 有关，一般取衬砌环宽度 b 加 0.20～0.30m 的余量；

L_2——切口环长度，在机械化盾构中仅考虑容纳开挖机具即可，但在手掘式盾构中应考虑人工开挖的安全与施工方便，一般 L_2 的最大值为 $L_{2max} = D\tan\psi$ 或 ≤2m，ψ 为开挖土面坡度，一般多为 45°左右。

L_3——盾构前檐宽度，并非所有盾构都有该项，一般手掘式盾构为开挖面的安全才设置，其长度取 0.3～0.5m。

2. 盾构推进顶力计算

盾构的前进及方向的调整靠千斤顶推进来实现。因此盾构千斤顶必须具有足够的力量，以克服推进过程中所遇到的各种阻力。盾构推进中所遇阻力计算如下。

（1）盾构外表面与周围土层间摩擦阻力 F_1

$$F_1 = \mu_1[2(P_v + P_h)LD] \tag{9-5}$$

式中，μ_1——钢与土间的摩擦系数，其值为 0.4～0.5；

P_v——盾构顶部的竖向土压力，可取覆盖土的 γH 值（kPa），H 为盾构覆盖土厚度，γ 为土的容重；

P_h——水平土压力值；

L、D——分别为盾构的长度和外径。

（2）切口环切入土层阻力 F_2

$$F_2 = D\pi L(P_v\tan\varphi + C) \tag{9-6}$$

式中，φ——土体的内摩擦角；

C——土体的内聚力。

（3）衬砌与盾尾间的摩擦阻力 F_3

$$F_3 = \mu_2 GN \tag{9-7}$$

式中，μ_2——盾尾与衬砌之间的摩擦系数，取 0.4～0.5；

G——单环衬砌重量；

N——盾尾中衬砌的环数。

（4）盾构自重产生的摩擦阻力 F_4

$$F_4 = \mu_1 G_0 \tag{9-8}$$

式中，G_0——盾构自重。

（5）开挖面正面支撑阻力 F_5

若盾构推进时切口环不切入地层，则需要克服开挖面支撑上地层的主动土压力，取盾构 1/2 直径高度处的地层所具有的主动土压力

$$F_5' = P_h D^2 \pi / 4 \tag{9-9}$$

若盾构推进时切口环切入地层，则切口环部分产生的阻力

$$F_5'' = \pi P_p D_k \delta_k \tag{9-10}$$

式中，D_k——切口环部分平均直径；

δ_k——切口环部分厚度；

P_p——被动土压力，$P_p = \gamma H \tan^2 (45° + \varphi/2)$。

故在开挖地层时，要支撑开挖面的盾构阻力为

$$F_5 = F_5' + F_5''$$

对于闭胸挤压盾构，其正面阻力为

$$F_5^b = F_5 + P_p D^2 \pi / 4 \tag{9-11}$$

总之，盾构阻力计算，应根据施工实际情况而定。一般在设计确定盾构千斤顶的总顶力时，还应采用 1.5～2.0 左右的安全系数。因此，盾构推进顶力的设计值应为

$$F = (1.5 \sim 2.0)(F_1 + F_2 + F_3 + F_4 + F_5) \tag{9-12}$$

3. 盾构开挖面的稳定性分析

盾构法通常应用于松软土层中的隧道施工，为使开挖面保持稳定，有时要采取辅助施工措施，如气压法，泥水加压法等，需要估算使工作面稳定的主动压力。

气压盾构是以压缩空气来保持开挖面的稳定，其作用是阻止涌水，防止开挖面的崩坍。实际估算时，压缩空气的压力应取为：对于中小断面的盾构为 $D/2$ 处的地下水压力；对大断面盾构为 $2D/3$ 处的地下水压力。对于黏性土等透气性小的地层采用的压力可乘以 0.5～0.7 的折减系数，但应考虑到漏气消耗的影响。

泥水盾构开挖面土层的稳定是由泥水压力和机械切削刀盘起支撑作用来保持的。泥水压力主要在掘进中起支护作用，静水压与泥水压的相互作用如图 9-42 所示；泥水加压盾构作用的开挖面稳定分析如图 9-43。当盾构底部处于地下水位以下的深度为 H 时，其水压力为

$$P_s = \gamma_s H \tag{9-13}$$

而在盾构正面密封舱底部的泥水压力为

$$P_n = \gamma_n (H + \Delta h) \tag{9-14}$$

式中，P_n——泥水压力；

γ_n——泥水比重；

Δh——泥水超压等效高度。

一般设计时，Δh 取 2.0m，而 γ_n 大于 γ_s，故开挖面任何一点泥水压力始终大于地下水压力，从而形成一个向外的水力梯度，保证了开挖面的稳定。

勃朗姆斯（Broms）和本那马克（Bennermark）提出软土开挖面的稳定性判据，表达式为

$$N_t = \gamma H / S_u \tag{9-15}$$

式中，N_t——开挖面稳定性判据；

γ——土的比重/(kN/m^3)；

H——隧道埋深/m；

S_u——土的不排水剪切强度/kPa。

由现场研究得出：$N_t = 1 \sim 4$，开挖面稳定，掘进无困难；$N_t > 5$，土很快挤满盾尾建筑空隙；$N_t > 6$，土涌入盾构；$N_t > 7$，无特殊措施，开挖面施工不安全。为维持正常施工，应保持 $N_t \leqslant 6$。

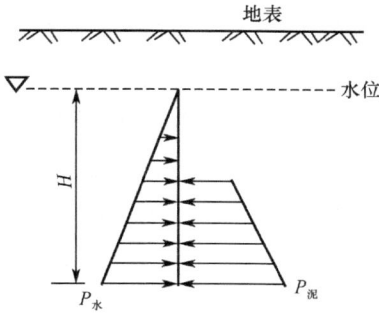

图 9-42 静水压与泥水压作用示意图

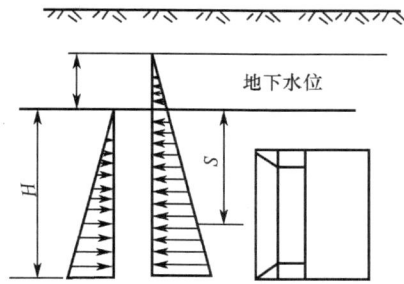

图 9-43 泥水加压盾构作用原理

4. 盾构隧道衬砌内力计算

作用于每米长度衬砌上的主荷载有垂直和水平土压力、水压力、自重、上覆荷载的影响和地层抗力；附加荷载有内部荷载、施工荷载和地震影响等；特殊荷载包括平行隧道施工的影响、地层沉降的影响等，如图 9-44 所示。在不同施工阶段和特殊情况（如人防荷载）下，还需考虑相应荷载的影响因素。

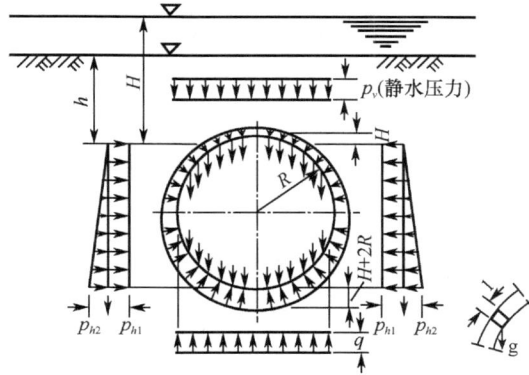

图 9-44 作用在衬砌上的荷载简图

（1）衬砌拱顶竖向地层压力

拱上部

$$P_{v1} = \sum_{i=1}^{n} \gamma_i h_i (\text{kPa}) \tag{9-16}$$

式中，γ_i——土的容重/(kN/m^3)；

h_i——衬砌顶部以上各土层的厚度/m。

拱背部，近似地化为均布荷载

$$P_{v2} = Q/2R \tag{9-17}$$

式中，Q——拱背部总的地层压力，$Q = 2(1-\pi/4)R^2\gamma_i = 0.43R^2\gamma_i$；

R——衬砌圆环计算半径/m。

（2）侧向水平均匀土压力

$$P_{h1} = P_v \tan^2(45° - \phi/2) - 2C'\tan(45° - \phi/2) \tag{9-18}$$

式中，ϕ——衬砌环顶部以上各土层内摩擦角加权平均值；

C'——衬砌环顶部以上各土层内聚力加权平均值。

侧向水平三角形土压力

$$P_{h2} = 2R\gamma \tan^2(45° - \phi'/2) - 2C\tan(45° - \phi'/2) \tag{9-19}$$

式中，γ——侧向各土层平均比重；

ϕ'——侧向各土层内摩擦角平均值；

C——侧向各土层平均内聚力。

（3）静水压力 $P_{水}$

它对隧道衬砌的受力状态影响很大，计算时，常将其分为沿圆环均布的径向压力 $H\gamma_{水}$ 和从圆环顶部向下呈月牙形变化的径向压力，如图 9-45 所示。

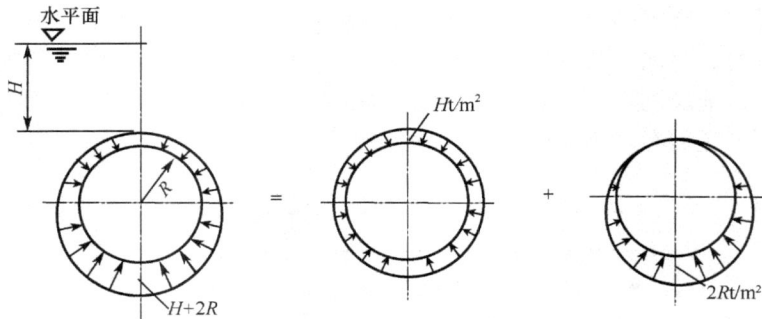

图 9-45　作用在衬砌上的静水压力计算简图

（4）自重 G

按初步设计的截面尺寸计算（取衬砌环宽 1m）

$$G = F\gamma_h \cdot 1/b \tag{9-20}$$

式中，F——衬砌构件的截面积（沿隧道纵向）；

γ_h——衬砌材料容重；

b——沿隧道纵向，衬砌环宽度。

按上述隧道外荷载的有关土力学理论及计算公式所得的结果比较粗糙。根据实际情况，衬砌外荷载的数值和分布与隧道埋设地层的水文地质情况、施工方法、衬砌本身的刚度等有密切关系，因此，理论计算应和实际分析与测量结合，进行必要的调整。

现就确定荷载的有关问题分述如下，以供参考。

1) 竖向土压力：按隧道顶部的全部土压（γH）计算，在软黏土中较为适合，但当在具有较大抗剪强度的土层中时，且隧道的埋深又超过衬砌环外径（$H > D$）时，则竖向土压小于 γH 值。这时按所谓的"松动高度"理论（图9-46），采用太沙基公式或普氏公式计算较普遍。

太沙基公式

$$P_v = B_0(\gamma - C/B_0)[1 - \exp(-H\tan\varphi/B_0)]/\tan\varphi$$
$$+ P\exp(-H\tan\varphi/B_0)$$

$$(9-21)$$

普氏公式

$$P_v = 2B_0\gamma/3\tan\varphi \qquad (9-22)$$

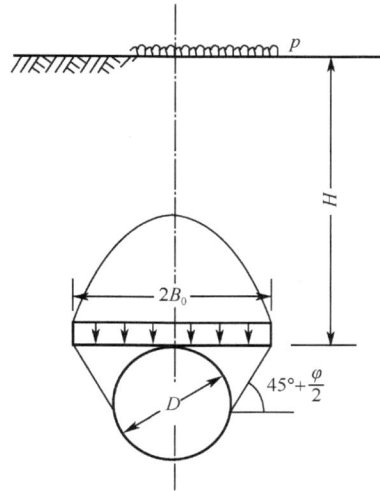

图 9-46 竖向土压力荷载示意图

2) 侧向土压力：一般可按朗肯公式计算，但地层组成、施工方法、衬砌结构的刚度等对侧向主动土压力的影响很大。例如当采用挤压盾构施工时，开始时侧向压力很大，往往大于顶部压力，因此，侧压系数要综合考虑多种因素，结合现场实测来确定。

3) 侧向土抗力：当外荷载 P_u 作用于隧道衬砌时，衬砌结构产生水平变形，地层则产生与其相对应的抗力。假定侧向抗力是一等腰三角形分布，即与水平直径上下成 45°角，则

$$P_k = ky \qquad (9-23)$$

式中，k——衬砌圆环侧向地层压缩系数 $/(\text{kPa/m})$；

y——衬砌圆环在水平直径处的变形量 $/\text{m}$。

变形量的计算尽管有多种方法，但仍是要研究的问题；通常采用经验公式

$$y = (2P_u - P_{h1} - P_{h2} + \pi G)R^4/[24(\eta EJ + 0.0454KR^4)] \qquad (9-24)$$

式中，EJ——衬砌圆环抗弯刚度；

η——刚度有效率，取 $0.25 \sim 0.80$。

土介质的侧向抗力 P_k 的取用与否、其值的大小、抗力分布形式等对衬砌结构内力的计算结果影响较大，应用中要谨慎合理。

4) 上覆荷载的影响：目前仍是研究课题。通常认为对衬砌的作用途径是上覆荷载通过地层中的土体的应力变化传递给衬砌，即作用在衬砌上的土压力增加。布辛尼斯克（Boussinesq）和威斯特卡德（Westergard）等人都给出了计算地层中应力传递的公式；也可用有限元法做数值解析计算；但由于问题的复杂性，计算结果出入较大，还需要大量实测和研究工作。

9.3.3 盾构隧道的衬砌设计

盾构隧道的衬砌一般为双层构造。外层称为一次衬砌，其作用是支承来自地层的土压力、水压力，承受盾构的推进力及各种施工设备构成的内部荷载；内层为二次衬砌，

其作用除进一步加强补充一次衬砌的作用外，通常还应具有良好的防渗、防蚀、防震、修正轴线和内装饰的作用。通常一次衬砌采用钢筋混凝土或球墨铸铁材料制作的管片，在现场拼装成环。二次衬砌多采用现场浇注无筋或钢筋混凝土法制作。

1. 管片的构造与种类

盾构隧道的断面通常为圆型，根据断面大小沿圆周分割成多个弧状板块，该弧状板块即为管片。为了提高构筑速度，管片是事先在工厂按设计要求制作的预制件，运至现场拼装即可。管环通常由沿周向分割的 A 型管片、最后封顶的 1 块 K 型管片及其两侧的 B 型管片共 3 种管片构成，如图 9-47 所示。K 型管片有径向插入型和轴向插入型两种，如图 9-48 所示。管片的构造因使用的材料、断面形状和接头形式不同而有多种形式，如图 9-49 所示，常用的有箱型管片和平板型管片。

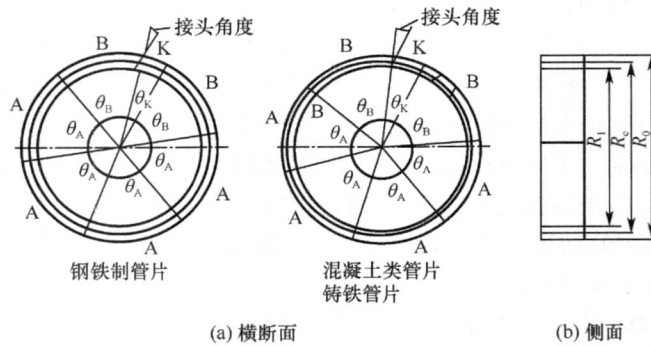

图 9-47 不同弧形管片连接成管环示意图

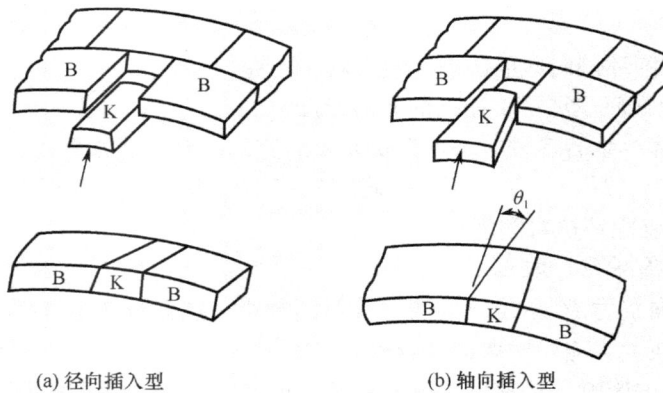

图 9-48 K 型管片种类及连接形态

箱型管片是由主肋和接头板或纵向肋构成的凹形管片的总称。钢制和球墨铸铁制凹形管片一般称作箱型管片；钢筋混凝土制凹形管片称作中子型管片。平板型管片指具有实心断面的弧板状管片，一般是由钢筋混凝土制作，有时会对管片的表面用钢板覆包或用钢材代替钢筋进行制作。

2. 管片的设计

设计管片时需要遵循以下原则。

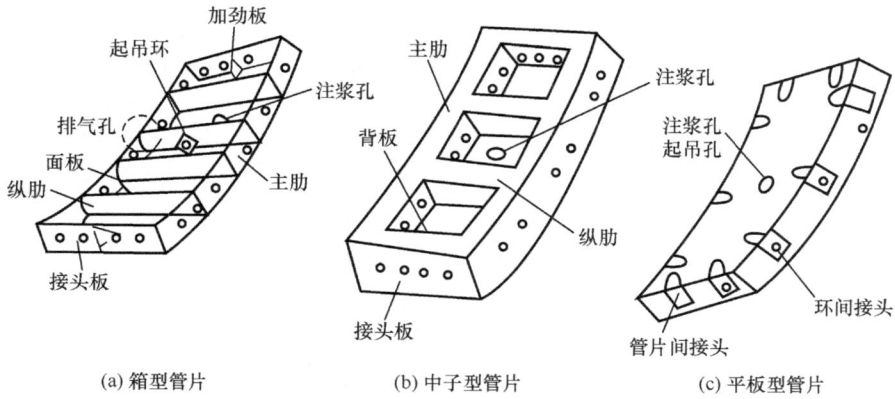

图 9-49　盾构管片的构造形式

（1）必须确保隧道构造的安全

管片拼装的一次衬砌必须保证能够承受从开工到竣工后的长期试验阶段的作用于隧道上的各种荷载作用。

（2）降低成本，制作和施工容易

就盾构隧道而言，管片制作成本通常占总造价的 $40\%\sim50\%$，合理地设计管片是降低造价的关键一环。另外，还需考虑管片制作工艺、拼装成管环工艺、以及形成一次衬砌施工的方便性。

（3）合理构造形式选择

根据隧道的用途、土质条件及施工方法等因素选择管片的种类、构造形式及强度。一般中、小直径的水工隧道、电力与电信隧道等多采用钢筋混凝土管片和钢管片；对铁路、公路等大直径隧道，以选用钢筋混凝土管片为主。

（4）允许应力法设计计算

在计算管环的断面应力时，应根据管片的种类、接头方式、接头的位置组合产生的接头效应等因素分析管环的结构特性。把管环看作具有均质刚度的环，还是具有多个铰支的环，或是具有转动弹簧和剪切弹簧的环，应根据隧道的用途、地质条件和衬砌构造特性来确定；目前多采用允许应力法进行设计计算。把管环认定为刚度均匀环时，常采用 20 世纪 60 年代初提出的计算方法，图 9-50 给出所使用的荷载系统，竖向的地层反力假定为等分布荷载，水平向的地层反力则假定为自环顶部向左右 $45°\sim135°$ 区间的均布荷载（三角形）。考虑到管片接头抗弯刚度的降低，随后提出修正的计算方法，即考虑接头引起的管环抗弯刚度的下降系数（$\eta<1$），但仍认为整个管环的刚度是均匀的。

新发展的多铰环计算方法，把管环认定为多铰连接，即把管片接头看作铰构造进行计算。多铰环自身为不稳定构造，但在周围地层土体的支承围护作用下成为稳定构造，适用于具有一定强度的良好地层；图 9-51 所示为多铰环计算简图。事实上各管片接头处存在一个能承担部分弯矩的弹性铰，它既非刚接，也非全部铰接，其担负弯矩的大小取决于接头刚度值。因此，有学者提出弹性铰环计算法，即在计算截面内力时可将管片接头看作是弹性铰构造，计算模型如图 9-52 所示，计算需要的接头刚度值可由试验或经验综合分析确定。

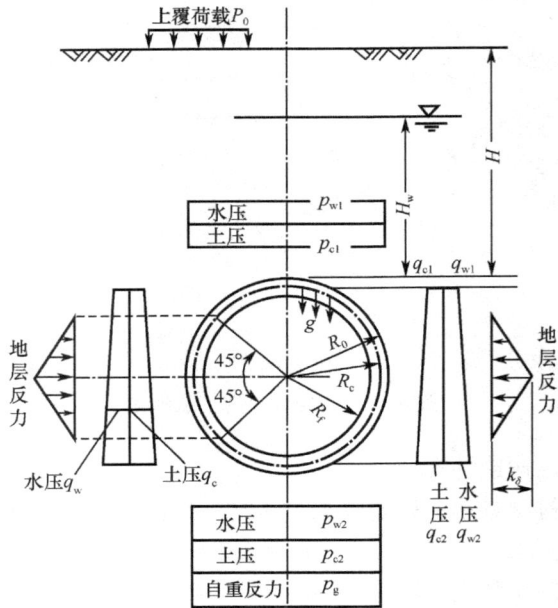

图 9-50　刚度均匀管环荷载系统图

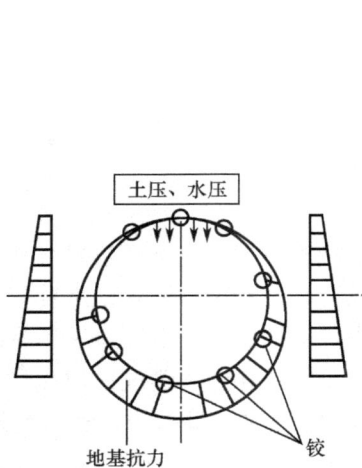

图 9-51　多铰环设计计算简图

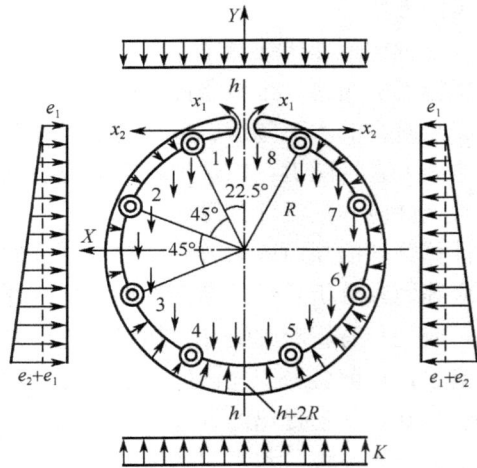

图 9-52　弹性铰构造设计计算简图

3. 二次衬砌设计

盾构隧道多采用现场浇筑混凝土的方法修筑二次衬砌，通常按加固目的可分以下 3 种进行设计。

（1）围护结构的二次衬砌

围护结构的二次衬砌只起加固、防水、防蚀、修正轴线摆动、防震及内装饰等辅助维护作用，可以认为不分担外荷载而只承受自重。

盾构隧道几乎都是将一次衬砌的管片考虑为隧道的主体结构来设计的，二次衬砌通常都只做截面内力和应力的计算，厚度大多为15～30cm左右。但二次衬砌使用内插管时，如果存在向一次衬砌内侧漏水，让外水压作用于二次衬砌的外侧时，可按外水压和自重采用允许应力法进行设计。

（2）起部分主体结构的二次衬砌

将二次衬砌和一次衬砌一道作为隧道主体结构，适用于因土质原因，在二次衬砌施工前，作用于一次衬砌上的荷载尚未达到极限值，二次衬砌完工后又出现新增荷载或局部作用有较大荷载；如周围开挖施工致使荷载发生变化、土压、水压的历时效应和隧道周向刚度需要确定等。

设计计算时应根据一次衬砌与二次衬砌的接合面的形状，采用不同方法计算截面的内力和应力。当接合面较平滑时，由于两次衬砌与双层结构相似，假定荷载由管片与二次衬砌的抗弯刚度分担，则荷载分担系数 J 可按下式求取

$$J = (E_2 I_2 / R_{c2}^4)/(E_1 I_1 / R_{c1}^4 + E_2 I_2 / R_{c2}^4) \qquad (9\text{-}25)$$

式中，J——二次衬砌荷载分担系数；

E_1，E_2——一二次衬砌的弹性模量；

I_1，I_2——一二次衬砌的断面惯性矩；

R_{c1}，R_{c2}——一二次衬砌的计算半径。

当接合面凹凸不平并设有抗剪销时，由于接近整体构造，故可按整体结构计算。这种情况下，关于凹凸形状尺寸及抗剪销的设置密度，原则上应按它们具有足够的反力，能承受作用于接合面的剪力的状态设计。

（3）单独作主体结构的二次衬砌

将一次衬砌作为临时结构，二次衬砌作为主体结构进行设计，仅适用于自立性高的良好地层。实际应用较少，设计时，荷载和地层反力等均由二次衬砌承担，用允许应力法进行单独设计与验算。

9.3.4 盾构施工技术

盾构施工的特点是掘进地层、出土运输、衬砌拼装、接缝防水和盾尾间隙注浆充填等主要作业都在盾构保护下进行，同时需要随时排除地下水和控制地面沉降，因而盾构法施工是一项施工工艺技术要求高、综合性强的施工方法。盾构掘进施工系统如图9-53所示。盾构施工的主要工序有盾构的安设与拆卸、土体开挖与推进、衬砌拼装与防水等。

盾构法施工的主要施工程序：

① 建造竖井或基坑，作为盾构施工的工作井；

② 盾构掘进机安装就位；

③ 盾构进洞口处的土体加固处理；

④ 初推段的盾构掘进施工，即包括推进、出土、运土、衬砌拼装、盾尾注浆、轴线测量等；

⑤ 盾构掘进机设备转换，即增加装有动力、电器、辅助工艺设备的后车驾；

⑥ 隧道连续掘进施工；

⑦ 盾构接收井洞口的土体加固处理；

⑧ 盾构进入接收井，并运出地面。

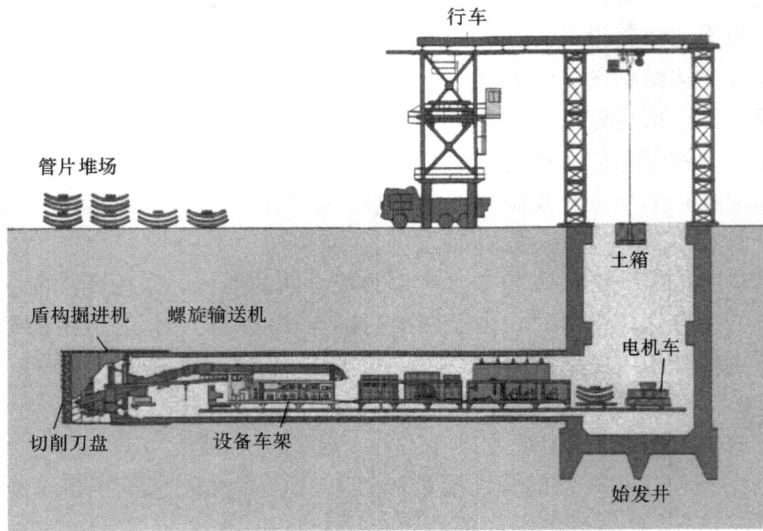

(a) 盾构施工系统示意图

(b) 盾构掘进机的内部装备系统

图 9-53　盾构掘进机施工系统示意图

1. 盾构的安设与拆卸

在盾构施工段的始端，必须进行盾构安装和盾构进洞工作，而当通过施工区段后，又必须出井拆卸。盾构安装一般有以下几种方案。

（1）临时基坑法

用板桩或明挖方法围成临时基坑，在其内进行盾构安装和后座安装并进行运输出口的施工，然后将基坑部分回填并可拔除板桩，开始盾构施工。此法适于浅埋的盾构始发端。

（2）逐步掘进法

用盾构法进行纵坡较大、与地面直接连通的斜隧道施工。盾构由浅入深掘进，直到全断面进入地层形成洞口。该法对地面环境要求高，施工占地范围大，斜隧道距离长，施工成本高，适用于浅埋盾构隧道的始发端。

（3）工作井法

工作井法是目前盾构隧道施工应用最多的施工方法。进发竖井即始发盾构机的竖井，故需从地表把盾构机的分解件及附属设备运入进发竖井，然后在井内组装盾构，设置反力装置和盾构进发导口；一般也作为施工人员进出和各种材料、设备的运输通道。

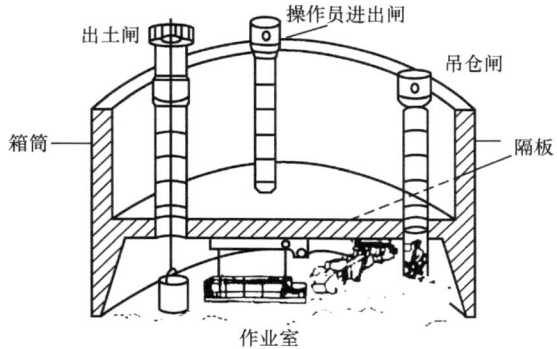

图 9-54　压气沉箱工法示意图

竖井的断面形状很多，可根据地层条件和使用目的来设计，目前应用较多的是矩形竖井或圆形竖井，其构筑工法有明挖工法、沉箱工法、沉井工法、人工挡土墙工法，包括钻孔灌注桩法、钢板桩工法、搅拌桩（SMW）工法和地下连续墙工法等。图 9-54 为压气沉箱工法示意图，其基本原理是向沉箱下部的工作室内压送与地下水压相当的压缩空气，阻止地下水进入作业室，从而保证开挖作业在无水状态下安全进行。

在明挖始发井、沉井或沉箱壁上预留洞口及临时封门以备盾构始发，盾构在井内安装就位，如图 9-55 所示；待准备工作结束后即可拆除临时封门，使盾构进入地层，开始开挖掘进。盾构掘进完成后，需要有到达竖井，也称拆卸井，应满足起吊、拆卸工作的方便，但对其要求一般较拼装井为低，多数情况下可同时作为通风井使用。

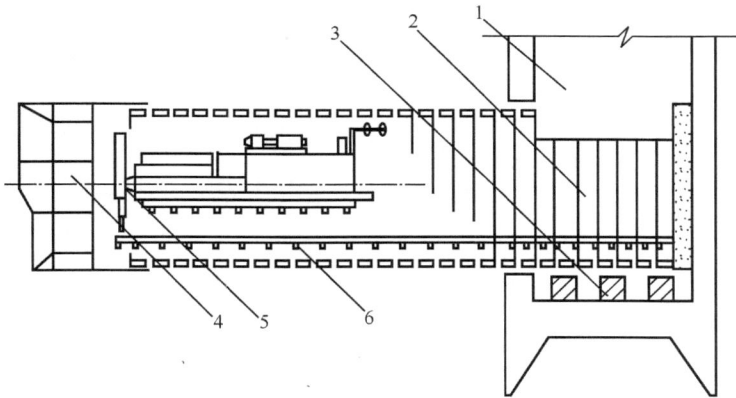

图 9-55　盾构进洞示意图
1.盾构拼装井；2.后座管片；3.盾构基座；4.盾构；5.衬砌拼装器；6.运输轨道

2. 土体开挖与推进

盾构施工首先使切口环切入土层，然后再开挖土体。千斤顶将切口环朝前顶入土层，其最大距离是一个千斤顶的行程。盾构的位置与方向以及纵坡度等均依靠调整千斤顶的编组及辅助措施加以控制，盾构推进工艺如图 9-56 所示。

土体开挖方式根据土质的稳定状况和选用的盾构类型确定，具体开挖方式有以下几种。

（1）敞开式开挖

在地质条件好，开挖面在掘进中能维持稳定或采取措施后能维持稳定，用手掘式及半机械式盾构时，均为敞开式开挖。开挖程序一般是从顶部开始逐层向下挖掘。

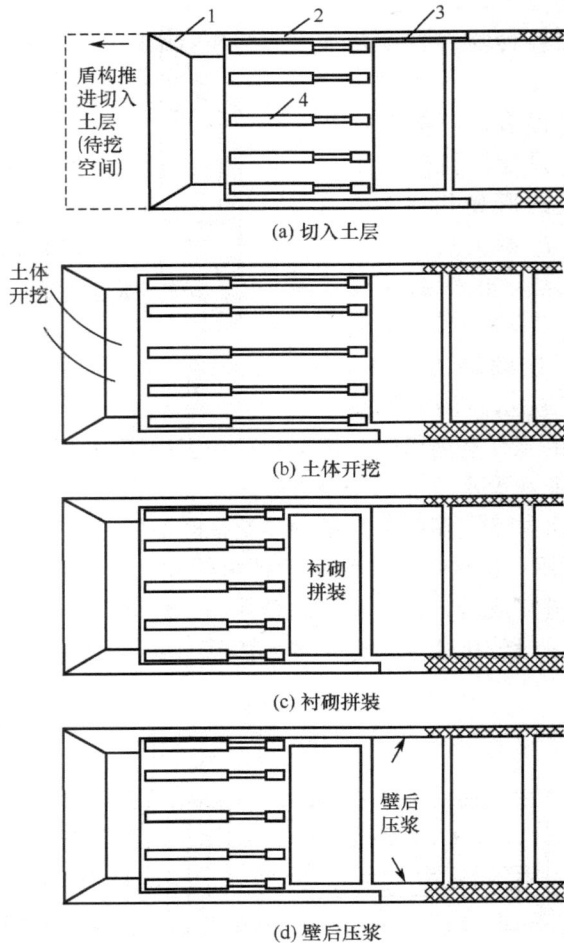

图 9-56　盾构推进工艺循环
1. 切口环；2. 支承环；3. 盾尾；4. 推进千斤顶

（2）机械切削开挖

利用与盾构直径相当的全断面旋转切削大刀盘开挖，配合运土机械可使土方从开挖到装运均实现机械化，城市地下工程广泛采用机械开挖方式。

（3）网格式开挖

开挖面用盾构正面的隔板与横撑梁分成格子，盾构推进时，土体从格子里是条状挤入盾构中，是盾构技术早年常用的出土方式。

（4）挤压式开挖

用挤压式和局部挤压式开挖，由于不出土或部分出土，对地层有较大的扰动，施工中应精心控制出土量，以减小地表变形；常用于顶管等非开挖技术中。

3. 衬砌拼装与防水

软土层盾构施工的隧道，多采用预制拼装衬砌形式；少数采用复合式衬砌，即先用薄层预制管片拼装，然后复壁浇注内衬。

预制拼装通常由称作"管片"的多块弧形预制构件拼装而成。拼装程序有"先纵后环"和"先环后纵"两种。先环后纵法是拼装前缩回所有千斤顶，将管片先拼成圆环，然后用千斤顶使拼好的圆环沿纵向向已安好的衬砌靠拢连接成洞。此法拼装，环面平整纵缝质量好，但可能形成盾构后退。先纵后环因拼装时只缩回该管片部分的千斤顶，其他千斤顶则轴对称地支撑或升压，所以，可有效地防止盾构后退。

二次衬砌施工前应采用喷水冲洗阀和真空泵抽吸法对一次衬砌内侧进行清扫，用背后注入速凝砂浆法堵漏，随后对管片接头螺栓进行重新紧固。

图 9-57 是二次衬砌混凝土浇筑作业示意图，因预拌混凝土车无法开进浇注现场，施工中应将预拌混凝土的运输和浇筑作为一个系统考虑。二次衬砌施工模板有滑动模板和用散装模板装配成的拱架两种。图 9-58 为常用滑模示意图，滑模的长度一般为 8～12m，依次将棒状千斤顶伸开立模，混凝土浇筑和养护之后，就要通过使棒状千斤顶依次退缩来脱模，滑模的荷载转移给桥式台车，再使用手动葫芦和绞车等将桥式台车转移到下一个浇筑现场。

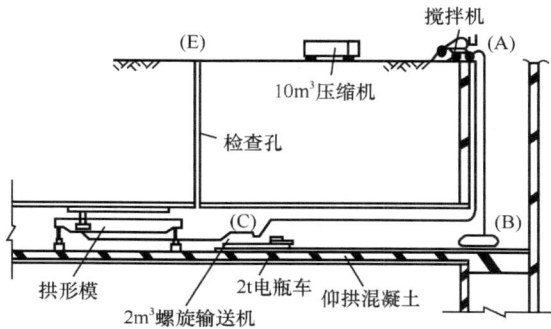

图 9-57　二次衬砌混凝土浇筑作业示意图

含水土层中盾构施工，其钢筋混凝土管片支护除应满足强度要求外，还应解决防水问题。管片拼接缝是防水关键部位。目前多采用纵缝、环缝设防水密封垫的方式。防水材料应具备抗老化性能，在承受各种外力而产生往复变形的情况下，应有良好的黏着力，弹性复原力和防水性能。特种合成橡胶比较理想，实际应用较多。衬砌完成后，盾尾与衬砌间的建筑空隙需及时充填，通常采用壁后压浆，以防止地表沉降，改善衬砌受力状态，提高防水能力。

压浆分一次压注和二次压注。当地层条件差，不稳定，盾尾空隙一出现就会发生坍塌时，宜采用一次压注，压浆材料以水泥、黏土砂浆为主体，终凝强度不低于0.2MPa。二次压注是当盾构推进一环后，先向壁后的空隙注入粒径 3～5mm 的石英砂或石粒砂；连续推进 5～8 环后，再把水泥浆液注入砂石中使之固结。压浆宜对称于衬砌环进行，注浆压力一般为 0.6～0.8MPa。

9.3.5　盾构施工的地表变形

采用盾构法施工时，一般在地表均会有变形，这在松软含水地层或其他不稳定地层中尤为显著。地表变形的程度与隧道的埋深、直径、地层特性、盾构施工方法、地面建

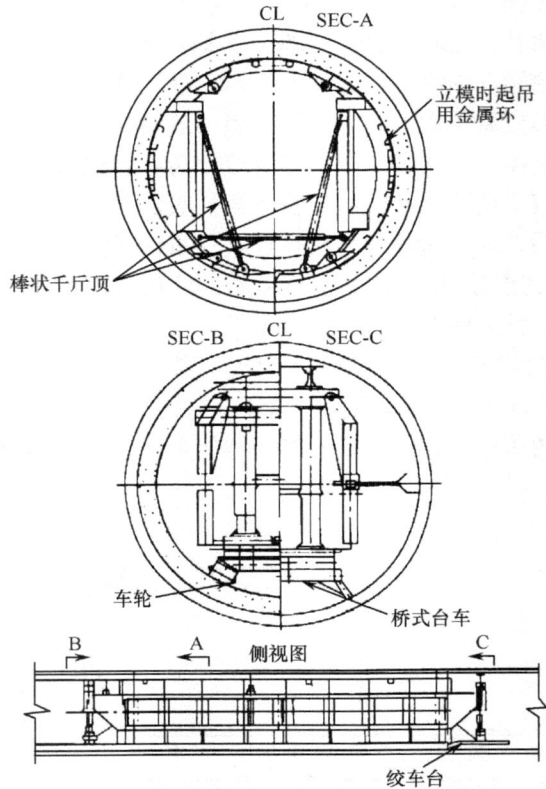

图 9-58　常用滑模作业示意图

筑物基础形式等有关。

1. 地表变形的规律

盾构法施工时，沿隧道纵向轴线所产生的地表变形，一般在盾构前方约和盾构深度相等的距离内地表开始产生隆起，在盾构通过以后地表逐渐下沉，其下沉量随着时间的推移由增加而最终趋于稳定，其变形规律如图 9-59 所示。

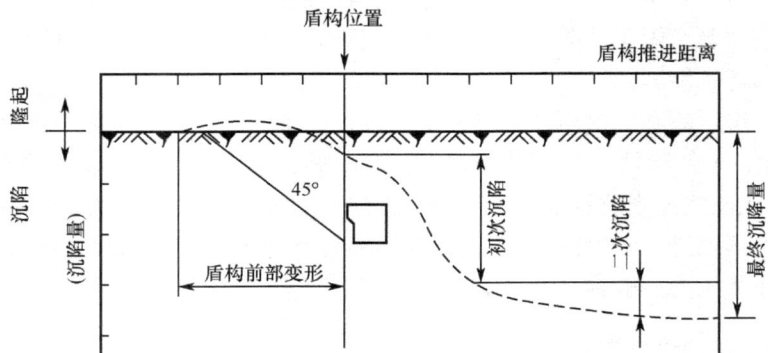

图 9-59　盾构施工地表变形纵向沉降规律示意图

不同的盾构施工方法，其变形规律及影响范围大致相同，但变形量的差异很大。一般全闭胸挤压盾构推进时，地表隆幅最大，气压盾构或局部挤压盾构、土压平衡盾构等施工时，地表隆起现象相对较小。一般隆起越多盾构过后沉降越大。施工时掌握得好，地表沉降量可控制在 50mm 左右。一般在市区进行盾构施工时，地面沉降的控制标准是地面下沉不超过 30mm，地面隆起不超过 10mm；在沉降变形要求严格的建构筑物下施工时需要制定专门的控制标准及风险控制措施。

图 9-60 是土压盾构施工引起的地表沉降分析图，盾构隧道施工引起地层沉降的类型及机理见表 9-5，具体分析如下：

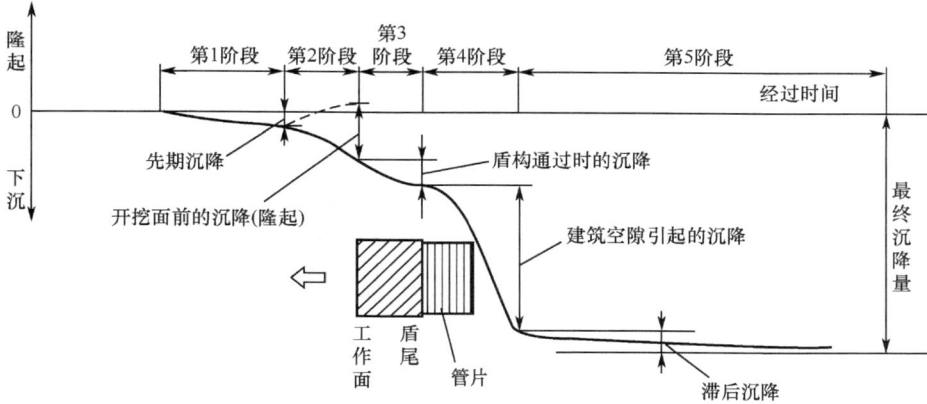

图 9-60　盾构推进时引起的地层沉降分析图

表 9-5　地铁盾构隧道施工引起地层沉降的类型及机理

沉降类型	原因	应力扰动	变形机理
先期沉降	土体受挤压而压密	孔隙水压力减小 有效应力增加	孔隙比减小 土体固结
开挖面前沉降（隆起）	工作面处施加的压力 过大则上隆，过小则沉降	孔隙水压力增加 总应力增加	土体压缩 产生弹塑性变形
盾构通过的沉降	土体施工扰动，出土量 过多	土体应力释放	弹塑性变形
建筑空隙引起的沉降	土体失去盾构支撑 管片背后注浆不及时	土体应力释放	弹塑性变形
滞后沉降	土体后续时效变形	土体应力释放	蠕变压缩

（1）先期沉降

盾构推进的前方在地层滑裂面以远，可能产生微小的沉降。产生先期沉降的原因主要是盾构施工所引起的地下水（或孔隙水）的下降。因先期沉降量甚微，一般只有几个毫米，而且不一定所有盾构都会产生这种沉降，故常不为人所关注。但是如果盾构施工辅以降低水位法，则静水平面在降水井点管四周形成漏斗状曲面，漏斗外围地下水流动补给而产生动水压头，出现土中有效应力增加，产生固结沉降。

（2）开挖面前的沉降（或隆起）

这是指在盾构开挖面即将到达之前发生的下沉或隆起。开挖面的土水压力的不平衡是其发生的原因。当采用土压平衡盾构或泥水加压式盾构进行施工时，由于推进量与排土量不等的原因，开挖面土压力 P_z、水压力 P_w 与压力舱压力 P_j 产生不均衡，致使开挖面失去平衡状态，从而发生土体变形。开挖面土压力、水压力小于压力舱压时产生地层下沉，大于压力舱压时产生地层隆起。为了减少对开挖面土体的扰动，在盾构推进挖土和衬砌施工过程中，从理论上讲要保持 $P_z + P_w = P_j$，如图 9-61 所示。但是，由于压力舱的压力受到千斤顶推力、行进速度、螺旋出土器出土量等参数影响，完全保持上式的平衡是不可能的，因此盾构推进对土体的扰动是不可避免的。

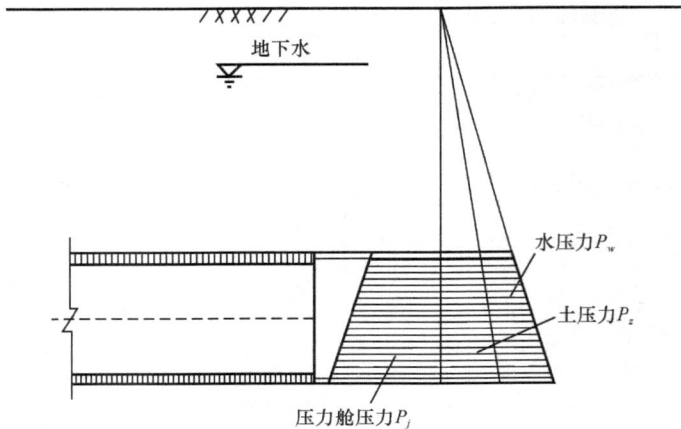

图 9-61　盾构推进时的正面受力图

（3）盾构通过时的沉降

盾构在地层中推进，盾构外壳与地层之间必然会产生一个滑动面。邻近滑动面的地层中就产生了剪切应力，当盾尾刚通过受剪的土体时，因受剪切而产生的拉应力导致土体立即向盾尾的空隙移位。此外，盾构推进过程中时常要纠正其姿态，通常称为纠偏。盾构纠偏意味着盾构轴线与隧道轴线产生一个偏角。盾构纠偏，使其保持与隧道轴线一致是以盾构经历之处压缩一部分土体，松弛另一部分土体来换取的，压缩的部分抵充了盾构的偏离，而松弛部分则带来了地面沉降。另一方面，当盾构掘进机曲线推进的时候，也会对土体产生较大的扰动，扰动后土体的物理力学参数必然发生变化，这种变化必然使土体产生弹塑性位移导致地面产生沉降。

（4）建筑空隙引起的沉降

通常在盾壳内面至衬砌外径之间要留一定的空隙，这种空隙称之为建筑空隙。除几种特殊的盾构施工方法，如用涨开式管片和用压注混凝土衬砌的盾构外，通常盾构外径要比衬砌外径大 2% 左右。这是因为，一方面，盾尾壳板有一定的厚度，而壳板的厚度又因盾构的埋深、盾构直径、盾构长度和壳板材质而异；另一方面，为便于管片在盾壳内拼装以及盾构推进时需要不断纠偏，并且有时需要盾构在曲线上推进，也必须留有建筑空隙；当盾构施工的同步壁后注浆压力和注浆量不足时，这种建筑空隙必然会引起明显的地面沉降；当然也应避免过大的注浆压力和注浆量引起隆起破坏。

（5）滞后沉降

地面沉降一般要在盾构通过相当长的一段时间后才能停止。在黏性土层中这种滞后的现象尤为明显，有时几个月，甚至几年，地面沉降才趋稳定。产生滞后沉降的主要原因有结构变形、固结变形和隧道渗漏泥水等。

结构变形。衬砌结构脱出盾尾之后，受力条件发生变化。结构所受的外力又随注浆充填的方式、注浆压力、地质条件和施工质量有所变化。其中地层压力的调整历时较长，所带来的结构变形量最为明显。结构变形量还因结构材料、刚度而异，钢管片的容许变形量可达直径的1%，钢筋混凝土管片的变形量可达0.5%。

固结变形。盾构推进时在其周围地层中会产生一个扰动圈，经扰动过的土体因固结而导致地面沉降。如果固结的过程历时很久，那所引起的沉降也随之滞后。

隧道渗漏泥水。隧道衬砌结构一般很难做到一点没有渗漏；当用钢筋混凝土做隧道衬砌时，还会存在着微量的肉眼观察不到的地下水的渗透。由于混凝土结构渗透的水量比蒸发量还小，甚至在混凝土表面看不见任何水渍。当隧道穿过含水丰富的黏性土层中时，那就意味着其衬砌周围地层中土壤孔隙水压力的降低，其结果就是土体固结，导致地面沉降。

2. 导致地表变形的因素

盾构法施工中，导致地表变形的主要因素有以下几种：

1）盾构掘进时，开挖面土体的松动和崩坍，破坏了地层平衡状态，造成土体变形而引起地表变形。

2）盾构法施工中当采用降水疏干措施时，因地下水浮力消失，土体自重压力增加，地层固结沉降加速，会引起地表下沉。

3）盾构尾部建筑空隙充填不实导致地表下沉。施工纠偏及弯道掘进的局部超挖，均会造成盾构与衬砌间建筑空隙的不规则扩大，而这些扩大量有时难以估计或无法及时充填，给地表下沉带来影响。

另外，施工速度快慢、衬砌结构的受力变形等都会导致表面的微量下沉。总之，盾构法施工导致地表变形是一个综合性的技术问题，目前世界各国仍在进行研究。在城市地下工程中应用时，一定要采取多种辅助措施，选择好施工方法，否则，不能进入城市繁忙街道及密集建筑群下施工。

需要指出的是，确保盾构土压（或泥水压力）的平衡（图9-61），确保合理的注浆压力和注浆量参数，严格控制出土量等对控制地面沉降是非常重要的。过量地排土量必然造成超挖，引起明显的沉降。我国多个城市都出现个盾构施工不当引发的喷砂、突泥、地下水喷涌，进而诱发地面塌陷和建构筑物垮塌等事故。因此，盾构法施工中地表变形问题应予以足够重视，特别是城市街道或建筑群下施工，更应采取各种技术措施，严防地表下沉或隆起危及地表建筑物的正常使用。

3. 隧道施工地层变形的预测

预测地铁隧道施工沉降影响的方法有：经验公式法；随机介质理论法、弹塑黏性理论解析法；数值方法（有限元、边界元法、有限差分法、数值半解析法）等。以 Peck 公式为基础的经验公式法，是基于"地层损失"提出的，成为后来研究地面沉降的基础，我国学者提出考虑固结沉降的修正 Peck 法成功应用于上海软土隧道工程。随机介质理论方法，广泛用于矿山地表沉陷预测分析；20 世纪 90 年代后用于地铁工程，该法优点在于能预测出除地表垂直和水平位移外的其他变形，如倾斜、曲率、水平应变等，因建筑物对均匀沉降的反应远不如差异沉降敏感，分析倾斜、曲率等指标就更显必要。

隧道施工引起的横向地层沉降是指隧道横断面方向的沉降，是相对于沿隧道纵轴向剖面的纵向沉降而言的。Peck 通过分析大量地表沉降实测数据后，提出了地层损失的概念和估计盾构法施工引起地面沉降的实用方法，Peck 认为地表沉降槽近似正态分布曲线，并给出沉降槽的宽度，根据不同地层条件、隧道直径及埋深等参数间的无量纲关系式。

Peck 假定，隧道（半径为 R）推进引起地面沉降是在不排水情况下发生的沉降，地面沉降槽的体积等于隧道施工中产生的地层损失的体积，假设横断面上地面沉降曲线形状为图 9-62 所示的正态分布曲线，Peck 公式为

$$S_x = \frac{V_l}{\sqrt{2\pi}i} e^{-\frac{x^2}{2i^2}} \tag{9-26}$$

$$S_{\max} \frac{V_l}{\sqrt{2\pi}} \approx \frac{V_l}{2.5i} \tag{9-27}$$

式中，S_x——横断面上与隧道轴线距离为 x 地面点的沉降量；

$S_{\max}$——地面沉降量最大值，位于隧道中心线处；

i——沉降槽宽度系数，取为地表沉降曲线反弯点与原点的距离。i 值由下式计算

$$i = \frac{Z}{\sqrt{2\pi}\tan(45° - \overline{\varphi}/2)} \tag{9-28}$$

式中，Z——覆土厚度；

$\overline{\varphi}$——土体内摩擦角加权平均值；

V_l——由于隧道开挖引起的地层损失量。

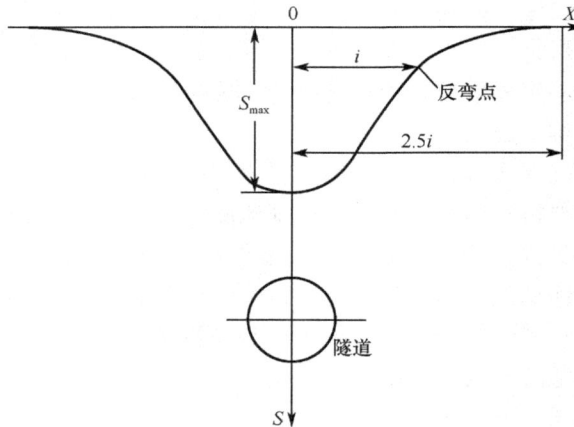

图 9-62　Peck 法地面沉降曲线图

在工程实践中，地层损失量 V_l 与盾构种类、操作方法、地层条件、地面环境、施工管理等因素有关，一般很难正确估计。因此，常根据施工条件直接类比而定。

目前，期望用单一方法完全准确预测不同施工阶段地层移动尚有困难，应该根据隧道施工前、中、后不同时期地层变形特性，对预测方法加以合理选择。基于位移实测反分析的预测，可不断地修正预测参数，能使预测趋于准确。本书第3章介绍了地铁隧道施工引起地层沉降与环境损伤预控研究（subway tunneling-induced ground-Environment-damage assessment and control design system，STEAD）的若干进展；STEAD实现了弹塑性理论分析、修正Peck法、随机介质理论法等地层横向和纵向移动与变形的正演预测与反分析计算等。

STEAD系统用于广州地铁某区间隧道的实例分析。隧道采用土压平衡盾构施工，盾构刀盘直径6280mm，隧道埋深8～14m，隧道管片外径为6000mm，管片厚300mm，管片环宽1500mm；隧道穿越复杂地层条件，土质情况依次为：杂填土、淤泥；海相淤泥质土及淤质砂；粉质黏土、砾土；粉质黏土；粉土；中风化带、微风化带泥岩、泥质粉细砂岩。在该地铁某区段工程中，采用修正Peck法和随机介质法对盾构隧道施工纵向地表沉降预测与实测结果如图9-63所示。图9-63表明预测与实测结果吻合较好。采用科学的预测理论及预测方法可以较为准确地分析预测盾构施工引起的地层沉降，从而降低地下工程的施工风险。

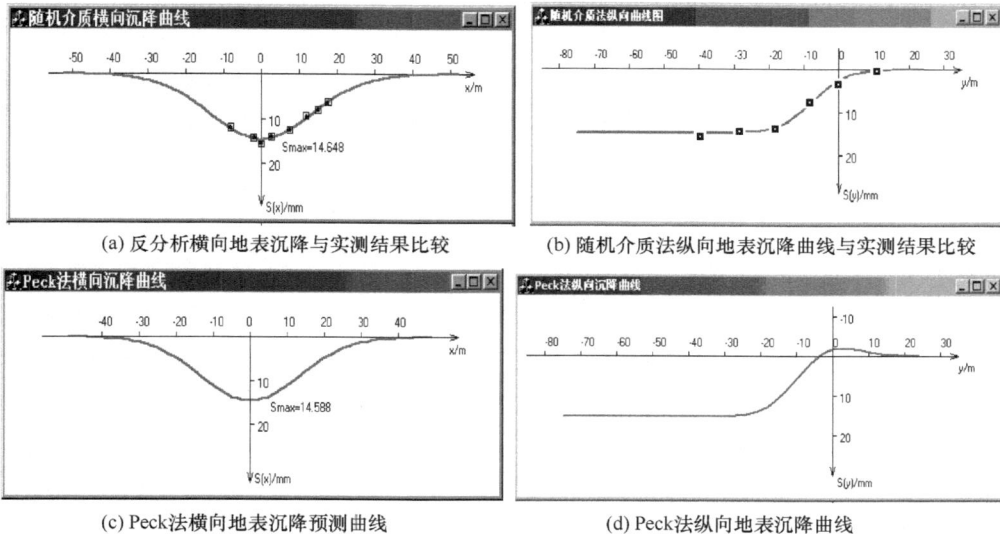

(a) 反分析横向地表沉降与实测结果比较

(b) 随机介质法纵向地表沉降曲线与实测结果比较

(c) Peck法横向地表沉降预测曲线

(d) Peck法纵向地表沉降曲线

图9-63　广州地铁某区间盾构隧道的地表沉降实测与预测分析（沉降/mm，横轴距离/m）

4．地表变形及隧道沉降的控制

盾构隧道本身的沉降是不可避免的。当隧道衬砌成环，离开盾壳后，便开始出现沉降现象，随时间推移沉降量逐渐减小，并稳定下来。引起隧道沉降的原因很多，主要有土体受扰动后的重新固结以及防水处理不当导致的底部水土流失和土层在地下水压力作用下产生的塑流（淤泥黏土）或液化（粉细砂及细砂）。盾构法施工中做不到完全防止地表变形，但减少地表变形，使地表下沉得到控制，可以采取如下措施：

1）采用灵活合理的正面支撑结构，采用适当的压缩空气压力、泥土压力来平衡开挖面土层，采用膨润土、泡沫剂土体改良技术控制开挖面渗透及塑流特性等，以此保持开挖面土体的稳定。

2）采用技术上较先进的盾构工法，基本不改变地下水位，严格控制开挖面的挖土量，防止土体超挖。

3）加强盾构与衬砌背面建筑间隙的充填措施，保证及时注浆和充填材料适量，衬砌环脱出盾尾后立即压注充填材料。

4）提高隧道施工速度，减少盾构在地下的停搁时间，尤其要避免长时间的停搁。

5）为了减少纠偏推进对土层的扰动，应限制盾构推进时每环的纠偏量。

为了防止由于隧道下沉而使竣工后的隧道高程偏离设计轴线，影响隧道的正常使用，通常按经验估计一个可能的沉降值，施工时适当提高隧道的施工轴线，以使产生沉降后的轴线接近设计轴线。

9.4　地下工程顶管法

顶管法是继盾构法之后发展起来的、可直接在松软土层或富水松软地层中敷设中、小型管道的一种施工技术。它无须挖槽或开挖土方，可避免为疏干和固结土体而采用降低水位等辅助措施，从而大大加快了施工进度。在特殊地层和地表复杂环境下施工，具有很多优点。

顶管法已有百年历史，在许多国家广泛用于短距离、小管径类地下管线工程的施工。近几十年来中继接力顶进技术的出现使顶管法已发展成为顶进距离不受限制的施工方法。美国于1980年曾创造了9.5h顶进49 m的记录，施工速度快，工程质量比小盾构法好。目前，顶管法仍主要用于富水松软地层中的管道工程，用顶管法施工顶进距离超过500m的管道只有少数几个国家。对于城市地下管线工程的广泛应用，顶管法仍需进一步开发研究。

我国浙江镇海穿越浦江工程，于1981年4月完成ϕ2.6 m的管道采用五只中继环从浦江的一岸单向顶进581m，终点偏位上下、左右均小于1cm；1986年上海基础工程公司用4根长度在600m以上的钢质管道先后穿越黄浦江，其中黄浦江上游引水工程关键之一的南市水场输水管道，单向一次顶进112 cm，并成功地将计算机控制中继环指导纠偏、陀螺仪激光导向等先进技术应用于超千米顶管施工中。标志着我国长距离顶管技术已达到世界先进水平。图9-64为日本研制的矩形顶管掘进机。图9-65为我国自行研制矩形顶管掘进机及施工完成的地下通道工程。本节着重介绍具有发展潜力的长距离顶管技术。

9.4.1　顶管法的基本原理

顶管施工就是借助主顶设备及管道间的中继接力顶进设备的推力，将工具管与工程管在一定深度的工作坑内推进到地层中，直至到达终端工作坑后，将工具管起吊，工程管直接埋设在地层中，是一种非开挖的敷设地下管线的施工方法，图9-66为顶管施工原理示意图。为了克服长距离顶进力不足，管道中间设置一个至几个中继接力环，并在管道外周压注触变泥浆减少顶进摩擦。对于城市市政工程的管道，使用顶管法有其独特的优越性。

图 9-64　不同类型的矩形顶管掘进机

(a) 3.8m×3.8m矩形顶管掘进机及施工的地铁地下人行通道工程

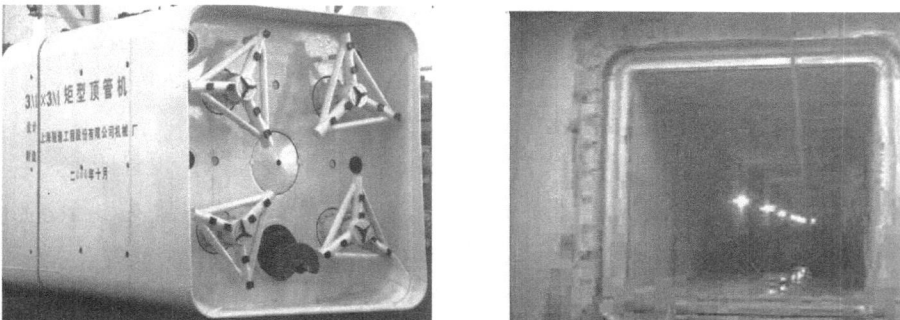

(b) 3m×3m矩形顶管掘进机及施工完成的地下通道工程

图 9-65　矩形顶管掘进机及施工的地下工程

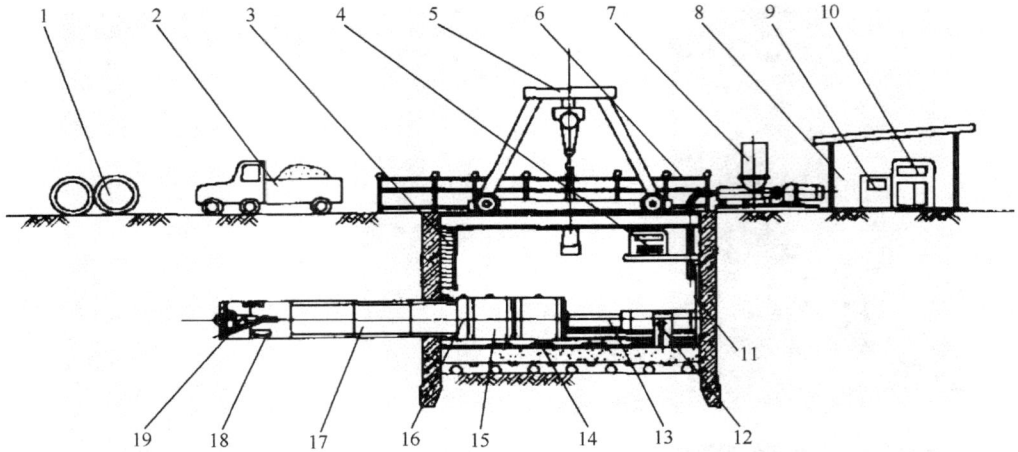

图 9-66 顶管法施工原理示意图

1. 混凝土管；2. 运输车；3. 扶梯；4. 主顶油泵；5. 行车；6. 安全护栏；7. 注浆泵；8. 工作室；9. 配电系统；10. 操作房；11. 后座；12. 顶进测量计；13. 主顶油缸；14. 轨道；15. 弧形顶铁；16. 环形顶铁；17. 工程管；18. 运土装置；19. 掘进机头

顶管施工中，前方顶进工作面的土体与上方土体的稳定是顶进技术必须解决的关键问题之一。目前最为流行的有三种平衡理论，即气压平衡、泥水平衡和土压平衡。

所谓气压平衡又分全气压平衡与部分气压平衡。全气压平衡应用的最早，是在顶进的工具管道或掘进工作面都充满一定压力的空气，以平衡地下水的压力；而局部气压平衡往往只在掘进的土仓内充满气压，达到平衡地下水压和疏干挖掘面土体中地下水的作用。

所谓泥水平衡是以含有一定量黏土且具有一定相对密度的泥浆水充满工具管或掘进机的泥水仓，并对它施加一定压力，以平衡地下水压力和土压力。实践证明，泥浆水可在挖掘面上形成泥膜，以防止地下水的渗透，同时施加的压力可平衡土压力和水压力。

所谓土压平衡就是利用工具管或掘进机前仓泥土的压力来平衡掘进面的土压力和地下水压力，是目前发展和应用较多的顶管施工技术。

9.4.2 顶管施工的分类及特点

顶管施工技术发展到今天，已有很多种类，分类方法也很多，这里仅介绍常用的分类方法及特点。

（1）按所顶工程管的口径大小分

按所顶工程管口径大小分类有大口径、中口径、小口径和微型顶管四种。

大口径指直径大于 $\phi 2000\mathrm{mm}$ 以上的顶管，施工人员能在管中站立和行走。管子自重大，顶进设备庞大，顶进技术难度大。目前已有直径 $\phi 5000\mathrm{mm}$ 的顶管。

中口径指直径在 $\phi 1200\mathrm{mm}\sim\phi 1800\mathrm{mm}$ 之间的顶管，施工人员弯腰可在管内行走，目前占顶管应用的大多数。

小口径指直径在 $\phi 500\mathrm{mm}\sim\phi 1000\mathrm{mm}$ 之间的顶管，施工人员只能在管内爬行，有

时爬行也很困难。

微型顶管的口径很小，一般在 $\phi400$mm 以下，最小的只有 $\phi75$mm。这种管子一般都埋深较浅，穿越的土层有时较复杂，已成为顶管施工技术的新分支。

（2）按推进工程管前工具管和掘进机的作业形式分

按推进工程管前工具管和掘进机的作业形式分类有手掘式、挤压式和机械式 3 种。

手掘式是人在具有挖土保护和纠偏功能的工具管内挖土，只适用于能自立的土层，如果在含水量较大的砂土层中，则需要采用降水等辅助措施。其特点是地下障碍较多、较大时人工易于排除。

当工具管内的土是被挤出来再作处理时，既为挤压式，适用于松软黏土和砂土中，而且覆土深度较深；通常情况下不用任何辅助施工措施。

如果在推进管前的钢制壳体内有机械掘挖土体，则称为机械式。设有反铲类机械手挖土时又称为半机械式顶管，为了稳定掘进工作面，这类机械式顶管需要采用降水、注浆或压气等辅助施工手段。当采用掘进机时，又可区分为泥水式、泥浆式和土压式等，取决于稳定掘进面土体的方式。目前应用最广泛的是泥水式和土压式，特别是加泥式土压平衡顶管掘进机，可称得上是全土质型，即从淤泥质土到沙砾层，土层 N 值在 0～50 之间、含水量在 20％～150％之间都能适用；且通常不用辅助施工措施。

（3）其他分类方法

按推进管材分钢筋混凝土顶管和钢管顶管；按顶进管道的轨迹分为直线顶管和曲线顶管，曲线顶管的技术较复杂，需要特殊技术措施。按工作坑与接收坑之间的距离来分，目前把一次顶进 300m 以上的距离称为长距离顶管。

9.4.3 顶管法的基本构成

顶管法的基本构成包括工作坑与接收坑、洞口止水圈、主顶设施、工具管，或掘进机、中继环、工程管、吸泥和出土设备、注浆及测量系统。

（1）工作坑与接收坑

工作坑是安放所有顶进设备的场所，也是顶管工具管或掘进机的始发地；同时还是承受主顶油缸推力施加的反作用力。接收坑是接收工具管或掘进机的场所。通常管道从工作坑一节节推进，到接收坑中把工具管或掘进机推出，再提吊到地面，该段顶管顶进过程即告结束。有时在多段长距离连续顶管工程中，后段的工作坑即可作为前段的接收坑。

（2）洞口止水圈

安装在工作坑的始发洞口和接收坑的进坑口，具有制止地下水和泥砂流到工作坑和接收坑的功能，需要专门的技术设计。

（3）主顶设施

主顶设施主要包括后座主油缸、顶铁、后座和导轨等，具体布置如图 9-67 所示。后座设置在主油缸与反力墙之间，其作用是将油缸的集中力分散传递给反力墙。通常采用分离式，即每个主油缸后各设置一块。

主油缸是顶进设备的核心，有多种顶力规格。常用的压力在 30～40MPa、行程1.1m、顶力 400t 的组合布置方式，对称布置四只油缸，最大顶力可达 1600t。

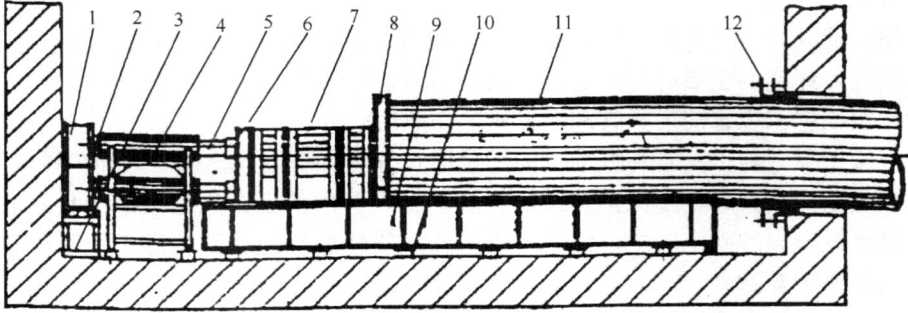

图 9-67　顶管法主顶设备布置图

1. 后座；2. 调整垫；3. 后座支架；4. 油缸支架；5. 主油缸；6. 刚性；7. U 形顶铁；8. 环形顶铁；
9. 导轨；10. 预埋板；11. 工程管道；12. 穿墙止水圈

顶铁主要是为了弥补油缸行程不足而设置的。顶铁的厚度一般小于油缸行程，形状为 U 形，以便于人员进出管道，其他形状的顶铁主要起扩散顶力的作用。

导轨在顶管时起导向作用，在接管时作为管道吊放和拼焊平台。导轨的高度约 1 m，顶进时，管道沿橡皮导轨滑行，不会损伤外部防腐涂层。

（4）工具管（又称顶管机头）或掘进机

工具管或掘进机安装于管道前端是取土、控制顶管方向、出泥和防止坍方等多功能装置。一般工具管的外形与管道相似，它由普通顶管中的刃口演变而来，可以重复使用。目前常用三段双铰型工具管，如图 9-68 所示。

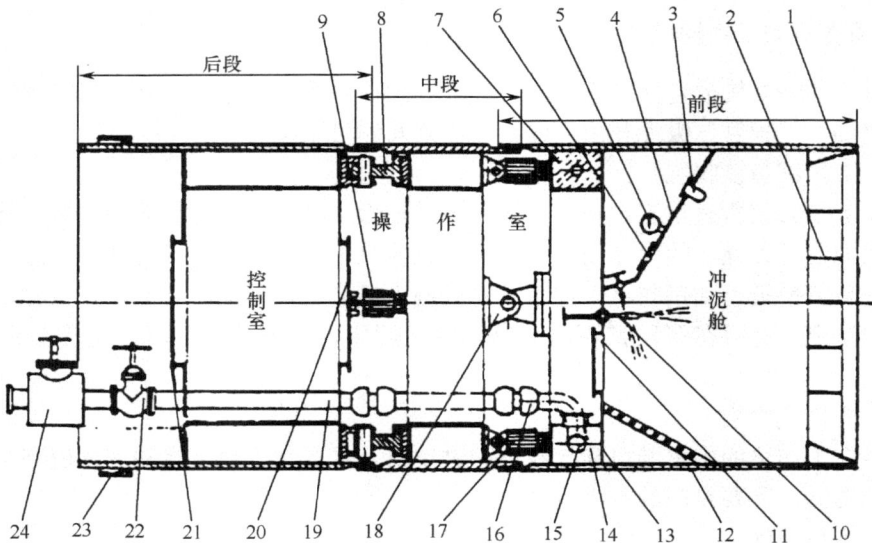

图 9-68　三段双铰型工具管

1. 刃脚；2. 格栅；3. 照明灯；4. 胸板；5. 真空压力表；6. 观察窗；7. 高压水仓；8. 垂直铰链；9. 左右纠偏油缸；10. 水枪；11. 小水密门；12. 吸门格栅；13. 吸泥口；14. 阴井；15. 吸管进口；16. 双球活接头；17. 上下纠偏油缸；18. 水平铰链；19. 吸泥管；20. 气闸门；21. 大水密门；22. 吸泥管闸阀；23. 泥浆环；24. 清理阴井

前段与中段之间设置一对水平铰链，通过上下纠偏油缸，可使前段绕水平铰上下转动；同样垂直铰链通过左右纠偏油缸可实现（由中段带动）前段绕垂直铰链作左右转动。由此实现顶进过程的纠偏。

工具管的前段与铰座之间用螺栓固定，可方便拆卸，这样根据土质条件可更换不同类型的前段。为了防止地下水和泥砂由段间缝隙进入，段间连接处内，外设置两道止水圈，（它能承受地下水头压力），以保证工具管到偏过程在密封条件下进行。

工具管内部分冲泥舱，操作室和控制室三部分。冲泥舱前端是刀脚及格栅，其作用是切土和挤土，并加强管口刚度，防止切土时变形，冲泥舱后是操作室，由胸板隔开。工人在操作室内操纵冲泥设备。泥砂从格栅被挤入冲泥舱，冲泥设备将其破碎成泥浆，泥浆通过吸泥口、吸泥管和清理阴井被水力吸泥机排放到管外。

工具管的后部为控制室，是顶管施工的控制中心，用以了解顶管过程，操纵纠偏机械，发出顶管指令等。工具管尾部设泥浆环，可向管道与土体间隙压注泥浆，用以减少管壁四周摩擦阻力。

（5）中继环

长距离顶管采用中继环接力顶进是十分有效的措施，中继环是长距离顶管中继接力的必需设备。其实质是将长距离顶管分成若干段，在段与段之间设置中继接力顶进设备（中继环），如图 9-69（a）所示，以增大顶进长度。中继环内成环形布置有若干中继油缸，中继油缸工作时，后面的管段成了后座，前面的管段被推向前方。这样可以分段克服摩擦阻力，使每段管道的顶力降低到允许顶力范围内，常用中继环的构造如图 9-69（b）所示。前后管段均设置环形梁，在前环形梁上均布中继油缸，两环形梁间设置替顶环，供拆除中继油缸使用。前后管段间采用套接方式，其间有橡胶密封圈，防止泥水渗漏。施工结束后割除前后管段环形梁，以不影响管道的正常使用。

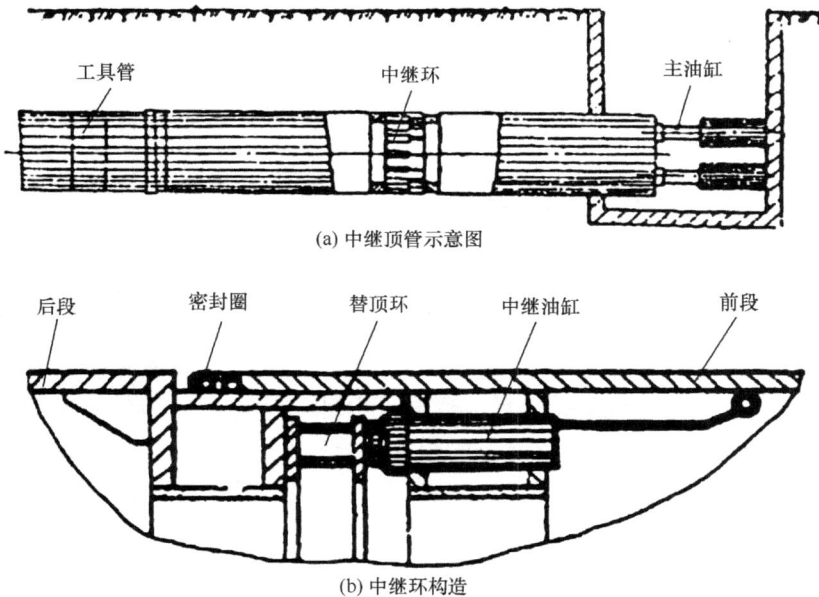

(a) 中继顶管示意图

(b) 中继环构造

图 9-69　中继环布置示意图

（6）工程管

工程管是地下工程管道的主体，目前顶进的工程管主要是根据地下管道直径确定的圆形钢管或钢筋混凝土管，通常管径为 1.5~3.0m，当管径大于 4m 时，顶进困难，施工不一定经济。美国用顶管法施工地下人行通道的管道直径已达 4m，顶进距离超过400m，并认为是经济的。

（7）吸泥与出土设备

管道顶进过程中，正前方不断有泥砂进入工具管的冲泥舱，通常采用水枪冲泥，水力吸泥机排放，由管道运输。水力吸泥机的优点是结构简单，其特点是高压水走弯道，泥水混合体走直道，能量损失小，出泥效率高，可连续运输。

在手掘式顶管施工中，大多采用人力或蓄电瓶拖车出土；在土压平衡或泥水平衡顶管施工中，一般都采用泥沙泵或泥浆泵用管道输送开挖的渣土。

（8）注浆与测量系统

注浆减阻是长距离顶管常采用的辅助措施，注浆系统由拌浆、注浆和管道组成。由注浆泵控制压力和流量，通过管道输送到各注浆孔中。

通常使用最普遍的测量装置是设置在工作坑后部的经纬仪和水准仪，测量管道的偏差，也有采用先进的激光定向仪进行偏斜控制。

9.4.4　顶管法的顶力计算

顶管的顶推力随顶进长度增加而不断增大，但受管道本身强度的限制不能无限增大，因此采用管尾推进方法时，必须解决管道强度允许范围内的顶进距离问题和中继接力顶进的合理位置。管道顶进阻力，主要由正面阻力和管壁四周摩擦阻力两部分组成，即

$$R = \pi a D^2 / 4 + \pi f D L \tag{9-29}$$

式中，D——管道的外径；

L——管道顶进长度；

a——正面阻力系数，与工具管构造有关，施工时一般控制在 $a = 30 \sim 50$（t/m²）；

f——管壁四周的平均摩擦系数/(t/m²)。

长距离顶管的正面阻力可认为是常数，管壁四周摩擦阻力与顶进长度成正比。为了减少管壁四周摩擦阻力，工程中采用管壁外压注触变泥浆方法，即在工具管尾部将触变泥浆压送至管壁外，在管周围形成一定厚度的泥浆套，使顶进的管道在泥浆套中向前滑移。实践证明，采用泥浆减阻后，摩擦阻力可大幅度下降。例如在流砂层中，其摩擦阻力约为 2~4t/m²，当采用泥浆减阻后，摩擦阻力可降低到 0.5t/m² 左右。当采用触变泥浆后，管壁四周的摩擦系数，基本与管道的覆土深度无关，与土层的物理力学性质关系也不大。管道弯曲是摩擦阻力增大的主要原因，弯处管壁局部对土体产生附加压力，管壁与土体间的触变泥浆被挤掉。正常情况下，各种不同土层的摩擦阻力系数 f 为0.4~6t/m²。在长距离顶管施工中，由于工期较长，触变泥浆容易失水，沿顶进管程适当设置补浆孔，及时补给新配制的泥浆，对于减小阻力是很必要的。

顶管法设计时，应首先根据管道大小和地层特性估算顶力，根据顶进设备的能力确

定中继接力顶进长度及其他辅助措施。

9.4.5 顶管法施工技术

顶管法施工包括顶管工作坑的开挖、穿墙管及穿墙技术、顶进与纠偏技术、局部气压与冲泥技术和触变泥浆减阻技术等。顶管施工目前已基本形成一套完整独立的系统。

（1）顶管工作坑的开挖

工作坑主要安装顶进设备，承受最大的顶进力，要有足够的坚固性。一般选用圆形结构，采用沉井法或地下连续墙法施工。沉井法施工时，在沉井壁管道顶进处要预设穿墙管，沉井下沉前，应在穿墙管内填满黏土，以避免地下水和泥土大量涌入工作坑中。

采用地下连续墙法施工时，在管道穿墙位置要设置钢制锥形管，用楔形木块填塞。开挖工作井时，木块起挡土作用。坑内要现浇各层圈梁，以保持地下墙各槽段的整体性。在顶管工作面的圈梁要有足够的高度和刚度，管轴线两侧要设置两道与圈梁嵌固的侧墙，顶管时承受拉力，保证圈梁整体受力。

工作坑最小长度的估算方法如下：

1）按正常顶进需要计算

$$L \geqslant b_1 + b_2 + b_3 + L_1 + L_2 + L_3 + L_4 \tag{9-30}$$

式中，b_1——后座厚度，$b_1 = 40 \sim 65\mathrm{cm}$；

b_2——刚性顶铁厚度，$b_2 = 25 \sim 35\mathrm{cm}$；

b_3——环形顶铁厚度，$b_3 = 12 \sim 30\mathrm{cm}$；

L_1——工程管段长度；

L_2——主油缸长度；

L_3——井内留接管最小长度，一般取 70cm；

L_4——管道回弹及富余量，一般取 30cm。

近似估算，一般为

$$L \geqslant 4.2\mathrm{m} + L_1 \tag{9-31}$$

2）按最初穿墙状态需要计算

$$L \geqslant b_1 + b_2 + b_3 + L_2 + L_4 + L_5 + L_6 \tag{9-32}$$

式中，L_5——工具管长度；

L_6——第一节管道长度。

近似计算为

$$L \geqslant 6.0\mathrm{m} + L_5 \tag{9-33}$$

实际施工中，工作坑的长度应按上述两种方法计算，取其大者。

（2）穿墙管及穿墙技术

穿墙管是在工作坑的管道顶进位置预设的一段钢管，其目的是保证管道顺利顶进，且起防水挡土作用。穿墙管要有一定的结构强度和刚度，其构造如图 9-70 所示。

从打开穿墙管闷板，将工具管顶出井外，到安装好穿墙止水，这一过程通称穿墙。穿墙是顶管施工中一道重要工序，因为穿墙后工具管方向的准确程度将会给以后管道的方向控制和管道拼接工作带来影响。

为了避免地下水和土大量涌入工作坑，穿墙管内事先填满经过务实的黄黏土。打开

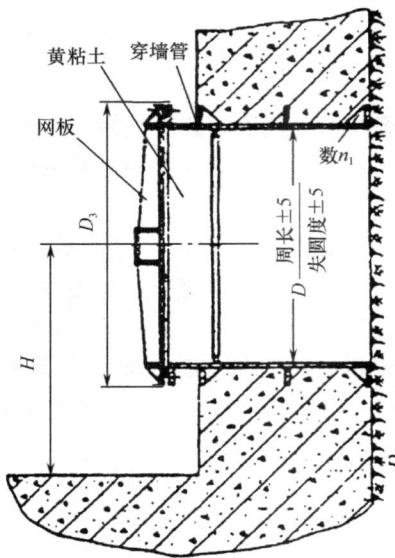

图 9-70 穿墙管构造

穿墙管闷板，应立刻将工具管顶进，这时穿墙管内的黄黏土被挤压，堵住穿墙管与工具管之间的环缝，起临时止水作用。当其尾部接近穿墙管，泥浆环尚未进碉时停止顶进，安装穿墙止水装置，如图 9-71 所示。止水圈不宜压得太紧，以不漏浆为准，并留下一定的压缩量，以便磨损后仍能压紧止水。

（3）顶进与纠偏技术

工程管下放到工作坑中，在导轨上与顶进管道焊接好后，便可启动千斤顶。各千斤顶的顶进速度和顶力要确保均匀一致。在顶进过程中，要加强方向检测，及时纠偏。纠偏通过改变工具管管端方向来实现，必须随偏随纠，否则，偏离过多，造成工程管弯曲而增大摩擦阻力，加大顶进困难。一般讲，管道偏离轴线主要是工具管受外力不平衡造成的，事先能消除不平衡外力，就能防止管道的偏位。因此，目前正在研究采用测力纠偏法。其核心

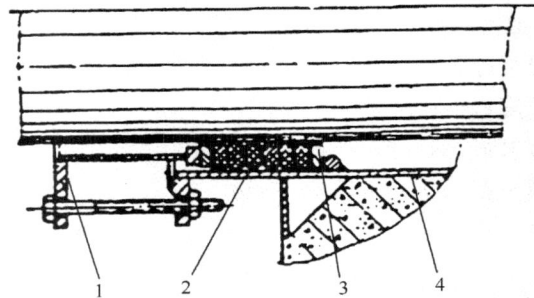

图 9-71 穿墙管止水
1. 栅栏；2. 盘根；3. 挡环；4. 穿墙管

是利用测定不平衡外力的大小来指导纠偏和控制管道顶进方向。

（4）局部气压与冲泥技术

在长距离顶管中，工具管采用局部气压施工往往是必要的。特别是在流砂或易塌方的软土层中顶管，采用局部气压法，对于减少出泥量，防止塌方和地面沉裂，减少纠偏次数都具有明显效果。

局部气压的大小以不塌方为原则，可等于或略小于地下水压力，但不宜过大，气压过大会造成正面土体排水固结，使正面阻力增加。

局部气压施工中，若工具管正面遇到障碍物或正面格栅被堵，影响出泥，必要时人员需进入冲泥舱排除或修理，此时由操作室加气压，人员则在气压下进入冲泥舱，称气压应急处理。

管道顶进中由水枪冲泥，冲泥水压力一般为 1.5～2.0MPa，冲下的碎泥由一台水

力吸泥机通过管道排放到井外。

（5）触变泥浆减阻技术

管外四周注入触变泥浆，在工具管尾部进行，先压注后顶进，随顶随压，出口压力应大于地下水压力，压浆量控制在理论压浆量的 1.2～1.5 倍，以确保管壁外形成一定厚度的泥浆套。长距离顶管施工需注意及时给后继管道补充泥浆。

顶管法的应用毕竟有它的局限性，对于城市地下管线工程，一定要根据地质地层特征和经济性多种因素综合分析，切忌盲目上马。

复习思考题

1. 超前小导管与管棚法的应用条件是什么？简述其设计要点与施工顺序。

2. 管棚变位及控沉防塌的技术的主要措施有哪些？

3. 矿山法的应用条件及优缺点是什么？一般岩石隧道钻眼爆破的炮眼如何布置？

4. 简述光面爆破的技术要点与及主要技术参数的设计方法。

5. 锚杆的种类有哪些？简述锚喷支护原理。

6. 什么是盾构？简述盾构的基本构成和分类。

7. 土压平衡盾构与泥水加压盾构的特点和应用条件是什么？开挖面的稳定性如何分析？

8. 盾构的推进顶力如何分析计算？简述盾构工作坑的施工方法与盾构推进工艺。

9. 盾构隧道一次衬砌与二次衬砌的方式有何不同？衬砌环的荷载与内力如何设计与计算？

10. 盾构施工引起的地表变形有何规律？控制地表变形和沉降的技术措施有哪些？

11. 简述顶管法的基本设备构成与施工原理，什么是工具管？

12. 顶管法的顶力如何设计计算？减小摩擦阻力的技术措施有哪些？

13. 顶管施工有哪些工作内容？什么是中继环、穿墙管与穿墙技术？

14. 顶管法与盾构法的应用条件、施工原理有何异同？

第 10 章 特殊与辅助施工方法

10.1 沉 井 法

10.1.1 概述

沉井法是通过不稳定含水地层的一种特殊施工方法，其实质是在地下建筑物设计位置上，预先制作好沉井的刃脚和一段井壁，在其掩护下，边掘进边下沉，随下沉在地面相应接长井壁，直到沉到设计深度的一种施工方法。

沉井在深基础施工中具有独特的优点：占地面积小，技术比较稳妥可靠；与大开挖相比挖土量小，节省投资，无需特殊专业设备，操作简便；沉井井壁既可作为各类地下构筑物的结构也可作为构筑物的围护结构，沉井内部空间还可得到充分利用。随着施工机械与施工技术的不断革新，沉井法在国内、外得到了广泛的应用和发展。

国外沉井的发展不但深度大，平面尺寸也很大。如原苏联 1963～1964 年间建造了两座长 78.6m、宽 28.6m、深 26.0m 的矩形沉井；瑞士、日内瓦圆柱形地下车库，可停放 530 辆汽车，施工中沉井直径为 57m，深为 28m。

我国沉井施工技术也取得很大成就。如桥梁墩台基础，取水构筑物、污水泵站、地下工业厂房、大型设备基础、地下仓（油）库、人防掩蔽所、盾构拼装井、船坞坞首、矿用竖井，以及地下车道和车站等大型深埋基础和地下构筑物的围壁，均采用过沉井法施工。例如，我国陆地上大型钢筋混凝土圆形沉井直径达 68m，下沉深度为 28m；某矩形沉井长 48.5m、宽 21.5m、高 20.6m，采用无承垫木施工分节制作，一次下沉；某煤矿沉井采用预制砌块拼装，触变泥浆润滑套助沉，井壁厚 80cm，沉井下沉深度达 82.0m，目前矿用沉井的最大下沉深度已达 192.75m；在桥梁墩台基础沉井方面也有新发展，面积数百平方米的大（重）型沉井的下沉深度也都超过 50m；我国第一条江底隧道两端长达数百米的引道工程，成功地采用连续沉井法施工；其他，如双壁沉井、震动沉井、钢壳浮运沉井及钢丝网水泥浮运沉井等，也都是比较成功的。在 1944～1972 年间，日本采用壁外喷射压缩空气（即气囊法）的办法降低井壁与土之间摩擦阻力，先后下沉了 8 个沉井，最大的下沉深度达到 200.3m。由于这种方法构造比较复杂，高压空气消耗量也大，因此，从 20 世纪 50 年代以后，多采用向井壁与土之间压入触变泥浆降低侧面摩擦阻力的方法。据统计，西欧到 1961 年下沉了约 450 个沉井；国外某公司 1975 年前施工的 105 座沉井中有 36 座采用触变泥浆助沉，井壁厚度一般为 40～50cm。在沉井法施工中，就如何降低井壁侧面摩擦阻力等问题，国内外的学者、专家、工程技术人员做了很多研究工作。

沉井法的应用历史悠久且较广泛，具体施工方法名目繁多，通常将沉井法分为两大类：不淹水沉井与淹水沉井。

1. 不淹水沉井

有普通沉井、壁后河卵石沉井、壁后泥浆沉井、震动沉井等。方式多采用人工掘进，吊桶提升，自重下沉。工作面开挖超前小井，以排除井内涌水。除普通沉井法外，其他沉井其壁后均放置减阻介质。涌水量较小、无承压水，流砂层厚度较薄、又无粉细砂层的情况下可采用不掩水沉井法施工，由于下沉深度不大、安全较差，不淹水沉井法适用范围受到限制。

2. 淹水沉井

淹水沉井，是井内灌满水，高压水枪水下破土和用压气排碴这种方法平衡井内外的水压差，只要保证井内水位始终高于地下水位，一般不会发生涌砂、冒泥的连锁反应。其在地面操作，劳动条件好，作业安全，井壁质量较好，成本较低。因此对于沉井较深，涌水量大，流砂层厚以及不含有较大的砾卵石层的冲积层中，通常可采用淹水沉井法施工。淹水沉井，在沉井井壁四周与土体之间的环形空间内灌注触变泥浆或者施放压气，使土层与井壁隔离，达到减阻目的，并可利用套井导向防偏、纠偏；沉井下端由钢刃脚插入土层，靠井内出土、井壁自重克服正面阻力而下沉，工人不需下井。淹水沉井有壁后泥浆和壁后压气淹水沉井。

壁后泥浆淹水沉井如图 10-1 所示，一般用水力掘进，压气排碴，壁后由触变泥浆减阻。虽增加了泥浆配制系统，封底固井施工也较复杂，但较之压气沉井简易可靠，应用较广泛。

壁后压气淹水沉井，一般用抓斗或钻机掘进，壁后施放压缩空气减阻，可靠性较高，可以人为控制，机动灵活，还可利用施放压气的不同顺序帮助纠偏。沉井结束后，井壁与土层的固着力容易恢复。但需要高压空气压缩机，耗费的管材较多，有时气龛内的喷气孔容易堵塞。

沉井由刃脚和井壁两部分组成。

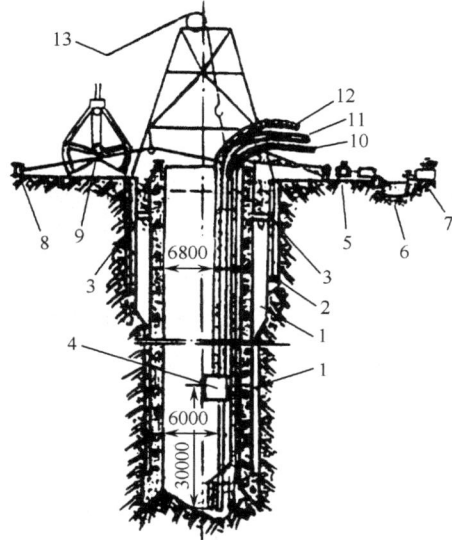

图 10-1　壁后泥浆淹水沉井示意图
1. 泥浆；2. 套井；3. 导向木；4. 混合器；5. 泥浆泵；6. 泥浆池；7. 搅拌机；8. 绞车；9. 抓斗；10. 水枪供水管；11. 排渣管；12. 供气管；13. 稳车提吊钢绳

10.1.2 刃脚

刃脚位于沉井最下端，其作用是切入土层，破坏原状土的结构，克服沉井正面阻力；封闭与阻止壁后流砂或泥浆涌入井筒内。刃脚结构应具足够强度。以承受土层压力、侧压力、一定剪应力及突沉时的冲击力。

1. 刃脚的形状与规格

如图 10-2 所示，常用刃脚有 3 种：

1）锐尖刃脚：其夹角一般小于 25°，锋利易入土层，阻力较小。但不适用于含砾、卵石的地层，强度稍小，易损坏。

2）踏面刃脚：阻力大，但稳定性较好，适用于松散无障碍物体的冲积层。

3）钝尖刃脚：强度大，适用于各种冲积层，多采用圆弧形钝尖刃脚，其夹角大于30°，高2.0m左右。过高侧面阻力增大，过低易流失泥浆。

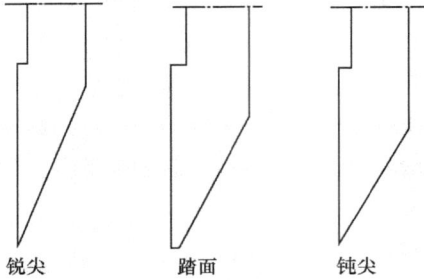

锐尖　　　踏面　　　钝尖

图10-2　刃脚的形状

刃脚外径略大于井壁外径，与井壁形成刃脚台阶，用以储存减阻介质。台阶宽度与所穿过主要土层和减阻介质有关，如用壁后压气减阻时台阶宽度取0.1m左右，壁后泥浆减阻时取0.2m左右。

2. 刃脚结构

有钢刃脚与钢靴刃脚两种结构形式。

1）钢刃脚：刃脚骨架用两排角钢或轻型钢轨焊接组成，刃尖一般采用11kg/m的钢轨制作。骨架内、外侧均用6～8mm厚的钢板全部围包焊牢。此种刃脚强度大，整体性好，不易变形，用于沉井深度大的沉井。

2）钢靴刃脚：刃脚钢筋骨架下部，用钢板与钢轨或者圆钢焊接成钢靴刃尖，钢靴钢板高为0.5～1.5m，厚6mm。刃尖用9kg/m钢轨，或者ϕ18～28mm圆钢。此种刃脚有一定强度，省钢材，但立模较困难，易变形。

3. 刃脚部分的挠曲计算

（1）刃脚向外挠曲

设沉井已沉至全部深度的一半，并且已接高其余各节井壁，如图10-3（a）所示。

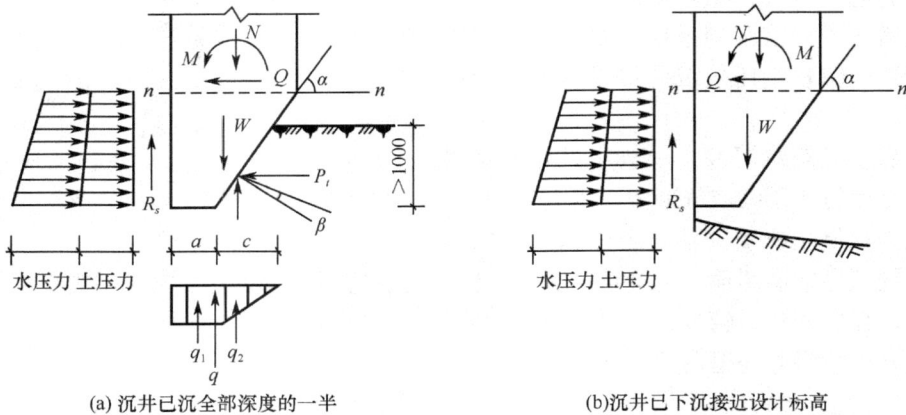

(a)沉井已沉全部深度的一半　　　(b)沉井已下沉接近设计标高

图10-3　刃脚部分挠曲计算

1）假设刃脚此时插入土中1m以上，井壁外侧的土压力和水压力总和按不大于静水压力的70%计算。

2）井壁上的摩擦力R_s

$$R_s = 0.5E_a \qquad (10-1)$$

或

$$R_s = F \cdot A \qquad (10-2)$$

式中，E_a——井壁外侧总的土压力/kN；

F——单位面积上的摩阻力/(kN/m^2)；

A——井壁与土接触的总面积/m^2。

两者应取较小值。

3）刃脚下土的反力 q

$$q = W - R_s = q_1 + q_2 \tag{10-3}$$

式中，W——沉井自重，淹水沉井时，应扣除浸入水中部分的浮力；

q_1、q_2——刃脚支承反力的分力/kN。

$$q_2 = \frac{c}{c + 2a} \cdot q_1 \tag{10-4}$$

式中，a——刃脚踏面宽度/m；

c——刃脚斜面切入土中部分的水平投影/m。

4）刃脚斜面上的水平推力 P_t，取

$$P_t = q_2 \tan(\alpha - \beta) \tag{10-5}$$

式中，α——刃脚斜面与水平面所成的夹角；

β——刃脚斜面与土之间的摩擦角，一般取 $10° \sim 30°$。

（2）刃脚向内挠曲

假设沉井已下沉接近设计标高时，井墙自重全部由外侧土的摩擦力来承担，而此时外侧最大土压力和水压力，可能使刃脚产生向内挠曲，如图 10-3（b）所示。但因刃脚自重 W 及刃脚外摩擦力 Rs 相对而言均很小，故一般常忽略不计。

当刃脚部分符合双向板的受力条件时，亦可按三边嵌固、底端自由的双向板计算。

4. 圆形沉井的刃脚内力计算

最不利的两种情况计算刃脚内力如图 10-4 所示。

1）沉井下沉至设计标高，刃脚全部切入土层，井内排干淹水情况下。受侧压力 P 和水平推力 P_H 作用，刃脚内产生的环向应力按拉麦公式计算

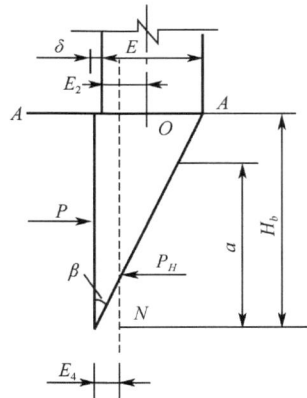

图 10-4 按悬臂梁计算刃脚内力

$$\sigma_0 = \frac{R_1 r_0 (P_H - P)}{R_1^2 - r_0^2} \cdot \frac{1}{\rho^2} + \frac{P_H r_0^2 - P \cdot R_1^2}{R_1^2 - r_0^2} \tag{10-6}$$

式中，σ_0——环向应力/kPa；

R_1——刃脚外半径/m；

r_0——刃脚斜面的中点半径/m；

P_H——土层对刃脚斜面单位面积的水平推力/kPa；

P——土层对刃脚压力/kPa；

ρ——计算点到井的中心线距离/m；$\rho = r_0$ 时，σ_0 为最大。

2）当沉井通过含水砂层，出现涌砂事故时，刃脚外侧所受地压短时为零，即 $P = 0$，仅有 P_H 作用的情况下，刃脚内产生的环向应力为

$$\sigma_L = \frac{P_H r_0^2}{R_1^2 - r_0^2} \left(1 + \frac{R_1^2}{\rho^2}\right) \tag{10-7}$$

5. 刃脚配筋

当求得作用在刃脚上各种外力（圆形沉井为环向力）后，可配置刃脚内外侧竖直钢筋，最小配筋率均不得小于刃脚根部总截面积的 0.1%，且此钢筋应伸入刃脚根部以上 0.5L 长（L 为外墙的最大计算跨度）。并在刃脚全高按剪力及构造设横向联系筋。

如圆形沉井，由式（10-6）及式（10-7）求得，若 $\sigma_0 \leqslant \dfrac{f_c}{r_k}$，$\sigma_L \leqslant \dfrac{f_y}{r_L}$ 时，可按构造要求配置环向钢筋。f_c 混凝土轴心抗压强度设计值，r_k 为综合分项系数，f_y 为钢筋强度设计值，r_L 为强度系数。若 $\sigma_0 > \dfrac{f_c}{r_k}$ 时，环向钢筋为

$$A_g = \left(\frac{r_k \cdot \sigma_0 - f_c}{f_y} \right) \cdot A \tag{10-8}$$

式中，A_g——环向钢筋面积/mm²；

A——刃脚 1m 高处的纵向截面积/mm²。

若 $\sigma_L > \dfrac{f_y}{r_L}$ 时，要计算抗拉钢筋，其截面积为

$$A_c = \frac{r_L \cdot P_H \cdot r_0}{f_y} \tag{10-9}$$

式中，A_c——环向抗拉钢筋截面积/mm²。

10.1.3　井壁

1. 井壁结构与构造

沉井井壁的结构型式，应根据工程的需要来决定。井壁平面形状，有圆形，矩形、双孔矩形或多孔矩形等。井壁竖直剖面有内外等径、外等径内变径、外变径内等径等型式。

对于单孔圆形井壁结构，内外等径型式的井壁，一般多用于浅沉井，较深沉井可采用外等径内变径型式，以减小井壁体积，提高井筒断面利用率。节省材料，减少掘进工作量，井筒略偏斜不影响使用。

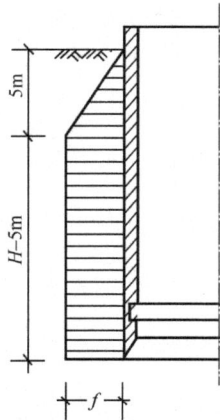

图 10-5　沉井侧面摩擦力分布

井壁可为整体现浇钢筋混凝土、预制钢筋混凝土，大型砌块、钢或铸钢结构等，后两种国外曾采用。我国多用整体现浇钢筋混凝土井壁，双层钢筋，混凝土强度不低于 C20。

井壁厚度，应根据下沉能力与强度计算确定。通常下沉深度在 100m 以内的沉井，壁厚为 0.7~1.0m；下沉深度大于 100m 时，壁厚为 1.0~1.2m。

沉井井壁四周作用着土压力和水压力。竣工后，沉井下部承受水压力，上部有构筑物重量。使用阶段有设备荷载和使用荷载。所以沉井的受力是个空间体系，但实际上计算其内力和配筋时多简化成平面体系，而以构造措施来保证整体强度。

现就沉井结构计算的要点作一简要说明。

2. 井墙（壁）厚度及沉降系数

沉井下沉是靠在井筒内不断取土，使沉井自重克服四周井壁与土的摩擦力和刃脚下土的正面阻力而实现的，所以在设计时首先要确定沉井在自重作用下，是否有足够重量得以顺利下沉。一般在设计时先估算井墙（壁）外部与土的摩擦力，然后按下沉系数确定井墙（壁）厚度（沉井下沉系数为 1.10～1.25）。

土体对井墙（壁）侧面的单位摩擦力，与墙（壁）材料及其表面粗糙程度、土的种类及其物理力学性能有关。

沉井侧面摩擦力分布，如图 10-5 所示，一般从地表到 5m 深单位摩擦力，由零增长至最大值，深 5m 以后，保持常数值。

井墙（壁）与土体之间的侧面摩擦力，一般根据已有测试资料估算；对下沉深度在 20m 以内，最大不超过 30m 的沉井，可参照表 10-1 选用。

表 10-1　土对井墙的单位面积摩擦力

项次	土的种类	侧面单位摩擦力 $f/\times 10\text{kPa}$
1	砂类土及砂	1.5～2.5
2	粗砂及砂卵石	2.0～3.0
3	黏性土	2.5～5.0
4	淤泥质黏土	1.5～2.0
5	泥浆润滑套	0.3～0.5

3. 井墙（壁）竖向强度的计算

（1）不淹水沉井

将沉井看作支承于 4 个固定承垫上的梁。

1）矩形沉井　如图 10-6（a）所示，其计算公式为

$$M_支 = \frac{q \cdot L_2^2}{2} - 9\left(\frac{B}{2} - b\right)\left(L_2 - \frac{b}{2}\right) \tag{10-10}$$

$$M_中 = \frac{1}{8}q \cdot L_1^2 - M_支 \tag{10-11}$$

$$Q_1 = q \cdot L_2 + q\left(\frac{B}{2} - b\right) \tag{10-12}$$

$$Q_2 = \frac{1}{2}q \cdot L_1 \tag{10-13}$$

式中，$M_支$——支座弯矩/(kN·m)；

$M_中$——跨中弯矩/(kN·m)；

Q_1——支座外侧的剪力/kN；

Q_2——支座内侧的剪力/kN；

q——井墙（壁）的单位长度重量/(kN/m)

L——沉井长边的长度/m；

B——沉井短边的长度/m；

L_1——长边两支座间的距离，一般可取 0.7～0.8L/m；

L_2——长边支座外的悬臂长度，一般可取 $0.10\sim0.15L/\mathrm{m}$；

b——井墙（壁）的厚度/m。

当矩形沉井长与宽接近相等时，亦可考虑在两个方向都设置支承点。

2）圆形沉井　沉井直径较小时，一般按四点支承考虑，沉井直径较大时，可增加支承点，但一般以偶数为宜。计算竖向强度时，按连续水平圆弧梁处理，这种梁在垂直均布荷载作用下的弯矩、剪力和扭矩，如图 10-6（b）所示，计算如表 10-2 所示。

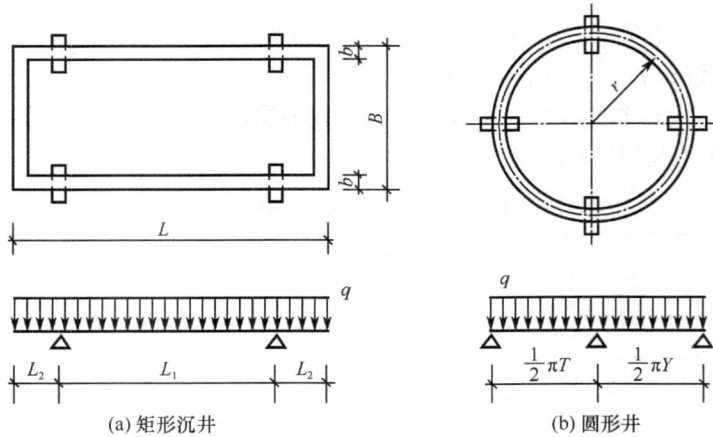

图 10-6　沉井竖向强度计算

表 10-2　水平圆梁内力计算表

圆弧梁 支点数	弯矩		最大剪力	最大扭矩
	在两支点间的跨中	在支座上		
4	$0.03524\pi qr^2$	$-0.06831\pi qr^2$	$r\pi q/4$	$0.03524\pi qr^2$
6	$0.01502\pi qr^2$	$-0.02964\pi qr^2$	$r\pi q/6$	$0.03524\pi qr^2$
8	$0.00833\pi qr^2$	$-0.01653\pi qr^2$	$r\pi q/8$	$0.03524\pi qr^2$
12	$0.00366\pi qr^2$	$-0.00731\pi qr^2$	$r\pi q/12$	$0.03524\pi qr^2$

（2）淹水沉井

应按最不利情况考虑（即：土层中有障碍物时矩形沉井支承点位于长边的两端点或支承于长边的中点；圆形沉井支承于直径上的两个支点），来验算井墙的拉应力。

4. 井墙平面框架的计算

把井墙看作水平向框架进行计算。

（1）按沉井下沉方法分析

1）淹水沉井时，井墙外侧的水压力值按100％静水压力计算，井墙内侧水压力值一般按50％静水压力计算。

2）不淹水沉井时，在透水的土层（如砂土）中，井墙外侧水压力值按100％静水压力计算，在不透水的土层（如黏性土）中，井墙外侧水压力值一般按70％静水压力计算。

（2）按沉井平面形状划分析

1）矩形沉井水平框架的计算原则：

① 计算时，因结构强度设计中考虑安全系数，则纠偏作用所增大的施工荷载可不考虑。

② 将沉井按高度分为数段，每段按水平框架考虑，其荷载系均匀地以同一强度作用于沉井四周，每段最下一点的荷载强度，应根据每段井墙的下沉深度采用。

③ 水平荷载为固定荷载。框架水平计算荷载采用主动土压力，而在地下水位以下，则应考虑土的浮重以及土和水的共同作用。

④ 沉井的水平框架可以是正方形或矩形。为了减少水平框架的计算跨度和井墙厚度，可采用井内设有隔墙的双孔（格）和多孔（格）的连续框架。

⑤ 为了不影响施工人员的操作和竣工后的使用，亦可采用横向支撑与壁柱组成的竖向框架代替隔墙，竖向框架可以是单层的或多层的，也可以采用竖向框架和隔墙同时使用。

2）圆形沉井井壁的计算。

① 土压力计算：圆形沉井在施工过程中，由于多种因素影响，实际井壁周边土压力为不均匀分布，如图 10-7 所示，分布规律常可用正弦函数来表示，其计算式为

$$P_a = P_A(1 + \sin\alpha \cdot \omega')$$

式中，P_a——由 P_A 渐变为 P_B 时，井壁上任何一点的土压力；

P_A 及 P_B——互相垂直于沉井直径的土压力。

ω'——不均匀系数，$\omega' = \omega - 1 = \dfrac{P_B}{P_A} - 1$。

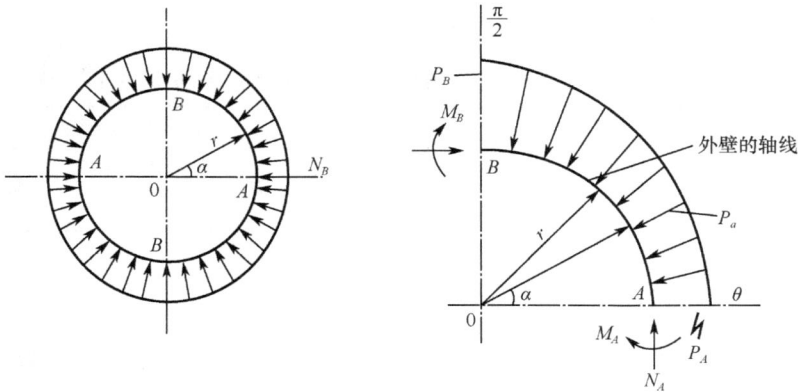

图 10-7　井圈周边土压力分布

② 井壁中的内力计算

$$M_A = -0.1488 P_A \cdot r^2 \cdot \omega' \tag{10-14}$$

$$N_A = P_A \cdot r(1 + 0.7854\omega') \tag{10-15}$$

$$M_B = +0.1366 P_A \cdot r^2 \cdot \omega' \tag{10-16}$$

$$N_B = P_A \cdot r(1 + 0.5\omega') \tag{10-17}$$

式中，r——沉井中心至外壁中线的半径/m。

③ 沉井井壁厚度计算：

• 按厚壁圆筒强度要求计算壁厚。

素混凝土井壁

$$E = r \left\{ \sqrt{\frac{[f_c]}{[f_c] - \sqrt{3}P}} - 1 \right\} \tag{10-18}$$

钢筋混凝土井壁

$$E = r \left\{ \sqrt{\frac{[f_z]}{[f_z] - \sqrt{3}P}} - 1 \right\} \tag{10-19}$$

式中，E——井壁厚度/m；

r——沉井内半径/m；

$[f_c]$——混凝土抗压强度/kPa，

P——井壁计算截面处的侧压力/kPa；

$[f_z]$——钢筋混凝土材料抗压强度/kPa。

$$[f_z] = \frac{f_c + \mu_{\min} f_y}{\gamma_k}$$

式中，$\mu_{\min}$——最小配筋率，查表 10-3；

f_c——混凝土抗压强度设计值/kPa；

f_y——钢筋抗拉强度设计值/kPa；

γ_k——钢筋混凝土结构强度系数。

表 10-3　钢筋混凝土构件纵向受力钢筋最小配筋百分率

分类	混凝土标号		
	C_{20} 以下	$C_{20} \sim C_{40}$	$C_{40} \sim C_{60}$
轴心受压全部受压钢筋	0.4	0.4	0.4
偏心受压及偏心受压杆件的受压钢筋	0.2	0.2	0.2
受弯、偏心受压及偏心受拉构件的受拉钢筋	0.1	0.15	0.2

注：以混凝土计算面积算

• 按重率计算井壁厚度。沉井自重与沉井井壁外侧面积的比值，称为重率 W，是决定沉井能否顺利下沉的主要因素之一。国外标准 $W = 20\text{kPa} \sim 26\text{kPa}$。沉井较浅，软土层中取小值，下沉较深时取大值。

因为

$$W = \frac{G_B}{\pi \left(\dfrac{D + d}{2} \right) H} = \frac{\dfrac{\pi}{4}(D^2 - d^2)Hr}{\pi \left(\dfrac{D + d}{2} \right) H} = \frac{D - d}{2} \gamma$$

所以

$$E = \frac{W}{\gamma} \tag{10-20}$$

式中，G_B——沉井井壁总重量/kN；

   d，D——井壁内、外直径/m；

   H——沉井深度/m；

   γ——钢筋混凝土的重率，一般 $\gamma = 25\text{kN/m}^2$。

- 按下沉条件验算井壁厚度

$$G \geqslant KT \tag{10-21}$$

式中，G——沉井总重量，等于刃脚、井壁、触变泥浆重量之和/kN；

   K——沉井下沉系数，一般取 1.15；

   T——沉井结构受到的总阻力，$T = T_1 + T_2 + N$；

   T_1——刃脚外侧阻力/kN，为侧面积与单位摩擦阻力的乘积；

   T_2——井壁外侧阻力/kN，按减阻介质确定，查表 10-4；

   N——沉井正面阻力/kN。

表 10-4 泥浆减阻单位摩擦力

成井深度/m	$50\pm$	$100\pm$	$150\pm$
单位摩擦阻力/(f/kPa)	3～5	5～8	8～10

当刃脚斜面全部切入土层时

$$N = \frac{\pi}{4}(D_1^2 - d^2)R_j$$

当刃脚切入土层深度为 a 时

$$N = \pi a \tan\beta (D_1 - a\tan\beta)R_j$$

式中，R_j——土层的极限抗压强度，黏土层取 250～500kN/m²

   β——刃脚的锋角/(°)；

   D_1——刃脚的外直径/m。

（3）沉井水平（环向）钢筋的计算

1）位于刃脚根部以上，其高度等于墙厚的一段，如图 10-8 所示。因这段井墙（框架）是刃脚悬臂的固定端，除承担该段的土压力和水压力外，尚须承担由刃脚竖向传来的剪力（即悬臂部分的荷载），故应按此外力计算水平钢筋。

2）其余各段井墙中水平钢筋的计算，一般以井墙断面变化处为界，或将井墙分成数段。取每一段中最下端单位高程上的荷载，计算其水平钢筋。水平钢筋双面匀布于全段上。钢筋直径 ϕ14～18mm，间距 300～330mm。

5. 井墙的竖向拉断计算与竖向配筋

井墙竖向拉断计算，是假设下沉过程中，刃脚踏面脱空沉井被上部土体挤紧，井壁处于悬挂状态下出现的竖向拉力，并考虑构造需要，如沉井受扭偏斜纠偏等作用，配置竖向钢筋是必需的，如图 10-9 所示。计算时，一般可按沉井自重的 25％～65％计算最大拉断力，或按最不利位置，即在最大拉断力发生在井墙接头（即施工缝）处求计。最

大拉力 $N_{\max}$ 可由下式求得

$$N_{\max} = G\left(\frac{H_3}{H} + \frac{H_2^2}{4H^2}\right) \tag{10-22}$$

$$X = \frac{H_2^2}{2H} \tag{10-23}$$

配筋为

$$A_g = \frac{\gamma_k \cdot M_{\max}}{f_y} \tag{10-24}$$

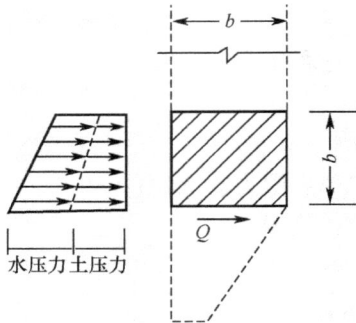

图 10-8　刃脚根部计算　　　图 10-9　沉井井壁吊挂力计算

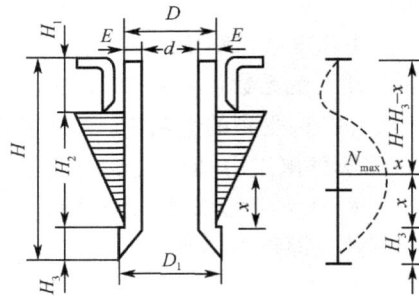

式中，$N_{\max}$——沉井承受的最大拉力/kN；

　　　G——沉井总重量，淹水沉井按悬浮重力计/kN；

　　　H——沉井全深/m；

　　　H_2——沉井入土深度/m；

　　　H_3——刃脚高度/m；

　　　x——沉井受最大拉力处离刃脚台阶的高度/m；

　　　A_g——沉井竖向钢筋总截面积/mm²；

　　　γ_k——强度系数，取 1.5；

　　　f_y——钢筋强度设计值，工级热轧钢筋 $f_y = 0.21$（kN/mm²）。

　　另外，按照构造需要，当混凝土标号为 C20 号以下时，可按混凝土截面的 0.1％配置；当混凝土标号为 C20～C40 号时，可按 0.15％配置。竖向构造钢筋应沿井墙周围内外两面均匀布置，直径不小于 ϕ14mm，间距 300～330mm。

10.1.4　钢筋混凝土底板的计算

　　1. 荷载计算原则

　　1）沉井在干封底的情况下，此时井内结构可能尚未最后完成，故底板应按施工阶段最不利条件和底板以下最大水压力进行计算。

　　2）采用水下混凝土封底，仍应按底板标高以下的最大水压力考虑。然后，按照单向板或双向板计算底板的配筋。

　　3）墩台基础工程的沉井，应按整个构筑物的自重及其所承担的上部荷载，计算作用于沉井底部的地基反力。但在计算沉井底部地基反力时，可不计井墙侧面摩擦力的作用。且这类沉井的井孔一般多用混凝土填充，故亦不再考虑静水压力对沉井底部的作用。

2. 沉井封底厚度的计算

（1）沉井干封底的计算

沉井下沉完毕后，即可进行封底。如果沉井的刃脚是停留在不透水的黏土层中，如图 10-10 所示，则可采用干封底的办法施工，但必须注意不透水黏土层的厚度。

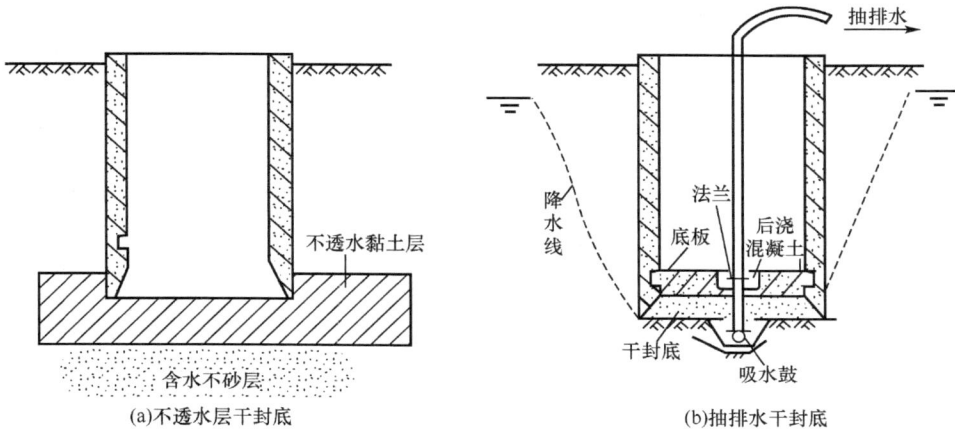

图 10-10　沉井干封底

此时，必须满足下列计算条件

$$F \cdot \gamma' \cdot h + C \cdot U \cdot h > F \cdot \gamma_w \cdot H_w$$

式中，F——沉井的底部面积/m^2；

γ'——土的浮容重/(t/m^3)；

h——刃脚下面不透水黏土层厚度/m；

C——黏土的内聚力/(t/m^2)；

U——沉井刃脚踏面内壁周长/m；

γ_w——水的容重/(t/m^3)；

H_w——透水砂层的水头高度/m。

（2）水下封底混凝土厚度计算

土的渗透系数较大或出现流砂，采用干封底不可能时，必须进行水下混凝土封底。封底厚度，除应满足沉井抗浮要求外，要按照素混凝土的强度来计算。

1）对水下封底的要求：

① 水下混凝土的厚度，应按施工中最不利的情况考虑。即按地下水头高度减去封底混凝土的重量作为计算值。

② 封底混凝土内应力最好不出现拉应力，若两 45°分配线在封底混凝土内或底板面相交，不会出现拉应力；若两 45°分配线在封底混凝土底板面以上不相交，如图 10-11（a）所示，则应按简支的双向板、单向板或圆板计算。而板的计算跨度 l，按图 10-11（b）中所示 A、B 两点间的距离确定。

当沉井刃脚较短时，则应尽量挖深锅底中央部分，如图 10-12 所示，亦可形成倒拱。

2）水下封底计算方法：一般均按简支板计算，当井内有隔墙或地梁时，可分格计算。

① 按周边简支圆板，承受均布荷载时，板中心的弯矩 M 值，可按下式计算

$$M_{max} = \frac{P \cdot r^2}{16}(3+\mu) = \frac{P \cdot r^2}{16}\left(3+\frac{1}{6}\right) = 0.198P \cdot r^2 \qquad (10-25)$$

式中，P——静水压力形成的荷载/（kN/m²）；

r——圆板的计算半径/m；

μ——混凝土的横向变形系数（即泊松比），一般等于 $\frac{1}{6}$。

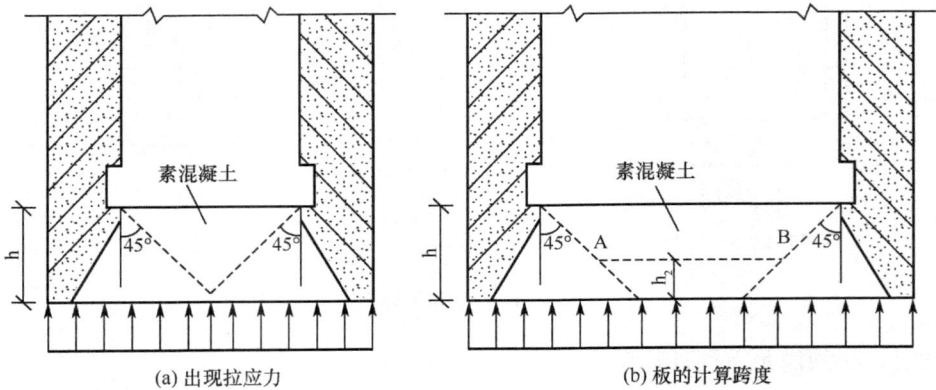

(a) 出现拉应力

(b) 板的计算跨度

图 10-11　水下封底混凝土

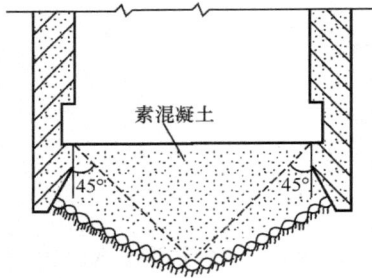

图 10-12　沉井锅底倒拱图

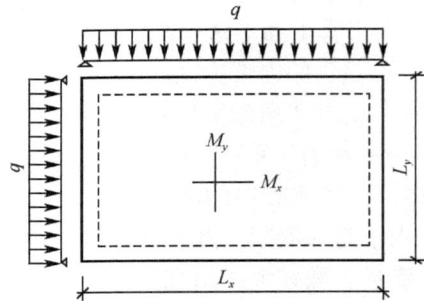

图 10-13　简支支承的双向板

② 按周边简支双向板，承受均布荷载时，跨中弯矩 M_1、M_2，如图 10-13 所示，可按下式计算

$$M_1 = a_1 \cdot P \cdot l_1^2 \qquad (10-26)$$

$$M_2 = a_2 \cdot P \cdot l_2^2 \qquad (10-27)$$

式中，a_1 及 a_2——弯矩系数，按表 10-5 系数采用；

P——同前；

l_1——矩形板的计算跨度（取小跨）/m。

素混凝土封底厚度为

$$h = \sqrt{\frac{3.5K \cdot M}{b \cdot R_1}} + D \qquad (10\text{-}28)$$

式中，K——安全系数，按抗拉强度计算的受压、受弯构件为 2.65；

　　　　M——板的最大弯矩/(kN·cm)；

　　　　b——板宽，一般取 100cm；

　　　　R_1——混凝土抗拉强度/(kN/cm²)；

　　　　D——考虑水下混凝土，可能与井内土掺混，一般增加 30～50cm。

表 10-5　弯矩系数表

l_1/l_2	a_1	a_2	l_1/l_2	a_1	a_2	l_1/l_2	a_1	a_2
0.50	0.0994	0.0335	0.70	0.7320	0.0410	0.90	0.0516	0.434
0.55	0.0927	0.0359	0.75	0.0673	0.0420	0.95	0.0471	0.0
0.60	0.0860	0.0379	0.80	0.0617	0.0428	1.00	0.0429	0.0429
0.65	0.0795	0.0396	0.85	0.0564	0.4320			

10.1.5　抗浮计算

目前工业性用途的沉井作为地下构筑物的围护结构，要求使用空间越来越大，所以大型沉井的抗浮问题比较突出。为了满足沉井的抗浮要求，可采取加厚井壁或增加底板厚度等措施，但混凝土用量大，不够经济、合理，给施工也带来困难。

以往不计井壁侧面反摩擦力时，其 K 值取

$$K = \frac{沉井自重}{浮力} \geqslant 1.1$$

考虑侧壁摩擦力时，其 K 值取

$$K = \frac{沉井自重 + 侧壁反摩擦力}{浮力} \geqslant 1.25$$

近年来，各设计、科研、施工单位对沉井的抗浮问题作了很多探讨和测试。归纳起来，有如下观点：

1）这么重的混凝土沉井埋在地下根本浮不起来。但在一些沉井、沉箱工程中均曾有上浮的实例，在一些蓄水池及地下室工程中，因江河或地下水水位上升，而出现构筑物上浮的亦时有所闻。

2）黏性土透水性差，在短期内水压力比静水压力小。可采取加快施工速度并将水压力打折扣的办法（如按静水压力的 85%～90%计算）。而不做抗浮计算，虽有一定的理论和试验数据为依据，但也应持慎重态度。

3）《上海市地基基础设计规范》编制说明中，建议验算沉井上浮稳定时，应计入井壁及摩擦力，因下沉所取摩擦力值往往偏大；而验算沉井上浮时，反摩擦力较下沉时摩擦力计算值小，故建议反摩擦力取摩擦力一半，如上海地区下沉时摩擦力一般取 20kN/m²，验算沉井上浮时，反摩擦力取 10kN/m²。

《上海市地基基础设计规范》第 112 条还规定："沉井应按各个时期实际可能出现的地下水位（或河水位）验算抗浮稳定，在不计井壁与土的摩阻力的情况下，抗浮安全系数采用 1.05。"

10.1.6 沉井施工

1. 沉井的制作方案与接高措施

（1）沉井制作时的分节高度

沉井井墙各节竖向中轴线，应与前一节中轴线重合或平行。高度，首先应保证稳定性要求，不应大于井宽，并有适当重量使其顺利下沉。沉井制作方案有 3 种：一节制作，一次下沉；分节制作，多次下沉；分节制作，一次下沉。要根据具体施工情况进行选择。

1）一次制作、一次下沉方案：一般中、小型沉井，沉井高度不大，可采用一次制作、一次下沉的施工方案。该方案工期短、施工简单方便。

2）分节制作、多次下沉方案：将井墙沿高度方向分为几段，每段称为一节。第一节高度一般约 6～10m，地面上浇制，待达到设计强度 100% 后，井内出土下沉。在井墙顶面露出地面尚余 1～2m 时，停止下沉，作第二节井墙，混凝土达到设计强度的70%，即可挖土继续下沉。以此类推循环进行。该方案优点为沉井分段高度小，重量较小，对地基要求不高，施工操作方便；其缺点为不仅工序多、工期长，易产生倾斜和突然下沉，而造成质量事故。

3）分节制作、一次下沉方案：在沉井位置，分节制作井墙，全高浇筑完毕，各节达到所要求的强度后，连续不断挖土下沉直到设计标高。我国目前采用分节制作、一次下沉，全高已达 30m 以上。其优点是可减少脚手架、模板、下沉设备（如水力机械等）的拆除、安装次数，便于滑动模板施工，消除多工种交叉作业，有利缩短工期，但沉井自重大，对地基承载力要求较高，需用大型起重设备、高空作业多，安全要求高。

（2）沉井接高措施

井墙接高，关键是掌握地基土的稳定性，若下沉系数小于 1，便可以认为地基是稳定的。常用井内灌水或填砂等临时措施，以提高地基的承载力，如图 10-14 所示。地基承载力计算可取 $0.8Q_u$（Q_u 为土的极限承载力），其计算简图如图 10-15 所示。工程中多采用下式计算

$$Q_u = \gamma_1 \cdot h \cdot m_1^2 + \gamma \cdot b \sqrt{\frac{m}{2}}(m^2 - 1) + 2c \cdot \sqrt{m}(m+1) \qquad (10\text{-}29)$$

式中，γ_1——井内回填砂或土的容重/(kN/m³)；

h——井内刃脚踏面以上砂或土的高度/m；

m_1——为 $\tan^2\left(45 + \dfrac{\varphi_1}{2}\right)$，其中：$\varphi_1$ 为回填砂或土的内摩擦角/(°)

γ——原地基土的容重/(kN/m³)；

b——井墙厚度/m

m——为 $\tan^2\left(45 + \dfrac{\varphi}{2}\right)$，其中：$\varphi$ 为原地基土的内摩擦角/(°)；

c——原地基上的内聚力/(kN/m^2)。

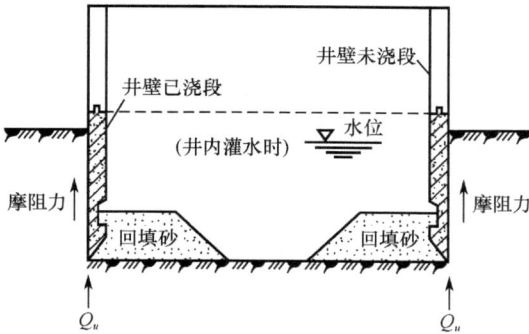

图 10-14　沉井接高时稳定地基的措施

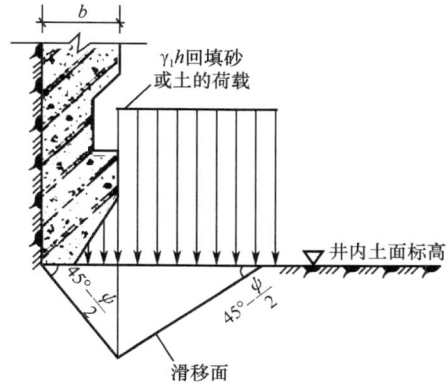

图 10-15　土体破坏的滑动面

2. 连续沉井施工

平面长度较大的沉井，分成数段分别下沉，或多个独立沉井相互靠近，将其连接起来可形成一条通道或连续基础的施工工程，称为连续沉井施工。

（1）沉井的下沉次序

为保持土压力的均衡对称，一般采取间隔下沉为好，如图 10-16 所示，一排独立沉井，先下沉①和③号，然后再下沉沉井②。其优点：

1）沉井所承受的土压力和荷载对称，下沉过程中倾斜的可能性小，且便于纠偏。

2）间隔下沉，施工场地间隙大，便于机械化施工。

3）沉井受力对称，沉井水平位移较小，结构计算方便。

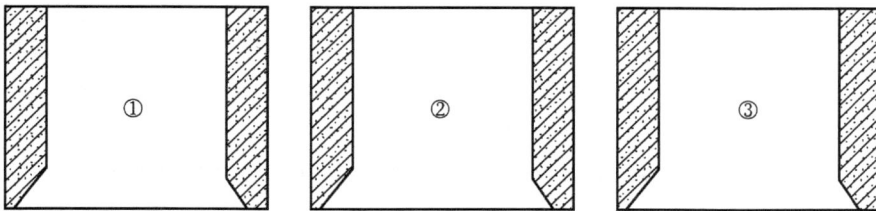

图 10-16　连续沉井下沉次数

（2）沉井的型式

连续沉井可分为圆形和矩形两种。

1）圆形连续沉井。

① 法国敦克尔克市（Dunkergue）的矿业码头采用连续沉井修建，圆形沉井直径为 19m，相邻沉井在直径的端部（即切点处）略作伸长，如图 10-17（b）所示，组成一个直径为 60cm 的直井。沉到设计标高后，清除直井内泥土，灌混凝土，将各沉井连成一体。

② 哈佛港（Havre）某码头采用直径 11m 的圆形连续沉井建造，接缝宽度为 1.5m，接缝由两个钢筋混凝土桩组成，如图 10-18（b）所示。桩体外部预留两个空槽，

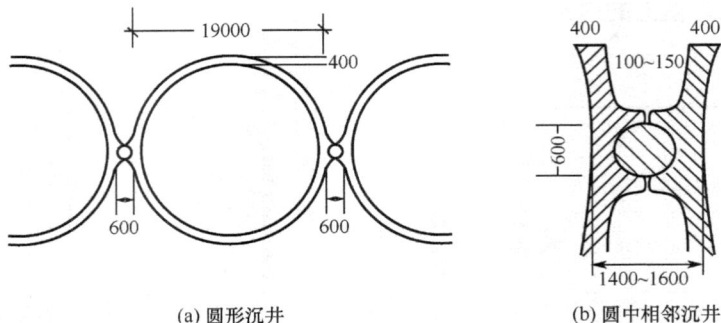

(a) 圆形沉井　　　　　　(b) 圆中相邻沉井

图 10-17　敦克尔克港码头的连续沉井（单位：mm）

以形成一个直径为 70cm 的中孔和两个断面为 20cm×40cm 的侧孔。然后，利用空气吸泥机清除孔道中泥土，用导管法向中孔浇筑水下混凝土，两侧孔用装在塑料袋中的混凝土填充。

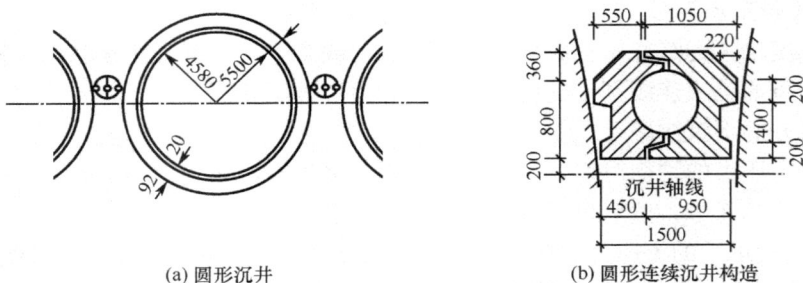

(a) 圆形沉井　　　　　　(b) 圆形连续沉井构造

图 10-18　哈佛港码头的圆形连续沉井（单位：mm）

2）矩形连续沉井。上海市第一条黄浦江江底隧道引道段，为矩形连续沉井施工，每个沉井长 20m 左右，宽约 8m，沉井下沉深度为 7～10m 不等，如图 10-19 所示。单个沉井的两端用钢板和型钢组成的钢封板封闭，待沉井下沉至设计标高后，将临时钢封板拆除，连续沉井即成为一个整体的通道。

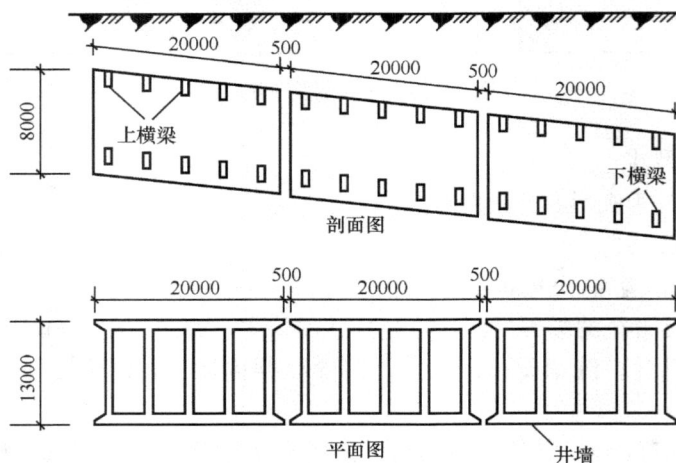

图 10-19　矩形连续沉井

3）沉井接缝。两井墙间的接缝预留，如图 10-20 所示。井墙外测预留 50cm 的缝隙，井墙内侧预留 150cm 的缝隙，待沉井下沉至设计标高后，清除接缝间的泥土，浇筑接缝处的混凝土。并采取必要的防水措施。

如图 10-21 所示。在沉井两端沿接缝四周埋入橡胶止水带，做成变形缝。橡胶止水带中间有一直径为 5cm 的空腔，允许有 300% 的变形，即允许其拉伸到 15cm。

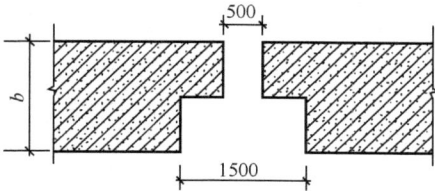

图 10-20　井墙面的连接预留量　　　　图 10-21　沉井接缝处的止水带

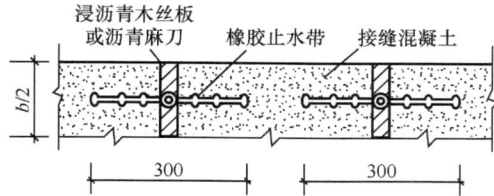

此法抗渗性能好，能达 8 个大气压；弹性好，抗拉强度高；耐久性好，耐酸耐腐蚀，除油类或强氧化剂侵蚀的工程外，一般工程均能使用；且施工方便，质量可靠。但价格高；不能用于温度高于 60℃ 及低于 0℃ 以下的工程；损坏后不能修理和更换。

4）沉井之间的刚性连接。为避免沉井与沉井之间的不均匀沉降，加强连续沉井的整体性，在沉井底板上增加刚性连接，能够承担两井间的一定错动力。某连续沉井曾按井重的 1/3 进行配筋计算，放置 44 根直径 32mm 的螺纹钢筋，效果甚好。

某隧道两端引道由 39 个连续沉井组成，均准确地下沉到设计标高，四角平均标高与设计标高的误差均在国家规范点 10cm 以内。沉井的位移，除个别沉井平面位移稍大，但不影响使用，其余沉井平面位移，均在国家规范规定的下沉深度的 1% 以内，完全符合设计要求。

10.2 沉 管 法

10.2.1 概述

1. 水底隧道的应用及其施工方法

水底隧道是渡越江河、港湾的方法之一。

水底隧道的单位长度造价比桥梁高，但在跨越港湾或海轮经过的江河时，此时水底隧道所显出的优越性有时比建桥更为经济、合理。

水底隧道有五种主要的施工方法，即围堤明挖法、矿山法、气压沉箱法、盾构法及沉管法。其中，矿山法不适用于软土地层，气压沉箱法适用于较窄的河道，围堤明挖法较经济，但围堤明挖法对水路交通的干扰较大，因此，采用不多。水底隧道的建设大多采用盾构法和沉管法施工。

盾构，一般外径尺寸为 10m 左右，可容纳双车道通过。如需建造四车道的水底隧道，则需平行地建造二条盾构隧道。如需建造六车道的水底隧道，则需平行地建造三条盾构隧道。沉管法则不受上述尺寸限制。

沉管法（曾称预制管段沉放法）。先在隧道以外（如临时干坞，造船厂的船台设备等），制作隧道管段（每节长 60～140m，多数为 100m 左右，最长达 268m），两端用临时封墙密封，运到隧道指定位置上（这时预先已在设计位置挖好水底沟槽）定位就绪后，向管段内灌水下沉，然后将沉毕的管段在水下连接，覆土回填，进行内部装修及设备安装以完成隧道。用这种沉管法建成的隧道，即称沉管隧道。

盾构法和沉管法的优缺点比较列见表 10-6。

表 10-6　盾构法与沉管法的比较

项目	盾构法	沉管法
地质条件	遇到砂质土层时，须采用气压或泥水加压施工	不怕流砂。基本上不受地质条件限制
水流速度	无关	水流很急时，须用水上作业台施工
水上交通	无关	须在短时间内采取一些局部的航道管理措施
隧道埋深	最大可达水下 30m 左右	最深记录达水下 61m
容纳车道数	在一个隧道断面内只能容纳 2 个车道，遇 4-6 车道时，须建多条隧道	在一个隧道断面内可同时容纳 4～6 个车道，最多达 8 个车道，尤适用于城市道路水底隧道
漏水情况	接缝太多，难以做到不漏水	易实现滴水不漏
工程质量	覆盖较厚，隧道较长，工程总量相应较大	覆盖厚度仅 0～1.5m，隧道较短，工程总量相应较小
现场工期	现场工期较长，因大部分工程量在隧道上完成	现场工期较短，因一半以上工程量在隧道以外的临时干坞中完成
工程单价	单位面积造价较高，单位效益造价更高	单位面积造价较低，单位效益造价尤低
运营费用	不利于采用通风新技术，常年电耗较大	利于采用通风新技术（如诱导通风方式），大幅度地降低了运营费用

由表可见沉管法比较有利。特别是 20 世纪 50 年代后，水力压接法（水下连接）和压浆法（基础处理）先后问世，世界各国水底隧道建设几乎多采用这种比较经济、合理的沉管法。

2. 沉管隧道的分类

沉管法隧道按断面形状分为圆形与矩形两大类。

（1）圆形沉管

施工时多数利用船厂的船台制作钢壳，制成后沿着船台滑道滑行下水，然后在漂浮状态下系泊于码头边上，进行水上钢筋混凝土作业。这类沉管的横断面，内部均为圆形，外表有圆形、八角形或花篮形，如图 10-22 所示。

圆形沉管可安置两个车道。其优点是：

① 圆形断面，受力合理衬砌弯矩较小，在水深较大时，比较经济、有利。

② 沉管的底宽较小，基础处理比较容易。

③ 钢壳既是浇筑混凝土的外模，又是隧道的防水层，这种防水层不会在浮运过程中被碰损。

④ 当具备利用船厂设备的条件时，工期较短。在管段需用量较大时，更为明显。

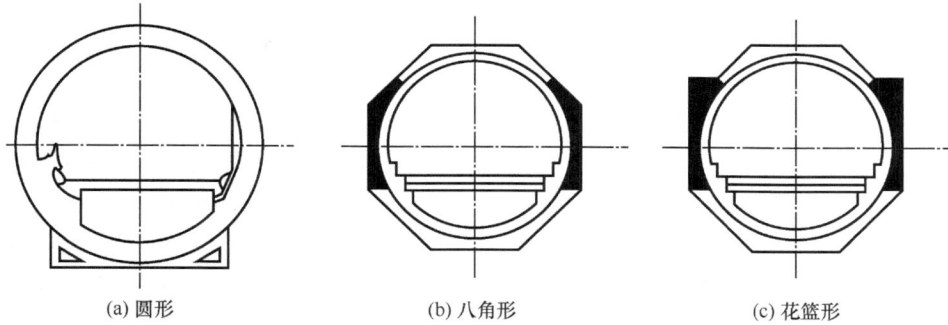

| (a) 圆形 | (b) 八角形 | (c) 花篮形 |

图 10-22　各种圆形沉管

其缺点是：

① 圆形断面空间，常不能充分利用。

② 车道上方必定余出一个净空限界以外的空间（在采用全横向通风方式时，可以作排风道利用），使车道路面高程压低，从而增加了隧道全长，亦增加了挖槽土方数量。

③ 浮于水面进行浇筑混凝土时，整个结构受力复杂，应力很高，故耗钢量巨大，沉管造价高。

④ 钢壳制作时，手焊不能避免。焊缝质量要求高难以保证。一旦出现渗漏，难以弥补、截堵。

⑤ 钢壳本身防锈抗蚀问题，迄今未得到完善、可靠的解决办法。

⑥ 圆形沉管只能容纳两个车道，若需多车道，则必须另行沉管。因此，各国现在多用矩形断面。

（2）矩形沉管

荷兰的玛斯隧道（Maas）于 1942 年建成，首创矩形沉管。这类沉管多应用在临时干坞中制作钢筋混凝土管段。矩形管段内同时容纳 2～8 个车道，如图 10-23 所示。

| (a) 六车道的矩形沉管 | (b) 八车道的矩形沉管 |

图 10-23　矩形折拱形结构

其优点是：

① 不占用造船厂设备，不妨碍造船工业生产。

② 车道上方没有非必要空间，空间利用率较高。车道最低点的高程较高，隧道全长较短，挖槽土方量少。

③ 建造 4～8 个车道的多车道隧道时，工程量与施工费均较省。

④ 一般不需钢壳，可大量地节省钢材。

其缺点是：

① 必须建造临时干坞。

② 由于矩形灌筑混凝土及浮运过程中，须有一系列严格控制措施。

3. 沉管隧道的设计和施工

沉管式水底隧道的设计，主要内容有几何设计、通风、照明供电、给排水设计、内装修、运营与安全设施设计等。其设计质量直接影响隧道的施工与使用，应做到设计思想明确，综合考虑先进性、合理性、安全性和经济性（包括建设费与运营费）。20 世纪 60 年代以后的水底隧道设计都十分重视几何设计的革新，几乎每一条隧道均有创新与改进。因为几何设计常常成为水底隧道工程设计成功与否的关键。隧道截面尺寸首先取决于交通用途与交通条件，同时，还取决于沉管浮运和沉放两个重要阶段的要求，总体几何设计最初只能确定管段的内净宽度以及车道净空高度。沉管结构的外轮廓尺寸，必须通过浮力设计才可最终确定，既要满足一定的干舷又要保证一定的抗浮安全系数要求。所以沉管结构的外廓尺寸中，高度往往超过车道净高与顶底板厚度之和。

管段长度的确定需考虑经济条件，航道条件，管段本身纵、横断面形状，设备及施工技术条件，轴向应力等因素。

沉管隧道，设计时必须充分考虑施工工艺要求。随着近年来沉管施工技术的不断革新，设计时更需与之密切配合。沉管隧道施工主要内容与工序，如图 10-24 所示。

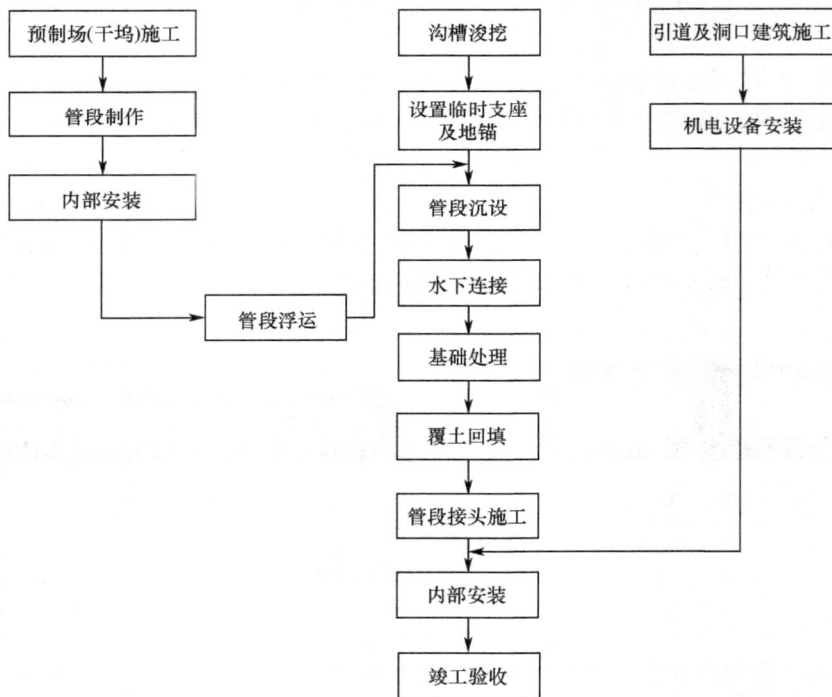

图 10-24 沉管隧道施工内容与工序

10.2.2 沉管结构设计

1. 沉管结构所受的荷载

作用在沉管结构上的荷载计有结构自重、水压力、土压力、浮力、施工荷载、波浪、水流压力、沉降摩擦力、车辆活载、沉船荷载、地基反力、变温影响、不均匀沉降影响、地震影响等。

水压力是主要荷载之一，在覆土比较小的区段中，水压力常是最大的荷载。设计时要分别计算正常的高、低潮水位的压力，以及当地最大台风或特大洪水位的压力（按30年一遇）。

垂直土压力，一般为河床底到沉管顶面间的土体重量。在河床不稳定地区，还应考虑变迁的影响。侧向土压力，并非常量。在隧道初建成时，土的侧压力较大，以后随着土的固结发展而逐渐减小。设计时要按最不利组合分别取用其最大或最小值。

施工荷载有压载、端封墙、定位塔等施工设施的重量，为非均匀荷载，在计算浮运阶段的纵向弯矩时，这些荷载将是主要荷载。如这些施工荷载引起的管段纵向正负弯矩差过大，则可调整压载水箱（或水罐）的位置以减小此弯矩，使之受力合理。

波浪力一般不大，不致影响配筋。水流压力对结构设计影响亦不大，但必须进行水工模型试验予以确定，以便据此设计沉设工艺及设备。

沉降摩擦力系指回填土之后，沟槽底部受荷不匀，沉降不均引起的力。如在沉管侧壁外喷涂一层软沥青，则可使此项荷载大为减小。

在水底道路隧道中，车辆荷载一般可略去不计。但在基础设计时应予以考虑。

沉船荷载是指船只失事后恰巧沉在隧道顶上时的一种特殊荷载。设计时只能作假设估定，因发生几率极小，近年来对设计时是否考虑，已有不同观点。

地基反力的分布规律，有各种不同的假定：

① 直线均布；

② 反力强度与各点地基沉降量成正比（文克勒假定）；

③ 假定地基为半无限弹性体，按弹性理论计算反力。

在按文克勒假定设计时，有采用单一地基系数的，亦有采用多种地基系数的。日本东京港第一航道水底道路隧道在设计时考虑到沉管底宽较大（37.4m），基础处理可能有不均匀之处，所以既用单一地基系数计算，亦用不同组合的多地基系数计算，然后按所作出的内力包络图进行配筋。

变温影响所产生的内力，主要由沉管四壁（侧墙与顶、底板）内外温差造成，沉管四壁外侧壁面温度也可视作四季恒温。沉管内侧的壁面温度与通风有关，因此温差随季节变化，冬天外高内低，夏天转为外低内高，设计时可按持续5～7天的最高或最低日平均气温计算。结构自重则取决于几何尺寸和所用材料，在隧道使用阶段还应考虑内部各种管线重量。

2. 浮力设计

在沉管结构设计中，与其他地下工程不同，必须进行浮力设计。其内容包括干舷的选定和抗浮安全系数的验算。通过浮力设计可以最后确定沉管结构的高度和外廓尺寸。

（1）干舷

管段在浮运时为了保持稳定，必须使管顶面露出水面。其露出高度称为干舷。具有一定干舷的管段遇风浪发生倾侧后，会自动产生一个反倾力矩，使管段恢复平衡。

一般矩形断面的管段干舷多为 10～15cm，而圆形、八角形或花篮形断面的管段则多为 40～50cm。干舷高度不宜过小，否则稳定性差，亦不宜过大，干舷越大，所需压载水箱（或水罐）的容量就越大，过大则不经济。个别情况下，若干舷不足，应设浮筒助浮。

管段制作时，混凝土容重和模壳尺寸常有一定幅度的变动，而河水比重也有一定幅度的变化。所以，设计时应按最大的混凝土容重、最大的混凝土体积和最小的河水比重来计算干舷。

（2）抗浮安全系数

在沉管施工阶段，抗浮安全系数应采用 1.05～1.1 的，务必选用 1.05 以上抗浮安全系数，以免施工产生不必要的麻烦。在计算施工阶段的抗浮安全系数时，临时施工设备（如定位塔、端封墙等）的重量均可不计。

在使用阶段，抗浮安全系数应采用 1.2～1.5，计算时可考虑两侧填土对管壁的摩擦力。设计时应按最小的混凝土容重和体积，最大的河水比重来计算各阶段的抗浮安全系数。

3. 结构分析与配筋

（1）横断面结构分析

沉管的横断面结构形式绝大多数是多孔箱形刚性结构（只有人行隧道、管线专用隧道或输水管道等为单孔刚构）。多孔箱形刚构为高次超静定结构，其结构内力分析必须经过"假定（构件尺度）—分析（内力）—修正（尺度）—复算（内力）"的几次循环，计算工作量很大。为避免采用抗剪力钢筋，改善结构受力性能，减少裂缝出现，在水底隧道沉管结构中，常采用变截面或折拱形结构（图 10-25）。这样，即使在同一节管段（一般长度为 100m 左右）中，因隧道纵坡和河底标高的变化，

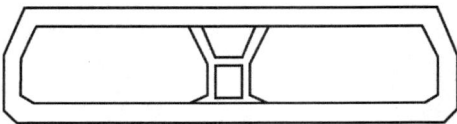

图 10-25　沉管折拱形结构

各处断面所受水、土压力也不同（特别在接近岸边时），因此一般不能只以一个横断面的结构分析来进行整节管段，甚至河中段全长的横断面配筋设计。工作量之大可想而知，故必须采用电算，可利用一般的平面杆系结构分析的通用程序进行计算。

（2）纵向结构分析

施工阶段的沉管纵向受力分析，主要是计算浮运和沉设时施工荷载、波浪力所引起的内力。使用阶段的沉管纵向受力分析，一般按弹性地基梁理论进行计算。

（3）配筋

因抗剪的需要，沉管应采用较高标号的混凝土，一般采用 C30 以上的混凝土。

沉管结构，不容许出现任何通透性（即管壁内、外穿透的）裂缝；非通透性裂缝开展宽度应控制在 0.15～0.2mm 以下。因此，不宜采用Ⅲ级及Ⅲ级以上的钢筋。

设计时，混凝土与钢筋的容许应力可参照《公路桥涵设计规范》。不同荷载组合条件介绍如下，并分别加以相应的提高率，见表 10-7。

表 10-7　不同荷载组合条件相应提高效率

荷载组和条件提高率	提高率/%
A——结构自重+保护层、路面、压载重量+覆土荷载+土压力+高潮水压力	0
B——结构自重+保护层、路面、压载重量+覆土荷载+土压力+低潮水压力	0
C——结构自重+保护层、路面、压载重量+覆土荷载+土压力+台风或特大洪水时水压力	30
D——A 或 B+变温影响	15
E——A 或 B+特殊荷载（如沉船、地震等）	30
混凝土主拉应力其他应力	50

4. 管段制作

（1）矩形钢筋混凝土管段的制作

管段制作在干坞中进行，其工艺与一般钢筋混凝土结构基本相同。但浮运、沉设对匀质性与水密性等要求特别高的特殊性，应注意以下几点：

① 要保证高质量的混凝土的防水性及抗渗性。

② 要严格控制混凝土的重度，若重度超过 1% 以上，管段将浮不起来，则不能满足浮运要求；

③ 必须严格控制模板的变形，以保证对混凝土均质性的要求，否则，若出现管段板、壁厚度的局部较大偏差，或前后、左右混凝土重度不均匀，浮运中会发生管段倾侧；

④ 必须慎重处理施工缝及变形缝。

纵向施工缝（横断面上的施工留缝），对于管段下端，靠近底板面一道留缝，应高于底板面以上 30～50cm。横向施工缝（沿管段长度方向上分段施工时的留缝）需采取慎重的防水措施，为防止发生横向通透性裂缝，通常可把横向施工缝做成变形缝，每节管段由变形缝分成若干节段，每节段 15～20m 左右长，如图 10-26，图 10-27 所示。

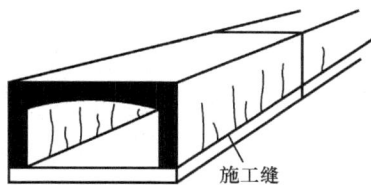

图 10-26　管段侧壁上设制裂缝　　　　图 10-27　管段的节断与变形缝

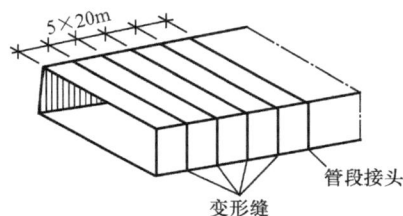

（2）封墙

管段浮运前必须于管段的两端离端面 50～100cm 处设置封墙。封墙可用木料、钢材或钢筋混凝土制成。封墙设计按最大静水压力计算。封墙上须设排水阀、进气阀以及出入人孔。排水阀设于下部，进气阀设于顶部，口径 100mm 左右。出入孔应设置防水密闭门。

（3）压载设施

管段下沉由压载设施加压实现，容纳压载水的容器称压载设施，一般采用水箱形式，须在管段封墙安设之前就位，每一管段至少设置 4 只水箱，对称布置于管段四角位置。水箱容量与下沉力、干舷大小、基础处理时"压密"工序所需压重大小等有关。

（4）检漏与干舷调整

管段制作完成后，须作一次检漏。如有渗漏，可在浮运出坞前作好处理。一般在干坞灌水之前，先往压载水箱里注水压载，然后再往干坞室里灌水，灌水 24～48h 后，工作人员进入管段内对管段进行水底检漏。经检漏合格浮起管段，并在干坞中检查干舷是否合乎规定，有无倾侧现象。通过调整压载的办法，使干舷达到设计要求。

10.2.3　管段沉设

1. 沉设方法

预制管段沉设是整个沉管隧道施工中重要的环节之一。它不仅受气候、河流自然条件的直接影响，还受到航道、设备条件的制约。施工须根据自然条件、航道条件、管段规模以及设备条件等因素，因地制宜选用最经济的沉设方案。

沉设方法和工具设备种类繁多，可归纳如下：

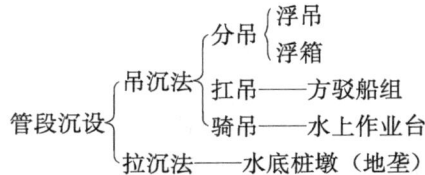

$$
\text{管段沉设}\begin{cases}
\text{吊沉法}\begin{cases}
\text{分吊}\begin{cases}\text{浮吊}\\\text{浮箱}\end{cases}\\
\text{扛吊——方驳船组}\\
\text{骑吊——水上作业台}
\end{cases}\\
\text{拉沉法——水底桩墩（地垄）}
\end{cases}
$$

（1）分吊法

管段制作时，预先埋设 3～4 个吊点，分吊法沉设作业时分别用 2～4 艘 100～200t 浮吊（即起重船）或浮箱，逐渐将管段沉放到规定位置。

世界上第一条四车道矩形管段隧道——玛斯隧道采用了四艘起重船分吊沉设，荷兰柯思（Coen，1966 年）隧道和培纳靳克斯隧道（1967）首创以大型浮筒代替起重船的分吊沉设法。比利时的斯凯尔特（E3-Scheldt，1969）隧道以浮箱代替浮筒，进行沉放成功。

浮箱吊沉设备简单，适用于宽度特大的大型管段。沉放用四只 100～150t 的方形浮箱（边长约 10m，型深约 4m）直接将管段吊起来，四只浮箱分成前后二组，图 10-28～图 10-29 所示为浮箱吊沉法示意图。

（2）扛吊法（也称方驳扛吊法）

方驳扛吊法是以四艘方驳，分前后两组，每组方驳肩负一副"杠棒"，即这两副"杠棒"由位于沉管中心线左右的两艘方驳作为各自的两个支点；前后两组方驳再用钢桁架连接起来，构成一个整体驳船组，"杠棒"实际上是一种型钢梁或是钢板组合梁，其上的吊索一端系于卷扬机，另一端用来吊放沉管；驳船组由 6 根锚索定位，沉管管段则另用六根锚索定位。每副"杠棒"的每个支点受力仅为下沉力的 1/4，沉管下沉力若为 2000kN，每支点只负担 500kN，因此，只需要 1000～2000kN 的小方驳 4 艘即足够，所以设备简单，费用低。

加拿大台司（Peas，1959）隧道工程中，曾采用吨位较大，船体较长的方驳，将各侧前后 2 艘方驳直接连接起来，以提高驳船组的整体稳定性。

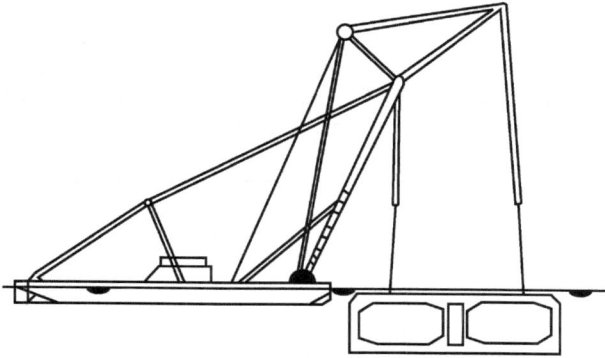

图 10-28　起重船分吊法示意图

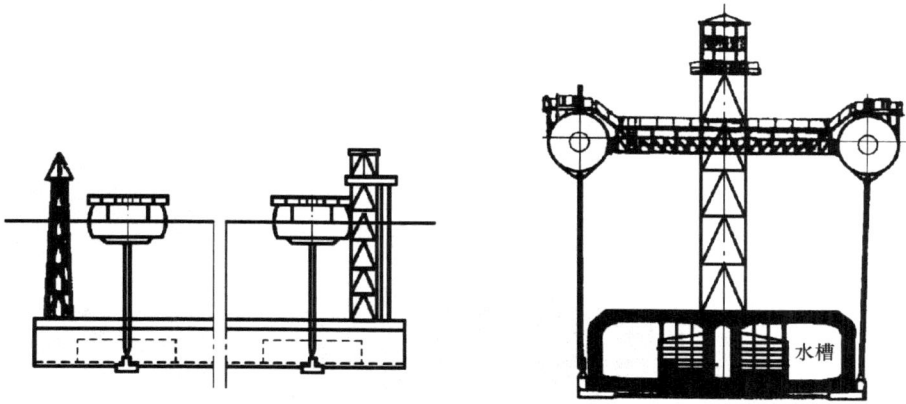

图 10-29　浮筒分吊法示意图

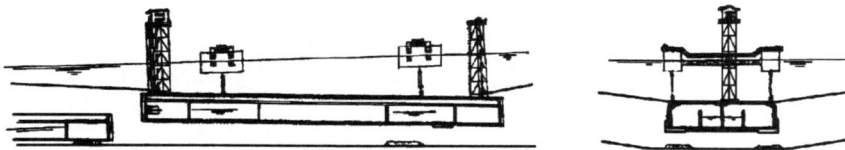

图 10-30　浮箱分吊法示意图

用四艘方驳构成沉设作业船组的吊沉方法，称作"四驳扛沉法"。

美国和日本在沉管隧道工程中曾用"双驳扛沉法"（图 10-31），所用方驳的船体尺度比较大（驳体长度为 $60\sim85$m，宽度为 $6\sim8$m，型深 $2.5\sim3.5$m）。"双驳扛沉法"的船组整体稳定性较好，操作较为方便。管段定位索改用斜对角方向张拉的吊索系定于双驳船组上。虽有优点，但设备费用较高。美国旧金山市地下铁道（BART，1969）的港下水底隧道（长达 5.82km，共沉设 58 节 $100\sim105$m 长的管段）工程即用此法。

（3）骑吊法

如图 10-32 所示，骑吊法将水上作业平台"骑"于管段上方，管段被慢慢地吊放就位。

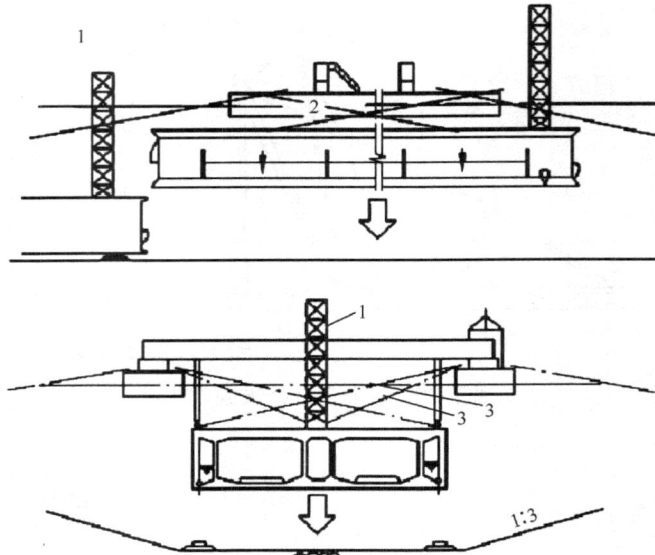

图 10-31 双驳扛沉法示意图
1. 定位法；2. 方驳；3. 定位索

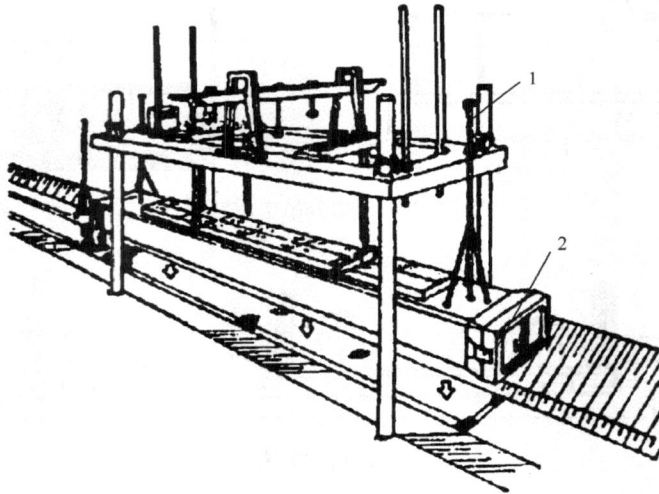

图 10-32 骑吊法示意图
1. 定位杆；2. 拉合千斤顶

水上作业平台亦称自升式作业平台，国外常简称 SEP（self-elevating platform），原是海洋钻探或开采石油的专用设备。它的工作平台实际上是个矩形钢浮箱，有时则为方环形钢浮箱。就位时，向浮箱里灌水加载，使四条钢腿插入海底或河底。移位时，排出箱内储水使之上浮，将四条钢腿拔出。在外海沉设管段时，因海浪袭击只能用此法施工；在内河或港湾沉没管段，如流速过大，亦可采用此法施工。它不需抛设锚索，作业时对航道干扰较小。但设备费很大，故较为少用。

阿根廷的巴拉那-圣达菲（Parana-Santa Fe'，1969）隧道是此法沉设的一例。

（4）拉沉法（图 10-33）

利用预先设置在沟槽底面上的水下桩墩作为地垄，依靠安设在管段上面的钢桁架上的卷扬机，通过扣在地垄上的钢索，将具有 200～300t 浮力的管段缓慢地"拉下水"，沉设于桩墩上，而后进行水下连接，亦利用此法以斜拉方式作前后位置调节。此法费用较大，应用很少，只在荷兰埃河（IJ，1968）隧道和法国马赛市的马赛（Marseille，1969）隧道中用过。

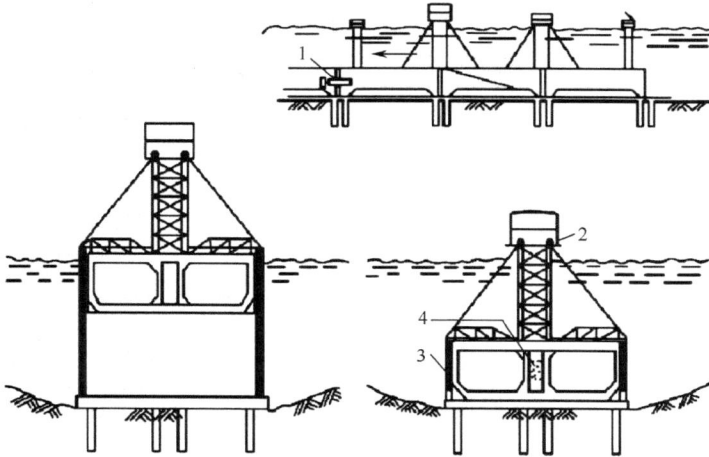

图 10-33　拉沉法示意图
1. 拉合千斤顶；2. 拉沉卷扬机；3. 拉沉索；4. 压载水

综上所述一般顶宽在 20m 以上的大、中型管段多采用浮箱吊沉法，而小型管段则以采用方驳扛吊法较为合适。

2. 沉设工具与设备

浮箱吊沉法与方驳扛吊法所用设备工具有：

① 方型浮箱或小型方驳：四艘，其吨位为 100～150t；

② 起重设备：定位卷扬机，6～14 台，（电动或液压驱动），单筒式，牵引力：8～10t；绳速 3m/min；起吊卷扬机 3～4 台（电动或液压驱动）单筒式、牵引力：10～12t，绳速 5m/min；

③ 定位塔：钢结构，高度由沉放深度及测量要求确定，一般大于 10m，管段前后共设两座定位塔，其中一座塔上可设指挥室和测量工作室；

④ 超声波测距仪，用来测定相临两节管段的三向相对距离；

⑤ 倾度仪：自动反映管段纵横向倾度；

⑥ 缆索测力计：每根锚索或吊索的固定端均应设有自动测力计及其必要的测试、通信设备仪表等。

3. 管段沉设作业

管段沉设作业大体上可分为以下几个步骤。

（1）沉设准备

沉设前必须完成沟槽浚挖清淤，设置临时支座，以保证管段顺利沉放到规定位置。应与港务、港监等有关部门商定航道管理事项，作好水上交通管制准备。

（2）管段就位

在高潮平潮之前，将管段浮运到指定位置校正好前后左右位置。并带好地锚，中线要与隧道轴线基本重合，误差不应大于10cm。管段纵向坡度调至设计坡度。定位完毕后，灌注压载水，至消除管段的全部浮力为止。

（3）管段下沉

下沉时的水流速度，宜小于0.15m/s，如流速超过0.5m/s，需采取措施。每段下沉分3步进行，即初次下沉、靠拢下沉和着地下沉，如图10-34所示。

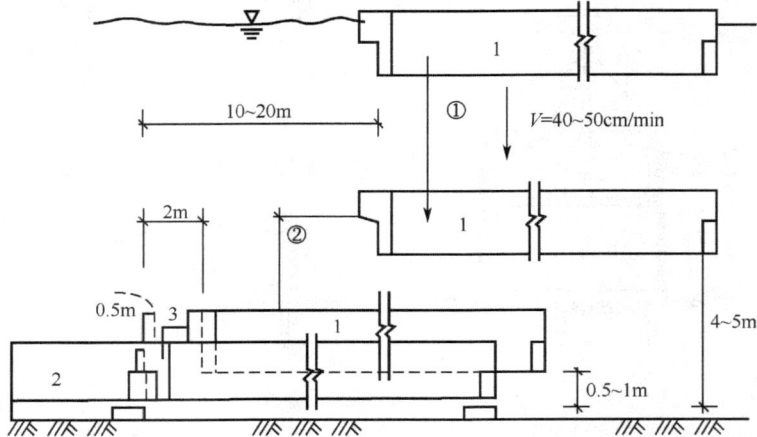

图10-34　下沉作业示意图
1.初次下沉；2.靠拢下沉；①新设管段；②既设管段；3.着地下沉

1）初次下沉：灌注压载水至下沉力达到规定值之50%。随即进行位置校正待前后左右位置校正完毕后，再灌水至下沉力规定值的100%。而后按40～50cm/min速度将管段下沉，直到管底离设计高程4～5m为止。下沉时要随时校正管段位置。

2）靠拢下沉：将管段向前平移，至距已设管段2m左右处，再将管段下沉到管底离设计高程0.5～1m左右，并校正管位。

3）着地下沉：先将管段前移至距已设管段约50cm处，校正管位并下沉。最后1m的下沉速度要慢，并应随沉随测。着地时先将前端搁在"鼻式"托座上或套上卡式定位托座，然后将后端轻轻地搁置到临时支座上。搁好后，各吊点同时分次卸荷至整个管段的下沉力全都作用在临时支座上为止。

4．水上交通管制

管段沉没作业时，为了保证施工和航运双方安全，必须采取水上交通管制措施。主要应将主航道临时改道和局部水域暂短封锁。

10.2.4 水下连接

1. 水力压接法的发展

荷兰的玛斯（Maas，1942）隧道，古巴的阿尔曼德斯（Almendaras，1953）隧道和哈瓦那港（HavanaBay，1958）水底隧道，都是采用灌注水下混凝土法进行连接。加拿大的台司隧道创造水力压接法之后，几乎所有的沉管隧道都改用了这种水力压接法。随后又有不少改进，连接性能越愈可靠。

台司隧道所用胶垫为一方形硬橡胶，外套一软橡胶片。荷兰鹿特丹地下铁道沉管隧道、将其改进成为尖肋型（荷文原名 Gina），如图 10-35 所示。目前，各国普遍采用尖肋型胶垫。

尖肋型胶垫由 4 个部分组成。

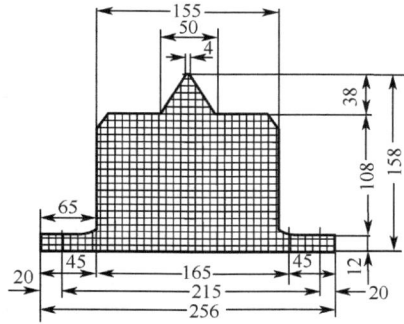

图 10-35　尖肋型胶垫

1）尖肋：作第一次初步止水用。其高度一般为 38mm，个别工例亦有用到 50mm。硬度一般为肖氏橡胶硬度 30～35 度。

2）主体：是承受水压力的主体，其硬度为肖氏 50～70。

3）底翼缘：为方便安装多用纤维织物作局部加强。

4）底肋：在胶垫底部的小肋，肖氏硬度 30～35 的软橡胶制成。主要作用是防止管段端面漏水。

2. 水力压接法施工

水力压接系利用作用在管段后端（亦称自由端）端面上的巨大水压力，使安装在管段前端（即靠近已设管段或风节的一端）端面周边上的一圈橡胶垫环（以下简称胶垫，在制作管段时安设于管段端面上）发生压缩变形，并构成一个水密性良好，且相当可靠的管端间接头，如图 10-36 所示。

用水力压接法进行水下连接的工序是对位—拉合—压接—拆除端封墙。

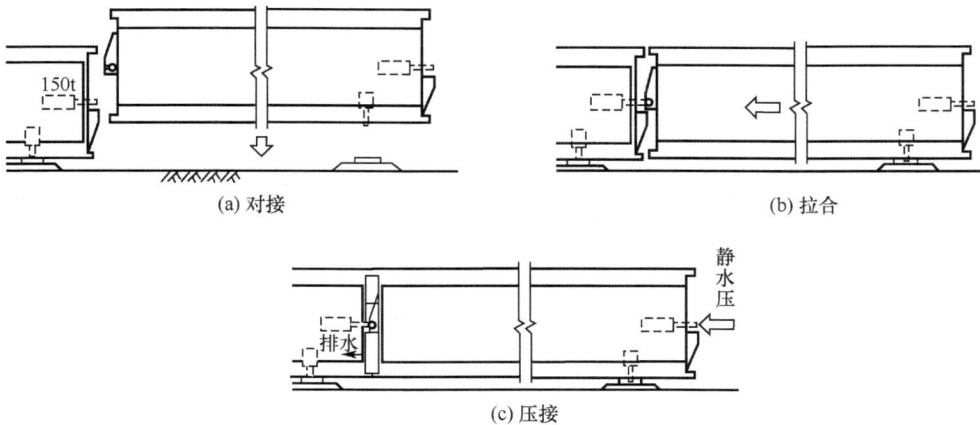

(a) 对接　　　　　　　　　　　　　　　(b) 拉合

(c) 压接

图 10-36　水力压接法

（1）对位

着地下沉时必须结合管段连接工作进行对位。对位精度要求（表10-8）不难达到，上海金山沉管工程中曾用一种图10-37所示的卡式托座，只要前端的"卡钳"套上，定位精度就自然控制在水平方向为±2cm之内。垂直方向上±1cm之内。

表 10-8　对位精度要求

部位	水平方向	垂直方向
前端	±2cm	
后端	±5cm	±1cm

（2）拉合

拉合工序的任务是用一个较小的机械力量，将管段拉向前节已设管段，使胶垫的尖肋部产生初步变形，起到初步止水作用。

拉合时所需拉力，通常用安装于管段竖壁（可为外壁或内壁）上（带有锤形拉钩）的拉合千斤顶进行拉合，如图10-38所示。采用二台100～150t拉合千斤顶的工例较多，因便于调节校正。也有用定位卷扬机进行拉合作业的工例。

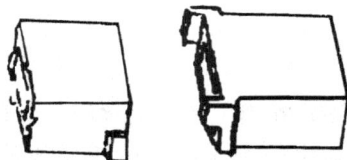

图 10-37　金山沉管工程的卡式托座　　　　图 10-38　拉合千斤顶

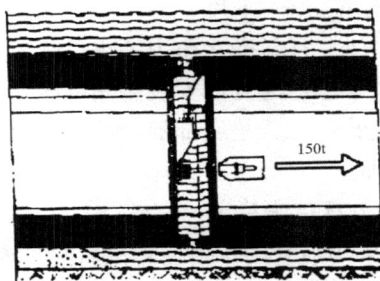

（3）压接

拉合完成之后，打开已设管段后端封墙下部的排水阀，排出前后二节沉管封墙之间被胶垫所包围封闭的水。

排水完毕后，整个胶垫在作用于新设管段后端封墙和管段周壁端面上的全部水压力作用下，进一步压缩。其压缩量一般为胶垫本体高度的1/3左右。

（4）拆除端封墙

压接完毕后，即可拆除前后端封墙。待拆除封墙的各已设管段全都与岸上相通后，可开始进行下步施工，如内装工作。

水力压接法的优点是：

① 充分利用自然界的巨大能量，工艺简单，施工方便；

② 水密性切实可靠；

③ 基本上不用潜水工作；

④ 成本低；

⑤ 施工速度快。

10.2.5 基础处理

1. 沉管基础及其与地质条件的关系

水底沉管隧道地基、基础沉降问题与一般地面建筑的情况截然不同。首先，沉管基础对各种地质条件适应性强，不会产生由于土体剪坏或压缩而引起沉降。因为，作用在沟槽底面的荷载不会因设置沉管而增加，相反却有所减小。因为

$$P_1 = \gamma_s(H+h) \tag{10-30}$$

式中，P_1——开槽前作用在沟槽底面上的压力；

γ_s——土的水中容重，一般为 $0.5\sim0.9\text{t/m}^3$；

H——沉管隧道全高，一般为 $7\sim8\text{m}$ 左右；

h——覆土厚度，一般为 $0.5\sim1\text{m}$。

管段沉设并覆土完毕后

$$P_2 = (\gamma_t - 1)H \tag{10-31}$$

式中，P_2——设置沉管后，作用在沟槽底面上的压力；

γ_t——竣工后沉管的容重（覆土重量折算在内）。

因此

$$P_2 - P_1 = (\gamma_t - 1)H - \gamma_s(H+h)$$

设

$$\gamma_t = 1.25\text{t/m}^3, \gamma_s = 0.5\text{t/m}^3, H = 8\text{m}, h = 0.5\text{m}$$

则

$$P_2 - P_1 = (1.25 - 1) \times 8 - 0.5 \times (8 + 0.5) = 2 - 4.25 < 0$$

可见，在沉管隧道中需要构筑人工基础以解决沉降问题的情况一般不会发生。有些国家（如日本）更明确规定，当地基土允许承载力 $[R] \geqslant 20\text{kN/m}^2$，标准贯入度 $N \geqslant 1$ 时，不必构筑沉管基础。

沉管隧道基槽施工在水下开挖，流砂现象也不会发生。

一般水底沉管工程施工前无须水上钻探工作。

2. 基础处理——垫平

沉管隧道，一般不需构筑人工基础，但为了平整槽底，施工时仍须进行基础处理。因任何挖泥设备，竣挖后槽底表面总留有 $15\sim50\text{cm}$ 的不平整度（铲斗挖泥船可达 100cm），使槽底表面与管段表面之间存在着众多不规则空隙，导致地基土受力不匀，引起不均匀沉降，使管段结构受到较高的局部应力以致开裂。故必须进行适当处理。

沉管的基础处理方法大体上可归纳为两类：

先铺法——刮铺法（按铺垫材料可分为刮砂法和刮石法）；

后填法——灌砂法、喷砂法、灌囊法、压浆法、压混凝土法、压砂法。

（1）先铺法

（先铺法）刮铺法的基本工序是：

① 在浚挖沟槽时超挖 $60\sim80\text{cm}$；

② 在沟槽两侧打数排短桩，安设导轨以控制高程、坡度；

③ 向沟底投放铺垫材料粗砂，或粒径不超过 100mm 的碎石，铺宽比管段底宽

1.5～2.0m，铺长为一节管段长度，在地震区应避免用黄砂作铺垫材料。

④ 按导轨所规定的厚度、高度以及坡度，用刮铺机（图 10-39）刮平，刮平后的表面平整度可在 ±5cm 左右（用刮砂法）；用刮石法，约在 ±20cm 左右。

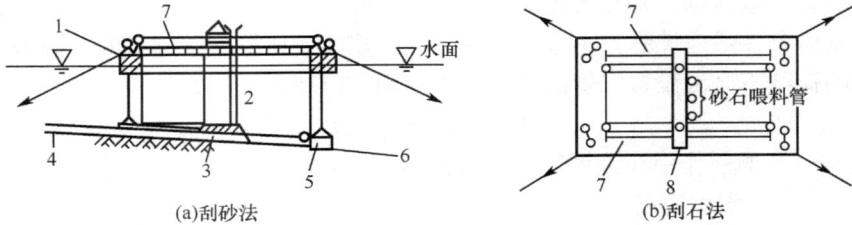

图 10-39　刮铺机
1. 方环形浮箱；2. 砂石喂料管；3. 刮板；4. 砂石垫层（厚 0.6～0.9cm）；5. 锚块；6. 沟槽底面；7. 钢轨；8. 移行钢梁

⑤ 为使管底和垫层密贴，管段沉设完毕后，可进行"压密"工序。"压密"可采用灌压载水，或加压砂石料的办法，使垫层压紧密贴。对于刮石法，则可通过预埋压浆孔向垫层里压注水泥斑脱土（或黏土）混合砂浆的办法。

（2）后填法

1）后填法的基本工序是：

① 在浚挖沟槽时，先超挖 100cm 左右；

② 在沟底安设临时支座；

③ 管段沉设完毕（在临时支座上搁妥）后，往管底空间回填垫料。

后填法中，安设水底临时支座是项重要工序。即使多车道管段等特大型管段（重达 45000～50000t）沉于水底的重量也不过 400t。所以临时支座所受荷载不大，支座构造可以小巧简易。除少数工例曾采用短桩简易墩外，多数用道渣堆上设置钢筋混凝土预制支承板的办法构成临时支座。道渣堆的常用尺度为 7m×7m×（0.5～1.0m），预制支承板的尺度为 2m×2m×0.5m。支承板可以浮吊沉设，近年已多改为随管段一起浇制一起沉设，预制支承板由液压千斤顶实现调整定位（图 10-40）。

2）后填法施工。

① 压浆法。采用此法时，沉管沟槽须先超挖 1m 左右，摊铺一层碎石（厚约 40～50cm），设临时支座所需碎石（道渣）堆和临时支座。

管段沉设结束后，沿管段二侧边沿及后端底部边缘堆筑砂、石混合料，堆高至管底以上 1m 左右，用来封闭管底周边。然后从隧道内部，通过带单向阀的压浆孔（直径 80mm），向管底空隙压注混合砂浆（图 10-40）。混合砂浆系由水泥、斑脱土、黄砂和适量缓凝剂配成。斑脱土或黏土，可增加砂浆流动性，节约水泥。混合砂浆强度 5kg/cm^2 左右，且不低于地基土体的固有强度即可。混合砂浆配比为每立方米：水泥 150kg，斑脱土 25～30kg，黄砂 600～1000kg。压浆的压力比水压大 1～2kg/cm^2。不要过大，以防顶起管段。

压浆法首先在日本东京港第一航道水底道路隧道工程（1976 年建成）中试成，从而突破了 30 年来丹麦公司在基础处理工艺上的专利（喷砂法）垄断，还解决了

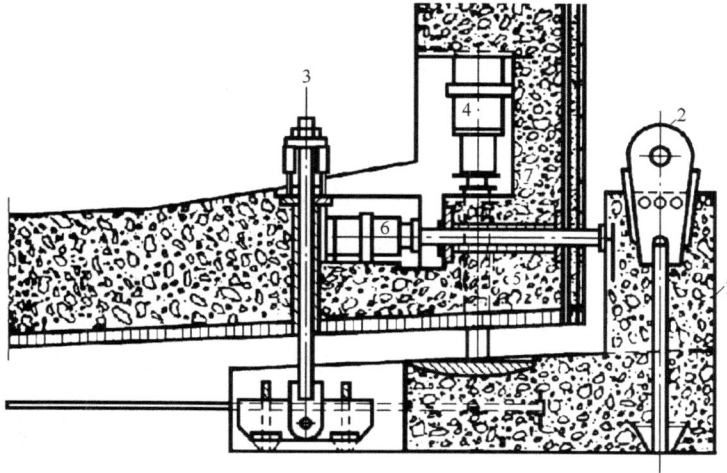

图 10-40　预制支撑板

1. 预制撑板；2. 吊环；3. 吊杆；4. 垂直定位千斤顶；5. 垂直顶杆；6. 水平定位千斤顶；7. 水平顶杆

地震区的防止液化问题。此法比灌囊法省去了囊袋费用，频繁的安装工艺及水下作业等。

②压砂法。压砂法与压浆法相似，但压入的是砂、水混合料。所用砂粒度 $d_{50}=150\sim300\mu$ 为宜。混合料由隧道的一端经管道（$\phi200$mm 钢管），以 2.8 个大气压进隧管内（流速约为 3m/s），再经预埋在管段底板上的压砂孔（带有单向阀，间距约 20m，如图 10-41 所示），压入管段底下空隙予以填实，如图 10-42 和图 10-43 所示。

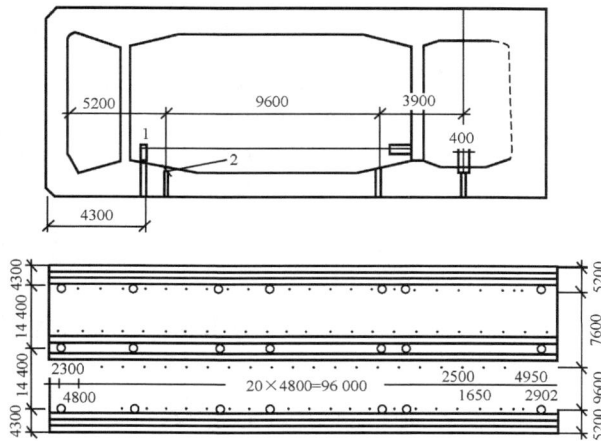

图 10-41　压浆法

1、2. 压浆管

压砂法最初在荷兰弗莱克（Vlake，1975）水底隧道中试成，后又在该国鲍脱莱克（Botlek）道路隧道等工程中推广。

③压混凝土法。1975 年底日本于某工程曾用压混凝土法进行其基础处理获成功，

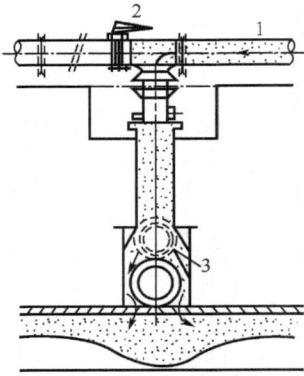

图 10-42　压砂孔

1. 压砂管；2. 阀门；3. 球阀

基本原理、工艺与压浆法相同，只是以低标号、高流动性细石混凝土代替砂浆。

④ 灌砂法。在管段沉设完毕后，从水面上通过导管沿着管段侧面向管段底边灌填粗砂，构成二条纵向的垫层。此法不需专用设备，施工方便，但不适用于宽度较大的矩形管段。这是一种最早的后填法，适用于断面较小的钢壳圆形、八角形或花篮形管段。美国早期的沉管隧道常用此法施工。1969 年建成的阿根廷巴拉那-圣达菲隧道也曾用此法。

⑤ 喷砂法。建造荷兰玛斯隧道（世界上第一条矩形断面沉管隧道，底宽为 24.79m）时，丹麦的克里斯蒂尼-尼尔逊（Christiani-Nielsen）公司为此研制成了喷砂法，并取得了专利。此法是从水面上用砂泵将砂、水混合料通过伸入隧管底面的喷管向管段底下喷注，以填满其空隙。喷砂法所筑成的垫层厚一般为 1m。

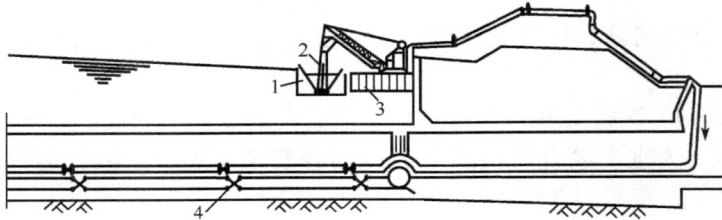

图 10-43　压砂法

1. 驳船；2. 吸管；3. 浮箱；4. 压砂孔

此法在欧洲用得较多。一些宽度较大的沉管隧道，如比利时安特卫普市的斯凯尔特隧道（沉管底宽 47.85m），联邦德国的易北河隧道（沉管底宽 41.5m）等，均用此法施工。

⑥ 灌囊法。灌囊法系在砂、石垫层面上用砂浆囊袋将剩余空隙切实垫密。沉设管段之前需先铺设一层砂、石垫层。管段沉设时，带着空囊袋一起下沉。待管段沉设完毕后，从水面上向囊袋里灌注田黏土、水泥和黄砂配成的混合砂浆，以使管底空隙全部消除。

此法用于瑞典的廷斯达（Tingstad，1968）隧道和日本衣浦港水底隧道。

10.3　冻　结　法

冻结法是城市地下工程施工方法中的一种辅助手段，当遇到涌水、流砂淤泥等复杂不稳定地质条件时，经技术经济分析比较，可以采用技术可靠的冻结法进行施工，以保证安全穿过该段地层。

源于自然现象的冻结法作为土木工程施工技术早在 1862 年英国的威尔士基础工程中就出现了，但冻结法施工技术真正实现规模发展是在凿井工程中。德国采矿工程师

F. H. Poetsch 探索不稳定地层凿井技术，于 1880 年提出了冻结法凿井的原理，1883 年首次应用冻结法开凿了阿尔辈巴得褐煤矿区的Ⅸ号井获得成功，同年 12 月获得发明专利，其基本方法是：在要开凿的井筒周围布置冻结器（当时用铜管等材料制作），采用机械压缩方法制冷，通过低温盐水在冻结器内循环，吸收松散含水地层的热量，使得地层冰冻，逐渐形成一个封闭的能够抵挡水土压力的人工冻结岩体壁。

目前冻结法施工基本沿用了上述方法，但制冷设备和钻孔设备方面有很大进步，施工规模逐渐增大，技术不断成熟和可靠。我国 1955 年开始采用冻结法施工井筒，1992 年完成的永夏矿区陈四楼井筒最大冻结深度为 435m，穿过的最大表土深度为 374.5m。山东巨野矿区采用冻结法穿过 702m 深厚表土层。

随着土木工程的发展，冻结法技术在城市地铁等市政工程中都有广泛应用。我国在 20 世纪 70 年代北京地铁局部采用了冻结法施工，冻结长度 90m，深 28m，采用明槽开挖；1975 年沈阳地铁 2# 井净直径 7m，冻结深度 51m；80 年代，东海拉尔水泥厂上料厂基坑及南通市钢厂沉淀池、凤台淮河大桥主桥墩基础施工中；90 年代，上海市地铁 1 号线中的 1 个泵站和 3 个旁通道施工，杨树浦水厂泵站基坑施工等都采用了冻结法技术。

冻结法作为一种特殊施工技术，防水和加固地层能力强，又不污染水质，特别适用于在松散含水表土地层的土木工程施工。冻土结构物形状设计灵活，并可以与其他方法联合使用。除了常规盐水冻结外，也可采用液氯冻结地层，我国 20 世纪 70 年代和 90 年代分别进行了液氮冻结和干冰冻结试验，开辟了地层快速冻结的新途径。

10.3.1 地层冻结原理

1. 冻土的形成和组成

土体是多相多成分混合体系，当温度降到负温时，土体中的自由水结冰并将土体颗粒胶结在一起形成冻土，是一个物理力学过程，土中水结冰的过程可划分为冷却段、过冷段、突冷段、冻结段和冻土继续冷却 5 个过程，如图 10-44 所示。

2. 地下水对冻结的影响

（1）水质对冻结的影响

水中含有一定的盐分时，水溶液的结冰温度就要降低。当地层含盐或受到盐水侵害时，冰点会降低，其程度与溶解物质的数量成正比例关系。

盐水溶液在一定的浓度和温度下可作为冷媒传输冷量，这种盐水溶液的浓度和温度称为低融冰盐共晶点。

常见的几种水溶液的低融冰盐共晶点和物理性质参见表 10-9。

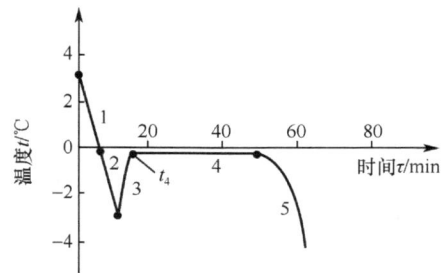

图 10-44 土中水结冰过程曲线图

1. 冷却段，向土体供冷初期，土体逐渐降温到冰点；2. 过冷段，土体降温到 0℃ 以下时，自由水尚不结冰，呈现过冷现象；3. 突变段，水过冷后，一旦结晶就立即放出结冰潜热出现升温过程；4. 冻结段，温度上升到接近 0℃ 度时稳定下来，土体中的水便产生结冰过程，矿物颗粒胶结一体，形成冻土；5. 冻土继续冷却，冻土的强度逐渐增大

表 10-9　常见水溶液低融冰盐共晶点和物理性质

可溶物质		分子量	可溶物在水中的含量/(g/kL)	低融冰盐共晶点/℃	低融冰盐共晶的成分
名称	化学方程式				
氧化钙	CaO	56.07	2.7	−0.5	冰＋CaO·H_2O
硫酸钠	Na_2SO_4	142	40	−1.1	冰＋Na_2SO_4·$10H_2O$
硫酸铜	$CuSO_4$	159.6	135	−1.32	冰＋$CuSO_4$·$5H_2O$
碳酸钠	Na_2CO_3	106	63	−2.1	冰＋Na_2CO_3·$10H_2O$
硝酸钾	KNO_3	101.11	126	−2.9	冰＋KNO_3
硫酸镁	$MgSO_4$	120	197	−3.9	冰＋$MgSO_4$·$12H_2O$
硫酸锌	$ZnSO_4$	161.4	372	−6.5	冰＋$ZnSO_4$·$7H_2O$
氯化钾	KCl	74.6	246	−10.6	冰＋KCl
氯化铵	NH_4Cl	53.5	245	−15.3	冰＋NH_4Cl
硝酸铵	NH_4NO_3	80	747	−16.7	冰＋NH_4NO_3
硫酸铵	$(NH_4)_2SO_4$	132	663	−18.3	冰＋$(NH_4)_2SO_4$
氯化钠	NaCl	58.5	290	−21.2	冰＋NaCl·$2H_2O$
氢氧化钠	NaOH	40	344	−27.5	冰＋NaOH·$7H_2O$

（2）水的动态对冻结的影响

土中水的性态与土质结构对土体的冻结均有影响，尤其土中水流速度对土的冻结速度有较大影响，常规的土层冻结的水流速度一般应小于 6m/昼夜。

水流速度与地层的渗透系数和压差成正比。

地下水流速要通过钻孔抽水试验测定，并按下式计算

$$u = k \cdot \frac{h}{L} = ki \tag{10-32}$$

$$u_{max} = ki_{max} \frac{\sqrt{k}}{15}$$

式中，u——地下水流动速度/(m/昼夜)；

u_{max}——进入钻孔的地下水最大流速/(m/昼夜)；

H——产生最大水头的水平距离/m；

h——水压头/m；

k——岩层的渗透系数，$i=1$ 时等于通过岩层的流速/(m/昼夜)；

i——水力坡度；

i_{max}——最大水力坡度。

3. 温度场和冻结速度

（1）冻结地层的温度场

地层冻结是通过一个个的冻结器向地层输送冷量的结果。这样在每个冻结器的周围形成以冻结管为中心的降温区，分为冻土区、融土降温区、常温土层区。地层中温度曲线呈对数曲线分布，如图 10-45 所示，可用下列公式表示。

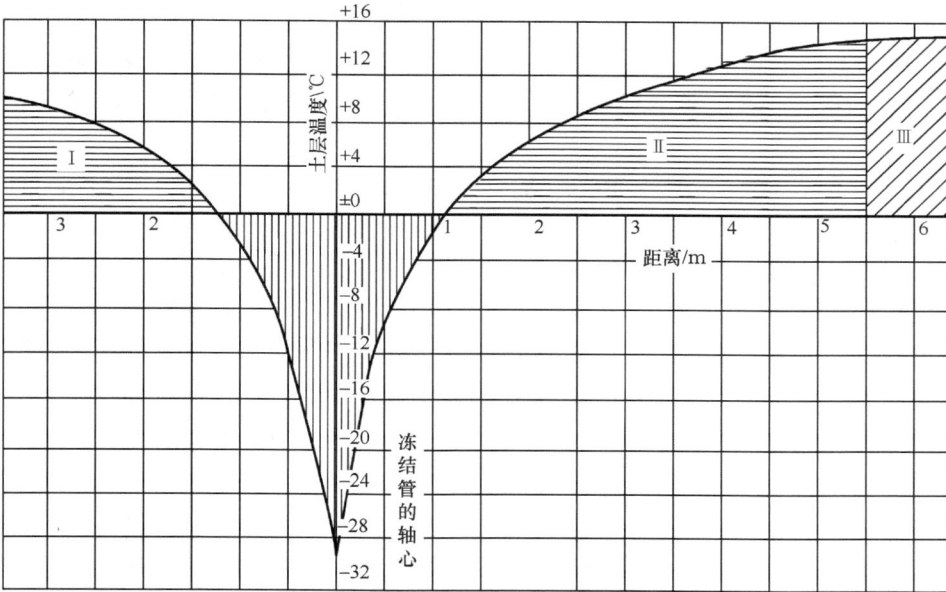

图 10-45　冻结地层温度曲线图

1）冻土区

$$t = \frac{t_y \ln \dfrac{r}{r_1}}{\ln \dfrac{r_2}{r_1}} \tag{10-33}$$

式中，t——土体中任一点温度；

t_y——盐水温度；

r——冻柱内任意一点距冻结孔中心的距离；

r_2——冻结柱的半径；

r_1——冻结孔管的外半径。

2）降温区

$$t = \frac{2t_0}{\sqrt{\pi}} \int_0^{\frac{x}{\sqrt{4a\tau}}} e^{-\frac{x^2}{4a\tau}} \, d\left(\frac{x}{\sqrt{4a\tau}}\right) \tag{10-34}$$

式中，h——土的初始温度；

x——距 0℃ 的面的距离；

a——导温系数；

τ——冻结时间。

（2）土的冻结速度

1）冻结器间距是影响冻柱交圈和冻结壁扩展速度的主要因素，冻结器间距越大，交圈时间越长，冻结壁扩展速度越慢。

2）冻土圆柱交圈初期，冻厚发展较快，很快能赶上其他部位厚度。

3）冻结壁扩展速度随土层颗粒的变细而降低，砂层的冻结速度比黏土高。

4）冻结器内的盐水温度和流动状态是影响冻土扩展速度的重要因素。盐水温度越低，冻结速度越快，盐水由层流转向紊流时，冻结速度提高 20%～30%。

    5）冻结圆柱的交圈时间还与冻结管直径、地层原始地温等有关，影响因素较多，解析理论计算较复杂，一般按经验公式推算。表 10-10 是我国煤矿井筒冻结的经验数据表，供参考。

表 10-10   冻结壁交圈时间参考值

冻结孔间距/m		1.0	1.3	1.5	1.8	2.0	2.3	2.5	2.8	3.0	3.3	3.5	3.8	4.0
冻结壁交圈时间/d	粉细砂	10	15	22	35	44	58	67	82	94	114	128	150	166
	细中砂	9.5	14	21	33	42	55	64	78	89	108	121	142.5	158
	粗砂	8.5	13	19	30	37	49	57	70	80	97	109	128	141
	砾石	8	12	18	28	35	46	54	66	75	91	102	120	133
	砂质黏土	10.5	16	23	37	46	61	70	86	99	120	134	158	174
	黏土	11.5	17	25	40	51	67	77	94	108	131	147	173	191
	钙质黏土	12	18	26	42	53	70	80	98	113	137	154	180	199

    注：盐水温度为 $-25℃$；冻结管直径为 159mm；当冻结管直径为 d_i/mm 时，则冻结壁交圈时间 $T_i = 159/d_i$ 乘以表中的数值。

    4. 冻胀和融沉

    土体冻结时会出现冻胀现象，冻土融化时会出现融沉现象，其原因是水结冰时体积要增大 9.0%，并有水迁移现象。当土体变形受到约束时就要显现冻胀压力。把土冻结膨胀的体积与冻结前体积之比称冻胀率，显然冻胀力和冻胀率与约束条件有关，把无约束情况下冻土的膨胀称"自由冻胀率"，把不使冻土产生体积变形时的冻胀力称为"最大冻胀力"。

    土的冻胀和土质、含水量及土质结构有密切的关系。水含量不同，起始冻胀含水量就不同，见表 10-11。我们把开始产生冻胀的最小含水量称为"临界冻胀含水量"。

表 10-11   几种典型土的临界冻胀含水量

土名	W_p/%	<0.1mm 的颗粒量/%	<0.05mm 的颗粒含量/%	临界冻胀含水量/%
亚黏土	21.0	86.17	81.47	22.0
亚砂土	9.3	40.16	31.12	9.50
卵砾石		9.49	7.98	7.5
中砂		8.35		10.0
粗砂		2.0		9.0

    冻胀现象在黏性土质的冻结过程中更明显。胀缩性黏土的冻胀量随含水量增加而迅速增加，表现出极大的敏感性。见表 10-12。

表 10-12   不同含水量的自由冻胀系数

含水量 W/%	17.6	19.5	23.8	28.4	31.5
自由冻胀系数 η/%	0.5	4.0	10.8	19.2	27.0

    * 膨胀黏性土、塑限含水量 $W_p = 22\%$

10.3.2 人工冻土的力学特性

1. 概述

冻土是一种非弹性材料，在外载荷作用下，应力—应变关系随时间发生变化，其变化有明显的流变特性——蠕变：即在外载荷不变的情况下，冻土材料的变形随时间而发展；松弛：即维持一定的变形量所需要的应力随时间而减小；强度降低：即随着荷载作用时间的增加，材料抵抗破坏的能力降低。

试验表明冻土的应力应变曲线是一系列随时间变化而彼此相似的曲线，不同时刻的应力应变曲线可以用幂函数方程表示，如图 10-46 所示。

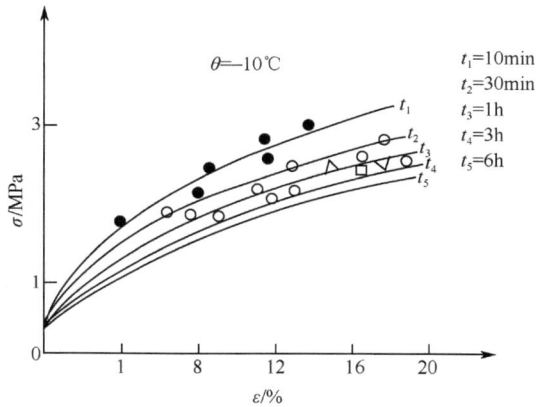

图 10-46　冻土应力应变曲线图

$$\sigma = A_i \varepsilon^m \tag{10-35}$$

式中，A_i 称为可变模量（MPa），为随时间和温度变化的参数；m 为强化系数。基本上随时间及温度变化。

冻土在不同的恒载荷作用下变形随时间发展的典型蠕变曲线如图 10-47 所示。

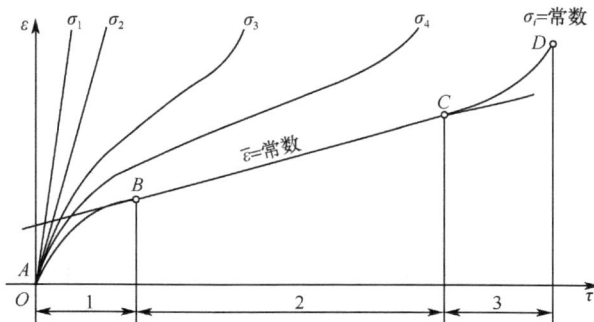

图 10-47　冻土蠕变曲线图

由图 10-4 可以看出，当载荷作用时，首先产生初始的标准瞬时变形（OA 段），随后变形速率逐渐减小，进入非稳定的第一蠕变阶段（AB 段），在衰减的蠕变过程中，变形速率逐渐降到最小值，变成一常数而进入第二蠕变阶段，即稳定的蠕变阶段（BC 段），随着变形的发展，变形速率增加进入第三蠕变阶段，渐进流阶段（CD 段）。

当载荷较小时，变形的发展只出现到第二阶段，即变形的速率逐渐趋向于零。当载荷较大时，变形的发展将很快进入到第三阶段，并随即发生材料破坏。第一第二蠕变阶段曲线用统一的式（10-35）来描述。

$$\varepsilon = \varepsilon_0 + \varepsilon_c = \frac{\sigma}{E_0} + A\sigma^B t^c \tag{10-36}$$

式中，ε_0——瞬时变形（应变）；

ε_c——稳定的蠕变变形（应变）；

A——与温度有关的蠕变参数；

B，C——与应力、时间有关的蠕变参数；

t——土体负温。

2. 冻土强度

冻土的强度是指导致破坏和稳定性丧失的某一应力标准。在工程应用中根据冻土结构设计目的有相应的具体设计方法和标准。

冻土的破坏形式有塑性破坏和脆性破坏两种，其影响因素主要有：

① 颗粒成分，一般来说，粗颗粒的多呈脆性断裂，黏性冻土多呈塑性断裂。

② 土温，土温高多呈塑性破坏，土温低多呈脆性破坏。

③ 含水量，随着含水量的增加通常由脆性破坏过渡到塑性破坏，但含水量进一步增加时，则由塑性破坏过渡到脆性破坏，含土冰多呈脆性破坏。

④ 应变速率，应变速率低多呈塑性破坏，应变速率高多呈脆性破坏。

评价冻土蠕变强度一般有两个有意义的强度指标，一是冻土的瞬时强度，即接近于最大值的强度，通常采用极限强度。它表征土体抗迅速破坏的能力，它有 3 个指标，即瞬时抗压强度，瞬时抗拉强度，瞬时剪切强度。二是冻土的长期强度极限（或称持久强度），即超过它才能发生蠕变破坏的最小的应力，它包括：持久抗压强度，持久抗拉强度，持久剪切强度。

（1）冻土单轴抗压强度

1）温度是控制冻土强度的主要因素。其抗压强度都随温度的降低呈线性增大。

冻土极限抗压强度 σ_c（MPa），按下列方程式确定

中砂

$$\sigma_c = C_1 + C_2 \sqrt{t} \tag{10-37}$$

粉砂和黏土

$$\sigma_c = C_1 + C_2 t$$

式中，C_1 和 C_2——根据土壤的孔隙率和温度选取的系数（见表 10-13）；

t——冻结土壤的温度/℃。

表 10-13 系数 C_1，C_2 与土壤孔隙率、温度的关系

土壤	孔隙率/%	温度/℃	$C_1 \times 10$	$C_2 \times 10$
		10.0	11.2	17.1
中砂	38	16.7	21.9	21.5
		22.5	37.6	21.6

土壤	孔隙率/%	温度/%	$C_1 \times 10$	$C_2 \times 10$
粉砂	42	8.1	5.1	2.3
		15.0	8.6	2.3
		23.0	11.5	21.6
黏土	40	8.0	5.9	2.3
		14.7	10.2	2.3
		24.0	15.7	5.2

2）土质是影响冻土蠕变强度的重要因素之一。冻结砾、粗、中、细砂的抗压强度高于冻结黏土的抗压强度。土质的含黏性及矿物颗粒风化都影响冻土强度。对于黏性土，塑性指标是制约强度的因素，冻结黏性土的抗压强度随其塑性指数的增大而减小。

3）密度增大，冻土蠕变强度也增大，冻土的干容重增大，抗压强度也增大。

4）冻土在较小含水量区间内，其抗压强度随含水量的增加而增加，当含水量继续增加，而土的密度明显减小时强度不再增加，甚至会降低。

5）冻土持久抗压强度约为瞬时抗压强度的 $1/2 \sim 1/2.5$。

（2）冻土的单轴抗拉强度

砂土与黏土的抗拉强度，见表10-14。

表 10-14 瞬时抗拉强度

岩性	含水量/%	瞬时抗拉强度/MPa			
		-10	-15	-20	-25
砂土	22~25	3.43	2.80	4.20	4.57
黏土	33~35	1.85	2.23	2.54	3.03

（3）冻土抗剪强度

试验表明，对于砂土和黏性土，无论是原状土还是重塑土，只要当应力小于9.8MPa，其冻结后的抗剪强度均可用库伦公式表示

$$\tau = C + P \cdot \tan\varphi \qquad (10\text{-}38)$$

式中，τ 为瞬时剪切强度；P 为正压力；C 为黏聚力；φ 为内摩擦角。

1）温度是控制冻土抗剪强度的主要因素。无论是砂土，砂砾石土，还是黏性土，一般可用下式表示

$$\begin{aligned} C &= C_0 |\theta|^a \qquad \theta \leqslant -0.2℃ \\ \varphi &= \alpha + k|\theta| \qquad \theta \leqslant 0.3℃ \end{aligned} \qquad (10\text{-}39)$$

式中，C_0，α，k——实验参数。

2）土质是影响冻土抗剪强度的重要因素之一。粗颗粒的冻土的抗剪强度要比黏性土高。

3）冻土持久抗剪强度一般为瞬时抗剪强度的 $1/3 \sim 1/6$。

（4）复杂条件的冻土蠕变强度

工程实践和科学试验都表明，冻土是拉压异性材料，而且围压是冻土蠕变强度和蠕变规律的重要影响因素。

例如，试验用土为兰州细砂，试验温度范围为$-15℃\sim-2℃$；围压范围是$0\sim5$MPa；试样含水量为20%；干容重为$1.60\sim1.65$g/cm³。由试验得出当温度$T=-10℃$，围压$\sigma_3=1.5$MPa时的三轴蠕变曲线如图10-48所示。

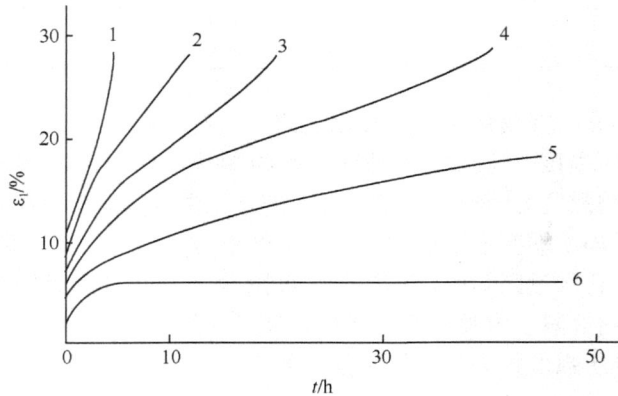

图10-48　冻土三轴蠕变曲线图

1. $\sigma_1\sim\sigma_3=9.0$MPa；　2. $\sigma_1\sim\sigma_3=8.0$MPa；　3. $\sigma_1\sim\sigma_3=7.5$MPa；

4. $\sigma_1\sim\sigma_3=7.0$MPa；　5. $\sigma_1\sim\sigma_3=6.5$MPa；　6. $\sigma_1\sim\sigma_3=5.0$MPa

1）冻土的三轴蠕变过程和单轴蠕变过程一致，具有非常明显的3个阶段：即瞬时蠕变阶段，衰减蠕变阶段和渐进流阶段。第三阶段的出现在工程中是不容许的，蠕变的前两个过程可用统一的蠕变方程描述。

$$\gamma_i = A(\theta)\tau_i^B \cdot t^c \qquad (10-40)$$

式中，γ_i和τ_i分别为剪应变强度和剪应力强度，$\gamma_i = \sqrt{\frac{1}{2}\sum_{i=1}^{3}e_i^2}$，$\tau_i = \sqrt{\frac{1}{2}\sum_{i=1}^{3}S_i^2}$，$e_i = \varepsilon_i - \varepsilon_m$，$S_i = \sigma_i - \sigma_m$；$\varepsilon_m$为平均法向应变$\varepsilon_m = \frac{1}{3}(\varepsilon_1+\varepsilon_2+\varepsilon_3)$；$\sigma_m$平均法向应力，$\sigma_m = \frac{1}{3}(\sigma_1+\sigma_2+\sigma_3)$；$A(\theta)$是与温度有关的蠕变参数；$B$和$C$分别为与应力和时间有关的蠕变参数。

对轴对称三轴蠕变试验，一般认为是常体积变形，即$\varepsilon_m = 0$，泊松比$\mu = 0.5$，因此，$\gamma_i = \sqrt{3}\varepsilon_1$，$\tau_i = (\sigma_1-\sigma_2)/\sqrt{3}$。对于参数$A(\theta)$，根据试验，可用下式确定

$$A(\theta) = \frac{A_0}{(1+|\theta|)\alpha} \qquad (10-41)$$

式中，A_0和n为试验参数。这样式（10-40）可变为下面形式

$$\varepsilon_1 = 3\frac{A+B}{3} \cdot A_0(1+|\theta|^a(\sigma_1-\sigma_3)^B) \cdot t^c \qquad (10-42)$$

2）冻土的蠕变强度随围压的增加逐渐增大到某一最大值，而后随围压的继续增加出现下降趋势。

3）单轴应力状态下的蠕变参数不能直接推算到复杂应力状态下的蠕变参数，必须将各种实验结果进行数据处理确定其参数。

10.3.3　常规盐水冻结

1. 常规冻结的施工工序

常规冻结的施工工序有钻冻结孔、冻结器、制冷站和供冷管路的安装、地层冻结试运转、地层冻结运转和维护、建筑施工、解冻。

（1）冻结孔钻进

根据设计要求，布置冻结孔。冻结孔可以是水平的，垂直的和倾斜的。孔径一般80～180mm，钻孔过程中采用泥浆循环，并进行偏斜控制或定向控制。煤矿井筒施工一般采用千米钻和冻注钻机，隧道内施工一般采用工程钻机或坑道钻机。

（2）冻结器的安装包括冻结管和供液管的下放和安装。

冻结管一般采用无缝钢管或焊管，冻结管要进行内压试漏，使达到设计要求；供液管一般采用塑料管或钢管。

（3）制冷站和供冷管路的安装

包括盐水循环系统管路和设备、制冷剂（氨、氟利昂）压缩循环系统管路与设备、清水循环系统管路和设备、供电和控制线路等的安装，以及保温施工。

（4）地层冻结运转和维护

通过调试，使得各设备达到正常运转指标，地层冻结分为积极冻结期和维护冻结期，积极冻结期要按设计最大制冷量运转，注重冻结壁形成的观测工作，及时预报冻结壁形成情况。冻结壁达到设计要求，建筑施工阶段，即进入冻结维护期，此时适当减少供冷，控制冻结壁的进一步发展。

（5）建筑施工

包括土方挖掘和钢筋混凝土施工。施工前冻土墙、各观测孔的数据、制冷站有效冻结时间均应达到设计要求；各土建准备工作就绪。

2. 冻土壁结构设计

冻结法施工首先要确定施工方案，根据施工要求，选择技术先进可靠、经济上合理、条件适宜的方案。施工方案首先应选择冻结壁的形式。

（1）圆形和椭圆型帷幕

圆形和近圆形结构，能充分利用冻土墙的抗压承载能力，受力性能好，经济也较合理。

（2）直墙和重力砖连续墙

直墙结构受力性能较差，冻土会出现拉应力，一般需要内支撑。重力砖墙在受力方面有改善，承载能力有所提高，但工程量相应较大，需要布置倾斜冻结孔。墙体结构要进行稳定性计算。

（3）连拱形冻土连续墙

将多个圆拱或扁拱排列起来组成冻土连续墙。这样可使墙体中主要出现压应力，同时还可利用未冻土体的自身拱形作用来改善受力情况。

3. 冻土壁参数设计

设计参数有冻土壁厚度，平均温度，布孔参数，冻结时间。上述参数的计算与整个费用优化，与工期优化有关。

1）根据冻结壁结构和打钻技术水平选取开孔距离，钻孔控制偏斜率。

2）根据施工计划和制冷技术和装备水平，初选盐水温度和积极冻结时间。

3）根据布孔参数，盐水温度，冻结时间进行温度场计算，得出冻结壁厚度和平均温度。

4）根据土压力和冻结壁结构验算冻结壁厚度。

5）若冻结壁厚度达不到技术要求的需要，则要调整上述冻结参数，反复计算直到技术可靠、费用和工期目标最优。

4. 制冷设计

1）根据冻结孔数、冻结孔间距、盐水温度、盐水流量、管路保温条件计算冻结需冷量；

2）根据需冷量、设备新旧水平、工作条件计算冻结站的制冷量。

5. 辅助系统设计

1）盐水管路设计包括管材直径、壁厚、线路、阀门控制等。

2）清水管路设计包括管材直径、壁厚、线路、阀门控制等。

3）盐水管路的保温设计。

4）地层冻结观测设计包括测温孔、水文孔布置，设备运行状态观测。

10.3.4 液氮冻结

1. 原理与工艺

液氮作为一种深冷冷源已经广泛应用于医药、激光、超导、食品、生物等工业生产和科研领域。液氮直接气化制冷修筑地下建筑工程，已成为一种新的制冷剂，为提高地层冻结速度开辟了新的途径。

液氮冻结的优点是设备简单，施工速度快，适用于事故处理、快速抢险和快速施工。例如，巴黎北郊区供水隧道，建于地下 3m 深，当前进至 70m 时，遇到流砂无法通过，遂采用液氮冻结，冻结时间仅用了 33 个小时，冻土速度达到 254mm/昼夜，比常

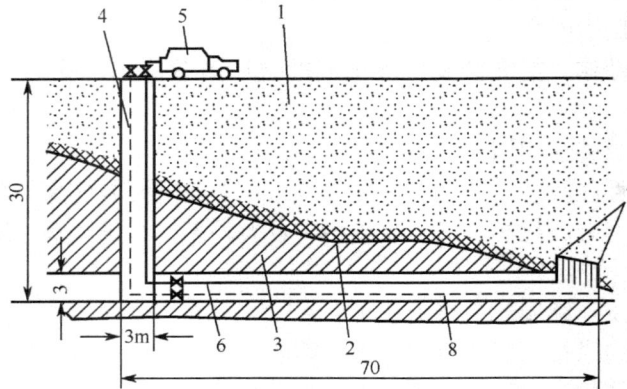

图 10-49　地下水道工作面冻结土壤

1. 含水砂；2. 不透水砂岩；3. 泥岩；4. 井管；5. 液氮罐槽车；6. 液氮管路；7. 冻结管；
8. 液氮汽化管路

规盐水冻结快 10 倍（图 10-47），又如，英国爱丁堡的下水道、伦敦邮政总局电缆井、美国托马斯公司的表土施工、日本某地铁弯道工程、我国北京地铁 1 号线，以及前苏联新科里洛格的试验室施工均采用了液氮冻结。

液氮是一种比较理想的制冷剂，无色透明，稍轻于水，惰性强，无腐蚀，对震动、电火花是稳定的。一个大气压下液氮的汽化温度为－195.81℃，蒸发潜热为 47.9kcal/kg（1cal＝4.1868J），表 10-15 和图 10-50、图 10-51 是液氮热物理性能和参数。

表 10-15　液氮物理性能

项目	参数	项目	参数
分子量	28.016	密度	1.2505×10^{-3}kg/L
沸点	1 个大气压下－195.81℃	融点	－210.02
临界温度	－147.1	临界压力	－147.1
液氮比重	1 个大气压下 0.808 汽化	潜热	1 个大气压下 47.9kcal/kg
显热	0.25kcal/kg℃		

液氮的制冷过程可以根据氮的沸-压图来计算。如液氮的汽化压力是 0.12MPa，由液态汽化成气态的焓增加值为 47.6kcal/kg，汽化过程为等压吸热过程，相应汽化温度为－193.92℃，之后氮气过热进一步制冷，显热为 0.25kcal/kg℃。若升温至－60℃，则过热制冷 34kcal/kg，那么，液氮在 0.12MPa 压力下汽化，至－60℃，制冷量为 81.6kcal/kg。

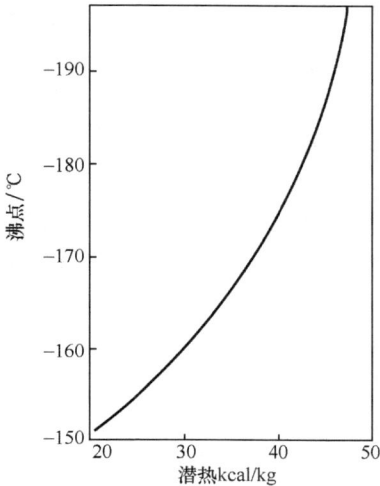

图 10-50　液氮汽化温度与潜热　　　图 10-51　液氮沸点与压力关系图

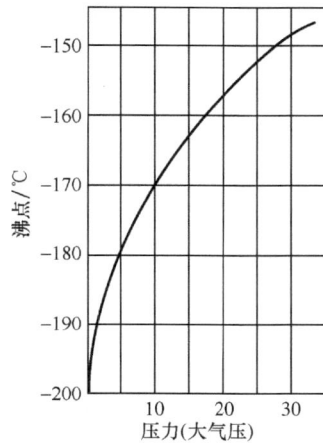

2. 温度分布和冻结速度

图 10-52 所示是我国 1979 年进行液氮冻结地层试验绘制的温度场曲线，图 10-53 是日本鹿岛地层液氮冻结的数据曲线，其规律和特征如下：

1）液氮冻结属于深冷冻结，冻土温度较常规冻结低，梯度大，冻结器管壁温度可

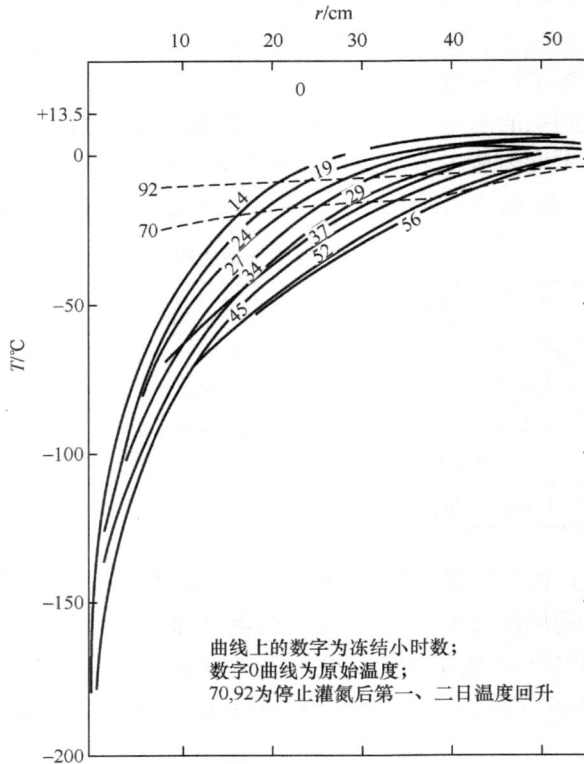

图 10-52 实测冻土温度分布

达到-180℃，而盐水冻结的温度为-30～-20℃，温度曲线呈对数曲线分布。

2）冻土温度变化与液氮灌注状况关系很大，温度变化灵敏，液氮灌注量的微小变化会引起冻结管附近土温的急剧变化（或上升或下降），停冻后温度上升很快，维护冻结很必要。

3）液氮冻结地层初期冻结速度极快，但随时间和冻土扩展半径的发展而逐渐下降，与常规冻结相比，在 0.5m 的冻土半径情况下，液氮冻结的速度能达到 10 倍以上。

冻土扩展半径公式可按下式计算

$$R = a\sqrt{t} \tag{10-43}$$

式中，R——冻土壁一侧厚度/m；

t——冻结时间/h；

a——冻结系数与土的自然温度、土热参数、冻结管间距等有关，见表 10-16。

表 10-16　液氮冻结冻土扩展系数实验数据

国家	土性	含水率/%	冻结系数 a
中国	砂质黏土	25.1	6.92
苏联	黏土	31	7.1

3. 工艺设计和技术经济

1）液氮冻结冻结器的间距不宜过大，因为冻结速度随冻土半径的增加，速度下降

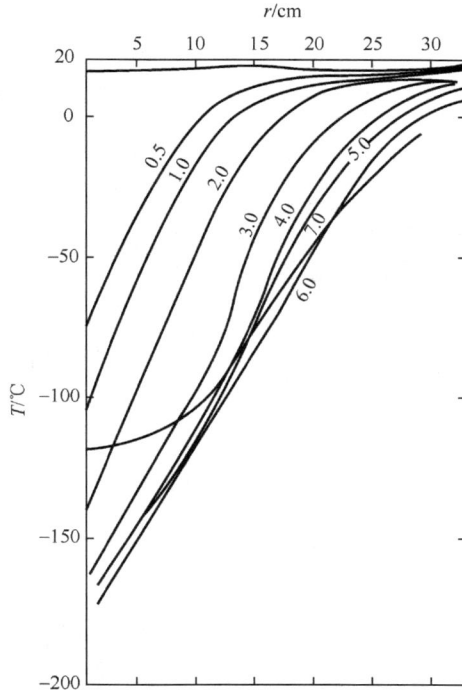

图 10-53　鹿岛试验（s-3）冻土温度分布

较快，一般 0.5～0.8m。

2）冻结系数与冻结器管壁、土的热物理参数、土的原始温度有关，在实际施工中与液氮灌注状况关系很大，一般可通过理论计算和经验两个方面取值。

3）灌注状况主要指液氮流量和汽化压力，但它们最终以冻结器管壁温度变化显现出来，对冻结系数有很大影响。表 10-17 是几个施工工程液氮灌注压力参数。

表 10-17　液氮灌注压力

实例	美国托马斯公司表土冻结	法国格勒诺布尔试验	苏联新科里沃洛格试验	我国试验
压力/MPa	0.232	0.245～0.352	0.03～0.05（水平管）	一般 0.1～0.4 最大 0.4

4）冻结器的设计注重供液管和冻结管的匹配和再冷问题，在进行水平道路的顶部冻结时应防止液氮的回流。

5）冻土的液氮消耗量是变化的，初期冻结单位冻土的消耗量较小，后期增大。我国液氮试验的初次冻结试验结果每方冻土 520kg。国外资料介绍，一般为每方冻土 500～900kg。

4. 冻结法的应用

（1）国外应用情况

图 10-54 所示为苏黎世利马特河下隧道施工。

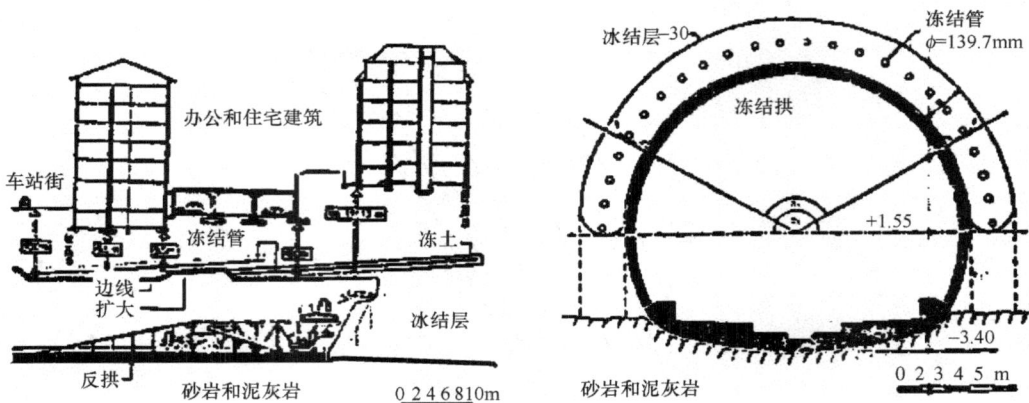

图 10-54 苏黎世河下隧道施工示意图

图 10-55 所示为日本凯横运河底下盾构贯通。

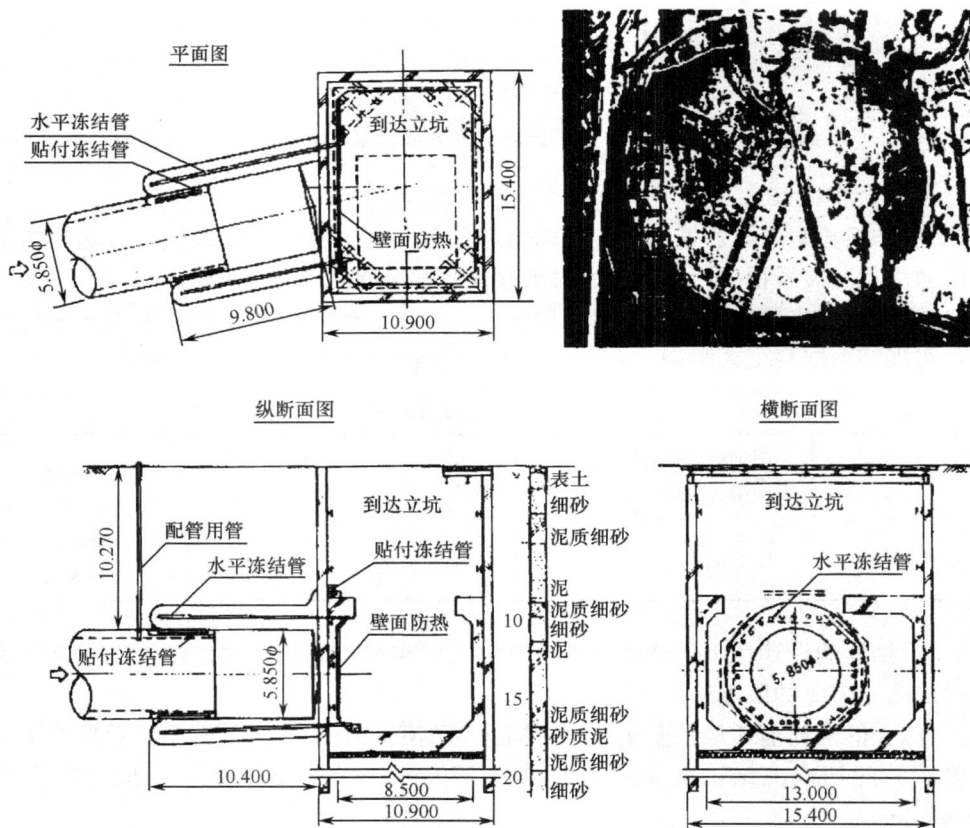

图 10-55 日本运河底盾构贯通示意图

（2）国内情况

图 10-56 所示为上海杨树浦水厂基坑冻结（1995 年 12 月～1996 年 4 月）。

图 10-56　上海水厂基坑冻结施工

10.4　围　堰　法

在水域区边缘地带修建构筑物，如桥梁墩台、取水泵房等，常用围堰法截水，将水抽干，进行构筑物施工，这样既省时、省钱又简单。其前提条件是在水位较浅或不影响河道船只正常运行的情况下进行。

围堰法施工技术的关键取决于水位的深浅以及水下堰底处淤泥层的厚度，当淤泥层较厚时，则需进行处理或置换；设计与施工应充分考虑到雨季时最高洪水位的影响。

围堰一般由土堰组成，从安全的角度出发，围堰内、外侧放坡均按 1：1 考虑比较安全，但这样做围堰的体积势必增大，工期加长，因此在适当的情况下坡度也可适当增大。构筑围堰，每加高 50cm，平面整体夯实一遍，以增强土体密实性，防止围堰外侧水的浸蚀。另外，由于风力的影响，水域区水波对围堰冲刷以至形成许多小洞，会直接影响围堰的安全，因此，围堰外侧表面应敷一层砂袋或内填土编织袋，或距水面上下各一米的范围内敷设砂袋（围堰外侧），以防止水的冲刷。有的在围堰内侧沿坡砌片石墙，可提高围堰的强度和整体性，片石墙需生根并插入淤泥层以下 0.5～1.0m 左右。

某市自来水厂取水泵房采用围堰法施工，该取水泵房建在某大型水库边，旱季的水库水位较低，泵房处可见库底，雨季时，泵房处平均水深约 10m 左右。取水泵房建筑面积 2900m²，围堰内面积约 3200m²，围堰总长 175m，采用围堰法进行挡水施工。由于施工是旱季，未充分考虑堰体强度及水的作用，施坡不足，围堰完工后 3 个月进行泵房基础清淤，正值雨季到来，洪水位升高，几乎漫过堰顶。几天后，造成局部决堤，堰内被水充填，幸亏没有造成人员伤亡和设备损失。排水抢修，完工后不久，又发生第二次局部决堤，这样前后共耽误工期 8 个月之久。最后经加高加宽围堰，围堰内坡敷片石墙，外侧抛毛石，并将开挖爆破清出的石渣倾倒于围堰外侧，增加了堰体的强度和稳定性，终算成功。足以说明，简单的围堰工程也要认真对待。

10.5 注浆加固法

10.5.1 注浆法施工原则

所谓注浆加固法是利用配套的机械设备，采取合理的注浆工艺，通过一定压力将适宜的注浆材料注入工程对象，以达到充填、加固、堵水、抬升及纠偏的目的。

基本作用有：

① 挤压密实作用，提高地层密实性和力学性能；

② 通过离子交换、化学作用，形成优良的新材料；

③ 惰性充填作用，充填孔隙，阻止水流的作用；

④ 化学胶结作用，产生胶结力，达到加固岩土的作用。

1. 注浆方法

注浆分为渗透注浆、压密注浆、劈裂注浆、填充注浆、电动化学注浆、高压喷射注浆等类型。

加固地层，要求强度高、耐久性好，应采用单液水泥浆或单液超细水泥浆，不应采用双液浆。用于施工堵水，一般采用双液浆，易控制浆液扩散范围，胶凝时间易调，堵水效果快速，但也有注浆工艺复杂，结石体稳定性差，后期强度低，易崩解的弊端。

2. 注浆量

注浆量与注浆地层密实度、注浆压力、地层孔隙率、空隙填充系数和浆液损耗系数有关，通常在一定范围内土体加固所需的注浆量按下式计算

$$Q = \alpha\beta\gamma V \tag{10-44}$$

式中，Q——浆液总量/m³；

α——地层孔隙率或裂隙度/%；

β——空隙或裂隙填充系数（堵水时一般取 0.7～0.8，加固地层一般取 0.6～0.7）；

γ——浆液的损耗系数，1.1～1.2；

V——加固区土体总体积/m³。

3. 注浆循环长度

注浆循环长度取决于破裂面、注浆效果、注浆速度等主要因素。大量施工实例说明，注浆段长度在 20m 以内其效率最高，质量最好。软土隧道，注浆段的长度为台阶高度加 2m，或者隧道的开挖高度加 2m，即管棚要穿过破裂面伸入未扰动土层 2m。如图 10-57 所示。

4. 注浆压力

注浆压力是浆液在地层孔隙或裂隙中扩散、填充、压实脱水的动力。终压反应地层经注浆后的密实程度。填充注浆和渗透注浆应采用较低的注浆压力。

1）劈裂注浆，压力应力较高，其注浆终压公式为

$$p_{max} = \gamma h + \sigma_t \qquad (10\text{-}45)$$

式中，p_{max}——劈裂注浆终压/kPa；

γ——土体的天然重度/(kN/m^3)；

h——注浆处以上土柱高度/m；

σ_t——围岩抗拉强度。

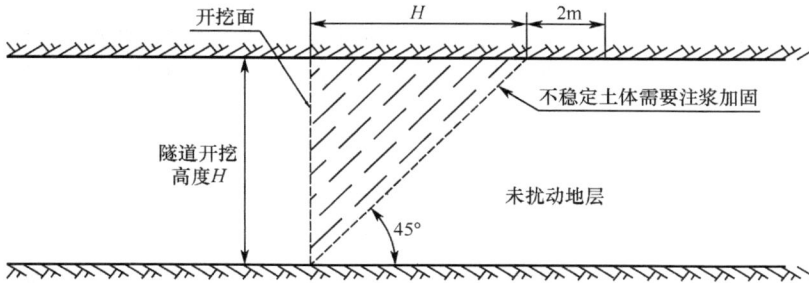

图 10-57 软土层注浆循环长度设置图

2）加固注浆，浅埋隧道，其终压注浆计算公式

$$p_{max} = 0.1\gamma H + (1 \sim 2)MPa \qquad (10\text{-}46)$$

式中，p_{max}——注浆终压；

γ——土体的天然重度/(kN/m^3)；

H——隧道埋深/m。

3）堵水注浆

$$p_{max} = (2 \sim 3)p_0 \qquad (10\text{-}47)$$

式中，p_0——地下静止水压力。

5. 注浆材料要求

注浆材料要求黏度低，流动性好，可注性高，易进入细小裂隙；凝固时间可满足填充范围需要；稳定性好，常温常压下存放时间不变；无毒、无污染；浆液对设备、管道、混凝土无腐蚀且易清洗；固化时具有黏结性，无收缩；结合率高、耐久、耐酸碱；浆液制作方便，操作简单，经济。

10.5.2 常用分类

1. 按注浆与开挖的关系分类

按注浆与开挖的关系，可分为预注浆和后注浆。

预注浆又分为，工作面预注浆、地面预注浆和平导对正硐注浆。

后注浆可分为，开挖后的堵水注浆、支护后的围岩加固注浆和堵水注浆、衬砌（支护）后的背后填充注浆、衬砌后裂隙及渗漏水治理注浆。

2. 按注浆加固范围分类

分为局部注浆，全断面注浆和帷幕注浆。

1）局部注浆，又分为周边加固注浆和局部堵水注浆。

2）全断面注浆，注浆加固范围包括开挖断面及开挖轮廓线以外一定范围。

3）帷幕注浆，分为全封闭帷幕注浆、半封闭帷幕注浆和截水帷幕注浆。

注浆应堵排结合，堵是为了工作面开挖稳定，排是将水排到附近平导式迂回导硐，硬堵是错误的观念！

3. 按浆液种类分类

分为水泥注浆和化学注浆。

水泥注浆常用种类为：单液水泥浆（普通单液水泥浆，超细单液水泥浆）、双液水泥-水玻璃浆（C-S浆、MC-S浆）、水泥黏土浆（膨润土）、特种水泥浆（硫铝酸水泥，磷铝酸水泥）。

常用的化学注浆为：水玻璃浆、树脂类、聚氨酯类、丙烯酰胺类、丙烯酸盐类。

4. 按浆液扩散形式分类

分为渗透注浆、劈裂注浆、挤（压）密注浆。

劈裂注浆，浆液在压力作用下，将地层劈开一条或数条裂隙，浆液沿缝隙扩散，凝胶成固结体，而将地层挤压密实，从而达到堵水或加固的效果。适用于浆液难以均匀渗透的地层，一般用在对第四纪细砂及黏性土中、溶洞填充物、断层带断层泥中。

5. 按钻孔、注浆作业顺序分类

分为全孔一次性注浆、分段前进式注浆、分段后退式注浆和钻杆后退式注浆。

10.5.3 注浆法施工要点

1. 小导管注浆

（1）施工工艺

图10-58是小导管注浆施工工艺流程图。

（2）施工要点

1）小导管注浆主要参数如下。

小导管长度：L＝上台阶高度＋1m；

小导管直径：30～50cm；

安设角度：10°～15°；

注浆压力：0.5～1.5MPa；

浆液扩散半径：0.15～0.25m；

注浆速度：30～100L/min；

每循环小导管搭接长度为0.5～1.0m。

浆液注入量

$$Q = \pi R^2 Ln\alpha\beta \tag{10-48}$$

式中，Q——单管注浆量/m³；

　　　R——浆液扩散半径/m；

　　　L——注浆管长度/m，一般取3～5m；

　　　n——地层孔隙率或者裂隙度；

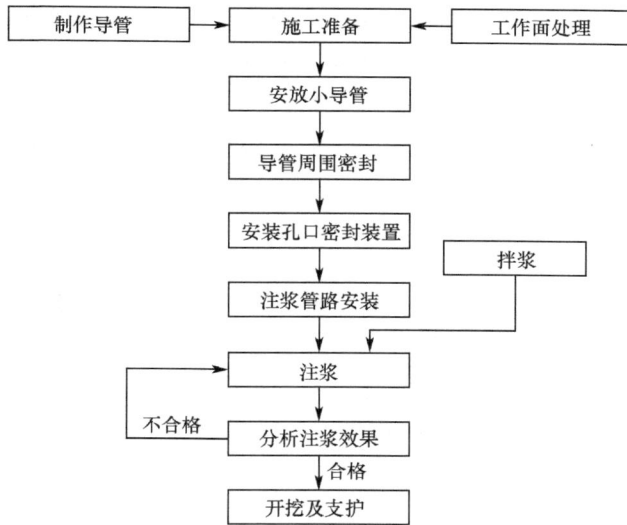

图 10-58 小导管注浆施工工艺流程图

α——地层填充系数（堵水时，一般取 0.7～0.8；加固时，一般取 0.6～0.7）；

β——浆液消耗系数，一般取 1.1～1.2。

小导管沿隧道周边布设，一般为单层布置；大断面隧道，软弱围岩地层亦可双层布置。环向间距为 30～40cm。小断面隧道钢拱架间距为 75～100cm，没开挖 2～3 循环安设一次；大断面隧道钢拱架间距为 0.5m，每开挖 1～2 循环安设一次。图 10-59 为小导管超前预注浆示意图。

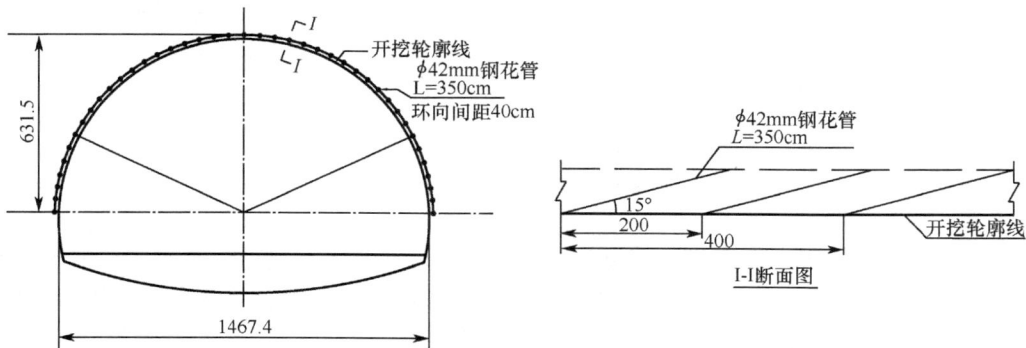

图 10-59 小导管超前预注浆实体图

2）注浆材料。小导管注浆通常采用单液水泥浆、水泥水玻璃双液浆或改性水玻璃浆液。

根据凝胶时间的要求，水泥浆的水灰比通常为 0.6：1～1：1（质量比），水玻璃浓度为 25～35 Be′，水泥、水玻璃体积比可为 1：1、1：0.8、1：0.6。改性水玻璃的模数在 2.8～3.3 之间，浓度 40 Be′ 以上；硫酸浓度 98％ 以上；浆液配合比，甲液水玻璃

$10\sim20\ Be'$，乙液为 $10\%\sim20\%$ 的稀硫酸。

3）小导管的制作。超前小导管宜采用直径为 $25\sim50mm$ 的焊接钢管或无缝钢管制作。先把钢管截成需要的长度，在钢管的前段切割、焊接成 $10\sim15cm$ 长的尖锥状，在钢管后端 $10cm$ 处焊接 $6mm$ 的钢筋箍，以利套管顶进，管尾 $10cm$ 车丝和球阀链接。距后端钢筋箍处 $90cm$ 开始开孔，每隔 $20cm$ 梅花形布设 $\phi8mm$ 的溢浆孔

4）小导管安设。小导管的安设可采用引孔或直接顶入方式。

小导管安设后必须对其周围一定范围的工作面进行喷射混凝土封闭。喷射厚度视地质情况，以 $5\sim8cm$ 为宜。

5）机具设备。配备成孔设备、注浆设备、搅拌设备和其他设备。成孔用风钻、高压（$0.6MPa$）吹管、单、双液注浆泵，注浆压力应不小于 $5MPa$，排浆量应大于 $50L/min$，并可连续注浆、低速搅拌机有效容积不小于 $400L$、"T" 型混合器；根据需要配抗震压力表、储浆箱等辅助设备，及必要的检验测试设备，如秒表、pH 计、波美计等。

6）注浆施工。水泥浆注浆，浆液的水灰比为 $0.6:1\sim1:1$，水泥强度等级为32.5。注浆压力为 $0.5\sim1.5MPa$。

注浆开始前，应进行压水或压稀浆试验，检验管路的密封性和地层的吸浆情况，压水试验的压力不小于设计终压，时间不小于 $5min$。

注浆过程中，发现漏浆和串浆，要及时进行封堵。双液注浆，每隔 $5min$ 或变更浆液配比时，要测量浆液凝胶时间，做好注浆记录，每隔 $5min$ 详细记录压力、流量、凝胶时间。

注浆结束后，应采用分析法和钻孔取芯法，检查注浆效果，如未达设计要求时就补孔注浆。

单孔注浆结束标准：当压力达到注浆终压，注浆量达到设计注浆量的 80% 以上，可结束该孔注浆；未达到设计终压，已达设计注浆量，并无漏浆现象，便可结束该孔注浆。所有注浆孔均达到单孔注浆结束标准，无漏注现象，即可结束本循环注浆。

2. 周边浅孔注浆

（1）施工工艺

图 10-60 为周边浅孔注浆施工工艺流程图。

（2）施工要点

注浆孔布置要根据工程实际情况、地质、周边环境等因素进行综合选取，常用的孔位布置形式有梅花形布置、环形布置等。实际注浆施工中，注浆孔布设间距误差应在 $\pm10cm$ 以内。注浆段的长度一般为隧道高度加 $2m$。

注浆方案的设计参数应经过现场实验确定，并在施工中不断调整。保证料源固定和材料供应，如需更换材料，应作配比试验，以确定注浆参数，保证注浆质量。注浆过程中应做好记录，进行凝胶时间的测定，确保注浆施工效果及安全。注浆谨防跑浆、串浆，如发生跑浆，应在注浆管周围喷混凝土或施作止浆墙，并调节浆液凝胶时间，或采用间歇注浆，如串浆，应加大跳孔距离，调整注浆参数，必要时，可同时对多个孔同时注浆。注浆中如发生地表隆起，应立即调整注浆材料和注浆参数，采取调整浆液配比，缩短凝胶时间，瞬时封堵孔洞等措施。

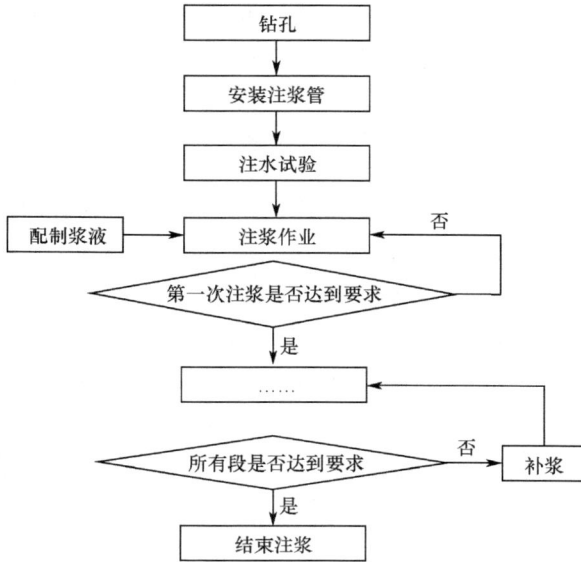

图 10-60 周边浅孔注浆施工工艺流程图

3. 跟踪注浆

（1）施工工艺

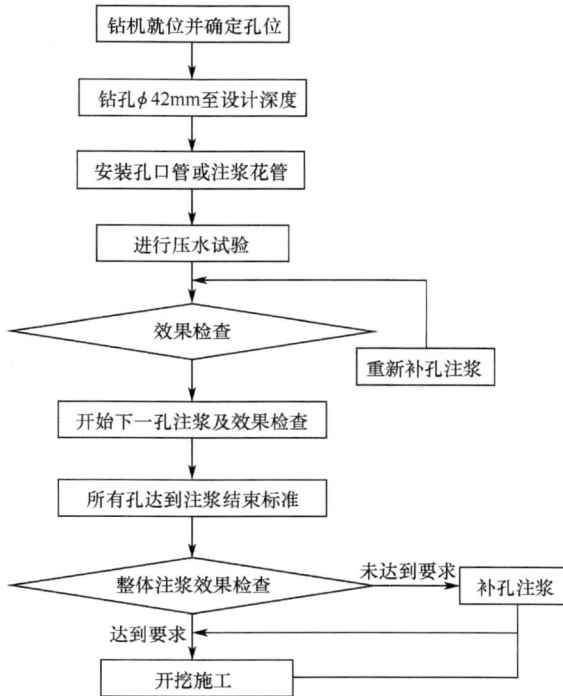

图 10-61 跟踪注浆施工工艺流程图

（2）施工要点

跟踪注浆技术适用于对高层建筑基坑、地铁车站、市政隧道、地下车库、地下商场等地下工程中的临近建筑物、道路桥梁、地下管线和其他地下构筑物等的沉降位移控制，以减少地面建筑物或地下构筑物的沉降和变形范围。

跟踪注浆的主要材料是 42.5 普通硅酸盐水泥和水玻璃，沉降处理采用水泥单液注浆，防止近邻建筑物沉降的止浆帷幕采用双液浆或单双液浆混合注浆。双液浆凝胶时间一般控制在 1min 左右，单液浆凝胶时间尽可能调节到最短。

注浆压力控制在 0.3MPa 左右。在相同的条件下，被动区注浆压力可适当增大，而主动区应尽量调小。流量控制不大于 50 L/min，注浆效果最佳。

注浆管的提升速度是另一个重要参数，注浆管应匀速提升。注浆量一般应为该处地层损失量的 2 倍，以便达到加固土体的作用。

设计参数主要有注浆孔的平面布置和深度参数。主动区注浆与所保护的建筑物的形式、相对位置有关，一般在基坑与所要保护的建筑物之间布置一排，也可布置两排，距离结构 2～3m，注浆深度超过结构底板 2cm 为宜。被动区一般距围护结构 1～2m，孔间距一般为 3～4m，深度一般达到而不宜超过结构底板。

时间参数。跟踪注浆重在跟踪，随时发现不良情况加以弥补，带有抢险的目的。一般主动区填充注浆的施工时间根据经验，应在对应位置处施加支撑轴力后 4h 左右开始。被动区的注浆重在维护，尽量保证结构的变形增量不至于过大。因此，被动区的施工，应保证注浆的延续性，以使土方开挖引起的应力释放能由注浆引起的应力增加得以补偿。两次注浆的时间间隔，应能保证所产生的孔隙水压力一直保持在较高的水平，一般保持在 8h 左右。

4. 径向注浆

（1）施工工艺

图 10-62 为径向注浆施工工艺流程图。

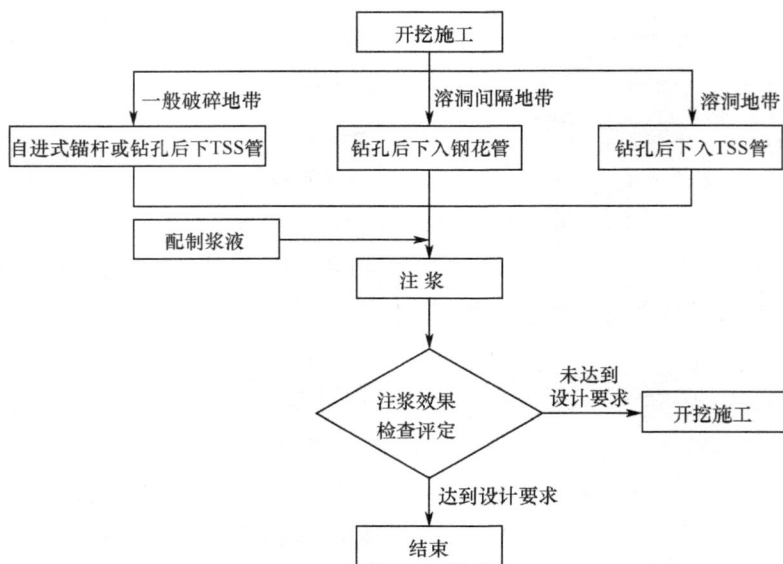

图 10-62　径向注浆施工工艺流程图

（2）施工要点

径向注浆主要参数为：

注浆速度　5～100L/min；

注浆终压　2～3MPa。

单孔注浆量 Q

$$Q = \eta\pi R^2 h\alpha(1+\beta) \tag{10-49}$$

式中，Q——单孔注浆量/m^3；

　　　η——地层孔隙率；

　　　R——浆液扩散半径/m；

　　　h——注浆孔长度/m；

　　　α——浆液有效填充率（常取 0.6～0.7）；

　　　β——浆液消耗率（取 10%～20%）。

径向注浆材料配比见表 10-18。

表 10-18　径向注浆材料配比表

序号	浆液名称	原材料要求	宜选择配比（水灰比）
1	普通水泥单浆液浆（简称 C 浆）	P·O 32.5R 以上普通硅酸盐水泥	0.6：1～0.8：1
2	超细水泥单液浆（简称 MC 浆）	MC－20 细度以下超细水泥	0.6：1～0.8：1

综合对比以上两种注浆材料的性能，分析浆液的优缺点，界定其使用范围。

表 10-19　径向注浆材料性能特点及使用范围界定表

材料名称	优　点	缺　点	使用范围
普通水泥单液浆	①凝胶时间长，具有较长的可注期。注浆时能够得到较大的注浆量和注浆加固范围 ②具有极高的抗压、抗剪强度，能得到较好的径向注浆加固效果 ③单价低	①初凝时间长，易被地下水稀释，影响其凝胶化性能和强度，因而不宜在水压高、水量大的条件下采用 ②颗粒粗，在砂层微小裂隙条件下注浆困难 ③收缩率较大，不宜在对防水等级要求很高的条件下采用	适用于水量小、低水压、宽裂隙的地质条件下径向注浆
超细水泥单液浆	①终凝时间较长，具有较好的可注期，能够得到很大的注浆量和注浆加固范围 ②固结体抗压、抗剪强度极高，能得到很好的注浆加固效果 ③颗粒细，在地层中，特别是砂层中能得到其他浆液不具有的挤压和劈裂效果，是径向注浆的最佳材料	①终凝时间长，受地下水稀释影响，对其凝胶化性能产生影响，因而在水压高、水量大条件下会有一定的浆液损失 ②单价高 ③略有收缩性，不宜采用大水灰比进行注浆加固施工	适用于各类地层的径向注浆加固，特别是砂层、淤泥、粉质黏性土层等填充性溶洞和破碎围岩地层的注浆加固

当地层裂隙不太发育时，孔口管采用直径 42mm、长度为 1m 的焊接钢管。当地层

裂隙比较发育时，或在溶洞间隔地段及溶洞区段，径向注浆要求很高，因而宜采用TSS管（即单向袖阀式注浆管），TSS管直径42mm，长度为钻孔深度。

径向注浆，所有注浆孔的注浆P-Q-t曲线必须符合设计要求。径向注浆结束后，渗漏水量应达到设计规定的允许渗漏水量标准要求。

5. 基坑周边帷幕注浆

（1）施工工艺

图10-63是基坑周边帷幕注浆工艺流程图。

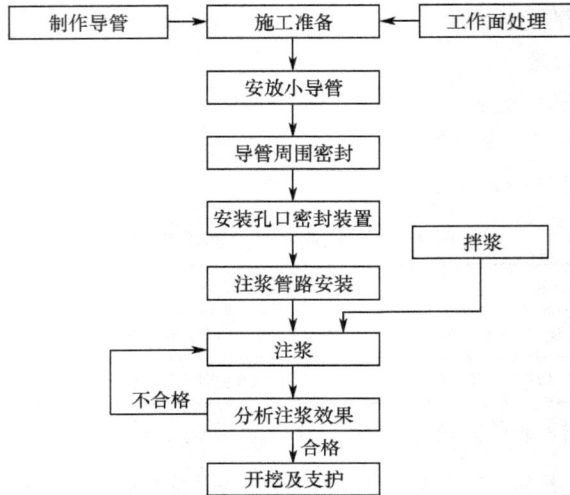

图10-63　基坑周边帷幕注浆工艺流程图

（2）施工要点

基坑工程注浆参数见表10-20。

表10-20　基坑工程注浆参数表

参数名称	桩外止水帷幕	桩间止水		基底止水帷幕	工程抢险注浆
		基坑开挖前止水	基坑开挖后止水		
扩散半径/m	0.6～0.8	0.6～0.8	0.4～0.6	0.6～1	根据涌水，涌砂规模，按桩外止水帷幕或基坑开挖前桩间止水设计
注浆终压/MPa	1～2	1～2	2～3	1～2	
浆液凝胶时间/min	0.5～3	0.5～3	0.5～1	0.5～3	
注浆速度/（L/min）	20～40	20～40	20～40	20～40	
注浆分段长度/m	0.4～0.6	0.4～0.6	0.4～0.6	0.4～0.6	
分段注浆量/m³	采用计算公式	采用计算公式	定压注浆	采用计算公式	

基坑工程注浆一般要求浆液具有可注性、可靠性、可控性、无毒、无污染。因此，注浆材料采用普通水泥-水玻璃双液浆，超细水泥-水玻璃双液浆。普通水泥-水玻璃双液浆采用普通型或早强型32.5R以上普通硅酸盐水泥。双液浆液配比：水泥浆水灰比

为 0.6：1～1.5：1，水泥浆与水玻璃体积比为 1：1～1：3，水玻璃浓度为 25～35Be'，缓凝剂掺量为 0～3%，超细水泥的粒度选择应根据注浆对象特征，采用 J. C. King 可注性判式 $N = \dfrac{d_{15}}{d_{85}} \geqslant 15$ 进行确定（其中 N 为注浆比，d_{15} 为地层粒径累计曲线的 15% 的颗粒直径（mm），d_{85} 为地层粒径累计曲线的 85% 的颗粒直径（mm））。超细水泥-水玻璃双液浆配比：超细水泥浆水灰比为 1.5：1～2：1，超细水泥浆与水玻璃体积比为 1：1～1：0.3，水玻璃浓度为 25～35Be'，缓凝剂掺量为 0～3%。

为提高注浆效果桩外止水帷幕、基坑开挖前桩间止水、基底止水帷幕、工程抢险注浆，采用袖阀管后退式分段注浆，基坑开挖后止水采用花管一次性注浆。桩外止水帷幕，基坑开挖前桩间止水、基底止水帷幕、工程抢险注浆采用两序孔注浆控制，一序孔为单号孔，一般采用定量注浆；二序孔为双序孔，一般采用定压注浆。基坑开挖后止水采取定压注浆方法。

注浆效果的检查可按表 10-21 中的方法和标准进行。

表 10-21　基坑注浆效果检查必检项目标准

注浆效果检查方法	桩外止水帷幕	桩间止水		基底止水帷幕	工程抢险注浆
		基坑开挖前止水	基坑开挖后止水		
P-Q-t 曲线法	符合设计的定量、定压控制原则				
涌水量对比法			堵水率 90% 以上	不塌孔	不塌孔
检查孔观察法	不塌孔	不塌孔		岩芯完整	岩芯完整
检查孔取芯法	岩芯完整	岩芯完整			
渗透系数测试法	$<10^{-5}$ cm/s	$<10^{-5}$ cm/s		水位稳定	水位稳定
水位推测法	水位稳定	水位稳定		地表稳定	地表稳定

影响帷幕质量的因素：

① 注浆孔布设：如孔间距、垂直度、封孔质量等；

② 注浆质量；

③ 串浆，如注浆管丝扣节等造成的串浆。

④ 下不进芯管：指注浆芯管无法下入注浆管内部，或者无法下到指定的部位进行正常注浆作业。

⑤ 冒浆：施工过程中，浆液由地表或管线冒出。不但会使浆液流失，造成浪费，而且使注浆施工不能达到设计意图，更有甚者会造成施工区域的管线破坏。

⑥ 卡管：指注浆芯管掉入或卡入注浆管内无法提出的现象。

6. 初期支护背后回填土注浆施工要点

（1）施工工艺

图 10-64 是初期支护背后回填注浆施工工艺流程。

（2）施工要点

1）孔点布置应结合相似工程，在隧道拱部布置。埋管采用直径 25mm 钢管，外缠棉纱，用钢纤嵌入固定，钢管长 50cm，外露 20cm，埋管时须确保钢管没有被水泥等堵塞。

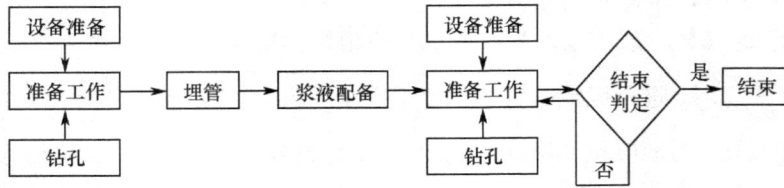

图 10-64 初期支护背后回填注浆施工流程

2）衬砌背后回填注浆的目的是填充空洞，使衬砌和围岩密贴，保证围岩和衬砌整体承载，浆材要耐久、强度高，一般选择单液水泥浆或水泥浆。

3）注浆方式、注浆压力和注浆顺序，应遵循设计技术参数进行。当注浆压力达到0.5MPa，且上部注浆孔出现冒浆即可结束该孔注浆。

4）注浆过程如有外漏，可采取嵌缝封堵、降低注浆压力、加浓浆液等方式处理，必要时可掺速凝剂，加速浆液凝固。注浆过程如发现洞壁混凝土开裂、起包、脱落等异常现象，应立即停止注浆，分析、查明原因，采取应对措施。

复习思考题

1. 沉井有哪几种类型？各类沉井的设计原理是怎样的？
2. 沉管法设计中常用的荷载组合方式有哪些？
3. 什么是注浆法？有哪些类型？
4. 请简述人工冻结法冻结壁的设计流程。

第11章 地下工程的测试监控技术

11.1 概 述

11.1.1 地下工程测试监控技术的地位

地下工程是在地下开挖出的空间中修建结构物，既是地下结构又是处在周围介质（地层）之中，因此从结构角度，地下工程所处环境条件与地面工程是全然不同的。

1）地下工程结构体系是由周围地质体和支护结构构成的，该体系的荷载是由支护结构和岩土体之间的相互作用给定，但是目前的理论与技术水平对该体系所受荷载不是事先能给定的参数，这不同于地面建筑结构可明确地确定荷载值。

2）地下工程的一个重要特点是空间效应和时间效应非常突出。地下工程与周围环境密切相关，必将受到周围围岩的物理、力学、构造特性、围岩压力的时间效应的影响；受到支护结构参与工作的时间，施工方法及支护方式、地面建筑物、构筑物、地下各种管线等的影响。在施工过程中，其荷载、变形，以及安全度是动态的，不像地面工程那样，基本上是固定的。

3）地下工程的一个重要的力学特性是：地下工程是修筑在应力岩体之中。岩石既是承载结构的一个重要组成部分，也是构成承载结构的基本建筑材料，它既是承受一定荷载的结构体，又是造成荷载的主要来源，这种三位（荷载、材料、承载单元）一体的特征与地面工程是极其不同的，特别是这种三位一体特征的岩体的应力和变形，因受多种因素影响，是非常复杂的。尽管目前的数值计算方法得到迅速发展，但是至今，地下结构的计算理论仍很不完善，计算结果与实际有较大差别，因此，对于地下工程而言，要想如同对地面工程结构物那样，主要通过力学计算来进行设计、组织、指导施工是困难的。长期以来地下工程在很大程度上是凭经验设计、施工的，而这些大量的，丰富的经验都是从实践基础上得来的，许多是符合科学、有一定理论基础的。比如锚喷支护、新奥法施工、地下工程监测和信息化设计技术等，就是从实践基础上发展起来，已为国内、外学术界及岩土工程界所公认的设计、施工方法。实际上，地下工程已成为一门经验性极强的科学。事实证明：单独地、孤立地使用力学计算方法或经验方法都难以取得较好的效果。地下工程设计的正确途径，应该是一方面使经验方法科学化，另一方面使设计中的力学计算具有实际背景。为了做到这一点，测试与监控技术在地下工程中的作用就显示出了特别重要的意义。随着大型洞室隧道，地铁等地下工程的兴建，岩体力学及围岩量测支护技术得到了迅速发展，量测监控已逐步成为地下工程的先导技术，成为安全施工与科学管理不可缺少的重要手段，相关部门已制定了地下工程监控量测的技术规范、多数建设单位也把测试及监控技术工作作为合同文件中所需确定的工程量的一部分。

11.1.2 测试与监控技术工作的主要任务

1）对某具体工程进行观测和试验，对量测数据进行分析，评价围岩的稳定性和地下结构的性能，为设计、施工提供资料。

2）通过量测为控制开挖与控制变形提供信息反馈和数据预报。

3）通过科学监控和信息反馈，优化设计施工，使地下工程设计施工的动态化、信息化管理成为现实。

4）为验证和发展地下工程的设计理论服务，为新的施工方法、技术提供可靠的实践资料和科学依据，促进经济、技术效益的提高。

11.1.3 测试与监控技术的内容

地下结构测试与监控技术主要研究地层与结构之间相互作用的规律，就其试验内容而言，除量测结构的变形、挠度，应力等，还应量测地层给予结构的主动压力（土压力），由于结构变形而产生的地层被动抗力，结构周围的土中应力，孔隙水压力以及与土的特性有关的指标（如泊松比 μ、压缩模量 E、弹性压缩系数 K 等）。就其工程监测而言量测内容也十分广泛，比如通常须进行的有边坡位移、地表沉陷、净空收敛、拱顶下沉、围岩内位移、喷层应力、锚杆轴力、围岩压力、房基下沉、房屋竖向倾斜、邻近构筑物沉降、变形等的监测。

上述各项主要量测、试验内容及具体监测的实施，及测试数据的整理与分析，信息反馈，优化设计、施工及管理的全过程则是组成测试、监控技术的主要内容。

地下结构试验与测试，根据其试验目的可分为两类：一类为生产鉴定性试验，如检验地下结构质量与工程的可靠性，判断实际的承载能力以及处理工程事故等；另一类是科学研究性试验，如为建立或验证某种地下结构的计算理论，为创造或推广新的地下结构型式构造等。

地下结构试验测试又可分为现场量测和模型试验两种类型。模型试验包括：结构模型试验、相似材料模型试验和光弹性试验等。

本章将就现场量测，模型试验、量测系统、数据处理及信息反馈等分别加以介绍。

11.2 现 场 量 测

11.2.1 现场量测的作用

1）及时掌握围岩变化的动向和支护系统的受力情况为验证和修改设计提供信息。

2）根据量测资料，修正施工方案，指导施工作业，例如新奥法就是在施工中进行系统的量测，并将量测结果反馈到设计和施工中，逐步修改初步设计，以适应围岩条件。

3）预计工程事故和安全报警。

4）在地下结构物运行期间进行长期观测，收集和积累围岩与支护系统长期共同工作的有关资料，并检验建筑物的可靠性。

11.2.2 现场量测内容

（1）岩土力学性能的现场试验

岩土力学性能的现场试验指在现场进行直剪试验，变形试验和三轴强度试验，以测定岩土的黏结力、内摩擦角、变形系数，弹性抗力系数。

（2）施工期间洞内状态观测

随着开挖工作面的推进及时测绘岩性、岩质、地质构造，水文地质情况的变化，观测支护系统变形和破坏情况。

（3）断面变形量测

断面变形量测是指量测洞壁的绝对位移和相对位移，如量测拱顶、拱脚、墙底的下沉量和底板隆起量，最大水平跨度的变化和洞壁其他两测点的间距变化。收敛量测，根据位移量、位移速度及洞壁变形形态，评价围岩的稳定性及初期设计、施工的合理性，确定二次衬砌结构断面尺寸和施设时间。断面变形量测可采用精密经纬仪或水准仪、收敛计等进行。

（4）围岩应变和位移量测

沿量测锚杆附上应变计，用测力锚杆和位移计，在围岩不同深度设置应变测点，量出锚杆各测点的应变、推算锚杆的轴力，并可量测出围岩不同深度的相应应变。若同时在坑道周边围岩埋设多点位移计，可测出洞壁与围岩测点之间和围岩各测点相互间的相对位移。从围岩应变和位移量测，可估计隧道周边的围岩松动范围，并校核锚杆的计算参数。

（5）支护系统和衬砌结构受力情况量测

通过埋设应变计或压力传感器，了解支护系统和衬砌结构的内部应力，以及围岩和支护系统或衬砌界面之间接触应力的大小和分布，此外，还可在隧道施工前或施工初期进行锚杆抗拔试验，以确定锚杆的合理长度和锚固方式。

（6）地层沉降量测

地层沉降量测是浅埋隧道及构筑物施工中必不可少的测试项目，地表沉陷量与覆盖土石的厚度、工程地质条件、地下水位，以及周围建筑物等有关，它的测点宜和隧道断面变形量测布置在同一测试段面，一般都应超前于开挖工作面布置测点进行量测。同时也可量测地表建筑物的下沉及倾斜量，注意观测建筑物的开裂情况。

（7）地层弹性波速测定

地层弹性波速测定是量测弹性波在岩土中的传播速度。由于岩土中的各种物理因素的改变（如岩土性质、裂缝及不连续面、密度等）都会引起弹性波传播特性（波速、波幅、频率）的变化，因此，可在岩土中用测定弹性波传播速度的方法推断岩土的动弹性模量、岩土强度、层位和构造，坑道周边围岩松动范围等。

其方式是在弹性体上施加一个瞬间的力，弹性体内则产生动应力和动应变，使施力点（震源）周围的质点产生位移，并以波的形式向外传播，形成弹性波，其传播速度与介质密度，弹性常数有关，弹性波传播速度公式为

$$U_p = \sqrt{\frac{E_d(1-\mu_d)}{\rho(1+\mu_d)(1-2\mu_d)}} \qquad (11\text{-}1)$$

$$U_s = \sqrt{\frac{E_d}{\rho} \cdot \frac{1}{2(1+\mu_d)}} \qquad (11\text{-}2)$$

式中，U_p ——纵波波速；

$\quad U_s$ ——横波波速；

$\quad E_d$ ——动弹性模量；

μ_d ——动泊松比；

ρ ——岩土的密度。

通过声波仪测出声波在岩土中由波射探头到接受探头的时间，就可算出波速（见工程地球物理勘探）。

按激振的频率，弹性波测定可分为地震法（几十到几百赫兹）、声波法（几千到 20 赫兹）和超声波法（超过 20 kHz）。隧道和地下工程中常用声波法。根据测点的布置，可分为单孔法（也称下孔法）和双孔法（也称跨孔法）。

除上述量测内容以外，必要时还可对其他参数进行测定，比如地温、湿度、洞内风速、空气中粉尘及有害气体含量等环境因素的测试。

11.2.3　现场量测注意事项与要求

1）首先要按工程需要和地质条件选定观测部位、断面，确定监测项目，作出监测设计整体方案。在制定现场量测规划时，应考虑到量测计划的经济效益，而绝不能处于盲目状态。

2）从施工监测和信息化设计角度出发，安排量测项目应注意到：量测元件及仪器便于布设；测试方法简单可行；具有可靠性和一定的量测精度，要有适当的测试频度保证，按要求格式做好记录，整理存档；数据较易分析，结果易于实现反馈，便于信息化施工。

3）仪器布置应考虑方便合理，尽可能减少对施工操作的干扰，又能保证仪器设备的安全。

4）仪器应有足够的灵敏度和精度，抗干扰性强，能保证在场地狭窄、潮湿、多尘等恶劣环境下，长期可靠地工作。

5）建立严格的监测管理制度，观测队伍应经过训练，具有较好的素质，了解地下结构物的力学行为，具有一定理论水平和较丰富的实践经验。

在施工期施测时，应根据各项量测值的变化，各量测项目的相互关系、结合开挖后围岩的实际情况进行综合分析，将所得结论和推断及时反馈到设计和施工中去，以确保工程的安全和经济。

11.2.4　地下洞室监测方法

地下洞穴监测的主要目的在于了解围岩的稳定性及支护作用状态。施工过程中能监测的主要项目有：围岩表面及内部位移、应力及变化、围岩与支护之间的接触压力、衬砌钢筋应力、衬砌内部混凝土或支护锚杆（索）中的应力等。

通常以位移监测、应力应变监测应用最为广泛。

1. 量测规划

量测技术是测试与监控的先导技术，做好量测规划是测试与监控技术的保证，量测规划应包括根据需要确定测试项目，量测目的、选择量测仪器、确定测点布置，测试频度、测试要求等，一般应以文字和表格方式形成文件，以便操作。如某工程的位移量测规划表如表 11-1 所示。

表 11-1 某工程位移量测规划表

测试项目	量测仪器	量测目的	量点布置	测试频率/(次/天)				应用范围
				1～15	16～30	31～90	＞90	
周边收敛	收敛计	分析判断围岩与支护稳定状态	距工作面 20～50 每个剖面 1～3 条水平和斜基线	1～2	1/2	1～2/7	1～3/30	各种岩层
围岩内位移	位移计	分析判断岩体扰动与松动范围、检验控保效果	测点与收敛量测尽量位于同一剖面。一般布置在拱脚线以上，浅埋亦可从地面垂直向下埋入位移计量测	1～2	1/2	1～2/7	1～3/30	软弱围岩砂土地层
拱顶下沉	水平仪	分析判断顶部围岩稳定性	位于拱顶中部间距视围岩结构而定	1～2	1/2	1～2/7	1～3/30	浅埋隧道水平层软弱围岩

2. 位移量测点的最佳布置

计算目标为初始地应力和岩体变形模量时，用隧道净空变化测定计来测定隧道净空在某一基线方向上的变化最为方便。而测点的布置直接影响着测试的精度，测试误差对反分析的结果显然会产生影响，因此如何选择位移量测点的最佳布置方案，是保证现场测试数据的精度和进行反推计算结果可靠性的关键，理论上，测点多会提高计算精度，但在实际工程中，测点布置得过多是不现实的，王建于编著的《隧道工程监测和信息化设计原理》一书中，对圆形断面隧道的 6 种测点布置方案（图 11-1）用边界元方法进行模拟计算，结果见表 11-2。

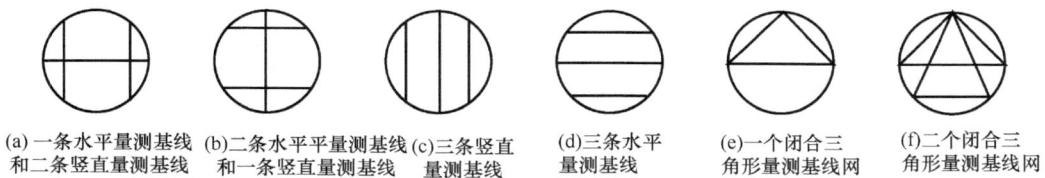

(a) 一条水平量测基线和二条竖直量测基线　(b) 二条水平量测基线和一条竖直量测基线　(c) 三条竖直量测基线　(d) 三条水平量测基线　(e) 一个闭合三角形量测基线网　(f) 二个闭合三角形量测基线网

图 11-1　圆形断面隧道的 6 种测量布置方案

表 11-2　测点布置方案

方案		应力分量			相对误差/%		
		σ_x	σ_y	τ_{xy}	δ_x	δ_y	δ_{xy}
理论应力值		10	10	10	0	0	0
反分析计算值	A	10.08036	10.09743	9.92969	0.804	0.947	0.503
	B	10.09743	10.08036	10.06250	0.974	0.804	0.625
	C	6.07117	8.93806	10.58594	39.288	10.619	5.859
	D	8.93851	6.07277	9.28125	10.615	39.272	7.188
	E	10.08707	10.12109	10.0000	0.871	1.212	0.000
	F	10.08292	10.08903	10.0000	0.829	0.890	0.000

从表 11-2 看出，方案 A，B，E，F 测点布置情况下，计算结果与原假定初始地应力理论值较接近，为合理布测点，方案 C，D 计算结果不稳定，为不合理布测点方案，

而 A，B 方案虽合理，但量测不便，F 较麻烦，故他推荐 E 方案为位移量测点的最佳布置方案。

3．位移监测

典型的位移量测断面布置如图 11-2 所示。

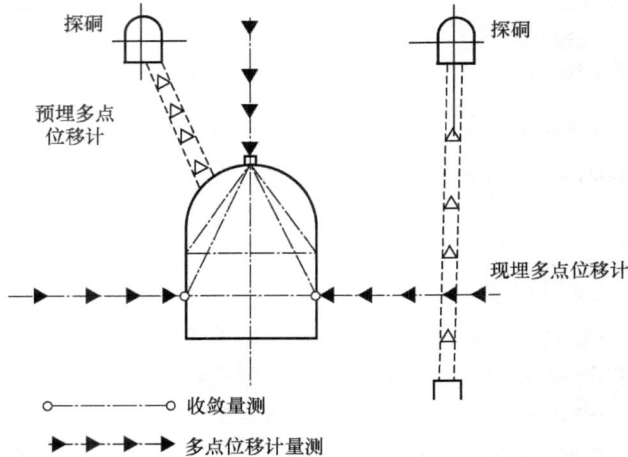

图 11-2　位移测量典型布置

（1）收敛量测

收敛量测的测量即对硐室临空面各点之间相对位移的量测，图中以点划线表示。收敛量测断面一般布置在距工作面较近的位置。量测仪器由埋入岩体内的收敛标点及收敛计构成。收敛计有钢丝式、卷尺式、测杆式等种类，使用上区别不大。

收敛量测的布置应尽可能考虑垂直和水平的测线，顶板和边墙测点形成闭合三角形。

收敛量测结果可包括：收敛值与时间的关系、收敛速度与时间的关系，收敛量与开挖进尺的关系。

（2）钻孔多点位移计量测

这是一种用来量测硐周围岩不同深度处位移的方法。图 11-2 中以实线表示。它的基本原理是：沿洞壁向围岩深部的不同方位（一般沿硐壁法线方向）钻孔，用多点位移计埋没于钻孔内，形成一系列测点。通过测点引出的钢丝或金属导杆将测点岩石的位移传递到钻孔孔口，观测由锚固点到孔口的相对位移，从而计算出锚固测点沿钻孔轴线方向的位移分布。可使用电测法或机械表量测法等进行量测。多点位移计的埋设方式可分为开挖前的预埋和开挖过程中的现埋。预埋的多点位移计至少要在开挖到观测断面之前相当于两倍硐室断面最大特征尺寸的距离时就已埋设完毕，并开始测取初读数。现埋则仪器要尽量靠近开挖面，以减少因开挖已发生位移的漏测，同一钻孔中的锚固测点应多布置在位移梯度较大的范围内。

多点位移计测量的结果可包括：各测点位移与时间的关系，各测点位移与开挖进尺之间的关系，钻孔内沿轴线方位的位移变化与分布状况，这种分布形式的实测资料对选择位移反分析模型很有帮助和意义。

这种位移量测方法需钻孔，费用较高，对施工有一定干扰，因此布置断面以少且有代表性为宜。尽量利用已有的探硐或从地表钻孔预埋仪器，以保证能观测到因施工而引起的围岩不同深度位移变化的全过程。

上述两种量测位移的方法应用均较多，各有特色和优点，相互配合使用效果更好。

4．应力应变监测

地下洞室应力应变监测的一般布置形式如图 11-3 所示。

这种监测可以给出支护与围岩相互作用的关系，支护（混凝土衬砌或锚固设施）内部的应力应变值，以了解支护的工作状况。所布置的量测仪器有如下几种：

1）在围岩与衬砌接触面处埋设压力盒，量测接触应力，了解围岩与支护间的相互作用。

2）在锚杆上或受力钢筋上串联焊接锚杆应力计或钢筋计，量测锚杆或钢筋的受力情况及支护效果。钢筋计的埋设在喷混凝土中使用较多。

3）在衬砌内部埋设水银液压应力计，元件沿径向和切向布置，分别量测衬砌内法向正应力和切向剪应力，了解衬砌受力过程及大小，对支护可靠性进行判断。

图 11-3 硐室应力应变监测布置

4）钢架支掌上贴电阻应变片，量测金属支架受力情况（需注意防潮）。

目前，国内在位移监测方面应用较为广泛，也比较成功。

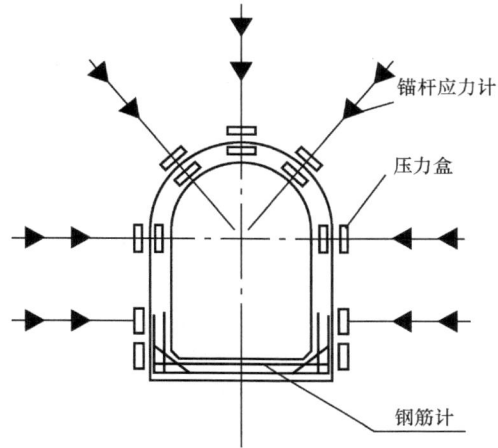

11.2.5 地铁工程监控量测

地铁结构多修建在繁华的街区，根据基坑的开挖深度、周围环境保护要求将基坑的安全等级划分为三级；地铁基坑安全等级划分，见表 11-3。

表 11-3 基坑安全等级划分

安全等级	周边环境保护要求
一级	基坑周边以外 0.7H 范围内有地铁结构、桥梁、高层建筑、共同沟、煤气管、雨污水管、大型压力总水管等重要建（构）筑物或市政基础设施 H≥15m
二级	基坑周边以外 0.7H 范围内无重要管线和建（构）筑物；而离基坑 0.7H～2H 范围内有重要管线或大型的在用管线、建（构）筑物 10≤H<15m
三级	基坑周边 2H 范围内没有重要或较重要的管线、建（构）筑物 H<10m

注：H——基坑开挖深度；摘自《北京地铁工程监控量测设计指南》。

监控量测测点位置和数量应结合工程性质、环境状况、地质条件、施工工法、结构形式、施工特点等综合考虑。布置在预测变形和内力的最大部位、影响工程安全的关键部位、工程结构变形缝、伸缩缝及设计特殊要求布点的地方。

变形测点的位置既要考虑反映监测对象的变形特征，又要便于采用仪器进行观测及有利于测点的保护。结构内测点（如拱顶下沉、净空收敛、钢筋计、轴力计、测斜管等）不能影响结构的刚度和强度、不能影响妨碍结构的正常受力。各类测点的布置在时间和空间上应有机结合，力求同一位置能同时反映不同的物理变化量内在联系和变化规律。深层测点如土体沉降点等一般应提前 30 天埋设，以便监测工作开始时测点处于稳定状态。测点在施工中若遭到破坏，应尽量靠近原位置补设测点，以保证数据的连续性。穿越地质单元、地裂缝、断层、重要建（构）筑物或变形超出控制值时应在危险地段加密测点。

1. 地铁周边环境监控量测布点原则

周边环境监控量测布点应针对建（构）筑物、地下管线、市政道桥以及地表沉降（或隆起）的变形特点进行测点布设。

（1）建（构）筑物测点布设原则

1）沉降测点布设：沉降测点位置和数量应根据工程地质和水文地质条件、建筑物体型特征、基础形式、结构类型、建构筑物的重要程度及其与基坑、隧道的空间关系等因素综合考虑。如建筑物的四角、拐角处及沿外墙每 10～15m 处或每隔 2～3 根柱基上；高低悬殊或新旧建（构）筑物连接处、伸缩缝、沉降缝和不同埋深基础的两侧；框架结构的主要柱基或纵横轴线上。一般地，每个建筑物不宜少于 4 个测点，圆形构筑物不宜少于 3 个测点。

2）倾斜测点布设：对于重要高层建筑物、高耸构筑物的倾斜监测，每栋建（构）筑物测点不宜少于 2 组，每组 2 个测点。

3）裂缝测点布设：根据裂缝分布位置、走向、长度、宽度等参数和建筑物重要程度，选取应力或应力变化较大的代表性部位和宽度较大的裂缝布点观测，每条裂缝布 2 组测点。

（2）地下管线测点布设原则

测点宜布在管线的接头处或对位移变化敏感部位，沿管线方向每 5～20m 布一个测点，强烈影响区内测点间距 5～10m，显著影响区内测点间距 10～15m。

（3）桥梁、挡墙测点布设原则

沉降监测点应布设在桥梁墩柱、桥台上；应力监测点布设在桥梁梁板结构上。挡墙沉降测点间距一般为 5～15m，强烈影响区内测点间距 5～8m，显著影响区内测点间距 8～10m；对高度大于 2m 的道路挡墙宜进行倾斜监测。

（4）地铁既有线、铁路测点布设原则

对地铁既有线、铁路主要进行隧道结构沉降、隧道结构水平位移、隧道结构变形缝开合度、轨道结构沉降、轨道几何尺寸（前后高低、左右水平、轨距）监测，一般每隔 5～10m 布设一个监测断面，隧道结构、道床两侧及每条轨道应分别布点。存在隧道结构裂缝时，应监测裂缝变化情况。

（5）道路及地表沉降（隆起）测点布设原则

道路及地表沉降（隆起）测点的布设应综合考虑上述建（构）筑物、地下管线的已布测点。道路监测分为路面、路基沉降监测，结合现场实际情况可进行分别布点。

1) 明（盖）挖法及竖井施工道路及地表沉降测点布设：在基坑四周距坑边 10m 的范围内沿坑边设 2 排沉降测点，排距 3～8m，点距 5～10m。在工法变化的部位、车站与区间结合部位、车站与风道结合部位以及风道、马头门等部位均应增设测点。

2) 盾构法道路及地表沉降（隆起）测点布设：通常应沿盾构推进轴线设置布设监测点，测点间距为 10～30m。在地层或周边环境较复杂地段布置横向监测断面。横断面上各测点应依据近密远疏的原则布设。每个横向监测断面布置 7～11 个测点，其最外点应位于结构外沿不小于 30m。在盾构始发的 100m 初始掘进段内，布点宜适当加密，并布一定数量的横向监测断面。在如车站与区间结合部位、车站与风道结合部位等应设置监测点。

3) 浅埋暗挖法道路及地表沉降测点布设：通常应沿左右线区间隧道的中线和沿车站中线各布设一行监测点；对于多导洞施工的车站，应在每一导硐和扩拱正上方各布设一行监测点，测点间距为 5～30m。在工法变化的部位及其他风险点处均应设置沉降测点，测点数按工程结构、地层状况和周边环境确定。在特殊地质地段和周围存在重要建（构）筑物时，监测断面间距应适当加密。监测断面上各测点应依据近密远疏的原则布设。每个监测断面布置 7～11 个测点，但其最外点应位于结构外沿不宜小于 1 倍埋深处。

2. 支护结构监控量测布点原则

应针对明（盖）挖基坑及竖井施工、盾构法施工及浅埋暗挖法施工支护结构受力和变形特点进行测点布设。

（1）明（盖）挖法及竖井施工测点布设原则

1) 围护桩（墙）顶水平位移、垂直位移测点布设：沿基坑长边设置 3～4 个主测断面，在基坑围护桩（墙）顶布设测点。在基坑长短边中点，基坑阳角处、支撑点及两道水平支撑的跨中部位，围护桩墙冠梁上，深浅基坑交接部位，周边荷载较大部位、管线渗漏部位布设测点。同一测点可兼作水平位移和垂直沉降观测使用。基坑每边测点数不宜少于 3 个。

2) 围护桩（墙）体水平位移监测断面及测点布设：按基坑安全等级确定，一般车站监测断面不宜大于 30m，测点竖向间距 0.5m 或 1.0m；监测深度与围护桩（墙）深度一致。

3) 围护桩（墙）体内力测点布设：一般在支撑跨中部位、基坑长短边中点、水土压力或地面超载较大的部位布设测点，在基坑深度变化处以及基坑拐角处宜增加测点。立面上，宜选在支撑处或上下两道支撑的中间部位。布点数量根据桩体弯矩分布情况确定。

4) 支撑轴力测点布设：与桩（墙）体水平位移监测断面对应布置支撑轴力监测断面。支撑轴力采用轴力计进行监测，测点一般布置在支撑的端部或中部，当支撑长度较大时也可安设在 1/4 点处。对监测轴力的重要支撑，宜同时监测其两端和中部的沉降和位移；每截面不宜少于 4 点；布点数量每层不宜少于 3 个，处于同一监测断面的各层支撑均应布设测点。

5) 锚杆（锚索、土钉）拉力测点布设：一般测试围护结构体系中受力有代表性的典型锚杆，冠梁和腰梁结构每侧中间应布设测点；每 100 根锚杆监测数量不宜少于 3 根。

6）支撑立柱沉降、倾斜及内力测点布设：布置在便于监测和保存的立柱侧面上。内力测点布置在立柱中部；通常在标准段选择 4～5 根具有代表性支撑立柱进行沉降及内力监测。

7）初期支护竖井井壁净空收敛测点布设：在竖井结构的长、短边中点布设测点；沿竖向上按 3～5m 布置一个监测断面；每个监测断面不应少于 2 条测线。

（2）盾构法支护结构监测测点布设原则

1）管片衬砌变形（拱顶沉降、净空收敛）测点布设：初始掘进段、复杂地段布设 1～2 个断面。净空收敛主测断面在拱顶（0°）、拱底（180°）、拱腰（90°和 270°）布 4 个测点，量测横径和竖径变化，并以椭圆度（实测椭圆度＝横径－竖径）表示管片圆环的变形。

2）管片内力测点布设：与衬砌变形监测断面对应；每个监测断面不少于 5 个测点。

（3）浅埋暗挖法初期支护结构监测测点布设原则

1）初期支护结构拱顶沉降测点布设：监测断面间距 10～30m，车站为 10～15m，区间为 15～30m。标准断面每个监测断面 1～3 个测点。对于浅埋暗挖车站或非标准断面隧道等，应布设不少于 3 个拱部沉降测点。

2）初期支护结构底板隆起测点布设：底板隆起测点由设计根据需要进行断面布设，布点位置一般位于隧道底部中点。

3）初期支护结构净空收敛测点布设：净空收敛、拱顶下沉和地表沉降应设置在同一断面。可在隧道拱脚处或拱腰处布置水平收敛测线。监测断面间距 10～30m，车站为 10～15m，区间为 15～30m。对于浅埋暗挖车站，每个导硐均宜布置断面。

4）初期支护结构内力测点布设：在车站和区间具有代表性的地段选择应力变化大或地质条件较差的部位各布置 1～2 个监测断面；每个监测断面 5～11 个测点。

5）中柱沉降及内力测点布设：对于浅埋暗挖车站应选择代表性中柱进行监测，每个车站受测中柱数量不应少于 4 根，每柱 4 个测点，在同一水平断面内，按间隔 90° 布置。

3. 周围地质体监控量测布点原则

应针对基坑和隧道周围土体物理力学性质、受地铁施工扰动情况、围岩应力变化特点、水文地质条件及地下水水位变化特征进行测点布设。

（1）基坑、隧道周围土体测点布设

1）土体沉降及水平位移测点布设：土体沉降和土体水平位移监测可同时布置。可沿基坑长边每 30～40m 布置一个土体水平位移监测断面。盾构法施工隧道土体沉降和水平位移监测断面应与管片衬砌变形监测断面相对应。土体分层沉降测点布置在各土层的分界面，当土层厚度较大时，宜在地层中部增加测点。当土体沉降采用磁性沉降环监测、水平位移采用测斜管监测时，钻孔的深度应大于基坑底的标高。

2）基坑底部隆起测点布设：可根据基坑长度在基坑中线处布设 2～3 点。当基底土质软弱、基底以下存在承压水时，宜增加测点；回弹标志应埋入基坑底面以下 20～30cm。

3）围岩压力测点布设：在车站和区间代表性的地段选择应力变化大或地质条件较

差的部位各布置1~2个监测断面，每一断面5~11个测点。浅埋暗挖法施工隧道测点一般沿结构开挖轮廓线，在拱顶、拱脚、墙中、墙脚、仰拱中部等关键部位设置测点。

（2）地下水位观测孔布设

应根据水文地质条件、地下水的空间分布以及工程降水设计要求综合确定；应分层监测。存在管线渗漏、不明水源部位应布设地下水位观测孔。在基坑四角点以及基坑长短边中点布设水位观测孔。对于深大基坑，每20~40m布设一个观测孔，观测孔距基坑围护结构外1.5~2m。

（3）孔隙水压力测点布设

对饱和软土和易液化粉细砂土层可布设孔隙水压力监测点。

4. 监控量测频率及周期

监测项目应在基坑、隧道施工降水、支护结构开工前或安装后进行初始值观测，测点初始值应在测点埋设后进行测读，取2~3次观测数据的平均值作为初始观测值。监测频率应结合环境条件、地质条件、工程特点等情况。当达到不同预警状态时，应根据工程安全状态确定相应监测频率。冬雨季施工、监测值变化速率较大或出现反常急剧变化、基坑拆撑期间、盾构施工地段盾构到达前1天至盾构通过后3天、盾构更换刀具时、施工因特殊原因造成工程停滞时，对掌子面附近各监测项目出现异常情况时应适当增大监测频率。

隧道穿越重要建（构）筑物时，宜采用24小时全天候监测。在基坑回填施工完成、隧道结构变形稳定后或进行二次衬砌施工时，可停止基坑、隧道支护结构的监测项目。周围地质体各监测项目应根据监测值变化情况和工程需要决定是否停止监测。一般地，当周边环境变形趋于稳定（建、构筑物沉降速率达到1~4mm/100d、地表沉降速率达到1mm/30d）时可停止周边环境监测。

（1）明（盖）挖法及竖井施工监控量测频率

表11-4　明（盖）挖法及竖井施工监测频率

施工状况		监测频率
基坑开挖期间	H≤5m	1次/3天
	5m＜H≤10m	1次/2天
	10m＜H≤15m	1次/天
	H＞15m	2次/天
基坑开挖完成以后	1~7天	1次/天
	7~15天	1次/2天
	15~30天	1次/3天
	30天以后	1次/周
	经数据分析确认达到基本稳定后	1次/月

注：① H——基坑开挖深度。② 当基坑安全等级为一级时，基坑开挖完成以后1~7天监测频率为2次/天，7~15天监测频率为1次/天。③地下水位监测频率为1次/2天。

明（盖）挖法及竖井施工监测项目的监测频率见表11-4。建（构）筑物裂缝监测频率按照控制两次观测期间裂缝发展不大于0.1mm及裂缝所处位置而定。初期支护竖井井壁净空收敛监测在开挖及井壁结构施工期间 1 次/天，结构完成后 1 次/2 天，经数据分析达到基本稳定后 1 次/月。支撑立柱沉降、倾斜和内力监测在开挖及结构施工期间 2 次/天，结构完成后 1 次/周，经数据分析确认达到基本稳定后 1 次/月。

（2）盾构法施工监控量测频率

盾构法施工周边环境及周围地质体监测项目的监测频率见表 11-5。管片衬砌变形（拱顶沉降、净空收敛）、管片内力分别在衬砌拼装成环尚未脱出盾尾即无外荷载作用时和衬砌环脱出盾尾承受外荷作用且能通视时两个阶段进行监测。衬砌环脱出盾尾后 1 次/天，距盾尾 50m 后 1 次/2 天，100m 后 1 次/周，基本稳定后 1 次/月。

表 11-5　盾构法施工周边环境及周围地质体监测频率

施工状况	监测频率
掘进面距监测断面前后≤20m	1～2 次/天
掘进面距监测断面前后≤50m	1 次/2 天
掘进面距监测断面前后＞50m	1 次/周
根据数据分析确定沉降基本稳定后	1 次/月

（3）浅埋暗挖法施工监控量测频率

表 11-6　浅埋暗挖法施工周边环境及周围地质体监测频率

施工状况	监测频率
当开挖面到监测断面前后的距离 L≤2 B	1～2 次/天
当开挖面到监测断面前后的距离 2B＜L≤5 B	1 次/2 天
当开挖面到监测断面前后的距离 L＞5 B	1 次/周
基本稳定后	1 次/1 月

注：① B—隧道直径或跨度；L—开挖面与监测点的水平距离。② 地下水位监测频率为 1 次/2 天。

表 11-7　拱顶沉降、底板隆起和净空收敛监测频

沉降或收敛速率	距开挖面距离	监测频率
＞2 mm/天	0～1 B	1～2 次/天
0.5～2 mm/天	1～2 B	1 次/天
0.1～0.5 mm/天	2～5 B	1 次/2 天
＜0.1 mm/天	5 B 以上	1 次/周
基本稳定后		1 次/月

注：① B——隧道直径或跨度/m；② 当拆除临时支撑时应增大监测频率。

中柱沉降及内力监测频率为土体开挖时，1 次/天；结构施作时，1～2 次/周。对开挖后尚未支护的围岩土层及掌子面探孔应随时进行观察并作记录，对开挖后已支护段的支护状态以及施工段相应地表和建（构）筑物，每施工循环观察和记录 1 次。

5. 监控量测控制指标

（1）周边环境监控量测控制指标

1）地表变形监控量测控制指标，见表 11-8。

表 11-8　地表变形监控量测值控制指标

施工工法	监测项目及范围	允许位移控制值 U_0/mm			位移平均速率控制值/(mm/d)	位移最大速率控制值/(mm/d)
明挖（盖）法及竖井施工	地表沉降	一级基坑	二级基坑	三级基坑	2	2
		≤0.15%H 或≤30，两者取小值	≤0.2%H 或≤40，两者取小值	≤0.3%H 或≤50，两者取小值		
盾构法	地表沉降	30			1	3
	地表隆起	10			1	3
浅埋暗挖法	地表沉降　区间	30			2	5
	车站	60				

注：①H 为基坑开挖深度；②位移平均速率为任意 7 天的位移平均值；位移最大速率为任意 1 天的最大位移值；③本表中区间隧道跨度为＜8m；车站跨度为＞16m 和≤25m；④摘自《地铁工程监控量测技术规程》。

2）地下管线监控量测控制标准，市政管道变形监控报警值可参考如下指标：

煤气管道变形：沉降或水平位移超过 10 mm，连续 3 天超过 2 mm/d。

供水管道变形：沉降或水平位移超过 30 mm，连续 3 天超过 5 mm/d。

（2）支护结构监控量测控制指标

1）明（盖）挖法及竖井施工支护结构监控量测控制指标见表 11-9～表 11-13。

表 11-9　明（盖）挖法施工支护结构监控量测值控制标准

序号	监测项目及范围	允许位移控制值 U_0/mm			位移平均速率控制值/(mm/d)	位移最大速率控制值/(mm/d)
		一级基坑	二级基坑	三级基坑		
1	围护桩（墙）顶部沉降	≤10			1	1
2	围护桩（墙）水平位移	≤0.15%H 或≤30，两者取小值	≤0.2%H 或≤40，两者取小值	≤0.3%H 或≤50，两者取小值	2	3
3	竖井水平收敛	50			2	5

注：① H 为基坑开挖深度。②位移平均速率为任意 7 天的位移平均值；位移最大速率为任意 1 天的最大位移值。③摘自《地铁工程监控量测技术规程》。

表 11-10　墙体应力和水平支撑轴力控制指标

监测项目	安全或危险判别的内容	安全性判别			
		判别标准	危险	注意	安全
墙体应力	钢筋拉应力	F_2＝钢筋抗拉强度/实测（或预测值）拉应力	F_2＜0.8	0.8≤F_2≤1.0	F_2＞1.0
	墙体弯距	F_3＝墙体允许弯距/实测（或预测值）弯距	F_3＜0.8	0.8≤F_3≤1.0	F_3＞1.0
水平支撑轴力	允许轴力	F_4＝允许轴力/实测（或预测值）轴力	F_4＜0.8	0.8≤F_4≤1.0	F_4＞1.0

注：①支撑允许轴力为其在允许偏心下，极限轴力除以等于或小于 1.4 的安全系数。②摘自《深基坑工程信息化施工技术》。

表 11-11 立柱沉降控制指标

监测项目	控制指标
立柱沉降	不得超过 10mm，下降速率不得超过 2mm/d

2）盾构法支护结构监控量测控制指标

表 11-12 拱顶沉降监控量测值控制指标

监测项目及范围	允许位移控制值 U_0/mm	位移平均速率控制值/(mm/d)	位移最大速率控制值/(mm/d)
拱顶沉降	20	1	3

注：①位移平均速率为任意 7 天的位移平均值；位移最大速率为任意 1 天的最大位移值。
②摘自《地铁工程监控量测技术规程》。

3）浅埋暗挖法初期支护结构监控量测控制指标，见表 11-13。

表 11-13 浅埋暗挖法施工设计允许值

序号	监测项目及范围		允许位移控制值 U_0/mm	位移平均速率控制值/(mm/d)	位移最大速率控制值/(mm/d)
1	拱顶沉降	区间	30	2	5
		车站	40		
2	水平收敛		20	1	3

注：①位移平均速率为任意 7 天的位移平均值；位移最大速率为任意 1 天的最大位移值。②表中区间隧道跨度为<8m；车站跨度为>16m 和≤25m。③表中拱顶沉降系指拱部开挖以后设置在拱顶的沉降测点所测值。④摘自《地铁工程监控量测技术规程》。

（3）周围地质体监控量测控制指标

地铁明（盖）挖法施工周围地质体监控量测值控制标准参考值见表 11-14。基坑水、土压力控制指标，见表 11-15。

表 11-14 地铁明（盖）挖法施工周围地质体监控量测值控制指标

监测项目及范围	允许位移控制值 U_0/mm			位移平均速率控制值/(mm/d)	位移最大速率控制值/(mm/d)
	一级基坑	二级基坑	三级基坑		
基坑底部土体隆起	20	25	30	2	3

注：① H 为基坑开挖深度。② 位移平均速率为任意 7 天的位移平均值；位移最大速率为任意 1 天的最大位移值。③摘自《地铁工程监控量测技术规程》。

表 11-15 基坑水、土压力控制指标

监测项目	安全或危险判别的内容	安全性判别			
		判别标准	危险	注意	安全
侧压（水、土压）	设计时应用的侧压力	F_1＝设计用侧压力/实测侧压力（或预测值）	$F_1 \leqslant 0.8$	$0.8 \leqslant F_1 \leqslant 1.2$	$F_1 > 1.2$

注：摘自《深基坑工程信息化施工技术》。

6. 监控量测仪器

(1) 周边环境监测仪器 (表 11-16)

表 11-16 周边环境监测仪器表

监测项目	监测仪器
建（构）筑物沉降	水准仪
建（构）筑物倾斜	经纬仪或全站仪
建（构）筑物裂缝、隧道结构裂缝	裂缝宽度仪、游标卡尺或裂缝观测仪
地下管线沉降、水平位移	水准仪、经纬仪或全站仪
路面、路基、挡墙、桥梁墩台沉降和横纵向差异沉降	水准仪
桥梁墩台、挡墙倾斜	经纬仪或全站仪
梁板应力	应力计
隧道结构沉降、道床结构沉降	水准仪
隧道结构水平位移	经纬仪或全站仪
隧道结构变形缝开合度	游标卡尺
轨道几何尺寸	轨道尺
地表沉降（隆起）	水准仪
实时监测	静力水准仪、位移计、电水平尺、数据采集仪

(2) 支护结构监测仪器

支护结构监测仪器见表 11-17 和表 11-18。

表 11-17 明（盖）挖法及竖井施工支护结构监测仪器

监测项目	监测仪器
桩（墙）顶水平位移	经纬仪或全站仪
桩（墙）顶垂直位移	水准仪
桩（墙）体水平位移	测斜仪
桩（墙）体内力	应力计、频率接收仪
支撑轴力	应变计、轴力计、频率接收仪
锚杆（锚索、土钉）拉力	锚杆轴力计、钢筋计、频率接收仪
支撑立柱沉降	水准仪
支撑立柱倾斜	经纬仪或全站仪
支撑立柱内力	表面应变计、频率接收仪
初期支护竖井井壁净空收敛	收敛计

表 11-18 盾构法支护结构监测仪器

监测项目	监测仪器
管片衬砌拱顶沉降	水准仪
管片衬砌净空收敛	收敛仪、断面扫描仪
管片内力	钢筋应力计、混凝土应变计、螺栓应力计

周边环境监测仪器如表 11-16 所示；明（盖）挖法及竖井施工支护结构监测仪器如表 11-17 所示；盾构法支护结构监测仪器见表 11-18。用于地下工程监测量测的数显式钢尺收敛计、钢筋应力计、初衬与二衬间接触压力的压力传感器、地铁车站基坑内支撑结构的钢支撑轴力计等，如图 11-4 所示。锚杆内力及锚杆抗拔力试验，如图 11-5 所示。

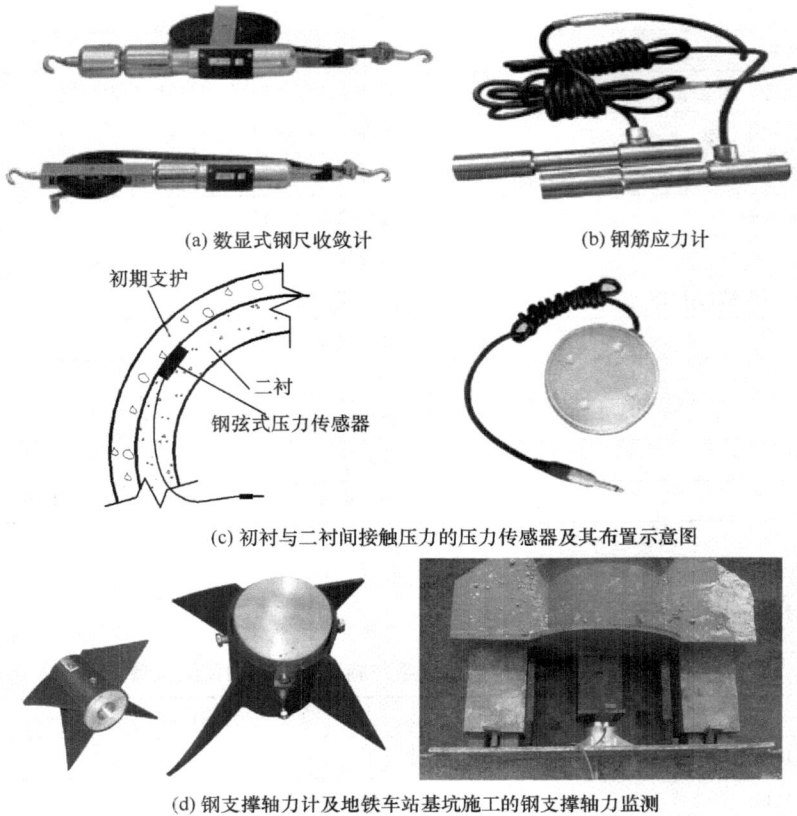

(a) 数显式钢尺收敛计

(b) 钢筋应力计

(c) 初衬与二衬间接触压力的压力传感器及其布置示意图

(d) 钢支撑轴力计及地铁车站基坑施工的钢支撑轴力监测

图 11-4　地下工程监控量测的部分试验仪器

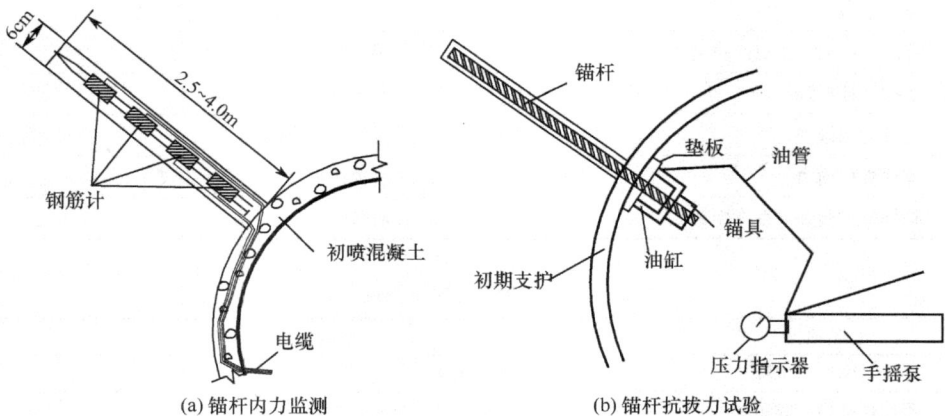

(a) 锚杆内力监测

(b) 锚杆抗拔力试验

图 11-5　锚杆内力及锚杆抗拔力试验示意图

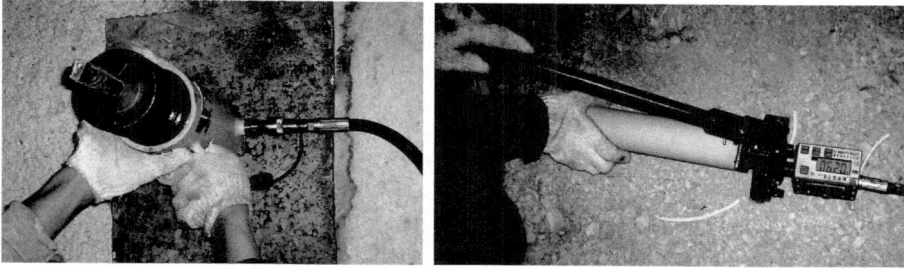

(c) 隧道的锚杆抗拔力v现场试验

图 11-5　锚杆内力及锚杆抗拔力试验示意图（续）

11.2.6　现场量测资料的分析整理

现场量测资料存在一定离散性和误差，对量测资料必须进行误差分析、回归分析和归纳整理，找出所测数据资料的内部规律，以便提供反馈和应用。仍以位移量测数据处理为例，其他量测资料整理类似。

一般对于测试数据，采用回归分析方法，得出数理统计函数式及其拟合曲线，找出位移随时间、空间的变形规律，并在一定范围内推测变化趋势值，为施工提供信息预报。位移-时间曲线可以采用累计变形值和变形速率值两种曲线来分析判断变形趋势及围岩稳定性，如图 11-6 和图 11-7 所示。

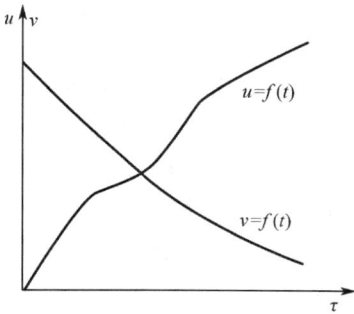

图 11-6　收敛时间关系曲线
u 收敛累计值/min

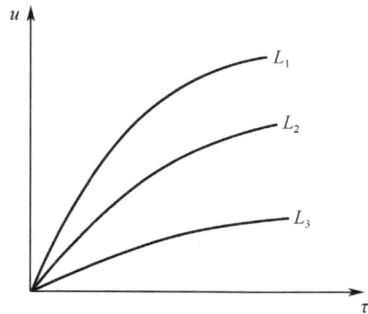

图 11-7　位移-时间关系曲线
$L_1 L_2 L_3$ 为多点位移计

位移-距离曲线：收敛、位移与工作面距离关系曲线。它反映了围岩位移的空间效应。其中，收敛与工作面距离（L）曲线对分析、确定支护时机及措施具有指导意义，如图 11-8 所示；围岩内位移与测孔口部基准点距离（L）关系曲线，反映了围岩开挖后的松动范围和稳定性，如图 11-9 所示。

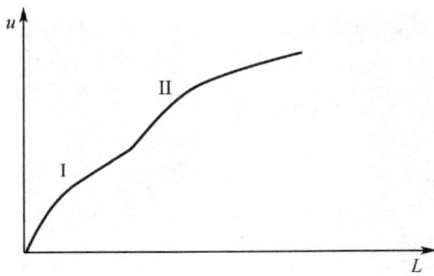

图 11-8　收敛-工作面距离关系曲线

Ⅰ. 一次支护；Ⅱ. 二次支护

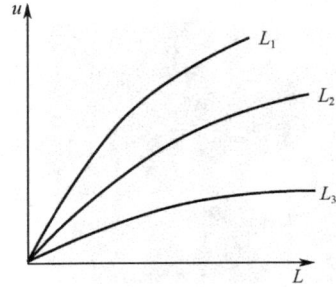

图 11-9　围岩位移-孔口距离关系曲线

L 测点距孔口基准点

11.2.7　反分析法概念

由于岩土有非均质、不连续等特性，并受地应力、岩土结构、施工方法等多种因素的影响，使岩土体变形具有明显的时空性、非线性及突变性，因而难以用确切的数学模型来描述和用理论公式来计算，但大量研究与实践告诉人们，岩土体的变形在初始状态直至失稳前的临界状态，均有一定的变形规律和变形信号，可供观测以及控制，即在一定的时间内具有一定的能测、能控性，借助于在岩土施工的过程中所进行的对变形的现场监测，用这些量测所得到的数据来反推初始地应力和岩体的物性指标，就是近年来岩土力学中发展起来的"反分析"技术。用反分析求得的初始地应力和岩性指标作为计算正式工程或下一段工程的输入信息，具有一定的实际背景，计算结果也就有可能与实际较为吻合。为了将反分析技术运用于实际工程中，必须对岩土本构关系作必要的简化，通常假定：岩体是均匀、连续的线性弹性介质，这对于从总体着眼探求围岩力学形态和评价围岩稳定性是可行的。这里，变形模量 E，实际上是一个反映岩体变形特性的综合指标，已不再是原来意义上的材料"杨氏模量"，《隧道工程监测和信息化设计原理》一书把岩体称为"视线弹介质"。那么所求的 E 值称为"似弹性模量"。

反分析的方法，基本上可以分为二类：直接逼近法和逆过程法。

直接逼近法是建立在迭代过程基础上的，通过迭代过程利用最小误差函数逐次修正未知函数的试算值，直至逼近最终解。但计算起来很费时间。

逆过程法则采用同所谓"正分析"相反的计算过程来求解。我们知道，有限元分析最终归结为线性方程组

$$\{P\} = [K]\{\delta\} \tag{11-3}$$

式中，$\{P\}$——荷载，取决于初始地应力状态；

$\{\delta\}$——结点位移；

$[K]$——总刚度矩阵。取决于单元的几何特性，岩体本构关系及物性指标。

对于"正分析"问题，$\{P\}$，$[K]$ 为已知，是求解位移 $\{\delta\}$。而在"反分析"问题中，$\{P\}$，$[K]$ 是作为未知数出现的，而位移 $\{\delta\}$ 中的部分元素则可通过量测获得，是已知的。

令

$$\{\delta\} = \begin{cases} U_m \\ U_X \end{cases}$$

式中，$U_m = \{\delta_m\}$ 为 a 个测得位移数据；

$U_x = \{\delta_x\}$ 为 b 个未知结点位移。

根据式（11-1），并令 $[L] = [K]^{-1}$，有

$$\{\delta\} = [L]\{P\}$$

与 U_m, U_x 相应，将 $[L]$ 分为二子块

$$[L] = \begin{bmatrix} L_m \\ L_x \end{bmatrix}$$

则有

$$\begin{cases} U_m \\ U_x \end{cases} = \begin{bmatrix} L_m \\ L_x \end{bmatrix} \{P\}$$

$$\{U_m\} = [L_m]\{P\} \tag{11-4}$$

对于平面问题，方程求解的必要条件（不是充分条件）是所测得的位移数据个数大于或等于欲求未知数的个数，即

$$a \geqslant 3 + k$$

式中，k — 欲求岩体物性指标的个数。

当 $a > 3 + k$ 时，方程（11-4）若有解，则可用最小二乘法求其最佳解。由于岩体本构关系的复杂性，方程（11-4）的求解也很困难，有时尚需引入补充条件。

反分析方法是将计算理论和工程实际相联系的桥梁，应用范围越来越广，除去采用线性弹性模型，把初始地应力和弹性模量作为目标参数以外，还可以采用非线性模型。有的人已把不连续面的接触特性、岩体流变参数等作为反分析的目标，也有不少人，不仅采用二维模型，而且还成功地按三维模型进行反分析，目前使反分析技术向着实用，简化的方向发展这一问题已引起了人们十分的重视。反分析技术及其应用可参考《隧道工程监测和信息化设计原理》等有关文献，这里仅做简单介绍。

11.3　模　型　试　验

模型试验是科学研究和解决复杂工程问题的一个行之有效的重要方法。特别是对地下工程而言，围岩的力学性态及其稳定性特点是由多方面因素所决定的，数学、力学方法得到的理论解答往往与实际相差甚远，甚至无法得到解答，因此，现场实测与模型试验研究成为了解决问题的一种重要途径，模型试验可以分为原型试验和模型试验。

原型试验可以直观地，研究某一具体条件下结构物的受力、变形、破坏等物理力学现象，对于一些重要工程、重要构件的承载能力，超载试验，进行原型试验是必要的，我国铁道科学院有一大型卧式圆环型台架，其内径 13.7m，高为 3.8m。就可进行 1:1 的原型结构试验，他们曾进行过黄土隧道的受力、破坏及喷锚补强等试验，上海隧道建设公司曾进行过整环管片结构试验，为改进管片结构的构造提供了可靠的根据。但原型试验存在很大局限性，实验结果只能适用于和实验条件完全相同的对象上，对重要的、大型的、复杂的结构，特别是在设计，制造之前，要想研究掌握某些量与量间的规律，

用原型试验成为不可能，或相当困难，而且很不经济。

模型实验（或称模拟研究）是以相似理论为基础，建立模型，通过模型实验得到某些量与量间的规律，然后再将所获得的规律推广到与之相似的同类（或异类）现象的实际对象中去应用的一项科学技术。在地下工程试验中它不仅能了解支护和衬砌结构在不断增长的荷载作用下变形发展的全过程，了解极限承载能力和破坏形态，而且可以突出主要矛盾，了解事物的内在联系，模型是根据原型来塑造的，且模型的几何尺寸多是按比例缩小的，故制造容易，装拆方便，试验人员少，节省资金、人力和时间，较之原型试验经济。

随着科学技术的发展，特别是工程数学和电子计算机的发展，为模拟试验技术的发展开拓了广阔的前景。模拟试验技术可以分为：物理模拟（也称"同类模拟"）、数学模拟（也称"异类模拟"）、计算机模拟（也称"数值模拟"）、信息模拟（也称"功能模拟"），地下工程模拟实验室研究以物理模拟技术应用最为广泛，本章将主要介绍物理模拟技术。

11.3.1　相似理论基础

相似理论是说明自然界和工程中各种相似现象相似性质与相似规律的理论，它的理论基础是关于相似的 3 个定理。

1. 相似三定理

（1）相似第一定理

相似第一定理亦称为相似正定理。相似第一定理告诉我们，彼此相似的现象都具有什么性质。

相似第一定理可表述为"对相似的现象，其相似指标等于 1。"或表述为"相似现象其相似准则的数值相同。"

这一定理不仅是对相似现象相似性质的一种说明，也是相似现象的必然结果。凡相似现象，具备如下相似性质：

1）相似现象，能为文字上完全相同的方程组或函数式所描述。例如，运动力学的相似系统均应服从牛顿第二定律，即质点运动的力学方程应为

$$f = m \frac{\mathrm{d}\omega}{\mathrm{d}\tau} \tag{11-5}$$

式中，f——质点运动所受的力；

　　　m——质量；

　　　ω——速度；

　　　τ——时间。

分别以角标"P"，"m"表示"原型"和"模型"中发生在同一对应时刻和同一对应点上的同类物理量，若"原型"与"模型"是相似的，则两者可用同一方程形式来描述，即：

对于原型

$$f_p = m_p \frac{\mathrm{d}\omega_p}{\mathrm{d}\tau_p} \tag{11-6}$$

对于模型

$$f_m = m_m \frac{\mathrm{d}\omega_m}{\mathrm{d}\tau_m} \tag{11-7}$$

对式（11-5）物体受力运动问题，还可用如下函数式来描述

$$\varphi(f,\tau,m,\omega) = 0 \tag{11-8}$$

凡与此相似的运动现象，都应该可用这一函数式形式来描述。

2）两个体系（原型与模型）相似，则表征这两个体系的一切物理量在空间相对应的各点和在时间上相对应的各瞬间。各自互成比例，且比值是个常数，我们称这个比值为相似常数。如上例应该有

时间相似常数 $\qquad \dfrac{\tau_p}{\tau_m} = C_\tau$

速度相似常数 $\qquad \dfrac{\omega_p}{\omega_m} = C_\omega$

质量相似常数 $\qquad \dfrac{m_p}{m_m} = C_m$

力的相似常数 $\qquad \dfrac{f_p}{f_m} = C_f$

$$\tag{11-9}$$

如果以"i"代表模型与原型相对应的有关参数，相似常数常以 C_i 表示。则：相似现象中一个体系（如模型）的所有参数是从另一个体系（原型）中相应的参数乘以固定的换算系数（C_i）而得到的。

例如，原型中描述某个物理现象的基本方程式为

$$F(X_i^p) = 0 \tag{11-10}$$

式中，X_i^p ——原型中的各参数。

则根据相似概念，对于模型而言，则有

$$X_m^p = C_i X_i^m \tag{11-11}$$

式中，X_i^m ——模型中与原型对应的有关参数；

C_i ——相似常数。即同类参数的换算系数，C_i 为无量纲值。

因此，由原型 $F(X_i^p) = 0$，变到模型上有

$$F(C_i X_i^m) = 0, \text{ 或 } \varphi(C_i)F(X_i^m) = 0 \tag{11-12}$$

式中，$\varphi(C_i)$ ——换算系数的函数。

可见，相似现象，自然发生在空间和时间相似的系统中，即系统相似应该存在着

几何相似

$$C_i = \frac{l_p}{l_m}$$

时间相似

$$C_\tau = \frac{\tau_p}{\tau_m}$$

或时间间隔相似

$$C_\tau = \frac{t_{p1} - \tau_{p2}}{\tau_{m1} - \tau_{m2}}$$

质量相似

$$C_m = \frac{m_p}{M_m}$$

运动相似

$$C_u = \frac{U_p}{U_m}$$

动力相似

$$C_a = \frac{a_p}{a_m}$$

场的相似

$$C_\sigma = \frac{\sigma_p}{\sigma_m}$$

等的相似。

由于自然界中的事物一般是极其复杂的，地下工程中的各类现象同样十分复杂，因此，进行试验研究时，不是必须保持所有条件都得相似，而是根据研究问题的目的，只要获得足够的准确性，保持其主要相似条件是允许的。

3）相似现象，各相似常数值不能任意选择，它们之间必须服从于某种自然规律的约束。即受其相似指标 $\varphi(C_i) = 1$ 的约束。

【例1】 仍以运动力学为例。

对于原型有

$$f_p = m_p \frac{\mathrm{d}\omega_p}{\mathrm{d}\tau_p} \tag{11-13}$$

模型有

$$f_m = m_m \frac{\mathrm{d}\omega_m}{\mathrm{d}\tau_m} \tag{11-14}$$

如果模型与原型是相似的，各参数间存在有

$$C_f = \frac{f_p}{f_m}$$

$$C_m = \frac{m_p}{m_m}$$

$$C_\omega = \frac{\omega_p}{\omega_m}$$

$$C_r = \frac{\tau_p}{\tau_m}$$

现将比例常数式（11-9）代入式（11-13），经整理得到

$$\frac{C_f \cdot C_r}{C_m \cdot C_\omega} \cdot f_m = m_m \frac{\mathrm{d}\omega_m}{\mathrm{d}\tau_m} \tag{11-15}$$

比较式（11-15）与式（11-7），欲使两式完全相同，则必须使

$$\frac{C_f \cdot C_r}{C_m \cdot C_\omega} = 1 \tag{11-16}$$

即两系统相似，必然有

$$\varphi(C_i) = \frac{C_f \cdot C_r}{C_m \cdot C_\omega} = 1$$

由此可知，相似现象的各个相似常数，是为一定的关系式〔如式（11-16）〕互相联系着的，它标志着两现象相似的特征，称 $\varphi(C_i) = 1$ 为相似指标，故可得出结论：若现象相似，则相似指标为1。

【例2】 弹性模型的相似指标。

根据弹性力学，研究弹性结构平面问题时（参见图11-10），必要的方程式是平衡方程和变形协调方程。

其方程式为

$$\begin{cases} \dfrac{\partial \sigma_x}{\partial x} + \dfrac{\partial \tau_{xy}}{\partial y} = 0 \\[2mm] \dfrac{\partial \sigma_y}{\partial y} + \dfrac{\partial \tau_{yx}}{\partial x} + \gamma = 0 \\[2mm] \left(\dfrac{\partial^2}{\partial x^2} + \dfrac{\partial^2}{\partial y^2} \right)(\sigma_x + \sigma_y) = 0 \end{cases}$$

式中，σ_x, σ_y ——单元体上的正应力；

$\tau_{xy} = \tau_{yx}$ ——单元体上的剪应力；

γ ——容重（在计算浅部地压时可忽略）。

图 11-10 单元体受力分析图

现以其中的一个方程式（仅考虑重力作用）为例，推求相似条件。

对于原型

$$\frac{\partial \sigma_x^p}{\partial x^p} + \frac{\partial \tau_{xy}^p}{\partial y^p} + \gamma_p = 0 \tag{11-17}$$

对于模型

$$\frac{\partial \sigma_x^m}{\partial x^m} + \frac{\partial \tau_{xy}^m}{\partial y^m} + \gamma_m = 0 \tag{11-18}$$

若模型与原型相似，则各物理量间应存在如下相似常数

$$C_\sigma = \frac{\sigma_x^P}{\sigma_x^m} = \frac{\partial \tau_{xy}^P}{\partial \tau_{xy}^M} C_\gamma = \frac{\gamma^P}{\gamma^m}$$

$$C_l = \frac{x^p}{x^m} = \frac{y^p}{y^m} = \frac{l^P}{l^m}$$

将各项相似常数代入式（11-17），得

$$\frac{C_\sigma}{C_l} \left[\frac{\partial (\sigma_x^m)}{\partial x^m} + \frac{\partial (\tau_{xy}^m)}{\partial y^m} \right] + C_r \cdot \gamma_m = 0$$

整理得

$$\frac{C_\sigma}{C_l C_r} \left[\frac{\partial (\sigma_x^m)}{\partial x^m} + \frac{\partial (\tau_{xy}^m)}{\partial y^m} \right] + \gamma_m = 0 \tag{11-19}$$

欲使式（11-19）与式（11-18）等同，则必须使

$$\varphi(C_i) = \frac{C_\sigma}{C_l \cdot C_r} = 1 \tag{11-20}$$

因此说，若体系相似，其相似指标为1。

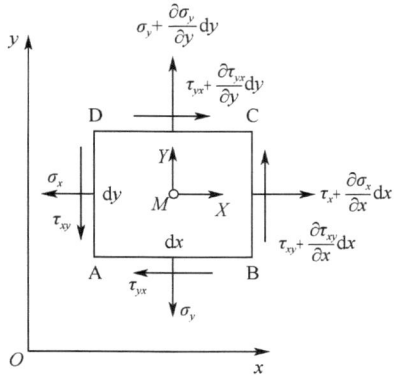

由上两例说明，各相似常数不是任意选择的，它们的相互关系要受 $\varphi(C_i)=1$ 这一条件约束，换言之，在例 1 中，C_f,C_ω,C_m,C_τ 中，只有 3 个可任意选定，而第 4 个相似常数要由 $\varphi(C_i)=1$ 确定；例 2 中，C_σ、C_l、C_γ 中只有两个可任意选定，而第 3 个相似常数要由 $\varphi(C_i)=\dfrac{C_\sigma}{C_l \cdot C_r}=1$ 来确定。

4）体系相似，则相似准则为定数，这是相似必须具备的条件。

从上述例中可知，运动力学相似，则有式（11-16）$\dfrac{C_f \cdot C_r}{C_m C_\omega}=1$，将各相似常数代入此式，则有

$$\frac{\dfrac{f_p}{f_m} \cdot \dfrac{\tau_p}{\tau_m}}{\dfrac{m_p}{m_m} \cdot \dfrac{\omega_p}{\omega_m}}=1$$

整理可得

$$\frac{f_p \cdot \tau_p}{m_p \cdot \omega_p}=\frac{f_m \cdot \tau_m}{m_m \cdot \omega_m}=\frac{f\tau}{m\omega}=idem=\pi \tag{11-21}$$

同样从上述例 2 中，弹性结构平面问题，若相似，存在式（11-20）$\dfrac{C_\sigma}{C_l C_\gamma}=1$，把各相似常数代入该式，则有

$$\frac{\dfrac{\sigma_p}{\sigma_m}}{\dfrac{l_p}{l_m} \cdot \dfrac{\gamma_p}{\gamma_m}}=1$$

整理可得

$$\frac{\sigma_p}{l_p \cdot \gamma_p}=\frac{\sigma_m}{l_m \cdot \gamma_m}=\frac{\sigma}{l \cdot \gamma}=idem=\pi \tag{11-22}$$

式（11-21）、式（11-22）说明 $\left[\dfrac{f\tau}{m\omega}\right]$、$\left[\dfrac{\sigma}{l \cdot \gamma}\right]$ 都是无量纲的一个定数，我们称这个定数为相似准则。（用 π 表示）。所以说，欲使体系相似，必须使体系的无量纲函数（准则）对应相等（或相似准则为定数）。

相似准则是相似现象中，相对应的某一点和相对应的某一时刻，反映各个物理量之间关系的一个量，相似准则是个无量纲的综合数群，是个不变的量。它与相似常数是有区别的，相似准则是个"不变量"，而非"常数"，凡现象相似（如几个不同比例尺寸的模型）。只要它们之间是相似的，在某一对应点和对应时刻上，相似准则其数值相同。而相似常数是指两个现象相似，同类量均保持比值不变，而一旦两现象中任一个与第三个体系相似，其各有关同类量的比值虽为常数，但与原两个体系各同类量比值已不同，因此相似准则与相似常数比较，其重要性在于前者是综合地、而不是个别地反映单个因素对系统的影响，所以它能更清楚地显示出各量间的内在联系。

（2）相似第二定理（π 定理）

相似第二定理认为：约束两相似现象的基本物理方程可以用量纲分析的方法转换成用相似准则型式表达的 π 方程，两个相似系统的 π 方程必须相同。

或者说，若描述某一现象的完整物理方程式为：$f(a_1,a_2,a_3,\cdots,a_k,b_{k+1},b_{k+2},$

b_{k+3}，…，b_n）＝0，其中，a_1，a_2，a_3，…，a_k 为基本量，b_{k+1}，b_{k+2}，b_{k+3}，…，b_n 为导来量（即可由基本量量纲导来的物理量），这些量都具有一定的因次，且 $n>k$，根据任一物理方程中的各项量纲都是齐次性的原则，则该方程式可以转换为无因次的准则方程：$F(\pi_1，\pi_2，…，\pi_{n-k})＝0$，其准则的数目为（$n-k$）个。其中

n——与现象有关的参量数量；

k——基本量纲数量。

相似第二定理，仍然是说明相似现象的相似性质的，它告诉我们：①任何一个现象的函数式都可以用准则方程的形式来表示；②转换来的准则方程其准则数有（$n-k$）个；③准则（π）是无因次的综合数群，且是个定数。

相似第二定理给我们提供了这么一种可能，即，当我们即使对所研究对象还没有找到描述它的方程时，但只要对该现象有决定意义的物理量（影响因素）是清楚的，则可用 π 定理来确定相似准则（π 项式），从而为建立模型与原型之间的相似关系提供了依据。所以相似第二定理更广泛地概括了两个相似系统相似的条件；它为如何整理试验结果及对试验结果的应用与推广提供了可能与方便。

（3）相似第三定理（逆定理）

相似第三定理认为："只有具有相同的单值条件和相同的主导相似准则时，现象才互相相似。"

或者描述为：如两个（或一组）性质相同的现象（或系统）A，B，其准则方程为

$$F(\pi_1^A, \pi_2^A, \cdots, \pi_{n-k}^A) = 0$$
$$F(\pi_1^B, \pi_2^B, \cdots, \pi_{n-k}^B) = 0$$

当各相对应的独立准则其数值相等，即

$\pi_1^A = \pi_1^B, \pi_2^A = \pi_2^B, \cdots, \pi_{n-k}^A = \pi_{n-k}^B$ 时，则现象（或系统）A，B 必相似。

因此，相似第三定理也称为相似存在定律。

这里所说单值条件指：

① 原型与模型的几何条件相似，（时间、空间相似）。

② 在所研究的系统中具有显著意义的物理量，相似常数成比例。

③ 初始状态相似，例如：岩体的结构特征；弱面、节理、层理，断层的分布规律；水文地质情况等相似。

④ 边界条件相似，例如是平面应力还是平面应变问题，加载方式及加载过程等。

主导相似准则是指在系统中具有重要意义的物理常数和几何性质所组成的准则。

2．相似准则的导出及相似准则的判断

（1）相似准则的导出

应用相似理论，进行模型试验研究时，重要的是导出相似准则。求相似准则的方法很多，最常用的方法有相似转换法、因次（量纲）分析法和矩阵法。

1）相似转换法：是由基本方程和全部单值条件导出相似准则的方法，采用这个方法的前提条件是对所研究的问题能建立出数学方程或方程组和给出单值条件式（包括边界条件）。具体推导方式可见下例。

【例3】 已知梁受力后变形方程为

$$EJ \frac{\mathrm{d}^2 y}{\mathrm{d}l^2} = M(x) = kql^2 \tag{11-23}$$

式中，E——弹性模量；

J——转动惯量；

y——变形；

l——梁的长度；

$M(x)$——弯矩；

k——系数；

q——载荷。

为了进行模型设计，请用相似转换法求出准则。

【解】 ①写出现象的基本微分方程式（组）和全部单值条件。

对于原型，梁的受力后变形方程为

$$E'J' \frac{\mathrm{d}^2 y'}{(\mathrm{d}l')^2} = kq'(l')^2 \tag{11-24}$$

对于模型，即与原型相似的梁受力后变形方程为

$$E''J'' \frac{\mathrm{d}^2 y''}{(\mathrm{d}l'')^2} = kq''(l'')^2 \tag{11-25}$$

式（11-24）和式（11-25）中符号意义同式（11-23）。

② 写出单值条件的相似常数式

$$\left. \begin{array}{l} C_E = \dfrac{E'}{E''}; C_J = \dfrac{J'}{J''} \\[2mm] C_y = \dfrac{y'}{y''}; C_l = \dfrac{l'}{l''} \\[2mm] C_q = \dfrac{q'}{q''} \end{array} \right\} \tag{11-26}$$

③ 将相似常数式（11-26）代入式（11-24）进行相似转换，求出相似指标式

$$C_E E'' C_J J'' \frac{C_y \cdot \mathrm{d}^2 y''}{C_l^2 \cdot (\mathrm{d}l'')^2} = k C_q q'' \cdot C_l^2 (l'')^2$$

经整理得

$$\frac{C_E C_J C_y}{C_q C_l^4} E'' J'' \frac{\mathrm{d}^2 y''}{(\mathrm{d}l'')^2} = kq'' \cdot (l'')^2 \tag{11-27}$$

比较式（11-27）与式（11-25）得到相似指标式为

$$\frac{C_E C_J C_y}{C_q \cdot C_l^4} = 1 \tag{11-28}$$

④ 将（11-26）式代入（11-28）式得

$$\frac{\dfrac{E'}{E''} \cdot \dfrac{J'}{J''} \cdot \dfrac{y'}{y''}}{\dfrac{q'}{q''} \cdot \dfrac{(l')^4}{(l'')^4}} = 1$$

准则

$$\pi = \frac{E''J''y''}{q''(l'')^4} = \frac{E'J'y'}{q'(l')^4} = \frac{EJy}{ql^4} = idem \tag{11-29}$$

由式（11-29）可得变形 $y = \dfrac{\pi q l^4}{EJ}$。

本例中参数 $n=5$ 个．基本量有几何尺寸 $[L]$、质量 $[K]$ 两个，即基本量数 $k=2$，根据 π 定理可知其准则数为 $\pi = n - \text{k} = 5 - 2 = 3$ 个。也就是说是 $\pi = \dfrac{EJy}{ql^4}$ 不是独立的准则，而应是由几个独立准则组成的准则，需进行分解。

⑤ 对所求出的准则进行分解或重新组合，并向常用准则靠拢，将相同准则合并。

现将 $\pi = \dfrac{EJy}{ql^4}$ 分解为

$$\pi = \frac{J}{l^4} \cdot \frac{El}{q} \cdot \frac{y}{l} \tag{11-30}$$

式（11-30）中 $\dfrac{J}{l^4}$、$\dfrac{El}{q}$、$\dfrac{y}{l}$ 均为无因次数群，也就是说均是准则。且正好是 $n - k = 5 - 2 = 3$ 个，故从式（11-23）经相似转换后得到的相似的梁受力后，应遵循的 3 个准则为

$$\left. \begin{array}{l} \pi_1 = \dfrac{J}{l^4} \\[2mm] \pi_2 = \dfrac{El}{q} \\[2mm] \pi_3 = \dfrac{y}{l} \end{array} \right\} \tag{11-31}$$

2）因次分析法：基本原理是任何一个完善正确的物理方程中各项的因次（或称量纲）必定相同（即根据物理方程齐次性定理）只要正确地确定函数方程的参数，正确取用量纲系统、通过因次分析、就可求得准则。因次分析法对于一切机理尚不清楚，规律未充分掌握（不能列出微分方程）的复杂现象来说，是获得准则的主要、甚至是唯一的方法。其推求步骤举例说明如下。

【例 4】 物体受力运动问题的相似准则

【解】

① 罗列有关参数，写出现象的函数式

$$\varphi(F, J, m, \omega) = 0$$

（运动与力 F，时间 τ，质量 m，速度 ω 有关）

② 写出 π 项式

$$\pi = F^a \cdot \tau^b \cdot m^c \cdot \omega^d$$

③ 列出各参数基本因次（量纲）

$$[F] = [MLT^{-2}]; \quad [\tau] = [T];$$
$$[m] = [M]; \quad [\omega] = [LT^{-1}];$$

④ 把各物理量代入 π 项式，列出量纲（因次）等价式

$$[\pi] = [MLT^{-2}]^a [T]^b [M]^c [LT^{-1}]^d$$
$$[\pi] = [M]^{a+c} [L]^{a+d} [T]^{-2a+b-d}$$

⑤ 根据因次齐次原则，列出物理量指数间的联立方程。

因为

$$[\pi] = [M]^0[L]^0[T]^0（无量纲）$$

所以

$$\begin{cases} a+c=0 \\ a+d=0 \\ -2a+b-d=0 \end{cases}$$

⑥ 解方程，设其中任意一未知数等于 1，如令 $a=1$，得

$$\begin{cases} c=-1 \\ d=-1 \\ b=1 \end{cases} \quad \pi = \frac{F\tau}{m\omega} = Ne（牛顿准则）$$

若令 $b=1$，得

$$\begin{cases} a=1 \\ c=-1 \\ d=-1 \end{cases}$$

则

$$\pi = \frac{F\tau}{m\omega} = Ne$$

若令 $c=1$，有

$$\begin{cases} a=-1 \\ b=-1 \\ d=1 \end{cases}$$

则

$$\pi = \frac{m\omega}{F\tau} = \frac{1}{Ne}$$

由上可知，准则

$$\pi = \frac{F\tau}{m\omega}$$

【例 5】　求出模型设计中软土地层的相似准则。

【解】　此类土层的强度认为是符合库伦定理的。

① 罗列参数，写出现象的函数式。

土层中任一单元的应力及位移与下列参数有关：内聚力 C，内摩擦角 ϕ，容重 γ，几何尺寸 L。函数式为：

应力

$$\sigma = \oint_1 (C, \phi, \gamma, L),$$

或写成

$$\varphi_1(\sigma, C, \phi, \gamma, L) = 0 \tag{11-32}$$

位移

$$\Delta = \oint_2 (C, \phi, \gamma, L),$$

或写成

$$\varphi_2(\Delta,C,\phi,\gamma,L)=0 \qquad (11\text{-}33)$$

② 由（11-32）式写出 π 项式

$$\pi=\sigma^a,C^b,\phi^c,\gamma^d,L^e \qquad (11\text{-}34)$$

③ 列出各参数基本因次

$$[\sigma]=[ML^{-1}T^{-2}];\quad [C]=[ML^{-1}T^{-2}]$$

$$[\phi]=[M^0L^0T^0]<\text{无因次项}>,\quad [\gamma]=[ML^{-2}T^{-2}];[L]=[L]$$

④ 把各物理量代入 π 项式列出量纲等价式

$$[\pi]=[ML^{-1}T^{-2}]\cdot[M\cdot L^{-1}T^{-2}]^b[ML^{-2}T^{-2}]^d[L]^e$$

$$[\pi]=[M]^{a+b+d}[L]^{-a-b-2d+e}\cdot[T]^{-2a-2b-2d} \qquad (11\text{-}35)$$

⑤ 根据因次齐次性质，列出物理量指数间的联立方程。

$$\begin{cases} a+b+d=0 & (11\text{-}36)\\ -a-b-2d+e=0 & (11\text{-}37)\\ -2a-2b-2d=0 & (11\text{-}38) \end{cases}$$

⑥ 解方程。

式（11-36）与式（11-38）等价，方程组等于有 2 个方程，含 4 个未知数，故设其中两个未知数的值，才可求出。

如设 $b=1$；$d=-1$ 代入式（11-36）～式（11-38）有

$$\begin{cases} a+1-1=0\\ -a-1+2+e=0\\ -2a-2+2=0 \end{cases}$$

解得 $a=0$，$e=-1$，将各式代入式（11-34）

$$\pi_1=\frac{C}{\gamma\cdot L}$$

再令设 $a=1$，$e=-1$，代入式（11-36）～式（11-38），有

$$\begin{cases} 1+b+d=0\\ -1-b-2d-1=0\\ -2-2b-2d=0 \end{cases}$$

解得 $d=-1$；$b=0$

$$\pi_2=\frac{\sigma}{\gamma\cdot L}$$

ϕ 本身是无量纲的量，则

$$\pi_3=\phi$$

根据 π 定理，本题准则数目应为 $(n-1)=5-1=4$ 个

现已求得 3 个准则，另一个则需由式（11-33）$\varphi_2(\Delta,C,\phi,\gamma,L)=0$，按上述同样步骤可求出

$$\pi_4=\frac{\Delta}{L}$$

即

$$\pi=f(\pi_1,\pi_2,\pi_3,\pi_4)=f\left(\frac{c}{\gamma\cdot L},\frac{\sigma}{\gamma\cdot L},\phi,\frac{\Delta}{L}\right)$$

3）矩阵法。原理仍是以物理方程中各项因次齐次性原理为基础，也是用因次分析的方法，只是在具体运算时应用了矩阵式求准则，这里不再介绍，可看有关参考书。因次分析法与矩阵法获得的准则，有着一定的普遍性，但有时不易看出准则的物理意义，则还需转化为熟知的或标准的形式。

应该指出，利用因次分析方法之前，要弄清所研究的现象究竟包括哪些物理量（即现象与哪些因素有关），这一点很重要。如果表征现象的物理量确定的不正确或者在确定中漏掉主要的因素，就会使经过因次分析建立起的相似关系不正确，而得出错误的实验结果。

（2）相似准则的特性

由于相似现象的相似准则，在数值上相等，即：$\pi=$ 不变量这一属性的存在，所以当存在有 π 关系式：$F[\pi_1,\pi_2,\cdots,\pi_r]=0$ 时，则可以通过代数转换，将原 π 关系式变换成新的一种 π 关系式型式，而不改变原关系式的函数性质。也就是说，π 关系式具有如下特性：

任何两个（或多个）π 项的代数转换，如乘、除、加、减，提高或降低幂次，并不改变原关系式的函数性质。但要满足两个条件：幂次不得降低（或升高）至零；π 项总数不得减少或增加。（因 $\pi=n-k$ 个是定值。）

因此，若有相似准则 $\pi_1,\pi_2,\cdots,\pi_r$。则：

$\pi_i^{a_i}$ —— 仍是相似准则（$i=1,2,\cdots,r$）；

$\pi_1^{a_1}\pi_1^{a_2}\cdots\pi_1^{a_r}$ —— 仍是相似准则；

$\pi_1^{a_1}\pm\pi_1^{a_2}\pm\cdots\pm\pi_1^{a_r}$ —— 仍是相似准则；

$\pi_i\pm a$ —— 仍是相似准则（a 为常数）；

$a\pi_i$ —— 仍是相似准则。

π 关系式的这种特性为模型试验研究提供了很大的方便，一是准则确定以后，可经转换，向人们已熟知的，常用的准则靠拢，便于搞清楚有关现象（准则所代表）的物理意义；未能靠拢的，有利于研究和发现（有关现象）新的物理含义，或建立起新的物理概念。二是为模型试验研究的结果向自然界现象推广（即经转换与原型准则一一对应，判断是否相似，是否可以推广）提供了手段。

（3）准则的选择与判断

不管用什么方法求出的准则，应符合以下原则：

① 准则的数目等于参数个数与基本量个数之差［或（$n-k$）个］，准则是无因次的。

② 一个准则中所包括的参数一般以 2～4 个为好，过多应作分解，避免给模型设计带来不便。

③ 一个准则中最好仅有一个导来量，也可以说仅有一个是需要在模型试验中待测量的量。

④ 准则可以分解，也可以互相组合，即可以进行代数转换（加、减、乘、除，提高或降低幂次），得到新的准则，但分解或组合是为模型设计的方便服务的，而不是盲目的进行分解、组合。

⑤ 当所求出的准则经分解或组合后得到重复的，完全相同的准则时，说明这个准则是独立准则，相同准则在准则方程中只出现一个即可。

求出相似准则的目的是：进行试验模型的设计（简称模化）；将试验数据整理成准则方程，以描述某一类现象中各参数之间的关系，并应用其试验结果。

11.3.2　模型设计

模型设计的理论基础是相似理论。这里主要介绍物理相似模型设计，即模型与原型属同一类的现象，一般称同类模拟，也常被称为相似（similarity）。

1. 物理相似模型设计基本原则

1）模型与原型应该是几何相似的

几何相似是同类模拟的基本条件。模型与原型几何相似指的是与现象影响参数有关的可独立的几何量（如长度、高度或距离等）。对于非独立量（如面积、体积、断面模数、断面惯性矩等），在模型设计中只要这些参数的相似常数能满足准则要求即可。

2）模型与原型的两系统应该是属于同一种性质的相似现象。或者说，模型与原型间同名准数（准则的数值）相等。

3）模型与原型的同类物理参数对应成比例，且比例为常数。

4）模型与原型的初始条件与边界条件相似。

2. 模型设计的步骤

1）列出准备模拟的现象的微分方程式或罗列参数求出准则，并写出准则方程；准则方程是定性准则与非定性准则间的一般函数关系式。

定性准则：只由单值条件的物理量（定性量）所组成的相似准则，用 $\pi_{定1}$，$\pi_{定2}$，…，表示；

非定件准则：包含有非单值条件的物理量（非定性量）的相似准则，用 $\pi_{非(m+1)}$，$\pi_{非(m+2)}$，…，$\pi_{非n}$ 表示，根据 π 定理，被研究的现象，其准则方程式为

$$F(\pi_{定1},\pi_{定2},\cdots,\pi_{定m},\pi_{非(m+1)},\pi_{非(m+2)},\cdots,\pi_{非n})=0$$

或为

$$\left.\begin{array}{l} \pi_{非(m+1)}=F_1(\pi_{定1},\pi_{定2},\cdots,\pi_{定m}) \\ \pi_{非n}=F_n(\pi_{定1},\pi_{定2},\cdots,\pi_{定n}) \end{array}\right\} \tag{11-39}$$

（注：求解准则之间的函数关系时，可采用固定因素法，即将决定性准则，依次产生一个变化（其余准则均固定不变），用试验求得它与非决定性准则间的函数关系。然后再求第二个决定性准则与非决定性准则间的函数关系，直至求出全部决定性准则与非决定性准则间的函数关系。）

2）初定模型方案。根据选定的几何缩比和准则，选择模型方案，并初算主要尺寸，以确定其可行性和合理性。

3）试定几何缩比（几何相似常数）。几何缩比的确定应考虑到以下几点：

① 测量手段，即传感器的大小和精度要求。当传感器尺寸较小，测量精度较高时，可取大几何缩比；反之，要取小的缩比。

② 原型经几何缩比转换成模型后，尺寸不易太大，一般应以实验室容纳条件为准；

③ 模型中经相似转换后的参数的数值有实现的可能，也可以控制。例如，原型中速度低，经相似转换后其速度很高，以至在技术上难以达到，或难以控制（或量测），都是不妥的。

4）根据几何缩比和各准则计算模型尺寸，计算各参数在模型试验中的数值——模型设计。

5）安排试验顺序。

6）进行试验和量测。

7）数据整理。并把数据转换到原型中去，或确定试验结果可以应用的条件和范围。

3. 模型材料

正确选择模型材料是能否正确模拟原型的关键，因此说模型材料的选择是室内模拟试验技术中与量测技术同等重要的主要内容之一。

（1）对模型材料的要求

模型材料是用来模拟原型的，对它们的要求是：

1）主要力学性质应能模拟原型材料的力学性质，即材料力学性能相似，但随着试验目的和加载方式、量测设备的不同，对相似材料的要求也不同，如对于研究弹性范围的静力学问题，要求模型材料应有较大范围的线性应力－应变关系，主要考虑弹性模量的相似即满足要求；而对于进行弹塑性性质和破坏性的试验时，材料必须满足强度和变形的相似。

2）模型材料应具备通过配比的变化，就可调整材料某些性质的特点。以适应相似条件的需要，比如用于不考虑容重相似的一种较理想的材料为石膏、砂、水混合物，调整含砂量即可调整材料性质，其砂量增加，弹模增加，材料表现出脆性破坏性质；砂量减少、弹模减小，则脆性减弱；砂量为零时，弹模降到最低，表现出典型的塑性破坏特性。

这种材料价格低，取材方便，制作简单，性能稳定，可以模拟广泛的力学参数，便于获得低强度，低弹模的性质。

3）试验过程中材料的力学性能稳定，不易受外界条件的影响。

4）制作方便、凝固时间短，成本低，来源丰富。

（2）模型材料分类

按配制相似材料的原材料可分为两类：

1）骨料。如砂、尾砂、黏土、铁粉、铅丹、重晶石粉、铝粉、云母粉、软木屑、聚苯乙烯颗粒、硅藻土，等等。

2）胶结材料。如石膏、水泥、石蜡、石灰、碳酸钙、水玻璃、树脂等。

随着模拟试验研究的发展，根据岩土复杂的特性，特别是对其受力后的膨胀性、流变性的模拟要求，也有人将模型材料作如图 11-11 所示的分类。

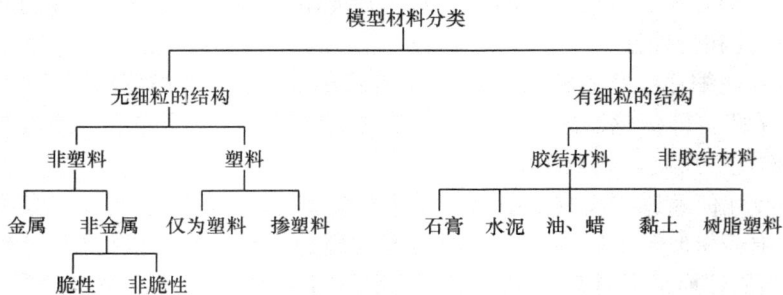

图 11-11　模型材料分类

表 11-19 列出的是国内外近年应用的地质力学模型材料配比和主要力学性能，供参考。

表 11-19 国内外几种地质力学模型材料的配比及主要特性

混合料编号	混合料组成						单轴抗压强度/(kg/cm²)	变形模量/(kg/cm²)	容重/(g/cm²)	备注
1	PbO	石膏	水	膨润土	—	—	3.0	3000	3.65	意大利
	76.0	6.3	16.3	1.4	—	—				
2	Pb₃O₄	砂	石膏	水			1.25	510	1.96	
	600	1200	100	442.5						
3	浮石（粉状）	重晶石（粉状）	水	甘油	环氧树脂	硬化剂	4～5	2500～3500	2.45	意大利
	11.8	80.8	5.5	1.24	0.33	0.33				
4	重晶石粉	砂	水	石膏	甘油		1.62	1280	221	我国长办
	4600	4600	1400	200	200					
5	重晶石粉	石膏	甘油	淀粉	水		3.82	3140	2.4	清华大学拱坝结构实验室
	35	1.0	0.86	0.136	6.8	—				
6	铁粉	重晶石粉	14%松香酒精	饱和石蜡酒精			8.25	19500	4.29	$\mu=0.165$，武汉水院
	560	280	32	10	—					
7	铁粉	红丹粉	重晶石粉	氯丁胶液	汽油	16.6%松香酒精	5.5	3500	3.68	$\mu=0.22$ ～0.35 $\varphi=39℃$ $=1.3$ 武汉水院
	467	66.7	234	63	0	30				
8	铁粉	砂	乳胶	水	石膏	附加剂	—	1100左右	2.46	华东水院
	500～750	30～40	100	0～200	5～15	5.8～17				

注：来源于谷兆祺等编《地下洞室工程》

4. 模型试验

现以某水平硐室支护的模型设计为例，介绍设计过程；水平硐室如图 11-12 所示。

（1）基本假设

① 水平洞室长度方向很长，认为洞室支护可按平面问题处理；

② 岩土是均匀、连续的。

（2）列参数求出准则

其影响参数有外载 P（N/cm²）；岩土的弹性模量 E（N/cm²）；硐室几何尺寸 L（m）；支护材料弹性模量 E（N/cm²）；支护材料强度 R_0（N/cm²）；变形量 y（m）。则可写出函数式为

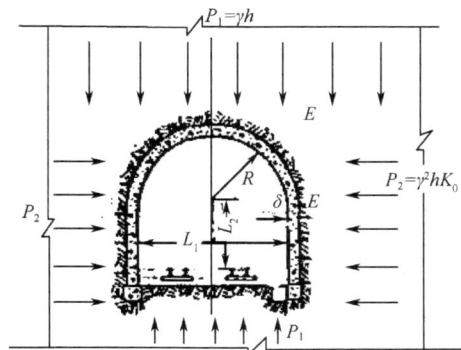

图 11-12 巷道支护示意图

$$f(P,E,L,E_0,R_0,\sigma,y)=0 \qquad (11\text{-}40)$$

用量纲矩阵法可求出准则如下

$$\pi_1=\frac{P}{E};\quad \pi_2=\frac{E_0}{E};\quad \pi_3=\frac{R_0}{E};\quad \pi_4=\frac{\sigma}{E};\quad \pi_5=\frac{y}{L}$$

（3）确定几何缩比

一般硐室尺寸较大，为便于试验，取几何缩比：$C_l=15\sim25$，本实验选 $C_l=20$。

（4）确定试验方案

选用物理相似（同类）模型，按几何缩比 $C_l=20$ 将各几何量转换，得出模型尺寸如图 11-13 所示。

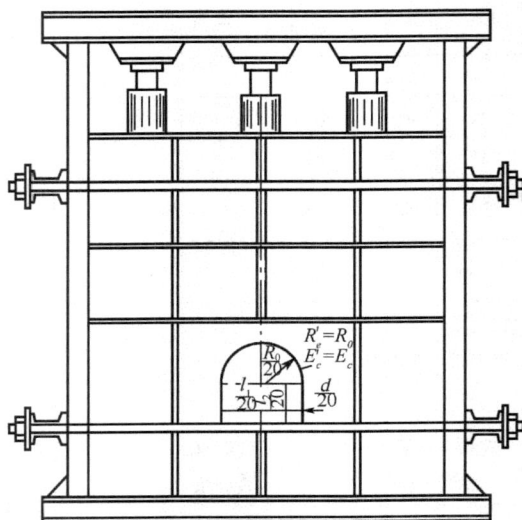

图 11-13　巷道模型试验示意图

（5）模型设计计算

1）由 $\pi_5=\frac{y}{L}$，该准则为 $\frac{y}{L}=C_l=20$，由于硐室尺寸已按 $C_l=20$ 缩小，$\frac{y}{y'}=C_l=20$，则 $y'=\frac{y}{20}$，即模型的变形量为原型的变形量的 $\frac{1}{20}$。

2）准则 $\pi_2=\frac{E_0}{E}=\frac{E'_0}{E'}$，经转换可得。

$C_{E_0}=C_E$［一般 $C_{E_0}\neq1$ 但要保持 $C_{E_0}=C_E$］为讨论方便，设 $C_{E_0}=1=\frac{E_0}{E'_0}$，则这时 $C_E=1=\frac{E}{E'}$ 也就是说 $E'=E$，试验中应使模型中支护材料的弹性模量与原型支护材料的弹性模量相等。

3）$\pi_3=\frac{R_0}{E}$，得到

$$C_{R_0}=C_E=1,R'_0=R_0$$

从 $\pi_4=\frac{\sigma}{E}$，又可得

$$C_\sigma = C_E = 1, \sigma' = \sigma$$

即模型支护材料的强度 R'_0 与原型材料的强度相等；模型上所测应力 σ' 也与原型对应点的应力相等。

4）从 $\pi_1 = \dfrac{P}{E} = \dfrac{P'}{E'}$ 可得

$$C_E = C_P = 1, C_P = \frac{P}{P'} = 1$$

则

$$P = P'$$

从上式可知，模型上所加单位面积的垂直载荷与原型单位面积的垂直载荷相等，即

$$P = P' = \gamma h \, [N/cm^2] \tag{11-41}$$

式中，γ——岩土的密度；

h——洞室所处位置。

（6）数据整理

按上述计算进行试验台设计、制造和调试，然后进行试验准备和试验量测工作；试验后进行数据整理。

5. 试验规划与试验数据整理

（1）试验规划

已设计出模型并制定了试验方法后，究竟如何来安排试验，这就是"试验规划"问题。合理的试验规划，应该是以最少的试验次数，最小的试验工作量并能达到完成试验任务的目的，解决这个问题的较好方法，就是正交试验法。（也称正交设计法）。

正交设计是一种科学的安排与分析多因素试验的方法，这种方法简单易行，灵活多样，效果良好。它是使用为正交试验法专门设计的表来安排实验的。常用的正交表称为 $L_m(S^q)$ 型表。正交试验法的原理及正交表的使用可查阅有关参考书目。

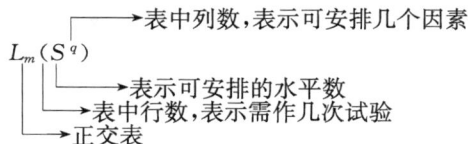

（2）数据整理

每个试验都会取得大量的数据，对这些数据要进行整理，并找到它们之间的函数关系或建立经验方程，整理数据和求得函数关系之前，应先对数据的真伪进行分析和判断。大量的试验数据可分为两大类、一类数据是围绕其真值，可能有不大的误差，是可以信赖的数据，称正常数据，无疑是待整理的正常数据；另一类数据与一般数据有明显区别，被称为奇异数据，对这一类数据不可忽视，其中经检查、分析确由量测、记录错误或因试验条件有不恰当的变化等原因所造成的奇异数据，应予以删除，对其中无法认定是错误的奇异数据则要认真对待，加以研究，往往一些新的参数的发现或是一些新的课题的引出是在分析研究这种奇异数据时被发现和提出的。

模型试验研究如果是为了解决具体工程或课题时，其数据整理则取其正常数据的平

均值，或加权平均值作为真实数据，用相似转换法把模型试验结果，转换为原型数据，供工程设计施工时应用。对大的重要的工程，可增加一级或二级中间模型试验。

而对于模型试验研究是为了解决一类问题的数据处理，则要按照相似第二定理，用准则为基本参数来整理试验数据，找出非定性准则（如准则 π_1）随定性准则（如准则 π_2）的变化规律，即 $\pi_1 = f(\pi_2)$ 关系曲线或公式。

参数间或准则间的函数式，常用回归方法求得。常遇到的回归方程的类型有以下几种。

1）线性函数：$y = ax + b$

2）二次或高次函数：$y = a_0 + a_1 x + a_2 x^2 + \cdots + a_n x^n$

3）对数函数：$y = bx^a$

4）指数函数：$y = ab^x$

5）抛物线函数：$y = \dfrac{1}{a + bx}$

6. 城市地下工程模拟实验系统

作者自行设计研制的城市地下工程三维相似模拟试验系统，如图 11-14 所示。该试验系统研制及试验装备研发获国家专利 6 项。该模拟实验系统的主要功能为：进行地铁隧道工程、基坑工程、建筑基础工程、建构筑物与地下工程相互作用模拟、地下水对城市地下工程影响模拟、市政冻结工程模拟等。模型尺寸为箱体：2030mm×2030mm×2000mm 的密闭箱体；试验加载系统实现了真三轴加载（$\sigma_1 > \sigma_2 > \sigma_3$），水平方向各四

(a) 三维加载模拟实验系统

(b) 试验台的主观察孔　　(c) 水平加载油缸及液压管路　　(d) 实验系统液压控制阀

图 11-14　城市地下工程三维加载模拟实验系统

组水平油缸，每个 150kN 的荷载；垂直：12 个竖向加载油缸，每个 150kN 的荷载；油路系统工作压力为 31.5 MPa，控制台控制油缸加卸载；根据不同水位和不透水层深度设置了多层进水路的地下水模拟系统；冻结模拟实验系统采用德国谷轮压缩机组，可实现−30℃的地下市政冻结工程负温模拟；数据采集系统：TDS-303、DT615 数据采集仪等，80 通道同步监测，最多可接 1000 个测点；试验材料以土体及相似材料为主，也可进行软岩类脆性材料的地下工程相似模拟实验。

图 11-15 为北京地铁某区间隧道下穿建筑物桩基础的三维模型试验照片；图 11-16 为上海地铁某区间隧道间的联络通道冻结法施工现场照片；图 11-17 为采用城市地下工程模拟实验系统进行隧道联络通道的冻结法施工模拟实验示意图。

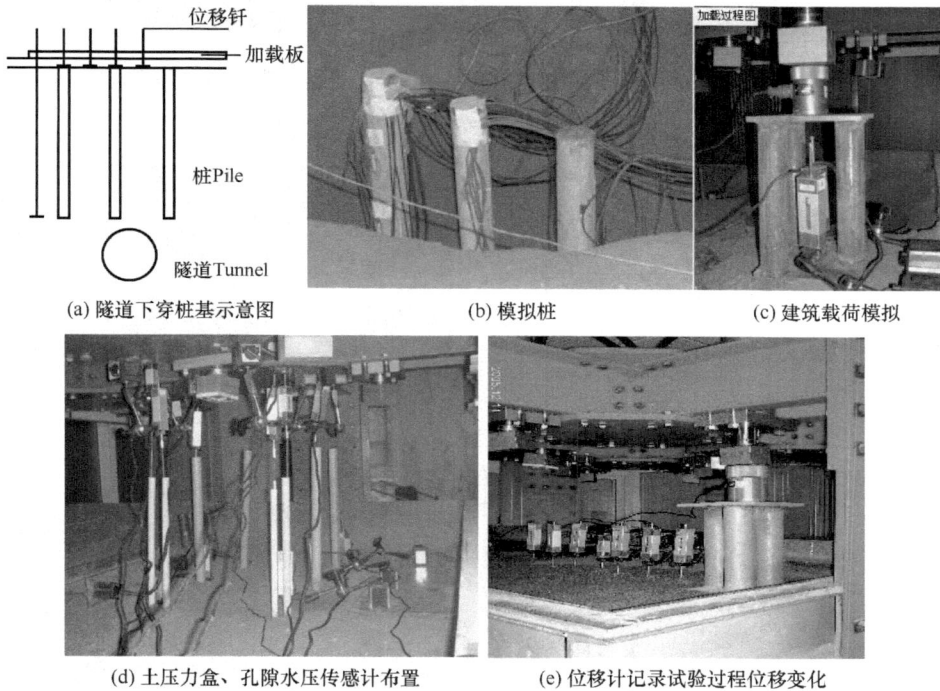

(a) 隧道下穿桩基示意图   (b) 模拟桩   (c) 建筑载荷模拟

(d) 土压力盒、孔隙水压传感计布置   (e) 位移计记录试验过程位移变化

图 11-15　城市地铁隧道下穿建筑物桩基的模型试验照片

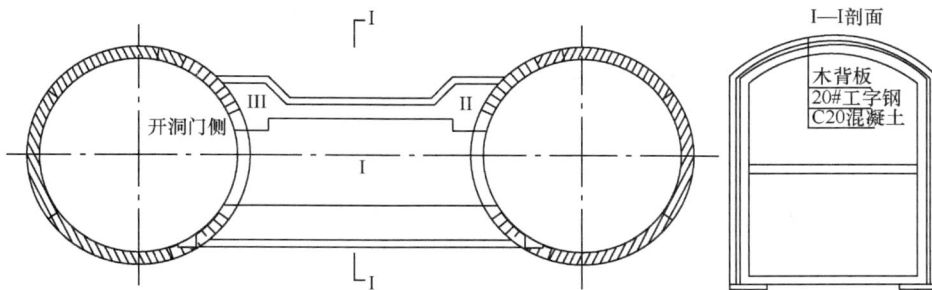

(a) 地铁隧道间的联络通道及其横断面图

图 11-16　上海地铁某区间隧道间的联络通道冻结法施工

(b) 联络通道冻结法施工现场的冻结管　　　　　　(c) 联络通道开挖施工中

图 11-16　上海地铁某区间隧道间的联络通道冻结法施工（续）

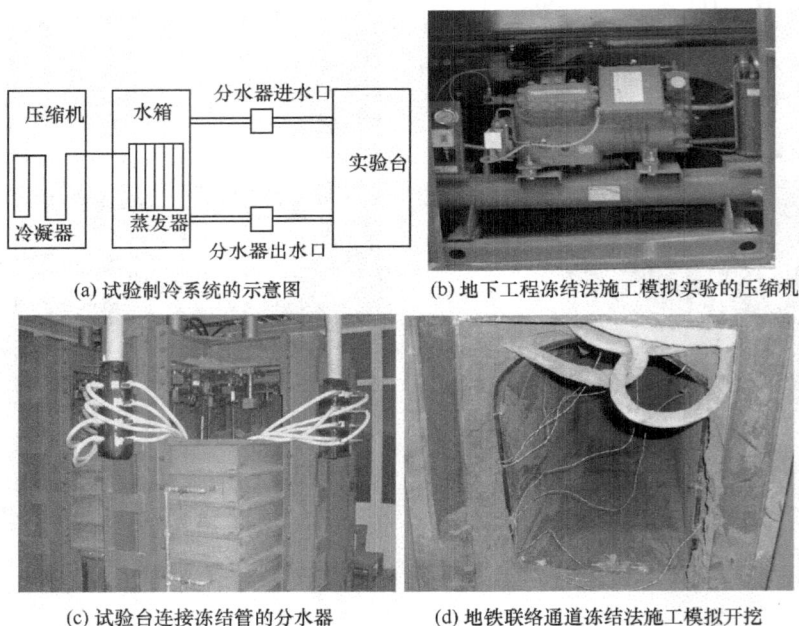

(a) 试验制冷系统的示意图　　　　　　(b) 地下工程冻结法施工模拟实验的压缩机

(c) 试验台连接冻结管的分水器　　　　　　(d) 地铁联络通道冻结法施工模拟开挖

图 11-17　采用城市地下工程模拟实验系统进行地铁联络通道冻结法施工模拟实验

11.4　城市地下工程数值仿真与预控

　　不同于物理模拟试验和现场试验法，数值仿真就是以电子计算机为手段，通过数值计算分析和图像显示的方法，达到对工程问题及其物理本质乃至自然界各类科学及工程问题进行研究的目的。数值模拟方法是适于所有地下工程问题分析研究，并能得到准确数值解的有效方法；城市地下工程问题的特殊性决定了采用数值模拟与数值仿真技术是科学、经济、有效、快捷的研究方法。

　　数值方法主要包括确定性方法和非确定性方法。确定性方法包括：有限差分法

（FDM）、有限元法（FEM，finite element method）、边界元法（BEM，boundary ele-ment method）、离散元法（DEM，discrete element method）、无限单元法（IEM，infi-nite element method）、非连续变形分析（DDA，discontinuous deformation analysis）、流形方法（MM，maniford method）、无单元法（meshless-element free method）、颗粒流法（PFC，particle flow code）、半解析法、反分析法，以及各种耦合方法。确定性分析方法中有限元法、有限差分法、离散元法等方法在工程数值计算分析中应用广泛。非确定性方法：模糊数学方法、概率论与可靠度分析方法、灰色系统理论、人工智能与专家系统（决策支持系统）、神经网络方法、时间序列分析法。

城市地下工程数值计算仿真分析的一般步骤：

① 选择合适的计算分析软件；

② 建立工程问题的几何模型并确定各类边界条件；

③ 选取岩土材料的结构模型；

④ 确定岩土材料的物理力学计算参数；

⑤ 确定支护结构的计算力学模型及材料参数；

⑥ 确定工程问题的变形失稳模式；

⑦ 确定计算分析方案；

⑧ 数值计算及结果分析；

⑨ 结合工程实测（或经验类比）反馈计算分析与信息化施工。

在进行地下工程数值计算仿真过程中，由建立数学物理模型到数值计算获得准确的可靠的计算结果是一个系统工程。下述内容不容忽视，即确定模式，选取合理的计算软件并建立科学合理的工程分析模型是一切工作的基础；在模型离散化以及对离散系统组装过程的计算机实现，必须充分考虑计算软件特征是否适合拟研究的工程问题；计算结果的收敛性判断，对奇异性问题的判断与处理；计算分析模型的适用性问题，在多大范围内有效，可推广到何种范围；计算结果的精度、可靠性等需依赖于计算分析人员准确的建模、丰富的专业知识及工程经验。

对于城市地下工程问题数值仿真，影响数值分析预测结果可靠性的因素包括：地下工程的荷载特性、施工动态过程及时空效应、支护结构与围岩相互作用模拟、地质体的结构不连续面与接触特性模拟、岩土参数的空间离散性和变异性等。以地下工程的荷载特性为例，一方面，确定地下工程的原始应力状态存在困难；其次，地下工程的开挖与施工建造过程决定了荷载参数具有难确定性。因此，弄清这些因素的影响对获得较为可靠的仿真预测结果是十分重要的。

本节以两个城市地下工程实例分别从隧道、车站和地铁基坑等方面介绍城市地下工程的数值仿真过程与预控分析问题。

11.4.1 盾构隧道、基础扩挖、地铁车站的数值分析

盾构法在城市地下软土隧道施工中已得到大量的应用，在地铁隧道施工中盾构法具有非常广阔的发展和应用前景。盾构法应用中，人们十分重视盾构施工引起的地表沉降问题。实践表明，再先进的盾构技术也会引起不同程度的地面沉降，以至影响到临近建构筑物的安全或正常使用。因此，准确预测施工引起的地表沉降和影响范围是十分重要

的。目前国内研究还多限于地铁区间隧道施工引起地表沉降的预测与研究。为提高地铁建设质量，缩短建设周期，并从总体上降低工程造价，广州地铁三号线设计论证中提出：直接采用盾构法或在盾构法基础上修建地铁车站可望取得良好的效果，因为这样可以避免盾构掘进机多次搬家带来的系列问题，该工法尚无先例，研究盾构隧道的基础上扩挖成站就显得非常必要，首先必须分析预测扩挖成站引起的地表沉降规律。

本例采用国际知名的有限差分计算软件 FLAC^{3D}（fast lagrangian analysis of continua 连续介质快速拉格朗日分析）；对拟建广州地铁某车站，采用盾构过站、扩挖成站施工可能引起的地表沉降规律进行了数值仿真，模拟了不同工况，盾构双隧道过站施工对地面带来的影响；在此基础上模拟了采取不同加固土体措施情况下、扩挖修建车站对地面变形影响；对盾构直接过站方案是一种技术支持，可提供理论参考依据。

1. 工程概况

广州地铁某车站，该车站设计客流量74365人/日，车站采用岛式站台、站台宽度大于8m，线间距13.2m，站厅净高大于3m，车站站台有效长度140m，站台装修面至轨顶面净高1.080m，站台层地坪装修面至结构中板地面净高大于4.300m，车站埋深20m。数值仿真预测时，结构采用三拱立柱式，在盾构过站基础上进行扩挖，并拟定了扩挖施工顺序。车站位置地面平坦，场区基岩为白垩系红色碎屑岩，含砾砂岩、砾岩、粉砂岩、含砾粉细砂岩、泥岩。

地铁车站岩土层分布及性质如表11-20所示。地质、水文条件，砂层孔隙水及中风化岩裂隙水为主，稳定地下水位埋深为1.9～5.7m，本工程位置的地下水位为埋深2.4m。盾构外径6.0m。

表 11-20　广州地铁某车站岩土层分布及性质

土层编号	厚度/m	密度/(kg/m³)	体积模量/kPa	剪切模量/kPa	内摩擦角/(°)	黏聚力/kPa
\<1\>	1.9	2140	4.67×10^3	2.15×10^3	27.7	11.0
\<4-1\>	2.5	1990	2.47×10^3	1.63×10^3	19.6	22.5
\<5-1\>	9.0	1980	3.58×10^3	1.65×10^3	22.8	49.2
\<7\>	2.4	2000	3.49×10^3	1.80×10^3	28.3	462.0
\<8\>	8.0	2310	4.33×10^3	2.60×10^3	35.0	48.3
\<9\>	36.2	2410	9.17×10^6	4.23×10^6	45.0	785.0

2. 建模过程方法

FLAC^{3D}可对连续介质进行大变形分析，能计算非线性本构关系，可模拟多种不同力学特性的材料；FLAC提供了梁、桩、锚杆、壳体等多种结构单元，非常适合于模拟盾构推进、车站开挖、土体变形破坏的渐进过程。

1）计算域的确定。根据车站设计条件，计算范围为：上至地面，下至隧道底部以下40m处，横向取洞室中线两侧各60m，因车站有效长度140m，则沿隧道轴线方向长取200m。

2）荷载。模拟过程主要考虑永久荷载，包括建筑物结构自重，地层压力、水压。
① 建筑物自重：计算中简化为均布竖向荷载，计算范围内考虑广州国际贸易中心、中

信广场和市长大厦的荷载，按建筑物基础的埋深施加。隧道结构自重按设计尺寸及材料标准重度计算确定；② 地层压力：垂直地压为上覆盖层重度，水平地压按垂直地压乘以 0.65 侧压力系数；③ 静水压力采用水土耦合计算。

3）边界条件。模型侧面和底面为位移边界，侧面限制水平移动，底部限制垂直移动，模型上面为地表，取为自由边界。

4）强度准则、变形模式。采用摩尔-库

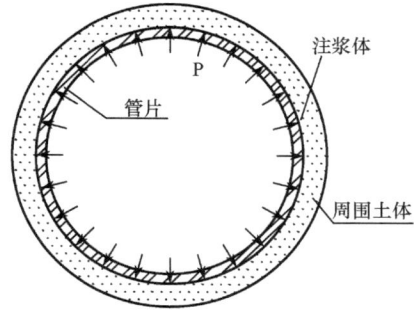

图 11-18　管片与注浆体等效层示意图

仑塑性准则，大变形模式，施工进度 10m/d；采用泥水加压盾构，故对工作面土体施加略高于水土压力的计算压力。考虑盾尾间隙，并于管片安装后在隧道周边施以壁后注浆压力，壁后注浆采用等效层的模拟方法，如图 11-18 所示。

模拟双线隧道盾构施工根据工程实际应考虑如下几种方案：采用双盾构同时施工，同向推进；盾构施工完一条隧道后，调头开挖另一条隧道；双盾构同时施工，反向推进。数值计算网格剖分时，考虑盾构施工对隧道周围较近土体扰动更剧烈，因此在进行离散化时，这部分网格剖分更密集，开挖前后三维计算模型的网格剖分，如图 11-19、图 11-20 所示。

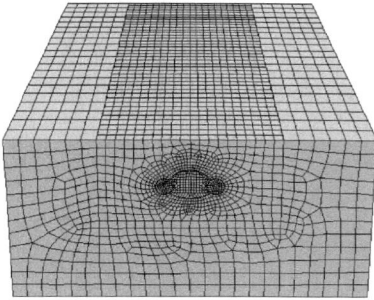

图 11-19　盾构开挖隧道基础上开挖
车站网格剖分

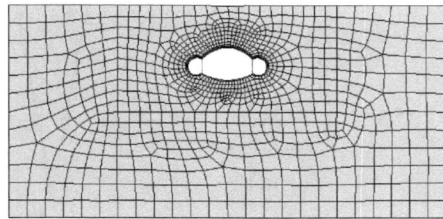

图 11-20　开挖后的车站断面图

3. 双隧道施工引起地表沉降的模拟

盾构过站，双隧道施工引起地表沉降的模拟表明：盾构推进时周围土体受到切口环切入土体的作用力、泥水压力及摩擦力的作用，盾构前方出现地表隆起，盾构前方 20m 内范围均受一定的影响；在盾构后方 7m 处开始下沉；随着盾构的推进地表慢慢下沉，但施工期沉降量较小。

（1）双线隧道盾构施工的不同方案的模拟

盾构推进引起的沉降沿横向分布情况，按下列几种方案模拟，其模拟结果如下。

方案 1：双盾构同时同向施工，同向推进情况下引起地表沉降的横向分布如图 11-21 所示，两台盾构同向推进时，两台盾构间距为 50～100m。

方案 2：双线隧道，盾构施工完一条隧道后，再施工另一条隧道时，引起地表沉降

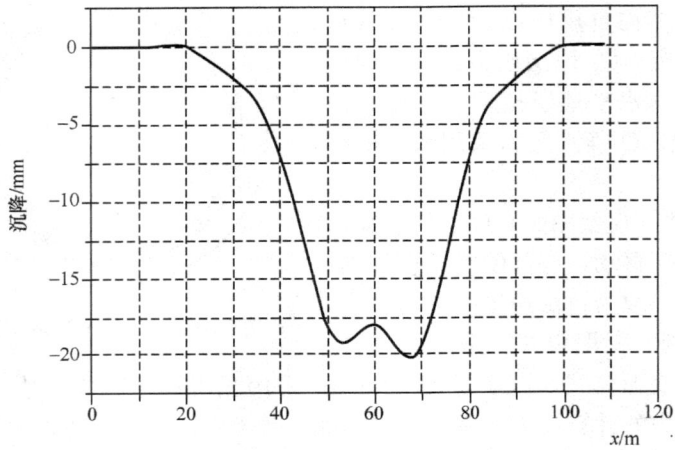

图 11-21　盾构同时施工平行隧道引起地表沉降横向分布图

的横向分布如图 11-22 所示。

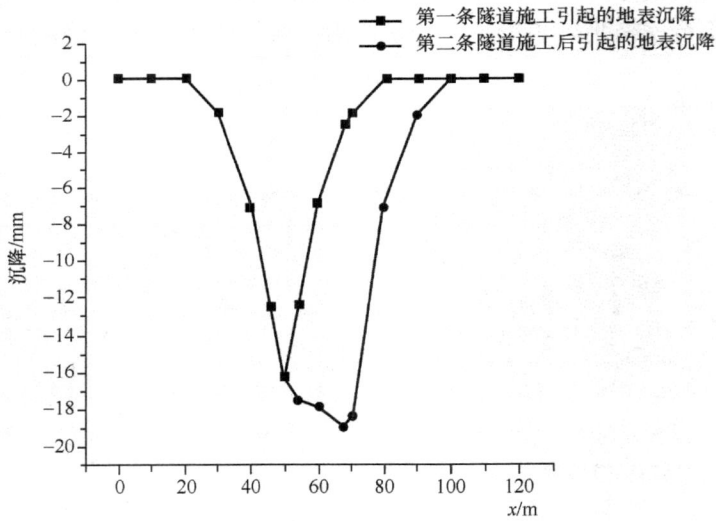

图 11-22　盾构施工后引起地表沉降横向分布

　　方案 3：双线隧道盾构相向施工的情况，数值分析中按图 11-23 所示的 4 种状态下盾构施工对地表沉降影响进行了计算。

　　双线隧道盾构对向施工的计算表明：

　　状态（a）时，地表沉降规律与单盾构施工沉降规律基本一致。

　　状态（b）时，两台盾构间土体受到挤压，施工期间地表变形（尤其隆起）较严重。

　　状态（c）时，两台盾构间土体受到张拉，施工导致地表沉降开裂变形较明显。

　　状态（d）时，盾构施工对地表影响与方案 2 建好一条隧道再施工另一条隧道的情

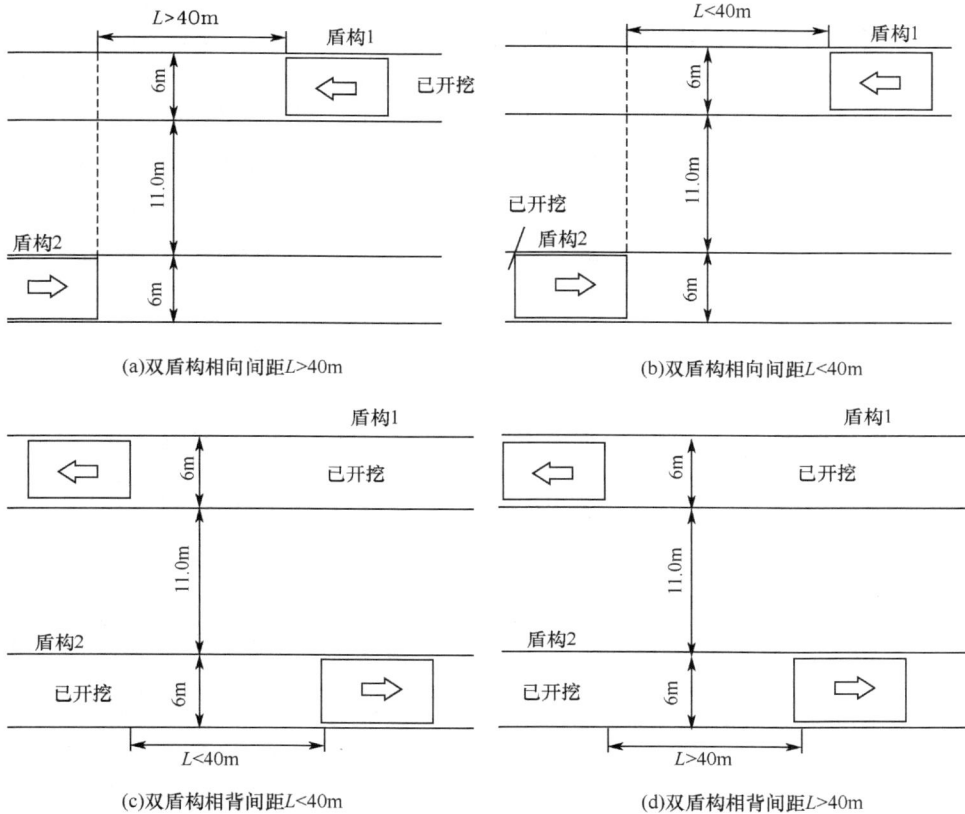

图 11-23　双线隧道盾构对向施工状态图

况类似。

（2）双线隧道盾构施工不同方案的仿真模拟结果分析

1）双线隧道盾构对向施工中，即方案 3，应尽量避免两台盾构处于相互影响范围内同时工作。两台盾构同时施工距离应大于 40m，当距离小于 40m 时，应停掉一台盾构，只用一台盾构施工，超过 40m 后，再两台同时反向推进。因此，双隧同时施工应避免两盾构距离过近，建议两盾构施工距离为 50m 左右。

2）对本工程，3 种双隧施工方案引起的地表最大沉降值为 19～21mm，两条隧道中心线上的沉降值不等，沉降槽不对称。

3）3 种方案引起的地表最大沉降略有不同，但当隧道直径、埋深、中心距离一定时，盾构施工对地表沉降在横向上的影响范围是基本相同的。

该地铁车站，以沉降值 0.1mm 为影响范围的起、终点，盾构施工对地表的影响范围为两隧道中心线以外各 30m，即沉降槽宽度为 80m。隧道周边某超高层建筑主楼在沉降槽沉降影响范围外，该楼裙房部分在施工影响范围以内，某国际贸易中心楼局部在施工影响范围以内。

4. 双盾构过站基础上扩挖成站施工引起地层沉降的模拟

地铁车站断面图考虑了三拱岛式车站，三拱侧式车站及三条平行隧道岛式车站的几种情况。经分析比较，拟采用三拱岛式车站。其断面如图11-24所示，盾构隧道直径6.0m，两隧道中心线13.2m，三拱的中心拱高度10.6m，车站站台平面离拱顶6.5 m，站台宽度8.8m，隧道管片厚度300mm，中间拱钢筋混凝土厚度500mm。经数值模拟计算分析，最大主应力分布如图11-25所示，塑性区分布如图11-26所示。根据车站断面，按拟定的扩挖步骤，在扩挖车站拱顶部分对土体分别采取4种不同加固措施，即

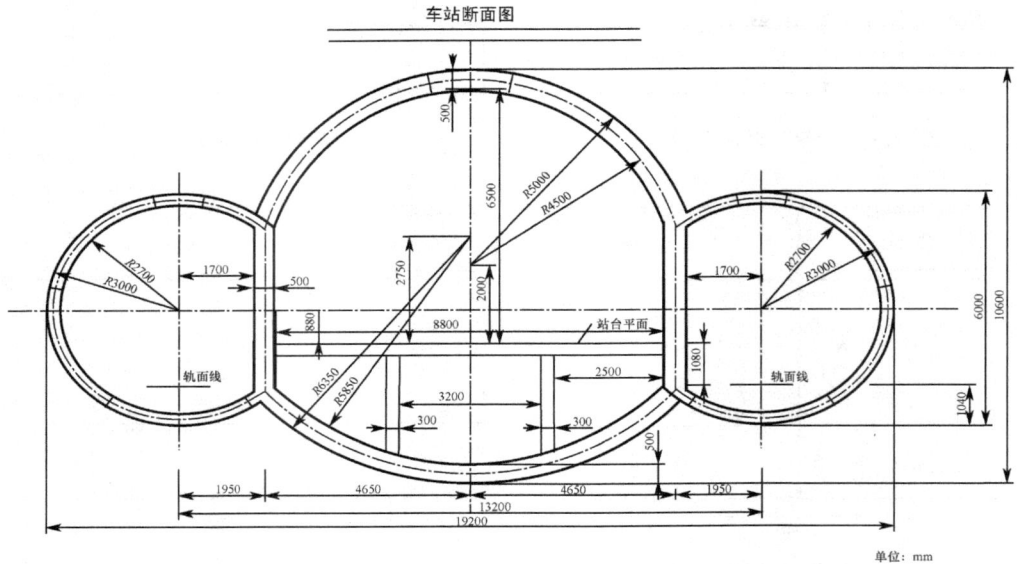

图 11-24　三拱岛式车站设计断面图

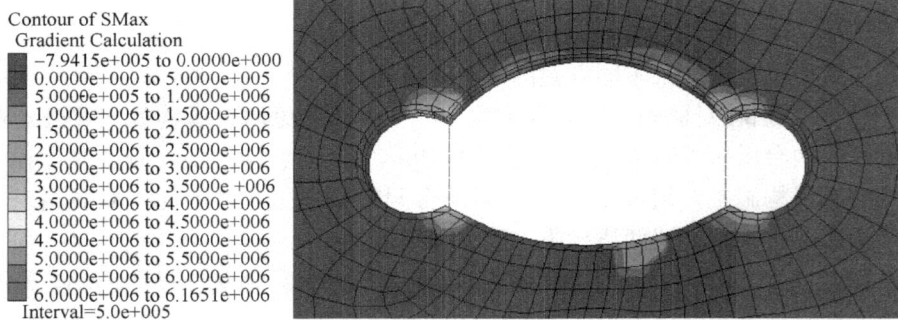

图 11-25　最大主应力分布图

工况1：不作任何土体加固；

工况2：采取预注浆加固土体（拱顶注浆厚2～2.6 m），如图11-27所示；

工况3：采用土层锚杆加固土体（锚杆长4～6 m，间距1.0 m），如图11-28所示；

工况4：采取预注浆加土层锚杆加固土体，如图11-29所示。

双隧道盾构基础上扩挖成站时，4种开挖支护措施得到的地表沉降横向分布如图11-30所示，4种加固措施状态下模拟计算结果表明：

① 由于地层损失的增加，地表沉降在盾构施工的基础上加大，其横向影响范围也增大；

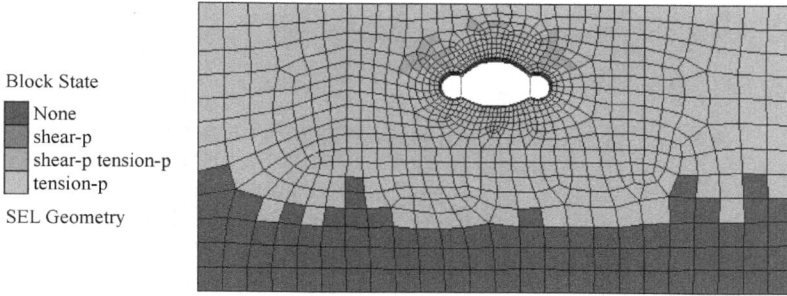

图 11-26　塑性区分布图

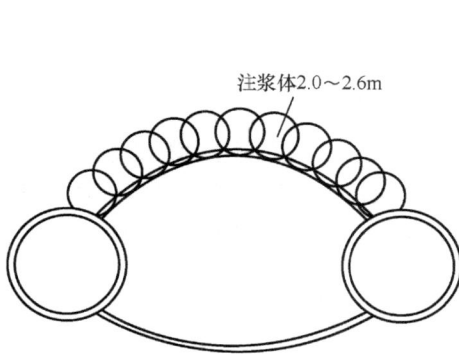

图 11-27　盾构隧道扩挖地铁车站预注浆
示意图

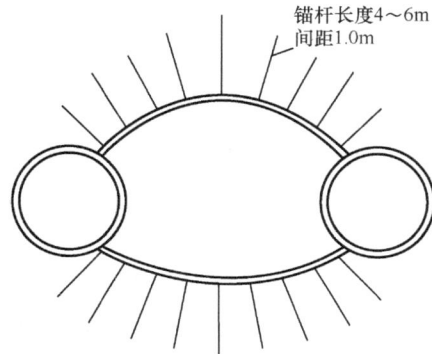

图 11-28　扩挖地铁车站土层锚杆加固
示意图

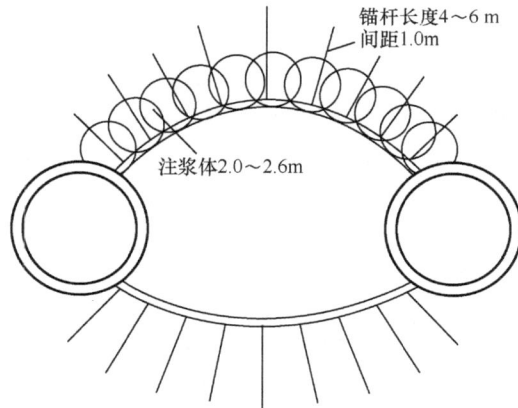

图 11-29　扩挖车站预注浆加土层锚杆加固示意图

② 工况 1 的最大沉降为 43mm，距离车站中心线各 60m 为影响范围，沉降槽宽接近 120m，工况 4 影响范围最小，最大沉降为 25mm，沉降横向影响范围为 96m；

③ 预注浆和土层锚杆加固土体对控制地表沉降均有明显作用，预注浆加固更为有效；

④ 计算结果显示，前三种工况引起的地表沉降最大值均超出 30mm，工况 4 所引

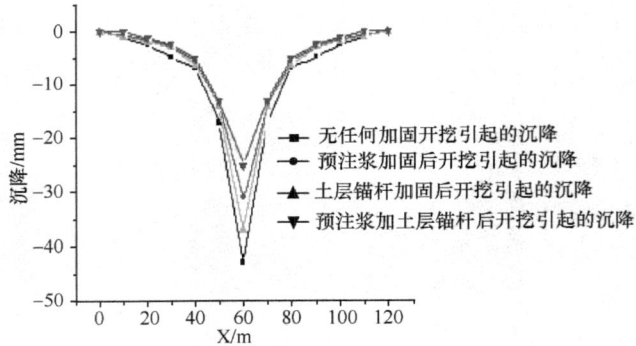

图 11-30 4 种支护措施的地表横向沉降分布对比图

起的地表沉降可以控制在 25 mm 内。

地铁车站施工采用盾构施工过站扩挖成站的方法在国内尚无先例，研究此种方法对地表沉降及周围建筑物的影响十分必要，本例中盾构单隧道施工引起的地表沉降模拟结果与广州地铁二号线区间隧道盾构施工的实测值比较接近；盾构双隧道施工引起地表沉降的模拟结果也与工程实测结果接近。以上盾构隧道扩挖成站地表沉降模拟表明数值仿真可为工程分析提供科学依据。

11.4.2 地铁车站明挖施工动态过程模拟的三维数值模型

本实例以北京地铁某车站工程为例，分析基坑开挖后周围土体稳定性及结构变形情况。

1. 建立模型

（1）计算域的确定

计算范围：模型上边界至地表，下边界在 2 倍桩深以下（2×23m，取 50m），开挖长度取 5 根横撑钢管间隔，即 4×4m＝16m；两侧各取 2 倍车站宽度，计算总宽度为 5 倍车站宽度，即 5×20m＝100m。车站长度方向取基坑标准段进行模拟。模型尺寸应考虑车站基坑施工扰动的影响范围。模型如图 11-31 所示。

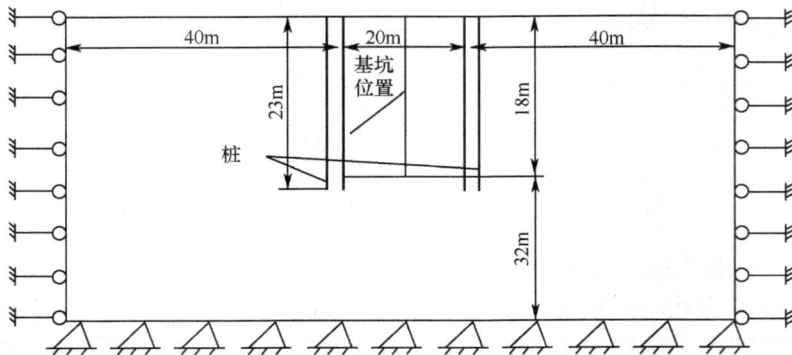

图 11-31 模型横截面示意图（支撑未标注）

（2）边界条件与荷载条件

如图 11-31 所示，模型侧面和底面为位移边界，模型两侧约束水平移动；底部边界为固定边界，约束其水平移动和垂直移动。模型上边界为地表，取为自由边界。模型的荷载条件是，计算模型同时考虑土体重力和水压力作用的水土耦合作用，在计算模型的两侧外边界水平方向的侧向土压力，采用静止土压力作为荷载边界。

（3）水位线

按有效应力原理，采用水土耦合计算，考虑静水压力以及地下水位对岩土体参数的影响。地下水位参照勘察报告与初步设计建议值，根据历年最高水位及近 3～5 年最高水位，选定设防水位按 38.00m 考虑。

（4）材料模型

土体模型采用弹塑性理论计算，岩土材料模型采用摩尔—库仑准则，变形模式采用大应变变形模式进行计算。用 FLAC 的 Pile 结构单元模拟桩；Beam 单元模拟支撑；桩间混凝土采用弹性 Shell 模型。

（5）模拟开挖过程

依照设计参数，分步开挖后再用钢管支撑。地铁车站明挖施工动态过程仿真模型，如图 11-31 所示。不同开挖步的各道支撑模型网格图、开挖至坑底时等过程，如图 11-32（a）～（d）所示。

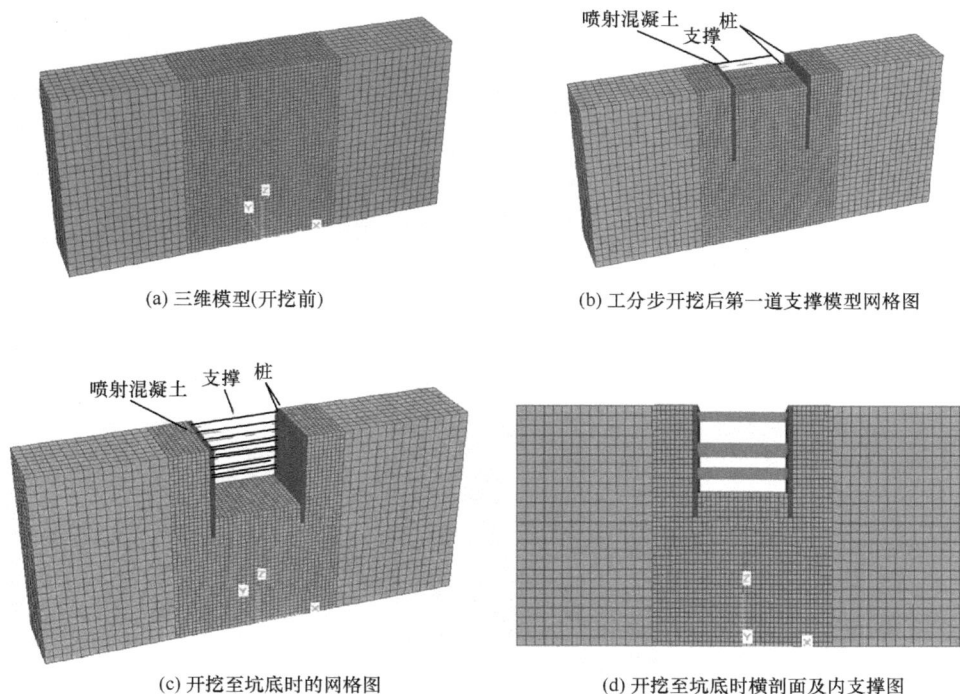

(a) 三维模型(开挖前)

(b) 工分步开挖后第一道支撑模型网格图

(c) 开挖至坑底时的网格图

(d) 开挖至坑底时横剖面及内支撑图

图 11-32　地铁车站明挖施工动态过程模拟

2. 地铁车站明挖动态施工模拟的结果分析

地铁车站明挖施工的基坑周围土体的计算位移，最大主应力和塑性区如图 11-33 所示。

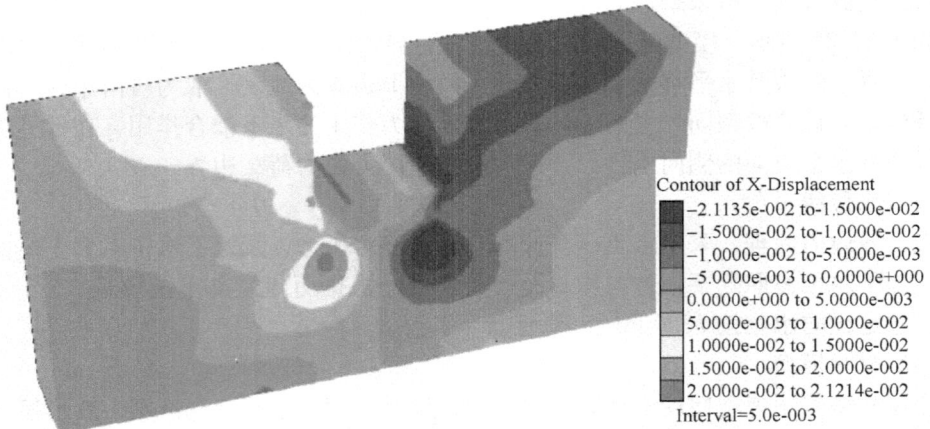

Contour of X-Displacement

-2.1135e-002 to-1.5000e-002
-1.5000e-002 to-1.0000e-002
-1.0000e-002 to-5.0000e-003
-5.0000e-003 to 0.0000e+000
0.0000e+000 to 5.0000e-003
5.0000e-003 to 1.0000e-002
1.0000e-002 to 1.5000e-002
1.5000e-002 to 2.0000e-002
2.0000e-002 to 2.1214e-002

Interval=5.0e-003

(a) 开挖后土体水平位移云图

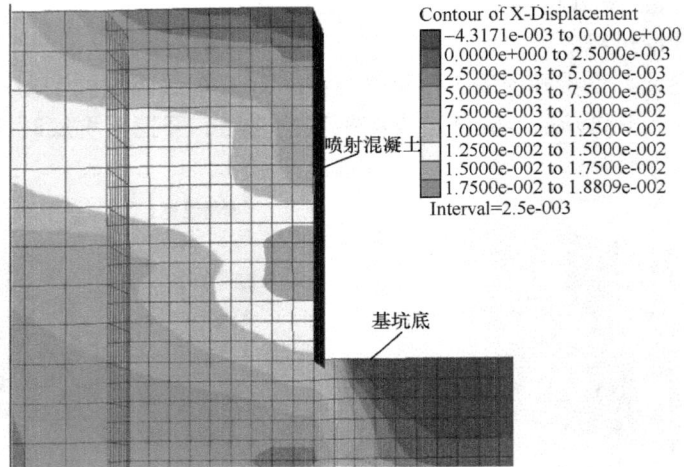

Contour of X-Displacement

-4.3171e-003 to 0.0000e+000
0.0000e+000 to 2.5000e-003
2.5000e-003 to 5.0000e-003
5.0000e-003 to 7.5000e-003
7.5000e-003 to 1.0000e-002
1.0000e-002 to 1.2500e-002
1.2500e-002 to 1.5000e-002
1.5000e-002 to 1.7500e-002
1.7500e-002 to 1.8809e-002

Interval=2.5e-003

喷射混凝土

基坑底

(b) 基坑边缘土体水平位移局部云图

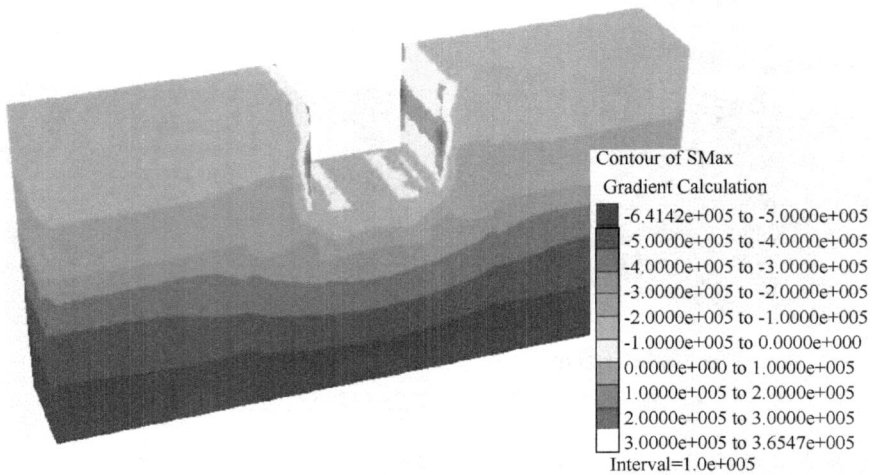

Contour of SMax
Gradient Calculation

-6.4142e+005 to -5.0000e+005
-5.0000e+005 to -4.0000e+005
-4.0000e+005 to -3.0000e+005
-3.0000e+005 to -2.0000e+005
-2.0000e+005 to -1.0000e+005
-1.0000e+005 to 0.0000e+000
0.0000e+000 to 1.0000e+005
1.0000e+005 to 2.0000e+005
2.0000e+005 to 3.0000e+005
3.0000e+005 to 3.6547e+005

Interval=1.0e+005

(c)开挖后最大主应力云图

图 11-33　地铁车站基坑明挖施工的计算结果分析图

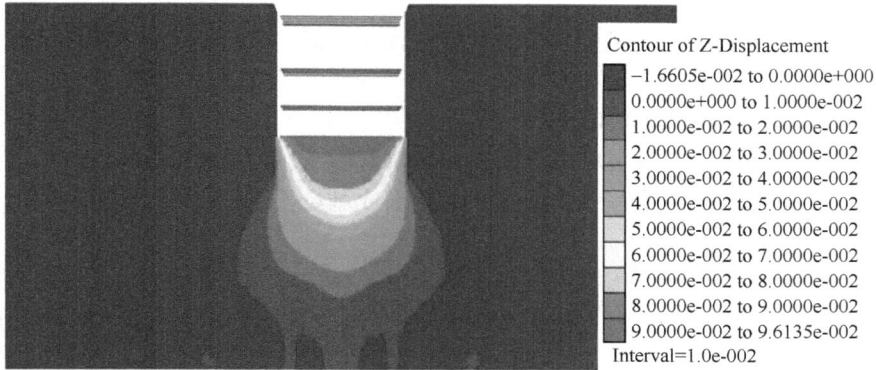

(d) 基坑支撑下开挖后基底土体隆起云图

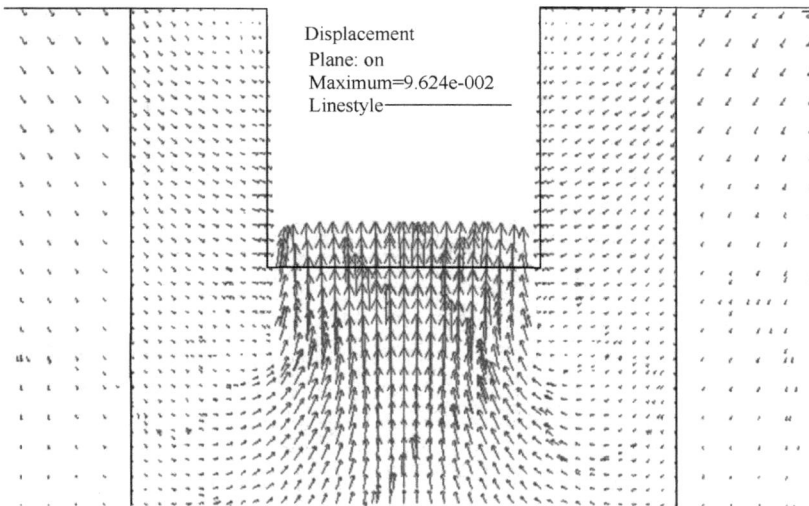

(e) 开挖到底后位移矢量图

图 11-33　地铁车站基坑明挖施工的计算结果分析图（续）

在图 11-33（a）中，基坑周围土体水平位移清晰可见。由于模型的对称性，x 轴坐标原点位于模型中心，水平位移等值线呈反对称，即：土体均向基坑开挖面方向发生水平位移。基坑左侧土体向右发生水平变形，基坑右侧土体向左发生水平变形。

图 11-33（b）中可知桩顶土体的最大水平位移约为 9 mm，在喷射混凝土面层后桩间土体的最大水平位移 18.8 mm。护坡桩与喷射混凝土支护结构最大水平位移为 15.0 mm，发生在桩距地表 10m 左右处的土层中；而桩结构的最大水平位移发生在桩身的中上部。

开挖后最大主应力图（图 11-33（c））显示出在基坑周边的应力集中情况，基坑的坑壁排桩位置最大主应力发生在基坑壁中上部，而不是底部，该处土体最大主应力计算值为 36.55 kPa。

图 11-33（d）、（e）显示了开挖后基坑底板隆起，实际工程中由于土体分层开挖，开挖到坑底，回弹隆起的土体也会被开挖掉，难以监测到基坑底板土体的隆起，本工程

基坑土体最大隆起量约为 9.62cm，发生在坑底中部。开挖到基坑底随后混凝土封闭底板，并车站底板结构施工。计算表明，及时进行底板混凝土浇注及车站结构施工，并不会对车站基础底板产生明显不利的变形。

计算中还可以得到各阶段内支撑结构的内力变化、基坑围岩变形、塑性区发展等结果。护坡桩及喷射混凝土面层后的桩间土及基坑底板土体局部存在剪切塑性区与小范围拉伸破坏区；由于钢支撑的有效支撑，并不会形成基坑不稳定的大变形与基坑支撑结构破坏。

北京地铁某车站明挖动态施工过程三维数值分析表明，采用钻孔灌注桩的排桩加钢管内支撑的支护措施，施工中基坑受力变形空间效应明显。实际工程参考了本数值分析的成果，工程施工成功地满足了"基坑变形控制与保护标准"的一级保护等级的要求。

复习思考题

1. 地下工程施工现场量测主要包括哪些内容，请举例说明。
2. 盾构法施工强烈影响区内建筑物监测如何布置测点？
3. 试述相似三定律的内容分别是什么？
4. 何谓基坑安全等级的分级？
5. 简述明（盖）挖法及竖井施工测点布设原则。
6. 如何确定地下工程现场量测频率，请举例说明。
7. 地下工程支护结构监测主要使用的仪器有哪些？
8. 简述地下工程数值计算分析的一般步骤。
9. 地铁施工可能对周边环境及临近建筑物造成哪些影响？结合某类建筑变形控制标准，举例说明如何进行安全预控。

第 12 章　地下工程的防水与治水

12.1　概　述

在土层或岩石中进行地下工程建设与水有着密切的联系，无论是设计还是施工或使用维护均须考虑水的影响。因此防治水在地下工程中是十分重要的问题，也是地下工程，特别是隧道工程中的重大疑难问题之一。若防治水问题处理不好，致使地下水渗漏到工程内部将会带来一系列问题，如影响人员的正常工作和生活、造成内部装修和设备加快锈蚀、排除渗漏水、需要耗费大量能源和经费，大量的排水还可能引起不均匀沉降和破坏等。据有关资料记载，美国有 20% 左右的地下室存在氡污染，而氡正是通过地下水渗漏进入内部的，我国地下工程内部氡污染情况，尚未见到相关报道，但渗漏水无疑会使氡污染的可能性增加；防治水问题处理不好还会影响到使用效果、安全及服务年限，有些渗漏水严重的地下工程不得不多次反修，甚至改建。

新建、续建、改建的地下工程，在工程的勘察、设计、施工和维修各个环节都要考虑防水的要求，应根据工程所在地的工程地质、水文地质条件、施工技术水平、工程防水等级、材料来源，经济合理地选择适宜的措施进行防水和治水，使工程达到防水的要求。

本章主要介绍对水的防治技术。

12.2　地下工程的防水原则

地下工程的防水原则，以前的提法很多，各专业系统的提法也不尽一致。

直到 20 世纪 80 年代中期，根据国家要求，各系统经修改的标准规范，其内容才基本趋于相同。

《铁路隧道设计规范》（TBJ3—85）规定：隧道防排水应采取"防、截、排、堵结合，因地制宜，综合治理"的原则，达到防水可靠，经济合理的目的。

《铁路隧道施工规范》（TBJ204—86）规定：隧道施工防排水工作应以防、截、排、堵结合，因地制宜综合治理原则进行。

《铁路隧道新奥法指南》规定：按新奥法修建隧道，防排水设计的原则应结合支护设计因地制宜地采取防、截、排、堵综合治理措施，形成完整的防排水系统。

《地下铁道设计规范》（GB50157—2003）规定：应遵循以防为主，防排结合，因地制宜，综合治理的原则；

《城市轻轨交通工程设计指南（1993 年 10 月）》规定：轻轨交通工程的隧道和地下车站设计，应执行"以防为主，以排为辅，防排结合，因地制宜，综合治理"的防水原则；

《地下工程防水规范》（GBJ108—87）规定：地下工程防水的设计和施工必须做好

· 377 ·

工程水文地质勘察工作,遵循"防、排、截、堵相结合,因地制宜,综合治理"的原则。

《地下工程防水技术规范》(GB50108—2001)规定:地下工程防水的设计和施工应遵循"防、排、截、堵相结合,刚柔相济,因地制宜,综合治理"的原则。

《地下工程防水技术规范》(GB50108—2008)的规定没有变化,强调"多道设防,刚柔相济"的原则。

上述防水原则对城市地下工程的防水设计或施工均可以作为参考,视其工程性质采纳。笔者认为:城市地下工程的防水,更应强调以防为主力的原则,辅以防排结合的措施为妥,这样做,有利于使规模庞大的排水系统得以简化,减少大量因排水而耗用的电源。

地下构筑物的防水质量好坏,与设计、材料、施工均有着密切关系,而防水材料的性能和质量是保证工程防水质量的关键。各种不同的防水作法,首先要对材料就其不同防水功能有不同程度的明确要求。优良的防水材料应具备以下特性。

1)耐候性:对不同气候、光、热、臭氧等的一定耐受能力。

2)抗腐性:耐化学腐蚀的性能,如耐酸、碱性能。

3)抗拉性:对外力、温差变化的适应性,如拉伸强度,延伸率等性能。

4)整体性:有利形成整体不透水膜、较好的整体抗渗能力。

当然防水设计与防水施工各环节也不可马虎。因此,要求设计、施工应严格执行有关规范、规程规定,以确保防水工程的质量。

这里也须说明,不是说所有工程防水级别越高越好,而应该是因地制宜,具体工程、项目具体要求,就是不同部位的防水工程也应各有侧重,应做到即保证防水质量,达到防排水可靠,满足使用要求,又经济合理的目的。

12.3 防 水 材 料

地下工程常用防水材料按物态的不同可分为刚性防水材料和柔性防水材料两大类;按材质的不同可分为无机防水材料和有机防水材料两类;按种类的不同可分为卷材、涂料、密封材料、刚性材料、堵漏材料、金属材料六大系列防水材料和排水材料。具体可分为防水卷材(包括防水片材、防水毯、防水板、金属板材或卷材);防水涂料(有机、无机);刚性防水材料(防水混凝土及膨胀剂、减水剂、掺合剂、各类防水剂、抗冻剂、密实剂等掺外加剂防水混凝土);密封材料(密封膏、密封条、密封带等);止渗堵漏材料(止水带、止水条、钠基膨润土粉末等)和渗、排水材料(夹层塑料板、土工织物、卵石、碎石、细石、砂子)等。

12.3.1 防水卷材

卷材防水层宜用于经常处在地下水环境,且受侵蚀性介质作用的地下工程。卷材防水层的防水卷材在建筑防水材料的应用中处于主导地位,在建筑防水措施中起着重要作用,铺设在混凝土结构的迎水面。

目前地下工程常用的防水卷材有高聚物改性沥青系防水卷材、合成高分子防水卷材等若干品种规格，分类见表12-1。由于沥青油毡长期浸水会霉烂变质，其防水综合性能很差，且采用热油施工严重污染环境，故不能用于地下工程，只被用于其他柔性防水材料的保护层、隔离层材料。

这些卷材及其胶黏剂应具有良好的耐水性、耐久性、耐刺穿性、耐腐蚀性和耐菌性。卷材类防水材料是我国今后需大力发展和大量推广应用的防水材料。

表 12-1　卷材防水层的卷材品种

类别	品种名称
高聚物改性沥青类防水卷材	弹体性改性沥青防水卷材
	改性沥青聚乙烯胎防水卷材
	自黏聚合物改性沥青防水卷材
合成高分子防水卷材	三元乙丙橡胶防水卷材
	聚氯乙烯防水材料
	聚乙烯丙纶复合防水卷材
	高分子自黏胶膜防水卷材

12.3.2　防水涂料

涂料防水层主要用于构筑物内、外墙防水、装饰及工程的防渗、堵漏，是指在基层上涂刷有机或无机防水涂料，经固化后形成具有防水能力、有一定厚度的弹性涂膜防水层。

按材性的不同，可分为无机防水涂料和有机防水涂料两类。无机防水涂料可选用掺外加剂、掺和料的水泥基防水涂料、水泥基渗透结晶型防水涂料，具有良好的湿干粘结性和耐磨性，宜用于结构主体的背水面。用于背水面的有机防水涂料可选用反应型、水乳型、聚合物水泥等涂料，应具有较高的抗渗性及较好的延伸性、较大的变形能力、能与基层有较好的粘结性。

我国防水涂料生产量较大，在上述各类型中，这些防水涂料具有良好的耐水性、耐久性、耐腐蚀性及耐菌性，且无毒、难燃、低污染。其中水泥基防水涂料——"确保时"防水涂料，近年来，在广州、北京、大连、成都等地的地下工程和水池等防渗、堵漏施工中，收到了良好效果，"确保时"防水涂料是1983年引进美国"COPROX CON-CENTRATE"专利，配以白水泥和石英砂等材料制成的，具有无味、无毒、耐久性好等特点，与混凝土、砖、石等材料黏结力强，防渗、堵漏效果明显，但形成的防水层属刚性，无延伸性，故不能用于有裂缝和发生沉降、错动交界处的基层。

12.3.3　密封材料

建筑工程用密封材料，主要用于填充构筑物接缝、裂缝、镶嵌部位等，能起到水密、气密性作用。密封材料按材性可分为合成高分子密封材料、高聚物改性沥青密封材料及定型材料，地下工程使用的密封材料为合成高分子密封材料和定型密封材料。

合成高分子密封材料多采用硅酮、聚硫橡胶类、聚氨酯类等材料。

定型密封材料的主要品种有遇水膨胀橡胶条、自黏性橡胶止水条等。遇水膨胀橡胶条是以改性橡胶为基料制成的一种新型防水材料，它一方面具有橡胶制品的优良弹性和延展性，起到弹性密封的作用；另一方面当结构变形量超过材料的弹性复原率时，在膨胀倍率范围内具有遇水膨胀的特性。起到以水止水的功能，这种双重止水机理提高了防水效果，目前这种防水材料有各种定型产品；自黏性橡胶是由特种合成橡胶掺入各种助剂加工而成的弹塑性腻子状聚合物，它具有橡胶腻子充填空隙的性能，同时在一定压力下又具有与混凝土良好的黏着性。主要用于地下工程的变形缝、施工缝、穿墙管等接缝的防水。

12.3.4 刚性防水材料

结构自防水材料又称刚性防水材料，是指以水泥、砂石为原料，掺入少量外加剂、高分子聚合物等材料，通过调整配合比，抑制或减少孔隙率，改变孔隙特征，增加材料界面间密实性等方法，形成一种具有一定抗渗透能力的水泥砂浆混凝土类防水材料，可达到增强混凝土结构自身防水性能的目的。

刚性防水是相对防水卷材、防水涂料等柔性防水材料而言的防水形式，主要包括防水砂浆和防水混凝土。

防水混凝土是一种既可防水，又可兼作承重围护结构的材料，可用于地下工程及各种防水、输水、储水结构工程中。

防水混凝土按其组成的不同，主要分为普通防水混凝土、掺外加剂防水混凝土和膨胀防水混凝土三大类别。它们根据各自不同的特点，可按不同的工程要求选择使用。防水混凝土的分类和适用范围见表12-2。

表 12-2　防水混凝土的分类和适用范围

种类		最高抗渗压力/MPa	特点	适用范围
普通防水混凝土		>3.0	施工简便，材料来源广泛	适用于一般工业、民用建筑及公共建筑的地下防水工程
外加剂防水混凝土	引气剂防水混凝土	>2.2	抗冻性好	适用于北方高寒地区，抗冻性要求较高的防水工程及一般防水工程，不适于抗压强度>20MPa或耐磨性要求较高的防水工程
	减水剂防水混凝土	>2.2	拌和物流动性好	适用于钢筋密集或捣固困难的薄壁型防水构筑物，也适用于对混凝土凝结时间（促凝或缓凝）和流动性有特殊要求的防水工程（如泵送混凝土工程）
	三乙醇胺防水混凝土	>3.8	早期强度高抗渗标号高	适用于工期紧迫，要求早强及抗渗性较高的防水工程及一般防水工程
	氯化铁防水混凝土	>3.8	—	适用于水中结构的无筋少筋厚大防水混凝土工程及一般地下防水工程、砂浆修补抹面工程；在接触直流电源或预应力混凝土及重要的薄壁结构上不宜使用
膨胀水泥防水混凝土		3.6	密实性好、抗裂性好	适用于地下工程和地上防水建筑物、山硐、非金属油罐和主要工程的后浇筑

这种材料具有较高的抗压强度，耐久性、抗冻、抗老化性能较好，一般为无机材料，不燃烧、无毒、无异味、有透气性、材料易得、造价低廉、施工方便、便于修补，综合经济效果较理想，因此结构自防水材料在国内、外防水领域中均是发展方向。

为了提高混凝土的抗渗能力，克服该材料存在的抗拉强度低，极限拉应力变小的缺点和减少总收缩值，增加其韧性，在混凝土里掺入合成纤维或钢纤维，可使刚性防水材料性能得到提高，并有了新的发展。

常用的防水砂浆包括聚合物水泥防水砂浆、掺外加剂或掺和料的防水砂浆，宜采用多层抹压法施工。此类材料多作为附加防水层，用于有防水、防潮要求的地下工程结构的迎水面或背水面，弥补工程中出现的蜂窝、麻面等缺陷。

12.4　防水施工简介

12.4.1　卷材施工要点

1. 施工方法的选择

卷材防水层一般设置在建筑结构的外侧，称为外防水。地下工程卷材外防水的铺贴按其保护墙施工先后顺序及卷材设置方法可分为"外防外贴法"和"外防内贴法"，如图 12-1，图 12-2 所示。

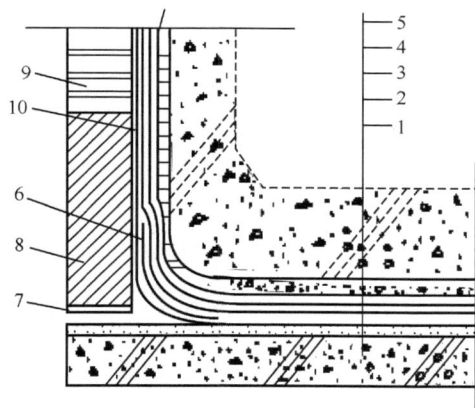

图 12-1　高聚物改性沥青类卷材防水的一般构造

1. 混凝土垫层；2. 水泥砂浆找平层；3. 油毡防水层；4. 细石混凝土保护层；5. 防水结构；6. 油毡附加层；7. 隔离油毡；8. 永久性保护层；9. 临时性保护墙；10. 单砖保护墙

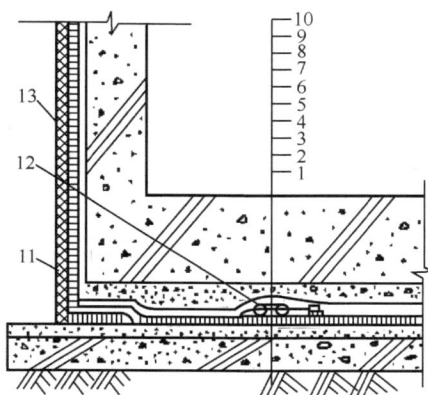

图 12-2　合成高分子卷材防水的一般构造

1. 素土夯实；2. 素混凝土垫层；3. 防水砂浆找平层；4. 细石混凝土保护层；5. 基层胶黏剂；6. 卷材搭接缝；7. 卷材附加补强层；8. 油毡保护隔离层；9. 细石混凝土保护层；10. 防水结构；11. 卷材附加层；12. 嵌缝膏密封；13. 5mm厚聚乙烯泡沫塑料保护层

采用外防外贴法铺贴时，需注意以下问题：

1）应先铺平面，后铺立面，交接处应交叉搭接。接缝应留在底平面上距立面不小于 600mm 处（见图 12-3）。在所有转角处，均应铺贴附加层，附加层可用两层同类的油毡或一层抗拉强度较高的卷材。附加层应按加固处的形状仔细粘贴紧密，如图 12-3

所示。

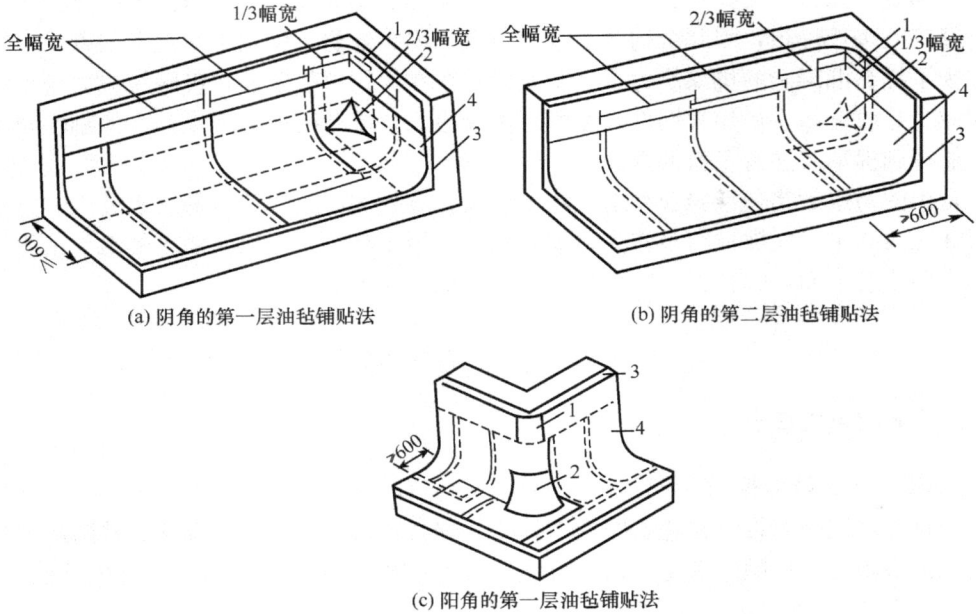

(a) 阴角的第一层油毡铺贴法　　(b) 阴角的第二层油毡铺贴法

(c) 阳角的第一层油毡铺贴法

图 12-3　三面角油毡铺贴法
1. 转折处油毡加固层；2. 角部加固层；3. 找平层；4. 油毡

2）临时性保护墙宜采用石灰砂浆砌筑，内表面宜做找平层。

3）从底面折向立面的卷材与永久性保护墙的接触部位，应采用空铺法施工；卷材与临时性保护墙或围护结构模板的接触部位，应将卷材临时贴附在该墙上或模板上，并将顶部临时固定。

4）当不设保护墙时，从底面折向立面的卷材接茬部位应采取可靠的保护措施。

5）混凝土结构完成，铺贴立面卷材时，应先将接茬部位的各层卷材揭开，并将其表面清理干净，如卷材有局部损伤，应及时修补；卷材接茬的搭接长度，高聚物改性沥青类卷材应为 150mm，合成高分子类卷材应为 100mm；当使用两层卷材时，卷材应错茬接缝，上层卷材应盖过下层卷材。

卷材防水层甩茬、接茬构造，如图 12-4 所示。

采用外防内贴法铺贴时，需注意以下两点：

① 混凝土结构的保护墙内表面应抹厚度为 20mm 的 1：3 水泥砂浆找平层，然后铺贴卷材。

② 卷材宜先铺立面，后铺平面；铺贴立面时，应先铺转角，后铺大面。

外防外贴法施工的卷材防水层直接粘结在混凝土的外表面，与混凝土结构合为一体，受结构沉降变化影响小，浇捣混凝土时不易破坏防水层；可以通过漏水试验检查混凝土结构和卷材防水层的质量，发现问题及时修补，因此一般采用外防外贴法。

2. 卷材铺贴方法选择

针对不同材料各自的特性，铺贴方法相应的区别见表 12-3。

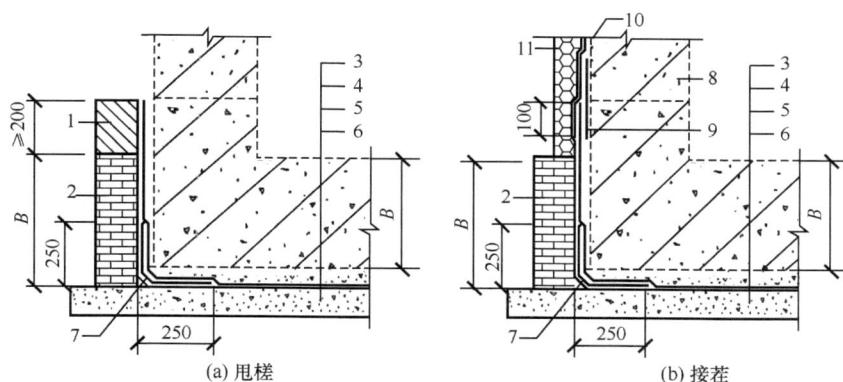

图 12-4 卷材防水层甩茬、接茬构造

1. 临时保护墙；2. 永久保护墙；3. 细石混凝土保护层；4. 卷材防水层；5. 水泥砂浆找平层；6. 混凝土垫层；7. 卷材加强层；8. 结构墙体；9. 卷材加强层；10. 卷材防水层；11. 卷材保护层

表 12-3　常用卷材的铺贴方法

卷材名称	施工方法	施工注意事项	搭接宽度/mm
弹性体改性沥青防水卷材	热熔法	加热均匀，不得加热不足或烧穿卷材，搭接缝部位应溢出热熔的改性沥青	100
改性沥青聚乙烯胎防水卷材	热熔法	同上	100
自黏聚合物改性沥青聚酯胎防水卷材（具有自黏性能）	冷粘法	1. 基层表面应平整、干净、干燥、无尖锐突起物或空隙 2. 排除卷材下面的空气，应辊压黏结牢固，卷材表面不得有扭曲、皱折和起泡现象 3. 立面卷材铺贴完成后，应将卷材端头固定或嵌入墙体顶部的凹槽内，并应用密封材料封严 4. 低温施工时，宜对卷材和基面适当加热，然后铺贴卷材	80
三元乙丙橡胶防水卷材	冷粘法	1. 基底胶黏剂应涂刷均匀，不应露底、堆积 2. 胶黏剂涂刷与卷材铺贴的间隔时间应根据胶黏剂的性能控制 3. 铺贴卷材时，应辊压粘贴牢固 4. 搭接部位的黏合面应清理干净，并应采用接缝专用胶黏剂或胶黏带粘结	100/60（胶黏剂/胶黏带）
聚氯乙烯防水卷材	焊接法	1. 单焊缝：搭接宽度 60mm，有效搭接宽度不宜小于 30mm 双焊缝：搭接宽度 80mm，中间宜留设 10～20mm 的空腔，有效焊接宽度不宜小于 10mm 2. 焊接缝结合面清理干净，焊接应紧密 3. 先焊长边搭接缝，后焊短边搭接缝	100（胶黏剂） 60/80（单焊缝/双焊缝）

卷材名称	施工方法	施工注意事项	搭接宽度 /mm
聚乙烯丙纶复合防水卷材	满粘法	1. 采用配套的聚合物水泥防水黏结材料 2. 满粘法施工时，黏结面积不应小于90%，刮涂黏结料应均匀，不应露底、堆积 3. 固化后的黏结料厚度不应小于1.3mm 4. 施工后的防水层应及时做保护层	100（黏结料）
高分子自黏胶膜防水卷材	预铺反粘法	1. 宜单层铺设 2. 在潮湿基面铺设时，基面应平整坚固、无明显积水 3. 卷材长边应采用自黏边搭接，短边应采用胶黏带搭接，卷材端部搭接区应相互错开 4. 立面施工时，在自粘位置距离卷材边缘10～20mm内，应每隔400～600mm进行机械固定，并应保证固定位置被卷材完全覆盖 5. 浇筑结构混凝土时不得损伤防水层	70/80（自黏胶/胶黏带）

3. 施工步骤

（1）基层处理及要求

1）基层必须牢固，无松动现象。

2）基层表面应平整，其平整度为：用2m直尺检查，基层与直尺间的最大空隙不应超过5mm，空隙应平缓变化，每米长度不得多于1处。

3）找平层以1:3（体积比）水泥砂浆抹平压实，使其与基层粘结牢固，不空鼓，不起砂掉灰尘，若基层为整体混凝土时，找平层厚度为15～20mm。

4）防水卷材施工前，基面应保持坚实、平整、清洁，阴阳角处做圆弧或折角。并应涂刷基层处理剂；当基面潮湿时，应涂刷湿固化型胶黏剂或潮湿界面隔离剂。基层处理剂应与卷材及其粘结材料的材性相容；基层处理剂喷涂或刷涂应均匀一致，不应露底，表面干燥后方可铺贴卷材。

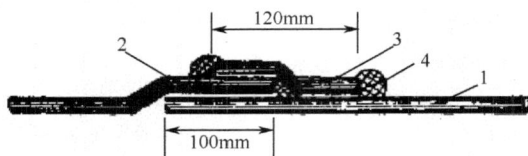

图12-5　卷材接缝的附加补强处理
1. 高分子防水卷材；2. 卷材搭接缝；3. 卷材附加补强胶条；4. 嵌缝密封膏

（2）细部构造增强处理

在转角部位、变形缝部位、后浇带部位、桩头、凹槽等需要事先做增强处理的部位，要铺贴与卷材相同的附加层。合成高分子防水卷材接缝处应做附加补强处理，如图12-5所示。

（3）铺贴卷材

地下工程防水多采用外防外贴（图12-1）的施工方法，其施工顺序是：首先在抹好水泥砂浆找平层的混凝土垫层四周砌筑永久性保护墙，其高度约为需防水结构厚度加上500mm，其下部应干铺一层油毡隔离层，其上部再用石灰砂浆砌筑临时性保护墙，以便以后拆除。其铺贴要点如上述"外防外贴方法。"

（4）防水层铺贴完成经检查合格后，应立即进行保护层施工

1）顶板卷材防水层上的细石混凝土保护层，采用机械碾压回填土时，保护层厚度不宜小于 70mm；采用人工回填土时，保护层厚度不宜小于 50mm；防水层与保护层之间宜设置隔离层。

2）底板卷材防水层上的细石混凝土保护层厚度不应小于 50mm。

3）侧墙卷材防水层宜采用软质保护材料或铺抹 20mm 厚 1：2.5 水泥砂浆层。冷却后，随即铺抹一层 10～20mm 厚的 1：3 水泥砂浆。

（5）砌筑保护墙

为压紧和保护外部防水层，应在防水层抹完保护层后，再砌筑保护墙。完工后，按设计要求及时进行基坑的回填土施工。

12.4.2 防水涂料施工要点

1. 施工方法的选择

当施工场地宽敞时，可采用外防外涂，如图 12-6（a）所示的施工做法；当施工场地狭窄时，可采用外防内涂，如图 12-6（b）所示的施工做法。

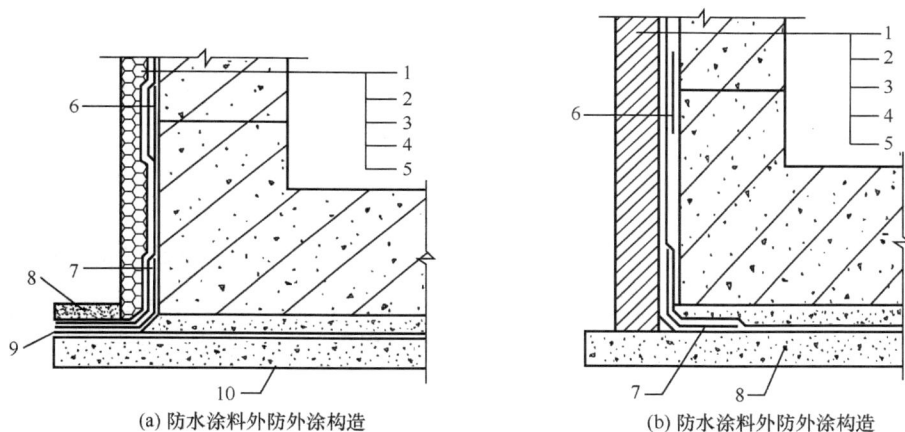

(a) 防水涂料外防外涂构造　　　　　　(b) 防水涂料外防外涂构造

图 12-6　防水涂料施工法

（a）1. 保护墙；2. 砂浆保护层；3. 涂料防水层；4. 砂浆找平层；5. 结构墙体；6. 涂料防水层加强层；
7. 涂料防水加强层；8. 涂料防水层搭接部位保护层；9. 涂料防水层搭接部位；10. 混凝土垫层

（b）1. 保护墙；2. 涂料保护层；3. 涂料防水层；4. 找平层；5. 结构墙体；6. 涂料防水层加强层；
7. 涂料防水加强层；8. 混凝土垫层

无机防水涂料基层表面应干净、平整、无浮浆和明显积水。有机防水涂料基层表面应基本干燥，不应有气孔、凹凸不平、蜂窝麻面等缺陷，施工前，基层阴阳角应做成圆弧形，阴角直径宜大于 50mm，阳角直径宜大于 10mm，在底板转角部位应增加胎体增强材料，并应增涂防水材料。

2. 涂料防水层的施工应符合下列规定

1）涂料涂刷前应先在基面上涂一层与涂料相容的基层处理剂。

2）涂膜应多遍完成，每遍涂层干燥成膜后再进行下遍。但两涂层施工间隔时间不

应过长，否则，会形成分层。

3）每遍涂刷时应交替改变涂层的涂刷方向，同层涂膜的先后搭茬宽度宜为 30～50mm。

4）涂料防水层的施工缝应注意保护，搭接缝宽度应大于 100mm，接涂前应将其甩 茬表面处理干净。

5）涂刷应先做转角处，穿墙管道，变形缝等部位的涂料加强层，后进行大面积涂刷。

6）涂料防水层中铺贴的脂体增强材料，同层相邻的搭接宽度应大于 100mm，上下 层接缝应错开 1/3 幅宽，涂刷的防水涂料固化后应形成符合规定厚度的涂膜，如果涂膜 厚度太薄就起不到防水作用和很难达到合理使用年限的要求。

12.4.3　防水混凝土施工要点

1. 防水混凝土的自防水效果影响因素

（1）混凝土外加剂的选择及配合比的设计

防水混凝土可根据工程需要掺入减水剂、膨胀剂、防水剂、密实剂、引气剂、复合 型外加剂等外加剂，其品种和掺量应经试验确定。所有外加剂应符合国家或行业标准一 等品及以上的质量要求。如中国建筑材料科学研究院研制成功的 U 形膨胀剂就是一种 良好的防水抗渗材料。在混凝土中掺入 10%～14% U 形膨胀剂，能使得混凝土抗渗能 力提高 1～2 倍，达 S30（防水混凝土设计抗渗等级见表 12-4），因此选择一种应用成熟 的、效果较好的混凝土防水剂是混凝土配合比设计成功的前提。

防水混凝土的施工配合比应通过试验确定，抗渗等级应比设计要求提高一级 （0.2MPa），①水泥用量≥260kg/m³；②灰砂比宜为 1:1.5～1:2.5；③入泵坍落度宜 控制在 120～160mm；④水胶比不得大于 0.50；⑤预拌混凝土的初凝时间宜为 6～8h，
采用商品混凝土时必须考虑路途远近及道路运输状况，适当延长混凝土的初凝时间，避 免浇筑过程中出现冷缝，并推迟水泥水化热峰值出现时间，减小温度裂缝。

表 12-4　防水混凝土设计抗渗等级

工程埋置深度/m	设计抗渗等级
<10	P6
10～20	P8
20～30	P10
30～40	P12

注：① 本表适用于Ⅳ、Ⅴ级围岩（土层及软弱围岩）。
　　② 山岭隧道防水混凝土的抗渗等级可按铁道部门的有关规范执行。

（2）原材料的质量控制及准确计量

组成自防水混凝土的主要原材料有：水泥、砂、石子、膨胀剂、粉煤灰、水等。水 泥品种总用量不宜小于 260kg/m³，当强度较高或地下水有腐蚀性时，其总用量可通过 试验调整；石子粒径宜为 5～40mm。含泥量≤1%，砂宜用中粗砂，含泥量≤3%，膨 胀剂的技术性能必须符合国家标准一等品；粉煤灰必须达到二级，掺量≤20%，水应采

用不含有害物质的洁净水。在施工前进场材料必须现场抽样检验。达不到要求不得使用，重点控制砂石含泥量及级配。混凝土如采用现场搅拌，i-t-R 系统使用前必须进行校验。人工添加膨胀剂及粉煤灰时必须对操作人员进行交底和培训，务必添加准确，误差≤0.5%。加入膨胀剂后的混凝土搅拌时间应比普通混凝土延长 30～60s。

（3）施工中的振捣及细部结构（施工缝、变形缝、后浇带、钢筋撑角、穿墙管、穿墙螺栓、桩头等）的处理

振捣必须专人负责，振捣时间宜为 10～30s，以混凝土泛浆和不冒气泡为准，确保不漏振、不欠振、不超振。

1）墙体施工缝的施工。墙体水平施工缝应留在高出底板表面不少于 300mm 的墙体上，施工缝防水的构造形式主要有设置 BW 遇水膨胀止水条和中埋钢板止水带两种。设置 BW 止水条是近年发展起来的一种新工艺。主要有操作简单、施工速度快等优点。但由于现场施工条件复杂，其可靠性及止水效果往往不及传统的钢板止水带。墙体水平施工缝浇注混凝土前，其表面浮浆和松散混凝土必须清除干净，然后再铺 30～50mm 厚 1:1 水泥砂浆。铺设水泥砂浆的铺浆长度要适应混凝土的浇筑速度，不宜过长或者间断漏铺。混凝土砂浆在墙体中的卸料高度＞3m 时，可根据墙体厚度选用柔性流管浇注，避免混凝土出现离析现象。

2）变形缝的施工。为避免止水带局部出现卷边或接头粘接不牢，在施工中应采取以下几项措施：

① 止水带选购长度应满足底板加两侧墙板的长度尺寸，如长度不能满足要求而需接长时，可采用氯丁型 801 胶结剂粘结，并用木制的夹具夹紧，最好采用热挤压粘结方法，以保证粘结效果。

② 止水带安装过程中，不应有金属一类的硬物损伤止水带。

③ 浇注混凝土时，应先将底板处的止水带下侧混凝土振捣密实，并密切注意止水带有无上翘、位移现象，使止水带始终居于中间位置。

④ 变形缝中填塞的衬垫材料应用聚苯乙烯泡沫塑料板或沥青浸泡过的木丝板。

3）渗漏常出现在后浇带两侧混凝土的接缝处。后浇带施工时间宜在两侧混凝土成型 6 周后、混凝土收缩变形基本完成后再进行，或根据两侧沉降基本一致、上部结构荷载增加、下部结构混凝土浇筑后的延续时间来确定。施工前，应将接缝面用钢丝刷认真清理，最好用錾子凿去表面砂浆层，使其完全露出新鲜混凝土面再浇筑。施工时可根据混凝土浇筑的速度在接缝面上再涂刷一遍素水泥浆。后浇带混凝土中还可掺入 15% 的 U 型膨胀剂，在混凝土硬化时起收缩补偿作用。混凝土浇筑应采用二次振捣法，以提高密实性和界面的结合力，设计中往往会对该部位配筋进行加强，针对配筋较密的特点，后浇带宜采用 T 型的形状，以方便拆除模板。支设吊模时支撑模板的钢筋必须从中间截断，以免该钢筋成为渗水通道。

4）钢筋绑扎须注意将撑环、撑角设置在双排钢筋之间，并加设保护层垫块。撑环或撑角的每一端应有不少于 2 道绑扎，宜采取焊接的方法固定在钢筋上。

5）穿墙螺栓或穿墙管，要焊接止水环，加强对止水环焊缝的检查，遇较大的方形套管，管子的底部常因无法振捣而出现空洞蜂窝现象，可在止水环两侧分别开出直径不小于振捣棒直径的洞口，将振捣棒插入套管下部混凝土中振捣，同时排出气体，从而保

证混凝土的密实性。

6)《地下工程防水技术规范》中增加了桩头部分应做防水的条文，并给出了效果较好的几种做法，在实际施工中可根据实际情况选用其中的一种。

（4）混凝土的拆模时间及拆模后的养护

防水混凝土宜延长带模养护时间，拆模后的竖向构件，如地下室侧壁等，应采用涂刷混凝土保护剂的方法进行养护。规范规定，有防水要求的混凝土养护时间不得少于14d，建筑物底板往往是大体积混凝土，因此必须根据施工季节及现场的施工条件制订合理的养护方案，使混凝土中心温度与表面温度的差值、混凝土表面温度与大气温度的差值均不大于25℃。减小温度裂缝的发生，对混凝土的抗渗能力有极重要的意义。

2. 设防高度的确定

应根据地下水情况和建筑物周围土的情况确定，见表 12-5。

表 12-5　土的设防高度

土的性质	地下水情况	设防高度
强透水性地基，渗透系数每昼夜＞1m 及有裂隙的坚硬岩石层	潜水水位较高，建筑物在潜水水位以下	设在毛细管带区，即取潜水水位以上 1m
	潜水水位较低，建筑物在潜水水位以上	毛细管带区以上放置防潮层
弱透水性地基，渗透系数每昼夜＜0.001m 的黏土、重黏土及密实的块状坚硬岩石	有潜水或滞水	防水高度设至地面
一般透水性地基，渗透系数每昼夜 1～0.001m，如黏土亚砂土及裂隙小的坚硬岩石层	有潜水或滞水	防水高度设至地面

12.5　地下工程渗漏水的修补施工

地下建筑物混凝土结构渗漏水是一种常见的结构病害，特别是在大规模的地下结构工程中，长期的渗漏将加速结构中钢筋的锈蚀，从而影响结构的使用寿命。因此，结构渗漏防治成为设计者和建设者高度重视的一个问题。

12.5.1　渗漏的形成原因

1. 设计原因

1）对施工缝、后浇带、变形缝的设置和防渗要求不具体，造成施工的随意性，而导致抗渗效能差。

2）设计部门各专业配合不够，会签不认真，预埋件遗漏或位置有误，使施工返工，破坏结构，影响地下防水。

3）在地下水的浮力作用下产生的结构变形增大而开裂。有时设计刚度不足使底板产生向上弓起变形，这些弓起变形达到一定值时，板就会产生微小的径向裂缝，形成小的穿水通道。

2. 材料原因

材料质量低劣；变形缝选材不当；密封材料适应变形能力差；配套材料不过关等均可造成渗漏的出现。

3. 施工原因

1）当结构砼为大体积时，由于措施不当，水泥水化热引起骤烈温度变化造成砼裂缝。

2）由于地基沉降不均引起的结构局部缺陷。如沉降不均引起的底板的开裂或沉降不均产生的墙体受力改变产生的开裂，这些开裂形成了穿水通道。

3）施工前没有进行混凝土设计配合比抗渗性能试验（只作强度试验），抗渗混凝土配合比不合理，影响实际抗渗性能。

4）施工缝留设不合理，出现凹搓；凿毛不规范，槽内清理不干净；二次浇注时又不事先铺浆等，在施工缝处产生穿水通道；均造成抗渗性能下降而引起渗漏。

5）钢筋密集处或预埋件集中处，未作坍落度调整并采用细石砼，仍用一种粗骨料和坍落度，导致下料困难，振捣不及时或振捣不实，引起这些部位出现蜂窝、孔洞，形成抗渗的薄弱部位。

6）地下室墙壁支模用的对拉螺栓和预埋穿墙套管，未在中间焊接止水环片，形成渗水通道。

7）泵送混凝土浇筑段的上层砂浆较厚，没有另加碎石振捣，致使施工缝处混凝土比重较轻，直接影响结构抗渗性能。

8）在做柔性防水施工时，由于混凝土基层面不干燥粘结不牢，易剥落、损坏；防水涂料涂刷不严密，不均匀、或有漏刷等，均能引起局部渗漏。

9）地下防水工程施工队伍素质差，操作不规范或选料质量不标准，达不到设计要求，影响抗渗性能和使用寿命。

10）在防水混凝土工程和附加防水层施工完毕后，未采取及时回填土等保护措施，造成干缩和温差而引起开裂。

11）由于下沉不均结构较大的开裂带动了柔性防水层的破坏。

12）下穿结构的通道周围漏水。主要是柔性防水层与套管结合不合理，或设备管道与套管之间不严密产生穿水通道。

4. 渗漏水工程修补原则及方法

（1）渗漏水封堵原则

渗漏水可分为：孔洞渗漏水、裂缝渗漏水、大面积渗漏水；按漏水形式分为：点漏、线漏和片漏；按渗水量多少分为慢渗、快渗、急流、高压急流。

对于细微不易查找的渗漏水部位，可采用以下方法查找。

1）首先将地下室墙面、地面擦干，进行通风，以判断是否是因潮湿或温差造成的结露。

2）撒干水泥粉法。将潮湿表面擦干，然后均匀地撒上一薄层干水泥粉，发现有湿点或印湿线处即为渗漏水孔、缝，此法适宜大面积渗漏水部位的检查。

3）涂刷胶浆法。在采用撒干水泥粉法不易发现时，可用速凝水泥胶浆（水泥：促凝剂＝1∶1），在基层表面均匀地涂抹一层，再撒干水泥粉一层，干水泥粉有湿点或湿线处即为渗漏水孔、缝。

对于渗漏水的治理则应具体情况具体对待。但应遵循以下主要原则：

1）查找并切断漏水源，尽量使修堵工作在无水状态下进行。

2）在渗漏水状态下进行修堵时，必须尽量减小渗漏水面积，使漏水集中于一点或几点以减少其他部位的渗水压力，为减少渗漏水面积，首先要认真作好引水工作。引水的原则是把大漏变小漏，线漏变点漏，片漏变孔漏。引水目的是给水留出路，以便进行施工操作，并防止水压力将施工的材料冲坏。

3）对症下药，选择适宜的材料与工艺，作好最后漏水点的封堵工作。

（2）渗漏水封堵方法

渗漏水治理方案是渗漏治理施工的先决条件，是综合治理技术的体现。治理方案确定前，应先进行现场勘察并使用工具检查结构强度和渗水形式，了解工程防水等级、防水形式及施工质量，查看工程沉降观测记录，分析渗漏原因，从而确定治理渗漏方案。

1）孔洞渗漏水的处理。

① 直接堵塞法。一般在水压不大（水压2N以下）、孔洞较小的情况下，根据渗漏水量大小，以漏点为圆心剔成凹槽（直径×深度为1cm×2cm，2cm×3cm，3cm×5cm），凹槽壁尽量与基层面垂直，并用水将凹槽冲洗干净。用配合比为1∶0.6的水泥胶浆捻成与凹槽直径相接近的圆锥体，待胶浆开始凝固时，迅速将胶浆用力堵塞于凹槽内，并向槽壁四周挤压严实，使胶浆立即与槽壁紧密黏合，堵塞持续半分钟即可，随即按漏水检查方法进行检查，确定无渗漏后，抹上防水层。

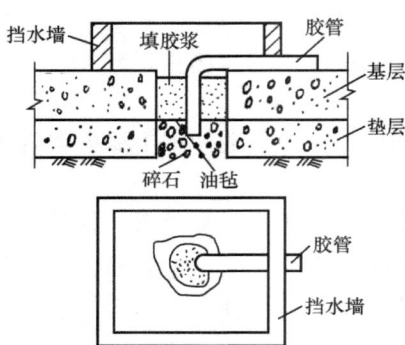

图12-7 下管堵漏法

② 下管堵漏法。水压在2～4N左右，孔洞较大，可按下管堵漏法处理，如图12-7所示。

下管堵漏法是将漏水处剔成孔洞，深度视漏水情况决定，在孔洞底部铺碎石，碎石上面盖一层与孔洞面积大小相同的油毡（或铁片），用一胶管穿透油毡到碎石中。如系地面孔洞漏水，则在漏水处四周砌筑挡水墙，将水引出墙外。然后用促凝剂水泥胶浆（水灰比为0.8～0.9）把孔洞一次注满，待胶浆开始凝固时，立即用力将孔洞四周压实，并使胶浆表面略低于基层面1～2cm。擦干表面，经检查孔洞四周无渗水时，抹上防水层的第一二层，待防水层有一定强度后，将管拔出，按直接堵塞法，将管孔堵塞，最后抹防水层的第三四层等。

③ 木楔子堵塞法。本法适用于水压很大（水位在5m以上）、漏水孔洞不大的情况下。用胶浆把一铁管（管径视漏水量而定）稳牢于漏水处剔成的孔洞内，铁管顶端应比基层面低2cm，管四周空隙用砂浆、素灰抹好，待有强度后，把一浸过沥青的木楔打入管内，管顶处再抹素灰、砂浆等，经24h后，检查无漏水现象，随同其他部位一起做好防水层，如图12-8所示。

④ 预制套盒堵漏法。在水压较大（水头在4m以上）、漏水严重、孔洞较大时，可采用预制套盒堵漏法处理。将漏水处剔成圆形孔洞，在孔洞四周筑挡水墙。根据孔洞大小制作混凝土套盒，套盒外半径比孔洞半径小3cm，套盒壁上留有数个进水孔及出水

孔，套盒外壁做好防水层，表面做成麻面。在孔洞底部铺碎石及芦席，将套盒反扣在孔洞内。在套盒与孔洞壁的空隙中填碎石及胶浆，并用胶浆把胶管插稳于套盒的出水孔上，将水引到挡水墙外。在套盒顶面抹好素灰、砂浆层，并将砂浆表面扫成毛纹。待砂浆凝固后，拔出胶管，按直接堵塞法的要求将孔眼堵塞，最后随同其他部位做好防水层，如图 12-9 所示。

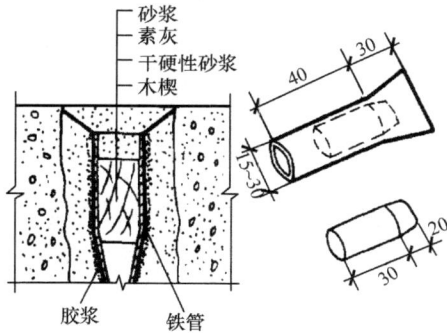

图 12-8 木楔子堵漏法

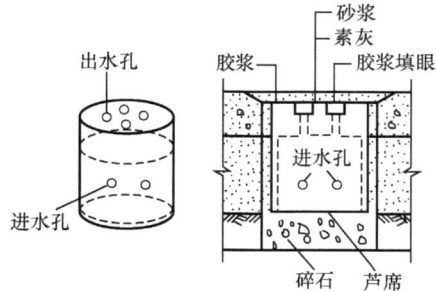

图 12-9 预制套盒堵漏法

2）裂缝渗漏水的处理。

裂缝渗漏水一般根据漏水量和水压力来采取堵漏措施。

对于水压较小和渗水量不大的裂缝或空洞，常用的方法如图 12-10～图 12-13 所示。

① 直接堵塞法。先沿缝方向以裂缝为中心剔成八字形边坡沟槽，并清洗干净，把搅拌好的水泥胶浆捻成条形，待胶浆快要凝固时，迅速填入沟槽中，向槽内或槽两侧用力挤压密实，使胶浆与槽壁紧密结合，若裂缝过长可分段堵塞。堵塞完毕经检查无渗水现象，用素灰和砂浆把沟槽抹平并扫成毛面，凝固后（约 24h）随其他部位一起做好防水层（图 12-10）。

② 下线堵漏法。适用水压较大的慢渗或快渗的裂缝漏水处理。先按裂缝漏水直接堵塞法一样剔好沟槽，在沟槽底部沿裂缝放置一根小绳（直径视漏水量确定），长度约 20～30cm，将胶浆和绳填塞于沟槽中，并迅速向两侧压密实。填塞后，立即把小绳抽出，使水顺绳孔流出。缝隙较长时可分段堵塞，每段间留 2cm 空隙。根据漏水量大小，在空隙处采用下钉法或下管法使其缩小。下钉法是把胶浆包在钉杆上，插于 2cm 的空隙中，待胶浆快要凝固时，用力将胶浆向空隙四周压实，同时转动钉杆立即拔出，使水顺钉眼流出。经检查除钉眼处其他部位无渗水现象，沿沟槽抹素灰、砂浆各一层。待凝固后，再按孔洞漏水直接堵塞法将钉眼堵塞，如图 12-11 所示。

③ 下半圆铁片堵漏法。水压较大的急流漏水裂缝，可采用下半圆铁片堵漏法处理。处理前，把漏水处剔成八字形边坡沟槽，尺寸可视漏水量大小而定。沟槽底部扣上半圆铁片，每隔 50～100cm 放一个带有圆孔的半圆铁片，把胶管插入铁片孔内。处理时，按裂缝漏水直接堵塞法分段堵塞，漏水顺管流出。经检查无渗漏后，在缝隙处抹一、二层防水层，凝固后拔出胶管，按孔洞漏水直接堵塞法将管眼堵好，最后随其他部位一起做好防水层（图 12-12）。

④ 墙角压铁片堵漏法。墙根阴角漏水可根据水压大小，分别按上述三种办法处理。

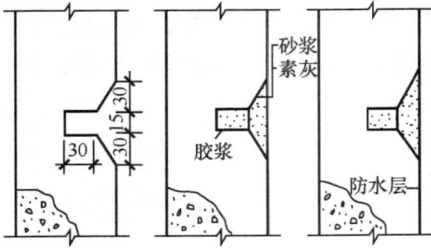

图 12-10　裂缝漏水直接堵塞

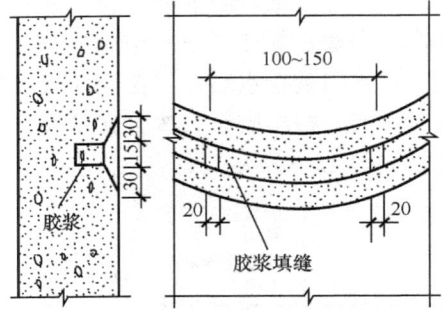

图 12-11　下线堵漏法

如混凝土结构较薄或工作面小，无法剔槽时，可采用墙角压铁片堵漏法处理。这种作法不用剔槽，可将墙角漏水处清刷干净，把长约 30～100cm，宽 4～5cm 的铁片斜放在墙角处，用胶浆逐段将铁片稳牢，胶浆表面呈圆弧形。在裂缝尽头，把胶管插入铁片下部的空隙中，并用胶浆稳牢。胶浆上按抹面防水层要求抹一层素灰和一层砂浆，经养护具有一定强度后，再把胶管拔出，按孔洞漏水直接堵塞法将管孔堵塞，最后随同墙、地面一起做好防水层，如图 12-13 所示。

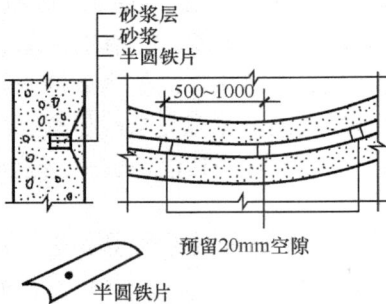

图 12-12　下半圆铁片堵漏法

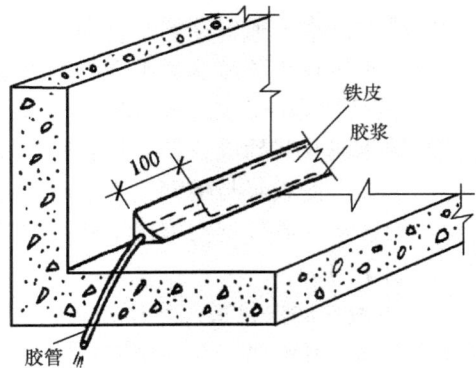

图 12-13　墙角压铁片堵漏法

3）大面积渗漏水的处理。

大面积严重渗漏水一般采用综合治理的方法，即刚柔结合多道防线。首先疏通漏水孔洞，引水泄压，在分散低压力渗水基面上涂抹速凝防水材料，然后涂抹刚柔性防水材料，最后封堵引水孔洞。并根据工程结构破坏程度和需要采用贴壁混凝土衬砌加强处理。其处理顺序是：大漏引水—小漏止水—涂抹快凝止水材料—柔性防水—刚性防水—注浆堵水—必要时贴壁混凝土衬砌加强。

最常用的大面积渗漏水修补材料可选择水泥砂浆抹面、膨胀水泥砂浆，氯化铁防水砂浆，环氧煤焦油涂料，环氧贴玻璃布等。

4）其他漏水情况处理。

① 地面普遍漏水处理。地面发现普遍渗漏水，多由于混凝土质量较差。处理前，要对工程结构进行鉴定，在混凝土强度仍能满足设计要求时，才能进行渗漏水的修堵工

作。条件许可的应尽量将水位降至建筑物底面以下。如不能降水，为便于施工，把水集于临时集水坑中排出，把地面上漏水明显的孔眼、裂缝分别按孔洞漏水和裂缝漏水逐个处理，余下较小的毛细孔渗水，可将混凝土表面清洗干净，抹上厚为 1.5cm 的水泥砂浆（灰砂比为 1:1.5）一层。待凝固后，依照检查渗漏水的方法找出渗漏水的准确位置，按孔洞漏水直接堵塞法——堵好。集水坑可以按预制套盒堵漏法处理好，最后将整个地面做好防水层。

② 蜂窝麻面漏水处理。由于混凝土施工不良而产生的局部蜂窝麻面的漏水，在进行处理时，应先把漏水处清洗干净，在混凝土表面均匀涂抹厚 2mm 左右的胶浆一层（水泥：促凝剂＝1:1），随即在胶浆上薄薄的撒一层干水泥，干水泥上出现的湿点即为漏水点，立即用拇指压住漏水点至胶浆凝固，按此方法堵完各漏水点，随即抹上素灰与砂浆层，并扫成毛纹，按要求作好防水层。此方法适宜于漏水量较小，水压不大的部位。

③ 砖墙割缝堵漏法。砖墙面密集的小孔漏水，在水压较小时可采用割缝堵漏法处理，这种漏水部位一般在砖砌体灰缝处。堵漏前，要对不漏水部位抹上一、二层防水层，间隔一天，然后再堵漏水处。堵漏时，先用钢丝刷将墙面及灰缝清理干净，检查出漏水点部位，把漏水处抹上促凝剂水泥砂浆一层，抹后迅速在漏水点用铁抹子割开一道缝隙，使水顺缝流出，待砂浆凝固后，将缝隙用胶浆堵塞，最后再按要求全部抹好防水层，如图 12-14 所示。

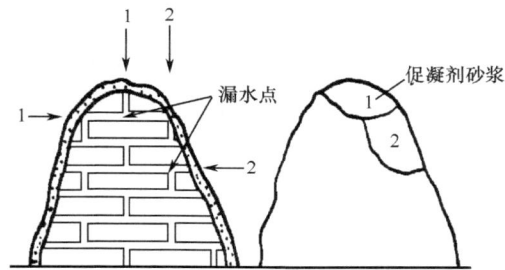

图 12-14　砖墙割缝堵漏法

5）安全注意事项。

1）堵漏施工现场必须有足够的照明设施。施工照明用电的电压应降到 36V 以下，以防发生触电事故。

2）配制促凝剂时，操作人员要戴口罩、手套。

3）处理漏水部位，需用手接触掺有促凝剂的砂浆时，需戴胶皮手套或胶皮手指套。

4）做好防火、防毒工作。

5. 注浆技术

（1）注浆材料

注浆是将一定的材料配制成浆液，用压送设备将其注入缝隙或孔洞中，使之扩散、胶结或固化，达到防渗堵漏，确保防水功能的一种工艺。注浆又称灌浆。

用于防水工程的注浆材料可分为：水泥注浆材料和化学注浆材料两类。

水泥注浆材料又称颗粒注浆材料，它具有材料来源广泛、运输储存方便、施工工艺简单、成本低、强度高等优点；但因颗粒浆液不适用于微小裂隙的注浆及凝固时间较长，不适用于流动水条件下的堵漏，故在应用上有一定的局限性，仅适用于无动水压的较大孔洞和裂缝的堵漏工程。

化学注浆材料具有较好的可注性，且可根据实际需要调整胶凝时间，甚至可达瞬间凝胶，适用于有动水压的微小孔隙及裂缝的注浆施工。常用的化学注浆材料有聚氨酯类、环氧树脂类、丙烯酰胺类等见表 12-6。

表 12-6 常见的化学注浆材料

类别		主要成分	起始浆液黏度 /(Pa·m)	可注入土层的粒径/mm	可注入部位的渗透系数 /(cm/s)	浆液胶凝时间	聚合体或固砂体的抗压强度 /(MPa)	聚合体或固砂体的渗进系数 /(cm/s)	注浆方式(单、双液)	浆液估算成本 /(元/m³)
丙烯酰胺类		丙烯酰胺,甲基双丙烯酰胺	0.0012	0.01	10^{-4}	瞬时~数十分钟	0.3~0.8	10^{-6}~10^{-8}	单、双液	1200~1500
环氧树脂		环氧树脂,胺类,稀释剂	≤0.01	0.2(裂缝)			40.0~80.0 1.2~2.0(黏结强度)		单液	16000
甲基丙烯酸酯类		甲基丙烯酸甲酯,丁酯	0.0007~0.001	0.05(裂缝)			60.0~80.0 1.2~2.2(黏结强度)		单液	12000
聚氨酯类	非水溶性	异氰酸脂 聚醚树脂	0.01~0.2	0.015	10^{-3}~10^{-4}	数分钟~数十分钟	3.0~25.0	10^{-5}~10^{-7}	单液	20000
	水溶性	异氰酸脂 聚醚树脂	0.008~0.025	0.015	10^{-3}~10^{-4}	数分钟~数十分钟	0.5~15.0	10^{-6}	单液	10000
	弹性聚氨酯	异氰酸脂 蓖麻油	0.05~0.2			数分钟~数十分钟			单液	8000

水泥浆材掺入化学浆材使用，可以解决某些要求强度高凝固时间快的部位的防治水，可适当节约昂贵的化学材料。

（2）注浆工艺

注浆工艺可分双液注浆及单液注浆两种，其布置方法如图 12-15 所示，注浆机具比较简单，主要有：

1）单液注浆机有：

① 风压罐，如图 12-16 所示。

② 手压泵，如图 12-17 所示。

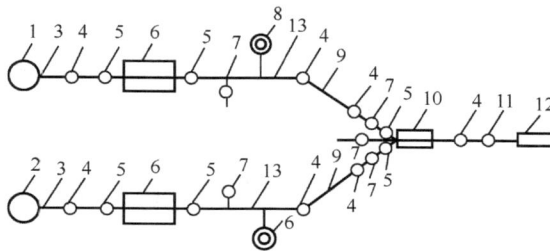

(a) 双液注浆机具布置简图

1. 甲液配料桶；2. 乙液配料桶；3. 胶管 4. 活节头；5. 逆止阀；

6. 手压泵；7. 钢闸板阀门；8. 压力表 9. 高压胶管；10. 混合器；11. 转芯阀；

（又名考克）12. 注浆嘴；13. 连接钢管

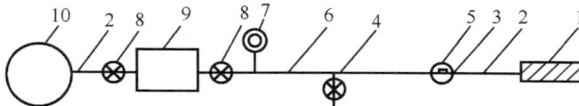

(b) 单液注浆机具布置简图

1. 注浆嘴；2. 胶管；3. 连接短管；4. 三通转芯泄阀；5. 转芯阀门；

6. 钢管；7. 压力表；8. 逆止阀 9. 手压泵；10. 配料桶

图 12-15　注浆工艺

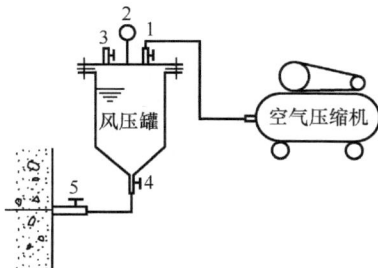

图 12-16　风压罐灌浆示意

1. 进风口；2. 压力表；3. 进浆口；4. 出浆口；

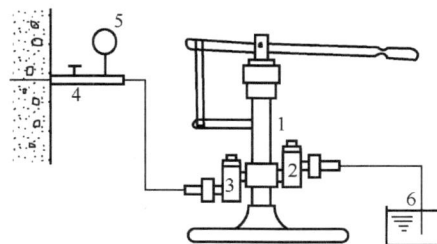

5. 注浆嘴

图 12-17　手掀泵灌浆示意

1. 手掀泵；2. 吸浆阀；3. 出浆阀；4. 注浆嘴；

5. 压力表；6. 储浆器

注浆嘴有不同形式，用于钻机钻的孔可采用压环式或楔入式注浆嘴，如图 12-18 和图 12-19 所示；用于促凝剂水泥浆的注浆嘴，可采用埋入式，如图 12-20 所示。各种注浆嘴的出浆口管径应略小于堵漏的孔洞。

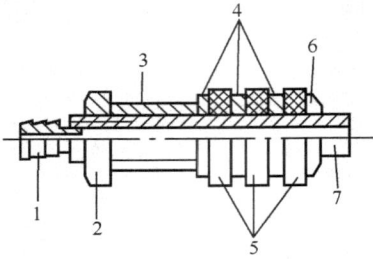

图 12-18　压环式注浆嘴

1. 进浆口；2. 螺母；3. 活动套管；4. 活动压环；
5. 弹性橡胶圈；6. 固定垫圈；7. 出浆口

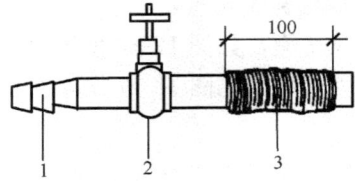

图 12-19　楔入式注浆嘴

1. 进浆口；2. 阀门；3. 缠麻处

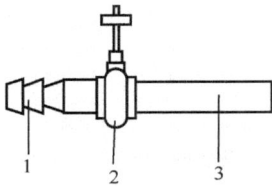

图 12-20　埋入式注浆嘴

1. 进浆口；2. 阀门；
3. 埋入混凝土部分

2）双液注浆机具。双液注浆机具可按使用的动力不同，分为电动和气动两种。

电动灌浆装置由电动泵、输浆管、混合室、注浆嘴、料桶等组成，A 液和 B 液分别由电动泵输送，到混合室内进行混合，从注浆嘴喷出，注入堵漏的部位，如图 12-21 所示。

气动灌浆装置由空气压缩机、输气管、输浆管、混合室、注浆嘴、料桶等组成。由空气压缩机产生的压缩空气，分别从输气管输入料桶，使 A 液和 B 液经输浆管进入混合室进行混合，而后从注浆嘴喷出，注入堵漏部位，如图 12-22 所示。以上两种灌浆装置，其中 B 液系统（料桶、泵、阀门、管道等）必须用防锈材料制成。

双液注浆用的注浆嘴用于单液注浆嘴。

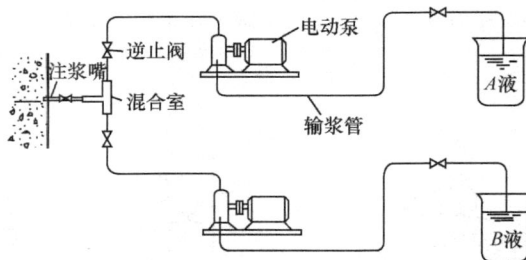

图 12-21　电动灌浆装置示意图

（3）注浆堵漏施工的适应范围及措施

1）对于混凝土施工不良造成的渗漏水孔道，可把浆液注入结构渗漏水孔隙内，进行堵塞渗漏水，然后将结构表面用抹面防水法抹面。

2）混凝土结构的施工缝隙，由于衔接不严导致的缝隙漏水，用注浆堵漏法止水后，结构表面应增设抹面防水、涂料防水等加强措施。

3）采用止水带处理后的变形缝隙，当止水带与混凝土结构结合不严，在止水带

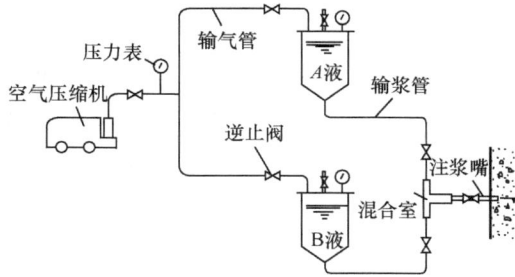

图 12-22　气动灌浆装置示意图

与混凝土接触面形成渗漏水通道导致变形缝产生渗漏水时，可把浆液压入渗漏水通道，使其堵塞漏水。再采用嵌填遇水膨胀止水条、密封材料或设置可卸式止水带等方法处理。

4）穿墙管和预埋件部位的渗漏水，可用注浆堵漏法快速止水，再采用嵌填密封材料、抹防水涂料或砂浆抹面等措施处理。

5）需要补强的渗漏水部位，应选用强度较高的注浆材料，如水泥浆，超细水泥浆、环氧树脂、聚氨酯等浆液进行注浆堵漏补强处理，必要时，可在堵漏止水后，对结构进行加固施工。

（4）注浆堵漏施工

1）注浆孔的设置。

①布置注浆孔。注浆孔的位置、数量及其埋深，与被注结构的漏水缝隙的分布、特点及其强度、注浆压力、浆液扩散范围等均有密切关系，合理地布孔是获得良好堵水效果的重要因素，其主要原则如下：

· 注浆孔位置的选择应使注浆孔的底部与漏水缝隙相交，选在漏水量最大的部位，以达到导水性好（出水量大，几乎引出全部漏水）。一般情况下，水平裂缝宜沿缝下向上造斜孔；垂直裂缝宜正对缝隙造直孔。

· 注浆孔的深度不应穿透结构物，留 10～20cm 长度为安全距离。双层结构以穿透内壁为宜。

· 注浆孔的孔距应视漏水压力、缝隙大小、漏水量多少及浆液的扩散半径而定，一般为 50～100cm。

② 埋设注浆嘴。一般情况下，埋设的注浆嘴应不少于两个，即设一嘴为排水（气）嘴，另一嘴为注浆嘴。如单孔漏水可为导水造一孔，埋一个注浆嘴。

压环式注浆嘴插入钻孔后，用扳手转动螺母，即压紧活动套管和压环，使弹性橡胶圈向孔壁四周膨胀并压紧，使注浆嘴与孔壁连接牢固。

楔入式注浆嘴缠麻后（缠麻处的直径应略大于孔直径），用锤将其打入孔内。

埋入式注浆嘴的埋设处，应事先用凿子剔成孔洞，孔洞直径要比注浆嘴的直径略大 3～4cm。将孔洞内清洗干净，用快凝胶浆把注浆嘴稳固于孔洞内，其埋深应不小于 5cm，如图 12-23 所示。

2）封闭漏水部位。注浆嘴埋设后，除注浆嘴内漏水外，其他凡有漏水现象或有可能漏水的部位（在一定范围内）都要采取封闭措施，以免出现漏浆、跑浆现象。各种形

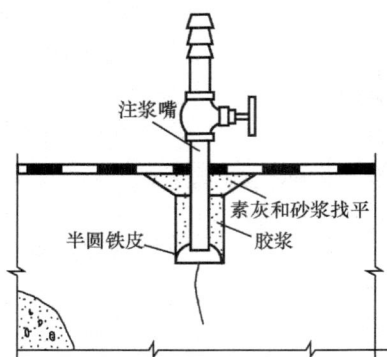

图 12-23　埋入式注浆嘴的埋设

式的渗漏水的封堵方法见"抹面堵漏法"部分。

3）试注。试注应在漏水处封闭和埋设注浆嘴后并具有一定的强度时进行。试注时采用颜色水代替浆液，以计算注浆量、注浆时间，为确定浆液配合比、注浆压力等提供参考。同时观察封堵情况和各孔连通情况，以保证注浆正常进行。

4）安装与检查。安装并检查注浆机具，以确保在注浆施工中的安全使用。

5）注浆。选其中一孔注浆（一般选择在较低处及漏水量较大的注浆嘴），待多孔见浆后，立即关闭各孔，仍持续压浆，注浆压力应大于渗漏水压力，使浆液沿着漏水通道逆向推进。注到不再进浆时，停止压浆，立即关闭注浆嘴（为防止浆液回流，堵塞注浆管道，应先关闭注浆嘴的阀门，再停止压浆）。注浆结束后，应将注浆孔及检查孔封填密实。

注浆后，应立即清洗灌浆机具，便于下次再用。丙凝和水泥浆液的灌浆机具用水冲洗，聚氨酯灌浆机具用丙酮或二甲苯清洗。

6）效果观察。待浆液凝固后，剔除注浆嘴，观察注浆堵漏效果，必要时可重复注浆。

（5）注浆堵漏施工注意事项及安全技术

1）注意事项。

① 所选用的输浆管（金属管或胶管）必须有足够的强度；浆液在管内要流动通畅；管件装配及拆卸方便。

② 注浆系统的工作能力必须达到所需的注浆压力和流量。

③ 注浆施工力求一次注好，对于吃浆量大的部位，要采用可连续注浆的设备。

④ 注浆过程中要始终注意观察注浆压力和输浆量的变化。当泵压骤增，注浆量减少时，多为管路堵塞或被注物内不畅，当泵压升不上去，进浆量较大时，要综合考虑被注结构的厚度，分析其走向，调整浆液粘度和凝固时间，或掺入惰性材料。

⑤ 注浆施工中出现跑浆、冒浆现象多属于封闭不严所致，当遇有此种情况应停止注浆，重做封闭工作。

⑥ 注浆过程中往往由于局部通路被暂时堵塞引起假压现象，随着在高压下充塞物被冲开，压力反而下降，这是注浆中正常现象。

2）安全事宜。

① 注浆施工前应严格检查机具、管路及接头处的牢靠程度，以防压力爆破伤人。

② 有机化工材料均具有一定的刺激性和腐蚀性。操作人员在配制浆液和注浆时，应戴眼镜、口罩、手套等劳保用品，以防浆液误入口中或溅到皮肤上。

丙凝浆液溅到皮肤上，应立即用肥皂洗涤。聚氨酯浆液溅到皮肤上，先用丙酮或酒精清洗，再用稀氨水或肥皂水洗净，涂上油脂膏。溅到眼睛里，要立即请医生处理。

③ 在通风不良的地方进行灌浆施工时，应有通风设备或排气设备。

④ 聚氨酯浆液具有可燃性，故施工现场要远离火源和禁止吸烟，并设置消防器材，

注意防火。

复习思考题

1. 简述地下工程防水的重要性及防水原则。
2. 什么是外防内贴，什么是内防外贴，谈谈它们的利弊？
3. 简述防水涂料的施工方法。
4. 简述混凝土自防水的影响因素。
5. 地下水渗漏的原因及其常用治理方法？

第 13 章　城市地下工程风险管理及安全技术

13.1　概　　述

近年城市地铁建设与地下空间利用越来越频繁，使各类既有建筑，地下管网及运营线路等的保护与安全管理面临新的挑战。由于地下工程建设的复杂性、高风险性、加之建设规模大、发展快，技术和管理力量难以充分保证等客观原因，我国多个城市地铁建设过程中发生过隧道破坏、基坑坍塌、管线破坏、建筑垮塌、甚至造成人员伤亡的严重事故。地铁运营过程中也发生过多起运营安全事故。目前，还存在对地下工程安全风险认识不足、投入不足、管理不到位、风险管理欠科学等主观原因，建设与运营安全隐患客观存在，形式依然严峻。前文第 3 章等章节对涉及地铁施工周围环境影响、沿线建构筑物破坏预测、建构筑物和管线保护方法、监控量测等从技术层面进行了分析；本章则偏于风险管理及与安全工程方面。

建设项目从始至终整个生命周期中都有发生人员伤亡、环境财产破坏与经济损失、工期延误等潜在不利事件的可能。本章主要从建设施工角度分析地下工程项目管理，尤其是地下工程的建设期不同阶段的风险管理问题；并重点介绍地铁运营期间的防灾减灾与安全技术；最后简要介绍地下工程后评估的内容。

13.2　城市地下工程风险管理

城市地下工程是高风险工程，它具有一次不可逆修建、投资大、建设周期长、风险管理不确定因素多、风险损失后果严重、风险关系复杂、风险管理难度大、建设各方均有风险，但各方风险不尽相同等特点。在建设工程做具体分析时，分析的角度不同，结果也不同；决策水平不同，结果也有差异。风险管理是一项复杂的系统工程，必须采用与之相适应的约束手段、方法；贯穿于工程建设全过程的各个阶段与环节之中。

13.2.1　工程风险管理内容

风险管理是一个针对风险进行识别、确定、度量、并制定、选择和实施风险处理方案的过程，它是一个系统、完整、有序、不断循环上升的过程。工程风险管理又指工程建设参与各方（包括建设、勘察、咨询、设计、施工、监理、监测单位等）通过风险界定、风险辨识、风险估计、风险评价和风险决策有效风险控制和妥善跟踪处理的全过程。

风险管理的目标就是在安全可靠、经济合理、技术可行的前提下，把地铁及地下工程期中潜在的各类风险降到尽可能低的水平，以确保建设安全与优质的工程质量，控制工程建设投资，降低经济损失或人员伤亡，保障工程建设工期，提高风险监理效益。

工程风险管理的范围包括：对工程自身可能造成经济损失以及意外损坏的风险；因工程的工期延长或提前而需承受的风险；工程建设相关人员的安全和健康的风险；第三

方的财产损失风险，主要针对邻近既有各类建（构）筑物，尤其是历史保护性建筑物、地表和地下基础设施的施工风险；第三方人员安全风险；周围区域环境风险，包括对土地、水资源、动植物破坏，及空气污染、辐射、噪声及振动等。

风险管理策略的制定应使工程建设参与各方在工程风险管理过程中目标一致。需明确工程建设参与各方、各阶段的风险控制责任；建立工程风险管理方案的实施、监控、评审制度和程序；建立风险管理沟通与协调机制；建立科学的、系统的和动态的工程风险管理方案；制定工程风险预防、预警和预案系统；动态跟踪风险状态，及时实施风险控制措施。

工程风险管理内容根据不同建设阶段分步实施，具体风险管理流程包括：风险界定、风险辨识、风险估计、风险评价和风险控制，如图 13-1 所示。

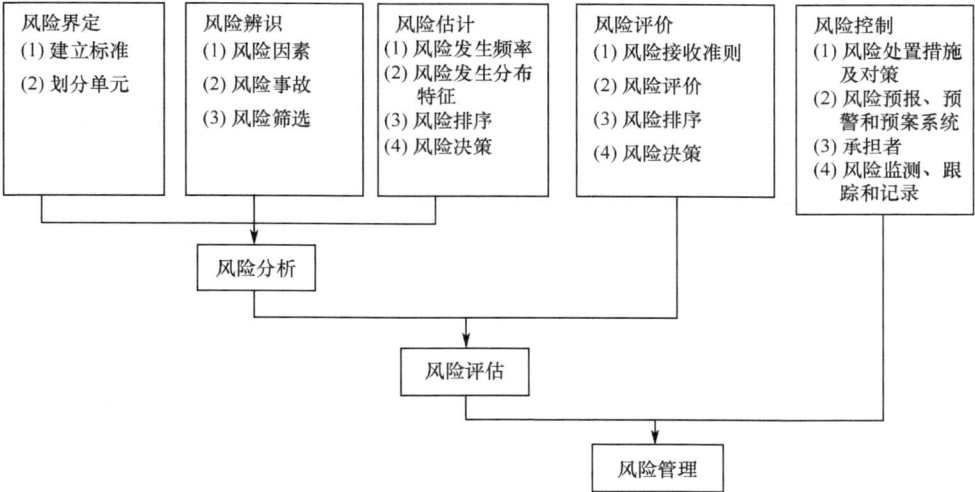

图 13-1　工程风险管理流程

根据项目建设的总体目标，从工程风险源入手完成风险辨识与评估后，以提高工程风险控制能力和降低风险潜在损失为原则，选择合理的风险管理处置对策。风险规避有四种方式，可选择一种或多种实施风险控制，具体对策包括。

风险消除：不让工程风险发生，将工程风险发生的概率降低直至到零。

风险降低：采取措施或修改技术方案降低工程风险发生的概率和（或）损失。

风险转移：依法将工程风险的全部或部分转让或转移给第三方（专业单位），或通过保险等合法方式让第三方承担工程风险。

风险自留：风险自留的前提是所接受的风险可致的损失比风险消除、风险降低和风险转移所需费用小。采取风险自留时应制定可行的风险应急处置预案和必要的安全防护措施等。

风险辨识是工程风险管理的重要内容，是工程风险系统的基础。风险辨识可分为 5 个步骤：确定参与者、收集阅读相关资料及专家咨询、风险识别、风险筛选、编制风险辨识报告。进行工程风险分析时，可根据工程建设具体内容，考虑风险发生的特点和工程施工内容来选取，风险分析方法包括：定性分析方法、半定量分析方法、定量分析法、综合分析法等。

定性分析方法：包括专家评议法、专家调查法（包括头脑风暴法 Brain-storming、德尔菲法 Delphi）、"如果……怎么办"（if…then）法、失效模式和后果分析法（fMEA，failure mode and effect analysis）等。

半定量分析方法：包括事故树法（FTA，fault tree analysis）、事件树法（event tree analysis，ETA）、影响图方法、原因—结果分析法、风险评价矩阵法等。

定量分析法：包括模糊综合评判法、层次分析法（AHP，analytic hierarchy process）、蒙特卡罗模拟法（monte carlo）、等风险图法、控制区间记忆模型（CIM，controlled interval and memory model）、神经网络方法（neutral network）等。

综合分析法：包括专家信心指数法、模糊层次综合评估方法、模糊事故树分析法、事故树与模糊综合评判组合分析法等。

各种风向风险分析方法的选用要针对具体的工程实际来确定，有关不同风险分析方法的特点及其适用性，可参见相关风险管理的著作。

工程风险管理责任分担原则：工程建设参与各方的责、权、利平等、互利与均衡；责、权、利的分配应与工程建设目标和特点相匹配；从工程整体效益出发，制定的责、权、利应最大限度地调动工程建设参与各方的积极性；建设单位承担工程风险管理监管与决策责任。工程建设执行方负责风险管理的实施，对工程建设期的风险承担合同规定的相应责任。

地铁及地下工程建设期的风险管理应贯彻于整个工程建设全过程，结合我国地铁及地下工程建设实际情况，按照工程进度可划分为：规划阶段、工程可行性研究（工可）阶段、设计阶段、招投标阶段和施工阶段。工程建设期内不同阶段的风险管理内容，见表 13-1。针对上述各阶段，城市地下工程建设期内的风险管理具体工作流程，如图 13-2 所示。

表 13-1 工程建设期内不同阶段的风险管理内容

建设阶段划分	风险管理内容
工程规划阶段	1. 规划方案的风险分析 2. 工程重大风险源辨识 3. 工程投融资风险分析
工程可行性研究（工可）阶段	1. 工程风险管理等级标准及对策 2. 工程可行性方案风险辨识与评估
工程设计阶段（包括：工程详勘与环境调查、初步设计和施工图设计）	1. 工程设计方案与施工方法的风险辨识与评估 2. 重大风险源专项风险控制
工程施工招投标阶段	1. 招标文件的风险管理要点 2. 投标文件的风险管理要点 3. 合同签订的风险管理要点
工程施工阶段	1. 施工风险管理专项实施细则 2. 建立风险预报、预警、预案体系 3. 风险控制措施的实施与记录 4. 工程施工风险动态跟踪与监控

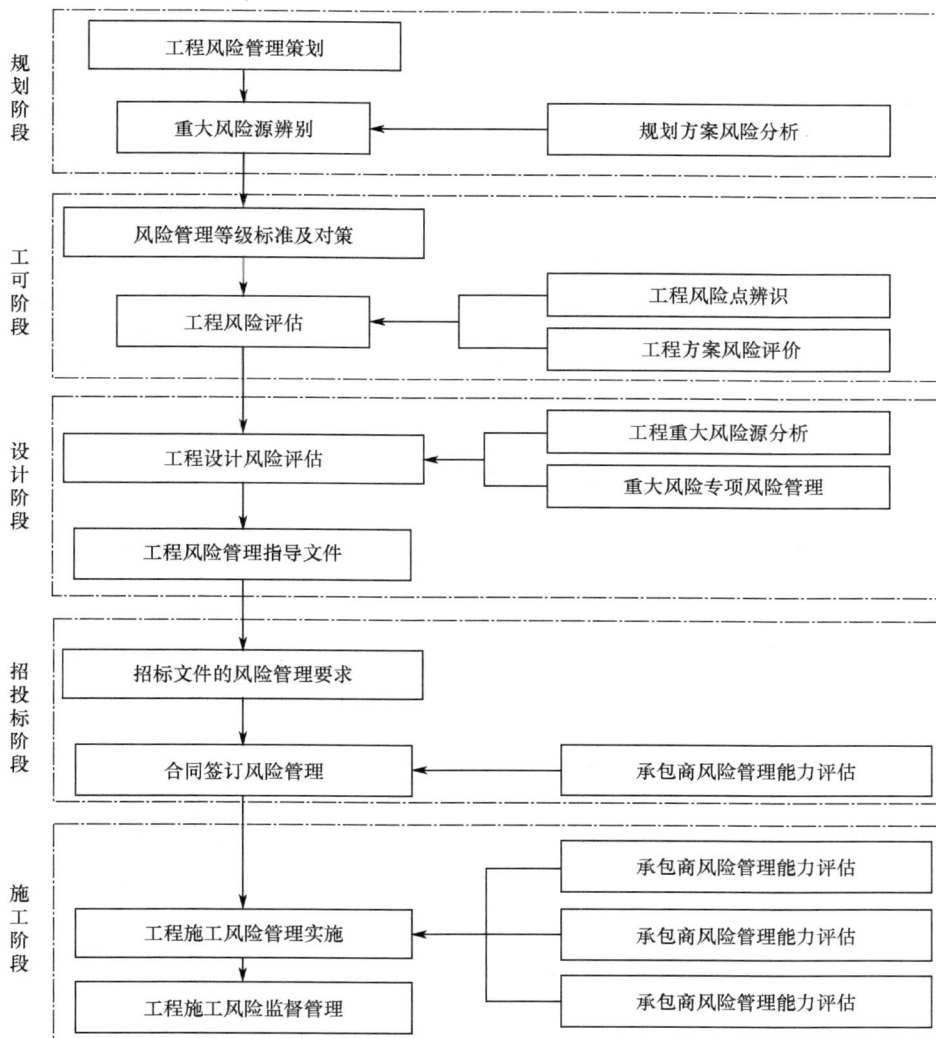

图 13-2　工程建设期不同阶段风险管理流程

13.2.2　工程风险分级标准

地铁及地下工程建设期间发生的工程风险，是否可接受以及接受程度如何，决定着不同的风险控制对策及处置措施，风险管理中需预先制定明确的风险等级及接受准则。风险分级标准包括风险事故发生概率的等级标准（简称风险概率等级）和风险事故发生后的损失等级标准（简称风险损失等级），根据工程风险定义，制定相应风险的分级标准和接受准则。根据工程风险发生的概率（或频率）可分为五级，具体等级标准，见表 13-2。

表 13-2　工程风险概率等级标准

等级	A	B	C	D	E
事故描述	不可能	很少发生	偶尔发生	可能发生	频繁
区间概率	$P<0.01\%$	$0.01\%\leqslant P<0.1\%$	$0.1\%\leqslant P<1\%$	$1\%\leqslant P<10\%$	$P\geqslant10\%$

注：P 为风险事故发生概率。

考虑风险损失不同的严重程度，建立风险损失的等级标准，见表 13-3。

表 13-3　工程风险损失等级标准

等级	1	2	3	4	5
描述	可忽略的	需考虑的	严重的	非常严重的	灾难性的

根据不同风险概率等级和风险损失等级，建立风险分级评价矩阵，见表 13-4。

表 13-4　风险评价矩阵

风险		风险损失				
		1. 可忽略	2. 需考虑	3. 严重	4. 非常严重	5. 灾难性
发生概率	A：$P<0.01\%$	一级	一级	二级	三级	四级
	B：$0.01\%\leqslant P<0.1\%$	一级	二级	三级	三级	四级
	C：$0.1\%\leqslant P<1\%$	一级	二级	三级	四级	五级
	D：$1\%\leqslant P<10\%$	二级	三级	四级	四级	五级
	E：$P\geqslant10\%$	二级	三级	四级	五级	五级

不同等级的风险采用不同的风险控制对策与处置措施，结合风险评价矩阵，不同等级风险的接受准则和相应控制对策，见表 13-5。

表 13-5　风险接受准则

等级	接受准则	控制方案	应对部门
一级	可忽略的	日常管理和审视	工程建设参与各方
二级	可容许的	需注意，加强日常管理审视	
三级	可接受的	引起重视，需防范、监控措施	
四级	不可接受的	决策、制定控制、预警措施	政府部门及工程建设参与各方
五级	拒绝接受的	立即停止，整改、规避或启动应急预案	

工程自身风险损失包括：直接经济损失、人员伤亡和工期损失。

1. 直接经济损失

直接经济损失是指工程风险事故发生后所造成工程项目发生的各种直接费用总称，包括工程建设的直接费用及事故修复所需的费用等，直接经济损失等级的定义采用直接经济损失费用总量表示，具体等级标准，见表 13-6。

表 13-6 直接经济损失等级标准

损失等级	1	2	3	4	5
经济损失/万元	EL<500	500≤EL<1000	1000≤EL<5000	5000≤EL<10000	EL≥10000

注：EL=经济损失；参考国务院《生产安全事故报告和调查处理条例》(2007-06-01)。

2. 人员伤亡

人员伤亡是指与工程直接相关的各类建设人员，在参与施工过程中所发生的伤亡，根据人员伤亡的类别和严重程度，具体等级标准，见表13-7。

表 13-7 人员伤亡等级标准

损失等级	1	2	3	4	5
人员伤亡/人	SI<5	5≤SI<10 或 F<3	10≤SI<50 或 3≤F<10	50≤SI<100 或 10≤F<30	SI≥100 或 F≥30

注：SI=重伤人数，F=死亡人数（含失踪）；参考国务院《生产安全事故报告和调查处理条例》(2007-06-01) 和《企业职工伤亡事故分类标准》(GB6441—86)。

3. 工期损失

工期损失是指工程风险事故引起工程建设延误的时间，针对不同工程类型和建设工期，采用两种不同单位标准表示，短期工程Ⅰ（建设工期两年以内）采用天表示，长期工程Ⅱ（建设工期两年以上）采用月表示，具体等级标准，见表13-8。

表 13-8 工期损失等级标准

损失等级	1	2	3	4	5
延误时间Ⅰ/天	$T<10$	$10≤T<30$	$30≤T<60$	$60≤T<90$	$T≥90$
延误时间Ⅱ/月	$T<1$	$1≤T<3$	$3≤T<6$	$6≤T<12$	$T≥12$

注：T=延误时间（/天，/月，每月按30天计）。

第三方损失是指工程施工引起周边的建（构）筑物，包括建筑物、道路、管线及其他建（构）筑物等，发生破坏或影响其正常使用功的所造成的经济损失，包括可能对非参与工程建设人员的意外伤害。

4. 经济损失

经济损失是指引起的直接经济损失费用和事故修复所需的各种费用，采用直接经济损失费用表示，具体等级，见表13-9。

表 13-9 第三方经济损失等级标准

损失等级	1	2	3	4	5
经济损失/万元	EL≤50	50<EL≤100	100<EL≤500	500<EL≤1000	EL≥1000

注：EL=经济损失。

5. 人员伤亡

考虑不同的人员伤亡分类与严重程度，具体等级标准，见表13-10。

表 13-10　人员伤亡等级标准

损失等级	1	2	3	4	5
伤亡数/人	MI<20	MI≥20 或 SI<5	5≤SI<10	F<3 或 SI≥10	F≥3

注：MI=轻伤人数，SI=重伤人数，F=死亡人数（含失踪）。

周边区域环境影响损失等级标准，工程施工引起的周边区域环境影响包括：自然环境污染与社会转移安置等，具体等级标准，见表 13-11。

表 13-11　周边区域环境影响损失等级标准

等级	损失严重程度描述
1	涉及范围很小，无群体性影响，需紧急转移安置小于 50 人
2	涉及范围较小，一般群体性影响，需紧急转移安置 50～100 人
3	涉及范围大，区域正常经济、社会活动受影响，需紧急转移安置 100～500 人
4	涉及范围很大，区域生态功能部分丧失，需紧急转移安置 500～1000 人
5	涉及范围非常大，区域内周边生态功能严重丧失，紧急转移安置 1000 人以上，正常的经济、社会活动受到严重影响

注：参考《国家处置城市地铁事故灾难应急预案》、《建设项目环境保护管理条例》和《中华人民共和国环境影响评价法》。

社会信誉损失等级标准见表 13-12，发生任何灾害或事故都会引起社会负面压力。公众舆论与评价对地铁等城市地下工程的建设影响巨大，信誉损失是建设参与单位潜在风险损失的重要部分。尤其当造成第三方损失或对周边环境造成损害，将会引起严重的信誉损失。

表 13-12　社会信誉损失等级标准

等级	1	2	3	4	5
描述	可忽略的	需考虑的	较严重的	严重的	恶劣的

13.2.3　工程规划阶段风险管理

工程规划阶段风险管理旨在为确保规划方案与城市总体规划和地理环境条件相一致，降低因规划不当而导致的设计、施工及运营风险。应重点针对线路方案、工程选址、工程投资、环境影响等进行分析，对规划中潜在的重大风险可考虑采用修改线路方案、重新拟定建设技术方案等措施进行风险控制。主要内容包括：规划方案与城市轨道交通网络协调性风险分析；交通及客流量预测风险分析；线路选择与工程选址风险分析；场地水文地质初出与环境调查风险分析；工程重大风险源分析；工程投融资可行性风险分析；不同工程规划方案风险综合评价与控制措施。

在城市地下工程规划设计阶段中，利用工程初勘和环境调查等技术，辨识工程潜在的对工程自身或周边区域环境产生重大风险影响的关键性工程非常重要。如：跨江河湖海的工程；邻近或穿越既有轨道线路的工程；邀近或穿越既有建（构）筑物、道路、重要市政管线的工程；邻近或穿越有重要保护性的建（构）筑物或水利设施等工程；重大明挖或暗挖工程；需特殊设计或采用新工艺、新设备或新材料的工程。

13.2.4 工程可行性研究阶段风险管理

工程可行性研究（俗称"工可"）阶段风险管理旨在为辨识和评估工程建设风险，优化可行性方案，规避和降低由于线位、站位和施工方法等规划方案不合理所带来的风险，为工程设计、施工及保险做好前期准备，初步制定工程风险控制措施，完成工可阶段风险评估。

工可阶段风险管理内容包括：建立工程的风险管理大纲；确定工程风险管理具体要求；工程风险评估单元划分；工程风险分级标准和接受准则；对重要、特殊的工程结构设计和施工方案进行风险分析；工可方案风险综合比选，确定总体方案设计，初步制定风险处置对策。

工程可行性研究潜在风险包括：自然灾害风险（暴雨、洪水、泥石流、飓风、地震等）；水文地质与工程地质条件；周边环境影响（包括第三方损失）；施工方法与工期；投资筹备及投资回报；施工场地动、拆迁引发的各类工期、投资及社会影响风险；地下工程运营风险对其周边区域环境影响风险；重大关键性节点工程风险。

在工可阶段，应对可能采取的施工方法进行对比选择与风险分析。如：地铁工程的施工方法主要分明挖法、暗挖法、明暗结合开挖法三大类。针对地下工程类型和特点，可同时有多种施工方法供选择。施工方法选择不当可能会发生重大事故，引发严重的安全、经济、环境和工期风险。应综合考虑工程建设规模、水文地质条件、地下及地面环境等因素，从施工方法可行性、安全性、适应性、技术性和经济性，工期进度及环境影响等因素进行综合分析，选择合适的施工方法，最大程度地控制和减少风险。

以城市轨道交通工程为例，工程可行性研究阶段风险评估报告一般应包含如下内容：

1. 概述

① 工程概况；

② 采用的风险评估方法及标准；

③ 编制依据。

2. 工程总体风险评估

① 地质勘察风险；

② 线路及车站选址风险；

③ 招投标风险；

④ 工程投资风险；

⑤ 建设工期风险；

⑥ 社会影响风险；

⑦ 地质灾害风险；

⑧ 动、拆迁风险；

⑨ 管线综合风险；

⑩ 交通组织风险；

⑪ 其他风险。

3. 土建结构施工风险评估

① 高架车站（包括地面车站）：基础施工风险分析；上部结构施工风险分析。

② 高架区间：基础施工风险分析；上部结构施工风险分析。

③ 地面区间：地基加固施工分析；路堤施工风险分析。

④ 地下车站（明挖车站，采用暗挖或盖挖施工的车站可参考拟定）：围护结构施工风险分析；基坑降水风险分析；基坑开挖施工风险分析；结构施工风险分析。

⑤ 地下区间应根据施工方法来考虑（以盾构法和矿山法为例，其他工法可参考拟定）。

采用盾构方法施工主要内容为：盾构机选型与地层适应性风险分析；盾构制作、运输、组装调试和交货期风险分析；主要施工设备（盾构机和盾尾注浆设备等）风险分析；盾构进出洞施工风险分析（包括地基加固风险分析）；盾构推进阶段的施工风险分析；管片生产、运输和拼装风险分析；联络通道施工风险分析。

采用矿山法施工主要内容为：矿山法适应性风险分析；线路不同埋深风险分析；超前地质预报风险分析；施工主要设备风险分析；进出洞施工风险分析；开挖方案及施工工艺风险分析；工作面稳定性风险分析；初次支护与衬砌施工风险分析；不良地层施工风险分析；平行隧道相互施工影响分析；隧道辅助工法风险分析。

⑥ 附属工程风险分析（包括：通风井、车站出入口和变电站等）。

⑦ 重大风险源及关键节点工程风险分析。

4. 机电安装风险评估

① 供电系统风险分析；

② 通信系统风险分析；

③ 信号系统风险分析；

④ 通风和空调系统风险分析；

⑤ 给排水、消防系统风险分析；

⑥ 防灾、报警与环境控制系统风险分析；

⑦ 自动售检票等其他车站设备风险分析；

⑧ 轨道及安全门风险分析；

⑨ 设备联调风险分析。

5. 人员安全及职业健康风险评估

① 人员安全风险分析；

② 职业健康风险分析。

6. 工程施工环境影响风险评估

① 施工对周边建筑物影响风险分析；

② 施工对周边道路及交通影响风险分析；

③ 施工对周边管线影响风险分析；

④ 施工对其他地上、地下建（构）筑物的影响风险分析；

⑤ 噪声污染风险分析；

⑥ 水污染风险分析；

⑦ 空气污染风险分析；

⑧ 施工渣土污染风险分析；

⑨ 生态环境影响风险分析。

7. 工程运营期风险评估

① 运营通风及火灾风险分析；

② 运营交通事故风险分析；

③ 运营水灾事故风险分析；

④ 运营突发事件风险分析；

⑤ 运营生态环境影响风险评估（噪声、电磁污染。水污染、空气污染和振动等）；

⑥ 其他运营灾害风险分析（地震、暴雨、洪水和恐怖袭击等）。

8. 总体评价

① 不同总体设计方案的风险综合比较分析；

② 建议的总体设计方案风险分析。

9. 结论和建议

① 风险评估结论；

② 建议。

13.2.5 工程设计阶段风险管理

城市地下工程设计阶段包括：工程详勘与环境调查、初步设计和施工图设计。该阶段是工程施工安全的技术基础，是有效降低技术风险的关键。

1. 工程详勘与环境调查阶段风险管理

包括收集工程方案相关资料；审查工程地质勘察与环境调查单位资质、技术管理文件；地质勘查方案风险分析，对勘察孔位与数量、钻探与原位测试技术、室内土工试验方法等风险分析；工程地质勘察施工风险分析；潜在重大不良水文地质或环境风险分析。

2. 初步设计和施工图设计阶段风险管理

配合工程设计目标和需求，形成先进、安全、可靠、经济、适用的设计文件，减少因设计失误或可施工性差等因素引起的工程缺陷、结构损伤及工程事故；通常会在工程初步设计阶段进行风险管理；明确重大风险因素源，对其进行专项初步设计。主要考虑初步设计中水文地质条件、地层物理力学参数、结构计算模型采用等方面存在的不当或失误，分析由此可能导致的风险。建设单位和设计单位可采用调整初步设计方案、补充地质勘探、对新技术进行试验研究等措施规避风险。

3. 施工图设计阶段风险管理

结合工程初步设计方案，考虑具体施工方法及工艺流程，细化以保障工程施工。该阶段风险管理的重点是对已辨识的风险、及对由于初步设计审查引起方案的变化进行风险评估。确保可靠地识别风险源并分级管理，采取合理的施工图方案对工程潜在重大风险进行施工风险专项评估，提出重大风险专项管理方案。该阶段应针对建设的关键节点或难点工程进行专项研究，尤其需注意采用新材料、新工艺、新技术及复杂难点单项工程。应尽量采用量化评估方法对施工图设计中潜在的风险进行专项分析。

13.2.6 工程施工招投标阶段风险管理

工程施工招投标阶段风险管理主要包括招、投标文件准备及合同签订风险管理等。

1. 招标文件中的风险管理

在招标文件中，应包含工程施工技术及其他方面的风险管理要求，确定工程建设各方应承担的工程风险管理责任；招标文件应明确说明对投标单位的风险管理实施要求；包含投标单位在类似工程中进行风险管理的相关成果；工程风险管理组织结构与人员安排；投标单位针对工程施工的风险管理目标概述；对工程可能涉及风险的辨识与分析；针对工程风险管理提出的措施与建议。

2. 投标文件风险管理

施工单位的风险管理方案和措施应符合招标文件要求。施工单位需安排风险管理的职位和人员组织；预测风险；对施工方案的风险评估、风险等级划分和风险控制措施等说明；安排风险管理的日程；协调建设单位风险管理体系及风险管理小组；协调与其他施工单位风险管理；建立分包商工程风险控制具体要求和管理制度等。

3. 合同签订风险管理要点

① 合同条款完整性分析；

② 以合同为依据，对可能的重点或难点技术方案须明确是否需要进行二次风险评估；

③ 工程投资费用及时到位风险；

④ 工程工期提前或延误风险；

⑤ 重要设备（如盾构掘进机）采购与供货风险；

⑥ 对于未辨识的风险，合同中应包括与之相关的风险管理责任，具体实施或执行方案可通过双方商定，在合同条款中补充说明。

13.2.7 工程施工阶段风险管理

施工阶段风险管理包括施工准备期和施工过程的风险管理。

1. 建设单位风险管理

基于签订的工程合同，建设单位领导并监督施工现场的风险管理。建设单位有责任参与到风险管理全过程中，督促施工单位开展工程风险管理，检查施工单位的风险管理进程。并根据工程项目及风险等级进行分级管理，建立详细的工程质量管理体系和审查制度，以确保风险管理措施得到切实有效的执行。建设工程风险管理小组，组织建设参与各方共同建立风险管理体系；开展工程风险管理培训工作；负责协调、组织和布置工程建设各方开展工程风险管理工作，按合同规定及时支付工程风险管理费用；建立工程现场风险监控动态管理台账，定期对施工单位风险管理状况进行督查记录；负责对其施工单位的风险管理方案和措施进行审定，其中重大风险的控制须经建设单位评审后方可实施；定期向政府主管部门报告风险管理情况，配合政府主管单位对重要管理活动实施同步监督管理。

施工阶段，建议成立工程风险管理小组。工程风险管理小组是由建设单位、咨询单位、设计单位、施工单位、监理单位、监测单位等工程参与各方负责人代表组成的工程现场风险区管理最高机构，由建设单位负责领导，实行"分级管理、分工负责、集体决策"制，现场有专职人员开展工作。风险管理小组负责组织工程参与各方开展施工风险管理，负责现场风险管理沟通与协调；督促工程参与各方风险管理落实情况，配合参与各方实现工程动态风险、进行工程风险决策与控制，及时了解风险现状，发现风险事故征兆；作为风险管理的中枢，一旦发生风险则启动相应风险应急预案。

2. 施工风险管理实施

工程施工阶段是工程风险管理过程的核心，也是工程风险能否得到有效控制的关键。随着工程进展，风险在不断变化，各项风险的发生概率及其损失也在不断改变。因此，工程的施工阶段风险管理应以先期各阶段完成的风险管理为基础，进行风险的动态管理与控制。

根据工程承包合同，施工单位负责施工现场风险管理的执行和落实，包括：拟定详尽的风险管理计划，制定风险管理体系，明确工程风险管理流程；制定工程施工风险实施细则，确定工程施工风险管理的人员组织及人员名单、工作职责；在工程正式开工建设前，根据工程前期阶段已有的风险评估或管理文件，分析施工前期及合同签订阶段中已识别的工程风险及风险控制措施，并考虑企业施工设备、技术条件和人员，针对新辨识的风险提出相应的风险控制措施；针对较大的风险制定工程风险预警标准，列举风险事故发生的征兆现象，编制工程重大风险事故应急处置预案。其中，工程风险应急预案及应急措施应与国家、地方政府及相关公共应急预案和服务相衔接；对参与工程风险管理的技术人员进行风险管理培训和指导，并对作业层进行施工风险交底；当工程设计、施工方案或工期有重大变更时，应对工程风险重新进行分析与评估；负责完成工程施工阶段的风险动态评估，研究施工对邻近建（构）筑物影响的风险分析，提交施工重大风险动态评估报告；结合施工进度，施工单位应及时上报工程施工信息及风险状况；对与工程施工有关的事故、意外、缺漏等进行调查与记录，分析风险发生原因，评估风险可能对既定投资、工期或计划的影响，并迅速完善风险控制措施，避免类似事故的再次发生。

在工程施工阶段，应建立有效的风险管理机制和工作流程，及时了解、沟通工程风险信息。在现场应有完备的风险管理框架，明确岗位部门设定、权限和流程，使风险处理方案在施工各方迅速达成共识并及时实施。施工阶段应遵循的风险管理流程见图13-3。

风险管理具体实施包括：施工风险辨识和评估、施工对邻近建（构）筑物影响风险分析、施工风险跟踪管理、施工风险预警预报、施工风险通告、重大事故处理流程、施工风险文档编写等部分。

（1）施工风险辨识和评估

根据工程条件、施工方法以及设备，按照施工进度和工序。对重大风险进行梳理和分析，确定工程风险等级，并对重大风险提出规避措施和事故预案，完成施工风险评估报告。具体包括：工程各分部工程的主要风险点；风险因子与风险环境；风险等级及排序；风险管理责任人；风险规避措施；风险事故预案。

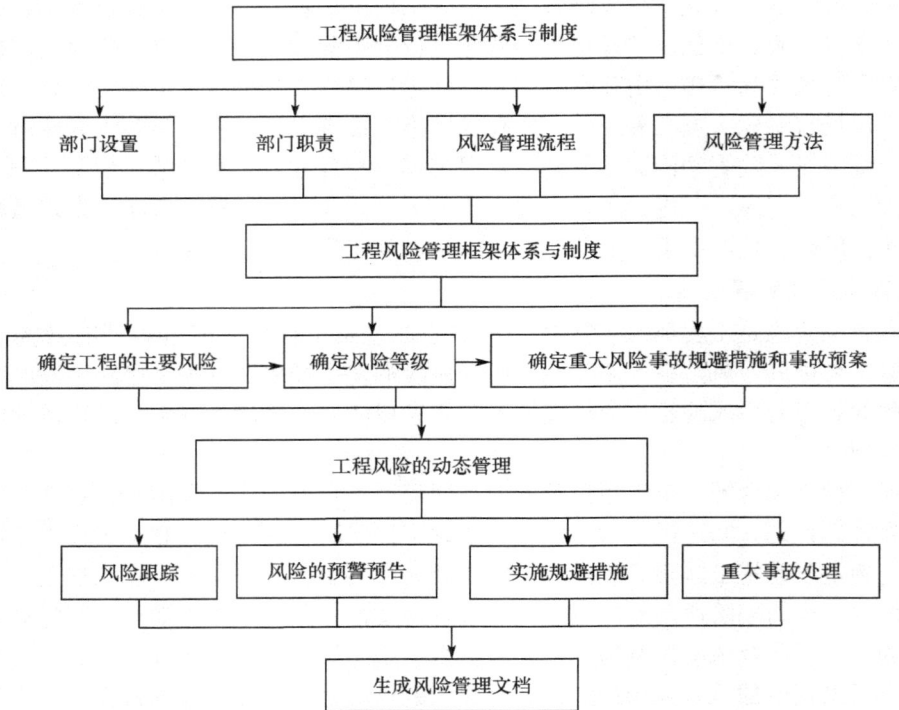

图 13-3　工程施工阶段风险管理工作流程

（2）施工对邻近建（构）筑物影响风险分析

地铁及地下工程的施工都可能会对邻近的各类建（构）筑物产生一定的影响。风险分析的目的是通过建立工程施工引起地层变形与邻近建（构）筑物损坏的费用损失之间的关系，完成施工影响风险分析的经济损失评估。建议风险分析内容与步骤见图 13-4。

1）对既有建（构）筑物的现状调查，包括：结构形式、建造时间、重要性程度、服务年限与状态、与工程邻近距离及周边区域环境等。

2）判断邻近建（构）筑物的破坏形式，用可以衡量的指标（如裂缝宽度、倾斜度、差异沉降等）定义各个破坏阶段。

3）采用工程施工地层变形计算分析，结合现场监测数据，得到周围地面沉降值，并分析影响地层变形的因素。

4）通过力学计算和统计分析，得到建（构）筑物发生破坏概率。计算建（构）筑物与破坏衡量指标的关系。

5）建立建（构）筑物破坏和损失赔偿之间的关系，将不同级别的破坏与建（构）筑物造价的损失比相对应。

6）得到不同施工工况下建（构）筑物的损失评估，提出工程施工风险控制对策与处置措施。

在前人研究的基础上，结合北京地铁风险管理体系的标准，采用面向对象的 Visual C++编程语言，作者开发了地铁施工地层沉降风险分析子系统 STEAD－RISK。作为地铁施工诱发地层环境损伤预测评价与控制设计系统 STEAD 的一部分，该子系统设计

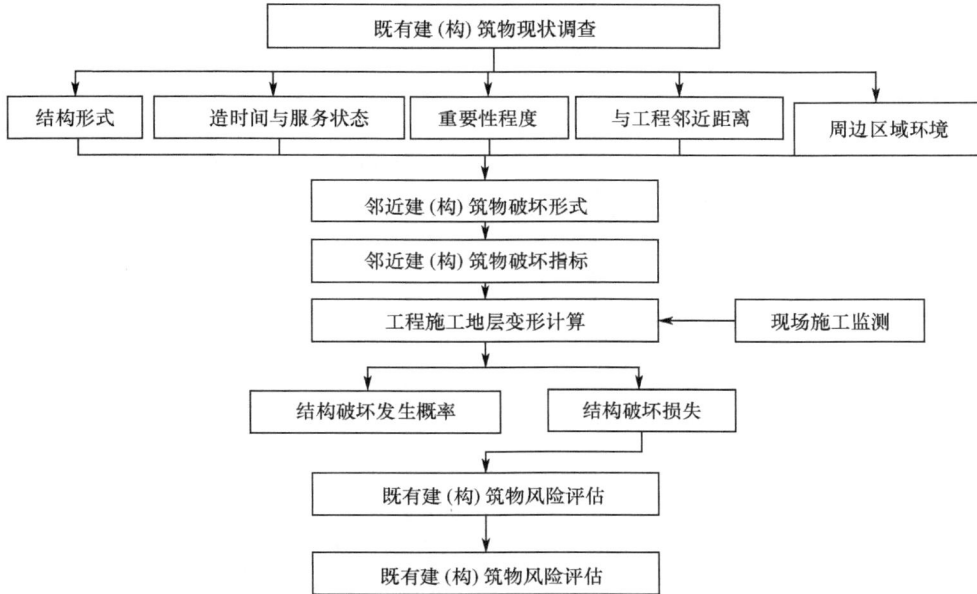

图 13-4　施工对邻近建（构）筑物影响风险分析图

了数据读取、风险评估等关键功能。实现了基于理论分析、现场监测、部分数据的反分析预测等地铁多种分析沉降预测模式的数据自动读取、风险分析子系统与 STEAD 系统的其他分析模块可实现数据的无缝链接、实现数据的自动分析处理等功能。STEAD－RISK 的风险评估功能模块：可方便地实现盾构法、浅埋暗挖法、车站明挖法及竖井施工情形下，地铁施工对周边常见的多层和高层建筑的整体倾斜、砌体承重结构基础的局部倾斜、框架结构建筑相邻柱基的沉降和变形速率的计算分析等；实现了图形的三维可视化，并实现了"隧道影响分区及安全分级"和"基坑影响分区及安全分级"分析预测定量结果，并能实现随时间变化的实时预测分析，给出相应的量化指标的风险等级结果和预警结果。

图 13-5 给出了风险分析子系统用于北京地铁下穿建筑群的分析实例。地铁隧道影响分区风险分析如图 13-5（a）所示；图 13-5（b）显示了地铁隧道下穿建筑群施工引起的沉降预测及其工程影响分区，随着隧道施工推进，系统能预测施工引起周边环境变形的三维沉降槽的大小和空间分布，给出量化评估的结果；输入或用鼠标自动获取地面建筑的坐标参数，结合结构类型、建筑体型、高度等空间特征参数；就可直观地评估建筑物整体或局部区域受影响的程度，并用颜色云图判断地铁施工的强烈影响、显著影响及一般影响区的分区范围等。同样，结合地理信息系统，可实现基于地面空间影像的地铁施工沉降对建筑物影响预测对照分析，如图 13-5（c）所示；为地铁施工风险控制提供科学依据。

（3）施工风险跟踪管理

风险跟踪管理是指对工程风险状态进行跟踪与管理，督促风险规避措施的实施，同时及时发现和处理尚未识别的风险，如图 13-6 所示。风险跟踪主要包括对已辨识风险和其他突发风险的实时观察，对风险发展状况的记录和查询，以便及时地发现和解决问

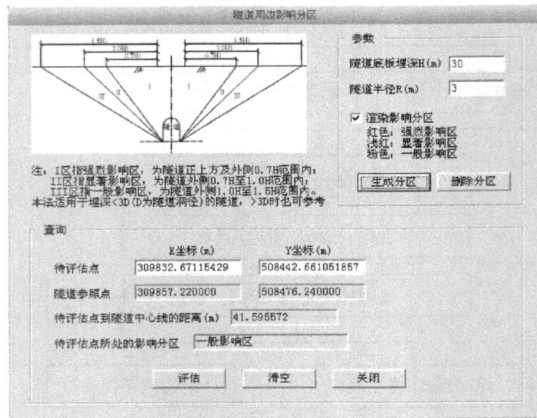

(a) 地铁隧道影响分区风险分析

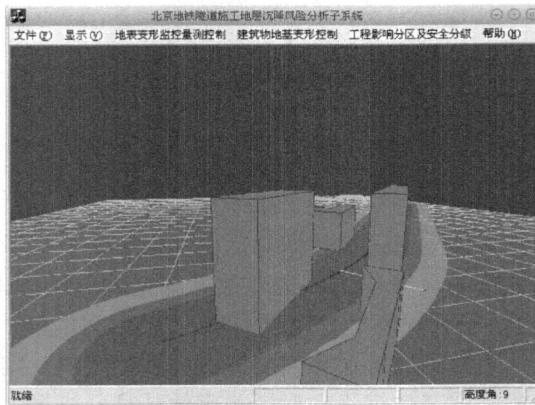

(b) 地铁隧道下穿建筑群施工引起的沉降预测及其工程影响分区

(c) 基于地面空间影像的地铁隧道施工沉降对建筑物影响预测对照视图

图 13-5　地铁建设风险预控系统用于北京地铁下穿建筑群实例分析

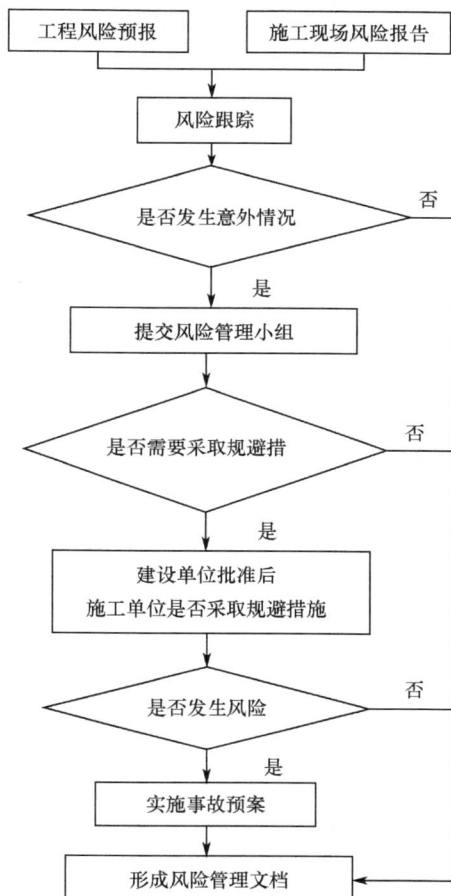

图 13-6　工程施工风险动态跟踪流程图

题，如图 13-7 所示。

（4）施工风险预警预报

现场施工应建立系统的风险监控和预警预报体系。对于工程重大风险点，应通过对监测数据的动态管理，及时掌握其发展状态。根据工程风险特点，确定合理的工程监测方案，制定预警标准；将各监测结果和风险事故建立对应关系；确定基于监测结果的风险评价等级；根据监测结果进行动态评价；如果发现异常或超过警戒值，应及时进行风险报警，采取规避措施，做好风险事故处理准备工作。

（5）施工风险通告

根据风险评估结果，在每个单项工程施工之前，建设单位应以风险预告的形式，将其中主要风险点通告施工单位、施工单位应提交专门的风险处置方案，上报建设单位，审批通过后方可施工。风险通告是工程风险管理中非常重要的一环，施工单位应对各阶段的风险点和注意事项进行宣传和教育。现场风险通告应包括：主要风险事故；风险管理实施责任人；致险因子与风险等级；施工人员注意事项；事故预兆；风险规避措施；风险事故预案。

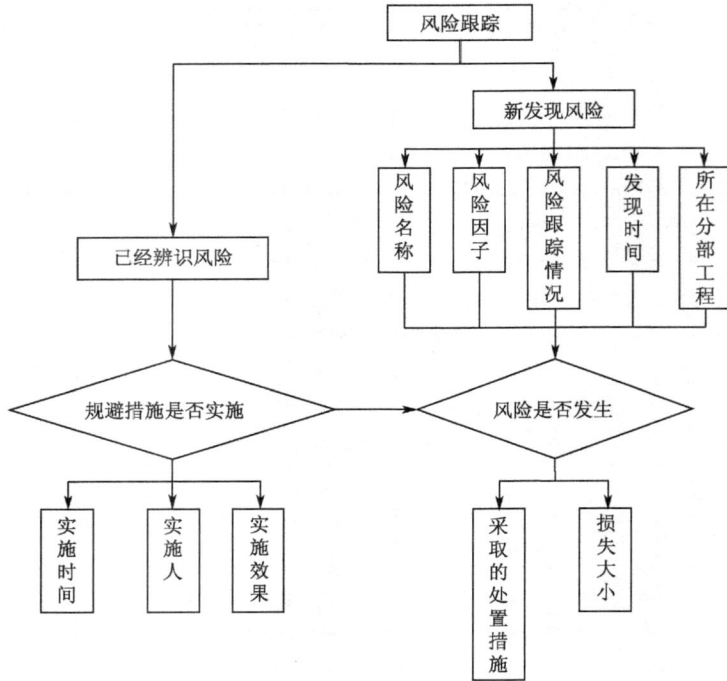

图 13-7　工程风险跟踪内容

（6）重大事故处理流程

对于重大工程事故，应形成现场风险事故处理流程，明确各方职责和主要任务，确保风险事故发生后，能尽快得到妥善处理。具体流程如图 13-8 所示。

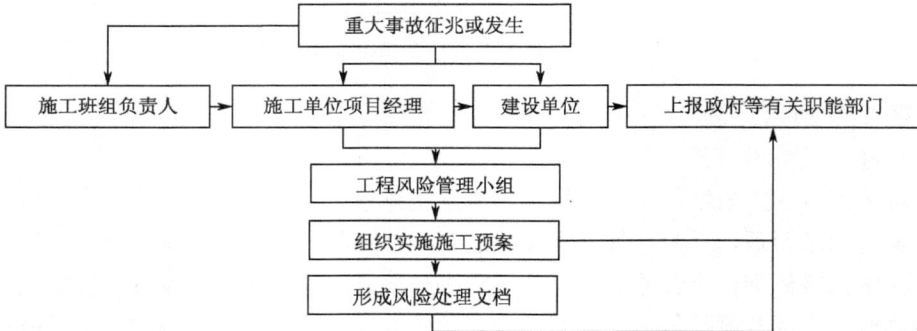

图 13-8　工程重大事故处理程序

（7）施工风险文档编写

工程建设过程中应形成专门的风险管理文档。风险管理文档和风险评估报告建议应作为工程竣工交验的文件。包括：主要工程风险及其致险因子；工程重大风险点的规避措施和事故预案；风险事故的发生时间、地点、原因分析、损失情况和采取的处理措施；规避措施的实施责任人、时间和控制效果。

结合工程施工管理与参与单位的具体工作内容，明确工程施工风险管理责任：

1）建设单位是工程施工风险管理协调与组织主体，负责统领工程施工现场风险管理，对工程施工各参与单位的风险管理方案实行审查，监督实施施工过程风险监控、安全状态判定和风险事故处理，对重大安全事故，及时上报上级主管单位和政府部门，启动工程事故应急预案，并负责组织工程现场抢险。

2）施工单位承担工程施工风险管理实施责任，主要负责施工准备期和施工过程中风险源的补充识别与动态风险评估，编制工程施工管理方案和具体风险控制措施，执行风险管理实施细则及风险事务处理等。

3）工程风险管理小组负责现场施工风险管理的组织、督促与协调等责任，同时协助工程风险事故的应急决策与组织。

4）专业风险管理咨询单位承担工程施工风险查勘责任，主要为建设单位（或保险公司）等进行现场施工全过程的风险动态查勘，汇报现场风险管理现状，预测下阶段风险管理的重点及发展趋势等；

5）其他工程上与单位承担合同中约定的相关风险管理责任。

13.3 城市地下工程防灾及安全技术

13.3.1 国内外地铁典型事故案例统计与分析

随着大规模的地铁建设和网络化运营，各国地铁运营正面临着重大安全生产事故频发的局面。1999 年 5 月，白俄罗斯地铁发生突发大客流踩踏事故，54 人被踩死；1995 年 10 月 28 日，阿塞拜疆地铁发生火灾，300 多人死亡，200 多人严重受伤；2003 年 2 月 18，韩国大邱地铁特大火灾事故，558 人死亡，269 人受伤。1995 年 3 月，东京地铁 3 条地铁线的 5 辆地铁列车以及 16 个车站遭到"沙林"毒气袭击事件，整个东京地铁网络不能及时疏运，造成 12 人死亡，5500 多人受伤，引起极大的社会混乱，日比谷线、千代田线和丸之内线全线停驶，26 个车站被关闭。2003 年 8 月，伦敦地铁发生大面积停电，近 25 万人被困在地铁中，无法及时疏散。

国内地铁方面，已经运营的城市地铁事故也时有发生，如 2007 年 7 月 15 日，上海地铁屏蔽门夹人事故，一名乘客跌入隧道当场死亡。1996 年 1 月 19 日下午，北京京西大规模停电，造成地铁停运事故，此时正值下班高峰运营期，57 辆地铁突然断电被迫停运，堵塞长达 146 分钟，车上乘客积极配合工作人员有序疏散，才没有造成人员伤亡。2008 年 3 月 4 日，北京地铁 5 号线东单站换乘通道内设备故障引起恐慌，由于乘客过度拥挤发生踩踏事件，造成 10 名乘客受伤。2005 年 8 月 26 日，北京和平门站发生火灾事故，造成北京地铁环线停运近 50 分钟，给正值早高峰二环沿线带来了巨大压力。

国内外地铁重大事故统计表明，城市地下建筑易受突发事件影响和破坏，包括台风、水灾、地震等引发的自然灾害事件，火灾、爆炸、大面积停电等生产安全事故，以及毒气泄漏等公共卫生事件和恐怖袭击等社会安全事件均会带来不同程度的破坏和影响。城市地铁网络与城市繁华街区连接，地面周边城市街区、重要建筑物、地下线、站内发生突发事件，均会对地铁线网造成重大影响。由于处于地下空间，出入口少、通道狭小、具有高密闭性，与地面空间联系不便利，加之地下线、站内客流大，在突发事件下，地铁安全运营是个难题。

造成城市地下工程的火灾危险和火灾原因是设备因素、人为因素和环境因素。

1. 设备因素

包括电气设备、客车设备及地铁辅助设备因素等。地铁火灾多由电气设备、客车设备、地铁辅助设备因素引发。在地下各车站和行车隧道中，设有变电站、供配电控制设备、各种电缆及通风、照明、调度指挥等电气设备。电气设备种类多，数量大，在运行中发生短路、过负荷、过热等故障是造成地铁电气设备火灾的重要原因。客车设备引发的火灾，主要集中于客车"受电弓"的支架固定螺栓无绝缘保护，行车中兜挂线路上的导电体，造成"受电弓"短路引发火灾；还有客车蓄电池受启动电阻高温影响，发生壳体破碎，电解液外溢造成蓄电池短路起火。地铁辅助设备火灾，主要是指在地铁工作人员值班室、生活用房、设备间、宿舍、仓库等地，由于用电器具故障而引发的事故。

2. 人为因素

包括工作人员违章操作、用火不慎、旅客携带易燃易爆物品乘车、人为纵火等因素。随时代发展，工作人员及乘客对地铁的环境有更高要求，地铁内部使用了大量的除湿器、电热器等电器。若违反安全用电制度、旅客在地铁里吸烟、携带易燃易爆物品引发火灾也时有发生。

3. 环境因素

包括地铁内部潮湿、高温、粉尘大、鼠害等因素。地铁通风不畅，硐体散热不良等原因使地铁内部温度逐步升高；地下湿气不易排出，地下相对湿度达85%；造成电气、线路绝缘性能下降，极易造成短路引起火灾。

国内外城市轨道交通运营中发生的部分火灾、水灾、停车，列车脱轨相撞事故，爆炸、毒物泄漏等事故的分类统计结果见表13-13。

表 13-13 轨道交通运营事故分类统计表

时间	城市	描述
火灾事故		
1968 年 1 月	东京	日比谷线六本木站～神谷町站附近，列车运行中制动电阻器起火，3 节车厢烧毁、11 人受伤（含消防人员）
1971 年 2 月	蒙特利尔	火车与隧道端头相撞引起电路短路，造成座椅起火，36 辆车被毁，司机死亡
1972 年 10 月	柏林	车站和四辆车被毁
1973 年 3 月	巴黎	人为纵火，车辆被毁，死亡 2 人
1975 年 7 月	波士顿	隧道照明线路被拉断，毁车 4 辆
1976 年 5 月	里斯本	火车头牵引失败毁车 4 辆
1976 年 10 月	多伦多	人为纵火，毁车 4 辆
1977 年 3 月	巴黎	车厢电路短路，引发大火，毁车 4 辆
1978 年 10 月	科隆	丢弃的未熄灭烟头引起火灾，伤 8 人
1979 年 1 月	旧金山	电路短路引发大火，死亡 1 人，伤 56 人

时间	城市	描述
火灾事故		
1979 年 3 月	巴黎	车厢电路短路引发大火，伤 26 人
1979 年 9 月	费城	变压器起火引发爆炸，伤 178 人
1979 年 9 月	纽约	烟头引燃车厢，2 车燃烧，4 人受伤
1980 年 4 月	汉堡	车厢座位着火，2 车被毁，伤 4 人
1980 年 6 月	伦敦	烟头引发大火，伤 1 人
1980~1981 年	纽约	共发生 8 次火车，重伤 50 人，死亡 53 人
1981 年 6 月	莫斯科	电路引发火灾，死亡 7 人
1981 年 9 月	波恩	操作失误火灾，无人员伤亡，但车辆被毁
1982 年 3 月	纽约	传动装置故障引发火灾，伤 86 人
1982 年 6 月	纽约	大火燃烧 6 小时，4 车被毁
1982 年 8 月	伦敦	电路短路引发大火，伤 15 人，毁车 1 辆
1983 年 8 月	名古屋	变电所内的整流器故障起火，由于停电导致 2 列车在隧道内停车，变电所部分烧毁，死亡 2 人，伤 5 人
1983 年 9 月	慕尼黑	电路着火，2 车被毁，伤 7 人
1984 年 9 月	汉堡	列车座位着火，2 车被毁，伤 1 人
1984 年 11 月	伦敦	车站月台库房起火，18 人受伤
1985 年 4 月	巴黎	垃圾引发大火，伤 6 人
1985 年 9 月	东京	列车车站内停车过程中机车下部轴承破损后发热起火。车厢部分被毁，无伤亡，2800 人紧急疏散
1987 年 11 月	伦敦	售票处大火，死亡 31 人
1991 年 4 月	苏黎世	机车电线短路，重伤 58 人
1994 年 6 月	台北	变电室火灾，3 名消防员受伤
1994 年 10 月	阿塞拜疆巴库	机车电路故障，死 300 多人，伤 200 多人
2003 年 2 月	大邱	人为纵火，导致 198 人死亡，147 人受伤
水灾事故		
2001 年 9 月	台北	纳莉台风带来的暴雨和洪水，造成 18 座车站淹水，台北地铁瘫痪
2003 年 7 月	伦敦	施工隧道渗水，隧道部分坍塌。造成一幢 8 层楼房裙房坍塌，附近一段 30m 长防汛墙受地面沉降影响，沉陷，开裂
2007 年 8 月	纽约	暴雨导致地铁运输系统瘫痪
停电事故		
1996 年 1 月	北京	高压输电线被砸断，造成北京地铁 57 辆地铁列车突然断电被迫停运，堵塞长达 146min
2003 年 8 月	伦敦	突然停电后 2/3 地铁列车停运，大约 25 万人困在地铁中，许多地铁站被迫关闭
2007 年 10 月	东京	东京地铁大江户线突然停电，造成全线停运，1300 人被困车内，10 人因身体不适被送至医院治疗

时间	城市	描述
列车出轨，相撞施工		
1991 年 5 月	滋贺	列车相撞，42 人死亡，527 人受伤
1991 年 8 月	纽约	列车出轨，至少 6 人死亡，100 多人受伤
1999 年 8 月	科隆	列车相撞，67 人受伤
2000 年 3 月	东京	列车出轨，3 人死，44 人受伤
2000 年 6 月	纽约	列车出轨，89 名乘客受伤
2003 年 1 月	伦敦	列车出轨，32 名乘客受伤
2003 年 10 月	伦敦	列车出轨，7 名乘客受伤
2005 年 4 月	冰库尼奇	列车出轨，107 人死亡，400 多人受伤
爆炸事故		
1995 年 7 月	巴黎	发生爆炸，8 人死亡，117 人负伤
1996 年 6 月	莫斯科	列车发生爆炸，4 人死亡，7 人负伤
1998 年 1 月	莫斯科	发生地铁爆炸意外，3 人受伤
2001 年 8 月	伦敦	发生地铁爆炸意外，6 人受伤
2004 年 2 月	莫斯科	列车发生爆炸，至少 30 人死亡，70 人受伤
毒气泄漏事故		
1995 年 3 月	东京	三条线路五节车厢同时发生"沙林"神经性毒气泄漏，12 人死亡，5000 多人受伤
2006 年 9 月	首尔	首尔地铁一号线钟阁站，发生毒气泄漏事件，33 人中毒
地震		
1985 年 9 月	墨西哥城	1985 年墨西哥地震（8.1 级），在软弱地基上的地铁结构仅车站侧墙与地表相交处发生结构分离
1995 年 1 月	阪神	1995 年 1 月 17 日，日本阪神发生 7.2 级地震；共 5 个车站和约 30km 地铁隧道发生破坏
其他		
1995 年 5 月	明斯克	地铁车站人数过多，发生踩踏事故，54 人被踩死

13.3.2 防灾和安全的基本观点及对策

防灾和安全技术是地下空间利用的重要事项之一。地下空间具有与地上截然不同的特性，必须充分加以研究。地下空间防灾具有如下特征：地下空间的封闭性，出入口数量、设置位置受到很大限制；到地上的避难距离长，火灾时避难方向与烟的流动方向；地面很难掌握地下空间内部的状况；救灾设备规模大。

认识地下工程固有的防灾特性，分析以往的灾害事例、调研防灾技术的现状及其未来的发展，确定防灾对策项目，是防灾和安全的基本观点。从过去的地下室间灾害事例看，几乎都是有人空间的事故，包括火灾、爆炸、水害、漏水、停电等。发生概率最多的是火灾、火灾危害主要是烟流，地下空间烟流特性与地上空间是不同的，火灾时避难方向与烟的流动方向一致，是造成人迷失方向、窒息死亡的主要原因。随着地下工程深度的增加，外气的引入和烟的排出越困难，这种情况越严重。因此，划分防火区域、设置自动扶梯和电梯等机械设备、临时避难场所和配置可靠的通风系统等，确保人的生命安全是至关重要的。

地下防灾和安全基本对策是：采用不燃化的结构材料；系统考虑避难场所的防火区划分、照明、透风和情报传递系统；建立可靠的火灾感知、报警、通信系统、远距离操纵的自动灭火装置；建立烟流的控制、排出、消除对策措施等。目前研发的少水量消火系统；安全避难罩、灾害状况显示和避难支援系统；烟浓度和方向监视及排烟控制系统；防灾机械手等技术可望提高地下空间防灾实效。

13.3.3 灾害事例及特征

地下空间的灾害种类如表 13-14 所示，有火灾、水灾、瓦斯爆炸等，这些灾害都可以诱发二次和三次灾害。地下灾害火灾和爆炸比例最高，因此，在有人活动的地下空间中需将火灾对策作为重点来考虑；以火灾为例说明其特征。

（1）地下街

主要灾害是火灾和瓦斯爆炸。其特征是；起因于厨房烟道的火灾多，而且通过烟道有蔓延和扩散的危险；大量的烟从地下道流出，烟分布范围广；烟和瓦斯排出困难；如在上下班时间发生火灾，会造成恐慌，引起较大混乱；设施规模大时，在消防活动中确认火灾位置、人员搜索、避难诱导及灭火活动困难；多与其他设施接续，蔓延可能性大。

（2）地下铁道

车辆电气系统出火、电缆燃烧等，使密闭空间充满烟雾。妨碍人的避难；隧道内充满的烟难于排出，烟的充满使灭火活动很困难。

（3）地下停车场

车辆燃烧时，发生大量的烟会扩散到附属设施中，给灭火造成困难；根据车辆间距、空间条件等，有可能蔓延燃烧到其他车辆；因空间规模大，与外部相通，空气量充足，燃烧时间长；引擎等汽车内部燃烧时，消火剂不能有效放射，初期灭火困难；空间充满烟雾，对确认火灾位置、人员搜索、避难诱导及消火不利。

（4）公共灾害

送电线、电缆火灾事故多，产生浓烟和有毒气体，灭火需相当长的时间；通信机器和电缆烧损事故对社会影响大；一旦发生火灾，灭火很难。

表 13-14　预计地下空间灾害种类

一次灾害		二次灾害
灾害预计	灾害内容	
火灾	厨房出火	停电 通信不良
	电机、机械设备出火	
	值班室、居室出火	
	外部不注意的出火	
	通信电缆等出火	
瓦斯泄漏、爆炸	瓦斯泄漏引起的爆炸、火灾	停电，通信不良
浸水	集中暴雨	停电
	给、排水管破裂	
	暴雨等从出、入口浸水	
	泵停止	

13.3.4　防灾和安全技术

参考地下空间的特性和现状的问题，从安全上考虑的基本对策，见表 13-15、表 13-16。

表 13-15　浸水时的防灾技术

灾害	因素	地下环境特征			技术课题和对策
		地下的特性	问　题	应考虑的对策	
浸水	日常预控	密闭空间，日常监视和早发现很重要；多是上部浸水，要特别注意气象报告	确立防灾监控机制	预计灾害危险管理体制的确立（救助组织化、定期防灾训练等）；设备日常维护管理设施；浸水防止的构造措施	防止浸水及排水构造的考虑；常备排水设备；发生浸水的避难对策
	通报警报	易陷于恐慌心理状态	警报会引起恐慌；绝对不容许误报	不依赖机械通报介入人的通报；确立和维护能够承受浸水灾害的通报系统	给予正确情报；确立地下及地上通信手段
	初期活动	比地上设施的初期活动重要；避难诱导重要	外部救助作业困难；外部迅速响应困难；避难者通道的安全；状况掌握困难	使用常备设备自卫的初期活动很重要；确保避难通道；出入口的浸水遮断；影像的长时监视	初期活动；设置初期活动用排水设备；避难诱导的指示；导入画像系统
	避难诱导	多不明了自身当前位置；浸水方向与避难方向相同；向上的避难需动力（电力）	对发生恐慌的人流控制；确保和供给避难用电；残疾人老人儿童对策；避难结束确认方法	诱导系统的确立（紧急灯、诱导通道等）；电力紧急供给设备的位置	避难引导；负伤者避难对策；确保安全避难通道等
	防止扩大	外部的防灾活动困难；救助人员和必要器材到达迟缓	确保救援人员进入通道；救助人员自身位置确认；避难通道和室内人员、负伤者确认方法	防治浸水扩大；诱导系统的确立（紧急灯、诱导通道等）；电力紧急供给设备的位置	防水门位置；灾害状况的掌握和联络；消防活动管理；缩小积水区；提高排水能力

表 13-16　发生火灾时的防灾技术

灾害	因素	地下环境特征			技术课题和对策
		地下的特性	问题	应考虑的对策	
火灾	日常预控	密闭空间,日常监视和早期发现很重要	确立防灾监控机制	预计灾害危险管理体制的确立(救助组织化、定期的防灾训练等);传感器和设备的日常维护管理设施	防火对策:内装不燃化;适用 1h 耐火电缆和耐火通道;使用高耐燃、低发烟电缆,电气防火对策;危险物设施防爆、管理对策;火灾时残留人员场所确认对策
	现场特征	从外部确认灾害状况困难	目视发现特定场所困难	火、气使用场所的限定;设备和传感器的灾害场所特定	初期火灾检知对策;传感器的选定;画像情报灾害场所确认
	通报警报	易陷于恐慌的心理状态	警报会引起恐慌,绝对不容许误报	不依赖机械通报介入人的通报;能够承受浸水灾害的通报系统的确立和维护	考虑传感器的误操作,设置复数传感器,确保可靠性;对地下利用者给以正确的情报,建立地下及地上通信手段
	初期活动	比地上设施初期活动重要;密闭空间,因缺氧发生不完全燃烧;避难诱导优先	外部救助作业、外部迅速响应困难;烟和有害气体充满空间;确保全部初期活动者避难通道和安全	危险地的事情特定对策;外部救助活动和消防队到达迟缓;使用常备设备初期活动;确保避难通道	初期消火活动;设置初期消火设备;针对对象、可燃物的消火对策;避难诱导指示
	避难诱导	多不明了自身位置;烟扩散方向、火灾燃烧方向与避难方向相同;向上方向的避难需动力(电力)	对恐慌人流控制疏导;确保氧气,电供给;残疾人老人儿童的对策;避难结束确认方法	防止避难和救治人员进入混乱的构造措施;诱导系统确立(紧急灯、诱导通道等);电力紧急供给设备的位置	避难引导;与烟同方向的避难安全对策;建立高速、大量避难手段;负伤者避难对策;安全避难通道的确保等
	防止扩大	外部防灾困难;救助人员和器材到达迟缓;消防不需要大量的水;烟充满密闭空间,需强制排烟	确保救援人员进入通道;救助人员自身位置确认;烟雾条件下确认避难通道和室内人员、负伤者	防止避难者和救助人员混乱的构造措施;诱导系统的确立;电力紧急供给设备的位置;避难诱导和防火门连动方法的研究	防火门等灾害场所的限定,缩小被害程度;消防活动高效率法;掌握并联动灾害状况等,消防活动管理;防止二次灾害

13.4　城市地下工程后评估

　　城市地下工程基本不占用土地,具有明显的城市立体空间开发与利用的效果,但造价高、工期长,技术水平要求高,必然要付出一定的代价。除了根据国家政策、经济实力、工程意义、技术水平等各种因素,进行立项技术经济比较,可行性研究、制定规划等前期的预测和评估工作以外,对于城市地下工程完成之后,还要进行建设后评估。

　　城市地下工程后评估应强调从宏观效果来分析问题:既要考虑单项工程的微观经济效益,也要考虑其建筑功能、空间利用、城市规划,环境效果及使用、维护、管理等方面因素的宏观经济效果，既要考虑近期的效果，又应考虑长远的效果；既要考虑经济效果，又要考虑社会效果；既要考虑城市地下工程施工阶段的效益，又要考虑其使用阶段的效益等，综合评价城市地下工程效果的客观标准，是体现社会必要劳动消耗量的价值指标。它是衡量城市地下工程立项，实施、设计与施工方案各项技术经济指标的共同尺度，以能较全面地反映出工程的综合效益，作出客观地结论。根据不同工程，后评估可以依据国家标准、行业标准、企业标准。有些则需由评估专家组织根据国内、外现状结合工程特点，做出客观的评价。

总之，一个工程效果的好坏，最终应表现在提高社会劳动生产率，改善人民的生存环境，生活水平方面上。

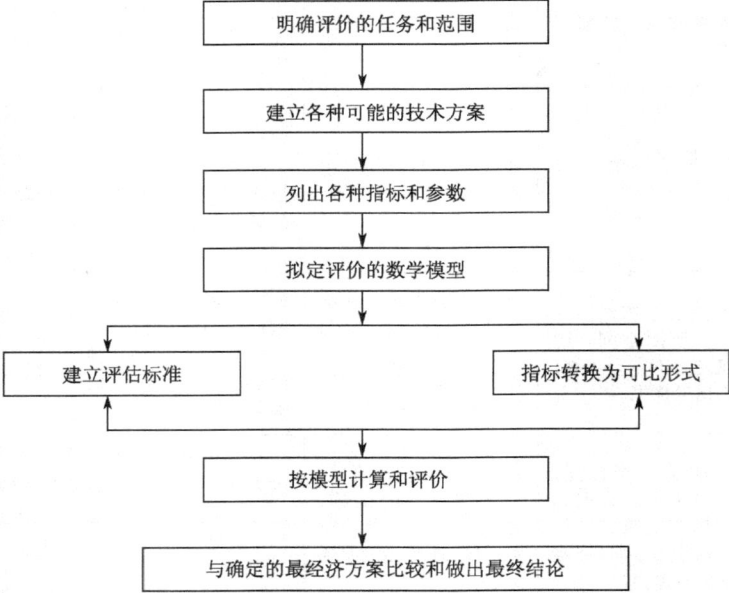

图 13-9　经济评估程序

就其经济效果的综合评价方法，在国内外采用的方法很多，如多指标评价法、评分评价法，指标系数评价法、比重因子评价法，目前还有"模糊数学"综合评价法等等。后评估应制定并采用某个评价程序如图。

13.4.1　后评估的内容

后评估的内容视工程的重要程度，具体工程的性质不同，有所不同和侧重，但一般对单项工程后评估应具备如下内容：

1. 基本概况

1）工程概况。

2）招标、中标条件及工程实施过程。

3）建设成果。

4）国内外工程界专家学者和社会各界人士对本工程的反馈和评议。

2. 工程建设实施评价

1) 施工方案（方法）的决定。

2) 工程结构的设计与施工。

3) 特殊结构的设计与施工。

4) 监控量测系统技术。

5) 综合防水技术，防灾害能力。

6) 施工管理和质量管理。

7) 科研投入。

3. 工程效益评价

1) 工程成本和终结概算的组成与分析。

2) 概算投资组成与变化。

3) 工程的综合效益。

4) 基本结论和建议。

13.4.2 后评估所需资料、文件

以某具体工程为例有：

1) 关于工程落实概算投资的报告。

2) 土建结构对比分析报告。

3) 土建结构工程概算投资变化情况。

4) 投标书。

5) 与工程有关的重要会议记录、纪要。

6) 质量验收评定标准等评价依据又件。

7) 工程质量控制与试验检测报告。

8) 工程甲、乙双方合同及公证材料。

9) 有关上级部门，对项目的审批过程批文。

10) 工程中开展的各项科研实验综合报告。

11) 有关成果鉴定材料、鉴定证书。

12) 工程用户反馈意见。

13) 工程监理反馈意见。

14) 工程中各项资料检索报告等。

复习思考题

1. 什么是风险管理？风险管理的流程是怎样的？

2. 简述工程建设期内不同阶段的风险管理内容。

3. 简述地下工程防灾和安全的基本观点及对策。

4. 简述工程施工阶段风险管理应如何实施。

5. 简述造成城市地下工程火灾危险和火灾原因的主要因素有哪些？并请举例说明。

6. 城市地下工程后评估的内容有哪些？

参 考 文 献

北京建井研究所. 1995. 中国地层冻结工程 40 周年论文集. 北京：煤炭工业出版社

编委会. 1988.《中国大百科全书》建筑、园林、交通、城市规划卷. 北京：中国大百科全书出版社

编委会. 1994. 现行建筑设计、结构、施工规范大全(修订版), 上海：建筑工业出版社

蔡伟铭, 胡中雄. 1991. 土力学与基础工程. 北京：中国建筑工艺出版社

陈军, 刘波, 陶龙光. 2005. 暗挖地铁车站引起地表沉降拟合分析与 Peck 法比较研究. 岩土工程技术, 9 (1)

陈立道, 朱雪岩. 1997. 城市地下空间规划理论与实践. 上海：同济大学出版社

陈绍番. 2001. 钢结构设计原理. 北京：科学出版社

陈希哲. 1989. 土力学地基基础(第二版). 北京：清华大学出版社

陈湘生等著. 2005. 地层冻结工法理论研究与实践. 北京：煤炭工业出版社

陈仲颐, 叶书麟. 1990. 基础工程学. 北京：中国建筑工业出版社

陈仲颐, 周星星, 等. 1994. 土力学. 北京：清华大学出版社

崔广心. 1990. 相似模拟理论与模型实验. 北京：中国矿业大学出版社

崔广心, 杨维好, 吕恒林. 1997. 深厚表土层中的冻结壁和井壁. 北京：中国矿业大学出版社

崔久江. 1978. 水下隧道注浆堵水. 北京：人民铁道出版社

丁金粟, 等. 1992. 土力学与基础工程. 北京：地震出版社

方承训, 等. 1989. 建筑施工. 武汉：武汉工业大学出版社

耿永常, 赵晓红. 2001. 城市地下空间建筑. 哈尔滨：哈尔滨工业大学出版社

谷姚祺, 彭守拙. 1994. 地下洞室工程. 北京：清华大学出版社

关宝树. 1984. 国外隧道工程中的新奥法. 铁道部教育局

关宝树. 2003. 隧道工程设计要点集. 北京：人民交通出版社

关宝树, 杨其新. 2001. 地下工程概论. 成都：西南交通大学出版社

国家安全生产监督管理总局. 2005. 安全评价(上下册). 北京：煤炭工业出版社

何光乾, 陈祥福, 等. 1994. 高层建筑设计与施. 北京：科学出版社

何宗华. 1993. 城市轻轨交通工程设计指南. 北京：中国建筑工业出版社

贺少辉. 2006. 地下工程. 北京：清华大学出版社, 北京交通大学出版社

侯公羽, 刘波. 2006. 岩土加固理论数值实现及地下工程应用. 北京：煤炭工业出版社

侯公羽, 杨悦, 刘波. 2007. 盾构管片接头模型的改进及管片内力数值计算. 岩石力学与工程学报. 26(S2)：4284-4291

侯公羽, 杨悦, 刘波. 2008. 盾构管片设计改进惯用法模型及其内力解析解. 岩土力学学报, 29 (1)：161-166

胡重民, 王真真, 等. 1990. 水力学. 北京：水利水电出版社

《建筑设计资料集》编委会. 建筑设计资料(第二版). 北京：中国建筑工业出版社

江玉生, 陈冬, 王春河, 杨志勇. 2007. 土压平衡盾构双螺旋输送机力学机理简析. 隧道建设, 27(6)：15-18

江玉生, 王春河, 陈冬. 2007. 土压平衡盾构螺旋输送机力学模型简析. 力学与实践, 10, 29(5)：50-53

姜晨光. 2010. 地铁工程建造技术. 北京：化学工业出版社

李涛. 2008. 广州复杂红层强度理论与地铁盾构土体改良研究. 中国矿业大学(北京)博士学位论文

李涛, 刘波. 2008. 深基坑-高层建筑共同作用实例分析. 中国矿业大学学报, 37 (2)：241

林韵梅. 1984. 实验岩石力学模拟研究. 北京：煤炭工业出版社

刘波. 2006. 地铁盾构隧道下穿建筑基础诱发地层变形空间效应研究. 地下空间与工程学报, 2(2)：621-626

刘波. 地铁隧道施工沉降预测与分析 STEAD 系统. 国家计算机软件著作权. 2008SRBJ1034

刘波, 高霞, 陶龙光. 2009. 考虑接头影响的地铁盾构隧道管环力学模型研究. 中国矿业大学学报, 38(4)：494-502

刘波, 韩彦辉. 2005. FLAC 原理、实例与应用指南. 北京：人民交通出版社

刘波,黄俐,杨丹丹,李涛.2009.盾构施工泡沫剂效能及改良土体的试验研究.市政技术,27(2):154-156,164

刘波,李东阳,陈立.2010.复杂地层旁通道冻结施工过程的模拟与实测分析.中国安全生产科学技术,6(5):11-17

刘波,潘强,陶龙光,李涛.地下工程岩土改良泡沫发生器.国家实用新型专利:专利号 ZL 200620175127.8

刘波,陶龙光."城市地下工程"课程建设改革与研究型本科教学的探讨(第一届全国土力学教学研讨会论文集).北京:人民交通出版社

刘波,陶龙光,等.2004.地铁隧道施工引起地层变形的反分析预测系统.中国矿业大学学报,33(3)

刘波,陶龙光,等.2006.地铁双隧道施工诱发地表沉降预测研究与应用.中国矿业大学学报,35(3)

刘波,陶龙光,丁城刚.2006.地铁双隧道施工诱发地表沉降预测研究与应用.中国矿业大学学报,35(3):356-361

刘波,陶龙光,高全臣,单仁亮.地下工程三维模型试验系统.国家实用新型专利:专利号 ZL 200520110778.4

刘波,陶龙光.工程试验用滑轨装置.国家实用新型专利:专利号 ZL 200520110777.X

刘波,陶龙光,刘纪峰,李朋.隧道掘进试验用模拟盾构机.国家实用新型专利:专利号 ZL 200820140198.6

刘纪峰,崔秀琴,刘波.2009.考虑水-土耦合的盾构隧道地表沉降试验研究.中国铁道科学,30(6):38-45

刘纪峰,陶龙光,刘波.2009.考虑盾构施工扰动土体固结的地层沉降计算.辽宁工程技术大学学报,28(05),10:731-734

刘铁民,钟茂华,等.2005.地下工程安全评价.北京:科学出版社

刘钊,佘才高,周振强.2004.地铁工程设计与施工.北京:人民交通

马德芹,蔺安林.2003.地铁铁道与轻轨交通.北京:西南交通大学出版社

毛宝华.2006.城市轨道交通规划与设计.北京:人民交通出版社

毛宝华.2006.城市轨道交通系统运营管理.北京:人民交通出版社

煤炭科学研究总院.2005.矿井建设现代技术理论与实践.北京:煤炭工业出版社

钱七虎.1999.岩土工程的第四次浪潮.地下空间

日本建设机械化协会.1983.地下连续墙设计与施工手册.祝国荣,等译.北京:中国建筑工业出版社

日本铁道综合技术研究所.1996.接近既有隧道施工对策指南

沈季良,等.1986.建井工程手册(第四册).北京:煤炭工业出版社

施仲衡,张弥,等.1997.地下铁道设计与施工.西安:陕西科学技术出版社

宋培抗.1994.城市建设数据手册.天津:天津大学出版社

孙更生,郑大同.1997.软土地基与地下工程.北京:中国建筑工业出版社

孙均著.1996.地下工程设计理论与实践.上海:上海科学技术出版社

孙章,何宗华,徐金祥.2000.城市轨道交通概论.北京:中国铁道出版社

谭克文,等.1991.建设法规知识读本.北京:中国建筑工业出版社

谭克文,等.1991.建筑法规知识读本.北京:中国建筑工业出版社

陶龙光,巴肇伦.1996.城市地下工程.北京:科学出版社

陶龙光,刘波.2003.盾构过地铁站施工对地表沉降影响的数值模拟.中国矿业大学学报,32(3):236-240

陶龙光,刘波.城市地下工程模拟试验系统.国家发明专利:专利号 ZL 2005100779745

铁道部第十六工程局,铁道部第三勘测设计院.1993.北京地铁西单车站建设后评价报告

铁道部基建局.1988.铁路隧道新奥法指南.北京:中国铁道出版社

铁道部隧道工程局.国家计委基建办.1994.邻房超浅埋大跨度地下停车场暗挖施工新技术(鉴定资料)

铁道部旋喷注浆科研协作组.1984.旋喷注浆加固地基技术.北京:中国铁道出版社

童林旭.1994.地下建筑学.济南:山东科学技术出版社

王建宇.1990.隧道工程监测和信息化设计原理.北京:中国铁道出版社

王建宇.1990.隧道工程监测和信息化设计原理.北京:中国铁道出版社

王梦恕,等.2010.中国隧道及地下工程修建技术.北京:人民交通出版社

王振启.1987.上海地铁一号线工程(中国土木工程学会第三届年会论文集).上海:同济大学出版社

文国玮.1991.城市交通与道路系统规划设计.北京:清华大学出版社

翁家杰.1995.地下工程.北京:煤炭工业出版社

吴紫汪.马巍,等.1994.冻土强度与蠕变.兰州:兰州大学出版社

夏初才,李永盛.1999.地下工程监测理论与监测技术.上海:同济大学出版社

谢和平,冯夏庭.2009.灾害环境下重大工程安全性的基础研究.北京:科学出版社

谢敬通.1987.人民广场地下车库建设方案介绍(中国土木工程学会第三节年会论文文集).上海:同济大学出版社

谢康和,周健.2002.岩土工程有限元分析理论与应用.北京:科学出版社

熊建明,刘波,潘强.2008.地铁盾构施工泡沫剂改良土体控制渗害的试验研究.中国安全生产科学技术,4(1):1-6

徐思淑,周文化.1991.城市设计导论.北京:中国建筑工业出版社

徐挺.1982.相似模拟理论与模型实验.北京:中国农业机械出版社

阳军生,刘宝琛.2002.城市隧道施工引起的地表移动及变形.北京:中国铁道出版社

冶金建筑研究院.1979.防水混凝土及其应用.北京:中国建筑工业出版社

叶林标,等.1990.建筑工程防水施工手册.北京:中国建筑工业出版社

樱井纪朗(日),等.1982.特殊混凝土施工.李德富译.北京:水利电力出版社

余力,巴肇伦,等.1984.煤矿沉井法凿井.北京:煤炭工业出版社

张凤祥,傅德明,等.2005.盾构隧道施工手册.北京:人民交通出版社

张凤祥,朱合华,傅德明.2004.盾构隧道.北京:人民交通出版社

张连楷,等.1990.道路路线设计.上海:同济大学出版社

张庆贺,朱合华,庄容.2007.地铁与轻轨.北京:人民交通出版社

张云理.1988.混凝土外加剂.北京:中国建筑工业出版社

赵鸿铁.2001.钢与混凝土组合结构.北京:科学出版社

中国科学院兰州冰川冻土研究所.1990.冻土的温度水分应力及其相互作用.兰州:兰州大学出版社

中国矿业学院.1981.特殊凿井.北京:煤炭工业出版社

中国土木工程学会.1993.中国土木工程指.北京:科学出版社

中华人民共和国国家标准.1994.岩土工程勘察规范(GB50021—94).北京:中国建筑工业出版社,

中华人民共和国国家标准.1999.建筑基坑支护技术规程(JGJ120—99).中华人民共和国建设部,

中华人民共和国国家标准.2002.地下工程防水技术规范(GB50108—2001).北京:中国计划出版社.

中华人民共和国国家标准.2002.建筑地基基础设计规范(GB50007—2002).中华人民共和国建设部

中华人民共和国国家标准.2002.建筑抗震设计规范(GB50011—2001).北京:中国建筑工业出版社,

中华人民共和国国家质量监督检验检疫总局,中华人民共和国建设部.2003.地铁设计规范(中华人民共和国国家标准),GB50157—2003,

中华人民共和国建设部.2007.地铁及地下工程建设风险管理指南.北京:中国建筑工业出版社

钟茂华,王金安,等.2006.地铁施工围岩稳定性数值分析.北京:科学出版社

周景星,等.1996.基础工程.北京:清华大学出版社

周起敬.1991.钢与混凝土组合结构设计施工手册.北京:建筑工业出版社

周晓军,周佳媚.2008.城市地下铁道与轻轨交通.成都:西南交通大学出版社

B M 莫斯克文,等.1988.混凝土和钢筋混凝土的腐蚀及其防护方法.倪继淼,等译.北京:化学工业出版社.

C H 乌拉索夫.2002.俄罗斯地下铁道建设精要.钱七虎,戚承志译.北京:中国铁道出版社

Shibada T.1983.隧道开挖中的地表下沉模型试验.隧道译丛

B Liu, T Li. 2008. numerical modeling on a subway construction accident: case history and analysis. continuum and distinct element numerical modeling in Geo-Engineering, 1st Inter. FLAC/DEM Symp. Minneapolis USA8: 529-539, 2008/8/27

B Liu, T Li. 2008. Numerical modeling on a subway construction accident: case history and analysis. continuum and distinct element numerical modeling in Geo-Engineering, Proc. 1st Inter. FLAC/DEM Symp. Minneapolis USA, 8: 529-539

Kyung-Ho Park, 2005. analytical solution for tunnelling-induced ground movement in clays. Tunnelling and Underground Space Technolygy, 20: 249-261

Li Tao, Liu Bo. 2008. Field instrumentation and 3D numerical modeling on two adjacent metro tunnels beneath tall building, Boundaries of Rock Mechanics Inter. Young Scholar Sym. on Rock Mechanics, Taylors & Francis. 5:

649-654

Liu Bo, Li Tao, Qiao Guogang. 2009. SEM microstructure and chemical foamed-soil modification tests for swelling red strata in subway shield tunneling engineering, Source: Recent Advancement in Soil Behavior, In Situ Test Methods, Pile Foundations, and Tunneling, ASCE Geotechnical Special Publication USA. , n 192: 20-26

Liu Bo, Li Tao, Y Han. 2008. Numerical modeling on a subway construction accident: case history and analysis. continuum and distinct element numerical modeling in Geo-Engineering, 1st Inter. FLAC/DEM Symp. Minneapolis USA 8: 529-539

Liu Bo, Tao Longguang. 2008. SEM microstructure and SEM mechanical tests of swelling reds and stone in Guangzhou metro engineering. boundaries of rock mechanics, int. Young Scholar Sym. on Rock Mechanics, Taylors & Francis. 5: 99-104

Liu Bo, Y Han. 2000. A FLAC3D-based subway tunneling-induced ground settlement prediction system developed in China, Proceedings of the 4th FLAC International Symposium. Madrid, May

R F Craig. 1997. Soil mechanics in engineering practice, 2nd ed. , N. Y. John Wiley & Sons, Inc

http:// wikipedia. org/

http://www. metro. ru